消防叢書
系列

林火生態管理學

Forest fire ecology management

盧守謙 博士 編著

五南圖書出版公司 印行

推薦序

林火，是極為重要與不可或缺的一個生態系因子，嚴重的火燒固足以摧毀整個生態系，但一般的火燒卻有助於生態系的更新、養分的回歸及部分生物族群的控制。因此，從生態學或林業的專業觀點，我們通常用比較中性的「林火」或「野火」，而罕用「火災」來稱呼它。

近世紀來，人們關於林火的觀點和認知不斷在更新，在1968年英國國家地理雜誌出版了一篇標題為〈森林火災——撒旦的野餐〉之文章；內容敘述了森林大火燃燒席捲了一切，正如撒旦快樂享用他的野餐似的。過了30年以後，國家地理雜誌則出版一篇標題為〈火，為十分重要之元素，且視為一項上帝所賜禮物〉之文章。無論時空因素對火的評價如何？有件事是值得肯定地的，有或沒有人類存在，林火是自然界一個不可或缺的部分。

林火對森林的影響是多元的，尤其對於生態的影響更是複雜，而藉由了解林火行為特性，有助於了解對於整個森林生態系的影響。近幾十年來，歐美生態學家和土地管理者已非常關心，如何減輕對歷史性林火體制的影響。歐美科學家和土地管理者已付出了相當大的努力，來提高對歷史性林火體制的理解和對其所產生之變化。火燒在生態系統和林火體制動態中的作用，是驅動許多物種棲息地變化的機制。了解林火體制對於評估目前的情況和制定實現土地管理目標的戰略，是至關重要的。今日人類社會正在重新定義土地管理的目標和策略，管理林火體制已成為管理生態系統的一個主要因素，以滿足社會的願望和要求。

在臺灣，林火不僅是我們必須面對限制損害的一種緊急情況，也是我們能夠掌握的工具，實際上也是一個自然生態過程，我們需要了解如何正確使用火，並成功恢復林火生態區域。因此，林火生態管理有其專業深度與廣度，為國內大學森林學系重要生態課程之一。

本書作者盧守謙博士，是我認識的人中最勤敏好學者之一，原畢業於警察大學消防系、研究所；進入職場後，累積了極豐富的現場火災搶救經驗，2002年有次到系上拜訪我，談起臺灣雖有部分林火的研究，且大部分均著眼於生態系或林政，卻絕少從消防專業入門者，殊屬遺憾。從廿世紀80年代後，全球已走入了多元化的社會，講求學科的整合；我國教育部也從90年代中期開始推動學系的整合，這是一個極重要的趨勢，因此我極力推薦他於公餘到森林學系攻讀博士學位，為這片空白抹上幾許彩色。而他在攻讀博士學位期間所表現的一切，也確實令人深受感動與讚嘆。盧博士為栽培我國的消防人才，提前自消防崗位上退下來，轉至吳鳳大學消防系任教，累積了足夠的教學經驗。且他本人精通英、日文，為教學需要，閱

讀了大量的文獻，感於坊間上專業的消防書籍不多，乃戮力於著作。藉助於豐碩的學識及經驗，在消防書籍上著作頗多，亦深受好評。前年底有次到本人的研究室聊起，有意撰寫一本林火行為的教科書，個人極表贊成。近兩年來，藉其對於林火的專業見解，並解析了大量原文資料，使本書完整結合理論面與火燒行為實務面之內涵，相信本書能使讀者對林火有完整與全面的系統式了解，對於臺灣未來在這一領域必有莫大之助益，故樂以為序！

國立中興大學森林學系前系主任 呂金誠 教授謹誌

2018年冬

自　序

　　林火是一個重要的生態過程，林火之間的相互作用環境構成林火生態系統。火因子與植被和天氣間具有直接和間接的關係。森林在自然界的循環系統中，一般都會有其自身的火因子活動週期，這是自然環境自身的調理，對植被的交替、生物的繁衍等，扮演一種積極的作用。過度的人類干預火因子，會造成林火生態的失衡，如造成樹木的耐火性下降，導致耐火性差的植被被外來入侵取代，改變已有的生態體系。因此，林火生態的研究和管理對於自然迴圈與生態平衡，具有某種程度之重要意義。

　　火、燃料管理以及瀕臨危險物種的保存和保護，是經常發生衝突而不一致的。物種保護通常意味著排除林火。雖然有困難，但林火管理也存有潛在機會，來幫助保護瀕臨危險物種。控制焚燒的使用，可能為這些物種提供了最好的機會，因為沒有火的地方已退化了棲息地，或者火不可能自然恢復。在美國加州將林火和燃料管理活動、控制焚燒、人為滅火或林火後復原，予以整合，同時進行保存和保護瀕臨風險物種、棲息地和生態過程。許多處於瀕臨危險物種以及它們賴以生存的生態系統，如果沒有火來提供直接和長期的生態功能，就可能無法維持或恢復。顯而易見的是，如果火要繼續在生態系統中發揮作用，就需要更好地理解這一角色，並將其納入土地及林區管理上。

　　現在，儘管盡最大努力繼續人為壓制火燒，但林火的生態作用正在發生變化。由於積聚的燃料，林火會燃燒得更強烈，所以樹木、樹皮等抵抗機制已不夠用。在世界各地的一些大規模林火，每年都會威脅到更多的資源和更多的人類社區。結果，人為壓制預算支出增加了。由於人為壓制努力在很大程度上是成功的，如此傾向於促進人類能居住在大片森林邊緣界面。因此，我們在撲滅林火方面的成功有助於風險擴大，促使對更多林火壓制的需求。而與氣候變遷有關的新風險，包括更乾燥和更熱的條件，預計只會增加而不會減少。

　　本書得以完成非常感謝我的老師呂金誠教授指引，提出許多非常寶貴的意見，讓本書得以更清楚精確地呈現林火管理的思考架構。而國內林火研究前輩陳明義博士、林朝欽博士、呂金誠博士、邱祈榮博士、顏添明博士與黃清吟博士等文獻，其對國內林火研究具一定貢獻，尤林博士更是對林火鑽研精深。倘若本書對教學與實務上有些微貢獻，自甚感榮幸。而在寫作歷程中雖謹慎，內容疏失之處祈請不吝指正。

盧守謙 吳鳳科技大學消防系

目　錄

第4章　林火行為

第5章　全球林火問題分析

第6章　起火管理

第7章　林火阻隔技術

第8章　林火影響生態

第9章　林火生態與林火體制

第10章　林火體制與林火管理

第11章　林地界面林火管理

第12章　氣候變遷與林火管理

第13章　未來林火管理與生態系統

參考文獻

林火術語（中英文）

英文索引

中文索引

第一章　森林起火

　　森林地表上有連續可用於燃燒的燃料，有利於火勢蔓延，此時所需要的只是火源；也就是有充裕的燃料量，欲發生燃燒下一個必要條件是，燃料必須被加熱到起火點。閃電和人為是林火主要的火源，此外，火山爆發時，火山噴出高熱氣／液體會點燃火源。然而，並非所有的起火都會導致林火蔓延，但林區起火必須滿足下列幾個所述條件（van Wagtendonk 2006）。

第一節　起火條件

　　燃燒視為一種化學過程（Combustion Chemistry），其可歸類為有焰或無焰，燃燒是一種分子的反應，空氣中的氧分子結合纖維素和木質素（Lignin）的分子，從而使固體的大部分改變到氣體中；這些氣體是不同物質的分子，其已不再是纖維素和木質素。這種物質的變化是化學的，而不是物理過程。當這些變化發生在一個快速比率，而產生熱和火焰，該過程被稱為燃燒或起火。當你看著燃燒的基本原理，就會發現化學過程中有3個基本不可或缺的因素（Gisborne 2004）。

　　只有三個元素來完全控制化學反應，由這些元素之組合稱為火三角；分別是熱量、氧氣與燃料（圖1-1）：

圖1-1　火三角表示在氧氣情況下將熱量施加到燃料上燃燒現象
（van Wagtendonk 2006）

一、熱量

　　起火之熱量必須足夠使燃料提高至其著火點（Ignition Point）。於地球上能形成火災之熱量是以各種形式存在，物理上熱能如物體摩擦、機械能（撞擊、壓縮……）火花；化學上熱能如爐火、線香、蚊香、菸蒂等；電氣上熱能（電氣、閃電、靜電……）；太陽能、核能等。古代人類鑽木取火，其中熱量是採取鑽木摩擦方式產生熱量（可燃物是木頭、氧氣在空氣中）。森林燃料以氣態發生有焰燃燒，大塊木料於有焰燃燒後，會以固態之純碳粒或表面直接氧化形成無焰燃燒型態。因此，燃料先有足夠熱能，才能轉爲蒸氣形成氣相混合物。而森林中供給燃料之熱能引起燃燒的方式有很多種，人爲之蓄意或意外疏忽如菸蒂、營火、焚燒不愼等，或天然之閃電、火山爆發、隕石、滾落石頭或太陽熱能等。其中又如玻璃瓶和其碎片會使太陽光聚焦產生高熱點，導致乾燥的樹葉或草點燃。停放在草地上的汽車排氣管和摩托車的熱催化轉換器，這常爲一般人所低估。從電力或鐵路線上飛來的火花，也可以點燃地表上的乾燥枯落物（WWF 2003）。

二、燃料

　　燃料受熱後主要裂解成原子型態，將結合氧原子迅速氧化後，足夠產生熱。燃料係指常態下能被氧化的物質，起燃時所需活化能（Activation Energy），須使可燃物分子被活化後，始能與氧氣反應。但氧化熱小的物質因不易維持活化能量，此屬難燃物如防焰物品，不過難燃物在大火高溫時仍能燃燒，甚至迅速。因此，到底什麼是燃料？在地球上大致如下：

> A. 氫類
> B. 碳類（煤、木炭）
> C. 含有大量的碳和氫化合物（也就是碳氫化合物）
> D. 碳水化合物（Carbohydrates）
> E. 其他有機化合物
> F. 硫化物（Sulfur）

　　如果將燃料之可（易）燃程度進行排序，則上述A > C > D > B > F，硫化物雖然可燃，燃燒時呈現藍色火焰、有惡臭，並產生SO_2，遇水產生H_2SO_3（亞硫酸），由於產生酸性的氣體（當其與水結合，如酸雨），所以很少被視爲一種生活中燃料。

在森林燃料定義爲鮮活的和枯落的生物質，必須足夠乾燥才能起火。炎熱、乾燥和多風的天氣條件是影響燃料含水量的主要驅動因素。植被的可燃性，隨著鮮活植物生物量的含水量而變化。枯死物質含水量最低，而含水量低的鮮活葉會較易於火燒（Bond and Keane 2017）。植物部分的形狀、大小和排列，影響著含水量和可燃性。葉片狹窄或分枝細小植株較會迅速乾燥，而易於火燒。地表積累慢速枯落物的生態系統，是高度易燃的。含有大量油脂（Fats）、蠟（Waxes）和萜烯（Terpenes）的葉子，也易於火燒。揮發性物質會加劇火燒，因其從葉子釋放出來，易於火燒，從而使相鄰的物質受熱乾燥和起火蔓延（Bond and Keane 2017）；此部分延伸閱讀請見第7章第6節。

圖1-2　鮮活植物燃料含水量高形成火燒大量白煙現象

三、氧氣

氧氣（Oxygen）與燃料或從木質材料所釋出氣體之接觸，進行氧化起火現象。氧氣存在於地球表面任一空氣中。基本上，空氣中氧氣含量約爲1/5（21%，相當於210,000 ppm），其他將近4/5爲氮氣，及微少部分之二氧化碳等。就目前所知，在整個太陽系各行星中，唯獨地球有氧氣而已，其他如金星（Venus）空氣成分大部分爲二氧化碳以及一小部分氮氣，離地球較近之火星（Mars）亦是如此，大部分爲二氧化碳，根本就沒有氧氣（圖1-3）。所以，在金星及火星上一定沒有火，無論人類、爬蟲類、鳥類或魚類都需氧氣，而火也需要氧氣，動物在消耗氧氣，所以必須靠植物行光合作用，吸收空氣中二氧化碳而轉換出氧氣；如果地球上沒有植物製造氧，所有動物將因消耗氧而滅亡。

圖1-3　地球、金星與火星之空氣組成分（盧守謙 2017）

　　物質氧化是一種發熱反應，但並不都是火，如蘋果削好於盤中，過一些時間也會表面變黃，這也是氧化之一種；另外，動物消化現象或報紙在空氣中久了形成泛黃，也都是氧化的一種，其氧化速度很慢，也就沒有明顯光及熱出現；橡皮圈放久發黏現象，係爲氧化發熱使其軟化發黏，因其氧化速度慢，當然也沒有明顯的熱及光現象。人類呼吸作用就是氧化葡萄醣，使得葡萄醣中的氫被氧取代，產生能量的過程而有發熱反應，以維持人體溫度（36.8℃）；而燃燒是我們生活中常見的氧化現象，如瓦斯燃燒就是甲（丙）烷與氧發生劇烈的氧化現象，形成火焰（能量）情況。

　　氧化反應是放熱，發生氧化反應必要條件是可燃物（燃料）和氧化劑同時存在。物質是否能進一步氧化，取決於該物質之化學性質。實際上，主要由碳和氫構成的物質才能被氧化。大多可燃性固態有機物、液體和氣體，都以碳和氫爲主要成分。且氧氣是燃燒最後不可或缺的要素，如燃燒工程師之鍋爐設計和操作設施，大多是透過控制火的三要素之一。基本上，火需供氧形成自然浮升對流，產生向上使其生成物能遠離火焰本身，而氧氣能從底部供應。當其火焰成長延伸時，也基於供氧而產生向外或向大空間位置進行。但在野外開放環境條件下，幾乎總是有著充足的氧氣，以促使燃料進行燃燒。根據自由燃燒的條件，如發生林火，1磅（0.45 kg）乾燥的燃料欲完全燃燒，需要大約10磅（4.5 kg）或133 ft^3（3.75 m^3）的空氣量（Gisborne 2004）。因此，當我們投擲汙物在燃料上，以減少氧氣供應量，是能降低其燃燒反應。但是，潮溼或乾燥的土壤覆蓋在燃料表面上時，其主要的好處是能透過減少氧氣供給。假使水有足夠量施加在燃料的表面上，以形成薄膜，也能發揮同樣的滅火原理，尤其是泡沫（Gisborne 2004）所產生的窒息火勢作用。

四、分子鏈式連鎖反應（Molecular Chain Reaction）

　　由於大多數可燃物質燃燒是在蒸氣或氣體狀態下進行的。所以，燃燒有2種基本燃燒模式：火焰燃燒（Flaming）和無火焰之悶燒（Smoldering）。教育學家以前曾使用火三

角（Fire Triangle）來代表悶燒的燃燒模式，直到被證明除了燃料、熱量和氧化劑（氧氣）共同存在外，於火焰燃燒還有另一因素涉及，即不受抑制之化學鏈反應，因而發展出火四面體（Fire Tetrahedron）。基本上，無火焰燃燒以火三角來表示，應是合理的；但對於有明火燃燒，在燃燒過程中存在未受抑制的分解物（游離基）作爲介質以形成鏈式反應。

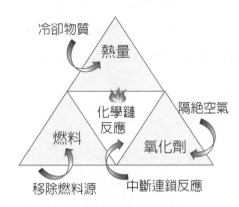

圖1-4　火四面體：燃料、熱量、氧化劑與化學鏈反應（盧守謙 2017）

　　原則上，可燃物在燃燒前會裂解爲簡單的分子，分子中共價鍵在外界因素（如光、熱）影響下，裂解成化學活性非常強的原子或原子團，此爲游離基，如氫原子、氧原子及羥基等。由於游離基是一種高度活潑的化學型態，能與其他的游離基及分子產生反應，而使燃燒持續下去，形成燃燒鏈式反應現象。燃燒過程中氫鍵（H）、氫氧鍵（OH）是促進燃燒繼續之主要因素。即化學鏈反應是一種系列反應，由每個單獨個別反應添加到其餘的結果延續下去。雖然科學家們只能部分地理解，在燃燒化學連鎖反應會發生什麼，但並不知道蒸氣受熱的燃料所揮發出蒸氣物質與氧結合，參與燃燒反應之複雜理化機制。

　　如 $H_2 + Cl_2 \rightarrow 2HCl$：

$$Cl_2 + M \rightarrow 2Cl + M \qquad\qquad ①$$
$$Cl + H_2 \rightarrow HCl + H \qquad\qquad ②$$
$$H + Cl_2 \rightarrow HCl + Cl \qquad\qquad ③$$
$$\cdots\cdots\cdots\cdots$$
$$2Cl + M \rightarrow Cl_2 + M \qquad\qquad ④$$

在反應①中，靠熱或化學作用產生活性組分——氯原子，隨之在反應②、③中活性組

分與反應物分子作用，而交替重複產生新的活性組分——氯原子和氫原子，使反應能持續不斷地循環進行下去，直到活性組分消失，此過程即鏈式反應。反應機制可分三階段：

1. 鏈觸動階段：反應開始需要外界輸入一定能量，如撞擊、光照或加熱等，使反應物分子斷裂活化反應，產生自由基的過程，如反應①。
2. 鏈傳遞階段：上述作用產生新的鏈和新的飽和分子的反應，如反應②、③；意即游離基反應的同時又產生更多的游離基，使燃燒持續甚至擴大。
3. 鏈終止階段：游離基相撞失去能量或者所有物質反應盡了，沒有新游離基產生而使反應鏈斷裂，反應結束成了穩定性物質，如反應④（參見圖1-5）。

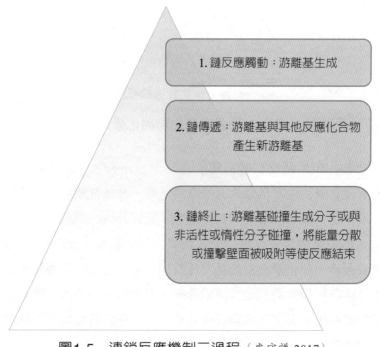

圖1-5　連鎖反應機制三過程（盧守謙 2017）

　　燃燒進一步而言，是一種可燃物或助燃物先吸收能量，受熱分解或氧化、還原，解離為游離基，游離基平均動能具有比普通分子更多活化能，在一般條件下是不穩定的，易與其他物質分子進行反應而生成新游離基，或者自行結合成穩定分子。基本上，許多自發性反應之速率緩慢，因在分子起反應之前，分子化學鍵需被打斷，而打斷化學鍵需要額外輸入能量來啟動，才能自行持續的連鎖反應，這種啟動化學反應的能量為活化能。而燃燒涉及固相、液相或氣相燃料，發熱、自行持續之連鎖反應。燃燒過程通常（並非必然）與燃料被大氣中氧化有關，並伴同發光。

　　也就是說，固態和液態燃料在燃燒前需氣化；有些固體燃燒可直接是無焰燃燒或悶燒，如香菸、家具蓆墊或木屑等具多孔性，空氣能滲入至內部空間，而可以固態方式在悶燒中；此種無焰燃燒方式之主要熱源來自焦碳之氧化作用，悶燒更能生成有毒性物質。另一方面，氣相燃燒通常伴有可見的火焰，若燃燒過程被封閉在某一範圍內，因氣體分子不停地碰撞壁面而產生壓力，以致壓力會迅速上升，形成壓力波或衝擊波現象，稱為爆炸。

　　第二次大戰時發現控制原子裂變（Atomic Fission），使其成為一個鏈式反應，從而製造原子彈（Gisborne 2004）。鏈式反應可比較於一連鎖信件；當你收到一個送出二、三或四個。這些信件的收件人每個之一，同樣送出二、三或四個。這件事就像野火（Wildfire）一樣蔓延。生產原子彈的第一個問題是沿著這條鏈式反應線。這個問題是取得某些化學物，以足夠的數量和布置進行組裝，稱為「臨界質量（Critical Mass）」，鈾原子永久分裂的過程中插入兩個其他的元素：鋇（Barium）和氪（Krypton）原子。早在1939年，在這個分裂的巨大能量被釋放，然後分裂的過程反過來釋放更多的能量，於其他鈾原子分裂成更多的原子，只要有一個合適的燃料是供應在一適當的安排和條件下，該過程則持續一直加速。因此，原子物理學家的工作是能產生這種連鎖反應，而尚未能控制（Gisborne 2004）。而消防工作是簡單的，僅僅是在控制火燒的分子鏈反應。正如你可以看到，如果加熱燃料中一個分子至起火點，起火的是一個類似上述的過程，其不斷從$C_6H_{10}O_5$變化成CO_2和H_2O的過程中，可能會釋放足夠的能量，點燃其他幾個相鄰$C_6H_{10}O_5$分子。如果燃料是處在一個關鍵條件（足夠乾燥），相比於臨界質量（足夠大），這個過程就變成了一連鎖反應，不僅能像野火一樣未受控制蔓延。鑑於核物理學家在燃料中仔細在原子反應堆（Atomic Pile）進行排列，又森林中燃料會定期地進入這樣的連鎖反應開始，當隨時隨地的火花在適當的條件下（乾燥）造成起火蔓延。如果上述是聽起來很牽強或太學術，但請注意一個事實，當森林中的燃料是處在一種相當臨界條件（Critical Condition），也就是說，在極為乾旱時，分子鏈反應將是猛烈的，一旦其鏈式反應開始進行，滅火人員也無法控制停止，正如無法停止的原子彈一樣（Gisborne 2004）。此外，在過去美國所發生的一些大規模林火，其燃燒的形式與所接近的速度，甚至相同於原子彈幅度。美國加州這幾次大型火，可能會看到一些林火快速燃燒氣體規模，如爆炸似的，其林火蔓延在1或2分鐘時間就能涵蓋幾個平方英里的面積（Gisborne 2004）。

　　記住，有這種連鎖反應之概念，假使在評估一場林火可能大小規模（Size Up）時，無論是以一個整體或一部分做評估時，在極為乾旱情況下，按照燃燒三個基本要素，就可能計算出這種可能快速燃燒之爆炸機率。如果能做到這一點，就能夠拯救自己和其他第一

線滅火人員的生命，以及改善林火控制戰術。

　　然而，有一基本的準則，以爆炸性的速度觀看，在試圖預測分子鏈式反應情況，燃料含水量是一重要因子，因其是水分含量，不是質量（Mass），也非體積（Volume），沒有尺寸（Size），也沒有燃料的排列問題，其為首要判斷林火是否能真正出現爆炸似燃燒之要素。但應記住，這水分含量是能從燃料中快速測量出來（Gisborne 2004）。

　　因此，森林燃料起火，火的起火和擴散受熱裂解、熱傳和燃燒的物理化學過程控制（Albini 1992）。如上所述，只有當熱源、燃料和氧化劑三者同時存在於相同的物理空間中，在足夠高的溫度下才能發生反應，才能觸動燃料燃燒的啟動步驟。在木質燃料的特殊情況下，熱量傳遞到植被，使得燃料的溫度升高。超過一定的「起火」溫度（約300°C），植被以高速釋放易燃的氣體燃料：這是熱裂解過程（Pyrolysis Process）。氣體燃料與氧氣反應，這是火焰燃燒釋放熱量過程（Releasing Heat）（圖1-6）。基本上，在起火之後及從其熱傳到相鄰燃料的熱量足夠高，以能使其起火，進而形成林火蔓延情況（Fire Spread）（Dupuy and Alexandrian 2010）。

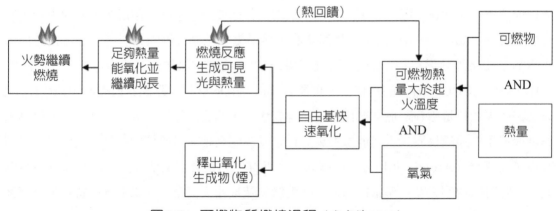

圖1-6　可燃物質燃燒過程（盧守謙 2017）

　　此外，根據質量守恆定律，火不會使被燃燒物的原子消失，燃燒物只是從化學反應轉變了分子型態。基本上，火為可燃物與助燃物（還原性物質與氧化性物質）兩者起化學反應，此種需為放熱反應，且放熱大於散熱之速度，如此則能使反應系之溫度上升，至發出光現象。

　　因此，燃燒是許多類型的氧化過程之一。這過程將含有碳氫化合物的燃料與氧氣結合起來，產生二氧化碳、水和能量。氧化是光合作用的逆過程，光合能量是與二氧化碳和水結合，來產生有機物質的。氧化速度可以從塗料中亞麻籽油塗層的緩慢硬化，到石油

化學產品的瞬間爆炸，而形成不等變化。而燃燒必須在高溫下，才能產生迅速的鏈式反應（van Wagtendonk 2006）。

第二節　起火步驟

　　起火是一種燃料、氧氣和熱量輸入特定位置和特定時刻的組合結果。燃料顆粒的熱裂解（Pyrolysis）階段是吸熱的（即吸收能量），而釋放可燃氣體後的燃燒階段是放熱的（即釋放能量）。森林燃料熱裂解是其纖維素和相關化合物之一種複雜熱分解（Thermal Decomposition）過程。通常，燃料先受高溫熱裂解後，再產生分解可燃氣體和蒸氣，釋放到空氣中與氧混合。當這些可燃氣體和蒸氣以足夠速率產生時，通常能出現火焰燃燒現象；如下圖以火柴棒為例，受高溫熱裂解起火現象。

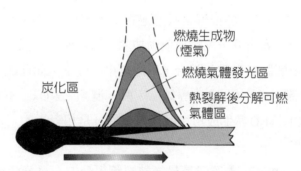

　　　　　　　　　　　　　　　　　　　　　燃燒生成物
　　　　　　　　　　　　　　　　　　　　　（煙氣）

　　　　　　　　　　　　　　　　　　　　　燃燒氣體發光區

　炭化區　　　　　　　　　　　　　　　　熱裂解後分解可燃
　　　　　　　　　　　　　　　　　　　　　氣體區

圖1-7　火柴棒受高溫熱裂解起火燃燒過程
（International Biochar Initiative 2015）

　　在木質燃料熱裂解反應中，於第一階段產生揮發性氣體、焦油與焦炭，其中焦油又發生第二階段熱裂解反應，生成揮發性氣體與焦炭；如圖1-8所示。

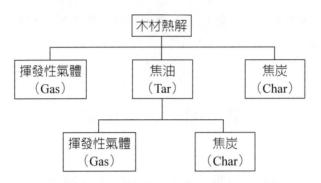

圖1-8　木質燃料二階段之熱裂解反應（盧守謙 2017）

森林燃料起火燃燒能分4個步驟，如下（Ubysz and Valette 2010）：

第一步驟當溫度到200℃時，釋出水分之吸熱過程，當熱源與可燃物反應時，可燃物表面結構分子會吸收熱量，表面溫差形成溫度梯度，表面分子熱物理運動使分子間距加大，在此步驟之內部水分會逐漸蒸發（Vaporised）至完全釋放出水蒸氣，半纖維素熱裂解出不燃生成物如H_2O、CO_2與醋酸，此步驟是一吸熱狀態。

第二步驟在200～280℃，熱裂解之吸熱過程，大部分水已釋放，進入熱裂解步驟與空氣中的氧氣產生混合，表面分子熱物理運動加劇，溫度梯度一直升高，使各原子間熱力平衡產生斷鍵，各原子間脫離又重新組合，形成更小之分子，如此纖維素經歷熱裂解及分解過程，產生微量有機可燃物如CO、醇類、甲醛、醚類、NOx、SO_2、丙烯酸等，及非可燃性CO_2、Cl_2、HCl、H_2O等生成物。但所產生的量是相對小的。這個步驟與第一步驟一樣，仍然是吸熱狀態。

第三步驟在280～500℃，木質素是最後熱裂解組分，高溫分解出可燃氣體，煙之放熱過程，熱裂解範圍擴大，可燃物本身分解更多氣相產物，這些氣相分子聚合較大直徑之芳香或多環高分子化合物，進而形成碳顆粒。由於氣體分子熱對流作用，使得有機物氣化後殘留碳顆粒，大部分也隨之揮發。這種大直徑氣化產物和顆粒開始產生煙層，初始顆粒子是人類視覺及嗅覺無法察覺的，隨後會形成有色煙霧粒。而煙霧顏色根據可燃物所含物質分子結構不同，而由白煙（水蒸氣）至微黃（可燃揮發物）直至黑煙（主要是碳粒）。此步驟反應最為激烈，是木材起火過程的關鍵步驟，為放熱反應。

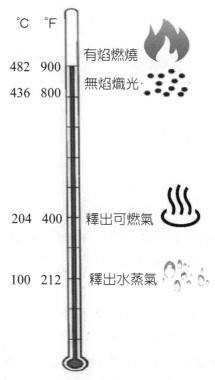

圖1-9　森林燃料起火燃燒步驟

　　第四步驟在溫度500℃以上，火焰之放熱過程，因熱裂解物理運動加劇化學反應，以致煙霧越來越濃，木質部氣化，揮發1～4個烴類可燃氣體，纖維素中的碳分解更小的炭（Charcoal）殘餘物。氣化產物愈來愈多，伴隨氣化產物產生二次分解，並與空氣中氧反應形成無焰之悶燒過程，繼續蓄熱至某一臨界點出現震盪火焰狀，並逐漸形成穩態之火焰燃燒；延伸閱讀請見第2章第2節部分。

　　著火是引發自行持續的燃燒過程。若沒有外界起火源而著火，係為自燃現象。物質的著火溫度是指某一可燃物質達到起火的最低溫度。通常物質起火溫度顯著低於其自燃溫度。以上步驟簡化為以下過程，如表1-1所示。

表1-1　森林木質燃料起火燃燒步驟

步驟	溫度（℃）	木材部位	熱裂解及分解產物	反應
一	～200	半纖維素	受熱使分子間距加大，釋出不燃氣體如水蒸氣、二氧化碳	吸熱反應
二	200～280	纖維素	進入熱裂解，分子熱物理運動加劇斷鍵，釋出可燃氣體如一氧化碳等	吸熱反應

步驟	溫度（℃）	木材部位	熱裂解及分解產物	反應
三	280～500	木質素	熱分解出更多氣相分子，如高分子化合物與煤微粒	放熱反應
四	500～	木質部	氣化後悶燒，形成殘餘炭	放熱反應

（Beall and Eichner 1970）

在一場林火（Fire Initiation）發生過程中，可區分兩個階段：

1. 起火現象（Fire Ignition）。
2. 林火初始延燒（Fire Initial Extension）（Ubysz and Valette 2010）。

因此，起火從上述得知是燃料反應重新組合（Regroups），為一種能量輸入（Energy Inputs），先吸熱階段的水分蒸發乾燥和熱降解（Thermal Degradation），後為放熱階段的可燃氣體和木炭燃燒；能量透過熱傳導（接觸）、輻射和對流而輸入燃料本身（Ubysz and Valette 2010）。

林火初始延燒（Fire Initial Extension）是透過位於靠近起火點的燃料顆粒燃燒，連續性燃料逐步（Step-By-Step）起火。在這初始階段，如果燃燒條件穩定，並且燃料均勻，則火線（Fire Front）傳播的模式是圓形（Circular）擴展面積；圓的中心是起火點，圓的半徑與火的蔓延速度有關。火線擴展形狀將由燃燒條件（季節風或陣風）和局部燃料不均勻性（Heterogeneities）或地形的變化，而改變其周長形狀（Ubysz and Valette 2010）。

圖1-10　林區實驗起火18分鐘後，以消防水線撲熄後呈現橢圓狀周長（紅白柱子為起火點）（盧守謙 2011）

　　無論火燒面積（Burned Area）最終規模如何，無論滅火人員面臨的問題是如何的困難，最終也會使林火停止。而人命損失和相關損失如何，所有林火的初始階段都是共同的，即一起火源。每一場災難性的林火，總是先有一特定點的小區域起火，儘管現在使用最新的預防手段和滅火手段，來減少火強度（Intensity）和蔓延速度，但起火區域在初始階段按照本身的動力（Own Dynamic）發展，並且會繼續蔓延；如能即時採取人為介入干預，通常是能相對容易來使其撲滅的（Ubysz and Valette 2010）。

圖1-11　快速發現初期火勢並採取有效動作，即能撲滅

　　一般來說，工業和建築結構火災是在封閉空間內起火，燃燒階段的第一步會非常迅速地消耗氧氣，並產生大量黑色和有毒煙霧。林火是大氣開放火燒，氧氣不是限制因素；不過，這種濃煙也可在大型林火中產生。因此，滅火人員和野地管理人員因森林地表上燃料連續性問題，無法像建築物之防火區劃來限制氧氣或燃料供給，而需採取快速有效滅火戰略（Parameters），以限制燃燒釋放的能量及蔓延。

第三節　起火機率（Ignition Probility）

　　森林中並非所有的起火都會導致林火，如以雷擊或飛火星（Firebrand）之起火行為，必須符合下列四個階段（Deeming et al. 1977）。

1. 首先，必須接觸到燃料。

2. 一旦接觸，足夠熱能使燃料中的水分進行蒸發脫水。

3. 然後燃料的溫度必須升高到熱裂解現象（Pyrolysis）（van Wagtendonk 2006）。

4. 最後，裂解成可燃氣體溫度到起火點。

就如飛火引發林火的機率，是取決細小枯死燃料含水量（1小時時滯燃料含水率）、燃料溫度、表面積與體積比和包裝率，以及飛火星本身屬性如溫度、熱釋放率、燃燒的時間長短，以及是有焰或是無焰型態（Glowing）等函數（Deeming *et al.* 1977）。在美國大多數林火行為預測系統中，使用細小枯死燃料含水量、空氣溫度和遮蔭百分比（Percent Shading）來計算起火機率（Rothermel 1983）。除此之外，美國林火危險率體系（National Fire Danger Rating System）中的起火成分，還包括林火蔓延，以確定是否需要派遣人為干預來進行滅火動作的可能性（Deeming *et al.* 1977）。

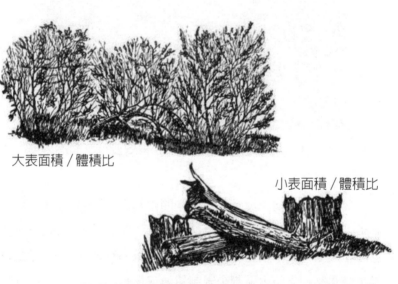

大表面積／體積比

小表面積／體積比

圖1-12　燃料之表面積與體積比絕對影響林火引發之機率

Latham and Schlieter（1989）使用電腦模擬雷電放電行為，發現針刺短尾松（*Pinus Contorta* spp. *Murrayana*）地表短針葉腐殖層的起火機率，幾乎完全取決於腐殖層深度。黃松（Ponderosa Pine）和西部白松（*Pinus Monticola*）之長針葉的枯落層和腐殖層之燃燒，主要是取決於其含水率。雷電起火也取決於電弧的持續時間，雷擊的時間長度，為是否起火之關鍵（van Wagtendonk 2006）。

Arnold（1964）發現，只有25%閃電以長時間放電，會起燃森林燃料開始了林火。在美國Yosemite國家公園於1985～1990年發生7,250次雷擊，產生了361次林火，起火機率僅為5%（van Wagtendonk 1994）。許多閃電可能會導致林火的程度不夠大，以致無法

檢測到，並且在找到火勢之前因燃料或地形因素就已熄滅，其他閃電也可能擊中了岩石、雪或其他不可燃物質，而未形成起火（van Wagtendonk 2006）。

　　由於起火取決於枯死和鮮活生物量的含水量，前期的氣候（Antecedent Climate）和周圍的氣候條件，對起火時間有顯著的影響。即起火所需時間的長度，在很大程度上取決於植被特性。連續幾日炎熱乾燥的天氣，可使高聳的草原乾燥到足以維持火燒，而原始溼潤的熱帶雨林之起火蔓燃延（Sustain a Fire），則需幾個月持續炎熱乾燥的天氣（Bond and Keane 2017）。因此，木本生態系統中的大多數火燒，尤其是大規模林火，通常與罕見的長期乾旱事件（如El Niño條件產生的乾旱事件）有關。相反地，乾旱草地生態系統中的大型火燒，會受到燃料供應的限制。林火產生自己的熱量，在炎熱、乾燥和多風的情況下，形成正面的回饋（Positive Feedback），透過火線前逐漸預熱植被乾燥，來擴展林火面積和強度（Bond and Keane 2017）。

　　林區地表燃料起火機率，對控制焚燒規劃和實施是非常重要的（Tanskanen *et al.* 2005；Fernandes *et al.* 2008），並決定林火能否蔓延起火（Lin 1999；Plucinski *et al.* 2010）。也就是說，起火機率受起火源大小、燃料種類與其含水率、風速、溫度和溼度所影響（Lawson *et al.* 1994；Lin 1999, 2005；Plucinski and Anderson 2008）。此外，燃料量調查對燃料起火管理也是必要的，且燃料量和坡度亦是起火重要影響參數（Weise *et al.* 2005；Zhou *et al.* 2005a, 2005b）。

圖1-13　海岸木麻黃林床地表燃料量調查（1m×1m正方形面積），是起火管理重要項目（盧守謙 2011）

第四節　起火含水率與熄滅含水率

一、起火含水率

　　燃料含水率是林區燃料起火程度最大影響之變數（Anderson 1969；Blackmarr 1972；Luke and McArthur 1978；Green 1981；Atreya 1998），其已成為林區起火和林火蔓延之最主要變數；由許多文獻所進行的研究顯示，其是一個關鍵因素，如起火之機率（Blackmarr 1972；Wilson 1985；de Groot *et al.* 2005）、起火時間（Albini and Reinhardt 1995；Dimitrakopoulos and Papaioannou 2001）。而燃料含水率在林火蔓延中，也扮演決定性的作用（Rothermel 1972；Albini 1985；Cheney *et al.* 1998；盧守謙等 2009）。另一方面，枯死燃料含水率的評估也是林火危險率、控制焚燒和滅火活動所考量之重要參數（de Groot *et al.* 2005）。

　　林區地表燃料起火過程，代表燃燒由穩定的未反應狀態（Byram 1959），進入激烈化學反應的燃燒狀態（Anderson 1982）；延伸閱讀請見第1章第2節部分。起火除受上述火源大小影響外，燃料本身粒子與粒子之間的關係，亦是重要影響起火之參數（Wilson 1985）。由於起火前所需能量，有一部分需先行蒸發燃料內部所有水分（Dimitrakopoulos and Papaioannou 2001），一般起火延遲時間，是指固體燃料粒子在起火前曝露到熱源，進行化學降解（Decomposed，指裂解及分解）之延遲而言（Wotton and Beverly 2007），此相對於氣體燃料如瓦斯，延遲一旦終了隨即進入燃燒火焰之階段（Hely *et al.* 2001），起火延遲時間是成反比於燃料顆粒表體比（Rothermel and Anderson 1966；Brown 1970a 1970b；Gill *et al.* 1995）。但亦有學者持不同看法，指出起火機率主要取決於對火源大小和類型，而不論燃料含水率或是氣溫、燃料床體積密度等（Blackmarr 1972；Stockstad 1979；Countryman 1983）。因此，如增加起火能量，勢必可大幅增加起火機率，許多文獻已在田野火燒（盧守謙 2011，Lawson *et al.* 1994；Lin 1999, 2004；Tanskanen *et al.* 2005；Wotton and Beverly 2007；Fernandes *et al.* 2008）和實驗室中（Lin 2005；Plucinski and Anderson 2008），來確定枯落層燃料起火和蔓延之臨界值。

圖1-14　林區實地引燃實驗，以一粒棉球點火置於圓圈中心點，假使可自行延燒至邊圈半徑15cm，則判定引燃成功（盧守謙 2011）

　　在臺中港防風林區使用Logistic模式，以FFMC值為參數之林火發生機率，在野外樣區進行引燃實驗，Logistic迴歸方程求解參數是採用最大概似法（Maximum Likelihood），本實驗經Logistic迴歸以0.5為分割點，結果（圖1-15）成功引燃0.5機率之FFMC值為88.09（盧守謙等 2011b）。

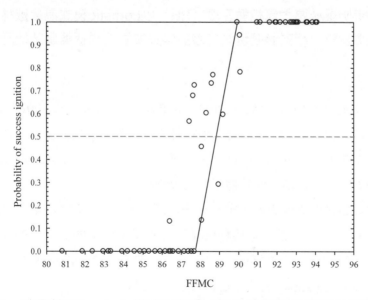

圖1-15　防風林區Logistic模式以加拿大FFMC值為參數之林火發生機率
（樣區引燃實驗，氣象資料量測位置於中央氣象局梧棲氣象站地面高度32 m）
（盧守謙等 2011b）

　　以大氣相對溼度（RH）爲林區引燃發生之機率，依大氣相對溼度值林火發生機率期間樣區引燃實驗，經Logistic以0.5爲分割點迴歸，結果成功引燃0.5機率相對溼度值爲69%（圖1-16）。

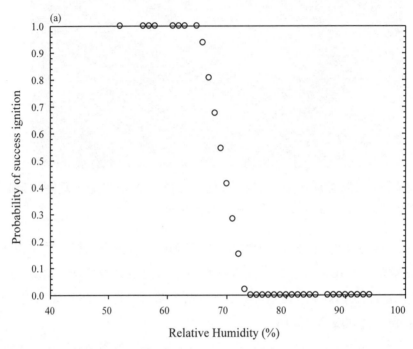

圖1-16　臺中港防風林區大氣相對溼度（RH）以Logistic模式為參數林火發生機率（野外樣區引燃實驗，相對溼度量測位置於中央氣象局梧棲氣象站地面高度32m）
（盧守謙等2011b）

　　以燃料含水率而言，Plucinski（2003）以輻射松（*Pinus radiata*）起火含水率之$m_{50} = 29.96\%$、Lin（1999）研究臺灣二葉松林使用火柴棒之$m_{50} = 27.7\%$、Guijarro *et al.*（2002）以桉樹（*Eucalyptus Dives*）枯落物$m_{50} = 22.67\%$、Blackmarr（1972）研究溼地松（*Pinus Elliottii*）枯落物同時使用三支火柴棒之$m_{50} = 29.9\%$。

　　有關林區地表燃料起火臨界值，彙整如表1-2所示，以火柴棒爲點火源之起火含水率範圍$m_{50} = 19.3\text{-}29.9\%$、以線性火焰爲點火源之起火含水率範圍$m_{50} = 8\text{-}21\%$、以模擬閃電之正極爲點火源之起火含水率範圍$m_{50} = 16\text{-}20\%$、閃電負極爲點火源之起火含水率範圍$m_{50} = 4\text{-}8\%$、其他點火源之起火含水率範圍$m_{50} = 8\text{-}25\%$。

表1-2　地被燃料含水率與不同點火源之起火臨界值

燃料型	起火源	起火臨界含水率（%）	文獻來源
Pinus Elliottii	Miniature match	19.3	Blackmarr (1972)
Pinus Elliottii	Kitchen match	21.5	Blackmarr (1972)
Pinus Elliottii	3 Kitchen matches	29.9	Blackmarr (1972)
Eucalyptus globulus	2 m line	21	Burrows (1999)
Ponderosa pine	Not specified	24 [A]	Green (1981)
Eucalyptus globulus	Spontaneous	40°C with 3.9m high pile	Jones and Raj (1988)
Ponderosa pine	Simulated lightning	16 (+ charge), 8 (-charge)	Latham and Shlieter (1989)
Mixed spruce	Simulated lightning	20 (+ charge), 4 (-charge)	Latham and Shlieter (1989)
Lodgepole pine	Matches	ISI[B] = 3	Lawson *et al.*(1994)
Dry lodgepole pine	Not specified	13.7 (calculated)[C]	Lawson and Dalrymple (1996)
Taiwan red pine	Match	29	Lin (1999)
Moist lodgepole pine	Not specified	9.5 (calculated)[C]	Lawson and Dalrymple (1996)
White spruce	Not specified	8 (calculated)[C]	Lawson and Dalrymple (1996)
Interior Douglas fir	Not specified	13.7 (calculated)[C]	Lawson and Dalrymple (1996)
Eucalyptus globulus	Not specified	20〜25	Luke and McArthur (1978)
Eucalyptus globulus	Spot ignition	15	McCaw *et al.* (1992)
Mallee-heath	200 m line	8	McCaw (1991, 1995)

[A] Extrapolated from Rothermel and Anderson (1966)rate of spread data
[B] Initial spread index (ISI)in the Canadian FBP system
[C] assuming wind=0 and drought code=50

二、燃料熄滅含水率

　　燃料熄滅含水率一直是一個不明確的概念（Jolly 2007），在一特定燃料型是由許多燃料屬性和環境參數，共同來決定火燒過程是否將持續（Wilson 1982, 1985, 1990）。基本上，熄滅含水率門檻值是不同於起火門檻值，因為前者更可能發生在燃料含水率較高的燃料（Catchpole and Catchpole 1991），熄滅火燒之所需熱量，通常是較大於起火所需熱量（Catchpole *et al.* 2001；Plucinski *et al.* 2010）。在地被鮮活燃料火燒持續蔓延時，除本身火線強度外（van Wagner 1977b），亦將取決於環境因素，如風速和燃料含水

率之重要影響（Cheney *et al.* 1998；Marsden-Smedley *et al.* 2001），通常會成爲地表水平方向蔓延之臨界值（Bradstock and Gill 1993；Weise *et al.* 2005）。

圖1-17　實驗室內燃料熄滅含水率測定：(A)木麻黃、(B)咸豐草、(C)馬纓丹與(D)大黍（無盤）（圖內中興大學森林系Logo爲15cm（長）×10cm（寬）及邊條黑白對比顏色尺度1 cm）（盧守謙 2011）

　　大多數林區枯落物火燒時，燃料熄滅含水率一般在25～40%間（Chandler *et al.* 1983；Luke and McArthur 1978）。Luke與McArthur（1978）研究指出，桉樹自行熄滅燃料含水率是16～20%，而一般松屬燃料是25～30%。在此彙整一些以林區地被爲燃料所進行熄滅含水率之研究（表1-3），顯示草本型在空中情況於有風速熄滅含水率範圍18～95%，而無風速熄滅含水率範圍35～50%；灌木型熄滅含水率在8%，而無地被型熄滅含水率在16～21%。

表1-3　地被燃料含水率與環境風速之熄滅臨界值

燃料型	風速（m/s）	燃料層	熄滅臨界含水率（%）	文獻來源
Grassland	-	Elevated	50	Walker(1979)
Grassland	< 2.8	Elevated	20	Cheney and Gould (1995)
Grassland	> 2.8	Elevated	24	Cheney and Gould (1995)
Grassland	Backfire	Elevated	18	Cheney and Gould (1995)
Hummock grass	15 (gust)	Elevated	24	Gill *et al.*(1995)
Hummock grass	-	Elevated	35	Burrows(1999)
Buttongrass moorland	1	Elevated	LP[A] 42/ MP[B] 67	Marsden-Smedley *et al.*(2001)
Buttongrass moorland	2	Elevated	LP[A] 61/ MP[B] 83	Marsden-Smedey *et al.*(2001)
Buttongrass moorland	3	Elevated	LP[A] 77/ MP[B] 95	Marsden-Smedley *et al.*(2001)
Mallee shrubland	-	Shallow litter	8	McCaw (1995)
Forest	-	Litter	20	Cheney (1990)
Forest	0～1.5	Elevated	16	Buckley (1993)
Forest	0～1.5	Surface litter	25	Buckley (1993)
Forest	0～1.5	Litter and twigs	19	McCaw *et al.* (1992)

[A] Low Productivity (LP)；[B] Medium Productivity (MP)

第五節　滅火原理（Fire-fighting Basic Theory）

　　本章第1節所述火之形成除有三要素外，也必須具有連鎖反應，即火之四面體。所以，在滅火上是可以多元的，原理是使其四缺一，無論是缺哪一個，僅需少一要素，火即熄滅。亦即火被撲滅能透過四種方法：降低溫度（冷卻法）、拿走或關閉燃料（移除法）、隔離氧氣（窒息法）、抑制化學鏈之連鎖反應（抑制法）。

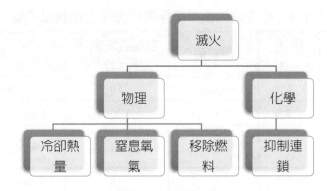

圖1-18　滅火方法有物理法與化學法（盧守謙 2017）

圖1-19　滅火原理係針對火四面體其中之一（盧守謙 2017）

一、冷卻熱量（Temperature Reduction）

　　滅火最常用的方法之一就是使用水進行冷卻，這也是目前各國消防隊最常使用的滅火方法，以消防車裝載水（有3,000L水箱車及8,000～12,000L水庫車），或是林區湖泊、蓄水池。滅火原理是水遇熱轉化成水蒸氣，帶走高熱；以1公升水可吸收2,500 kJ熱量，對森林燃料滅火能力相當佳。

圖1-20　林火控制使用水是最快速有效的滅火劑（WWF 2016）

1. 阻燃劑有些是利用燃燒過程中吸收熱量，達到阻燃效果，如氫氧化鋁阻燃劑在
   300℃能產生分解反應，並吸收相當熱量。

$$2Al(OH)_3 \rightarrow Al_2O_3 + 3H_2O - 1.97 \text{ J/g}$$

2. 林火溫度的降低取決於水流大小與應用方式，當射水時能以液滴或噴霧形式
   （Droplet Form），其能涵蓋了更多的表面積，而得到最佳吸收熱量之效果（圖
   1-21）。

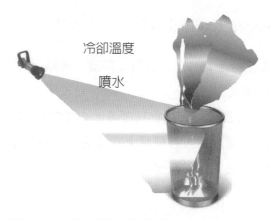

冷卻溫度

噴水

圖1-21　用水以冷卻熱量（盧守謙 2017）

二、隔離燃料 (Fuel Removal)

林火與燃燒不同之一，即林火需要一定火載量 (Fire Loading) 使燃燒能延續維持。因此，將燃燒物質與未燃之燃料予以隔離，即是一種滅火方法。

1. 將著火物質鄰近可燃物移走，如林火砍掉火勢前方一排樹並移除，即開闢防火線來控制火災；或使用以火攻火 (回火或控制焚燒) ，以小火燒除大火前方之燃料，使大火所需燃料源中斷。

2. 將正在燃燒物體移至無燃料處，如燃料中樹幹或木堆，將其移至道路或空地處。

3. 將正在燃燒物體分成小堆，使火勢減弱，並個別撲滅，如落葉厚堆積或煤炭堆深層火災，使用圓鍬進行挖掘，並切割成小堆狀再行滅火。

4. 以堆土機把地表植被層堆除，移除燃料。

5. 讓火在區塊燃燒，直到該區燃料都消耗掉而熄滅。

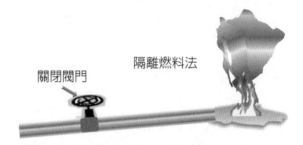

圖1-22 關閉閥門以隔離液體或氣體燃料源 (盧守謙 2017)

三、稀釋氧氣 (Oxygen Exclusion)

將空氣中氧氣21%濃度降至15%，火就難以持續；得知火對氧氣需求比人類還迫切。因此，使其缺氧是較快的滅火方法。

1. 油鍋起火以鍋蓋、電視機起火以棉被覆蓋，或是當身體衣服起火了，在地上滾幾圈即可將火熄滅；但要注意，這種滅火方法是要完全窒息，不能有任一縫隙。

2. 林火中以土堆覆蓋，進行窒息滅火。

窒息滅火

圖1-23　稀釋或隔絕氧氣之窒息法（盧守謙 2017）

四、抑制連鎖反應（Chemical Flame Inhibition）

以化學抑制作用需使用滅火藥劑，滅火中遊離基結合，破壞或阻礙連鎖反應。化學抑制滅火劑如乾粉對氣體和液體燃料滅火是有效的，因其火焰燃燒才有連鎖反應。但乾粉使用於固體類火災，因其冷卻效果有限，滅火後高溫會形成復燃現象，且對悶燒火災卻是無法澈底撲滅，因悶燒並無連鎖反應。

1. 乾粉或鹵化烷捕捉自由基，使活化分子惰化，抑制連鎖反應。
2. 鹵系阻燃劑利用燃燒過程中釋放鹵（HBr），與HO自由基反應生成H_2O，使自由基減少，達到阻劑作用。
3. 林火使用空中滅火，撒滅火藥劑，破壞或阻礙燃燒連鎖反應。

抑制連鎖反應

圖1-24　乾粉滅火器抑制連鎖反應（盧守謙 2017）

因此，森林燃料一旦被點燃，熱量就會從燃料中產生；而滅火措施則是基於火三角或火四面體之間的連結打斷。如隔除燃料在火線前挖了一個溝槽（Trench），保持溝槽另一側燃料能遠離受熱到燃點；又當我們擴大溝槽，使用水或切斷氧氣的供應，當我們移除

燃料、使用水或掩埋燃燒的木塊，可以停止任何林火蔓延；或是空中飛機撒下乾粉滅火劑時，即是切斷燃料分子間鏈式反應。因此，每一個滅火方法是基於這四個簡單要素中的一個或多個（Gisborne 2004）。

第六節　結論

　　火這個字源自於希臘語「pyra」，意為熾熱光燼（Glowing Embers）。作為一位消防人員，將都市火災視為敵人，它是一種野獸之本性且具危險與破壞性，威脅建築物內人民生命與財產，而必須盡最大可能予以立即控制和撲滅。但是，火在自然界中所扮演的角色，卻與具破壞性之都市火災意義迥異；大部分人經常把火視為破壞性的一個力量，但是對自然界而言，這是生態上必要轉變的一個過程。火把一種形式的能量變換成另一種形式，以這種形式，火燒後細粒灰燼更容易供植物成長利用；亦即火是自然環境中一種重要再生力量，有時被視為敵人，有時則為朋友，並且它的影響經常在這二個極端之間混合。

　　物質本身不會主動發生燃燒，絕大多數物質是因為受熱（外內在）分解產生可燃氣體分子，達到起火溫度時發生燃燒現象。實際上並非是物質本身在燃燒，以固體而言，絕大多數是分解的可燃性氣體與氧氣結合燃燒，產生水、二氧化碳或一氧化碳等。所以，森林燃燒在火災學上係屬分解燃燒型態，必須有一定足夠熱源，始足以使木質燃料分子運動快速產生熱分解可燃氣體。因此，森林防火上主要關鍵是在熱源上，尤其人為熱源是可以透過管理來加以防止的。

　　控制林火最佳滅火方法是用水，但實際上對於大多數林區來說，供水是有問題的，因水源往往很遠，需要長距離設置抽水設施和運輸。此外，林火多發生在季節性或一年乾旱的地區。撲滅林火需要大量的水，然後導致一些國家農業灌溉等其他重要用途的短缺。大規模的林火也會影響一個地區所有住戶的用水。隨著森林的流失，其保水功能和提供用水戶的平衡效應也隨之喪失。相反地，水迅速流出燒毀的礦土表面，可將土壤侵蝕到基岩。因此，適當的滅火措施取決於林火類型。在發生地表火的情況下，創建防火線可以提供幫助。在這種情況下，透過控制焚燒來清除幾公尺寬的燃料帶，以使火勢不會蔓延，但是一定規模林火所產生飛揚火焰或火星（飛火），可能會越過防火線，這些概念會在本書稍後幾章進行解說。

第二章 森林延燒

　　森林有機物質起火現象，不僅包含極其複雜的化學過程，也包含複雜的熱物理過程，如熱傳導、對流及質傳過程，以及這些過程間相互作用。一般而言，燃料和氧分子產生化學反應之前，需先激發成活性狀態。經化學反應後，燃料和氧產生其他受激分子以及熱量。若具有足夠的燃料和氧，以及足夠數量的受激物質，則將以連鎖反應的形式產生有焰燃燒之起火現象。一旦森林起火後，受到火環境（燃料、地形、氣象等）影響，而產生各種林火延燒現象。本章探討了森林如何延燒之熱傳作用、延燒機制、延燒原則、有焰與無焰延燒等分析。

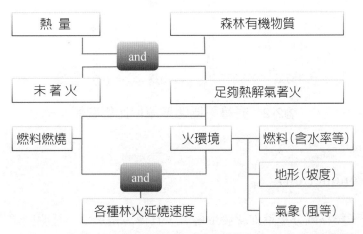

圖2-1　森林起火後受到火環境影響產生林火延燒現象

第一節　熱傳

　　從火三角的概念可得知熱能是燃燒必要條件之一，燃燒一旦開始，重要的是了解火如何藉熱能傳遞而持續進行（Cottrell 1989）。這種傳遞熱能的現象稱做熱移動，其有三種不同方式進行熱傳（Heat Transfer），分別為傳導、對流和輻射。

　　林火之起火與延燒，於森林燃料上大多的反應，係取決於燃料的尺寸大小、包裝率、是否枯死或鮮活燃料（van Wagtendonk 2006）。基本上，火燒是一種熱量傳遞之結果；對熱傳即熱量或能量轉移之理解，是了解火行為和林火過程之關鍵。熱傳發生之基本

條件是存在溫度差異，根據熱力學第二定律，熱傳之方向必須往溫度較低移動，溫度差就是構成熱傳之推動力（Driving Force）。兩物體接觸中較冷部分會吸收熱量，直到兩物體是處在相同的溫度平衡情況。事實上，熱傳對一物質而言，是一種熱損失。

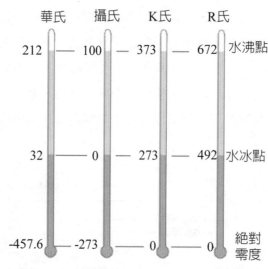

圖2-2　各種不同溫度單位比對關係

一、傳導（Conduction）

　　當熱量從分子轉移到分子時就會發生傳導，且傳導是透過不透明固體傳遞熱量的唯一機制。傳導使燃料溫度升高，使水從固體燃料中排出，當火焰直接接觸未燃燒的燃料時，也會發生傳導（van Wagtendonk 2006）。

　　固體的傳熱方式主要是傳導，熱從高溫的物體傳到低溫的物體，即固體溫度梯度內部傳遞的過程。基本上，在固體或靜止流體（液體或氣體）中，熱傳導是由於物體內分子、原子、電子之無規則運動所造成，其是一分子向另一分子傳遞振動能的結果。各種材料熱傳導性能不同，傳導性能佳如金屬，其電子自由移動，熱傳速度快，能做熱交換器材料；傳導性能不良如石棉，能做熱絕緣材料。以物質三態熱傳導性為固體 > 液體 > 氣體。依傳立葉定律（Fourier's Law）指出，在熱傳導中，單位時間內通過一定截面積的熱量，正比於溫度變化率和截面面積，而熱量傳遞的方向則與溫度升高的方向相反；以上都是影響熱傳導之主要因素。以下請讀者思考一下！把1張A4紙完全貼在牆壁上，以打火機進行引燃A4紙，卻無法使其點燃，為什麼？又引燃1張拿在手上時，從邊緣或中央位置何者較易點燃？為什麼？如果你可正確回答此問題，表示你已有相當專業燃燒觀念。這也就是熱

傳導之因素所致，如貼在牆壁紙張受打火機之外在熱量，但接收熱量一直被牆壁熱傳導擴展出去，無法使熱量累積至紙張能點燃或是自行延燒的程度。而點燃紙張邊緣會比中央位置快，因邊緣空氣為不良熱傳導體，易使邊緣熱量累積至燃點。

傳導（Conduction）

熱（Heat）

金屬桿
（Metal Rod）

圖2-3　傳導例：因從火焰熱量造成分子運動，溫度沿著金屬桿上升（盧守謙 2017）

二、對流

　　流體整體運動引起流體各部分之間發生相對位移，冷熱流體相互摻混引起熱量傳遞過程。不同的溫度差導致整體密度差，乃是造成對流的原因。對流熱傳因牽扯到動力過程，所以比直接熱傳導迅速。燃燒的氧化劑是來自周圍的空氣，靠重力或是其他加速度來產生對流，上方將燃燒產物帶走，下方補充氧氣，使其供氧繼續燃燒。若沒有對流，燃料起火後會立刻被周圍的燃燒產物及空氣中不可燃的氣體如CO_2包圍，火會因沒有足夠氧氣而熄滅。又對流是由熱空氣或液體中運動所形成的熱傳遞；如在玻璃容器中水受到加熱，能透過玻璃觀察到其在容器內的移動。如果木屑被加入水中，這種運動則會更明顯。當水被加熱會膨脹變輕，因此向上移動。由於熱空氣向上移動時，下方冷空氣會取代其位置。又如睡覺時蓋棉被，主要是可以防止棉被內外空氣的對流而保持體溫；喝熱水時，若嫌其太熱，常用口吹氣，這是因為吹氣時，空氣發生對流作用，把表面熱迅速帶走。對流是熱量在氣體或液體中的運動。當把手放在燃燒上方時，可感覺到熱量正在對流。當林火時，由於燃燒熱的前鋒升溫，對流能將熱量傳遞至樹冠層，並在火焰前預熱燃料。這可能導致樹木的火炬現象（Torching），並形成樹冠火。

對流傳熱能時，能透過風力和地形陡坡而得到加強，並且在火焰前方之下風處形成飛火星（Firebrands），再產生新的火勢，此稱爲飛火（Spotting Fire）（van Wagtendonk 2006）；此延伸閱讀請見第4章第2節部分。當空氣受熱時，體積變大（壓力差），密度變小，故熱空氣上升，冷空氣下降，亦即對流是由溫度差引起密度差驅動而產生的。

表2-1　空氣密度為溫度之一種函數

溫度（K）	密度（kg/m³）
280	1.26
290	1.22
300	1.18
500	0.70
700	0.50
1100	0.32

（Drysdale 1985）

對流（Convection）

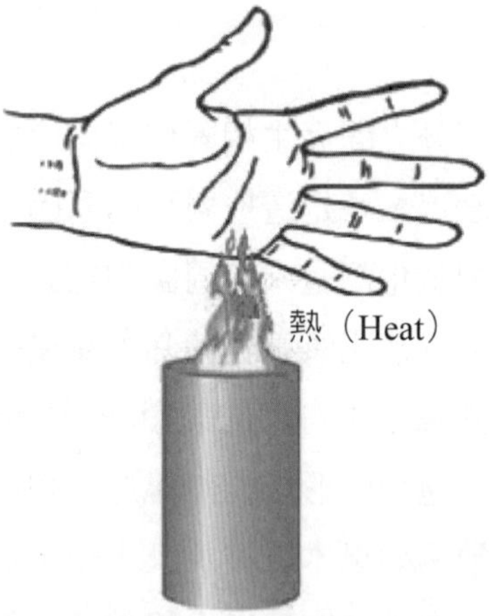

熱（Heat）

圖2-4　對流例：從受熱液體或氣體，熱能產生轉移現象（盧守謙 2017）

三、輻射

輻射傳熱是透過透明固體、液體和氣體以直線形式產生。輻射預熱燃料，並可能導致自燃發火。這種熱量是當人們站在火焰前可感覺到的，其與火焰處的距離平方成反比。如

果你向燃燒火焰移動一半的距離，輻射會得到四倍的熱量差異。這就是爲什麼由於風傾斜或斜坡靠近相鄰燃料的火焰，在預熱和乾燥這些燃料方面更有熱效率（van Wagtendonk 2006）。不需任何物質當媒介，直接由熱源傳輸方式爲輻射，當物質內原子或分子中之電子組成改變時，能量以電磁波（Electromagnetic Waves）或稱爲光子（Photons）傳輸；所有在絕對零度（0K或−273℃）以上物體都具電磁能形式輻射能量，這是物體因其自身溫度而發射出的一種電磁輻射。直接透過電磁波輻射向外發散熱量，傳輸速度則主要取決於熱源絕對溫度，溫度愈高，輻射愈強。亦即輻射強度（I）會隨著距離平方成反比關係，即距離（d）遠離1倍，則輻射強度衰減4倍（$I \propto \dfrac{1}{d^2}$）。假使一物體距離熱輻射強度8 kW/m^{2}之2公尺遠，當物體移動至4公尺遠（2倍距離），則輻射強度減少至2 kW/m^2（1/4倍強度）；換句話說，當林火逼近時感覺強烈熱量，此時迅速遠離應是降低輻射熱最佳方法。

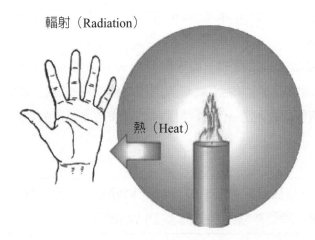

輻射（Radiation）

熱（Heat）

圖2-5　輻射例：不需介質，由電磁波造成能量傳輸現象（盧守謙 2017）

輻射是類似於可見光，不需任何介質，即使是真空環境也能進行；而熱輻射是以光速（3×10^8 m/s）進行熱傳。雖空氣是不良導體，但在森林及建築物大火，輻射是扮演火災熱傳最大之因素，尤其在油類物質燃燒中，其高溫輻射會使滅火人員難以趨近。以手掌靠近至火焰側邊，即會感覺到熱輻射之威力。太陽熱量傳達至地球表面，即使是不直接與地球接觸（傳導），也不是以氣體加熱之方式（對流），而是透過輻射波的形式進行傳輸，其熱是相類似於光波（Light Waves）之屬性，但輻射與光波之間的區別，在於週期的長度。

輻射與截面積即接受熱量之表面積成正比，在表面愈粗糙代表表面積愈大；又輻射面與受軸射面平行時，即輻射角度爲0時，承受熱量最高，輻射熱量隨輻射角之餘弦

（cosθ）而變，如向日葵會向陽光移動或太陽能板對準陽光，使輻射角度為0，能接收最太陽光量。又顏色與材質與輻射係數有關，物體之顏色愈深如黑色，輻射係數會愈大。任何物體不但能自身發射輻射熱，轉換輻射能，進行能量轉換，也能同時吸收其他發射輻射能，再轉換為輻射熱，形成輻射能相互回饋現象。因此，熱輻射與溫度之4次方成正比，這就意味著火燒溫度提高1.5倍，從298K（25℃）成長到447K（174℃），熱輻射強度將上升為5.1倍。

$$I = \varepsilon \times \sigma \times T^4$$

其中

　　I為輻射總能量（稱輻射強度或能量通量密度），W/m^2

　　ε是黑體之輻射率（Emissivity）（輻射到表面積之效率），若為絕對黑體則 =1。

　　σ是史蒂芬－波茲曼（Stefan-Boltzman）常數（5.67×10^{-8} W/m^2K^4）。

　　T為絕對溫度，K

　　依據史蒂芬－波茲曼公式得知，輻射熱量與輻射物體溫度的4次方、輻射物體表面積成正比，而物體吸收輻射熱的能力與其表面積之輻射率ε有關。如在山谷或低窪地區林火，此種輻射能回饋效應會增強，使森林燃料輻射物體之溫度的4次方加強，使大火迅速竄燒現象。

例1.　已知史蒂芬－波茲曼常數為$5.67 \times 10^{-11} kW/m^2K^4$，若一物體之溫度為300℃，放射率為0.9，請問熱輻射強度為多少kW/m^2？

解：

　　$I = \varepsilon \times \sigma \times T^4 = 0.9 \times 5.67 \times 10^{-11} \times (300 + 273)^4 = 5.46 \ kW/m^2$

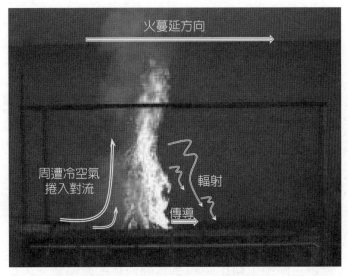

圖2-6　實驗室燃料床火蔓延行為之熱傳機制（盧守謙 2011）

第二節　延燒機制

　　誠如第1章所提及森林燃料受高溫裂解後，成爲可燃氣體之分子型態，始能與氧氣分子相結合，產生氧化發熱，形成燃燒現象。本節將森林或野地上植被燃燒發生可分三階段：即預熱（Preheating）、氣化（Gaseous）和悶燒（Smoldering）（圖2-7），來進一步說明之（van Wagtendonk 2006）。

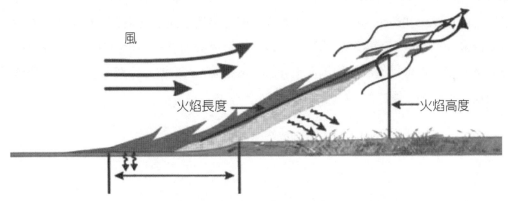

圖2-7(a)　地表火受風驅動影響（續）

（Rothermel 1972；Pyne *et al.* 1996；Cochrane and Ryan 2009）

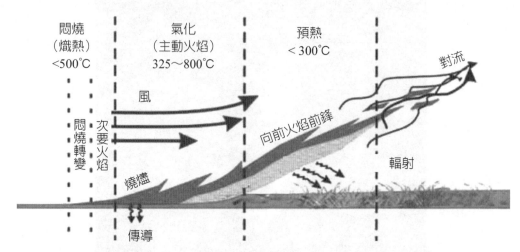

圖2-7(b)　地表火燃燒三階段，可用燃料是實際消耗的燃料量。火焰蔓延之後，進入
　　　　　無焰之悶燒現象

（Rothermel 1972；Pyne *et al.* 1996；Cochrane and Ryan 2009）

一、預熱

　　在預熱階段，火焰前的燃料被加熱，燃料中的水分被排出，其中一大部分是蒸餾
（Distilled）（Byram 1959）。固體可燃物在空氣中被加熱時，先失去水分，再起熱分
解而產生可燃氣體，起燃後由火焰維持其燃燒。燃料能以3種狀態之任何形式存在：即固
體、液體或氣體。原則上，只有蒸氣或氣相才能著火燃燒，只有少數物質可以固態形式
直接燃燒，如炭表面氧化燃燒。基本上，液體或固體燃料燃燒，是需透過受熱而轉換成
蒸氣或氣體狀態，以原子等型態與氧原子結合。燃料氣體演變可以是從固體燃料的熱裂
解過程（Pyrolysis Process），昇華為氣體，或是物質透過熱傳進行化學分解（Chemical
Decomposition）再蒸發為氣體現象；但熔點低可燃固體會先熔解為液體，或固體先熔解
再分解為液體；也可以從液體的蒸發氣化（Vaporization）或先分解[1]再蒸發至燃料氣體。
這些過程是相同的（圖2-8）。

---

[1] 一種物質進行化學反應後，生成2種以上化合物或元素的過程，稱為分解反應。

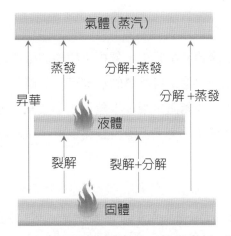

圖2-8　固體燃料以不同模式轉成氣體（蒸氣）方式（Drysdale 1985）

在熱回饋機制上，液體受熱氧化、固體受熱進行熱裂解（Pyrolysis Process）。從液體沸騰或固體裂（分）解中產生可燃性分子，在火焰中發生化學鍵斷裂，而更容易與空氣中氧氣進行混合。熱裂解是一種複雜非線性行為，在熱量作用下固相可燃物發生熱裂解及分解，以致發生揮發性產物，包括可燃性與非可燃物成分。熱分解反應同時產生可燃非揮發性炭，上述揮發性產物於固體表面上方發生氣相氧化反應，有一部分可燃性氣相揮發被空氣流迅速帶離，從而濃度不足以燃燒，而存在固相燃燒殘留炭（圖2-9）。

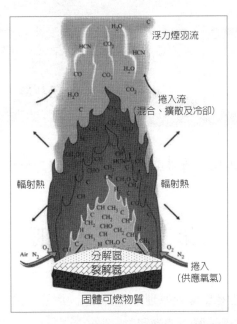

圖2-9　固體燃料熱裂解及分解氣體中捲入氧氣燃燒（DeHann 2007）

二、氣化

隨著氣化繼續被蒸餾並開始產生起火，氣相可燃物開始燃燒。在這個階段開始快速氧化，並形成活躍的燃燒前鋒。火焰來自燃燒的蒸餾可燃氣體。水和二氧化碳作為隱形燃燒產物釋放。不完全燃燒導致一些氣體冷凝，水蒸氣如小液滴或固體懸浮在火焰上並產生煙霧。燃料氣化後進入火焰轉變區，至下一階段無焰現象（圖2-10）。

三、悶燒熄滅

氣相可燃物燒完後，由有焰進入無焰之轉變現象，成為悶燒階段，火燒後留下的木炭和其他未燃燒的物質繼續無焰燃燒，留下少量殘餘灰燼（Byram 1959）。在這個階段，燃料燃燒成固體，在木炭表面發生氧化。在悶燒階段不完全燃燒的CO產物，在開放林區未構成一項人命危險問題，但在建築物火災中一直是令人關注的（van Wagtendonk 2006）。最後，悶燒高溫漸退，至熄滅情況。

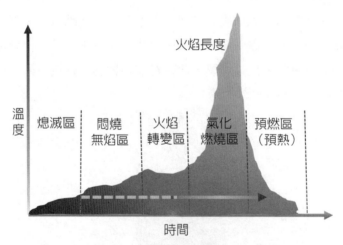

圖2-10　森林或野地上有機物質之燃燒流程

第三節　延燒原則

為進一步了解林火燃燒及延燒原理，本節進一步深入說明；相信本節及下一節讀完後，讀者對森林燃燒會有深一層之透澈認識。

一、放熱與吸熱反應

　　單就熱量於一固體型態，能自我維持燃燒反應，大多是取決於輻射回饋（Radiative Feedback）：即輻射熱提供固體熱分解或液體揮發，持續產生可燃性蒸氣之能源。當存在足夠的熱量即維持或增加這種回饋。也就是說，火勢是要衰退或成長，除可燃物外，主要仍取決於其所產生的熱量。一個正值（Positive）的熱平衡時，熱量回饋返回至燃料本身。如果熱量散失較其產生速度快，則會形成一個負值的熱平衡狀態，溫度就會下降。

　　如可以透過移除燃料、減少氧氣量或降低燃料溫度來撲滅林火。在大多數荒地林火中，燃燒是不完全的，並不是所有的燃料都會被消耗掉。因此，林火產生的熱量是少於在完全燃燒條件下發生的熱量。有些熱量是透過輻射損失的，但主要熱損失是來自於水分的蒸發所吸收熱，在這個過程中涉及四個獨立的步驟（van Wagtendonk 2006）：

1. 需要加熱以將燃料中的水升高到沸騰。
2. 必須從燃料中釋放出束縛水（Bound Water）。
3. 水必須蒸發。
4. 水蒸氣必須加熱到火焰溫度。

　　只有釋放束縛水和氣化水所需的熱量，才能被認為是真正熱損失（Byram 1959）。從熱容中減去這兩個值的結果，被稱為低熱容（Low Heat Content）或熱收率（Heat Yield）。如果燃料中的水分過多，則不能發生燃燒，如鮮活植被無法或難以起火。燃料含水率的臨界值稱為熄滅含水率（Moisture of Extinction）；此於第1章第4節討論過（van Wagtendonk 2006）。

　　基本上，反應熱是反應進行時吸收或釋放之能量。能量以不同形式表現，常見為熱能形式，由某種化學反應吸收或釋放（圖2-11）。

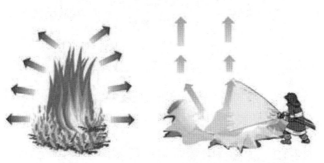

放熱（Exothermic）　　　　吸熱（Endothermic）
火燒　　　　　　　　　　水吸收熱轉水蒸氣

圖2-11　放熱（圖左）與吸熱（圖右）化學反應（盧守謙 2017）

二、蔓延速率（Combustion Rate）

誠如第1章所提及，燃燒是定義為快速氧化過程中所導致的起火，但地球上物質氧化並不總是迅速。如前所述其可能是非常緩慢的，或者它可能是瞬間的。這兩種極端都不會產生火（燃燒），這是我們所知的，其是發生在本身的現象，這種非常緩慢氧化通常稱為分解（Decomposition）。以一種油性薄膜包覆著金屬或擦油漆，從金屬表面上來隔離空氣和其氧氣，致其不能反應和氧化，而能防止生鏽（Rusting）反應；又如油性乳液抹在臉部肌膚上產生抗氧化效果，以保青春。而瞬間氧化如一個彈殼內的可燃物（火藥）被扳機撞擊點燃時，所發生的爆炸。氧化過程的速度會決定釋放熱量的速率和反應的爆發力。在氧化劑（Oxidizer）存在下，可加速燃料，如火箭推進劑，通常會從緩慢燃燒現象發展到快速之爆炸情況，有時這種規模很小，因此不是明顯的。

由於燃燒是複雜的物理化學過程，蔓延速率的快慢主要取決於可燃物與氧的化學反應速度；可燃物和氧的接觸混合速度，前者稱化學反應速度，後者稱物理混合速度。化學反應速度正比於壓力、溫度、濃度，其中壓力增高使分子間距離接近，碰撞機率增高，使燃燒反應更易進行。而物理混合速度取決於空氣與燃料的相對速度、紊流、擴散速度等，如風速。在高揮發性（Highly Volatile）液體和固體的燃燒中，常受到燃燒區內氧的流入速率所影響（圖2-12）。

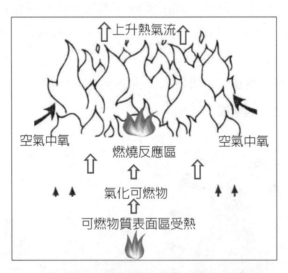

圖2-12　固體與液體物質燃燒型態（盧守謙 2017）

　　氣體分子間極易相互混合在空氣中燃燒，如氫或甲烷，是一種非常快速之過程。但固體與液體是比氣體分子間較為濃縮緊密（Concentrated）的，燃燒時必先揮發（Volatilization）轉化為氣態，這個過程需吸收相當多熱能，以分解較多揮發氣物質，這是一種活化能之概念。

　　事實上，蔓延速率（$\dot{m}$）為可燃物逐步減輕重量的速度，也是燃料質量隨著時間的損失率（g/s）。

$$\dot{m} = \frac{m}{t}$$

其中m是燃料質量（g）；t為時間（t）。

　　當粒子的的溫度由25℃上升至35℃，其運動速率增加約2%。而燃燒與化學性爆炸在實質上是相同的，主要區別在於物質燃燒速度，後者是極短時間完成之瞬間燃燒。而顆粒大小直接顯著影響物質燃燒速度，如煤塊燃燒通常是緩慢甚至是悶燒，但磨成煤粉時則產生極快速之粉塵爆炸燃燒。

　　森林燃料如木材蔓延速率（Combustion Rate），顯著受到可燃物之物理形式、空氣供給量、水分含量因素之主要影響。通常木材於熱通量10 kW/m²上即會被引燃。在木材燃燒炭化深度，被炭化之木材具有導電性，而焦炭層則具相當隔熱效果。這使得木材建築結構構件在火災期間，仍能保留一定強度。依日本學者濱田稔之實驗研究，處於無外在氣流且定溫加熱環境下的木材，在加熱時間與炭化深度（x）上，有如下關係式：

$$x = 1.0\left(\frac{Q}{100} - 2.5\right)\sqrt{t}$$

x為炭化深度（mm）；Q為加熱溫度（℃）；t為加熱時間（min）

　　從另一個角度來思考，燃料的大小，取10kg松針枯落物（Pine Needles）、10kg乾樹枝與10kg厚塊木（Log），並進行點燃上述三項。發生了不同行為嗎？松針枯落物將在幾秒鐘內釋放出熱量，樹枝將在幾分鐘進行釋放，而10kg厚塊木可能需要半小時才能釋放（Gisborne 2004）。按照不同大小的燃料，能量釋放的速率也大不相同。因此，蔓延速率快之火燒具有三重意義，如次（Gisborne 2004）：

1. 突然釋放所有的熱量，且輻射溫度將超過282℃。這意味著在林火戰術中，如果燃料是一細小燃料（如枯落葉）區域，會呈現較寬的火線，這能適用於以火攻火之回火戰術（Backfiring）。

2. 愈快釋放出熱量,將會形成愈大氣體量(指燃料熱裂解揮發出可燃性氣體),因此釋放速度愈快,溫度上升愈快。這也意味著林火戰術,其因較快的熱空氣上升,捲入吸取熾熱餘燼(Blazing Embers)的機會就愈大,產生飛火(Spotting)而越過防火線。

3. 愈快釋放出能量,往上氣流形成所產生區域風速(Local Wind)愈大,其不僅僅產生較快空氣動量,在一定規模下會形成旋風(Twisters),甚至產生火旋風(Whirlwinds)情況。

三、燃燒熱

燃燒係指氧化作用,即某一物質與氧氣生成較簡易化合物,以及能量釋放,形成發熱也發光之燃燒現象。物質危險性第一個特徵,是該物質燃燒時所產生的熱量,即燃燒熱(Combustion Heat)。燃燒熱愈大,溫度也愈高,則該燃料潛在危險愈大。一莫耳物質完全燃燒,產生液態水及二氧化碳氣體所放出的熱量,為該物質之燃燒熱。

誠如第1章所述,可燃性物質一般受高熱先形成裂解,再分解成揮發性氣體於燃料表面,此時需空氣中氧氣參與混合後,再形成燃燒行為,而空氣中氧氣濃度與燃料受熱揮發成氣體濃度,與該燃料表面上方之微小距離為一種函數關係。亦即愈靠近燃料表面之可燃氣體愈濃,而氧氣濃度愈少(圖2-13)。

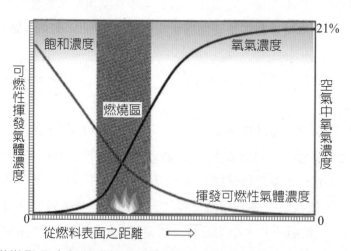

圖2-13 從微觀角度氧氣濃度與可燃氣體濃度為與燃料表面上方距離之函數
(DeHann 2007)

　　也就是說，可燃物必須受熱才能引發燃燒，所接受的熱量需使燃料氣化（Vaporize）到一定的量，才能觸動燃燒反應，且熱量足以加速此種化學燃燒反應的速度，直到其能自身持續下去。而燃料起火所需的熱量，在很大程度上取決於可燃物的物理狀態與周圍環境的熱傳屬性。因此，粉塵狀的可燃物，有一較大與氧接觸之表面積與體積比（Surface-to-Volume Ratio），所以氧化燃燒非常容易，甚至爆炸（爆炸與火災不同是帶有壓力波），而塊狀固體的同樣物質，卻連起火也很難。

　　燃燒熱大小，由該物質之化學成分（Chemical Composition）決定；熱釋放速度則取決於物質之物理屬性。所以，細刨花（Excelsior）與等重木塊相比，雖然燃燒產生總熱量相等，但燃燒速度於前者顯然是較快的。

　　一般而言，含碳數愈高，其莫耳燃燒熱愈大。燃燒熱愈大溫度也愈高，則該燃料潛在危險愈大。於建築方面，結構與家具材料燃燒熱是防火安全一個重要的考量因子，下表顯示了各種木製品之燃燒熱比較值。假使以塑膠家具來更換木製家具，火災燃燒熱將會增加（表2-2）。

表2-2　木材燃燒熱比較值

物質（Substance）	熱值（Heating Value）KJ/Kg
橡樹鋸末（Oak Wood Sawdust）	19755
刨花（Wood Shavings）	19185
樹皮（樅樹）Wood Bark（Fir）	51376
報紙（Newspaper）	18366
塑膠（Plastic）	35750
石油（Petroleum Coke）	36751
瀝青（Asphalt）	39910
棉籽油（Cottonseed Oil）	39775

（NFPA Fire Protection Hankbook Sixteenth Edition 1986）

四、潛熱（Latent Heat）

　　物質從固態轉成液態，或液態轉成氣態，所吸收的熱量稱為潛熱；潛熱可分為熔化熱及汽化熱。與之相反，從氣態至液態，或從液態至固態轉變過程中，則會放出熱量（圖2-14）。潛熱是物質在液相與氣相之間轉變（蒸發潛熱），或固相與液相之間轉變（熔

解潛熱）時吸收的熱量，以單位質量內焦耳數[2]計量。水在沸點（100℃）下的氣化潛熱為2,260 J/g，因水擁有相當氣化潛熱（表2-3），且水是目前所有物質中具有最高蒸發潛熱，水每克能吸收539 cal（2,260 J/g）熱量，這正是水作為有效滅火劑之主因。

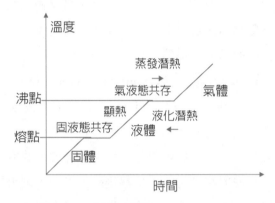

圖2-14　潛熱變化（盧守謙 2017）

　　以水滅火主要是吸走燃燒中熱量，現今一般消防車是裝水，如發現有比水吸取大量熱更有效之物質，屆時消防車就有可能不裝水，而改裝比水更佳之物質；但至今仍未發現比水更具經濟效益之森林滅火劑。

表2-3　物質潛熱比較

物質	熔化潛熱 J/g	熔點 ℃	氣（汽）化潛熱 J/g	沸點 ℃
乙醇	108	-114	855	78.3
氨	339	-75	1369	-33.34
二氧化碳	184	-78	574	-57
氫	58	-259	455	-253
氧	13.9	-219	213	-183
甲苯		-93	351	110.6
水	334	0	2260	100

（Yaws 2011）

---

[2]　焦耳（Joule, J）為功（Work）或能量之單位，為每一單位力（1牛頓），移動物體至單位距離（1公尺）之能量（或功）。1焦耳能量相當於使1g的水溫度升高0.24℃，1卡=4.184焦耳。

第四節　有焰與無焰延燒

　　森林中燃料即所有有機物質均為可燃物，依據火三角及火四面體之燃燒原理，可將燃燒分為有焰燃燒及無焰延燒兩類：

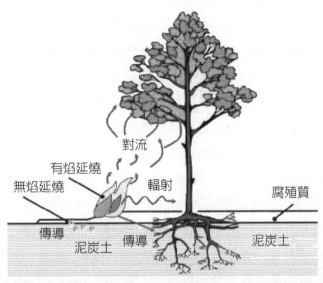

圖2-15　有焰延燒後傳導至地表下腐殖質或泥炭土進行無焰延燒情況

一、有焰延燒

　　有焰燃燒是具備火三角外，還具有連鎖反應之燃燒方式。火焰是經由燃料及空氣之混合物，形成很薄反應層，通常會產生球形，並以起火點為中心，做放射狀向外移動。可燃物與氧必須以原子等型態接觸化合條件下，才會產生所需的化學作用，這就意味著燃燒是一種氣相（Vapor-Phase）現象。亦即火焰是一種氣化燃料和空氣間所發生反應之區域地帶。通常情況下，熱輻射是在此區域地帶釋放出來，其以一黃色熾光型態出現。然而也有以藍色光替代黃色光，如某些醇類。含碳量低之醇類燃燒效率是非常高的，其僅形成少數煤煙顆粒，並以藍色熾光出現。

　　在森林中之地表層以上燃料，因可接觸空氣中氧氣，一旦燃燒，往往會成為有焰燃燒型態，除非其含水量多，須形成悶燒，再轉變成有焰燃燒型態。

二、無焰延燒

　　無焰燃燒即是悶燒，會產生無焰延燒擴展，往往發生在地下火型態。因無焰燃燒僅具備火三角而未有連鎖反應之燃燒方式。燃料在燃燒後不能產生火焰，如泥炭、腐殖質、腐朽木等，其燃燒特點是延燒速度慢，燃燒時間長。在森林中之地表層以下燃料，因難以觸及空氣中氧氣，及本身地下層含水量的關係，一旦燃燒，往往會成為無焰燃燒型態。

　　無疑地，無焰燃燒是燃燒現象的熱降解一種無焰形式，從固體燃料表面發生的不均勻反應中獲得熱量。無焰燃燒可以由弱的熱源啟動燃燒，燃燒過程通常是缺氧的，並產生每單位質量有毒產物的高轉化率（特別是CO和重分子），且熱傳播的反應留下含有大量未燃燃料的焦炭。無焰燃燒的重要特徵，其是一種非有焰燃燒的燃燒模式，是難以發現和撲滅的，有時到地表時，可能突然轉變為有焰燃燒現象（圖2-16）。

　　基本上，一般無焰燃燒與有焰燃燒皆為燃燒，但無焰燃燒與有焰燃燒有相當差異。主要區別在於無焰燃燒時，在燃料的固體表面發生氧化反應和放熱；而有焰燃燒在燃料周圍的氣相中發生燃燒，溫度範圍也有所不同。無焰燃燒特徵溫度、傳播速率和熱釋放率（Power）皆較低，無焰燃燒的典型溫度峰值在450～700℃範圍內（Rein 2016），儘管非常活躍和密集的燃料如煤堆悶燒，能達到峰值在1000℃左右，有效燃燒熱在6～12kJ/g的範圍內，相比有焰燃燒典型值分別為1500℃和16～30kJ/g，這些值要低得多（Rein 2016）。無焰燃燒前鋒之每單位面積的熱釋放率是低的，範圍從10到30kW/m^2（Ohlemiller and Shaub 1988）。由於這些特點，儘管無焰燃燒燃料的化學性質有相當大的變化，無焰燃燒蔓延的速度通常在1mm/min左右，比有焰蔓延慢兩個數量級數（Rein 2016）。由於無焰燃燒溫度較低，是一種不完全的氧化反應，以比有焰燃燒有更高的生成物量，而發出有毒氣體的混合物；且無焰燃燒產物二氧化碳與一氧化碳的比值在1左右（相比之

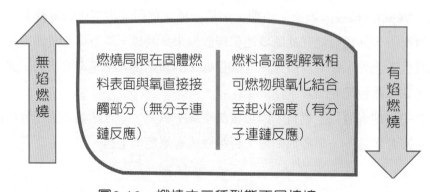

無焰燃燒　燃燒局限在固體燃料表面與氧直接接觸部分（無分子連鏈反應）　燃料高溫裂解氣相可燃物與氧化結合至起火溫度（有分子連鏈反應）　有焰燃燒

圖2-16　燃燒之二種型態不同情境

下有焰燃燒的比值在10左右），而一氧化碳在火場中，係使人員中毒之重要因素（Rein 2009）。我們將在後面的章節中看到，無焰燃燒可以用較弱的起火源啓動，且比有焰燃燒更難以抑制。此使得無焰燃燒成爲相當長的持續燃燒模式，如地下火即是。

　　Mulholland and Ohlemiller（1982）研究表明，悶燒纖維素隔熱的燃燒產物，和那些典型的有焰燃燒產物之間存在顯著差異，並且反應前鋒位置和燃料滲透率，將決定那些將達到的產物的分數表面。於Rein（2013）研究中，整體放熱反應是驅動燃燒的基本化學現象。它涉及兩個反應物（燃料和氧化劑）之間的原子交換。在野地林火中，燃料是生物質，氧化反應導致熱量的釋放，以及燃燒的氣體和固體產物。

火焰　　　　　　　悶燒

圖2-17　火場快照顯示了林火期間生物質燃燒的兩種狀況：燃燒的草地和無焰燃燒的有機土壤。火焰高約10cm（Rein 2013）

　　無焰燃燒是一種較低的著火溫度，會使總燃燒時間較長；而有焰燃燒是一種較高的著火溫度，會導致較短總燃燒時間。Rein（2013）指出，通常在燃燒過的林火後幾天觀察到的稠厚燃料（即樹枝、樹幹）持續無焰燃燒，被稱爲殘餘悶燒燃燒（圖2-18）（Bertschi et al. 2003）。相反地，從無焰燃燒到有焰燃燒的轉變，在林火中不太常見，因爲它需要較少的常規熱力學條件，但是例如在增強的氧氣供應（即強風）下是可能的。過渡是由無焰燃燒反應支持的自發氣相點火，該無焰燃燒既可作爲氣體燃料的來源（熱裂解產物），也可以作爲點燃有焰燃燒的所需熱量。Rein（2013）指出，此一轉變很少受到關注，目前對此一進程的理解仍有限。

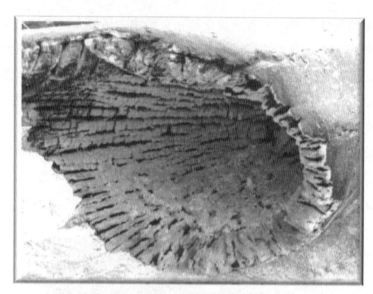

圖2-18　燃燒的林火數小時後，倒木悶燒內部燃燒（Rein 2013）

第五節　結論

　　植被火燒發生時必須質量傳輸，即燃燒產物將不斷離開燃燒區，燃料與氧化劑將不斷進入燃燒區，否則，燃燒將無法繼續進行下去。有機化合物為含碳之化合物，碳因具有4個鍵，易與其他元素結合而產生燃燒。而地球上各種燃料都是由碳、氫、氧、氮、硫五種元素和灰分、水分組成的。只是不同的燃料各元素和灰分、水分所占比例不同而已。但是這五種元素有碳、氫和硫是可以燃燒的。燃燒所產生的熱量，使其中熾熱的固體粒子和某些不穩定的中間物質（自由基）電子發生跳躍，從而發出各種波長的光。因此，燃燒是燃料中的可燃元素（C、H、S）與氧氣（O_2）在高溫條件下產生化學反應，並發生發光、發熱之物理現象。火因需供氧產生自然浮升對流，使其生成物向上能遠離火焰本身，而氧氣能從底部供應。當成長火焰延伸時，也基於供氧而產生向外或向大空間位置燃燒的趨勢。

　　林火發生後熱空氣會向上運動，周圍的冷空氣就從下方不斷補充，因此產生明顯熱對流現象，且火場有部分熱能轉變為動能，推動熱空氣上升而在燃燒區的上方出現對流柱。這是一種垂直的熱能傳播，往往只有在具相當有效燃料量之火燒狀態，所形成之高能量火始能產生對流柱，而低能量火則產生對流煙雲。熱傳導是物體內部微粒能量的傳遞，依靠分子來傳熱，在森林燃燒過程中，它是地下火的一種主要傳熱方式。

圖2-19　熱對流現象使火場部分熱能轉變為動能

（Ripley Valley Rural Fire Brigade 2008）

　　而樹冠火則主要以輻射方式在進行熱傳，因樹冠火已具相當高溫，而輻射熱係以溫度之4次方在進行著，有些國家於林火季節期間，樹冠火型態形成大規模林火狀況，在高輻射熱水平延伸空間，在大面積森林中，實際上已不太可能熄滅（WWF 2016）。

圖2-20　輻射熱以溫度之4次方在進行，使樹冠火更具強熱

（Ripley Valley Rural Fire Brigade 2008）

第三章　林火環境

　　燃燒是一種物理與化學反應的結果，在森林環境空間最主要的影響因素爲燃料、地形、氣象與火源等因素，稱之爲林火環境（Countryman 1972）。在上一章我們已詳述森林燃料如何燃燒，在其熱裂解、燃燒和熱傳的基本過程，但森林燃料如何在火環境中形成不同火燒動態，這是本章所要探討的。因火環境由不同因子間持續互動所構成（林朝欽 1992b），以及因子間複雜屬性結合（Complex Coupling）所影響。而了解火環境各因子是林火管理的重要基礎，其中氣象在林火行爲預測上扮演一重要角色，而林火之發生與發展是非常敏感於氣候之改變（林朝欽 1995；林朝欽、邱祈榮 2002；陳明義、呂金誠 2003；盧守謙 2011）。

圖3-1　影響林火行為的三個主要環境因素（NWCGS 2008）

　　從林火環境形成火蔓延方向及火線強度變化，這些影響的知識、相互關係以及它們的量化，一直是許多研究基於觀察（Observations）、實驗和模式（Modelling）來進行探究之目的（Dupuy and Alexandrian 2010）（圖3-2）。

第一節　林火氣象（Fire Weather）

　　林火是多數森林生態系統中一個自然和主要的干擾因子，儘管人類採取了大量林火管理措施，但林火依然在森林生態系統中發揮著重要作用（盧守謙 2011）。氣候變遷

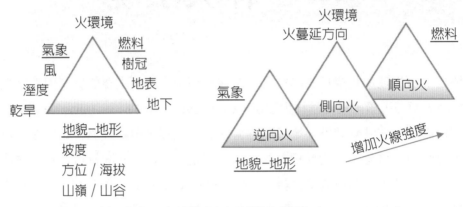

圖3-2　火環境、火行為至火影響之過程（Ryan 2002）

對林火活動有重大影響，且氣候變遷對火險天氣的影響是相當顯著的。林火氣象（Fire Weather）為影響林火行為之氣象因子，其影響因子長期以來已為學者研究重點。此因子隨著燃料與地形而影響林火行為，並決定林火發展方向與規模，上述這些變化以一種複雜的方式進行相互作用，直接影響林火擴展速率（Rate of Spread, ROS）、火線強度（Fire Intensity, FI）和火焰長度（Flame Length, FL）（盧守謙 2011）。

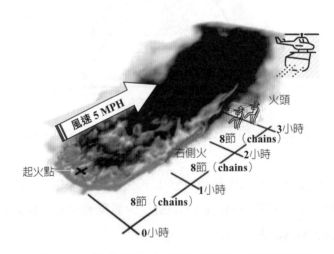

圖3-3　林火氣象之風決定地表火延燒速率

基本上，地面上有足夠的燃料尚不足以引起林火，必須有起火源才能啟動林火，並且依靠氣象條件，使得能點燃後的火勢產生繼續蔓延。正如本章所要討論的，氣象是地球周圍大氣的狀態和大氣的變化性質（Schroeder and Buck 1970）。林火與地球表面以上8～16公里範圍內的氣象變化有關，這會影響地表上的林火行為。而林火氣象是包括風速風

向、氣溫、相對溼度、雲和降水、大氣穩定度等（van Wagtendonk 2006）；如下逐一敘述。

一、風速和風向（Wind Speed and Direction）

在所有影響林火行爲的氣象或氣象相關因素中，風是最難預測和最易變的。風速、風向均會影響林火蔓延的速度與方向，風速可助長火勢，因風速加速燃料中水分之蒸發，使燃料乾燥易於著火，並供應大量的氧氣，促使氧化燃燒更旺盛，且風使火焰趨向前方燃料，得以使其預先蒸發水分而快速達到熱分解所需溫度，而加速林火之蔓延。風吹走空氣中的溼氣，使燃料乾燥，並增加氧氣供應加速燃燒，從而影響林火行爲。這就是爲什麼向火堆搧風會使火焰加劇，因空氣快速移動使其得到更多的氧氣補充。

在自然林火中，風的作用主要是將火焰彎曲（Bend Flames）向前方未燃燒植物，並將熱量傳導至其燃料表面。這增強了向鄰近燃料的熱傳，並且已觀察到林火蔓延速率或多或少與風速成正比，至少對低到中等風速和地表火延燒成正相關之關係（Dupuy and Alexandrian 2010）。

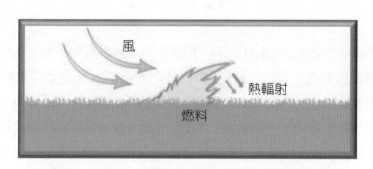

圖3-4　風使火焰彎曲增強向前燃料輻射熱傳

（Ripley Valley Rural Fire Brigade 2008）

在山區如有太陽的照射，通常風由低處向高處吹，形成上山風。而在太陽下山後，則由高處往低處吹而形成下山風（圖3-5）。亦即白日溫暖的空氣升起，較冷的山谷空氣沿著山坡向上移動，形成一股谷風。這個過程在晚上則反轉，山頂上的空氣比山谷裡的空氣更冷。山谷裡暖和的空氣升起，山頂上涼爽的空氣則迴圈往下坡底處移動來取代它。基本上，清晨4～6時風速最小，風向也最穩定。風向、風速常受地形影響，在稜線上風速較快，在背山坡風速較小，因此在地形複雜的山區，風向、風速變化多端，在此種地形火場

中滅火人員應特別留意。

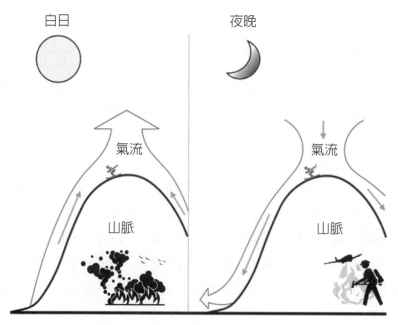

圖3-5　山區晝夜氣流（風）不同

　　梯度和正面風與大氣團（Air Masses）的壓力差及運動有關。乾冷鋒的經過會造成強風、乾燥、不穩定的氣流。局部加熱和冷卻以及地形的形狀，會影響地表面附近的對流風。如上午的峽谷風和晚上的峽谷風，是地形表面不同加熱和冷卻的結果。風透過對流傳遞熱量，並使火焰更靠近燃料，來增強火勢蔓延。樹木燃燒火炬和燃燒中枯木餘燼在對流浮升，會被風吹向下風處，在主火之前地區產生飛火（Spotting Fire）而起火，而另成一火場現象，並使其線性和燃燒面積增長（van Wagtendonk 2006）。

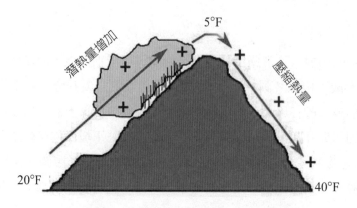

圖3-6　山脈上加壓風流溫度變化

　　亦即氣象因子中對林火行為的影響，除了降水量外，風是最重要的變數之一。林火行為周遭的風，會使火焰展現多樣的面貌，同時增加火焰區空氣的流動，使氧氣和燃料物質充分混合。當發生林火時，會使空氣質量產生上升對流柱（Convective Column），其運動是受林火釋放的熱量和熱差異所影響，尤其在大規模林火事件，林火形成本身的氣象情況，能調節風流方向和強度，使其不受周邊環境之影響。一般而言，風速提高對順風火蔓延之影響，形成指數型態上升現象。風愈大大氣湍流愈強，並會造成飛火，在火場外產生新的火源，而形成另一火場（盧守謙 2011）（圖3-7）；延伸閱讀請見第4章第2節部分。

圖3-7　臺中港防風林區經由風速慣性力，使火焰向前彎曲主導火燒方向
（圖左上綜合燃料型、圖右上綜合燃料型、圖左下草本型及圖右下無地被型）

（盧守謙 2011）

　　一般而言，在氣象上，空氣的水平運動稱為風，能對火場產生影響之風的種類如次：

1.一般風

　　地球上任何地方都在吸收太陽的熱量，但是由於地面每個地方受熱的不均勻性，空氣的冷暖程度就不一樣，於是，暖空氣膨脹變輕後上升；冷空氣冷卻變重後下降，這樣冷暖空氣便產生流動，形成了風。

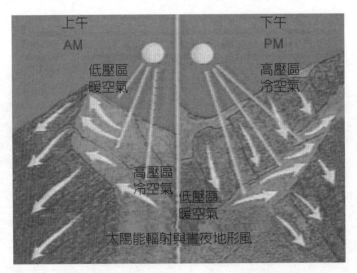

圖3-8　山脈晝夜地表上風流剛好相反

2.季節風

　　在臺灣季節性之風，如臺灣冬季東北季風，會使林火蔓延快速，而形成狹長狀較大火燒周長面積。

3.火場本身風

　　因林火發生時，周邊空氣受熱澎脹造成火場本身對流風，當林火相當大時，會加強對火焰本身對流柱的作用，並與上升氣流結合，此具有甚大影響力，並形成飛火現象（圖3-9）。

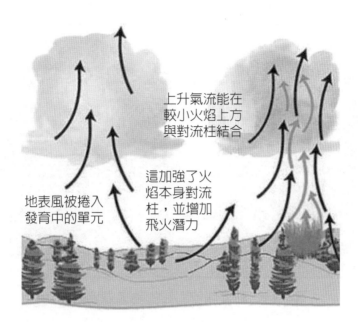

上升氣流能在較小火焰上方與對流柱結合

這加強了火焰本身對流柱，並增加飛火潛力

地表風被捲入發育中的單元

圖3-9　周邊空氣受熱膨脹造成火場本身對流風並形成飛火現象（Canada Parks 2018）

4. 地形風

　　因地形變化造成氣流改變，形成可以影響林火之風，稱為地形風，如圖3-10所示。

圖3-10　地形風流變化（林朝欽 1991）

5. 林區風

　　森林組成結構會影響風的方向與速度，當林火發生時，由於不同區位造成風速差異，如林區開放引起的漩渦風流，影響林火的擴張與火勢強弱；特別是空曠地區與密林底部，因風速之差異而影響林火的行為甚大。

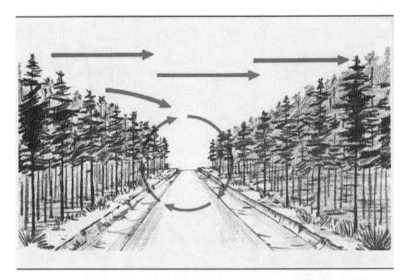

圖3-11　林區開放引起的地表漩渦風流

二、氣溫（Air Temperature）

　　環境空氣溫度影響燃料溫度，特別是在冬季結冰地區的國家，為決定林火能否起火開始以及如何蔓延的重要因素之一（Schroeder and Buck 1970）。蒸發燃料水分並將燃料升溫至起火所需的熱量，直接與初始燃料溫度和空氣溫度有關。隨著空氣溫度的升高，需要的熱量也就減少了。氣溫之影響正如關於燃料含水率時滯等級的討論，這些含水率時滯過程對於細小燃料只需幾秒鐘，對於大型燃料來說需要幾分鐘到幾個小時不等；此延伸閱讀請見本章第4節部分。

　　對林火影響如樹木燒焦高度（Scorch Height）等，也受到氣溫的影響。氣溫可影響風、大氣溼度和大氣穩定等其他因素，並間接影響林火行為（van Wagtendonk 2006）。而氣溫與相對溼度具有密切關係，如白天經過太陽整天照射，太陽下山後空氣忽然變冷，而將空氣中的水分達到飽和點，形成濃霧或露水。由於夜間濃重的溼氣，會使猛烈的火勢緩和下來，滅火時可配合氣溫的變化，而制定搶救滅火計畫。但是，高溫也會促使森林中燃料的含水量散失，尤其長期的乾旱，直射的陽光與高升的氣溫，乃林火高危險度的現象。

　　相對溼度與溫度有關，溫度升高，空氣中的飽和蒸氣壓隨著增大，使空氣相對溼度變小，燃料含水量低，相對溼度低於30%有利於林區引燃和林火蔓延（Michele 2008）。林內枯死、鮮活燃料與相對溼度進行物理上交換，如此交換率與燃料顆粒尺寸成反比，即小

顆粒較迅速達到與周圍溼度之平衡。燃料含水率愈大，引燃時需有較多能量供應，才能從植物組織釋放水分來達到燃料燃點。大氣溫度對林區地被產生基本影響，在地被受陽光加熱，引燃和燃燒能形成較快及升高林火擴展速率（Michele 2008）。

　　因此，溫度直接影響相對溼度的變化。溫度升高，空氣中的飽和水氣壓隨著增大，使空氣相對溼度變小，燃料含水量低，氣溫升高，燃料的溫度也隨之升高，含水量變小，使燃料達到燃點所需的熱量大大減少。所以，林火發生最多的時間是白天中午過後氣溫高及相對溼度低的時段（圖3-12）。

圖3-12　臺中港防風林區中午氣溫最高之火燒較旺盛行為（盧守謙 2011）

三、相對溼度（Atmospheric Moisture）

　　大氣中所含的水分稱之為相對溼度，此種大氣中水分是林火天氣的關鍵因素之一（Schroeder and Buck 1970）。大氣水分直接影響燃料溼度，而間接與暴雨、雷電等其

他林火天氣因素相關。可以保持在空氣中的最大水量,與空氣溫度和大氣壓力直接相關。在一定的壓力下,隨著溫度升高,可以保持更多的水蒸氣。空氣中的實際水蒸氣量稱為絕對溼度。在任何特定溫度和壓力下,實際水蒸氣量與最大量之間的比率稱為相對溼度。空氣和枯死燃料之間有一個連續的水氣交換。當相對溼度較低時,燃料會釋放出水分。交換一直持續,達到其平衡含水量。當相對溼度高於燃料含水量時,燃料吸收水蒸氣,當相對溼度低時,燃料會釋放水分。交換率與空氣、燃料水分含量之間的差異,和燃料的表面積與體積之比有關。極端低的相對溼度,也會影響鮮活的燃料含水量,因隨著溫度的升高,植物蒸發的水氣也會愈來愈多(van Wagtendonk 2006)。

　　而高溫或低溫的氣候下,皆有可能發生相對溼度低的情形;同樣的,也會造成相對溼度高的狀況,所以溫度與溼度不一定成正向關係。林火擴展速率和火線強度是呈負相關於相對溼度。因此,相對溼度和大氣溫度,透過其影響地被和枯落物燃料含水率,間接影響著林火行為(Lin 2005)。在臺灣一直沒有像美、加、澳大利亞夏季嚴重的林火問題,主要的原因是森林中燃料之水分含量問題。因此,相對溼度影響燃料含水量問題,顯而易見,燃料的水分含量是林火發生之主要變量。

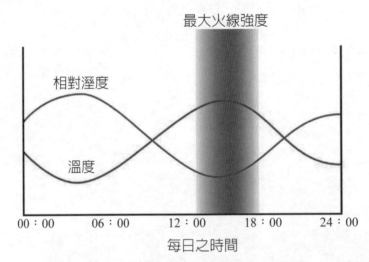

圖3-13　每日下午時分之溼度低/溫度高,產生最大火線強度

　　因此,氣象因透過燃料含水率變化過程,直接影響枯死細小燃料和較大口徑之枯死燃料含水率時滯過程(Pyne *et al.* 1996);此延伸閱讀請見本章第4節部分。其中相對溼度是最重要的直接因素,其控制細小燃料乾燥過程,影響燃料顆粒吸收多餘水分之能力(盧守謙等 2011b)。以山區而言,山頂與山底燃料含水率會有一定差異量,如美國牧師河(Priest River)區,從谷底約600英尺(180 m)以上,繼續向上約1,000英尺(300

m）。這個區域的上方和下方燃料，在夜間會存有更多的水分比。於每天下午6時和凌晨3時之間，區域內的燃料含水率會增加百分之幾，但變化是非常輕微的。然而，於山頂上同樣的燃料，其含水率在夜間將增加4%以上，於白天失去4%以上（Gisborne 2004）。在熱區帶山谷底部，燃料含水率會失去8～12%範圍（Gisborne 2004）。

圖3-14　下午時分溼度低／溫度高，使燃燒火線強度高（盧守謙 2011）

四、雲和降水（Clouds and Precipitation）

　　雲和降水主要關係到燃料溼度的變化，進而影響林火行為。來自雲層的陰影，會降低氣溫並提高相對溼度。因此，燃料溫度降低且燃料含水量增加。然而，雷暴雲（Thunderstorm Clouds）可能預示著不穩定的大氣、不穩定的風和嚴重的林火行為。在發展雷暴雲（Thunderstorm Clouds）的各個階段會影響林火環境，並使地面滅火人員形成危險的條件。亦即在積雲期，與發展中的雲相關的上升氣流，能足夠強烈影響林火附近的局地風流模式。隨著雲層接近火燒區域，當風被吸入發育中的雷雲細胞時，經常可以看到局部的風模式轉變。需要指出的是，與雷暴雲相關的下降氣流可能會在白天產生強烈的下坡風，這可能會使滅火人員處於危險之中（Canada Parks 2018）。

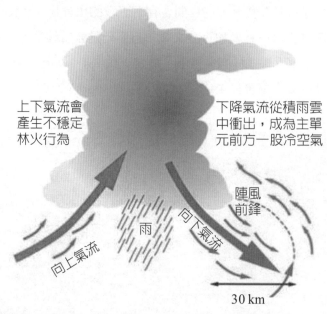

上下氣流會
產生不穩定
林火行為

下降氣流從積雨雲
中衝出，成為主單
元前方一股冷空氣

陣風
前鋒

雨

向上氣流

向下氣流

30 km

圖3-15　發展雷暴雲各個階段會影響林火環境產生嚴重林火行為（Canada Parks 2018）

　　降水量及其季節分布，決定了林火季的開始、結束和火燒嚴重度（Schroeder and Buck 1970）。因降水對提高燃料溼度產生直接作用（van Wagtendonk 2006）。降水能迅速改變土壤和地被（鮮活與枯死燃料）含水率（Michele 2008）。就枯死細小燃料含水率（Dead Fuel Moisture, DFM）而言，降水的效果幾乎是立即的，而鮮活燃料則在幾日後才會造成改變。枯死燃料含水率預測模式能適用於不同地被燃料種類，已有廣泛研究成果（盧守謙等 2011b）。燃料含水率的變化與氣象因子或燃料因子息息相關；枯死燃料含水率會隨著氣象因子之改變而有相對程度的變動。另一方面，枯死燃料含水率與燃料本身大小（林朝欽 1992a）、密度、空間排列也有顯著相關。基本上，枯死燃料含水率主要是由物理性質和氣溫、相對溼度、降水以及風速所控制（van Wagner 1979；盧守謙 2011）。在鮮活地被燃料方面，一般是較穩定的，大多對每小時或每日氣象變化並沒有即時反應（Michele 2008），而是基於地被季節性發展或長期氣象模式所予以決定（Pyne et al. 1996）；因其水分含量較高，於低強度林火時，可能扮演對林火的一種阻燃作用（Pyne et al. 1996）。

　　亦即含水量是燃料起火和燃燒強度過程中一個非常重要因素，在建築物內變化量小，但在森林野地變化量大，其是被環境因素（如太陽、風和降雨量等）方面所決定，如降水（Rainfall）決定區域內燃料所保持水分與完全蒸發所需時間。從定性方面而言，降水使燃料連續數日含水量多，同時需要較多熱能才能使其蒸發，以及火燒所需更長時間至

起火點。亦即，高燃料含水量其燃燒溫度是較低，以及產生較低延燒速度，因爲熱損失是由於水蒸發所造成的。而森林地被燃料狀態可分爲常綠溼潤、落葉乾燥等不同乾溼狀態，其又隨季節月分不同，大氣相對溼度亦有差異，而大大影響林火燃燒與否，其即決定林火危險度（Fire Danger）重要因子之一。

　　在臺灣夏季多雨，草本生長快速，但進入秋冬季降雨量漸少，使草本層枯黃形成輕質燃料，僅星星之火即足以燎原，尤其是山坡上雜草，在上坡火會因熱對流促使火勢加速。又臺灣中部大肚山地區之林火特性爲3～5年之短週期林火型態，此特性主要與植被中大黍草爲主之生態環境有關，大黍草受大肚山地區冬乾夏溼的氣候降水所影響，在冬季形成敏感的火燒季，又其火後更新快速，形成短週期循環之火週期（林朝欽等 2005b）；此外，爲了解火燒時地表溫度變化，於草本層地表火時，土壤表面及下方溫度如圖3-16所示。

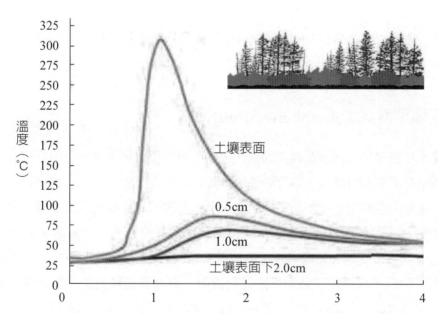

圖3-16　草本層地表火時，土壤表面及下方0.5cm、1.0cm、2.0cm溫度（Ryan 2002）

　　另外大肚山地區秋冬降水量甚低，不但影響大黍草形成乾枯狀態，且造成燃料長期乾燥之易燃效應（林朝欽等 2005b）。此外，針對國有林之林火各月分發生頻率與月平均降水量關係，如圖3-17所示；林火發生頻率與月平均降雨量，顯著成負相關（黃清吟、林朝欽 2005）。

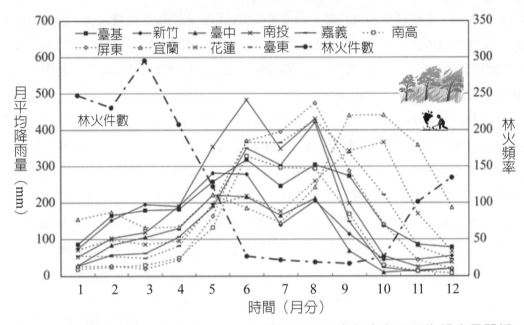

圖3-17 臺灣地區國有林1963～2004年林火各月發生頻率與月平均降水量關係

（改編自黃清吟、林朝欽 2005）

五、大氣穩定度（Atmospheric Stbility）

　　氣流之水平運動形成風影響林火的變化，氣流垂直變化可稱為大氣的穩定度。大氣運動和受到該運動影響的特性，會非常顯著地影響林火行為（Schroeder and Buck 1970）。地面風是大氣壓力差異最明顯的結果，因為大氣從高壓區域移動到低壓區域。大氣中的垂直運動可以對林火行為產生巨大影響。火焰產生的熱量會在表面附近產生垂直運動，並形成對流柱，其直接受到大氣穩定性之影響（Schroeder and Buck 1970）。不穩定的大氣使得對流柱生長，導致地表面火焰捲入火流中，最終對流柱到達一定高度後塌陷時，導致的下沉強烈空氣流（圖3-18）。這些強烈空氣流會引起不穩定和嚴重的林火行為。具有諷刺意味的是，不穩定的氣流提供了煙能分散到大氣中的最佳條件（van Wagtendonk 2006）。從高壓地區到低壓地區的下沉氣流，帶來強勁、乾燥且高熱風流，這是由於空氣在陡峭的壓力梯度上移動造成的。美國加州南部的聖安娜（Santa Ana）和內華達山脈（Sierra Nevada）Mono區，即是眾所周知的梯度風的例子，對林火行為有極端的影響（van Wagtendonk 2006）。

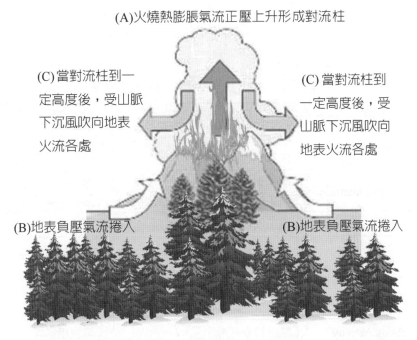

(A)火燒熱膨脹氣流正壓上升形成對流柱

(C) 當對流柱到一
定高度後，受山脈
下沉風吹向地表
火流各處

(C) 當對流柱到
一定高度後，受
山脈下沉風吹向
地表火流各處

(B)地表負壓氣流捲入

(B)地表負壓氣流捲入

圖3-18 山脈在大氣不穩定條件下嚴重的林火行為（van Wagtendonk 2006）

　　也就是說，當熱氣流上升時，因溫度變化會冷卻下降，如前述山地夜間在谷地上方會形成溫暖氣流帶，氣流穩定與否，影響火的發生難易及森林火的行為。氣流穩定度與熱源關係密切，如圖3-19所示，不同穩定度有著不同的氣流變化。

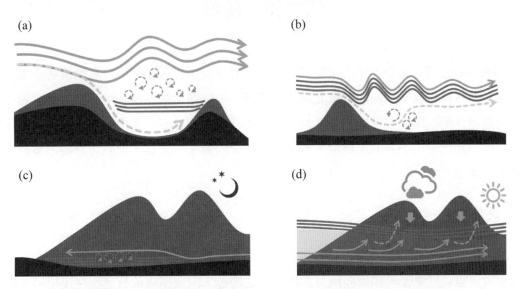

圖3-19 各種不同地區氣流之變化（Stefano *et al.* 2018）

因此，氣象因子影響林火之起火及延燒行爲。此外，尚有其他氣象因子，簡化如表3-1所示。

表3-1　林火氣象對林火影響之因子

氣象因子	起火（Ignition）	林火蔓延（Fire spread）
風（Wind）	降低燃料溼度，增加供氧使發生起火可能性	對流影響林火發生方向，供氧加快林火速度
相對溼度（Relative humidity）	低相對溼度使燃料含水量低，高／低相對溼度使起火難／易	低相對溼度使燃料含水量低，加速林火蔓延
降水（Precipitation）	增加燃料溼度使起火困難	減低或停止林火蔓延
溫度（Temperature）	溫度高會降低溼度增加起火可能性	溫度高會稍微增加林火蔓延
大氣穩定度（Stability）	不穩定會助長風速及閃電的形成，增加起火可能性	不穩定會造成對流，供氧加速燃燒
閃電（Lighting Activity）	電能轉變熱能引火	沒有直接影響
天空狀況（Sky Condition）	雲量過多引火可能性低	雲量過多溼度大，會稍減林火蔓延

第二節　地形

臺灣的地形南北狹長，中央山脈高聳南北，且屬海洋性氣候，因此各地區各季節降雨量不同，通常在東北季風期間，東北部比較溼潤，中南部比較乾燥。地形的變化引起生態因子的重新分配，形成不同的局部氣候，影響森林植物的分布，使燃料的空間配置發生變化，與地形起伏形成不同的火環境，不僅影響林火的發生、發展，而且也直接影響林火的蔓延和火強度。

一、坡向

不同的坡向方位，受太陽的輻射強度不一樣，因有太陽輻射熱達到燃料之能量以及燃料完全蒸發容易度之差。如面向南方或西南方之地形，因長期吸收日光照度使植被（Vegetation）溼度較低，致火勢延燒不僅具危險性且速度亦快。亦即南坡吸收的熱量最多，西

坡熱大於東坡，北坡吸收的熱量最少。陽坡日照強，溫度高，蒸發快，植被燃料易於乾燥，一旦火勢強，蔓延快；陰坡日照弱，溫度低，蒸發慢，林地溼度大，燃料不易燃燒，火勢弱，蔓延慢。

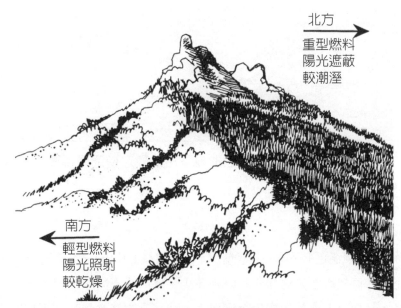

北方
重型燃料
陽光遮蔽
較潮溼

南方
輕型燃料
陽光照射
較乾燥

圖3-20　地形坡向方位影響燃料屬性（NWCGS 2008）

二、坡位

　　坡位不同，水分和熱量的分配不相同，因而形成不同的植被變化梯度。從山谷向上經下位坡、中段坡、上位坡到坡頂；在冬季冷空氣重，易沉聚谷底，造成下冷上熱之逆溫層現象。溫度由高到低，土壤由肥沃變貧瘠，植被由茂密到稀疏；一般情況下，坡底的林火日夜變化較大，白天強烈，夜間較弱，坡底的植被一旦火燒，因大多熱量受限於谷底一定空間內，使熱量形成輻射熱回饋現象，形成火強度較大情況，且向上坡因熱對流之熱傳作用，上方植被已預先產生熱分解現象，並釋放出可燃氣體，使火勢向上蔓延，根本不易人為控制。剛到坡頂時，這時火勢對流熱會很大，如果又有一定風速給氧助燃，會形成飛火現象。但火勢坡頂以後往水平擴展，往往會因植被較少，林火日夜變化也較小，因燃料量變少，且燃燒熱量呈現在無受限空間，熱輻射、熱對流熱損失大，火強度低，此種情況則有利於人為控制火勢。因此，臨時防火線常設在地形的高點稜線背後剛要下坡處之原因，其原理即此。

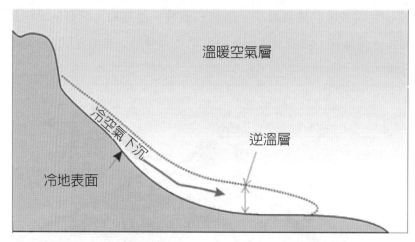

圖3-21　山區坡位上形成下冷上熱之逆溫層現象

三、海拔

海拔不斷增加，氣溫逐漸下降。一般情況下，海拔每上升100 m，氣溫即會下降約0.5 ℃。海拔高度的不同，直接影響氣溫變化和降水多少，就形成不同植被帶，出現不同的林火特點。海拔愈高，林內氣溫愈低，相對溼度增大，地被物的含水量高，不易燃燒。但海拔較高、風速較大，在針葉林區且降水量少的情況下，則有利於林火的蔓延，有時針葉林含油成分及乾燥，會使火勢難以控制。

四、地形風

地形風對林火的影響主要改變溫度、氣流、降水，而影響森林植物的不同分布，導致燃料在數量、分布、乾燥度等具差異。凸地形與凹地形的通風不同，如凸起的山岩，往往產生強烈的空氣渦流，林火在渦流的作用下，易產生許多分散的、方向飄忽不定的火焰前鋒；導致溫度、相對溼度的差異很明顯，也產生不同的林火行為特徵。所以，不同特點的地形風對林火的發生、蔓延、強度等影響不一。此時滅火人員在預測火勢發展時，會因不同季節、地形風向轉變，而產生誤判火勢情況。如迎風坡產生顯著向上坡浮升加速氣流，背風坡面則產生亂流現象，導致火勢延燒方向不穩定現象，如圖3-22所示。

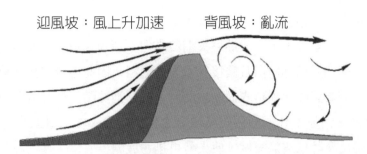

圖3-22　迎風坡產生顯著向上氣流，背風坡產生亂流現象

五、特殊地形

　　一些特殊地形對林火行為產生非常顯著影響，如谷底、狹谷、溝形、階梯形等，在這些特殊地形林火行為，會產生熱對流及輻射熱回饋（Radiative Heat Feedback）之競合現象，使火強度大幅增加，增加原因是火燒放出熱大量反饋且熱損失少，當然這樣的行為也要有足夠燃料來配合，假使這些地形植被稀少，連基本燃料量都沒有，是不可能有火強度的。這些特殊地形的複雜林火行為，對滅火人員極其不利，往往造成人命之危險情況。

圖3-23　峽谷火燒易產生強度大且飛火效應（NWCGS 2008）

六、坡度

　　坡度是戲劇性影響林火蔓延必要環境因素之一。其中陡坡（Steep Slope）也同樣使

滅火人員陷入非常危險的情況（Dupuy and Alexandrian 2010）。這是因為熱傳，特別是輻射熱受坡度所影響。事實上，一般燃燒火羽流是向上運動且垂直的，但是揚起向前是相對於燃料面坡度。火焰是揚起向前且緊接於未燃燒燃料，因此燃料在預熱範圍，將增加輻射熱傳情況，這些因素將改變燃料表面燃燒狀態。如野地陡峭面燃燒常形成捲吸氣流結構變化，而熱氣流沿著山坡上升，形成對流輻射之預燃效應，並大量減少燃料水分蒸發時間，達到熱分解溫度及降低空氣溼度，使火勢更迅速展開。

圖3-24　坡度使火燒捲吸氣流結構，形成對流輻射預燃效應
（Ripley Valley Rural Fire Brigade 2008）

　　也就是說，火勢向上坡延燒的速度比下坡快，林火前鋒因取氧關係向上伸展，且由於對流作用，熱風向上吹，使上方的燃料快速受到大量輻射熱蒸發乾燥，且使燃料預先產生裂解及分解現象，使林火蔓延增強而蔓延速度加快。但輻射熱會隨著距離而遞減；因此，滅火人員在大火來襲前，應尋求非火線延燒方向，以避開輻射之高熱（圖3-25）。

　　有時林火發生在地形陡峻的山坡，常使燃燒中塊木或樹枝幹材向下滾落，引起二次火流現象。因此，在陡峻之山坡或懸崖峭壁進行滅火之人員，會因火燒物體堆疊或倚靠燒失，使上方石塊等物體滾落，對下方滅火人員形成某種程度威脅。又坡度大小也直接影響燃料溼度的變化，不同坡度，降水停滯時間不一樣。陡坡降水停留時間短，水分容易流失，燃料易乾燥而燃燒；相反地，坡度平緩、降水停留時間長，水分流失少，林地潮溼，燃料含水量高，不易著火。坡度大小對林火的蔓延產生很大影響，坡度愈大，符合火焰向上浮升原理，上方燃料能預先接受火焰熱量（傳導、對流及輻射），熱分解加速，此時上方滅火搶救人員將易被火圍困，不易脫逃。相反地，向下延燒火勢進展緩慢，火強度勢弱而易於撲滅。

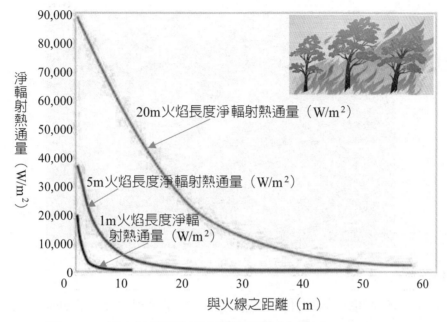

圖3-25 林火前鋒輻射熱隨著距離而衰減（USDA 2014）

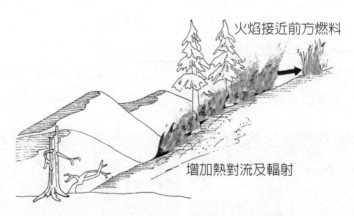

圖3-26 地形坡度能增加火勢對流及輻射往上快速蔓延（NWCGS 2008）

　　在防風林區一項實驗研究（盧守謙 2011）中，依臺中港防風林區林火事件之消防機關火災調查報告書顯示，防風林區林火主要是人為不慎起火如菸蒂，起火位置大多是道路邊坡位置。

圖3-27 林區道路邊坡易成人為起火之位置

　　此種邊坡現場量測約爲坡度15°，分析此種地形坡度對起火影響如何？在此以無坡度與有坡度（15°）火燒狀況做對照。首先坡度0°的情況下，以燃料量4 kg、燃料含水率17％與風速0 m/s保持常數，於室內實驗室燃料床中間上方5 cm處，等距離水平布置9支熱電偶，觀察火線溫度動態變化。在火蔓延過程中，於燃料層上部特定水平方向溫度之分布是隨時間產生變化，在火焰經過特定位置時，有時出現相對穩定溫度分布，隨著火焰愈離愈遠時，則溫度之分布逐漸接近初始，在足夠長之時間後，溫度分布又回歸到初始狀態。因此，根據溫升曲線表現出來的特徵，即可以確定不同階段之火線擴展速率值。

圖3-28 實驗室燃料床等距離水平布置9支熱電偶觀察火線溫度動態變化（盧守謙 2011）

　　從圖3-29曲線可看到，第一個熱電偶所測到的溫度峰值要低於第二和第三個的所測值，這可能是由於第一個熱電偶周遭溫度降低，其所接受輻射能小於對流所帶走之熱量，也就是無輻射熱回饋（Radiation Feedback）及在前端有更多冷空氣流過而被冷卻的結果。另外可以發現一個很特別的現象，那就是在火焰前鋒過後，圖中ch3、ch4、ch5又各測到一個較小的溫度峰值，因燃料床上混雜木麻黃一些微小樹枝。這說明與林床上燃料間相似混合燃料在燃燒時具有兩次火焰前鋒，第一次是由木麻黃小枝枯落物等易燃物質燃燒造成的，其燃燒速度快，形成的火焰也高；第二次是由碎小樹枝等難燃物質燃燒造成溫升現象，而以上探討是在無坡度狀態。

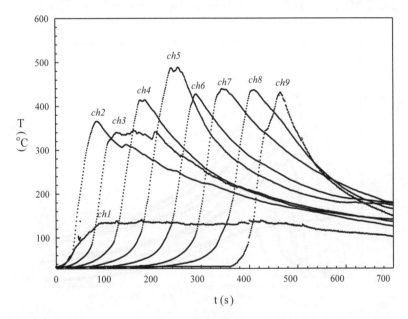

圖3-29　地形無坡度情況下木麻黃燃料床燃燒中9支熱電偶火線溫度曲線（熱電偶位於燃料層上方5 cm處所測溫度值）（w_0=4 Kg, DFM =17%, W=0, slope =0°）

（盧守謙 2011）

　　再者，探討臺中港防風林區邊坡15°情況，根據當地消防機關於2000至2003年火災調查報告書顯示，道路邊坡是人為燒雜物或遺留火種較易引燃之地形位置。因此，將燃料床坡度調整15°進行實驗，結果顯示（圖3-30）第一個熱電偶所測到的溫度峰值要低於第二和第三個的所測值，在燃燒時具有兩次火焰前鋒現象。在地形無坡度條件下（圖3-29），第二次峰值的出現時間同樣比有坡度條件下（圖3-30）滯後了許多，這可能是坡度燃燒產生預燃效應，熱裂解速度加快之結果。此實驗驗證了坡度之變化，導致火焰面與未燃區燃

料之間相對位置關係發生改變，從而改變了火焰面對未燃區燃料之溫度反應，使溫度結構間產生了變化。從圖中顯示各條曲線的峰值時間位置靠得很近，尤其有3條曲線（ch5、ch6、ch7）峰值位置基本處在同一時間值上，已無法如圖3-29那樣從溫度曲線求出林火擴展速率。出現這些現象，較為合理的解釋就是在坡度地形中，形成一定斜坡作用下使彼此熱電偶距離縮短及快速燃燒向上熱對流，以致熱裂解混合氣體沿著燃料床迅速向後運動，使得一定位置溫度幾乎同時達到峰值。如此，在一定坡度條件下，氣流的迅速運動使得坡度結構中各個位置的溫度，同一時刻具有相同的變化趨勢，而使林火產生加快效應。這是實驗中發現的地形坡度結構中林火蔓延的一個重要特點。雖然防風林區地形較平坦，無坡度問題，但以上實驗是對臺灣山區地形坡度之火燒量化之較佳寫照。

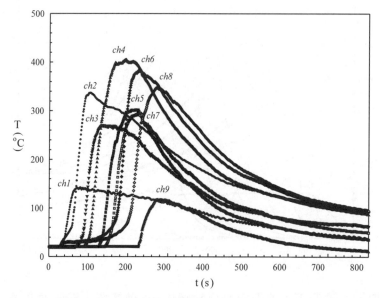

圖3-30 地形坡度15°時，木麻黃燃料床燃燒中9支熱電偶火線溫度曲線（熱電偶位於燃料層上方5 cm處所測溫度值）（w_0=4 Kg, DMC =17%, W=0, slope =15°）

（盧守謙 2011）

　　在此又進一步探討地形坡度對林火行為影響變化，以坡度0°與15°進一步以等距離9支熱電偶各到達100 ℃之時間值（燃料量4 kg、風速0 m/s、含水率17%），觀察火線進展速率。結果（表3-2）顯示前者比後者較快到達時間（達1.76倍），說明具一定地形坡度情況，火燒前進蔓延較迅速，於熱裂解區域因坡度作用，進一步蒸發的可燃氣體透過擴散和對流作用，與空氣混合並進行燃燒反應，且火焰附著在燃料表面上，從而加強了火焰向固體表面的傳熱作用，使熱裂解區域擴大，對流質傳過程加快，熱裂解前緣推進加速，最終

使得火林火擴展速率加快。

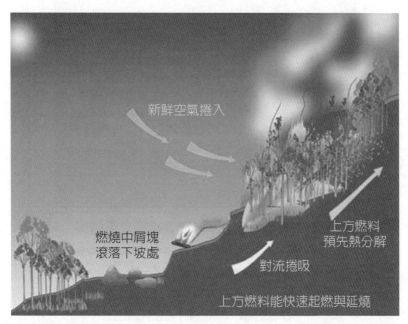

圖3-31　坡度使燃料裂解可燃氣體之擴散和對流作用快速，與空氣混合並加速燃燒反應

表3-2　地形坡度0°與15°時，燃料床9支熱電偶各到達100℃時間位置對照圖（w_0=4 kg, DMC =17%, W=0）

距燃料床起端位置（cm）	熱電耦	時間（s）	
		坡度0°	坡度15°
20	Ch1	257	179
40	Ch2	256	122
60	Ch3	296	181
80	Ch4	341	218
100	Ch5	392	248
120	Ch6	451	277
140	Ch7	512	297
160	Ch8	566	332
180	Ch9	628	357

（盧守謙 2011）

圖3-32　實驗室可控制環境之地形坡度燃料床火燒觀測（盧守謙 2011）

第三節　燃料理化性

　　森林中的有機物皆為一種燃料，包括所有的喬木、灌木、草本、苔蘚、地衣、枯枝落葉、腐殖質和泥炭等。森林燃料是火燒的物質基礎，燃料連續性是火延燒傳播的主要因素。不論燃料之物理性與化學性，對林火的發生、發展、控制和搶救以及營林用火，具有相當顯著的影響。

圖3-33　森林中有機物皆為燃料，高溫釋出水分後參與燃燒

　　燃料是維持燃燒過程的熱量來源，燃料的物理性和化學性影響起火和燃燒行為。因此，燃料特性（Fuel Characteristics）在恆定的天氣和地形條件之火環境條件下，決定了林火燃燒的速率（van Wagtendonk 2006）。高強度林火一直被林業經營者視為森林災害，往往需要耗費龐大的人物力來加以撲滅（呂金誠 1990）。亦即森林燃料能否起火燃燒並蔓延擴大，除明顯導因於燃料量及其分布特性外，還直接受外在環境之影響，且於林火發生後大小規模程度與森林燃料量之多寡，有極密切之關係（林朝欽 1992a）。森林燃料主要來自林區植物，是林火形成三要素之一（Byram 1959），亦是林火環境之必要因素（圖3-34）。因此，森林燃料的數量及其在不同植被層中的分布，是顯著影響火勢蔓延的因素（Dupuy and Alexandrian 2010）。

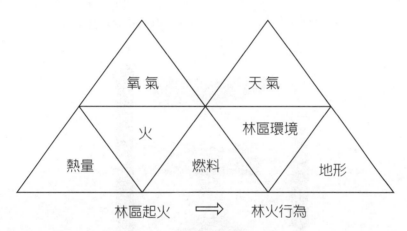

圖3-34　燃料為火三要素之一，亦是林火環境三組成之一（盧守謙等 2011b）

一、燃料物理屬性

　　為了解林火動力學，最基本應認識野地和森林燃料物理屬性，對起火及林火蔓延過程中能產生重要之影響因素。

1.表面積與體積比（Surface Area to Volume Ratio）

　　表面積與體積比（表體比）即燃料表面積與燃料體積之比率，一般以燃料大小與形狀來決定表體比。當燃料的顆粒變得更小和更細碎，表體比將增大，所需起火能量愈低，致引火性也大大增加。由於表面積增加，物質受熱亦更迅速，接觸空氣中氧氣量變多，從而較易形成熱裂解現象，以致快速起火；如木材劈成小塊較易於燃燒，如同粉塵爆炸一樣，砂糖顆粒大撒向火源不會燒，但砂糖磨成砂粉時，撒向火源時將整體快速燃燒現象，當顆

粒小到一定程度，表體比愈大，同樣地易於氧化燃燒。這也就是爲何小片木材使用相對小的熱源即能引燃，因與空氣中氧接觸面積多，而空氣又是不良熱傳體而易於蓄熱，故表體比小之較重木塊（Logs）則能耐火（Resist Ignition），且需相當長的時間才能引燃。

因此，燃料表體比常爲林火引燃、火勢擴展方向關鍵影響因素（Chandler *et al.* 1983；Pyne 1984）；如20%斜坡上的乾燥草本燃料，在8公里／小時風速下燃燒的火蔓延速度，在相同的條件下要比燃燒當量的木質碎片火蔓延更快。同樣的，高聳灌木區（Brush）要比同等數量的燃料，更強烈地燃燒，因這些燃料被排列成具有較大粒子和較小深度的燃料複合層，與空氣中氧接觸面積加大（van Wagtendonk 2006）；表體比與起火能量關係如圖3-35所示。

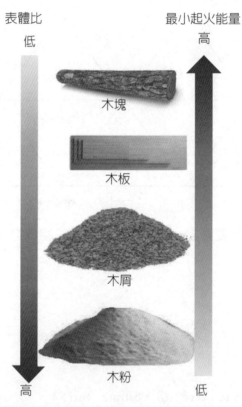

圖3-35　可燃物質之表體比與起火能量高低關係（IFSTA 2010）

又燃料的粗糙度或精細度方面，是燃料粒子大小的函數。想像一下，在木塊（Log）堆上試著用單一火柴是不會點燃的，因其無法升溫到起火溫度。相反地，如把木塊劈成許多單獨小片而能將其點燃。儘管木材的體積沒有變化，但是所有點燃的表面積，都比原木的表面積大得多（專欄3.1）。燃料顆粒的尺寸愈小，其表面積和體積之比例愈大。

表面積與體積比是以m²m⁻³爲單位量測的，或簡化爲m⁻¹。對於長圓柱形的燃料顆粒，如針葉樹、小枝、枝條和草，端部的面積可以忽略不計，其比例是將直徑除以數字4來確定的（Burgan and Rothermel 1984）。來自闊葉植物的葉子也具有較高的表體比，其可以透過將葉片厚度除以數字2來得到近似值，如具有0.0005μm厚的橡樹葉（Oak）表體比爲4,000m⁻¹。這個比例是一個非常重要的燃料特性，因爲隨著接觸空氣更多的表面積可用於氧化燃燒，整個顆粒的加熱更快，燃料中水分更易以蒸發驅除（van Wagtendonk 2006）。

專欄3.1　表體比（van Wagtendonk 2006）

表體比是以燃料顆粒的表面積除以體積所得：

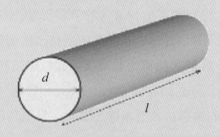

$$SV = \frac{\pi dl}{\pi\left(\frac{d}{2}\right)^2 l}$$

如果忽略兩端，則方程式可簡化爲粒子直徑除以4：

$$SV = \frac{4}{d}$$

如果將燃料分成較小的部分，表體比將會增加。如取一個直徑爲6的原木塊：

$$\text{if } d = 6$$
$$SV = 0.67$$

分成7塊時，表體比從0.67增加到14：

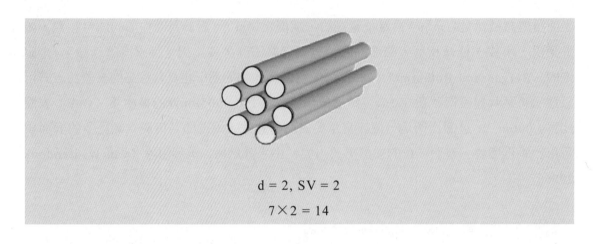

$$d = 2, SV = 2$$
$$7 \times 2 = 14$$

　　因熱傳模式不論是熱傳導、熱對流或熱輻射，均與燃料表面積具有一種函數關係，亦即受熱面愈大，熱量進入燃料內部愈快速，它直接影響燃料溫度與含水率的變化。亦即受熱面愈大，熱愈容易被隔緣（Intercepted），這是因接觸空氣中氧量多，而空氣是一種不良熱傳體，會保存較多熱量，使初始源或燃料顆粒燃燒釋放熱，並透過輻射或對流進行熱傳作用。表面－體積比（Surface-ro-Volume）和質量－體積比（Mass-to-Volume Ratios），是表徵燃料顆粒的兩個最重要參數。葉片、針葉和枝條的表面和體積，在歐洲Eufirelb團隊成員有詳述的幾何近似之文獻報告（Allgöwer *et al.* 2007；Fernandes *et al.* 2006）。對於更複雜的形狀，Fernandes和Rego（1998）提出透過浸水（Water Immersion）和稱重，構成燃料顆粒周圍膜（Film）的水質量來評估表面。這種浸水方法還允許使用者使用比重計法（Pycnometer Method）適應燃料顆粒的特性，來確定燃料顆粒的體積（Ubysz and Valette 2010），以致能計算出燃料表體比。

2.方位（Position）

　　火焰蔓延速度主要是向上的，向下火焰蔓延速度是較慢的，由於這樣的事實，即物質表面受熱是不以相同方式在進行。垂直方位火勢能迅速蔓延，是因大多數可燃物係分解燃燒，當下方燃燒火流使上方未燃物質先行預熱，其可透過對流、傳導和輻射同時進行多種熱傳方式，而上方較易於成為氣相區域火焰。但水平燃燒，燃燒火焰往上釋放，燃料難以接收火焰熱量，而無法先行預燃，熱分解氣體無法形成區域內氣相火焰，相對燃燒較為緩慢。這也意味著，垂直性可燃物質如林下層之階梯燃料，假使地表火強度達到一定程度時，易使火往上竄燒，形成樹冠火型態。此外，林火時將樹木砍倒呈水平方位，會使火勢燃燒強度顯著降低；如圖3-36所示。

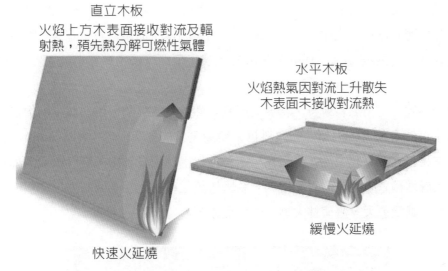

直立木板
火焰上方木表面接收對流及輻
射熱，預先熱分解可燃性氣體

水平木板
火焰熱氣因對流上升散失
木表面未接收對流熱

快速火延燒

緩慢火延燒

圖3-36　可燃物方位為火勢延燒之一種函數（IFSTA 2010）

圖3-37　林下層垂直性階梯燃料易使火往上竄燒（盧守謙 2011）

3. 燃料載量（Fire Loading）

　　林火環境因子會顯著影響林火行為，其中燃料量多少更是估計林火行為主要參數，而進行林區內地表燃料載量調查，為林火管理中之燃料管理一環（圖3-38）。地表燃料量的空間分布與屬性和地表火線強度有關，也直接影響著林火擴展速率。燃料載量為單位面積之燃料絕乾重（Over-Dry Weight）（kg/cm^2）（Byram 1959），亦即林地上每一單位面積，可用於燃燒的有效燃料量，對火勢蔓延和強度有不同的影響；其單位與生物量之單位相同，且生物量也是指每一單位面積上，生物組成分子之總乾物量，包含附著於生物體

之鮮活與枯死之部分（邱祈榮等 2005）。因此燃料量所表示之意義與生物量相同，惟燃料量強調生物體於燃燒反應中，扮演著基本的燃料因素。而燃料量也定義爲衡量林火期間能產出潛在熱量（Pyne *et al.* 1996），因其代表了潛在有機物參與燃燒之質量（Michele 2008）。

　　作爲一熱源，可用燃料愈多，釋放的能量當然愈多。但隨著燃料載量的增加，火蔓延速率實際上可能會降低，因額外的燃料也會變成更大的熱吸收體（Heat Sink），需要更多的熱量來將其升高到起火溫度。但在一定強度以上林火情況時，燃料載量大如林地表面之枯枝落葉層堆積量多，或樹冠火型態，易因燃燒之輻射能相互回饋強，使熱釋放率增強大，此時燃料載量愈大，將使林火燃燒強度更大。

圖3-38　林區內地表燃料載量調查（盧守謙 2011）

4.密度（Density）

　　密度或比重（Specific Gravity）是了解燃料特性之一個重要概念，其爲一種物質之每單位體積質量。任何物質之密度是透過質量除以體積之方式來獲得。亦即密度是物質分子如何緊密地擠在一起之程度（Measure）（Byram 1959；Brown 1970a）。而針葉樹不同種類間密度變異較大，同種的則由於不同地理區分隔亦有變化，但變化性較小，至於小徑枝條則趨近一致。密度愈大熱傳導較容易，以致較難以起火，亦即愈堅硬木頭密度愈大，愈難燃燒，而腐殖木能形成多孔性緻密度愈小，空氣中氧氣愈易深入內部供氧至燃料表面，且空氣爲不良熱傳體，供氧發熱多而傳熱損失小，以致愈易燃燒。因此，燃料的密度或比重除了影響林火引燃外，尚對林火傳播的速度大小具有影響力（Byram 1959；

Brown 1970a；NWCG 1981；Chandler *et al.* 1983；Pyne 1984）。

5.表面幾何形狀（Surface Geometry）

　　位於峽谷火燒，因有2個燃燒表面（山坡面），且有輻射能回饋效應，從而增加蔓延速度之間互動。角落之角度愈小，則有更快火焰蔓延情況。

圖3-39　峽谷火燒局限輻射能熱傳至對面山坡（NWCGS 2008）

　　這是由於熱量被困在角落裡，形成煙囪效應，加快空氣對流現象；然後加熱鄰近物質，熱煙易形成累積，以至於使得較小空氣量（冷卻）被吸入熱火羽流（Fire Plume），這種地形情況下，會有快速變化之林火行為。

圖3-40　峽谷火勢對流煙囪效應（NWCGS 2008）

6.排列高低與排列密度

　　燃料排列愈高，上方燃料較易接受下方火焰，產生預燃效應，如同枯立木垂直燃燒一樣。而排列密度主要是與空氣中氧接觸程度，如同上揭之表體比一樣。在水平排列上，若燃料在水平方向上分布得很散，則熱量無法熱傳，以致林火不易延燒，除非藉由風來傳遞對流熱能，否則會因燃料中斷而使林火停滯。在垂直排列（Vertical Arrangement），這是表示燃料物質相對於地面的高度，也可稱為燃料垂直方向的連續性。通常將燃料的垂直排列架構很完整，會稱此為階梯燃料（Fuel Ladder），使燃燒具有向上延伸特性，易從地表延燒至樹冠層。

圖3-41　林區掉落在樹幹中小枝成為階梯燃料一種（盧守謙 2011）

7.熱容（Heat Capacity）和熱值（Heat Content）

　　熱容是定義物質在一定條件下溫度升高1度所需要的熱，也就是加熱燃料所需的能量，單位以MJ kg^{-1}表示（van Wagtendonk 2006）。而熱值是燃料燃燒釋放的能量，兩者是表徵野地和森林燃料的兩個重要參數（Ubysz and Valette 2010）。燃料的低熱容提供

了驅動燃燒的能量。火蔓延速度與熱量直接相關，熱量加倍會導致火蔓延速度增加兩倍。

　　以地中海植被而言，植被之熱容是從0.4～1.4kJ/kg/K之間變化，灌木和樹木的熱值從18,500kJ/kg如橡樹葉（Oak Leaves），到24,000kJ/kg如松葉（Pine Needles）和Ericacea葉（Dimitrakopoulos and Panov 2001），這些樹種被認為是高度活力的。而熱值取決於有機揮發油（Organic Oils）和其他有機揮發性化合物的豐富度（Richness）（Ubysz and Valette 2010）。Baker（1983）指出纖維素和半纖維素的熱量為18,600 kJ/kg至23,200 kJ/kg，木質素（Lignin）則為25,600 kJ/kg。因此，野地和森林燃料的熱值會隨著纖維素中組織的豐富度而降低，並隨著木質素中的濃度而增加（Ubysz and Valette 2010）。Szczygieł等（1992）建立了熱量和灰分含量以及可燃性參數之間的關係，並證實灰分含量相當穩定，只要其保持低於5%，就不會顯著干涉燃燒過程（Ubysz and Valette 2010）。

圖3-42　木麻黃葉熱值高在一定燃燒下呈現燃燒火焰旺盛（盧守謙 2011）

8.包裝率（Packing Ratio）

　　燃料床緻密性是影響林火行為的另一個燃料特性。精細多孔燃料比粗糙的緊湊型燃料，更快速地加熱氧化燃燒（van Wagtendonk 2006）。再次想像一下，把所有劈成木片的木柴都緊緊壓縮成一束，然後試著點燃它，如此將不會起燃。整塊原木與劈成各自小木塊，木材總體量並沒有改變，但燃料床中的空氣量增加了（圖3-43）（van Wagtendonk 2006）。燃料床緊實度稱為包裝率，是透過將燃料床（包括燃料和空氣）的容積密度，除以燃料顆粒密度來量測的（Burgan and Rothermel 1984）。一塊堅實的木塊的包裝比例為1，如果包裝比太高，沒有足夠的氧氣可以達到燃料面，是不會發生燃燒。相反地，

如果包裝率太低，則隨著顆粒之間的距離增加和輻射減小，燃燒難以從顆粒蔓延到另一顆粒。能產生最大能量釋放的包裝率，稱為最佳包裝率（Optimum Packing Ratio）。實際包裝率愈接近最佳值，火勢強度就會愈大，這個概念類似於調整車輛上的化油器或燃油噴射器，以達到最佳的燃料和空氣混合物比，如果混合氣太濃或太稀，引擎則不能有效燃燒燃料（van Wagtendonk 2006）。

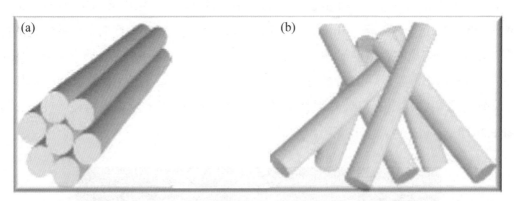

圖3-43　包裝率是燃料在一燃料床整體中所占百分比，相同量燃料能包裝成(a)非常緊密僅剩10%空氣量、(b)鬆散有90%空氣量（van Wagtendonk 2006）

圖3-44　草本植被燃料床包裝率高，使燃燒火焰高度高（盧守謙 2011）

事實上，包裝率牽涉到燃料床（Fuel Bed）多孔性問題，即以燃料覆蓋體積與燃料體積之比值，此數值提供了另一個與林火速度相關的指標，因為多孔性增大則熱對流與氧氣流通均加速，許多研究證實了這一點，但若孔隙太大，則未著火燃料不易獲得足夠熱量再

引起燃燒，因此孔隙間距有一定的臨界值。據此我們可以發現過疏與過密燃床所引起之火燒，會屬於低強度與慢速延燒狀態（van Wagtendonk 2006）。

9.熱傳導係數（k, Thermal Conductivity）

　　木質燃料是一種不良熱傳導體，鋼與鋁熱傳導係數比木材分別高350倍與1000倍。如以整塊木質燃料而言，熱傳導係數取決於木紋取向軸（Grain Orientation Axis）、含水率與密度（比重）。縱向木紋（Grain）受熱時，因木質纖維與營養運輸導管、加熱方向一致，含水量大30%，能先行預燃，使熱分解氣體易於沿著木紋方向釋放擴散，縱向熱傳導係數比橫向大2～3倍（NFPA Fire Potection Hankbook 1997）；如下圖所示。

木材紋理橫向軸

木材紋理縱向軸

圖3-45　木材紋理縱向熱傳導比橫向大2～3倍

（NFPA Fire Potection Hankbook 1997）

　　當木材曝露於火災熱，木材的絕熱（Insulating）性質會減慢了木材內部核心（Core）溫度上升，且木材表面能形成熱傳導係數非常低之碳化層（Char Layer），這提高了木材絕熱作用，並防止空氣中氧氣滲入內部燃燒區域，這說明林火後有些樹木仍能存活因素之一，如圖3-46所示。

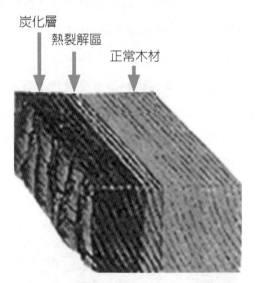

圖3-46　整塊木質燃料受高溫後，外表形成炭化層
（University of Manchester 2015）

二、燃料化學屬性

　　植群著火的影響因素並非單一的，因火燒是燃料不斷進行熱分解並與空氣中氧化合的結果；且林火強度是直接影響鄰近燃料量如何快速熱分解，進行燃燒；意即火強度愈大，燃料熱分解速度愈快、燃燒越大。然而，燃燒能否持續？燃料能否引燃？取決於燃料之放熱及吸熱之結果。因此，就以上所述物理性外，也有化學性諸多影響。

圖3-47　燃料分解速度與溫度成正相關，火強度愈大而燃料分解加速（盧守謙 2017）

1. 生化組成

　　燃料粒子主要由碳、氮、氧和氫組成。所有的燃料能以化學地著火，幾乎是一樣的。從草和灌木（Brush）到針葉、樹幹以及地面上的腐爛朽木，這些所有化學式指定為$(C_6H_{10}O_5)_x$類型。這意味著，纖維素（Cellulose）每個分子中有6個碳原子、10個氫原子與5個氧。澱粉類（Starch）已發現在所有植物的根、種子和樹葉，是非常相似的，只是具有不同數量的下標（Subscript），如此化學式指定各種澱粉類為$(C_6H_{10}O_5)_x$（Gisborne 2004）。這一點，重要的是要記住，因為它有助於減少一些判斷基礎上錯誤，燃料不同的化學性質是非常大的。當$C_6H_{10}O_5$燃燒，該物質的每一個分子結合6個氧分子。所得到的產品是氣體，即6分子的二氧化碳、5分子的水蒸氣。燃燒使水釋出氫原子和氧原子，其在每一木材的每一個分子中（Gisborne 2004）。此化學式如次：

$$C_6H_{10}O_5 + 6O_2 \rightarrow 6CO_2 + 5H_2O$$

　　根據物種、環境、發育階段和生理狀態，這種化學組成物質還含有涉及光合作用（Photosynthesis）和生長過程的低聚物（Oligo-Elements），但是它們在火燒起始過程中僅扮演很小的作用（Ubysz and Valette 2010）。而水是沒有得到任何幫助的，因其以氣體形式存在，為一過熱氣體直線上升，而遠離燃料體。真正重要的水是草本、樹木或灌木，於燃燒之前其本身所含水量（Gisborne 2004）。這對林火行為產生非常顯著的差異，其中很大的變數不是化學的，而是其含水量。木質素的意義，在於其比纖維素有較高的熱含量（Heat Content），其濾出物（Leaches）和衰減（Decays）得較慢。因此，老木材很可能已經失去了比木質素更多的纖維素，因此其比新鮮木材有較高熱含量，焦油量（pitch）的差異也會影響燃燒熱（Gisborne 2004）。此外，一些次要的植物和樹葉的化學性質差異，在Gisborne研究一系列的測試油脂含量在6個不同屬，於連續夏天的雜草和灌木的葉子調查中，是沒有達到任何顯著差異性。相反地，這種化學物質在實驗室研究證實發現，水分含量卻是很大的變量（Gisborne 2004）。

　　木質燃料化學組成包括纖維素（Cellulose）、半纖維素（Hemicellulose）、木質素（Lignin）、萃取成分（Extractives）及灰分（Ash）。如以分子量來區別，纖維素、半纖維素及木質素是屬於高分子量，熱分解速率為半纖維素 > 木質素 > 纖維素。低分子量的物質則包括萃取成分與灰分，如圖3-48所示（盧守謙 2017）。

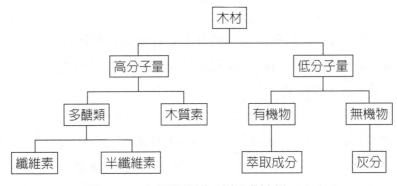

圖3-48　木質燃料化學組成結構（盧守謙 2017）

　　木質燃料中碳約50%、氫約6%、氧約42%，另含0.1%氮和1%以下之礦物質灰分，但其不含有其他燃料中常有的硫，此區別於其他大多數的固體燃料，如表3-3所示。

表3-3　木質燃料乾燥化學成分

項目	成分重量百分比（%）				
	C	H	O	N	灰分
櫟木（Oak）	50.1	6.0	43.2	0.1	0.4
杉木（Douglas Fir）	52.3	6.3	40.5	0.1	0.8
松木（Pine）	50.3	6.0	43.1	0.1	0.4
山毛櫸（Beech）	49.1	6.1	44.2	0.1	0.6

（盧守謙 2017）

　　在歐洲燃料特別是來自地中海樹木和灌木物種物質，其富含有機精油（Organic Oils）和有機揮發性化合物和萜烯（Terpenes）如松科（Pinaceae）和柏科（Cupressaceae），其閃火點（Flash Points）相當低；這一特徵在很大程度上加強了火焰的引燃和蔓延之因素（Alessio *et al.* 2008）。

　　此外，在燃料生化上，假使含高能量之化合物通常會在燃料熱分解之初即釋放出來，這些有很多係屬可燃性物質，此類物質之重要性在於低溫時即可著火，例如樹葉在低溫時所釋出之揮發物，在葉表面上即可形成火焰現象。一般而言，生鮮之植物組織富含酚類揮發物者，即使燃料含水率高，有時亦會起燃；延伸閱讀請見第7章第5節部分。實驗證明芭樂葉經鋤草劑處理枯死的，其燃燒熱低於自然乾枯的葉，原因是其中酚類大幅度消失減低之故。

2.燃料含水率及時滯等級（Fuel Moisture and Time Lag Class）

燃料含水量（Fuel Moisture Content, FMC）決定森林燃燒的難易程度，也就是起火點燃的難易程度。由於水的高熱容（Heat Capacity），形成水蒸氣時，耗掉非常多的熱量（Ubysz and Valette 2010）。因此，燃料含水量是判斷林火能否發生，進行林火發生預報的重要因素，其還決定林火蔓延速度、能量釋放大小和滅火難易程度；尤其細小可燃物含水量對林地引燃影響顯著（Ubysz and Valette 2010）。燃料含水量在野地和森林燃料，對熱曝露（Heat Exposure）的反應中，扮演著至關重要的作用（Ubysz and Valette 2010）。含水量增加了燃燒氣體混合物中不可燃氣體的濃度，並增加吸收燃燒反應熱（Endothermic），從而降低了引發和維持燃燒過程的熱量（Ubysz and Valette 2010）。

圖3-49　燃料含水率低，燃燒時旺盛火焰高（盧守謙 2011）

對於鮮活燃料，特定的FMC（燃料含水量）是葉和根系統輸入水量與植物蒸散（Evapo-Transpiratio）作用輸出水量之間的平衡。每個物種都採取特定的策略來抵禦乾旱，並將自身的水儲量（Water Reserves）限制在允許植物生存的水準上。相反地，枯死物質不受生理機制（Physiological Mechanisms）的調控，其含水量僅取決於由物理規律（Physical Laws）水分交換作用（Ubysz and Valette 2010）。

依單一植物體本身來探討，不同種類的植物，具有不同的型態與化學性質。如針形葉的表面積與體積比較大、密度較小，水分散失較快，不易保有較高的含水率；相對的肉質葉，其表面積與體積比較小、密度較大，易保有較高的含水率（邱祈榮等 2005）。草本、木材或灌木燃料中的含水量，會大幅影響燃燒程度，甚至無法或難以燃燒；而燃料愈是乾燥，燃燒則會愈快，因燃料移除水分，吸熱過程已縮短（van Wagtendonk 2006）。

在木質燃料中含水率是以烘箱乾燥重量百分比來做計算，公式如次：

$$含水率 = \frac{原來重量 - 烘乾重量}{烘乾重量}$$

　　基本上，燃料含水率高於20%則引燃不易，此亦即某些地區夏季多雨之火災危險度低的原因。不過當一定強度之林火發生時，輻射熱與熱分解速度大，會影響燃料著火性，這使得燃料含水率重要影響性下降，例如某些在含水率高達50%時甚至更高，亦會燃燒而快速捲入大火中，如樹冠火時鮮活植被也快速捲入火焰一般。假使森林植群中細燃料如針葉或枯葉含水率（FMC）在12～15%間，係屬易引燃的乾燥狀況。

　　如以建築木材而言，經過乾燥後水分含量仍有9%，但用於家具木材則乾燥到7%以下。在野外木質燃料含水率是林火行為的主要決定因素。燃料與環境溼度狀況的相互作用，取決於其在木質燃料尺寸大小或有機層中深度，此有機層稱為腐殖層（Duff）（van Wagtendonk 2006）。木材和纖維素都是易吸溼物，大氣相對溼度與材料平衡含水量（EMC）有關，兩者具有函數關係，如圖3-50所示。

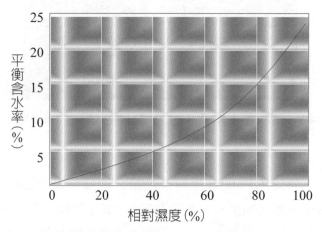

圖3-50　大氣相對溼度與平衡含水率關係圖（DeHann 2007）

　　在歐洲方面，特定燃料的含水量計算，是透過完全乾燥燃料獲得，常用公式如次：

$$FMC = \frac{100(Mi - Mf)}{Mf}$$

　　其中Mi是燃料的初始質量或溼質量（Wet Mass），Mf是燃料的最終質量或其乾質量（Dry Mass）。但一些使用者會用不同的公式來表達含水量（Ubysz and Valette 2010）：

$$WFMC = \frac{100(Mi - Mf)}{Mf}$$

透過下列公式可以很容易從WFMC推導出FMC。

$$FMC = \frac{100\,WFMC}{100 - WFMC}$$

假定質量損失（Mi-Mf），僅僅是在乾燥期間於材料內部蒸發水的質量。於國際標準乾燥溫度為105℃，此適用於沙子、水泥或石膏等惰性物質。利用這個溫度水準來乾燥野地和森林燃料，會高估了質量損失，且因此高估了水分含量，因在這高溫下，植物蛋白質（Proteins）被破壞、油脂（Oils）和其他有機化合物會被分解或揮發掉（Ubysz and Valette 2010）。

此外，在防風林區主要地被燃料型（木麻黃、馬纓丹、咸豐草及大黍）研究中（盧守謙 2011），烘箱絕乾作業是設定在103±2℃情況下，觀察其失重情形，以上述4種樣品皆以110 g（溼重）置入烘箱，結果開始烘乾作業後1小時，失重觀察4種樣品皆已失重至<80 g（下圖），最快為大黍，因其表體比最大，而馬纓丹失重較慢，其中木麻黃烘乾3小時後失重已趨於幾乎常數，可能係其針狀形之表體比大、體積小之故；而大黍一直至5小時後趨近於幾乎常數、咸豐草至8小時後趨近於幾乎常數、馬纓丹則至10小時後始趨近於幾乎常數。以上這些情形差異性，能解釋為地被枯落物失水情形，與其表體比成正相關之故，在較大表體比則有較大失水率。

許多地中海和一些歐洲團隊，則是採用較低的乾燥溫度。歐洲Eufirelb團隊建議，採用60℃的鮮活燃料和枯死燃料；這個溫度臨界值保存蛋白質，並限制了大部分有機化合物的蒸發。這個較低的溫度採取較長的熱曝露時間，以達到穩定的質量。這個持續時間，是取決於烘箱的類型、燃料結構（Structure）、樣品質量（Mass）、容器大小：為了確保達到烘箱乾（Oven-Dry）質量並簡化操作，歐洲Eufirelb團隊建議時間為60℃持續24小時（Ubysz and Valette 2010）。其他團隊更傾向於使用放置在電子秤上方的紅外線烘乾器（Infra-Red Dryer），其構成的溼度「分析儀」（Analyser）或「測定天平」（Determination Balance），能顯示乾燥過程中的初始電流（Initial Current）和最終重量，並即時確定FMC。這種設備提供更快的結果，但不允許使用者同時進行複製，或同時比較幾種燃料類型或物種（Several Species）（Ubysz and Valette 2010）。

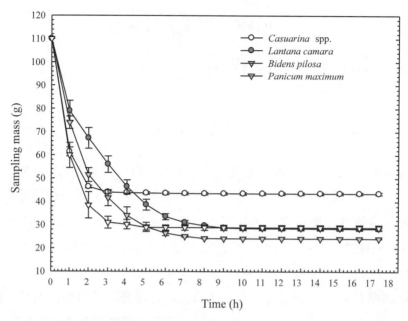

圖3-51 臺中港防風林區主要優勢地被木麻黃（*Casuarina spp.*）、馬纓丹（*Lantana camara*）、咸豐草（*Bidens pilosa*）及大黍（*Panicam maximan*）樣品烘箱（103±2℃）乾燥時間質量失重曲線

圖3-52 鮮活燃料烘箱前作業（左）；燃料包裝電子秤重記錄後進入烘箱（103±2℃）（盧守謙 2011）

　　在澳洲方面，由於上述各方法不易於室外田野應用，澳大利亞團隊已設計和開發一種由磨碎燃料（Ground-Up Fuel）製成顆粒（Pellet）的電阻裝置（Electric Resistance）測量。透過校準表（Calibration Tbles），FMC直接顯示在設備的螢幕上。一旦顯示數值，

林火管理人員可以立即採取林火戰術和戰略（Tactics and Strategies），如當枯落層或腐殖層的含水量低於處方範圍（Prescription Range）時，管理者（Practitioners）可以停止控制焚燒作業（Ubysz and Valette 2010），避免火燒失控情況發生（Ubysz and Valette 2010）。

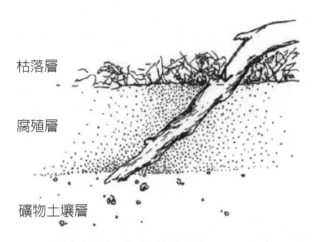

圖3-53　當枯落層或腐殖層含水量低，不宜實施控制焚燒

　　此外，在平衡含水量上，固定溫度和溼度條件下，燃料所含水分達到穩定時的含水量，即燃料本身水氣壓與外界環境水氣壓之相對含水量，這一參數用於美國火險等級系統；而時滯是超過平衡點含水率的初始自然水分量下降到原來值的所需的時間，其是燃料對水分反應的結果，美國和加拿大等國普遍用時滯來劃分燃料種類（Ubysz and Valette 2010）。傳統上用於燃料分類的尺寸等級，對應於燃料含水率時滯等級（Deeming *et al.* 1977）。時滯（Timelag）是燃料成分在恆定的溫度和相對溼度下，枯死燃料顆粒失去或增加其初始含水量，與平衡含水量之差的63%所需時間（Lancaster *et al.* 1970）。表3-4顯示在時間長度別和相對應的木質尺寸與腐殖層深度（van Wagtendonk 2006）。

表3-4　燃料含水率時滯等級是相對應於木質燃料尺寸大小或腐殖層深度

時滯等表	時間長度	木質燃料尺寸（cm）	腐殖層深度（cm）
1-hour	時（Hourly）	0.00～0.64	0.00～0.64
10-hour	日（Daily）	0.25～2.54	0.64～1.91
100-hour	週（Weekly）	2.54～7.62	1.91～l0.16
1000-hour	季（Seasonally）	7.62～22.86	≥ 10.16

（van Wagtendonk 2006）

　　於1小時燃料是由枯死草本植物、小分枝以及森林地表上層枯枝落葉等所組成。這些燃料對每小時相對溼度的變化能做出反應。10小時的燃料反映了每日（Day-to-day）的溼度變化。100小時的燃料則反映從幾天到幾週的溼度變化，而1,000小時的燃料反映了水分的季節性變化。如在雨中大塊原木需要放置幾個月才能曬乾，但如果劈成小片，則會在幾小時內曬乾（van Wagtendonk 2006）。

　　燃料的含水率是主要影響起火行為的主要控制元素，而燃料的含水率又受燃料比重、表面積與體積比等直接影響。而在計算林火強度時，最顯著影響因素一般為燃料量與其含水率，了解該位置即可掌握火強度，特別在營林用火方面，應使用火燒低強度狀態下，如下雨後數日含一定溼度情況，或是分散燃料量，減低燃料載量方式，以降低火強度來進行焚燒控制應用。因增加可用燃料載量（每單位面積的質量）將增加火強度，火強度能反映火焰的大小和土壤表面的溫度（Stinson and Wright 1969；Wright *et al.* 1976），如圖3-54。

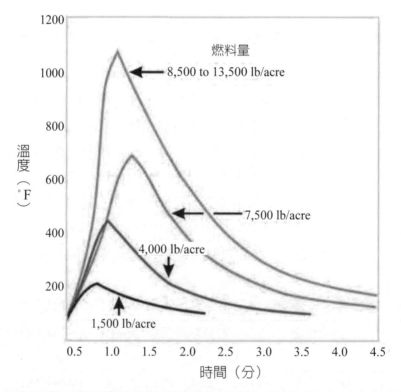

圖3-54　美國德州草地可用燃料數量增加與溫度變化曲線（最高溫度和持續時間）。林區實驗火燒期間的環境條件是氣溫從21℃到27℃；相對溼度介於20%至40%之間；風速從13到24公里／小時（Wright *et al.* 1976）

第四節　燃料分類

　　海拔高低絕對影響燃料植被類型，最明顯是海拔高低依次是林木層、灌木層及草本層。Sandberg等（2001）提出了一項燃料特性分類（Fuel Models），此提供林火行為、林火危險和林火影響所需的預測重要資訊。燃料特性分類是針對植被類型來定義的，包含燃料數據，最多可顯示6個代表潛在獨立燃燒環境的燃料。例如，黃松（*Pinus Ponderosa*）類型可能會在樹冠、灌木、木質燃料和地表燃料層中具有燃料。每個燃料類別的相貌決定了一組定義燃料組分的型態、化學和結構特徵（Sandberg *et al.* 2001）。燃料床組分不同，對林火行為和效果具有獨特的影響。而燃料床組分包括不同大小的木質燃料、灌木葉子和樹枝。每個組分都是由一組定量的變數（燃料的物理、化學和結構特徵）來定義（van Wagtendonk 2006）。

林木

灌木

草本

海平面

圖3-55　海拔影響燃料植被類型（NWCGS 2008）

一、依森林垂直分類

　　一片茂密的森林意味著有充足的燃料存在，依其在林區所處高度位置差異，可分為6個垂直層次：樹冠層、灌木層、低植被層、地表層塊木、枯落物、地下腐殖質層等燃料（van Wagtendonk 2006）。

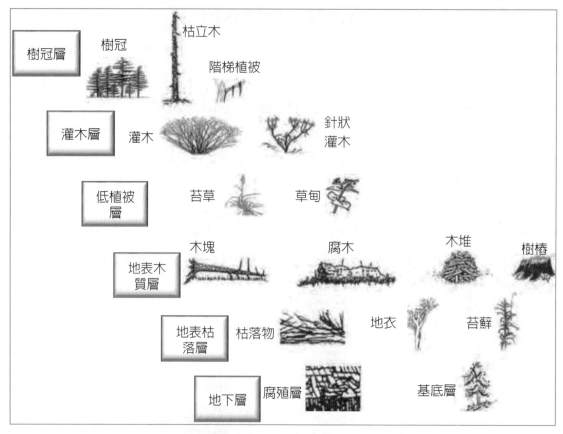

圖3-56   林區所有燃料層依森林垂直進行分類（Barrows 1951）

1.樹冠層燃料（Tree Canopy Fuels）

樹冠層含有導致並維持樹冠火的下層和上層（Overstory）的燃料。這些燃料的垂直分布的連續性，提供了地表火蔓延到上方樹冠層的途徑。樹冠層的定量變數包括平均鮮活冠層高度、冠層平均高度、冠層容積密度和覆蓋百分比。低鮮活冠層基部和林下樹木的存在，將形成階梯式燃料，使林火能夠進入到樹冠層。樹冠層容積密度以kgm⁻³為單位，其直接影響樹冠火蔓延。樹冠覆蓋率（Percent Cover）是相關於樹冠層與影響「次樹冠層」（Subcanopy）風速和燃料遮光性（Fuel Shading）的空間分布同質性而有變化（van Wagtendonk 2006）；此外，樹冠火型態能產生相當高溫，以致林區林分產生大規模致死現象，其地表土壤溫度方面顯示如圖3-57。

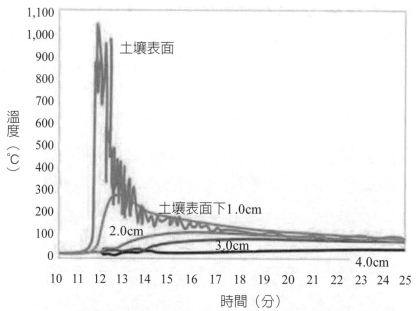

圖3-57　加拿大西北林區傑克松（*Pinus banksiana*）樹冠火地表土壤表面及下方溫度示例。此類樹冠火通常會產生1000℃以上溫度約1分鐘之久（Ryan 2002）

2.灌木層燃料（Shrub Fuels）

　　灌木層定義爲鮮活冠層基地之高度、平均灌木高度、鮮活與枯死比和覆蓋百分比。熱容、熄滅含水率、表面積與體積比（即表體比）、鮮活葉和小枝以及枯死分枝和枝條之大小等級的載量是附加變數，是需要量化的。在所有這些變數中，平均灌木高度和總燃料載量是林火行爲的最重要決定因素。美國加州南部的Chaparral林火，由於其重燃料載量和接近最佳的緊密度，會使火勢強度變得非常激烈，如圖3-58所示（van Wagtendonk 2006）。

圖3-58　灌木層火燒現象（盧守謙 2011）

3.低植被層燃料（Low Vegetation Fuels）

　　低植被燃料包括苔（Sedges）和草甸（Forbs）。這些燃料按其表面積與體積比例分類，以及其是1年生還是多年生植物。平均高度、載量、覆蓋百分比和最大鮮活燃料百分比，是量化低植被燃料之變數。平均高度和載量影響包裝率，而鮮活百分比影響鮮活和枯死燃料的比例，此重要影響其含水率，如圖3-59所示（van Wagtendonk 2006）。

圖3-59　低植被層火燒現象（盧守謙 2011）

4.地表層塊木燃料（Woody Fuels）

　　地表上塊木燃料層包括健全木塊、腐爛木塊、枯立木（Snags）和殘樹樁部（Stumps）。健全的木質燃料被分為與燃料含水率時滯等級相對應的成分。對於這些組成中的每一個，需要指出燃料載量、表面積與體積比、燃料深度、熱容和熄滅含水率。直徑小於7.62 cm（3 inch）的木質顆粒有助於火焰蔓延，與其相應的表面積與體積比大致成比例。雖然，較大塊燃料是由火焰前鋒點燃，但它們不會助長地表火蔓延。相反地，較大塊會燃燒或悶燒數小時，甚至數天，其持續熱量和燃燒生成物，則會造成樹木死亡率和煙霧等林火影響。腐爛的木塊類包括處於高度腐爛階段的木塊，通常其不會隨著地表火焰前鋒而燃燒，而其之後悶燒，造成煙霧和其他燃燒生成物。枯立木是林床上枯死木，一旦點燃會產生飛火星（Firebrands）。這些燃燒的餘燼可以浮升於空氣中，順風而下造成另一處火勢。此外，枯死木是按類別、直徑和高度來進行分類（van Wagtendonk 2006）。

圖3-60　倒木或枯立林通常其不會隨著地表火焰前鋒而燃燒，之後才自成燃燒或悶燒型態

5.地表層枯落物燃料（Litter Fuels）

　　野地和森林枯落物燃料包括苔蘚（Moss）、地衣（Lichen）、針葉或葉子，這些死體材料產生部分地分解（枯落物和腐殖物），及其分解過程（Decomposition Process）中發生變化的所有分解物（Ubysz and Valette 2010）。以上都可能成為使林火繼續蔓延之燃料。枯落物燃料的物理變量，包括苔蘚類型、枯落物類型和枯落物排列。用百分比覆蓋率和平均深度，來推斷這些燃料的生物量（van Wagtendonk 2006）。地表火勢受其燃料含水量之絕對影響。

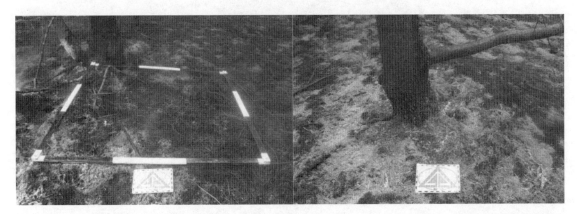

圖3-61　防風林區地表層枯落物（燃料含水率20～24%）火燒情形（圖左：斑塊狀燃燒；圖右：林木基徑枯落物堆積致火線強度較高）（圖片中中興大學森林系logo為15（L）cm×10（W）cm，邊條黑白對比顏色1 cm尺度）

（盧守謙 2011）

6.地下層有機燃料（Ground Fuels）

　　地下燃料層分為上腐殖層、下腐殖層、基底層和動物糞堆層。上部腐殖層是定義為風化或發酵層，而下部腐殖層由腐殖質或分解層所組成。這二種腐殖層燃燒時會產生大量煙霧，並且隨著其深度、載量和腐爛木材的百分比來量測。燃料的累積會發生在大樹或大樹基地周邊區域，可能會非常深厚，一旦燃燒會形成悶燒數日，並產生足夠的熱量，透過形成層致死（Cambium Mortality）和細根毛的損失，最後導致樹木死亡之結果（van Wagtendonk 2006）。

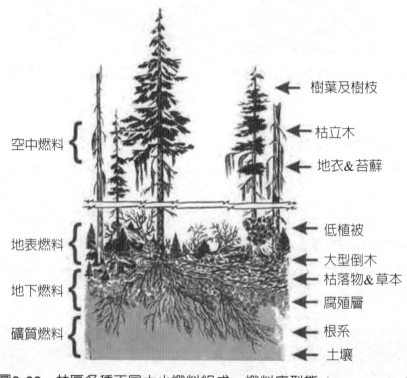

圖3-62　林區各種不同大小燃料組成一燃料床型態（Barrows 1951）

二、依植群型態

　　各種植群與在空間上的排列組成之燃料，可分為針葉林、闊葉林、灌木區與草原區燃料。

1.針葉林區燃料

　　具有完整的垂直與水平結構的植群，因針葉樹為軟木關係，含有較多揮發性油質成

分，一旦燃燒會加速延燒，且林區具垂直結構，有時地表火延燒會產生樹冠火型態。

2.闊葉林區燃料

　　雖具有較完整的樹冠層，但其下層林木的組成較少，其垂直連續性不佳；而闊葉樹木係屬硬木，燃燒分解比軟木需要相對較多熱量。

3.灌木區燃料

　　雖水平分布地較鬆散，單叢的垂直架構緊密，但灌叢區燃料含水率較多，需要較強火燒，始能產生延燒，此與天氣乾燥程度有顯著關係。

圖3-63　灌木區燃料火燒與天氣乾燥程度有顯著關係（盧守謙 2011）

4.草原區燃料

　　在水平方向上的連續性完整，但受草本植物的生理影響，其垂直度不高，沒有垂直結構的組成；其為常呈現輕質之易燃型態的一種燃料。

圖3-64　草本植物沒有垂直結構的組成，常呈現水平快速延伸燃型態（盧守謙 2011）

　　在臺灣地區植群分布型態方面，針葉林分布於中央山脈中高海拔位置，再者隨著海拔降低為闊葉林及混合林等，而整個國有林區燃料型態分布如圖3-65所示。

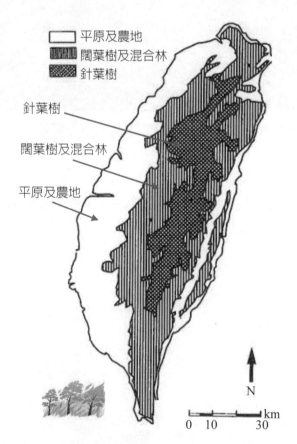

圖3-65　臺灣地區國有林區燃料型態分布（改編自林朝欽 1994）

三、依蔓延速率分類

林火燃料依火燒速率可分為三大類，即輕型燃料、重型燃料及綠色燃料。

1.輕型燃料（Flash Fuels）

地表層上堆積針葉剝落的樹皮、小枝條或乾枯植被等細小燃料，因體積小低熱容，且表體比大，而易於乾燥，一旦有火源易於著火且延燒迅速，為速效性燃料。雖火強度不大，但往往能夠引起重型燃料的燃燒，為地表火之主要燃料層。

2.重型燃料（Heavy Fuels）

森林中較粗大的枝幹、塊木（Log）、朽木或殘留樹樁等，這些燃料體積大，因表體比小或熱容大，而不易著火，需要輕型燃料一定火燒強度來引燃。一旦燃燒後熱量大且原位火燒時間持久，為一種緩效性燃料。因火燒深入內層，不易熄滅，往往需要劈開始能澈底撲熄。

圖3-66　實驗火燒中留下較粗大枝幹、塊木等不易著火（盧守謙 2011）

3.綠色燃料（Green Fuels）

　　綠色燃料顧名思義係指森林中尚在生長之植被，如喬木、灌木、草本層或地衣等，因屬鮮活組織含有大量水分，植物體本身因火燒，必須蒸發驅除水分，會產生大量吸熱現象；因此較不易延燒，除非高強度林火。地表火延燒型態，此種於一定強度以下火燒跡，地上常呈現斑駁狀，火燒過後往往枯掉殘留於地表上。

圖3-67　綠色燃料於火燒過後往往枯掉殘留於地表上（盧守謙 2011）

四、依燃燒火焰分類

1.有焰燃料

　　森林燃料在火三要素滿足後形成燃燒時，能產生分子間化學連鎖反應者，一般會產生火焰現象。如地表上槐木、枝幹、落葉等屬之，其在一定高溫下，產生分解燃燒型態，且在環境空間氧氣供應充足，一般稱明火，因明顯火煙現象能受到人們視覺注意，及早發現應變。

2.無焰燃料

　　森林燃料雖滿足火三要素形成燃燒，但無分子間化學連鎖反應，且環境空間嚴重缺氧，在燃燒後不生火焰現象，其在一定高溫下，僅產生表面燃燒型態，如地表下泥炭、腐殖質等，此種燃燒從固體燃料表面發生的不均勻反應中獲得熱量，燃燒過程通常是缺氧的，並產生每單位質量（特別是CO）有毒產物的高轉化率，且熱傳播的反應留下大量未燃燃料的焦炭。

五、依燃燒難易分類

林火燃料依火燒難易可分為三大類，即易燃型、緩燃型、難燃型燃料。

1. 易燃型燃料

此種燃料在一般情況下，表體比大、熱容低、易乾燥，起火容易產生延燒速度快；如枯落葉、樹皮、地衣、苔蘚、針葉、小枝或乾枯草本等地表細小1-hour時滯等級燃料。

圖3-68　木麻黃葉表體比大、易乾燥，產生延燒速度快（盧守謙 2011）

2. 緩燃型燃料

此種燃料在一般情況下，指表體比較小、熱容較高、體積較大的重型可燃物，如枯立木、樹根、大枝、倒木或是空氣中氧難以供應之腐殖質層等。這些緩燃型燃燒因熱容關係而不易起火，但著火後能長期保持熱量，深入內部而不易快速撲滅，因大量蓄熱作用，容易發生往下層熱傳之地下火或復燃之火燒100-hour時滯等級以上燃料。

3. 難燃型可燃物

此種燃料係指上述生長中植被之綠色燃料。依火災學而言，因森林燃料之火燒係屬分解燃燒，固體受熱時先失去水分，再起熱裂解與分解而產生可燃氣體，於燃燒最後往往僅剩炭質固體，形成無焰之表面燃燒，及殘留無機之灰燼物質。

圖3-69　火燒後地表殘留無機之高溫灰燼物質（熱影像）（盧守謙 2011）

　　在森林燃料具較大分子結構，必須熱分解出可燃氣體擴散而產生有焰燃燒。因綠色燃料體內水分含量高，而且植物體自身具有調節水分的能力，熱分解前會大量吸熱而減弱火勢，甚至使強度小的林火熄滅，這也是防火林帶之主要應用原理。但一定高強度之林火，因高輻射熱與對流熱關係，此種綠色燃料在林火前鋒產生熱分解作用，一旦林火到達時也會與上述燃料一樣，快速捲入火燒範圍。

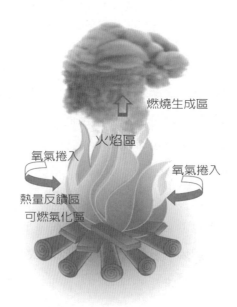

圖3-70　森林燃料物質係屬分解燃燒之型態（盧守謙 2017）

六、依燃料顆粒大小分類

　　燃料顆粒根據厚度（樹葉、樹皮）或直徑（樹枝和樹枝）來做分類。而燃料含水量是影響林火發生以及延燒之最重要因素之一，對林火的蔓延速度和火燒強度扮演重要角色。亦即森林中所有的有機物均屬於可燃之燃料，不同燃料大小之燃料含水率，受環境中溫度及溼度變化影響，而使其達到不同的平衡含水率（Equilibrium Moisture Content, EMC）。森林燃料因環境改變，致使燃料含水率變動至另一EMC所反應之時間，為燃料溼度之時間延遲（Timelag）（Pyne *et al.* 1996）。Deeming *et al.*（1972）將森林燃料分為鮮活燃料與枯死燃料二大類，枯死燃料根據吸水後失去水分及恢復時間的快慢，將地表燃料依其口徑大小分為下列4級時滯，其反映了燃料之燃燒性，不同時滯的可燃物，表現出的林火行為有很大區別。即燃料之起火時間延遲愈短，則愈易燃燒；此分別表示如表3-5（Byram 1959）。

表3-5　美國森林燃料顆粒大小分類

燃料顆粒	時滯	燃料口徑
細類	1-h時滯燃料	於地表燃料口徑為0～0.6 cm
中類	10-h時滯燃料	於地表燃料口徑為0.6～2.5 cm
粗類	100-h時滯燃料	於地表燃料口徑為2.5～7.6 cm
特粗類	1,000-h時滯燃料	於地表燃料口徑為7.6 cm以上

（Byram 1959）

　　在歐洲森林燃料顆粒大小分類則略有差異，如表3-6所示。

表3-6　歐洲森林燃料顆粒大小分類

燃料顆粒	燃料口徑
特細類	於地表燃料口徑為小於0.2 cm
細類	於地表燃料口徑為0.2～0.6 cm
中類	於地表燃料口徑為0.6～2.5 cm
粗類	於地表燃料口徑為2.5 cm以上

（Ubysz and Valette 2010）

　　在歐洲將細分兩類（>0.2 cm和<0.2 cm），允許使用者從細的燃料顆粒中分離樹葉（Leaves）、針葉（Needles）和細枝（Fine Twigs），並更精準地確定在控制焚燒條件

（Prescribed Burning）火線消耗的燃料質量，這是鑑於林火前鋒之火線一般會消耗非常細、細和中類的燃料，而特做此分類（Ubysz and Valette 2010）。

<h1 style="text-align:center">第五節　燃料型</h1>

對林火環境因素的了解與基本資料蒐集，是林火管理的基礎，其中燃料是一項重要的資訊。掌握燃料的性質是一個地區林火特性相當關鍵的資料（林朝欽 1995）。燃料是林火發生與延燒之重要影響因子，在林火管理上，尤其是林區與人口居住界面（WUI），即林火生態界面上的燃料進行管理，更顯得重要，如在適宜的林緣用火清理燃料，對不宜用火的範圍進行人工清理倒木、病腐木、枝幹等雜亂燃料，以提高界面對初期林火和林火擴散的減低能力。假使條件允許情況下，考量使用控制焚燒策略，這既是避免林火發生、發展的主要方法，又是控制生態界面林火，使其燃燒性質轉弱的重要手段。

從另一角度觀察，林區大量枯落物愈積愈多，火燒能加速此一分解過程。因此在自然界的發展過程中，有些森林生態系統中的能量平衡是依賴火燒維持的。早在未有人類之前，主要是通過雷擊火來釋放森林中的能量；之後又增加了人為用火來釋放森林中的能量。因此，燃料是火三角之要素，也是火環境之要素，燃料能延伸到以植被形成之整個地景層次；如圖3-71所示，燃料一直是管理者一項不可或缺之重要因子。

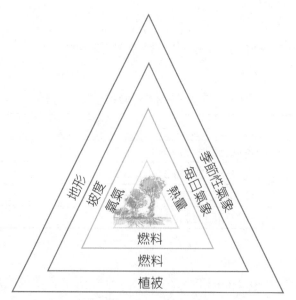

圖3-71　從林火到林床，再到地景層面，以多種尺度來表示火三角（Keane *et al.* 2001）

　　因此，燃料型態在特定地形和氣象條件情況下，將呈現出可預測之林火行為。Andrews（1986）將全美森林燃料予以標準化13種燃料型，作為BEHAVE林火行為軟體參數。在林火環境因素中，燃料是唯一能藉由管理做法或進行直接修改控制；因此，對森林地表層燃料進行調查，分析其燃料量，對提高林火行為預測準確性具有相當實用之意義（林朝欽 1995）。故透過燃料量調查及林火環境分析，能進一步估計林火擴展速率、火強度，以及火焰長度等林火行為指標，顯見森林燃料定量研究是林火管理最基本且必要之重點工作（林朝欽等 2007；盧守謙等 2011b）。

　　基本上，森林燃料類型是指占據一定空間，並在一定時間內保持相對穩定的相似植被。不同燃料類型的燃燒性，可能會有頗大區別。如山草坡、針葉幼林、易燃灌叢和陽性雜草等輕質燃料地段，會突然加速林火蔓延速度，改變林火燃燒方向，因火會選擇容易燒的區位方向前進產生。林地不同燃料型態能間接表示林火危險性之衡量，將燃料分類為標準化燃料型，是一些相對特徵燃料量占據某空間，於一定時間內能保持相同或相似之同質複合體，透過燃料型模擬或預測林火行為，可作為林火管理進一步研究的依據；大多數燃料型是作為林火行為使用模式或林火危險之必要參數資料（盧守謙等 2011b）。

　　早期的森林燃料分類研究主要是研究燃料種類的問題（草本植物、灌木、喬木等），目的是為了便於認識森林中各種燃料林火危險性，以便在預防和撲救林火中，對不同種類的燃料採取相應的措施；後期森林燃料分類主要是從林火行為的角度出發來研究燃料類型。燃料型能作為如下作用：

1. 以地圖單元之空間林火動態。
2. 生物量和碳儲存一個簡易燃料庫存系統。
3. 林火危險和風險性做出間接性衡量。

圖3-72　臺中港防風林區草本燃料型多少是衡量地表火危險情況

　　因此，燃料分類是全球林火管理的一項重要工作（Pyne *et al.* 1996），因其可藉由電腦模式提供一種簡易方式，藉由輸入各種燃料屬性，能轉變成複雜林火行為輸出。而燃料型分類方法可依植物群落，為燃料型的劃分提供了重要參考依據，最簡單的例證是根據草本、灌木和森林燃料（林下灌木型、草本型及無地被型）（Forestry Canada Fire Danger Group 1992）；亦可依「照片對」（Photo Keys），其並不限於一定燃料型之燃料量描述，也應用於燃料危險等級估計，此已廣泛應用於全美地區；雖其發展成本是較低的，但精確性亦不高，使用時應僅限於相對較小規模之地理區域上（林朝欽等 2007；盧守謙 2011）。

　　不同燃料型潛在能量大小，亦不是固定不變的，燃料含水率對林火擴展速率及單位元面積熱量均有重大影響，又燃料床深度對林火蔓延具有重要作用（Anderson 1982）。林火行為過程極為複雜，從引燃、擴展、蔓延、減弱到熄滅，乃是一系列連鎖反應之物理與化學現象。不同植群燃料型態會導致不同的林火行為（林朝欽 1992a；Pyne *et al.* 1996）。因燃料型不同，其林火行為亦不同，對森林影響亦各異。燃料型潛在林火行為等級是林火管理與控制焚燒（Prescribed Burning）之一項重點工作，因此透過燃料分類法，依地面調查的燃料形式來獲得特定區域之燃料資訊，供作潛在林火預測的輸入因素之用，模擬林火行為以作為地區之林火管理依據（林朝欽等 2007；盧守謙 2011）

　　因此，具有相似特徵的燃料類型，對燃燒有重要影響變數，來進行分組為不同燃料模型。預測林火蔓延的燃料模型是由Rothermel（1972）開發的，適用於預測Albini（1976）的林火行為和Deeming等（1977年）對林火危險的評估。Anderson（1982）提供了「確定式燃料模型」（Determining Fuel Models）來估計林火行為的輔助手段，Albini（1976）和Deeming 等（1977）模型包含計算燃燒反應強度和蔓延速度的必要燃料資訊。林火行為系統使用燃料表面積與體積比進行加權，而林火危險評估系統則使用燃料載量。但Rothermel（1972）的地表火蔓延模型，並不能用來預測樹冠火蔓延（van Wagtendonk 2006）。

圖3-73　森林不同燃料類型火燒之一（盧守謙 2011）

　　在臺中港木麻黃之防風林區進行燃料調查，全區隨機選取33個樣地，使用群集分析，將整個防風林區分類成4類燃料型態，即Type-1：草本型、Type-2：無地被型、Type-3：灌木型及Type-4：綜合型，如圖3-74所示（盧守謙 2011）。

圖3-74　臺中港調查木麻黃之防風林區燃料型：草本型（圖上左）、無地被型（圖上
　　　　右）、灌木型（圖下左）及綜合型（圖下右）（盧守謙 2011）

　　上述各群組經BEHAVE林火電腦模擬，來呈現該區潛在地表火林火擴展速率（圖
3-75(a)），及其單位面積熱量（圖3-75(b)）。結果由高而低依序命名列出Type-1至
Type-4林火行為群組，其中草本型有最快林火擴展速率，火燒熱量最高為灌木型植群。因
此，林火發生的物質基礎是森林燃料，不同燃料型態對於林火蔓延動態的影響是顯著不同
的（盧守謙 2011）。

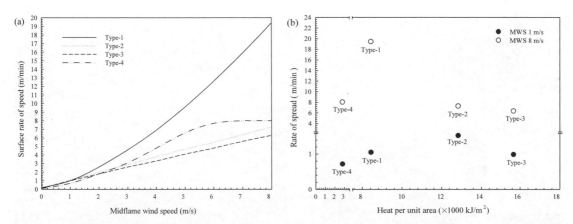

圖3-75　臺中港防風林區4種燃料型潛在林火：(a)地表火林火擴展速率與中火焰風速關係；(b)林火擴展速率與單位面積熱量關係對照圖，MWS = midflame wind speed。Type-1：草本型、Type-2：無地被型、Type-3：灌木型及Type-4：綜合型（盧守謙 2011）

　　在臺中港防風林區之林下地被上，依地被優勢植物組成的不同，主要可分為三類地被型（圖3-76）：以馬纓丹（*Lantana camara*）等所形成之灌木型態（42%），以大黍（*Panicum maximum*）與咸豐草（*Bidens pilosa* var. *radiata*）等草本型態為主（46%），以及僅有枯枝落葉之無地被植物型態（12%）。灌木型集中分布於防風林區中央區域Ⅰ1區（林齡37年）及零星於Ⅱ4區（林齡15～20年），無地被型較多分布於西側區域Ⅰ3區（林齡17年）及零星於北側Ⅰ2區（林齡26年），而草本型最多分布於Ⅰ1區及Ⅱ4區、零星於Ⅰ2區及較少於Ⅰ3區（如圖3-76）（盧守謙等 2011a）。

TH: Taichung Harbor　　　　　CSS: *Casuarina* spp. stands　　　　　NCSS: Non-*Casuarina* spp. stand

圖3-76　臺中港防風林區位置圖（細節請見表3-7）（盧守謙等 2011a）

表3-7　臺中港木麻黃防風林燃料調查樣區屬性（Ⅰ1、Ⅰ2、Ⅰ3與Ⅱ4位置於圖3-67）

樣區區塊	林相分類	林齡（yr）	面積（ha）	樣區編號（樣區數）
Ⅰ1	木麻黃	37	175	Ⅰ1-1～Ⅰ1-13 (13)
Ⅰ2	木麻黃	26	42	Ⅰ2-1～Ⅰ2-7 (7)
Ⅰ3	木麻黃	17	70	Ⅰ3-1～Ⅰ3-6 (6)
Ⅱ4	黃槿等改良林相	15～20	25	Ⅱ4-1～Ⅱ4-7 (7)

（盧守謙等 2011a）

在大甲溪事業區臺灣二葉松人工林區方面，邱祈榮等（2005）指出，透過臺灣現有的森林調查資料成果，應用於該區人工松林。首先，依據林分植群的特徵，透過階層群聚分析法，建立燃料林型之分型準則，分辨出四種不同燃料林型。因爲地面燃料組成是主要影響林火引燃與擴展之關鍵因素，所以利用地面燃料組成進一步發展出19類燃料型，如表3-8所示。

表3-8　地面燃料型分類

編號分類	植被型態	燃料量
I 1	芒草植被	地面燃料量少
I 2	芒草植被	地面燃料量多且枯立／斷木少
I 3	芒草植被	地面燃料量多但枯立／斷木多
I 4	蕨類植被型	-
I 5	無植被型	-
II1	芒草植被	倒木物質量少
II2	芒草植被	倒木物質量多
II3	蕨類植被型	-
III1	芒草植被	地面燃料量低
III2	芒草植被	地面燃料量高但枯立／斷木少
III3	芒草植被	地面燃料量高但枯立／斷木少
III4	蕨類植被	地面燃料總量高
III5	蕨類植被	地面燃料總量低，植被爲蕨類型且地面燃料總量較低
III6	無植被型	枯落層與分解層量多
III7	無植被型	枯落層與分解層量少
IV1	芒草植被	地面燃料量少但枯落層與分解層燃料量多
IV2	芒草植被	地面燃料量少且枯落層與分解層燃料量少
IV3	芒草植被	地面燃料量多
IV4	蕨類植被型	-

（改編自邱祈榮等 2005）

因此，不同植群燃料型態會導致不同的林火行爲（圖3-77），也就是燃料型分布和地表火線強度有關，也直接影響著林火蔓延速度（圖3-78）。

圖3-77　　臺中港防風林區不同植群燃料型態會導致不同的林火行為（盧守謙 2011）

圖3-78　　　燃料型分布和地表火線強度有關，也直接影響著林火蔓延速度（盧守謙 2011）

第六節　綜合討論

　　在燃料屬性影響燃料顆粒燃燒方式上，Parsons *et al.*（2016）提出影響主要屬性有：化學性質、載量、密度、幾何形狀和連續性；如圖3-79燃料五邊形所示。其中幾何形狀是指特定燃料顆粒的形狀和大小，以及其與其他顆粒的空間關係。而燃料連續性是關鍵燃料

特徵，並且涉及不同尺度顆粒之間的排列和距離。雖一個特徵可能主宰燃料的燃燒方式，但所有特徵都會相互影響，從而影響燃料在一定時間的燃燒方式。

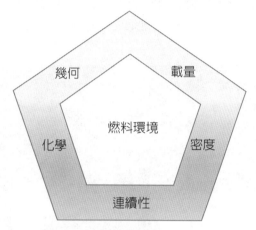

圖3-79　燃料主要屬性五邊形（Parsons *et al.* 2016）

在燃料因素方面，林火行為過程極為複雜，從引燃、擴展、蔓延、減弱到熄滅是一系列連鎖反應之物理與化學現象（Chandler *et al.* 1983）。不同植群燃料型態會導致不同的林火行為（林朝欽 1992a；Pyne *et al.* 1996）。因燃料型不同，其林火行為亦不同，對森林影響亦各異。燃料型潛在林火行為等級是林火管理與控制焚燒（Prescribed Burning）之一項重點工作（Tanskanen 2007）。而林火規模與燃料量有著密切關係（林朝欽 1995），燃料量多少與分布和地表火線強度有關，也直接影響著林火蔓延速度（ROS）（林朝欽、邱祈榮 2002），意即火線強度是林火蔓延速率（ROS）與燃料量之產物（Byram 1959）。況且燃料量在預測林火危險與林火行為屬性如ROS、強度與火焰高度等測量，更是重要之參數（Luke and McArthur 1978；McCaw 1991）。

因此，每單位面積一定燃料量與ROS通常有一簡易之數學函數式關係存在（Dupuy 1995；Dupuy *et al.* 2005a）。Viegas *et al.*（1998）分別以海岸松（*Pinus pinaster*）燃料實驗（含水率6%），觀察燃料量（w_0）對ROS影響，結果兩者線性關係式為ROS $= a.w_0$，$R^2 = 0.73$。Morvan and Dupuy（1995）以海岸松（*Pinus halepensis*）同樣以燃料量影響做觀察，結果ROS與重燃料量（> 4.0 kg/m^2）已無線性關係而傾向於獨立狀態。日本森林綜合研究所（小林忠一、玉井幸治，1992）以火炬松（*Pinus taeda*）火燒實驗，當燃料量增加至1.5 kg/m^{2}時，ROS卻反而減少。所以，某些情況下ROS是成反比於燃料量（Gill 1975；Wilson 1992a）。此外，燃料含水率方面，Viegas（2004a）以海岸松火燒觀察，結果枯死燃料含水率（DMC）與ROS具有對數函數之負相關，Fernandes

（1998）以灌木叢火燒亦顯示DFM與ROS具有指數之負相關。Viegas *et al.*（1998）以海岸松觀察DFM對ROS影響，呈現兩者具有三階多項式之負相關。McArthur（1977）以尤加利樹火燒顯示兩者負相關，於DFM>28%時，將無法維持蔓延，而DFM於16～22%時，桉屬植物將「引燃非常困難」，針葉燃料則屬「引燃困難」等級。

圖3-80　林區燃料床火燒實驗桌（林朝欽：林火研究室提供）（盧守謙 2011）

假使以地景規模（Landscape-Scale）燃料來探討極端林火行為關係。基本上，燃料在極端林火行為中的作用是複雜的，因為燃料五邊形中的所有燃料特性在林火環境中相互作用，以決定燃料是如何燃燒蔓延。上述對燃料的討論主要集中在細小尺度影響上。在地景尺度上，燃料的分布和空間布置顯著影響火勢蔓延以及延燒機制和速率，以及相關的火強度。由一個或多個因素引起的基本燃料特性，隨時間的變化可導致點燃快慢和延燒速度或火強度的變化（圖3-81）。因此，露天的燃料是極易受到與環境相互作用引起的變化，並以複雜的方式和跨越多個空間和時間尺度，產生多重的影響。（Parsons *et al.* 2016）。

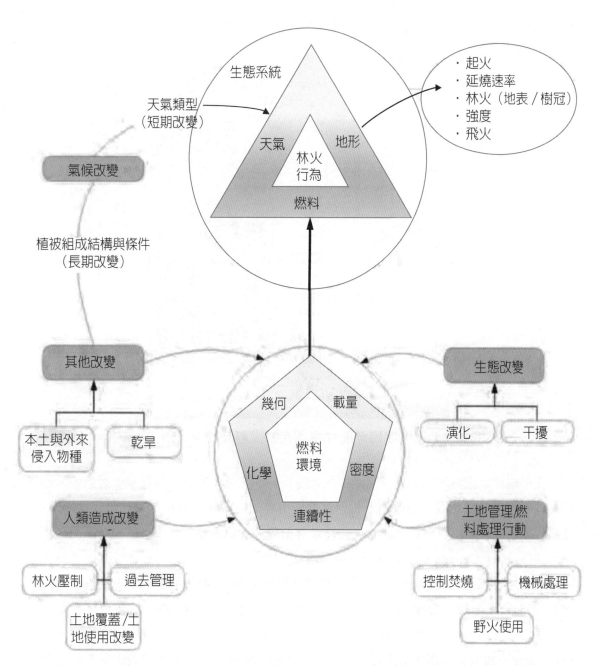

圖3-81　林火環境三角形、燃料環境五邊形、影響燃料特性和隨後林火行為變化因素間之相互關係（Parsons *et al.* 2016）

此外，在地形因素影響林火行為方面探討上，澳大利亞現使用McArthur量測儀（Cruz *et al.* 2008），其方程式指出地形坡度對ROS具有指數之正相關（McArthur 1967）。Morandini *et al.*（2001）以地中海松進行坡度影響，當坡度≥10°時，火焰長度

是較接近於鄰近未燃之燃料面，以致ROS隨著地形坡度增大而遞增之正相關作用。

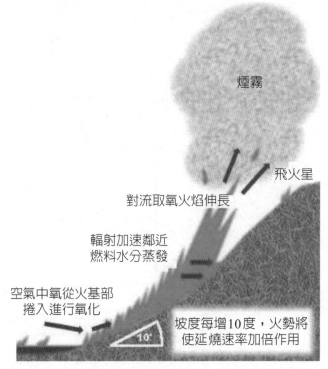

煙霧

飛火星

對流取氧火焰伸長

輻射加速鄰近
燃料水分蒸發

空氣中氧從火基部
捲入進行氧化

10°

坡度每增10度，火勢將
使延燒速率加倍作用

圖3-82   地形坡度每增加10度將使林火蔓延速率呈現加倍作用

在形成林火環境的氣象重要因素中，太陽輻射、氣溫、風速及蒸發量等因素，一般與林火危險程度呈正相關；而降雨、相對溼度則與林火危險率呈負相關（林朝欽 1995）。氣象因素影響林區燃料引燃，對林火行為最有影響力的氣象變數是風、氣溫、相對溼度和降水（Forestry Canada Fire Danger Group 1992）。

在氣象之風速上，於2～3 m/s時，林火擴展速率將出現快速轉變現象（Wolff *et al.* 1991），於大多數實證模式指出，兩者可用指數或冪次方（Power Law）之簡易函數式來做表示（Pagni and Peterson 1973；Nelson and Adkins 1988；Beer 1993）；其中Fernandes（2001）以灌木叢為燃料火燒，結果顯示風速（W）與ROS幾乎有冪次方函數線性關係，與燃料含水率呈指數負相關。Morvan and Dupuy（2004）以地中海灌木火燒中，觀察風速對火燒質量損失率影響，顯示風速於（W）≤ 3 m/s情況，質量損失率幾乎與風速平方根呈線性關係。和風一樣，森林燃料含水量可能是影響林火蔓延的最明顯因素。由於燃料的含水量在起火之前必須蒸發，並且由於水的沸騰需要大量能量，所以燃料含水量是影響起火的最重要參數。含水量也會影響林火蔓延以及現有燃料的燃燒量。這就

是為什麼如此多的努力，一直致力於量測或預測植被含水量，因其受氣象條件和生物週期
（Biological Cycles）的影響。

　　於氣象因素低或強風速條件下的林火物理模式（Morvan and Dupuy 2004；Morvan
et al. 2009），無論是以熱輻射或對流所主導之林火蔓延機制預測，都會產生一定程度相
對變化。林火物理蔓延機制變化率通常是以Fc對流Froude係數（Clark et al. 1996）或Nc
對流係數（Nelson 1993）來做預測；此一無次元數字能代表風速流動所產生慣性力和燃
燒所產生浮力流之一種比例，其計算如次：

$$F_c = \sqrt{\frac{(W-R)^2}{g\frac{\Delta\theta}{\theta_\alpha}l}}$$

$$N_c = \frac{2gI}{\rho C_p \theta_\alpha (W-R)^3}$$

　　其中W為平均風速（m/s）、R為ROS（m/s）、g為重力加速度（m/s^2）、$\Delta\theta$是熱氣體
溫度和周圍環境溫度（K）之差異量、θ_α是環境溫度（K）、I是火線強度（KW/m）、ρ是
空氣密度（1.2 Kg/m^3）和Cp為常壓時空氣比熱（1.005 KJ/ Kg×K）。變量（l）是一個火
線特徵長度尺度（m），即火焰長度（L）、深度（D）或高度（H），代表由火燒所產生
之浮力流。在數值分析（Pagni and Peterson 1973；Clark et al. 1996；Morvan and Dupuy
2004；Morvan 2007）上，研究人員建議Fc^2 < 1（或Nc>1）表明由浮力流（plume）之燃料
因素所主導之火燒型態，而Fc^2>1（或Nc<1）則是由氣象因素中風速所主導之火燒型態。

第七節　結論

　　1972年美國林火研究員Rothermel推出以森林燃料為基礎的林火行為模式，此模式具
體且涵蓋全面的，目前廣為運用。此模式亦以燃料的物理、化學性做基礎，假設林火蔓延
是由細小燃料連續的起火引燃而延燒開來，當燃料之化學組成固定時，林火蔓延速度就由
燃料之大小、排列等物理性而定。此模式所使用的參數除燃料因素外，亦考慮林火環境之
氣象、地形之主要元素，並經實證結果良好；如1988年黃石公園林火，此模式還能用於
林火搶救指揮決策之重要依據。

目前歐洲在森林燃料基本機制（Basic Mechanisms）、燃料的化學、熱學和物理特性已進行了大量研究，專門為預測林火行為的模式提供數據（Ubysz and Valette 2010）。歐洲Eufirelb團隊提倡一種通用的方法（Common Methods），來確定這些特徵（Allgöwer *et al.* 2007；Fernandes *et al.* 2006），而歐洲Fire Paradox團隊已改進了一些燃料顆粒的錐形量熱儀方法（cone calorimeter）（Rein *et al.* 2008）。

不同燃料型潛在能量大小亦不是固定不變的，燃料含水率對林火擴展速率及單位面積熱量均有重大影響，又燃料床深度對林火蔓延具有重要作用（Anderson 1982）。因此，對林火環境因子的了解與基本資料蒐集是林火管理的基礎，燃料更是重要的資訊。亦即燃料的性質掌握是一個地區林火特性相當關鍵的資料（林朝欽等 2007；Brown and Davis 1973；David and Biging 1997）。因此，燃料型為特定地形和氣象條件情況下，將呈現出可預測之林火行為（Merrill and Alexander 1987）。Andrews（1986）將全美森林燃料予以標準化13種燃料型，作為BEHAVE林火行為軟體參數。在林火環境因子中，燃料是唯一能藉由管理做法或進行直接修改控制（Finney 2001）；因此，對森林地表層燃料進行調查，分析其燃料量，對提高林火行為預測準確性具有相當實用之意義（林朝欽 1995）。故透過燃料量調查及林火環境分析，能進一步估計林火擴展速率、火燒強度以及火焰長度等林火行為指標，顯見森林燃料定量研究是林火管理最基本且必要之重點工作（林朝欽等 2007）。

而林火發生表現為很強的季節性，在歐美國家會有典型林火季節，因林火發生及其發展，顯著受制於氣象要素（溫度、溼度、風速、降雨等）等不同程度的影響。而應用燃料、氣象與地形之三因素，能解釋火燒嚴重度受影響的關係。火強度的大小主要受到燃料量、氣象之風、降水量與地形狹谷、陡坡等位置影響最大；而火持續的時間主要受到燃料量、氣象因素之風與降水量所影響；此也是火三要素上之燃料（粒徑）、氧（風）及熱量（降水量吸熱）；這些火環境重要因子，會非常顯著影響林火行為，其中起火方面應為燃料（粒徑）、氣象（降水量、相對溼度）等因子；而火勢延燒方面，除了上述以外，應為氣象（風）及地形（坡度、谷形）等因子。

第四章 林火行爲

　　本章探討林火行爲及其模式，對林火管理是一專業必備知識內涵，以及作爲管理決策工具。基本上，森林生長在一大氣開放系統的自然環境中，當林火發生時，空氣中氧氣供給是不會像建築物火災形成通風之氧氣控制燃燒型態，同時也無法像建築物火災採取開口（門與窗）封閉，使火勢自行萎縮甚至熄滅狀態。林火係屬一種燃料控制燃燒型態，但燃料可能處在不同位置如坡度或谷地，且受到露天開放之風影響，而產生各種不同燃燒之林火行爲。因此森林中燃料、有利的天氣和足夠熱能形成起火現象，這三因素是如何與地形相結合，透過傳導、對流及輻射之熱傳，使鄰近燃料引起延燒。而林火達到一定規模以上並在風速配合下，會引起飛火星形成飛火狀況（Spotting Fire），來點燃下風處燃料，引發另一場林火，這是一種跳躍式熱傳現象。上述每種狀況都有獨特的物理機制來維持火勢延燒。而林火行爲係指森林燃料起火後，因而產生的火焰和延燒發展過程的特徵，亦即是林火發生、發展，直至熄滅的整個過程中，火焰大小、延燒行爲、能量釋放、火強度等特徵的綜合結果。

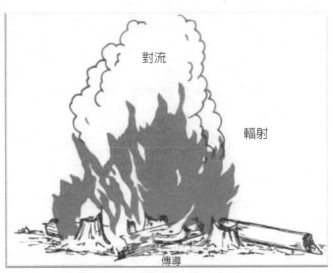

圖4-1　森林燃料起火後透過傳導、對流及輻射之熱傳，使一連串燃料引起林火蔓延
（Countryman 1976）

第一節　林火種類

　　依燃料垂直分層，火燒是能透過地下燃料、地表燃料、樹冠燃料或三者的組合，塑造各種林火行為（Fire Behavior）；其是一種森林燃燒的物理性與化學性，因燃燒是一項物理變化，同時也是一種化學反應，結合燃料、氧以及熱源所產生的過程。而森林燃燒係發生在複雜的地形、不同的燃料大小、變化多端的氣象及多樣性的火源因素組合下，森林燃燒現象成為一門整合物理學、化學、林學氣象學及火災學的林火學（Fire Science）（林朝欽 2002；盧守謙、陳永隆 2017）。

地下火　　　　　　　　地表火　　　　　　　　樹冠火

圖4-2　燃燒能透過地下燃料、地表燃料、樹冠燃料形成不同林火行為
（Ripley Valley Rural Fire Brigade 2008）

　　燃燒的燃料層和延燒的方法，確定了燃燒類型（表4-1）；地下火會燃燒有腐殖或其他有機物質如泥炭，會在非常緩慢移動情況下燃燒，這種型態通常在相當高溫之地表火經過後發生。地表火燃燒枯落物、木質燃料（< 7.62cm）和低植被如灌木，產生前進移動之火焰前鋒。被動式樹冠火係燃燒地表燃料層和單一樹木或樹木群組，主動式樹冠火係樹冠與地表火一起燃燒，而獨立式樹冠火係透過樹冠層之間火勢延燒，而沒有地表火之型態（van Wagtendonk 2006）。

表4-1　林火型態、燃料層與燃料種類

林火型態	燃料層	燃料種類
地下火	地下燃料	腐殖物、泥炭（Peat）、樹木基底累積物、動物糞便
地表火	枯落物	枯落物、地衣（Lichens）、苔蘚（Moss）
	木質燃料	完整木質、腐爛木質、落葉堆、殘樹樁部
被動式樹冠火	灌木	灌木、藤類
	低植被	草、苔（Sedges）、草甸（Forbs）
	枯落物	枯落物、地衣、蘚
	木質燃料	完整木質、腐爛木質、落葉堆、殘樹樁部
主動式樹冠火	灌木	灌木、藤類
	低植被	草、苔（Sedges）、草甸（Forbs）
	樹冠燃料	樹冠層、枯立木、階梯式燃料
	枯落物	枯落物、地衣、蘚
	木質燃料	完整木質、腐爛木質、落葉堆、殘樹樁部
獨立式樹冠火	灌木	灌木、藤類
	低植被	草、苔（Sedges）、草甸
	樹冠燃料	樹冠層、枯立木、階梯式燃料

（van Wagtendonk 2006）

一、地下火

地下火是在地表面下富含有機質的土壤腐殖層，特別是在泥炭地，其由部分腐爛生物質的自然堆積而成，是陸地有機碳最大的儲量（Rein 2016）。由於燃料的大量積聚，一旦被地表火點燃，轉變進入地表下層進行熱傳導，由於地下與空氣中氧接觸非常有限，燃燒以悶燒之型態呈現，常有無焰高溫接觸樹木的根部，使樹木直接致死。假使腐殖層是地下泥炭，則地下火會持續很長一段時間（例如幾個月）燃燒。

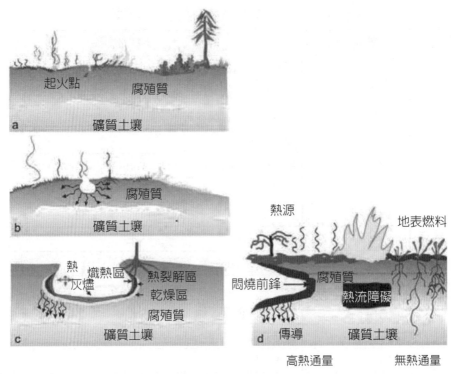

圖4-3　地下火腐殖質燃燒階段過程（Hungerford *et al.* 1991, 1995）

　　地下火非常難以抑制撲滅。從實驗顯示，地下悶燒需要大量的水。例如泥炭層，測定抑制悶燒所需水量爲每公斤燃料燃燒中1至2公升（Rein 2016）。而且，悶燒需較低的氧氣濃度，僅10%左右，而相對於有焰燃燒時，氧氣濃度則爲16%（Hadden *et al.* 2013；Tuomisari *et al.* 1998）。

　　於火三要素中進行氧氣移除是不足夠的，除非繼續直到整個燃料床被冷卻至氧再進入時不會導致再次起火，因此可見地下火之所以難以撲滅之原因。因燃料床的整個容積冷卻，是一個非常緩慢的過程（反應熱時間長），此意味著能使悶燒維持窒息的所需時間，比有焰燃燒的時間要長得多（數月到數小時）（Hadden and Rein 2011）。且進行撲滅大規模地下燃料床的一個實際問題是，滅火劑流體是會跟隨滲透性較高通道的流動趨勢，從而使水流忽略較顯著的深度燃燒區。且當大部分的流體透過燃料床，採用相同的流通路徑時，會產生通道，導致滅火劑（如水）和燃燒中燃料之間的接觸表面積，形成有限；且由於高流速，使得在高滲透率地區較低的水停留時間，二種因素組合，使得需要大量的水來進行地下火撲滅抑制（Rein 2016）。

　　由於地下泥炭中碳的密度和成分較高，與其他悶燒燃料相比，火延燒速度較慢（～0.1 mm/min），但燃燒較熱（～1000℃峰值溫度）。Hadden和Rein（2011）在小型煤炭

層研究中，使用三種減火噴水方法（注入管、淋浴和噴水霧），顯示對於所需的總水量來說，最有效的方法是淋浴。然而，使用水噴霧會導致較少的水分流失，從而提供較高的效率。以注入管的效率明顯較低，比水噴霧需要多三倍的水量，導致水量> 80%的損失，如水逕流。Tuomisari *et al.*（1998）在悶燒的木屑床上，對一系列滅火劑（液體：水、含有添加劑的水，氣體：N_2、CO_2、Ar和Halon）進行了一系列的測試。結果發現CO_2氣體是最有效的。

　　地下火對森林土壤、微生物群落和微型動物有害，這是因為它消耗了有機土壤（> 90%的質量損失），而且因為長時間的悶燒意味著熱量深入到土壤層。相反地，有焰燃燒會在短時間內產生高達十五分鐘的高溫。如此短時間導致土壤在幾公分以下的沉積加熱最小。有焰火燒在表面層10分鐘達到300℃的峰值溫度，並且在深度層超過40mm達到80℃以下的峰值溫度。此種表面加熱可以使土壤系統相對未受損害（Valdes 2017）。

　　然而，地下火會導致熱量傳遞到土壤中，持續更長的時間（即大約1小時）和峰值溫度500℃作為比較，這些熱條件比醫學滅菌處理更嚴重，並且意味著土壤曝露於對生物致死的條件下（Valdes 2017）。目前對地下火理解在不同的領域仍是分散的，對地下火抑制仍需要更多的實驗、理論研究和多學科的研究方法。圖4-4顯示地下悶燒火緩慢蔓延（腐殖層深度6.5cm、含水率18%），在地表及下方土壤之溫度曲線顯示，地下火隨著時間，於地表下土壤溫度有不同變化（Hartford and Frandsen 1992）。

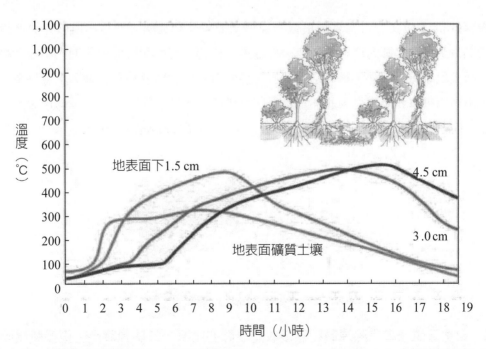

圖4-4　地下悶燒火緩慢蔓延（腐殖層深度6.5cm、含水率18%），在地表及下方土壤之溫度曲線顯示（Hartford and Frandsen 1992）

二、地表火（Surface Fire Spread）

　　林火發生於地表植物以及近地面根系、幼樹、樹幹下皮層燃燒，並沿地表植被產生水平延燒，為最常發生的林火型態。在一項南投林區林火記錄調查中，於1992至2002年期間發現主要林火以地表火為主，占有83%，其餘地下火、樹冠火等都僅有少數，三者綜合的林火型態更為稀少（顏添明、吳景揚 2004）。

圖4-5　大多林火仍主要以地表火型態呈現（盧守謙 2011）

　　美國Fons（1946）首次嘗試用數學模型來描述火勢延燒。他提出由於火勢前鋒需要足夠的熱量來點燃相鄰的燃料，所以火勢延燒是由起火時間和燃料顆粒間的距離所控制的一連串起火現象。從概念上講，這類似於將燃料層視為燃料體積單位陣列，每個單元依次點燃，因其相鄰單元產生足夠的熱量以引起點燃起火。鄰近點燃的單元是熱接收體（Heat Sink），而正燃燒的單元是熱源體（圖4-6）（van Wagtendonk 2006）。

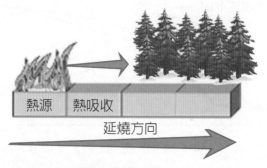

熱源　熱吸收

延燒方向

圖4-6　火勢延燒速率是熱源體和熱接收體之間的比率。當熱源體產生更多熱量時，熱接收體能愈快達到起火（van Wagtendonk 2006）

於圖4-7顯示的無風、無坡狀況下，大部分熱能透過對流向上移動，而只有較小比例透過輻射和對流作用在相鄰的燃料上。

圖4-7　在無風、無坡的條件下，熱量透過火焰輻射、內部輻射和對流進行傳遞。空氣中氧供應則是從燃燒底部捲入火流中（van Wagtendonk 2006）

當火焰朝向未燃燒的燃料時，發生直接接觸並增加對流和輻射熱傳（圖4-8）。

圖4-8　在無坡度條件下，風將使火焰彎曲更靠近鄰近的燃料，導致輻射、對流和火焰接觸增加（van Wagtendonk 2006）

在無風條件下，坡度愈大，效果與風相似，但不太明顯。儘管火焰更接近未燃燒的燃料，但沒有風使熱空氣與燃料接觸，對流只有輕微增加（圖4-9）。風和坡度不會相互作用，但它們的組合會對林火行為產生巨大影響（van Wagtendonk 2006）。

圖4-9 在沒有風的條件下,斜坡的對流熱量不像風那樣明顯。輻射和火焰接觸仍然是增加熱傳的重要因素(van Wagtendonk 2006)

三、樹幹火(Tree Fire)

　　林木樹幹發生燃燒,大部分也是由地表火所引起,尤其是老齡之針葉樹。有因落雷引起樹幹火者,如阿里山神木雷擊起火(1956年),樹心油脂焚毀;或人為用火燻樹洞內之蜂窩;或人為樹頭起火燒烤,如達觀山之巨木。一般因落雷引起之樹幹火,因有豪雨而不易延燒,但若在稜線上之枯立木,天晴後仍未熄滅時,因受強烈陽光曝曬,又受風的影響,則火星飛散,也會引起下風處的地面前方著火燃燒。因此,枯立木火燒在強風環境中,應優先考量設法予以撲滅,假使無法撲滅時,則使其倒下,因水平燃燒行為火焰將大幅縮減,而不具形成飛火之威脅。

圖4-10　阿里山神木受到雷擊，因鮮活含水量高，形成緩慢燃燒樹幹火現象

四、樹冠火（Crown Fire Spread）

樹冠火是最嚴重一種林火型態。一般多由一定強度以上地表火，延燒至灌木、針葉幼樹群、枯立木或低垂樹枝等階梯燃料，再往上延燒至樹冠，而單獨從樹冠著火的機會很少。

圖4-11　四種不同林火發生型態

McArthur（1967）指出在森林和灌木複合林區，林火種類可觀察到的臺階型現象（Stepped-Pattern），即此種複合林區可能同時受到地表火和樹冠火延燒的影響（下圖4-12）。

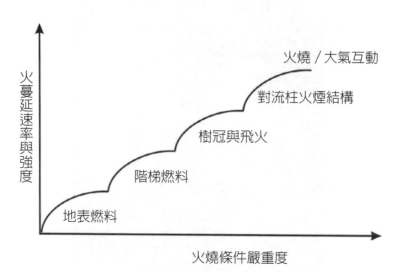

圖4-12　在森林和灌木複合林區可觀察到臺階型林火不同種類影響（McArthur 1967）

此外，在樹冠火上，是在上層樹冠燃料裡燃燒，通常燃燒消耗樹冠燃料之活與死葉、樹枝木頭，其橫冠燃料層為較高含水量與較低容積密度，因燃料表體比大，彼此間輻射回饋熱能顯著，火勢常會變成強烈且易引起跳躍式飛火，滅火困難度因而增加；如圖4-13所示。

圖4-13　針葉林中樹冠火型態（USDA 2014）

　　一般樹冠飛火現象，形成大規模火災，相當難以搶救。此種林火大多發生在長期乾旱的針葉林內，一般闊葉林內不大可能發生，杉木造林地樹冠下枝因林冠鬱閉而乾枯者，發生樹冠火最多，而常綠闊葉樹則相當少。因樹冠著火燒損，樹木大部分會枯死，燒損之木材其利用價值也受影響，故損害最為嚴重；有關樹冠火對地表及其下方溫度影響如圖4-14，顯示溫度隨著地表深度而遞減，而腐殖質溫度隨著其厚度而增加（Campbell *et al.*1994, 1995）。

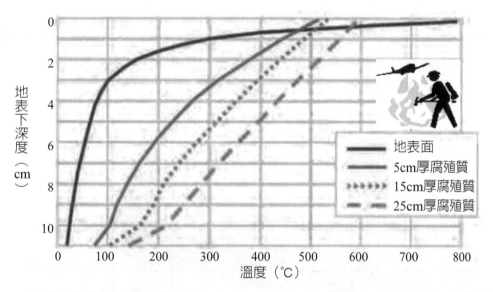

圖4-14　加拿大西北地區傑克松林（*Pinus banksiana*）樹冠火之曝露礦物土壤表面與地表面厚5、15和25cm腐殖質之溫度比較（Campbell *et al.*1994, 1995）

　　樹冠火類型依其延燒可再細分如下：

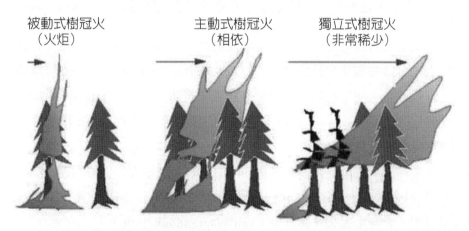

圖4-15　風所驅動樹冠火型態（University of Alaska 2005）

　　當火勢從地表燃料上升進入樹冠時，發生樹冠火。雖然灌木頂層（Shrub Cano-pies）可以被認爲是冠層，但預測樹冠火行爲的模型，往往僅指喬木而言。van Wagner（1977b）定義了樹冠火的三個階段，第一階段是一種被動式樹冠火，從地表火的樹木火炬（Torching）開始。如果林火蔓延是從地表火與樹木一起延燒到樹冠層，則稱爲主動式樹冠火。在遠離或沒有地表火的情況下，透過樹冠層延燒的樹冠火，則係屬一種獨立式樹冠火；如圖4-16所示（van Wagtendonk 2006）。

1. 獨立式樹冠火（Independent Crown Fire）

　　獨立式樹冠火很少發生，當林火在環境天氣和風力條件下，在樹冠上單獨前進的火焰，因樹冠燃載量和可燃性足以承載火，而不需要任何來自地面火焰的能量來維持燃燒或前進，也叫正在運行樹冠火（Running Crown Fire）。

圖4-16　極高的風速和冠部堆積密度可能導致獨立式樹冠火（van Wagtendonk 2006）

　　事實上，獨立式樹冠火在地表火之前形成空中燃料的大面積燃燒，是罕見的現象。過去幾個世紀以來，這些取代林分式大火（Stand-Replacing Fires），不太可能在廣泛區域發生，這可以從缺少大面積均勻老化的植被地區來證明（van Wagtendonk 2006）。儘管Swetnam（1993）報導了1297年在內華達山脈的幾個地方發生了大面積的林火，但林火並沒有嚴重到足以消除其發生的火疤痕（Fire Scar）紀錄，也不可能是獨立式樹冠火。陡峭的地形、非常高的風速以及大於0.05 kg m^{-3}的燃料堆積密度，使得風速驅動而形成極端林火行爲規模（van Wagtendonk 2006）。當地表火強度超過臨界強度，實際延燒速率大於臨界延燒速率，會發生獨立式樹冠火（van Wagtendonk 2006）。

圖4-17　高強度地表火型態（USDA 2014）

　　在低風和不穩定的空氣條件下也會發生獨立式樹冠火。Rothermel（1991）在這些條件下描述了以火羽流為主導的火燒（Plume-Dominated）（van Wagtendonk 2006）。Byram（1959）引入了風場和火線上方對流柱的能量流速概念，來解釋以火羽流狀為主導的火燒行為。風的力量是一個中性層（Neutrally）穩定的大氣中，在特定高度的單位面積之垂直平面上的動能流量（Nelson 1993）。風能是空氣密度、風速、火延燒速度以及重力加速度的函數。火燒熱量功率（Power）是在對流柱（Convection Column）中，相同指定高度的熱能轉化為動能的速率。它是從火線強度、空氣的比熱以及林火高處的空氣溫度計算出來的。當火燒功率超過火燒上方所考量高處之風力功率時，會發生極端的林火行為（Byram 1959）。Byram（1959）和 Rothermel（1991）給出了風力功率函數和火燒功率函數方程，Nelson（1993）將這個方程推廣到任何適用的單位系統（van Wagtendonk 2006）。

2. 被動式樹冠火（Passive Crown Fire）

　　在一場被動式樹冠火中，單棵樹或一組喬木燃燒火炬，可能會有一些火焰進入相鄰的樹冠層（間歇性或持續性火焰）。如果冠基部距離地面不是很高，而被地表火點燃，則在較低的風速下具有較低的冠部堆積密度（Crown Bulk Densities），可能也會發生火炬現象（Torching）。儘管被動式樹冠火並不是從樹冠傳到樹冠，而是來自樹木火炬餘燼所形成的飛火，而在火場前方提前起火。有時從地表火的火線強度超過樹冠起火所需的強度，會形成過渡到被動式樹冠火狀態，此種轉變取決於鮮活冠基部的高度和葉片含水量；如圖4-18所示（Alexander 1989）。

圖4-18　被動式樹冠火型態（USDA 2014）

　　亦即被動式樹冠火發生在地表火強度足以單獨或成組點燃樹冠部位，但風力不足以支持從樹到樹的傳播。美國森林務局（2014）針對白樺松林（*Pinus albicaulis*）林地所形成的高強度被動樹冠火型態，量測該土壤表面上下各0.5cm與1.0cm之4種溫度曲線，結果顯示地表土壤上1.0cm有最高溫度（880℃），而地表土壤下0.5cm（840℃）比地表土壤上0.5cm（680℃）之溫度還要高，地表土壤下方1.0cm（540℃）溫度較低，但溫度衰退最慢（USDA 2014）。

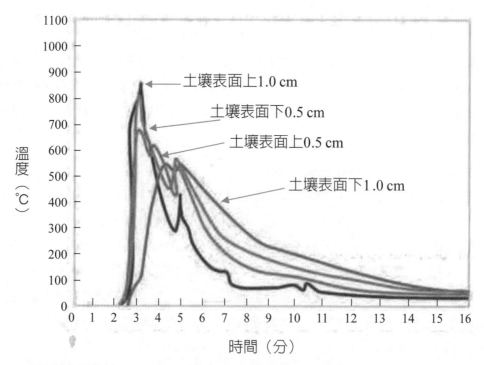

圖4-19　美國愛達荷州Clearwater國家森林公園的白樺松林（*Pinus albicaulis*）林地的高強度被動樹冠火型態，此土壤表面上下溫度曲線量測（USDA 2014）

在階梯燃料方面（Ladder Fuels），是主要量測冠基部之高度。在葉片含水量低的條件下，當地表火焰強度足夠大時，冠部會點燃，使冠部直接接觸火焰或透過對流熱量，達到點燃溫度。一旦點燃，樹冠層的火勢將延燒，但只要樹冠火的實際延燒速度低於主動式樹冠火延燒的門檻值，火勢就會保持被動式。實際延燒速度可以透過地表火延燒速率、冠層涉及的樹木數量比例，以及最大樹冠火延燒速度來予以計算（Rothermel 1991）。

圖4-20　即使在相對較低的風速和較低冠部堆積密度（Crown Bulk）下，被動式樹冠火也可能發生在冠基高度不高之條件下（van Wagtendonk 2006）

3.主動式樹冠火（Active Crown Fire）

當風勢增加到樹木火炬的火焰，被驅入至鄰近樹木的冠部時，會發生主動式樹冠火（Rothermel 1991）。在樹冠下面燃燒的地表火焰所產生的熱量，延燒至冠部來維持火焰（圖4-21）。此種火勢從地表到冠部成為一道堅固的火焰牆，並隨著地表火進行延燒（Scott 1998）。主動式樹冠火比被動式樹冠火需要更低的冠基高、更高的風速和更高的冠堆積密度。從被動式到主動式樹冠火轉變的門檻值，取決於冠層容積密度和一常數，其與冠部所需連續火焰的臨界質量流量有關（Alexander 1989）。亦即主動式樹冠火發生在地表火和樹冠火能量相互作用下。地表火強度足以點燃樹冠和火蔓延，樹冠火強度回饋至地表火，使其強度加大和繼續蔓延。

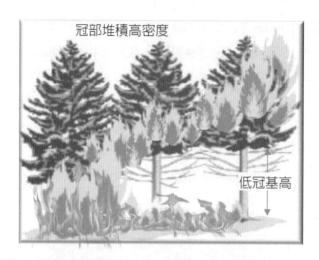

圖4-21　較高的風速、冠部堆積密度以及低冠基高，導致主動式樹冠火（van Wagtendonk 2006）

　　只要地表火焰強度超過引發樹冠火的臨界強度，主動式樹冠火狀態就會持續下去。隨著冠層容積密度從0.01 kg/m³增加到0.05 kg/m³，主動式樹冠火臨界延燒速率相對迅速下降。因此，啟動樹冠火延燒所必須的實際延燒速度變慢了（Scott 1998）。隨著樹冠愈來愈密，火勢就能更容易從樹上延燒到另一樹上。在冠堆積密度達到0.15 kg m⁻³，臨界延速率，幾乎就沒有額外影響（van Wagtendonk 2006）。一旦發生了主動式樹冠火，它的強度就可以可用的地表燃料和冠狀燃料的組合燃料載量和樹冠火延燒速率，來進行計算（Finney 1998）。冠層燃料載量來自於冠層可燃燒比例、平均冠層高度、冠基部高度和冠部容積密度。燒毀樹冠層比例，取決於臨界地表火延燒與啟動樹冠火的臨界強度（van Wagner 1994）。

圖4-22　主動式樹冠火型態（USDA 2014）

4. 飛火（Spotting）

　　飛火是林火中一種特殊火行為，Manzello *et al.*（2008）指出燃燒物質在物理作用下，揚起的飛火星（Firebrands）夾帶在大氣中，可能會被長時間風吹（長達幾公里）。最終具有燃燒時間顯著較長的飛火星能遠離主火場，傳播至下風處會導致二處火燒。這個過程通常被稱為飛火。在任何樹冠火階段被點燃的樹木和被任何火點燃的枯立木，都是產生飛火星之來源，進而引發飛火現象。飛火點燃了火線前方區域無數的小火，大大增加了火勢的延燒（van Wagtendonk 2006）。因此，林火蔓延生成飛火星，升浮到各種高度z（如圖4-23所示），圖中x方向表示平均環境風向。然後，飛火星在環境風場被釋放和運輸：由於重力燃燒，向下墜落，直到最終落在主火的下風側。根據當地落下點的燃料和天氣情況，如果飛火星仍在燃燒，可能會引發新的火燒（Martin and Hillen 2016）。

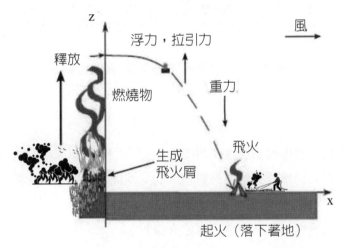

圖4-23　飛火星過程的圖示（Martin and Hillen 2016）

　　Albini（1981）發展了一種計算樹木火炬飛火距離的模式，火炬樹和飛火星屬性、落地區域以及接觸的燃料床，都決定了新飛火的距離和起火機率（圖4-24）。大型的餘燼（飛火星）不會像小型餘燼那樣高，也不會那樣遠。因此，其在落地時往往還在燃燒，而發生飛火點燃。小的飛火星通常會在可以著陸之前大多已燃燼（van Wagtendonk 2006）。

　　樹種、高度、胸徑以及形成火炬樹的數量，都會影響火焰穩定燃燒的高度和時間。飛火星特徵包括樹木大小、形狀、密度和初始高度。當餘燼在飛行中，風速和風向以及著陸地形的均勻度和植被覆蓋度，都會影響飛行的距離。如果飛火星著陸在可接觸的燃料床上，細燃料的溼度和溫度會決定飛火星是否點燃（van Wagtendonk 2006）。Chase（1981, 1984）將飛火距離模型用於可編程的電腦中，其納入在BEHAVE（Andrews

1986）和FARSITE（Finney 1998）電腦模擬軟體中。

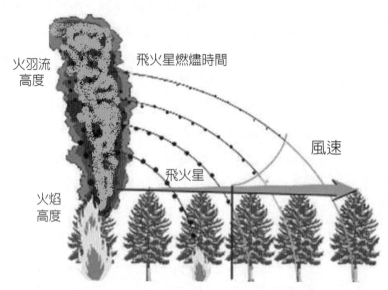

圖4-24 大型的飛火星並不像小型的那樣高，但其高溫仍持續足夠長的時間，以點燃新的飛火。小型飛火星散開很長的距離，但在落地前經常熄滅（Redrawn from Finney 1998）

　　由於飛火在大規模火燒中的重要性，自二十世紀六〇年代以來，飛火星現象已經研究進行。飛火星現象和飛火仍然是火燒中最難理解的一些問題。除了飛火距離外，更大的飛火星和更強的主導風都會增加飛火機率（Blackmarr 1972；Bunting and Wright 1974）。本書在下一節對飛火的研究，有必要進行專節之探討。

第二節　特殊林火行為

　　從大量文獻中知道，林火發現飛火星是造成大火延燒的主要機制（Sheahan and Upton 1872；British Fire Prevention Committee 1917；Bell 1920；National Board of Fire Underwriters 1923；Railroad Commission of the State of California Hydraulic Division 1923；Wilson 1980；Wells 1968；California Department of Forestry and Fire Protection 1991；National Fire Protection Association 1991；Brenner *et al.* 1997；Pagni 1993；Sullivan 2009；Bredeson 1999；Greenwood 1999；Pernin 1999）。

一、飛火分類

飛火的威脅隨著主火規模的擴大而增加，因為更大的火產生更大、更強的火羽流，形成垂直和徑向林火，如此引起的風速能夠舉起更大的飛火星在更遠的距離（Pitts 1991；Trelles and Pagni 1997）。

1.特有氣流飛火

日本龜井幸次郎（1959）研究指出，大火時風速與飛火的關係有二種情況。

(1) 第一種情況風速與火場互動間特有氣流，主導飛火星之飛散狀況與飛火現象。

(2) 第二種情況火場本身局部氣流（如湍流、逆轉風、向天空噴出氣流、陣風和火場風暴等局部動盪）將形成主要影響。

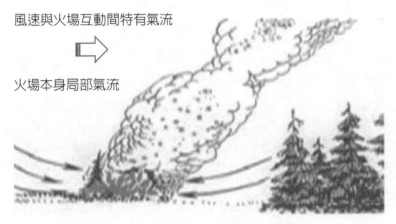

圖4-25　火場上形成本身特有氣流

2.短程飛火與遠程飛火

Eunmo *et al.*（2010）研究指出，飛火可分為兩類：

(1) 由對流羽狀所揚起飛火的短程飛火。

(2) 由於火旋轉揚起的飛火星引起的遠距離飛火。

上述兩類飛火行為可能具有破壞性後果：

(1) 強烈的短程飛火星，可導致多個飛火同時引燃下風處火燒。

(2) 可飄揚的遠程飛火星，則可從火源向下風數十公里處發起新的另一場火燒。

Muraszew and Fedele（1976, 1977）研究也指出，對於火場對流柱，垂直風速隨著主火的放熱率而增加。舉起飛火星的另一個機制是火焰旋風。強烈的對流柱和火旋轉在

大規模林火中比較常見。因此在林火和野外—城市界面（WUI）林火中，飛火距離變得更為重要。在這種飛火星中，發現距離可以是數公里（Eunmo *et al.* 2010）。因此，Muraszew認為，大多數遠程飛火星都是由火焰旋轉而成的；而短程飛火星主要是由對流的燃燒羽流所揚起（Muraszew and Fedele 1976）。

3.有焰飛火與無焰飛火

有焰飛火星比無焰飛火星能發出更大的熱通量（Heat Flux）。然而，有焰飛火星的有效燃燒期間，比發熾光（Glowing）的無焰飛火星壽命要短。另外，飛火星較有可能會發生無焰悶燒過渡到有焰燃燒，反之亦然。落下碰觸可燃物的起火，應該被視為從飛火星到燃料的能量轉移過程，這與飛火星的燃燒特性具密切相關（Koo *et al.* 2010）。

Waterman（1969）實驗中指出，實驗中大部分飛火星都是發熾光的無焰飛火星，這與其他研究一致（Muraszew and Fedele 1976；Woycheese 2000）。無論來自飛火星落下碰觸可燃物之起火引燃機率，是不能由發焰燃燒或是無焰發熾光之飛火星來輕易決定（Koo *et al.* 2010）。

在風較大的情況下，由於風的冷卻作用，有焰燃燒的火焰可能沒有點燃燃料床，由於額外氧氣供應引起的熱量釋放率增加；而發熾光的無焰飛火星可能具有更大的潛力。降落的飛火星，落下碰觸可燃物和環境風的傳熱和熱特性，將決定飛火星是否在落地時點燃受體可燃物。

二、飛火生成

飛火是大規模火燒的重要機制，如日本城市大火、加州森林大火、野外—城市界面（WUI）林火和地震後建築物火災。飛火星的影響直接受天氣條件，如上一節所述，特別是風和溼度的影響。風驅動飛火星運輸和溼度，是決定是否發生飛火星點燃的關鍵參數。

飛火星生成是主要火燒中木材元素熱裂解和降解的結果。由於飛火實際上是燃燒著的固體燃料，能夠燃燒至其他燃料（Eunmo *et al.* 2010）。因此野火地區和建築結構材料等各種材料的飛火及燃燒研究，應集中在燃料的熱裂解與熱降解上（Pyrolysis and Degradation）；熱降解延伸閱讀請見第1章第2節部分。因此，為了減少飛火引起的不連續火焰延燒所帶來的威脅，需要研究飛火星生成（Eunmo *et al.* 2010）。

而飛火星實際上如前所述，是固體燃料裂縫碎質燃燒，並能夠燃燒其他燃料。飛火星的產生是主要林火中木材元素熱裂解和熱降解的結果。飛火星通常涉及樹皮、針、樹葉、

樹冠和樹枝。在大多數情況下，假定松樹皮包括大部分的飛火星。化學成分極大地影響了飛火星生成的燃燒性能，以及下風處引發新火燒的潛力。以及下一節所要討論，生成揚起在大氣中的飛火星，可能會被風長途的帶至下風遠處（幾公里）（Eunmo *et al.* 2010）。

　　據了解，飛火產生是一個隨機現象，依樹木結構，樹枝的機械狀態，樹木的燃燒強度以及環境風力條件。飛火星的大小和質量分布，也是一種隨機的過程（Xiaomin and Chow 2011）。

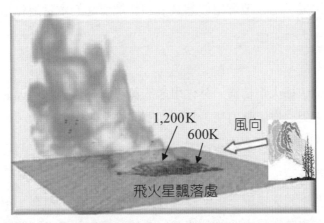

圖4-26　飛火星形成，林火模擬環境風速6m/s，風向可視化顯示出飛火星在空中和落地現象、白色箭頭指示風向（Koo *et al.* 2007）

三、飛火機制

　　美國伊利諾伊技術研究所（IITRI）所做的實驗，將飛火星現象分為三種機制：生成、運輸和點燃，並試圖涵蓋二十世紀六〇年代的所有文獻三個主題（Vodvarka 1969；Waterman 1969；Waterman and Tanaka 1969）。Koo *et al.*（2010）研究指出，飛火現象整個過程可分解為三個主要的順序機制：即飛火星產生、運輸和在落地位置的可燃物起火階段。這三個機制有許多子機制。因此，飛火星研究需要覆蓋廣泛的主題。例如，要了解飛火星形成，應該理解由於木材熱裂解（Pyrolysis）產生熱降解（Degradation），而引起的燃燒；延伸閱讀請見第1章第2節部分。飛火星運輸包括火焰結構、林火引起的氣流、林火與當地天氣之間的相互作用，包括阻力在內的飛火星的空氣動力學，飛行期間的火焰燃燒、滅火的準則以及飛行期間的火焰熱傳作用（Koo *et al.* 2010）。

　　Eunmo *et al.*（2010）指出，飛火引燃火災，取決於飛火星生成（本身屬性）、揚起飄送運輸的便利性，以及在落下時飛火星點燃燃料床的可能性。飛火星生成研究應將重點關注於林火發生率和林火發生情況。飛火現象可以分解爲三個主要的順序機制：形成、飄送和在落下位置的燃料著火。這三種機制有許多子機制。因此，飛火星的研究需要以下的主題範圍（Eunmo *et al.* 2010）。

1.生成

　　要了解飛火星生成，應該理解由於熱裂解和燃燒引起的木材退化；一部分延伸閱讀請見第1章第2節部分。

2.飄送

　　飛火星飄送運輸包括火焰結構、林火引起的氣流、林火與當地天氣的相互作用，以及包括拖引力在內的火炬之空氣動力學，飛行期間的飛火星燃燒性狀、熄滅準則以及飛行期間的飛火星之熱傳。

3.落下燃燒

　　藉由飛火星的落下起火情況下，涉及各種接收燃料的起火標準、飛火星的熱容量以及飛火星、空氣和落下接觸燃料之間的熱傳遞。此外，還應該考慮悶燒和其延燒和發展。所有這些主題都應該在一定程度上被理解，以便對林火現象有一個廣泛的理解，儘管並不是所有的主題都被納入當前的林火研究中（Eunmo *et al.* 2010）。

　　飛火星研究應重點關注在主林火中飛火星生成率和林火中能揚起多大飛火星之能力情況。飛火星產生是主要林火中木材元素熱裂解和降解的結果。由於飛火星實際上是固體燃料之一部分，也就是本身燃燒，且能夠延燒至其他燃料。因此野火地區和建築結構材料等各種材料的飛火星和燃燒研究應集中在燃料的熱退解上，且應進行燃燒固體燃料斷裂的實驗和理論研究。除此之外，還應進行大規模的實驗或林火現場研究，以發展飛火星生成的函數關係。正如Waterman（1969）、Muraszew和Fedele（1976）、Albini（1981）和Koo等人研究（2007年）所顯示的那樣，主要的火場羽流浮力決定飛火星的大小（Koo *et al.* 2010）。

圖4-27　美國奧克蘭山野火（Oakland Hills Conflagration）發生的雪松木飛火星：50mm直徑、5 mm厚，2.3克（密度250 kg m^{-3}）。圖中尺標單位mm（Koo *et al.* 2010）

四、飛火影響因素

Koo *et al.*（2010）指出在大型林火和野火中，飛火成為主要的火勢傳播機制。對飛火星和飛火的研究已經進行了50多年。作為飛火星的兩個固有屬性，化學成分和物理特性共同決定了各種飛火星的易燃性。事實上，飛火是一個了解甚少的現象。它以複雜的方式與燃料、地形和天氣變化、以及與大氣相互作用的變化聯繫起來。飛火是造成火勢延燒的主要原因，防火線的失敗以及林火的損失擴增。飛火也增加了第一線滅火人員面臨的危險。

飛火主要影響因素如次：

1.火焰高度

如上一節所述，飛火的威脅隨著主火規模的擴大而增加，因為更大的火產生更大、更強的火羽流，形成垂直和逆向火燒，如此引起的風速能夠舉起更大的飛火星在更遠的距離（Pitts 1991；Trelles and Pagni 1997）。又依美國林務局研究指出，飛火距離主要為火焰高度之函數。

2.風

由於天氣情況，特別是風，是飛火最關鍵的因素，因為強風會在各方面增加林火風

險，增加飛火星的產生、飄送運輸和飛火星落地接觸燃料點燃。首先，強風可以增加對流換熱，以協助鄰近的火勢延燒。強風使主火更大，增加火焰和羽流中的浮力，從而揚起較大塊之飛火星。其次，強風可以進一步傳播較遠飛火星，因為作為飛火星的運輸動力，即飛火星驅動力，是正比於風速的平方，再者是風供氧。因此，強風有助於點燃落下接觸燃料，並從悶燒到有焰燃燒過渡，除非風力強度足以冷卻飛火星或使飛火星火焰分離（Detach Flame）（Koo *et al.* 2010）；延伸閱讀請見第3章第1節部分。

在城市建築物火災中，不連續的火勢延燒也被稱為屋頂到屋頂的延燒，因為屋頂是落下接觸燃料。有時據稱城市地區的屋頂到屋頂傳播是由輻射傳熱引起的。在日本神戶這樣的高密度城市地區，這種情況可能是正確的，但是在高風條件下的許多林火中，火勢延燒已經成為屋頂到屋頂大火延燒的主要原因。因此，落下接觸的燃料狀況，如城市和野外—城市界面（WUI）林火情況下的屋頂材料，是另一個重要因素（National Board of Fire Underwriters 1923；Wilson 1980）。

3.溼度

低的相對溼度也有助於點燃落地上燃料，因為乾燥的空氣在飛火星運輸和著陸後不能作為散熱體。另外，低溼度通常產生接收燃料的低水分含量（Eunmo *et al.* 2010）。事實上，上述強風往往結合較低的相對溼度，來增加飛火引燃林火的風險；延伸閱讀請見第3章第1節部分。在乾燥空氣條件下使用乾燃料時，飛火可能性會大大增加。這可能與乾旱後、秋季燃料和大氣乾燥後發生多起飛火和大火的飛火有關（Eunmo *et al.* 2010）

因此，飛火是一個不連續的火勢傳播機制，經常使滅火控制工作無效，突破大屏障和防火牆。有利於連續火勢傳播的大氣條件，如高風速和低溼度，也增強了這種不連續的火勢延燒機制，增加了飛火距離和飛火機率（Sheahan and Upton，1872；Bell 1920；National Fire of Underwriters 1923；Wilson 1980；Anderson 1969；Wells 1968；Pagni 1993；Greenwood 1999；Pernin 1999）。

五、飛火距離

在1871年的Peshtigo大火中（Wells 1968），發現了幾十公里以上的飛火星。他們被認為是由大火漩渦揚起。美國農業部森林管理局編寫的其他林火報告顯示，飛火在大火的重要影響性。1967年8月23日聖丹斯大火期間，愛達荷州北部發生了林火和大量的飛火（Anderson 1969）。

大多數的林火研究，實驗和數字都集中在飛火星飄送運輸上。在野外—城市界面

（WUI）林火中的樹木和其他物體燃燒產生的飛火星，可以由風攜帶，長途跋涉。這將導致火勢延燒的速度加快，甚至有可能點燃野外—城市界面區域的房屋。據認為，飛火星可能引起距離火災前方數百公尺的二次火燒，並且是WUI地區房屋起火的主要原因。飛火大大改變了火勢的增長模式和行為，並使滅火更為困難。了解由於林火引起的飛火事件，對於緩解社區林火延燒非常重要（Xiaomin and Chow 2011）。

飛行期間的飛火星處於動量平衡狀態（Tarifa *et al.* 1965a）。於飛火距離上，對於給定的地區常態風速，最大的飛火距離取決於飛火星燃燒的壽命（Tarifa *et al.* 1965a；Albini 1981）。因此，當火勢變大並變得更加激烈時，飛火距離變得更大。當然，飛火星的壽命取決於它的初始大小，這是由大火引起之風速的垂直速度決定的（Tarifa *et al.* 1965a；Lee and Hellman 1969；Muraszew 1974；Muraszew *et al.* 1975；Muraszew and Fedele 1977；Albini 1981；Woycheese 1996；Koo *et al.* 2007）。

Eunmo *et al.*（2010）研究中，提出下列方程式

$$F_d = 1 - \exp\left(-K\left(\frac{U_2 \cdot o}{V_{ter}}\right)^2 - 1\right)$$

其中F_d是飛火星粒徑大小，而K取決於燃料模型，從0.0005變化到0.005，U_2是對流柱核心基底處的垂直風速，V_{ter}是對流柱內火燒末端的速度。其中Eunmo *et al.*（2010）提出，F_d的合理值建議對流柱為0.001～0.02，火旋風為0.01～0.4。實驗中的大部分飛火星都是發熾光的，這與其他研究一致（Muraszew and Fedele 1976；Woycheese 2000）。

Ellis（2010）也證明，由於桉樹皮（大約20cm到40cm長）的大表面積和相對較小的質量，具有較低的每秒4m或更小的終端速度。許多樣品的低終端速度是由於它們的形狀造成的快速旋轉運動。如澳大利亞2009年的灌叢植被大火中所觀察到的，產生非常長距離飛火星的現象，且其需要數十分鐘的燃燼時間，始能引起下風處落下引燃二次火燒現象（Bushfire CRC Ltd 2012）。

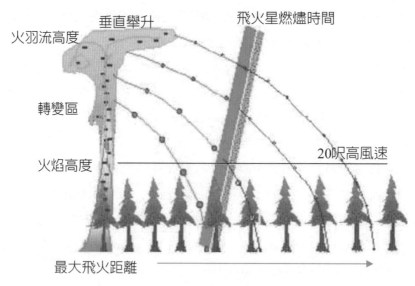

火羽流高度　垂直舉升　飛火星燃燼時間

轉變區

火焰高度　　　　　　　　　　　　　　20呎高風速

最大飛火距離

圖4-28　飛火星燃燼時間與最大飛火距離

第三節　林火行為參數

一、延燒速度（Rate of Spread, ROS）

　　林火蔓延速度即火燒的速度，取決於熱源的強度、熱傳過程效率以及將燃料溫度升高到起火溫度所需的能量。在地表上草、小枝和樹葉等細小燃料（Fine Fuels），均是造成林火起火及快速延燒的主要原因，這是由於細小燃料具有單位體積的大表面積，與空氣中氧接觸多，使其易於起火。而這些燃料之間的熱傳過程，主要是輻射和對流；延伸閱讀請見第2章第1節部分。

圖4-29 林火水平線狀蔓延速度為距離÷時間（盧守謙 2011）

林火蔓延不僅是地形上的火延燒，而且也使火從地表燃料（枯落物、草、灌木）過渡延燒到樹冠燃料（冠部樹葉）。樹冠火最有可能產生飛火（Dupuy and Alexandrian 2010）；此已在上一節中詳細描述。

圖4-30 延燒速度取決於熱源強度、熱傳效率以及燃料到起火溫度所需的能量（盧守謙 2011）

在一場大規模林火，火線（Fire Line）一般描述為前進中燃燒區與未燃燒區可區分的一條曲線（Sun *et al.* 2006）。在一小區域或實驗室火燒，火線能假設為一條水平線狀火燒（線性火），並與火流垂直方向進行延燒（Porterie *et al.* 2005）。因此，以2D火線（x軸水平與y軸垂直延燒延燒方向）經常用來分析林火蔓延行為（Pagni and Peterson

1973；Albini 1986；Morvan and Dupuy 1995；Zhou *et al.* 2005a）。一旦燃料引燃後是否維持延燒，將取決於林區燃料連續性、1-h燃料量與其燃料含水率及地表風速條件（Wilson 1985 1987）；而林火行為之林火蔓延速率、火焰長度及火線強度等，則決定了林火控制困難度與植被火燒衝擊程度。因此成為林火管理許多決策核心主題（Fernandes *et al.* 2009）。

在預測林火蔓延速率於文獻上所使用林火行為模式種類，大多劃分為草本型、灌木型、無地被型及適用於以上之各種地表燃料型等4類。

1.適用於草本燃料型預測模式：

van Wagner（1973）以美國白楊（*Populus tremuloides*）林下草本型燃料火燒實驗，林火蔓延速率（R, m/min）之模組方程式如次：

$$R = 0.3 \ ISI$$

此應用於前蘇聯（van Wagner 1973）指出加拿大氣象指數之初始林火擴展速率指數（ISI）與林火蔓延關係之許多研究上。

Marsden-Smedlley and Cathpole（1995）以澳大利亞草本燃料型進行68次火燒，燃料量3.7～20.4 t/ha、枯死細小燃料含水率（Dead Fuel Moisture, DFM）6.0～87.8%、相對溼度範圍32～96%、溫度7.1～27.5℃、風速（W）0.7～36.3 Km/h，ROS之模組方程式如次：

$$R = 0.678 \ W^{1.312} \exp(-0.0243DFM)(1-\exp(0.116AGE))$$

式中W為地面高度1.7 m風速（m/s）、DFM為枯死細小燃料含水率、AGE為燃料累積時間（year）。

2.適用於灌木燃料型預測模式

加拿大FBP系統（FCFDG 1992）林火模式以挪威雲杉（*Picea bies*）燃料型C2（林分密度適當開闊），林下分布連續灌叢型地被火燒實驗，ROS（m/min）之模組方程式如次：

$$R = a \times [1 - e^{(-b \times ISI)}]^c$$

式中a = 110，b = 0.0282，c = 1.5。

Catchpole *et al.*（1998）以奧地利白歐石南（*Erica arborea*）灌叢火燒實驗發展，ROS（m/min）之模組方程式如次：

$$R = 0.049 \ W^{1.21} \ H^{0.54}$$

式中W為風速（m/s）、H為植被燃料高度（m）。

Vega *et al.*（1998）以西班牙三齒矮鷹爪豆（*Chamaespartium tridentatum*）灌叢火燒，其中納入地形坡度因子，ROS（m/min）之模組方程式如次：

$$R = 0.249 \ W^{1.193} \ H^{0.658} \ \exp(1.088S)$$

式中W為風速（m/s）、H為植被燃料高度（m）、S為地形坡度（°）。

Vega *et al.*（2006）於葡萄牙荊豆屬（*Ulex* spp.）灌叢火燒，地表面1-h枯死燃料含水率範圍5～27%，ROS 4.1～15.4 m/min（地面高度6 m風速為2.6～5.5 m/s），ROS（m/min）之模組方程式如次：

$$R = a \ W^{b} \ \exp(cS)$$

式中W為地面高度6 m風速（m/s）、S為地形坡度（°），經估計出a、b與c（mean±S.E.）分別為1.430±0.220、1.152±0.0864、0.039±0.008。

Fernandes（2001）於地中海拿花歐石楠（*Erica umbellatta*）灌叢火燒，ROS（m/min）之模組方程式如次：

$$R = 1.764 \ W^{1.304} \ H^{0.816} \ \exp(-0.062DFM)$$

式中W為風速（km/h）、H為植被燃料高度（m）、DFM為植死細小燃料含水率（%）。

Fernandes *et al.*（2002b）以海岸松林燃料調查，林下灌木型ROS（m/min）之模組方程式如次：

$$R = 1.906 \ W^{0.868} \ \exp(-0.035DFM + 0.058S)$$

式中W為地面高度1.7 m風速。

　　Trbaud模式A（Trbaud 1979）以法國地中海灌木地被實驗火燒，以平均風速與地被高度為參數，ROS之模組方程式如次：

$$R = 0.066 \ W^{0.439} \ H^{0.345}$$

式中R為cm/s、W為cm/s、H為cm。

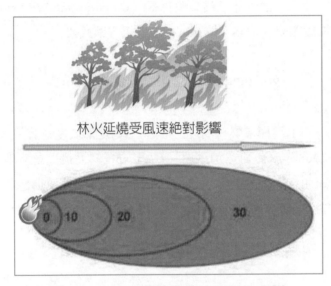

圖4-31　林火延燒受風速絕對性影響

3.適用於無地被燃料型預測模式

　　FBP林火模式以林分密度濃密之針葉林（燃料型C6），林下無地被火燒實驗，ROS之模組方程式如次：

$$R = a \times [1 - e^{(-b \times ISI)}]^c$$

式中係數a = 30，b = 0.08，c = 3.0。

　　Alexander *et al.*（1984）以加拿大林分密度濃密之無地被型燃料火燒，ROS之模組方程式如次：

$$R = 0.1544 \; ISI^{2.16} \qquad \text{(for ISI < 18)}$$
$$R = 30[1 - e^{-0.044(ISI - 11)}] \quad \text{(for ISI} \geq 18)$$

Fernandes *et al.*（2000）以海岸松林之無地被型火燒，ROS模組方程式如次：

$$R = 2.578 \; W^{0.868} \exp(-0.035DFM + 0.058S)H^{0.635}$$

式中R為無地被型ROS（m/min），可解釋0.46變異量。

van Wagner（1983）以加拿大傑克松與墨松（*Pinus contorta*）火燒之模組ROS方程式如次：

$$R = 0.04 \; ISI^{1.8}$$

4.適用於各種表燃料型預測模式

Fernandes *et al.*（2009）以海岸松林燃料調查，在地表各種燃料型之ROS（m/min）的模組方程式如次：

$$R = 0.773 \; W^{0.707} \exp(-0.039DFM + 0.062S)FD^{0.188}$$

式中W為地面高度1.7 m風速（Km/h）、DFM為枯死燃料含水率（%）、S為地形坡度（°）、FD為燃料床深度（cm）。

Kucuk *et al.*（2007）以土耳其黑松（*Pinus nigra*）火燒，地表燃料量為1.27～2.45 Kg/m²，枯落層與分解層燃料含水率分別為8～13%、17～29%，溫度19.7～32℃、相對溼度（RH）15～50%、地面高1.5 m風速（W）為0.1～7.2 Km/h，ROS範圍0.12～1.20 m/min，其模組方程式如次：

$$R = -0.677 + 0.062W + 0.074DFM + 0.007RH$$

Valbre模式（Sauvagnargues-Lesage *et al.* 2001）現為法國消防官學校所訓練使用之林火蔓延模式，是一種相當簡易、僅需測量地表環境風速（W, m/s）即可估計出，ROS （m/min）之模組方程式如次：

$$R = 0.03W$$

此外，在順風與逆風林火蔓延速率比（Hf/Bf）方面，Alexander（1985）提出順風火（Head Fire）與逆風火（Back Fire）ROS之比例（Hf/Bf），與長寬比（L/B）關係式：

$$Hf/Bf = [(L/B) + \sqrt{(L/B)^2 - 1}]/[\left(\frac{L}{B}\right) - \sqrt{(L+B)^2 - 1}]$$

由風助長下林火蔓延形成橢圓狀火燒面積，其最長半軸與最寬半軸能定義如下（van Wagner 1971）：

$$a = [(H_f + B_f)t]/2$$
$$b = (2Ut)/2 = Ut$$

其中U為側風火林火蔓延速率（m/min）及t為起火引燃後時間。

圖4-32　灌木型林火蔓延現象（盧守謙 2011）

而Taylor *et al.*（1997）亦提出有關林火延燒速率與火線強度等級分類，進行相對應，如表4-2所示。

表4-2　延燒速率與火線強度等級分類（Taylor *et al.* 1997）

Rank	1	2	3	4	5	6
延燒速度（m/min）		<1.5	1.5-3.0	3.0-6.0	6.0-18.0	>18.0
火線強度（KW/m）	<10	10～500	500～2,000	2,000～4,000	4,000～10,000	>10,000
林火行為	地下火或悶燒	低能量地表火	中能量地表火	高能量地表火或被動式樹冠火	極端地表火或主動式樹冠火	大火或極端林火行為

二、火線強度（Fire Intensity）

火線強度（FI）為林火蔓延速率（R）最重要影響變數（Byram 1959），其決定了林火單位時間內燃料消耗及熱釋放率（Heat Release Rating），是影響植被火燒後存活的一個重要指標；且火線強度亦作為林火控制所採取相對應裝備之一個重要參數。

燃燒之熱釋放率

瓦特（W）　　　　千瓦特（KW）　　　　百萬瓦特（MW）

圖4-33　不同火線強度之熱釋放率（盧守謙 2011）

能量釋放率以反應強度和火線強度為特徵。反應強度是單位燃燒面積的能量釋放率，其是林火熱量的來源，使燃燒的連鎖反應保持運作，並且是林火影響的原因（van Wagtendonk 2006）。

火線強度是每單位長度的火線能量釋放速率，其為站立在火勢前每秒所接受熱量，其相當於可用能量（單位面積的熱量）和火勢前鋒延燒速度的乘積，也可以由反應強度和燃燒區深度來確定。在地表火之火線強度預測燃料型方面如下：

1.適用於地表各種燃料型預測模式

在火線強度（FI）與火焰長度（FL）兩者關係式方面，兩者能以Log-Log之線性迴歸做轉換，在BEHAVEplus系統係沿用Byram（1959）所提出火焰長度非線性迴歸式參數（Weise and Biging 1996），則火線強度如次：

$$FI = 259.89FL^{2.17}$$

FBP系統提出火線強度能適用於林下之灌木型、草本型及無地被型（FCFDG 1992）如次：

$$FI = 300 \times 5.0 \times [1 - e^{(-0.0149 \times BUI)}]^{2.48} \times 30 \times [1 - e^{(-0.0697 \times ISI)}]^{4.0}$$

其中BUI為加拿大林火氣象之乾旱累積指數（Buildup Index, BUI）。

Nelson and Adkins（1986）在實驗室風洞以火炬松（*Pinus taeda*）枯枝落葉為火燒燃料研究，結果提出$\beta_0 = 0.475$與$\beta_1 = 0.493$，其火線強度如次：

$$FI = 483.27FL$$

Thomas（1967）以實驗室風洞火燒提出$FL = 0.0266FI^{0.67}$，則火線強度如次：

$$FI = 224.35FL^{1.49}$$

Weise and Biging（1996）在實驗室以白樺（*Betula papyrifera*）與美國白楊木，燃料表體比（σ）分別為22.75、24.90 cm²/cm³、平均燃料量為0.13～0.43 kg/m²、平均燃料含水率11～12%，火燒模組火焰長度為$FL = 0.0161^{0.70}$，則火線強度如次：

$$FI = 367.74FL^{1.43}$$

圖4-34　草本燃料火線強度及熱影像溫度（785℃）分析（盧守謙 2011）

2.適用於灌木燃料型預測模式

Fernandes *et al.*（2002a）以海岸松林燃料調查，林下灌木型等火燒模組火線強度（FI）如次：

$$FI = 224.585FL^{1.847}$$

Fernandes *et al.*（2009）以地中海之海岸松燃料調查，林下灌木型等火燒模組火線強度（FI）如次：

$$FI = 185.2FL^{1.842}$$

Trollope and Trollope（2002）以非洲草原區進行研究，經調查燃料量1.15～10.50 t/ha（mean = 3.84 t/ha）、燃料含水率7.5～68.8%（mean = 32.1%）及溫度14.3～35.8℃（mean = 23.8℃）、相對溼度4.2～82%（mean = 36.6%）及風速0.3～6.7 m/s（mean = 2.6 m/s），結果火線強度為136～12,912 kW/m（mean = 2,566 kW/m），模組火線強度如次：

$$FI = 2729 + 0.8684w_0 - 530\sqrt{DFM} - 0.907RH^2 - 596\frac{1}{w}$$

式中FI = kW/m、燃料量（w_0）= kg/ha、W = m/s。

圖4-35　灌木型火燒強弱受地表枯落層厚度之重要影響（盧守謙 2011）

　　Alexander and Lanoville（1989）提出火線強度相對應林火控制困難度，與其林火危險等級對照表（表4-3）。此外，綜合許多學者（Williams 1963；van Wagner 1970；Brown and Davis 1973；Muraro 1975；Alexander and Lanoville 1989）針對林火危險等級所對應林火行為（火焰高度）及林火搶救之控制困難程度（表4-4）。

表4-3　基於火線強度（FI）相關於林火控制困難度與林火危險等級對照表（Alexander and Lanoville 1989）

林火危險等級	火線強度（kW/m）	火燒控制困難程度
低度	FI < 500	在火線前端或側端可以手工具採取直接攻擊
中度	500 < FI < 2,000	需使用水進行壓抑、地面攻擊是有效的
高度	2,000 < FI < 4,000	在火線前方可採用空中直接攻擊
非常高	4,000 < FI < 10,000	地面控制僅能在火線側端或尾端進行，火勢可能產生飛火現象
極高度	FI > 10,000	極端火行為出現，飛火形成快速林火蔓延速率

表4-4 林火行為與林火危險等級分類表與對應關係

林火危險等級	潛在火燒及控制困難程度	最大火焰高度
低度	火開始難以維持燃燒，但較大或較長持續火源引燃後火勢易控制	火焰低
中度	使用手工具即可直接攻擊火勢	< 1.3 m
高度	地表火持續延燒，控制火勢形成有些困難，需使用消防水線進行壓抑	1.4～2.5 m
非常高	火線強度高，地面直接攻擊火線前端僅能在起火後數分鐘內進行	2.6～3.5 m
極高度	極端林火蔓延速率，出現樹冠火、飛火及大規模火勢	> 3.6 m

註：火焰高度是基於Byram（1959）火線強度關係式（假設火焰長度與高度是相等的）
（Williams 1963；van Wagner 1970；Brown and Davis 1973；Muraro 1975；Alexander and Lanoville 1989）

三、火焰長度（Flame Length, FL）

火焰長度（FL）與火線強度有關，如圖4-36顯示了火焰的尺寸，以火焰長度爲斜邊，以從火焰底部到火焰尖端之量測出火焰長度；火焰高度爲最高點的垂直距離（van Wagtendonk 2006）。火焰的實質是可燃性氣體揮發後的燃燒，可燃物在熱輻射作用下，分解成大量可燃氣體，氣體愈多，火焰長度愈長。火焰長度反映了林火強度（Fire Intensity），火焰長度愈高說明林火強度愈大，隨著坡度的增加，林火強度增強，林火蔓延速度加快。而林火強度是直接影響鄰近燃料量如何快速熱分解，然後進行燃燒（Dupuy and Alexandrian 2010）。而火焰高度和火焰長度能用於估算林火強度，來定義林火搶救所採取可能的滅火方法（Byram 1959；Alexander 1982）。

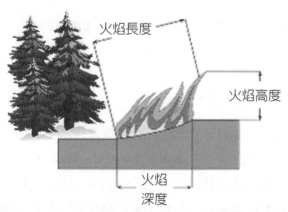

圖4-36 風所驅動的林火尺度、火焰長度與火線強度有關，從火焰底部到火焰尖端量測出火焰長度（van Wagtendonk 2006）

　　Byram（1959）提供了火線強度和火焰長度之間的近似關係。此方程可以顛倒過來，以火焰長度的方式，來獲得火線強度的簡單表達式。Byram（1959）指出，基於火焰長度的火線強度方程，僅適用於低強度林火，而不是應用於高強度林火。儘管林火複雜性，但火焰長度是在與火線強度相關的領域中，可以輕易採取的唯一量測（Rothermel and Deeming 1980）。

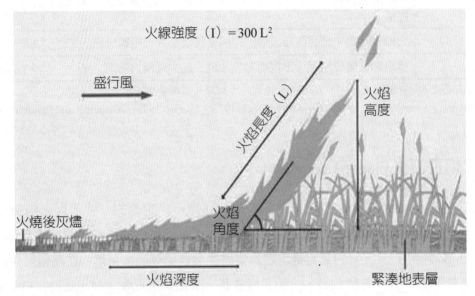

圖4-37　火焰長度與火線強度方程僅適用於低強度林火（Canada Parks 2018）

　　在火焰長度之預測方面，Fernandes *et al.*（2009）以地中海之海岸松進行田野火燒模組火焰長度如次：

$$FL = 0.451R^{0.305}W_0^{0.790}\exp(-0.040DFM) \qquad (2.30)$$

四、火場周長（Fire Perimeter）

　　在田野沒有風或地形坡度因子下，火燒自然會呈現圓形面積，其特徵是會隨著時間之經過，火燒形狀似乎愈來愈減少了原來圓形狀（de Mestre 1981）。在較強風速助長下火燒，會成為較窄且被拉長之橢圓形。Baughman（1981）指出，這一假設基本上是有效的，根據大氣穩定度和地面以上高度，風向標準偏差是隨風速增加而降低（Skibin

1974）。許多林火研究已經假設在田野一個自由點源火燒，基本形狀是像一個多樣化之簡易橢圓形，如圖4-38所示（Catchpole *et al.* 1982；Anderson 1984）。

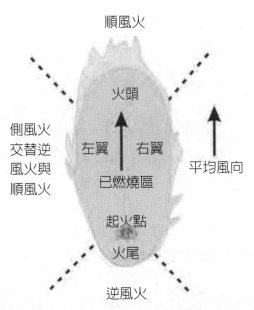

圖4-38　地表火之火場周長受風與地形影響，呈現橢圓形狀（Cheney and Sullivan 2008）

Anderson（1983）提出林區地表自由燃燒雙橢圓面積（Hornby 1936），其中「o」為引燃起火點、a_1為逆風火燒距離、a_2為順風火燒距離（圖4-39）。

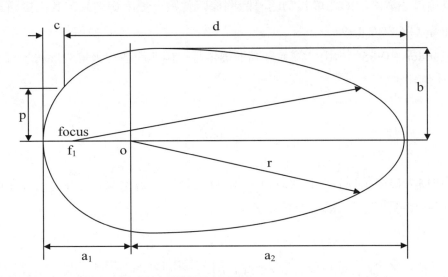

圖4-39　林區地表自由燃燒雙橢圓狀面積（重繪Hornby 1936；Anderson 1983）

　　Alexander（1985）則提出自由燃燒橢圓狀之面積圖示，各部位尺寸參數（圖4-40），此圖已受到廣泛使用（FCFDG 1992）。

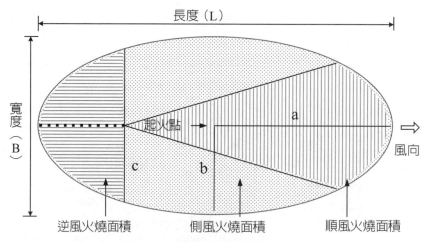

圖4-40　林區地表自由燃燒簡易橢圓狀面積（重繪Hornby 1936；Alexander 1985）

加拿大FBP系統設定火燒周長（P）與火燒面積（A）計算為

$$P = 0.3962\sqrt{A}$$

　　這是值得注意的，ROS成長仍隨著時間保時常數；更確切地說，其直接隨著時間成比例增加著（FCFDG 1992）。

　　Alexander（1985）指出，簡易橢圓形提供了一個合理估計火燒的形狀，有關火燒周長（P）能估計如次：

$$P = K_pD$$

式中P為火燒面積周長（m或km）、K_p為周長形狀因子及D為林火蔓延距離（m或Km）。而周長形狀因子（K_p）計算如次：

$$K_p = \frac{L/B}{-0.14145 + 0.47034(L/B)}，其中 1.1 \leq L/B \leq 7.0$$

此K_p是設定在L/B = 1.0時為3.14，以及忽略了逆風火延燒（Alexander 1985）。此簡

易橢圓形已普遍為許多研究者所使用（Andrews and Rothermel 1982）。

圖4-41　地表逆風火延燒現象（盧守謙 2011）

Alexander（1985）亦提出自由燃燒橢圓狀之面積

$$A = K_A(ROS \times t)^2$$

式中A為引燃時間（t）後可能火燒面積（m或km²）、K_A為火燒面積形狀因子、t為引燃後經過的時間。而火燒面積形狀因子（K_A）運算如次（Alexander 1985）：

$$K_A = \frac{\pi}{4(L/B)}$$

式中L/B為火燒面積最長軸與最寬軸比例。

Anderson（1983）提出，火燒橢圓面積之周長（P）（m）表示式為

$$P = \pi \times \frac{D}{2} \times \left(1 + \frac{1}{L/B}\right) \times \left[1 + \left(\frac{L/B - 1}{2(L/B + 1)}\right)^2\right]$$

式中D為火燒面積最長軸距離（m），L為火燒面積最長軸，B為火燒面積最短軸。

Franklin and Moshos（1978）提出，火燒橢圓面積之周長（m）表示式為

$$P = \pi(a+b)\left(\frac{M^2}{4} + \frac{M^4}{64} + \frac{M^6}{256} + \cdots\right)$$

$$M = \frac{a-b}{a+b}$$

式中a為橢圓面積長半軸、b為橢圓面積短半軸（圖4-40）。

Selby（1975）提出，火燒橢圓面積之周長（P）表示式為

$$P \approx 2\pi\sqrt{(a^2 + b^2)/2}$$

此式已應用於林區火燒一些實務上（Walker 1971）。

圖4-42　林內實驗火燒周長（P）量取計算（盧守謙 2011）

Hornby（1936）以146場林火紀錄和102場實驗火燒表明，對於一個面積不變，最有可能的周長（P）為1.5倍於圓形相等面積，其中92%火燒形狀研究指出周長不超過2倍圓形相等面積，這相當於長寬比為5:1（1.5倍圓面積）和9.7:1（2倍圓面積）。Mitchell（1937）指出，順風火延燒率到周長之比例增加，建議較簡易方法是順風火延燒率乘以3倍來估計周長。Brown（1941）發現火燒跡地長軸有π倍緊密相關於周長，在火燒面積8.1 ha時，周長最有可能為1.67倍圓形相等面積。McArthur（1966）研究指出，橢圓形能提供一個良好火燒形狀，在草原地火燒周長能以向前延燒率2.5倍計算；而火燒面積大小能藉由周長、面積及長寬比表示。

因此，Hornby（1936）提出橢圓形狀周長（P）方程式如次：

$$P = \pi(a+b)\left[\left(1 + \left[\frac{a_1 - b}{a_1 + b}\right]^2 / 4\right) + \left(1 + \left[\frac{a_2 - b}{a_2 + b}\right]^2 / 4\right)\right]$$

式中a、b分別爲橢圓形狀長半軸與短半軸（圖4-40）、a_1、a_2分別爲雙橢圓形狀逆風火與順風火距離（圖4-39）。

圖4-43　草本燃料型橢圓狀火燒周長（P）及熱影像溫度（781℃）分析（盧守謙 2011）

五、火場長軸與寬軸比（Length/Breadth, L/B）

加拿大FBP系統沿用Alexander（1985）提出地表各種燃料型態如次：

$$L/B = 0.5 + 0.5e^{0.05039W}$$

式中W = 地面高度10 m開放風速（Km/h）。

由Anderson（1983）發展應用於地表各種燃料型態如次：

$$L/B = 0.936e^{0.1147W} + 0.461e^{-0.0692W}$$

式中W = 10 m 地面高度開放風速（km/h）。

Anderson（1984）指出應用於地表各種燃料型態如次：

$$L/B = 0.936e^{0.02479W} + 0.461e^{-0.0149W}$$

Simard and Young（1975）提出林區地表各種燃料型態如次：

$$L/B = e^{-0.162W^{1.2}}$$

此模式能應用至風速80 km/h以下。

Chrosciewicz（1975）提出應用於地表各種燃料型態如次：

$$L/B = 0.936e^{0.04455W} + 0.461e^{-0.0269W}$$

Cheney（1990）火燒研究結果，整合後應用於地表各種燃料型態如次：

$$L/B = 1.1W^{0.464}$$

此式L/B預測值能一致於田野林火紀錄實驗值。

此外，Bunton（1980）與Alexander（1985）提出估計簡易橢圓狀L/B值之估計（表

4-5），當L/B = 1時，預期ROS以非常緩慢速率進行，一旦L/B = 6時，林火勢必受到外在林火環境因素，如強風或非常陡坡地形之影響，產生火燒面積拉長距離進行。而Alexander（1985）更舉出未受林火搶救活動影響之林火歷史紀錄的10 m風速與L/B值分析報告（表4-6），其中林火面積範圍0.1～67,000 ha、10 m風速範圍2～64 km/h、L/B值範圍1～7.1，由表中可看出10 m風速愈大，林火面積與L/B值亦傾向於隨之愈大。

表4-5　田野自由燃燒簡易橢圓狀L/B值估計

L/B	林火行為或環境屬性
1.0	僅出現緩慢林火蔓延速率之火燒形狀
2.0 and 3.0	在平坦至中等坡度地形之一般火燒形狀
4.0 and 5.0	在陡坡地形或中等風速之一般火燒形狀
6.0	在極大陡坡地形或極端風速之火燒形狀

（Bunton 1980；Alexander 1985）

表4-6　林火歷史紀錄（未受林火搶救影響）L/B分析

文獻	地點	日期	燃料型	林火規模(ha)	10m高風速(km/h)	火燒面積長軸與短軸比L/B
McArthur (1977)	Fiji Islands	14.01.71	Carribbean pine	<0.1	11	1.4
Watson *et al.* (1983)	Vic., Australia	24.11.82	Radiata pine slash	4.0	10	1.7
Walker (1971)	Ontario, Canada	01.06.71	Logging slash	324.0	11	1.8
Kiil (1975)	Alberta, Canada	13.07.72	Black spruce	0.2	19	1.9
Catchpole and Catchpole (1983)	N., Australia	08.08.72	Grassland	2.0	6	2.4
Brotak (1977)	New Jersey, USA	22.07.77	Pitch pine	931.0	25	2.5
van Wagner (1970)	Ontario, Canada	07.05.64	Pine/aspen	152.0	26	2.5
Walker (1971)	Ontario, Canada	06.06.70	Cutover/Jack pine	435.0	16	2.5
Stocks and Walker (1973)	Ontario, Canada	20.05.81	Logging slash	900.0	21	2.6
Simard *et al.* (1983)	Michigan, USA	05.05.80	Jack pine	1,214.0	28	2.7
Anderson *et al.* (1982)	NT., Australia	31.07.73	Grassland	6.0	5	2.8
Stocks and Walker (1973)	Ontario, Canada	21.05.81	Pine/spruce	9,554.0	32	3.4

文獻	地點	日期	燃料型	林火規模(ha)	10m高風速(km/h)	火燒面積長軸與短軸比L/B
McArthur (1966)	South Australia	05.04.58	Radiate pine	626.0	35	3.7
Alexander *et al.* (1984)	Alberta, Canada	02.05.80	Pine/spruce	7,500.0	36	3.9
Alexander (1982)	Alberta, Canada	23.05.68	Pine/spruce	60,700.0	46	4.9
Stocks and Walker (1973)	Ontario, Canada	02.06.30	Spruce/pine/fir	67,000.0	48	6.2
McArthur (1977)	Vic., Australia	12.02.77	Grassland	1,650.0	41	6.7

（Alexander 1985）

六、其他參數

現有燃料能量（Availble Fuel Energy）是燃燒之前方實際釋放的能量，而總燃料能量是所有燃料燃燒時可釋放的最大能量。能量釋放以每單位面積的熱量來衡量，可以透過火線強度和火延燒速率來計算（表4-7）。單位面積的熱量是造成林火影響的主要因素，因其與時間無關（van Wagtendonk 2006）。

火焰前鋒（或火線前鋒Flaming Front）是在火燃燒區域之前緣，並且由火延燒速率、火持續時間和火焰深度來定義。這些屬性用於計算附加特性，包括反應強度（Reaction Intensity）、火線強度（Fireline Intensity）、火焰長度（FLame Length, FL）和每單位面積釋熱量（H/A）（van Wagtendonk 2006）。表4-7包括了計算這些屬性的公式。火延燒速度是火焰前方向前移動的速度，以每單位時間的距離為單位進行量測，其受到許多燃料、天氣和地形變量的影響。火焰前鋒是經過一個點的時間，稱為持續時間（Residence Time）。火焰深度（Flaming Zone Depth）定義為火勢向前燃燒前鋒之前端到後端的距離，是火延燒速率乘以持續時間來進行計算。Anderson（1969）發現火持續時間與正在燃燒的燃料顆粒大小有關。

表4-7　火焰前鋒之各屬性方程式

屬性	單位		
火線強度（Fireline Intensity FLI）			
FLI = (Heat/Area)×Rate of Spread)/60	FLI	$kw\ m^{-1}$	
	H/A	$kJ\ m^{-2}$	
	ROS	$m\ min^{-1}$	

屬性	單位	
FLI = (Reaction Intensity ×Flaming Zone Depth)/60	FLI	kw m^{-1}
	RI	kJ m^{-2} min^{-1}
	FZD	m
FLI = (Reaction Intensity ×Rate of Spread×Residence Time)	FLI	kw m^{-1}
	RI	kJ m^{-2} min^{-1}
	ROS	m min^{-1}
	RT	min
FLI = 258×(Flame Length)$^{2.17}$	FLI	kw m^{-1}
	FL	m
火焰長度（Flame Length（FL））		
FL = 0.237×(Fireline Intensity)$^{0.46}$	FL	m
	FLI	kw m^{-1}
每單位面積釋熱量（Heat per Unit Area（H/A））		
H/A = (60×Fireline Intensity)/Rate of Spread	H/A	kw m^{-2}
	FLI	kw m^{-1}
	ROS	m min^{-1}

（Byram 1959）

七、風速修正係數

　　風速值為林火行為重要氣象因子，地面不同高度其風速亦會有所不同。而20呎風速是指裸地、地表燃料或樹木上20呎以上的風速。根據Rothermel的地表火是受到中火焰風速所影響；如圖4-44所示。

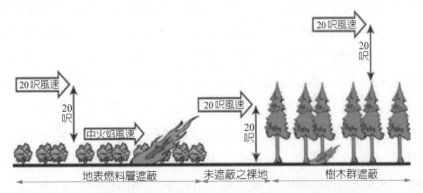

圖4-44　美國林火天氣風標準為裸地20呎或高於植被20呎之風速（Andrews 2012）

　　爲整合風速修正計算，首先由Turner and Lawson（1978）提出地面高度10 m開放風速，轉換至地面高度20 ft（6.1m）時轉換值乘以1.15。而Alexander（1985）參考許多文獻（Albini 1985；Baughman 1981；Rothermel 1983），並經過大量實驗，進一步提出地面不同高度風速值轉換係數（表4-8）。因此，較常用10 m開放風速轉換至中火焰高度（1.8 m），如於濃密林床上之風速修正係數爲0.174。

表4-8　地面高度20 ft（6.1 m）開放風速至中火焰高度6 ft（1.8 m）（U_6/U_{20}）與地面高度1.2 m至10.0 m（$W_{10.0}/W_{1.2}$）開放風速修正係數值

燃料型	U_6/U_{20}	$W_{10.0}/W_{1.2}$	Reference[1]
樹冠火林分	1.0	1.0	-
重度伐木區	0.5	2.3	1
短／高草本，輕／中度伐木區與落葉林	0.4	2.9	1
地表火開放林分	0.3	3.8	1
地表火鬱閉林分	0.2	5.8	1
皆伐木區	0.7	1.6	2
傑克林分	0.2	5.0	3
草叢苔原	0.8	1.5	4

[1] Reference: 1. Rothermel (1983)；2. Chrosciewicz (1975)；3. van Wagner (1973) and 4. Norum (1982)
（Albini 1981；Baughman 1981；Rothermel 1983；Alexander 1985）

第四節　林火行爲模式分類

　　爲了在林火發生後迅速有效加以控制、撲滅，森林燃燒過程的了解與預測，成爲森林保護重要的工作。而科學觀察（Scientific Observation）自然條件下的林火，是一項具挑戰性的工作。對於許多環境現象，林火模式（Fire Modelling）已成爲理解和預測林火行爲所必須的觀測方法（Dupuy and Alexandrian 2010）。如何準確地預測林火行爲？Countryman（1972）指出，由於每小時變化仍然是一個挑戰，所以預測林火的每分鐘行爲是不可能實現的。基本上，預測林火行爲的難度歸結爲涉及許多相互作用的變量（圖4-45）。即使有一個用於預測林火行爲的完美數學模型，但在時間和空間上仍存在與燃料本身固有變化、天氣和地形相關的不確定性因素存在（OMNR 1982）。

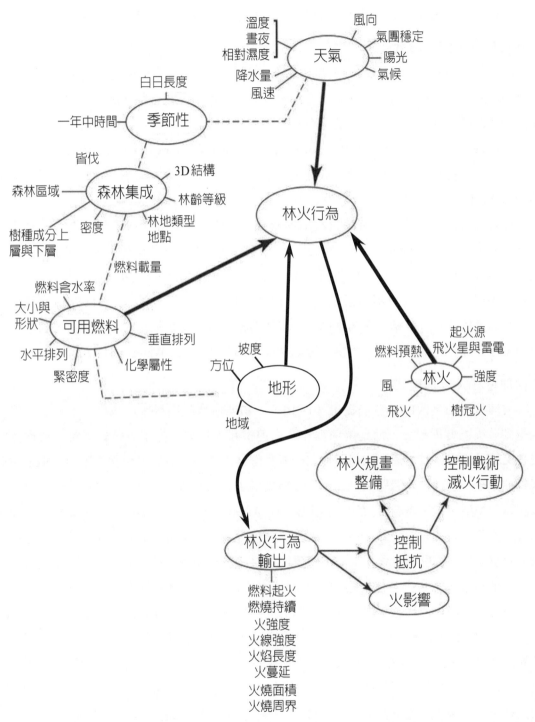

圖4-45 影響林火行為各種因素流程圖，並反過來說明其預測模式所涉及的複雜性
（OMNR 1982）

在林火行為模式簡易分類上，可概分為實證型、物理型及統計型。說明如次：

1.實證型林火行為模式

實證型建立在合理數量的林火事件觀測的基礎上，並預測林火蔓延速度或火焰大小（Flame Size）（Sullivan 2009）。通常簡單的方程指出少量參數（風速、燃料特性、燃料溼度和地形坡度）作為林火蔓延速率的函數。基於實證模式林火行為系統能便於使用者操作（Sneeuwjagt and Peet 1985；Forestry Canada Fire Danger Group 1992），一般僅要求輸入一些變數，而能轉譯到表或計量圖形，估計出林區非均勻條件之林火行為（Fernandes 2001）。

而林火行為預測模式和電腦軟體工具結合，能使複雜計算能較容易運作，是林火管理不可缺少之工具（Pastor *et al.* 2003），其中BEHAVE即是良好例子。在加拿大方面，幾乎與美國同時致力於林火行為預測研究，但加拿大研究者採不同的研究方法，他們以人工點燃不同的實驗火，實際觀察記錄林火行為而發展出加拿大的林火行為預測系統，並把它與林火危險率系統結合命名為FWI，這個系統在過去也是以圖表協助計算，目前它與BEHAVE一樣已經被程式化，提供電腦之林火行為預測（van Wanger 1987）。

2.物理型林火行為模式

物理型是由美國Fons首先提出（1946），物理模型將燃料床理想化了，並且認為燃料達到著火溫度即起火，而延燒係為一系列連續起火現象，模型表達式複雜，物理參數較多又難以確定。這種模型的局限性在於與實際林火情況可能會有相當的差距，但把林火蔓延抽象成一個純物理問題來研究，為人類提供了一條認識林火蔓延一般規律的途徑。在歐洲物理模型，特別是結合大氣─林火模型（Atmosphere-Fire Models），以解決物理學的輸運方程（Transport Equations）來表示林火，是探索紊流（Turbulence）（非線性效應）對林火行為的影響的強大工具，只要使用足夠計算硬體和模式方法，即可達成。

其他模型，本質上不能恰當地表現出紊流的影響。在物理模型中，燃料在空間上分布的事實，也使得由植被生物量的不均勻分布（Non-Uniform Distribution of Vegetation Biomass）所引起的變化性得以解決。現今為了評估氣候變遷對林火行為的影響，實證模型的價值很小，因其基於對現有植被類型所進行的林火觀測。相比之下，最近基於物理的模型，是探索新環境場景的強大工具（Dupuy and Alexandrian 2010）。本節後面專欄2指出在研究領域使用完整物理模型的例子（Dupuy and Alexandrian 2010）。

3.統計型林火行為模式

在統計型不涉及任何物理機制下，純粹從統計的角度來描述火行為，該方法把有多個

變量相互關係的複雜問題，在形式上做簡單的處理，因建立在大量實際林火和控制焚燒的資料基礎上，資料充足，有可靠的置信度，故公式計算結果與實際情況基本符合。

第五節　歐洲林火行為模式

科學家已在西班牙和葡萄牙開發了一些林火行為模式（Dupuy and Alexandrian 2010）。物理模型是基於燃燒的原理，並試圖量化林火基本機制（Sullivan 2009）。然而，只是在過去十年裡，林火物理的完整代表參數（Full Representation）才能夠預測林火蔓延。所謂的完整物理模型（Full Physical Models）能夠在林分（Forest Stand）（<20公頃）的規模上，進行林火蔓延的三維（3D）模擬，但這需要在超級電腦上進行。這些模型解決了在空間網格上（Spatial Grid）隨時間變化的物理輸運方程（Transport Equations），並預測了許多林火特徵（Sullivan 2009）。

儘管電腦資源發展迅速，但到目前為止，在不遠的將來，使用這種新一代的基於物理模型來模擬大規模（$10km^2$）林火，解析率（Resolutions）能在幾公尺內或更小。但物理模型有其適用性，因需要大量的植被和大氣數據（Atmospheric Data）。此外，開發了二維（2D）林火電腦模擬，為決策者提供了能在實際條件下預測和繪製林火行為的強大工具（Dupuy and Alexandrian 2010）。目前基於GIS的林火電腦模擬，可以自動計算不同地形、燃料和天氣條件下的林火發展。然而，由於模擬的結果必須比實時（real time）更快速獲得，因此林火電腦模擬只能使用簡化模型（實證或半物理）（Dupuy and Alexandrian 2010）；但其在三維物理模型和二維林火電腦模擬之間的鴻溝，可填補一種方式，也是歐洲2010年林火悖論（Fire Paradox）專案計畫的目標之一，是使用林火電腦模擬軟體來進行擬合到三維物理模型輸出的參數法則（Dupuy and Alexandrian 2010）。

1.3D林火模式

林火模式對於林火蔓延的模擬和預測來說，是一項強大的技術。林火行為研究已在林火環境，即風、燃料性質、坡度和火勢蔓延之間，建立了顯著的相關性。這就是為什麼實證模型能夠在預測林火傳播的環境條件範圍內，進行有效運作的原因。當然，火是受物理定律支配的，因此不是一個完全隨機的過程。這些事實意味著林火的某些方面，在某些規模上是可以預測的，這對於決定防火和減災之策略上，是至關重要的（Dupuy and Alexandrian 2010）。

　　然而，林火行爲可預測性的問題，仍然很重要。風流場專家的林火觀測以及火－大氣結合（Fire-Atmosphere）模擬，最新進展表明，風紊流場在出現不穩定的林火行爲中，經常扮演著主導作用（Dupuy and Alexandrian 2010）。另外，透過浮力效應增加了當地風的波動的紊流量。由於阿基米德原理（Archimedes' Principle），林火中的熱氣體比環境空氣密度小，並在大氣中垂直升起；此驅動力稱爲浮力，熱氣向上垂直運動伴隨著新鮮空氣向下垂直運動。這種情況非常不穩定，這就解釋了爲什麼高強度林火可能會表現出非常不穩定和危險的行爲。目前許多文獻已提出基於風和浮力之相對作用力的簡單物理標準，來識別這種不穩定的情況，但是標準本身的預測仍然很微妙（Dupuy and Alexandrian 2010）。

　　流體力學領域眾所周知，紊流效應只能平均預測。這意味著必須期望從一個時刻到另一個時刻，以及從一個點到另一個起火行爲的變化顯著。在地面上作業的滅火人員或林務消防人員必須意識到並考慮到這種變化，這種變化主要在當地尺度上（<1 km）之規模。植被的天然異質性（Natural Heterogeneity）和飛火機制，是林火行爲變異性的另外來源。

由熱對流造成飛火現象

圖4-46　飛火是林火行為預測之變異因素（盧守謙 2017）

　　預計全球氣候變遷將導致影響林火開始和蔓延的環境因素，而發生重大改變。特別是植被特徵的變化。隨著歐洲南部一些針葉林的減少，觀察到了第一個緊急後果：是植被含水量突然減少（Dupuy and Alexandrian 2010）。人們還可以預期，一些尚未適應高熱和乾燥的物種，將透過降低植物水分含量，或更有可能透過生產枯落生物質，來適應新的

氣候條件，如一些地中海物種對氣候暖化已進行演化調整。目前已知樹種是具有較大適應氣候變遷的能力。人們最終可以預期，透過移入新的植物混合物，將取代林分上不再適應其環境的物種。也就是說，現今林火物理型，是探索新環境場景的一種強大工具（Dupuy and Alexandrian 2010）。

2. 2D林火模式

2D林火模式能預測地圖上的林火增長。在實際情況中，地圖局部條件（即每個地圖像素中的地形、燃料和天氣）會發生變化。因此，使用空間資訊以及天氣和風力數據（Wind Files），模擬軟體需要地理資訊系統（GIS）的支持。

林火模擬軟體能應用於土地管理機構和消防組織方面（Dupuy and Alexandrian 2010）：

(1) 進行各種「假設」情景（'What-If' Scenarios）的林火培訓和教育課程。

(2) 透過評估燃料處理的有效性，測試潛在接近林分通路的位置，識別使用控制焚燒的時機，進行林火預防和滅火整備活動。

(3) 透過支持滅火活動和預測林火行為的執行目的。

(4) 透過製作林火危險圖（Hazard Maps）和風險圖（Risk Maps），來進行經濟評估之決策。

北美兩個林火模擬軟體FARSITE（Finney 1998）和Prometheus，具有相同的功能，即世界上使用最多的。使用此實證型（即輸出值是直接相關於使用者的輸入值），功能如次（Dupuy and Alexandrian 2010）：

(1) 可以使用點、線或多邊形之起火設定。

(2) 可以自動計算林火的長期增長和行為。

(3) 產生與GIS兼容的輸出。

(4) 基於廣泛使用的現有的林火行為模型，例如Behave、CFFDRS。

(5) 為使用者提供一些互動（例如修改燃料類型，模擬空中和地面滅火抑制行動）。

3. 3D和2D林火模式間連結（Linkage）

基於物理模型在3D網格上解析輸運方程的預測尺度（Scale of Prediction），仍然無法以地景之大尺度（Landscape Scale）來進行，即使從長遠角度來看，這些模型的操作使用，將受到電腦計算硬體資源（Computational Resources）的限制，特別是當許多狀況皆需要模擬時。這就是為什麼這種模型不能成為地景尺度上林火模擬軟體的直接組成部分之原因。因此，由於這種3D林火模型在操作上的用途有限，克服這一局限性的方法是將

其結果作為2D林火模擬軟體的「引擎」（Engine）。

第一步，3D物理模型被用來提供局部林火行為特徵，如蔓延速率或林火強度（Fire Intensity），透過在蔓延方向上進行數百公尺距離的模擬。該模型用於實現各種燃料類型、地形和天氣條件下的林火特徵數據庫（Dupuy and Alexandrian 2010）。

第二步，使用模擬條件庫來擬合參數化法則（Fit Parametric Laws），其產生蔓延速率作為風力、坡度、燃料載量、含水量等之函數。最後，將這些法則應用於當地輸入數據，以使用傳播過程（Contagion Process）來預測火勢在地形圖上的蔓延行為（Dupuy and Alexandrian 2010）。

專欄1　Vesta林火電腦模擬軟體（Dupuy and Alexandrian 2010）

　　Vesta是在歐洲林火悖論（Fire Paradox）專案計畫方案（2010）中開發的大型林火電腦模擬軟體。該軟體的基本思想是填補費時的3D物理模型和現有的半經驗2D林火電腦模擬軟體之間的差距。

　　由於歐盟與LANL國家實驗室（Los Alamos National Lboratory）達成了協議，用於建立參數化法則的物理模型是Firetec。

　　除了2D—林火電腦模擬軟體的基本常用功能外，Vesta林火模擬軟體主要功能如下：

(1) 能夠處理各種向量（vector）和柵格（Raster）GIS檔案格式（導入和導出）。

(2) 作為一個「平臺」，能夠使用各種林火蔓延模型。

(3) 可以運行有或沒有飛火模型（Spotting Models）（即在Saltus專案計畫框架中所開發的機率模型）。

(4) 包括風速模擬軟體，用於評估地形上風向和速度的局部變化。

(5) 允許以最高的精確度來提供正確燃料類型描述。

(6) 允許使用者以交互方式模擬一些人為干預，如防火線（Fuel Breaks）、空中撒滅火劑等。

(7) 能夠在特定地區啟動一系列模擬，進行計算危險蔓延地圖（Hazard Maps）。

(8) 使用者能夠將模擬的火燒與真正的林火進行比較，以驗證獲得的結果。

(9) 視覺化繪製出2D和3D林火範圍。

專欄2　林火行為和影響的三維模式（Dupuy and Alexandrian 2010）

在理解林火行為和影響機制的研究框架中，林火三維物理模式已被廣泛應用於歐洲林火悖論（Fire Paradox）專案計畫。目前已使用三種不同的模型：

(1) 美國FDS，由美國國家標準研究機構（NIST）開發的林火動力學模擬軟體，主要用於建築或結構火災。

(2) 美國WFDS（野地林火模擬的FDS版本）。

(3) Higrad-Firetec、美國能源部Los Alamos國家實驗室和國家農業研究所（Institut National de la Recherche Agronomique）開發大氣—林火模型與林火行為結合之模擬軟體。

林火管理人員所探討的熱門主題，例如減少地表燃料對樹木生存率的效率，森林地景中防火線的大小和位置，或燃料去除或改造對林火強度的影響。在評估防火帶效率的情況下，已用Higrad-Firetec模擬了植被異質性對林火行為的影響。圖4-49中顯示了在防火帶時林火蔓延的模擬。類似的模擬已在海岸松（*Pinus halepensis*）中使用不同植物模式之防火帶進行。這些由Higrad-Firetec模擬結果表明：

(1) 與未處理的松林分（75%覆蓋率）相比，在防火帶時，樹木的25%覆蓋率顯著降低了林火強度，但50%效率不高。

(2) 樹叢（Tree Clumps）的大小不會顯著影響林火行為，除非使用非常密集的樹叢來運行模擬。

地表火對樹冠的影響，通常透過在長度或體積上樹冠燒焦（Crown Scorched）的百分比來做量測。對樹冠燒損的描述，經常用作預測林火後樹木死亡率之統計模型的輸入。過去根據火羽流理論（Plume Theory）得出一簡易公式，開發了用於預測樹冠燒焦高度的實證模型。這種模型最具代表性的就是van Wagner（1977a）的燒焦高度模型。Higrad-Firetec以及二維CFD（計算流體動力學）編碼已被用於探討火羽流理論，在樹冠燒焦高度預測中的相關性和影響：火羽流理論的假設，已發現不足。這個結論可以延伸到一些也依靠火羽流理論的樹冠起火模型。

林火也會影響樹幹（Tree Trunks），而樹木死亡率模型通常也會造成這種影響。為了檢驗樹幹上的熱流動和溫度狀況，當地表火蔓延到其周圍時，為了理解這種火影響的機制，電腦模擬（WFDS）和實驗室實驗都是以相同問題的互補性研究（Complementary Approaches）進行的。這兩種方法所獲得的結果，一般而言是非常相似的，顯示火焰停留持續時間（Flame Residence Time）增加，並且在軀幹的下風側（Leeward

Side）火焰高度也會增加。

圖4-47　實驗室可控制環境條件下來模擬不同參數火燒行為（盧守謙 2011）

　　林火在野地－城市界面（WUI）中也有特殊的影響，特別是在房屋上。美國FDS能使用來模擬林火對房屋的熱影響（Thermal Impact）以及房屋周圍飛火星（Firebrands）的隨風飄揚情況。事實上，飛火通常是屋頂的房屋起火原因。關於熱影響，已表明2D模擬可以數量級（Order of Magnitude）的方式來輸出有用的結果，但是3D模擬更深入的研究是必須的。這些模擬結合建築材料（Building Materials）的起火模型，也是歐洲Fire Paradox專案開發的，應對未來的熱源起火風險（Thermal Risk）進行評估。關於飛火，3D模擬透過監測房屋周圍不同位置的飛火星，來顯示其所代表的風險，但在考慮運用這種林火影響方法之前，應進一步調查風流不穩定性（Flow Instbility）和輸出結果不穩定性（Unsteadiness）的影響。

　　人為抑制林火（Suppression Fire）是對林火的一種可能的使用，使用Higrad-Firetec進行3D模式是評估抑制林火可行性和效率的一種方法。歐洲Fire Paradox中的相同目的，也進行了田野實驗（Field Experiments）。儘管模型難以嚴格複製實驗，但兩種方法都表明，即使在中等風的影響下，林火在平坦的地形上蔓延，也很難找到安全有效使用以火滅火（Backfires）位置的適當條件：預計以火滅火戰略形成逆火，將被林火「吸引」，但僅在弱風條件下才會觀察到這種情況。然而，正如林火管理人員所知，利用地形可以幫助發展這種「吸吮」現象（Sucking Phenomenon），而產生逆

風火現象，以利使用回火燃燒之滅火策略，但這是需要對火行爲有透澈理解之知識人員。

圖4-48　實驗室可控制環境條件下來模擬逆風火行為（盧守謙 2011）

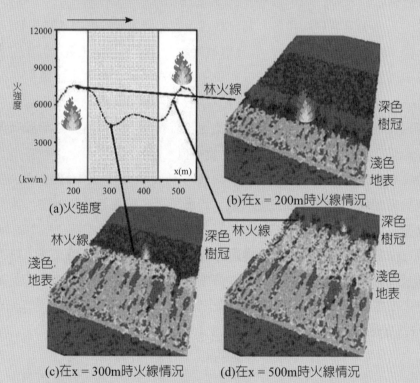

圖4-49　使用結合的林火─大氣模型FIRETEC（INRA-LANL聯合工作）在海岸松（*Pinus halepensis*）林分防火帶的火蔓延的數值模擬。在防火帶時樹木覆蓋比為25%。火勢沿x軸擴展，防火帶從x = 240 m延燒至x = 440 m。圖中林火線輪廓由計算等溫線推斷。深色和淺色輪廓分別用樹冠和地表燃料（灌木、草）表示（計算生物量密度的等值線）（Dupuy and Alexandrian 2010，改編自Pimont 2008）

專欄2　燃料編輯器（Fuel Editor）　（Dupuy and Alexandrian 2010）

　　在歐洲林火悖論（Fire Paradox）專案計畫燃料管理器（Lecomte *et al.* 2009）是一整合數據、燃料知識庫和基於3D物理的林火蔓延模型間，數據處理鏈（Data Processing Chain）中的電腦軟體。此科學目標是由植被場景（Vegetation Scenes）轉化為燃料整合體（Fuel Complexes），包括運行林火行為模型的所有必要參數。此種技術目標是實施一項使用者友好平臺（User Friendly Platform），以3D方式生成燃料整合體，提供管理歐洲燃料數據庫的工具，對樹木的林火影響進行視覺化，並模擬林火後植被演替情形。

　　對現有歐洲模擬平臺技術的調查，加入Capsis專案計畫，並致力於為森林動態和林分增長提供廣泛的模型。開發了一個新的CAPSIS模塊—Fireparadox，此實現了燃料管理器的數據結構和功能。

　　此也實現了3D植被場景編輯器，其允許透過圖形使用者界面在植被場景（Vegetation Scenes）（例如縮放、旋轉等）以及植被對象（選擇、添加、更新）上交互操縱功能。幾個輸出圖像可用於顯示三維植被對象。植被物體的火損害主要集中在火燒樹木死亡率（Fire-Induced Tree Mortality）上。對樹冠和樹幹的幾種林火影響是可得到確定，並且可以在現場規模上進行可視化。此外，有幾種工具可用於在植被場景內容或當前選擇上，顯示資訊（描述性統計資訊）及指標。

　　植物場景的幾種成形模式（Creation Modes），是現有包括預存的庫存文件之加載或自動生成一組受限於物種分布的新場景。該應用程序是透過電腦網路，連接到歐洲燃料數據庫。

　　歐洲現已開發出口模組，來準備運行林火傳播模型所需的一組文件。輸出結果考慮了組成植被場景的不同植被層（樹木、灌木、草本植物和枯落物）的各種組分物理性質，描述了上述燃料複合物的組成和結構。本部分更多細節能在http://fireintuition.efi.int/fuel-manager.fire找到。

第六節　澳洲與美國林火行為模式

　　澳大利亞、加拿大和美國開發了眾所周知的實證模型，澳洲林火行為預測模式的發展

與加拿大非常相似，不過因為澳洲以桉樹林及草原之火為主，它們的燃燒行為與北美松樹林大不相同，所以澳洲的林火行為預測研究在人工實驗火燒中加上數學模式加以推導。

而加拿大、澳洲所發展出來的林火行為預測系統雖不似美國的BEHAVE那樣常被引用，但對南半球森林滅火工作而言是不可或缺的工具（林朝欽 2002）。目前北美地區預測林火行為以二套國家級的預測系統為主要工具，來評估氣象條件與燃料屬性之影響性；

1. 加拿大FBP（Fire Behaviour Prediction FBP）預測系統（Forestry Canada Fire Danger Group 1992），基於氣象因子從實際林火與控制焚燒所發展之實證模式（Empirical Model）。

2. 美國所發展之BEHAVE 模擬系統（Burgan and Rothermel 1984；Andrews 1986；Andrews and Chase 1989），其基於燃料因子從田野火燒以及實驗室燃料物理特性而發展之半實證模式。

大體上，二個系統能預測林火行為，有助於了解在地區不同生態體系之林火影響程度（Hely *et al.* 2001）；其主要輸出參數為林火蔓延速率、火線長度與火線強度；其次輸出是從燃料引燃後之時間經過所形成火燒面積周長與面積長軸／寬軸比等，林火管理者能評估出林區地表潛在火燒路徑及可能影響規模（van Wagner 1987）。因此，這二大體系使用燃料及氣象因子為輸入參數，並隨著林火環境作變化，而導致不同林火行為預測結果（Hely *et al.* 2001）。

圖4-50　林區地表引燃後之時間經過所形成橢圓面積周長與面積長軸／寬軸比（盧守謙 2011）

1.澳洲McArthur模式

McArthur模型是Noble等人對McArthur火險尺的數學描述。它是建立在多次火燒實驗上，輸出的林火蔓延速度與各參數之間定量的關係式，屬於統計模式。它的優點是能預報火險天氣和一些重要的火行為參數。但是，它的適用範圍極其有限，只適合草地和桉樹林。

2.美國Rothermel模式

全球使用林火行為預測模式最廣泛之一的是Rothermel地表火蔓延模式，此一模式源於1968年所發展全美林火危險等級系統計畫結果之一（Rothermel 1983；Andrews and Queen 2001）。同時此一模式亦是許多系統的主要基礎，包括BEHAVE林火行為預測系統、FARSITE林火面積模擬系統等（Andrews and Queen 2001）。

Fosberg *et al.*（2003）指出，林火預測能力取決於二種模式：Rothermel（1972）地表火蔓延模式，以及Byram（1959）火線強度模式，而這些皆已超過30年。由此關鍵模式則導引目前林火行為模式的研究與發展方向，以及能更好地了解林火相關行為（Perry 1998）。Rothermel模式基於熱動力原理（Thermodynamic Principles）之能量守恆定律，以燃燒物理學為理論基礎，使用林火實驗為依據之一種半實證（半物理）數學模式（Rothermel 1972）。主要研究的是火焰前鋒的蔓延，但可燃物的含水量、風速、坡度等參數是不變的。在林火蔓延過程中，考慮到了熱傳導、熱對流和熱輻射的熱物理機制。它建立在均一的可燃物狀態下，可燃物的含水量不得超過35%，因可燃物含水量達到35%，地表火強度難以繼續進行，除非是樹冠火型態。

亦即模式假設田野的燃料是較均勻的，且忽略較大類型燃料對林火蔓延的影響，應用「似穩態」（Quasi-Steady State）的概念（Williams 1971），從宏觀尺度來描述林火行為，要求燃料床參數在空間分布是連續的，且地形在空間分布上亦是常數的，而且動態環境參數不能變化太快（Rothermel 1983）。由於其抽象程度較高，因而具有較寬的適用範圍，由於在現實情況下，微觀尺度上的燃料很難達到均勻。因此Rothermel模式採用了加權平均法來解決燃料大小問題，以及參考Fujioka（1985）燃料異質性研究結果，修改成為適用於非均質燃料問題（Kidnie 2009）。

Rothermel模式參數分為2類：環境參數和燃料參數（Andrews and Queen 2001）。環境參數包括氣象（風速）及地形（坡度）因子，而燃料因子包括不同種類燃料量和燃料含水率參數（Jolly 2007）。此一模式有3個基本要素：即林火環境之燃料、氣象及地形。於風向較穩定的情況下，森林地表火初始蔓延形狀近似為橢圓，橢圓的長軸為林火蔓

延的主方向，則林火擴展速率（ROS）為

$$ROS = \frac{I_R \xi (1 + \Phi_W + \Phi_S)}{\rho_b \varepsilon Q_{ig}} \qquad ①$$

式①I_R為反應強度、ξ為熱通量比係數、ρ_b為燃料密度、ε為燃料有效加熱係數、Q_{ig}為單位燃料預燃熱量、Φ_W為風速修正係數及Φ_S為坡度修正係數；其中Φ_W及Φ_S計算如次：

$$\Phi_W = CW^B(\beta/\beta_0)^{-E} \qquad ②$$
$$\Phi_S = 5.275\beta^{-0.3}(\tan\Phi)^2 \qquad ③$$

式②和式③所示的修正因子是在獲得試驗資料後，再利用資料回歸計算而得到的。式中W為中火焰高度風速（midflame wind speed 1.8 m）、β為燃料緊密度、β_0為燃料最佳緊密度、Φ為坡度，C、B及E可由試驗資料計算而得；有關其模式基本公式輸入參數如表4-9及其方程式參數整理如表4-10；詳細方程組解說請見下一部分。

表4-9　Rothermel模式基本公式輸入參數

符號	參數	單位
w_o	ovendry fuel loading	Kg/m^2
h	fuel particle low heat content	KJ/Kg
ρ_p	ovendry particle density	Kg/m^3
σ	fuel particle surface area to volume ratio	cm^2/cm^3
δ	fuel depth	m
M_f	fuel particle moisture content	dimensionless (%)
S_T	fuel particle total mineral content	dimensionless
S_E	fuel effective mineral content	dimensionless
W	wind velocity at midflame height	m/min or m/s
$\tan\phi$	slope, vertical rise/horizontal distance	dimensionless (% or °)
M_x	moisture content of extinction	dimensionless (%)

（Rothermel 1972）

表4-10　Rothermel模式參數整理

轉入變項	I_R	x	F_W	F_S	r_b	e	Q_{ig}
w_o	*	*	*	*	*		
h	*						
ρ_p	*	*	*	*			
σ	*	*	*				
δ	*	*	*	*	*		
M_f	*						*
S_T	*						
S_E	*						
W			*				
$\tan\Phi$				*			
M_x	*						

*表示輸入參數；I_R反應強度、ξ為熱通量比係數、Φ_W為風速修正係數、Φ_S為坡度修正係數、ρ_b為燃料層燃料密度、ε為燃料有效加熱係數及Q_{ig}為單位燃料預燃熱量。

3. Rothermel模式方程組解說

　　Rothermel模式經過幾次變化，最後能量平衡公式形式為

$$R = \frac{I_R \xi (1 + \Phi_W + \Phi_S)}{\rho_b \varepsilon Q_{ig}}(\text{ft/min}) \qquad ④$$

　　式R為火線蔓延速率；I_R為反應強度，火線單位面積能量釋放率（BTU/ft^2/min）；ξ為林火蔓延率，其為熱傳至鄰近未燃燃料之反應強度比例（無次元）；Φ_W為風速修正係數，由風的影響所增加火蔓延熱通量比率（無次元）；Φ_S為坡度修正係數，由坡度的影響所增加火蔓延熱通量比率（無次元）；ρ_b為燃料層燃料密度，燃料床每一立方尺體積之燃料量（Lb/ft^3）；ε為有效受熱係數（Effective Heating Number），為產生火焰燃燒時，加熱鄰近燃料顆粒至起火溫度之受熱比例（無次元）；Q_{ig}為引燃1 Lb燃料所需之熱量（BTU/lb）。

　　於式④之分母$\rho_b \varepsilon Q_{ig}$，依照Rothermel模式是要求引燃燃料所需之熱量（熱吸收體，Heat Sink），其依賴於引燃溫度、燃料溼度含量與捲入引燃過程中燃料量。Q_{ig}是引燃燃料而需要的熱量，即引燃單位燃料所需之能量，其是對於有纖維素燃料從周圍現場溫度至

引燃溫度所需之熱，與溼度水分蒸發所需之熱量。

在Rothermel模式下，參考Frandsen（1973）計算式之引燃所需熱量：

$$Q_{ig} = C_{pd}\Delta T_{ig} + M_f(C_{pw}\Delta T_B + V) \qquad ⑤$$

式中C_{pd}為乾木質之比熱，ΔT_{ig}為周圍溫度至引燃之溫度值，M_f為燃料含水率，C_{pw}為水之比熱，ΔT_B為水至沸點之溫度值，V為水之氣化潛熱。然後，將式⑤簡化如下：

$$Q_{ig} = 250 + 1116M_f(BTU/lb) \qquad ⑥$$

此是假設在引燃溫度從現場溫度20至320℃，水沸點溫度是100℃；在式⑥是一種簡化方程式，其溼度（含水率）為Q_{ig}之獨立變數，其他重要參數如加熱率（Heating Rate）、無機雜質（Inorganic Impurities）與非熱裂解氣體（Nonpyrolytic Volatiles）等，均已包括在整個計算。捲入引燃過程中的燃料量為燃料床體積密度（ρ_b），而有效熱係數（ε）為一個無次元，是針對細小燃料而言，隨著燃料尺寸增加，ε將減小並逐漸趨近於零。

基本上，此方程式火蔓延可視為燃料一系列的起火之火線進展（Burgan and Rotherme 1984）。於式④之分子為熱源（Heat Source），分母為熱吸收體（Heat Sink）。在分子方面，反應強度包括各個方向之對流、傳導與輻射熱，不僅是在鄰近潛在燃料方向上。火蔓延率（ξ）是加熱鄰近潛在燃料顆粒強度與總反應強度之比率。依照Rothermel模式之火蔓延熱通量（Propagating Heat Flux I_p）為火到火前鋒燃料之熱釋放量，也就是於無坡度無風條件下（I_p）$_0$乘以一個風與坡度之調整因子；因此，此熱源為

$$I_P = (I_P)_0(1 + \Phi_W + \Phi_S) \qquad ⑦$$

在無風狀態時，則$I_p = (I_p)_0$與$R = R_0$

$$(I_P)_0 = R_0\rho_b\varepsilon Q_{ig}(BTU/ft^2 \ min) \qquad ⑧$$

如此風與坡度改變火蔓延熱通量是透過對流與輻射熱傳至潛在燃料上。因子Φ_W與Φ_S是從實驗數據發展而來。火蔓延熱通量由水平與垂直熱通量組成。在有風與上坡驅使作用下，垂直熱通量更重要，因火焰傾斜至潛在燃料上，因此增加輻射熱，但更重要的是引起

直接火焰傳導接觸與對流熱傳至潛在鄰近燃料。因火蔓延熱通量發生在火焰，其與火焰之火線強度有密切關係。

圖4-51　坡度改變火蔓延熱通量對流與輻射熱傳至潛在燃料面（NWCGS 2008）

反應強度（Reaction Intensity I_R）是火前鋒（fire front）單位面積中的熱釋放率：

$$I_R = (dw/dt)h \quad (BTU/ft^2 min) \qquad ⑨$$

式中dw/dt為火線中單位面積之質量損失率（$lb/ft^2 min$），h為燃料熱值（BTU/lb），如重新整理式⑨如下：

$$I_R = -(dw/dx)(dx/dt)h \qquad ⑩$$

式中$dx/dt = R$，為準穩態之林火擴展速率（quasi-steady rate of spread），因此

$$I_R dx = -Rhdw \qquad ⑪$$

為求解式⑪

將反應區深度D（Reaction zone depth, from front to rear, ft）及燃料量範圍w納入

$$I_R \int_0^D dx = -Rh \int_{W_n}^{W_r} dw \qquad \text{⑫}$$

式⑫轉換為

$$I_R D = -Rh(w_n - w_r) \qquad \text{⑬}$$

w_n為淨初始燃料量（Net Initial Fuel Loading, lb/ft^2），而w_r為火反應區通過後之殘留燃料量。一個反應區深度是為火線經過距離與時間函數，此反應燃燒持續時間為τ_R

$$\tau_R = D/R \qquad \text{⑭}$$

將式⑬重新整理

$$I_R = h(w_n - w_r)/\tau_R \qquad \text{⑮}$$

而燃燒單位面積熱量（H）是反應強度與燃燒持續時間之乘積

$$H = I_R \tau_R \qquad \text{⑯}$$

而最大反應強度（I_{Rmax}）是指火線經過反應區過後無燃料量殘留，而反應時間仍未改變之意，其式如下：

$$I_{R\,max} = hw_n / \tau_R \qquad \text{⑰}$$

而有效反應區（η_δ）可定義如下：

$$\eta_\delta = I_R / I_{R\,max} = (w_n - w_r)/w_n \qquad \text{⑱}$$

將式⑮$w_n - w_r$取代整理I_R為一種可量測之燃料與林火參數，如下：

$$I_R = hw_n \eta_\delta / \tau_R \qquad \text{⑲}$$

式⑲之淨初始燃料量w_n能從式⑰取得

$$w_n = w_0 / (1 + S_T) \tag{⑳}$$

w_0為烘乾燃料量（1 b/ft^2），S_T為燃料礦物質含量。
後來Albini（1976）修改為

$$w_n = w_0 (1 - S_T) \tag{㉑}$$

反應速度（Reaction Velocity, Γ, min^{-1}）是一個動態之變項，為反應區燃料之消耗率（η_δ）與反應持續時間之比值。

$$\Gamma = \eta_\delta / \tau_R \tag{㉒}$$

對反應速度有重要作用之燃料參數為含水率、礦物質含量、燃料顆粒大小與燃料床密度。前二者將納入二個阻尼係數（Damping Coefficients），以運算潛在反應速度（Potential Reaction Velocity, Γ'）溼度含水率與礦物質存在減小了反應速度。潛在反應速度是作為a-纖維素在同樣反應程度下燃料無溼度與礦物質之反應速度。反應速度是等於潛在反應速度乘以溼度阻尼係數與礦物質阻尼係數：

$$\Gamma = \Gamma' \eta_M \eta_S \tag{㉓}$$

反應強度由反應速度（Γ）、淨燃料量（W_n）與燃料熱值（h）之三者乘積得出：

$$I_R = \Gamma W_n h \tag{㉔}$$

反應速度表示由燃料之蔓延速率大小；定義為反應區效能與反應時間之比值。
將式㉒與㉓進入式⑲產生最後表示式

$$I_R = h w_n \Gamma' \eta_M \eta_S (\text{BTU/ft}^2 \text{ min}) \tag{㉕}$$

在溼度阻尼係數是定義為

$$\eta_M = I_R / I_{R\,max}, \text{ at } M_f = 0 \qquad \text{㉖}$$

在式㉖從Anderson（1969）實驗整理

$$\eta_M = 1 - 2.59(M_f / M_x) + 5.11(M_f / M_x)^2 - 3.52(M_f / M_x)^3 \qquad \text{㉗}$$

在礦物質阻尼係數方面（η_s）從Philpot（1968）進行燃料熱重力分析（TGA）之實驗獲得。在此是假設其為一種常態化（Normalized）分解速率之比值，以最大分解速率在礦物質含量為0.0001。Philpot（1968）發現矽並沒有影響此分解速率；因此，無矽之灰燼（Silica-Free Ash Content）可視為一種獨立參數，得到如下：

$$\eta_S = 0.174(S_e)^{-0.19} (\text{max} = 1.0) \qquad \text{㉘}$$

式中S_e為有效礦物質含量（無矽成分）。

在燃料物理性之參數方面，有二個參數與反應強度有關-燃料床緊密度（Compact-ness）與燃料顆粒大小。二者對燃燒有顯然效果，但效果不能被分離與定量。前者可由緊密度（Packing Ratio, β）予以量化，其為燃料床由燃料顆粒所占據排列空間比，其定義為燃料床密度與燃料床顆粒密度之比值：

$$\beta = \rho_b / \rho_p \qquad \text{㉙}$$
$$\rho_b = w_0 / \delta \quad (\text{lb/ft}^3) \qquad \text{㉚}$$

而燃料顆粒大小可由燃料表體比（Surface-Area-To Volume, σ）予以量化

$$\sigma = 4/d \quad (\text{ft}^{-1}) \qquad \text{㉛}$$

式中d為圓形燃料顆粒之直徑或方形顆粒之長邊尺寸
以下方程式為Rothermel進行一系列實驗取得：
在每一種燃料大小之最大反應速度（Γ'_{max}）與燃料床內燃料粒子大小能產生最大反應

強度之最佳緊密度（β_{op}），發現兩者皆是σ之一種函數（Burgan and Rothermel 1984）。

$$\Gamma'_{max} = \sigma^{1.5}(495 + 0.0594\sigma^{1.5})^{-1} \quad (min^{-1}) \qquad ㉜$$

$$\beta_{op} = 3.348\sigma^{-0.8189} \qquad ㉝$$

將式㉜與㉝結合，以最佳反應速度係數（A）代入

$$\Gamma' = \Gamma'_{max}(\beta/\beta_{op})^{A} \exp[A(1-(\beta/\beta_{op})] \quad (min^{-1}) \qquad ㉞$$

其中

$$A = 133\sigma^{-0.7913} \qquad ㉟$$

$$\varepsilon = \exp(-138/\sigma) \qquad ㊱$$

在火蔓延熱通量方面，在無風狀態時爲

$$(I_P)_0 = R_0\rho_b\varepsilon Q_{ig} \qquad ㊲$$

因此，火蔓延熱通量與反應強度皆有關之火蔓延率（Propagating Flux Ratio, ζ）能計算出：

$$\xi = (I_P)_0 / I_R \qquad ㊳$$

經實驗發現ζ爲三種燃料大小尺寸之β函數，其亦爲σ之函數。

$$\xi = (192 + 0.259\sigma)^{-1} \exp[(0.792 + 0.681\sigma^{0.5})(\beta + 0.1)] \qquad ㊴$$

再將式⑨如此無風無坡度時之火蔓延熱通量爲

$$(I_P)_0 = I_R\xi \qquad ㊵$$

火焰之能量熱釋放率由燃料中有機物質釋放之可燃性燃燒氣體產生。因此，有機物質從固體至氣體之改變率相似於隨後之火熱釋放率。反應強度從一系列實驗取得，這些實驗記錄在火蔓延過程中燃料床之一部分重量損失。最後重新整理得到無風無坡度時之林火擴展速率：

$$R_0 = \frac{I_R \xi}{\rho_b \varepsilon Q_{ig}}$$ ㊶

在有坡度（Φ_s）與有風（Φ_w）係數情況下，並假設$\Phi_s = 0$

$$\Phi_w = (I_p / (I_p)_0) - 1$$ ㊷

假設在式①燃料參數是一種常數，則火蔓延熱通量是成比例於林火擴展速率，整理如次

$$\Phi_w = (R_w / R_0) - 1$$ ㊸

式中R_w為順風狀態之林火擴展速率；類似情況

$$\Phi_s = (R_s / R_0) - 1$$ ㊹

式中R_s為上坡狀態之林火擴展速率，後經風洞一系列實驗得出

$$\Phi_w = CU^B (\beta / \beta_{op})^{-E}$$ ㊺

其中

$$C = 7.47 \exp(-0.133 \sigma^{0.55})$$ ㊻

$$B = 0.02526 \sigma^{0.54}$$ ㊼

$$E = 0.715 \exp(-3.59 \times 10^{-4} \sigma)$$ ㊽

在坡度方面，以一大空間實驗室之無風狀態進行實驗得到

$$\Phi_S = 5.275\beta^{-0.3}(\tan\Phi)^2 \tag{49}$$

$$w_n = w_0(1 - S_T) \quad (lb/ft^2) \tag{50}$$

將上揭方程式重新整理並參考Wilson（1980）轉換公制如次：

$$R = \frac{I_R\xi(1 + \Phi_W + \Phi_S)}{\rho_b\varepsilon Q_{ig}} \quad (m/min) \tag{51}$$

$$I_R = w_n h\Gamma'\eta_M\eta_S \quad (KJ/m^2 \ min) \tag{52}$$

$$\Gamma' = \Gamma'_{max}(\beta/\beta_{op})^A \exp[A(1 - (\beta/\beta_{op}))] \quad (min^{-1}) \tag{53}$$

$$\Gamma'_{max} = (0.0591 + 2.926\sigma^{-1.5})^{-1} \quad (min^{-1}) \tag{54}$$

$$\beta_{op} = 0.20395\sigma^{-0.8189} \tag{55}$$

$$A = 8.9033\sigma^{-0.7913} \tag{56}$$

$$\eta_M = 1 - 2.59(M_f/M_x) + 5.11(M_f/M_x)^2 - 3.52(M_f/M_x)^3 \tag{57}$$

$$\eta_S = 0.174(S_e)^{-0.19}(max = 1.0) \tag{58}$$

$$\xi = (192 + 7.9095\sigma)^{-1} \exp[(0.792 + 3.7597\sigma^{0.5})(\beta + 0.1)] \tag{59}$$

$$\Phi_w = C(3.281U)^B(\beta/\beta_{op})^{-E} \tag{60}$$

$$C = 7.47\exp(-0.8711\sigma^{0.55}) \tag{61}$$

$$B = 0.15988\sigma^{0.54} \tag{62}$$

$$E = 0.715\exp(-0.01094\sigma) \tag{63}$$

$$w_n = w_0(1 - S_T) \quad (Kg/m^2) \tag{64}$$

$$\Phi_S = 5.275\beta^{-0.3}(\tan\Phi)^2 \tag{65}$$

$$\rho_b = w_0/\delta(Kg/m^3) \tag{66}$$

$$\varepsilon = \exp(-4.528/\sigma) \tag{67}$$

$$Q_{ig} = 581 + 2594M_f(KJ/Kg) \tag{68}$$

$$\beta = \rho_b/\rho_p \tag{69}$$

4. 美國FARSITE軟體

　　FARSITE軟體作為美國國家防火系統使用的軟體，已廣泛應用於美國的林火搶救行動和規劃，使用效果良好。該軟體可以類似模擬幾乎所有林火行為特徵，如地表火、樹冠火、飛火、可燃物溼度、火蔓延加速度和可燃物消耗量等。FARSITE和BehavePlus集成

了現有地表火、樹冠火、飛火和火加速等子模型，它們都採用Rothermel模型來計算地表火蔓延速度。不過，BehavePlus是基於橢圓形來模擬二維林火蔓延趨勢，而FARSITE是採用基於惠更斯波動理論來模擬2D林火蔓延趨勢。

圖4-52　以Rothermel模型來計算地表火蔓延速度並實際驗證（盧守謙 2011）

5.美國BEHAVEplus系統

電腦軟體操作環境下林火行為模擬與預測，全球應用較多的是由Rothermel（1972）半實證模式所發展如BEHAVE模擬系統（Burgan and Rothermel 1984；Andrews 1986；Andrews and Chase 1989），或由實際田野火燒之實證模式（Andrews and Bradshaw 1990；Jolly 2007）。1985年美國研製出林火行為大型程式BEHAVE軟體，以Rothermel模式為主架構，在輸入森林燃料因子特性、現場的氣象因子（風速、相對溼度）及地形因子（坡度、坡向）後，即可計算林火行為過程中的特徵參數，如林火擴展速率、火焰高度或火場周長等（Boboulos 2007）。後來，為了反映其擴大範圍，進一步發展為BEHAVE-Plus林火模擬系統（Andrews *et al.* 2005），其不是一種林火模式，而是一種林火模擬系統（Jolly 2007），彙整許多林火行為和火燒影響模式而集成至單一的界面，並能與其他幾個相容模式做連結，如用於估計潛在樹冠火林火擴展速率（van Wagner 1977b；Rothermel 1991）、消防人員安全區設定（Butler and Cohen 1998）、評估林火行為和林火增長率，如FLAMMAP和火場面積模擬軟體（FARSITE）（Finney 2004）等。此種林火模擬系統不僅能幫助並提供林火管理策略，同時亦能確保第一線滅火人員之安全（Jolly 2007）。

圖4-53　地表火後樹幹上留下燒黑變色，顯示地表火焰高度（盧守謙 2011）

　　BEHAVE最早是1984年由美國林務局用FORTRAN語言編寫開發之用於預測野外林區燃料的林火行為軟體工具。包含五個重要的子系統，分別是兩個野火行為預測模式（FIRE1、FIRE2），一個可以反推人工引火所產生的林火行為預測模式（RXWINDOW），以及兩個燃料計算模式（NWMDL、TSTMSL），這個系統在過去是以圖表協助計算，西元1970年代以後由於個人電腦的發達，它已經被程式化提供火場現地林火行為預測之用。BEHAVE不但是美國本身作為協助滅火的重要工具，也為全世界許多國家引用。

　　目前發展BEHAVEPlus模擬系統，前能估計各種林區燃料、天氣和地形情況下的林火行為，可用於林火管理，包括預測正在發展的林火行為、控制焚燒、燃料危險性評估以及教育訓練工作。是由35個模式構成，可輸出9不同模型：地表火（Surface）、樹冠火（Crown）、人員安全區設定（Safety）、火場規模（Size）、火勢控制（Contain）、飛火距離計算（Spot）、燒焦高度（Scorch）、林木致死率（Mortality）及飛火之火星及閃電引燃機率（Ignite）等模式（Andrew *et al.* 2005）。此一軟體運算納入Anderson（1984）所發展全美地區13燃料型，後由Scott and Burgan（2005）擴增53個內定標準燃料型，另外亦可由使用者依實際調查參數自訂燃料型，應用性相當廣泛。系統輸出參數能緊密相關於所需不同形式林火搶救裝備及其效益性（Alexander and Lanoville 1989）。

　　有關BEHAVEplus模擬時，其有關假設及限制條件彙整如次：（Albini 1976；Weise and Biging 1997；Jolly 2007）

(1) 林區燃料床模組是連續的、均勻的與同質性的。

(2) 燃料床是單層（地面質），而不是空中層（樹冠層）。

(3) 林火擴展發生飛揚火星（Spotting）或火片，其規模及變異量難以模組化。

(4) 大尺寸火旋風（Whirlwinds）與類似極端火行為，由環境大氣捲入林火中干擾，無法予以模組化。

(5) >7.64 mm燃料不納入地表火擴展速率參數計算。

(6) 研究火焰前鋒的蔓延過程，而不考慮火線通過後之火場持續燃燒情況。

(7) 當燃料床燃料含水量超過35%時，模式運作就失效了。

(8) 地面火燒僅考慮鮮活地被燃料高度≤6 ft（1.83 m），且假定較大類型燃料對地表火前進影響能予以忽略。

第七節　加拿大林火行為模式

一、加拿大FBP系統

　　加拿大林火行為預測（FBP）系統始於1920年代中期，即進行田野火燒實驗研究（van Wagner 1987），迄1970至80年代FBP得到正式發展，至1992年FBP出版完整細節和數學結構（Forestry Canada Fire Danger Group 1992），目前已使用於加拿大、墨西哥、美國數州（Alaska Minnesota）、紐西蘭與一些東南亞國家等國。FBP系統後來亦形成加拿大林火危險等級系統之一部分（CFFDRS）（Forestry Canada Fire Danger Group 1992），其累積加拿大60多年努力對燃料含水率及林火行為的研究（van Wagner 1998），計有400場以上是田野火燒實驗，其餘是控制焚燒及資料記載之林火紀錄，以上工作整合共同來建構FBP系統（盧守謙等 2011b）。

　　加拿大和一些國家林火管理機構已廣泛使用FBP系統，並納入各種各樣的電腦決策系統之操作；如林火預防措施、林火前消防資源整備系統、林火時消防人員安全警示系統、防火林帶安全模擬、林火成長預測軟體和林火危險等級軟體。更進一步，FBP系統也已直接和間接使用在許多研究計畫上，如林火危險分類計畫和指導方針（Alexander 2008）、模擬碳排放量（de Groot *et al.* 2007）、氣候變遷計畫、林火體制（Regime）分析、林火影響規模（de Groot *et al.* 2005）、潛在林火行為評估、氣候學、林火和燃料管理策略、林火成長數學模組、模擬林火行為與滅火人員安全性關係（Alexander *et al.*

2004）與林火管理決策系統。可見加拿大FBP系統有其應用之潛在廣度及深度（盧守謙等2011b）。

而FBP系統對林火行為預測值與田野實驗或控制焚燒之實測值，在許多研究成果上已證實是吻合的（Alexander 1992）。從FBP持續納入大量實證模式（van Wagner 1971；Stocks *et al.* 2004a），及由加拿大國家林務機構和一些科學家所進行的林火行為物理理論研究，如燃料含水率和綜合燃料屬性（Alexander *et al.* 2004；Stocks *et al.* 2004b），Wotton *et al.*（2009）亦指出FBP系統繼續結合實證經驗和物理基礎進行改善，預期發展將更臻完美（盧守謙等2011b）。

二、加拿大FWI系統

加拿大林火氣象危險指數（Fire Weather Index, FWI）系統（圖4-54）是基於1920～1961年期間進行廣泛小區域田野火燒試驗而發展（van Wagner 1987）；於1971年加拿大開始啟用FWI系統（Forestry Canada Fire Danger Group 1992），1984年進行改良標準版並沿用迄今。目前已廣泛應用於許多國家，如美國部分地區、東南亞（de Groot et al. 2007）、紐西蘭（National Rural Fire Authority 1993）、俄羅斯（Stocks *et al.* 1998）、斐濟（Alexander 1989）、墨西哥與歐洲國家（de Groot *et al.* 2007）等。

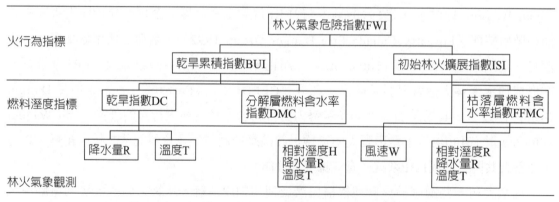

圖4-54　加拿大林火氣象指數（FWI）系統結構

（Forestry Canada Fire Danger Group 1992）

FWI系統應用於林火許多研究是相當可靠的（Viegas *et al.* 1999；Tanskanen *et al.* 2005）。因其係建立大量林火、氣象資料以及田野火燒試驗數據，以時滯平衡含水率理論為基礎，於每日12:00之4個氣象因子（氣溫、相對溼度、風速和降水量）連續觀測記

錄，轉換輸出多個林火危險指標，將氣象條件和燃料含水率有機地聯繫，根據燃料口徑大小或地表深度位置之燃料含水率來確定潛在林火危險等級（Turner and Lawson 1978）。

圖4-55　防風林區設置自計式地面微氣象觀測站，量測FWI系統氣象數據（盧守謙 2011）

　　正是由於該系統將林火危險與燃料含水率結合，使得該系統模組得到了全球林火管理機構普遍認同，許多國家紛紛將其進行當地語系化，形成了相似林火危險氣象系統，是當前應用相當廣泛之一（Stocks *et al.* 1998）。FWI系統包括6個指數，3個指數為燃料溼度碼即枯落層燃料含水率指數（Fine Fuel Moisture Code, FFMC）、分解層燃料含水率指數（Duff Moisture Code, DMC）及乾旱指數（Drought Code, DC），另3個指數為林火行為指數碼，即初始林火擴展速率指數（Initial Spread Index, ISI）、乾旱累積指數（Buildup Index, BUI）和林火氣象指數（Fire Weather Index, FWI）（van Wagner 1987；盧守謙 2011）。

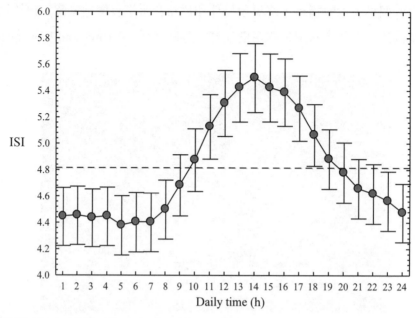

圖4-56　防風林區平均每日24小時ISI值分布（n = 4,344）；Error bar±S.E.、圓圈表示個別平均值，虛線表示整體平均值（盧守謙 2011）

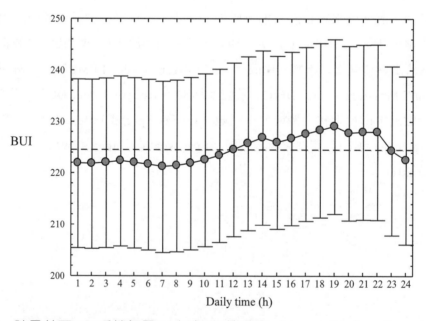

圖4-57　防風林區FWI系統每日24小時BUI值分布（n = 4,344）；Error bar± S.E.、圓圈表示個別平均值，虛線表示整體平均值（盧守謙 2011）

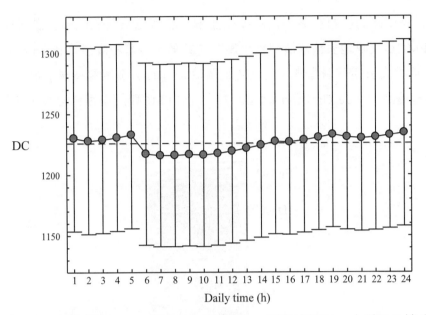

圖4-58 臺中港防風林區2011年1〜6月期間，平均每日24小時DC值分布（n = 4,344）：Error bar ± S.E.、圓圈表示個別平均值及虛線表示整體平均值（盧守謙 2011）

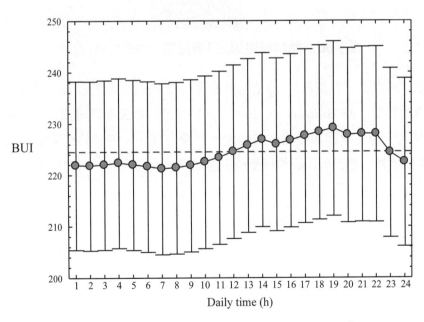

圖4-59 防風林區FWI系統每日24小時BUI值分布（n = 4,344）：Error bar± S.E.、圓圈表示個別平均值，虛線表示整體平均值（盧守謙 2011）

　　3個燃料溼度碼的燃料有著不同的乾燥速率，隨著每日氣象改變，燃料溼度發生變化，其中FFMC是反映地表枯落層與細小燃料（針葉、苔蘚和直徑<0.6 cm小枝）溼度指標，通常作為林火引燃一個指標，其尺度範圍從0～101，數值愈高表示細小燃料越乾燥與林火危險程度愈大（de Groot *et al.* 2007）；而FFMC與細小燃料含水率具有非線性關係。

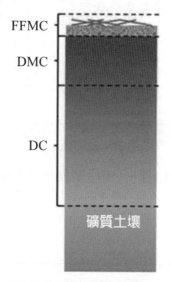

圖4-60　燃料溼度碼之3個指數（NRC 2017）

　　此一指數代表林區燃料量為5 t/ha枯落層地表1～2 cm處的燃料狀況，受溫度、風速、相對溼度和降雨影響（de Groot *et al.* 2007）。由於直接曝露與環境條件中，其所代表細小燃料表體比大，隨氣象因素變化亦較迅速，時滯是16 h。通常林火開始於細小燃料，FFMC能較佳指示林區地表引燃難易程度或引燃機率（de Groot *et al.* 2007）。

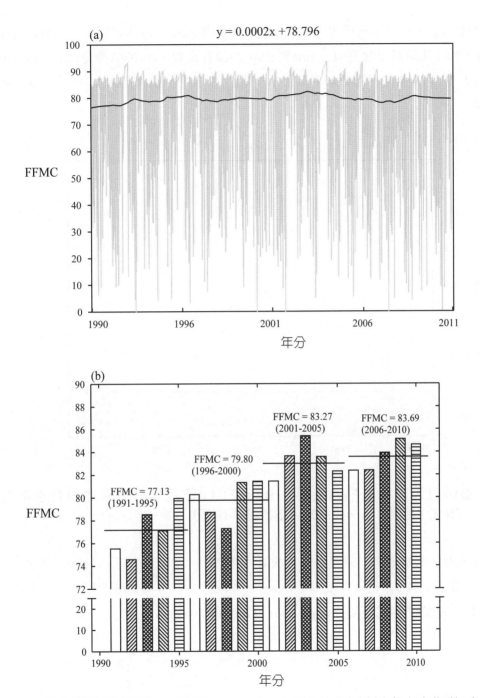

圖4-61　臺中港防風林區FWI系統1991～2010年(a)細小燃料含水率指數（FFMC）
（n = 7,306）；(b)年度平均FFMC值；橫向實線為平均值（盧守謙 2011）

在DMC方面，其指示地表中等深度的疏鬆有機層溼度，降水時由於林冠層和細小燃料的截留，24 h累積降雨量如<1.5 mm對DMC是沒有影響，DMC時滯是12日（de Groot *et al.* 2007）。通常雷擊引起分解層悶燃，DMC又常常用於預測雷擊火發生率（de Groot *et al.* 2007）。

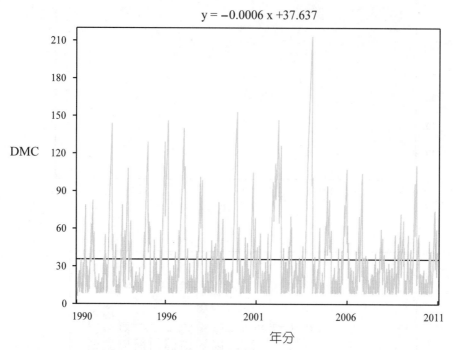

$$y = -0.0006 x + 37.637$$

圖4-62　臺中港防風林區FWI系統1991～2010年期間分解層燃料含水率指數（DMC）曲線（n = 7,306，虛線為平均值）（盧守謙 2011）

在DC方面，其是地表下深層緊密有機層溼度指示，受溫度和降雨影響，由於林冠層和上層燃料截留，24 h累積降雨量 > 2.8 mm始有影響DC，其乾燥速度更慢，時滯52日，能作為火場清理困難程度之估計（de Groot *et al.* 2007）。

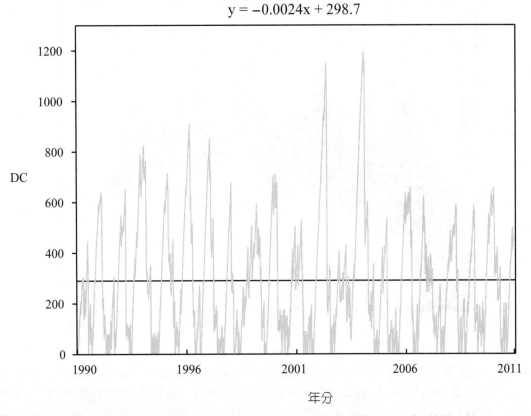

$$y = -0.0024x + 298.7$$

圖4-63 臺中港防風林區FWI系統1991至2010年乾旱指數（DC）曲線（n = 7,306，虛線為平均值）（盧守謙 2011）

　　在ISI方面，結合FFMC和風速來表示預期林火擴展速率，de Groot *et al.*（2005）研究指出當ISI > 4，草本型火燒使用手工具滅火已不可行，而需要有消防水線來壓抑火勢（Alexander 1989），Wotton and Beverly（2007）研究加拿大傑克松（*Pinus banksiana*）林區地表引燃機率m_{50}之ISI = 8.2時，為林火發生臨界值，可見ISI指數對林火應用之重要性。

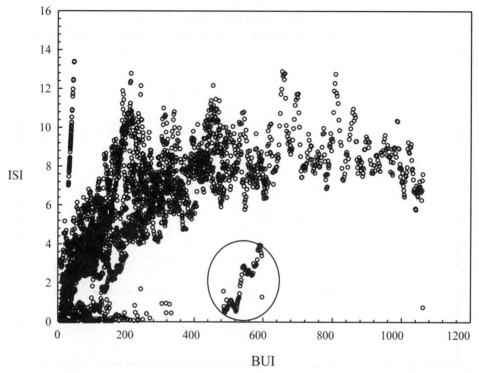

圖4-64　防風林區FWI系統平均每日24小時BUI值與ISI值關係（n = 4,344）[ISI = 2.068×ln(BUI)−5.405, R^2 = 0.63, p<0.001]；圓圈處表極端離群值（盧守謙 2011）

　　在BUI方面，是DMC與DC的權重加總，指示移動中火線燃燒的有效燃料量（de Groot *et al.* 2005）。DMC對BUI的值影響大，當DMC值高時，DC對BUI的作用增大，此雙重組合使BUI能較佳地指示上層有機質和下層分解層指數之累積程度，作為林火撲滅前制定目標計畫的參考依據（de Groot 1989）。

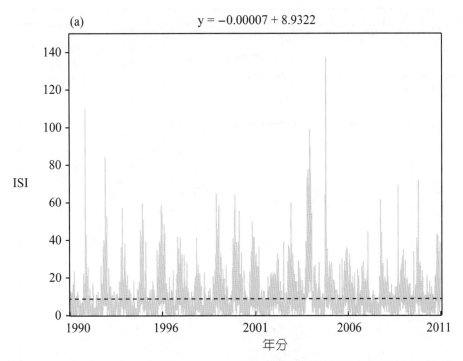

圖4-65　臺中港防風林區FWI系統1991～2010年期間初始林火擴展速率指數（ISI）曲線（n = 7,306，虛線為平均值）（盧守謙 2011）

　　在FWI方面，結合ISI和BUI是潛在火線強度數量指標，通常根據火線強度和滅火能力來表示控制火燒的困難程度，實際上其指示火線強度是林火擴展速率以及燃料消耗率之結合（de Groot 1989）。因此，由FWI系統各項指數為林火管理活動提供重要的定量參考資料，亦提供了林火活動各種方面指標，是衡量林火危險最佳之使用方式（Stocks *et al.* 1989）。

表4-11　FWI、BEHAVE及FBP林火行為對照

Fire Behavior	FWI system	BEHAVE system	FBP system
Ignition	Fine Fuel Moisture Code (FFMC)	Probbility of Ignition, P (I)	Probbility of Ignition, P (I)
Spread	Initial Spread Index (ISI)	Rate of Spread (ROS)	Rate of Spread (ROS)
Intensity	Buildup Index (BUI)	Total Heat/Area, (H/A)	Surface and Crown Fuel Consumption, (SFC and CFC)
Spotting	Fire weather index (FWI)	Fireline intensity, (FLI)	Head fire intensity, (HFI)

Fire Behavior	FWI system	BEHAVE system	FBP system
Extreme fire behavior	--	Spotting distance	Spotting distance incorporated into rate of spread

（van Nest and Alexander 1999）

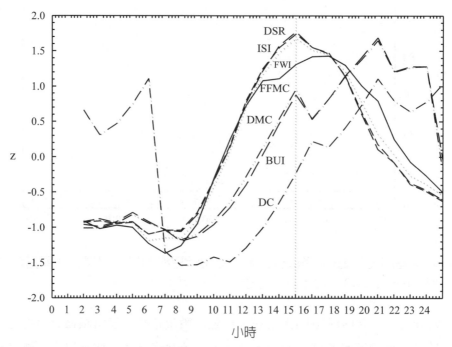

圖4-66　臺中港防風林區FWI系統7項指數每日數值提供林火行為預測（盧守謙 2011）

　　在加拿大學者Alexander and de Groot（1989）以加拿大亞伯達省東北部傑克松（*Pinus banksiana*）進行7個區域實驗火燒，量測FWI值分別顯示如下各圖所示。

圖4-67　加拿大亞伯達省傑克松（*Pinus banksiana*）FWI = 9與FWI = 14火燒

（Alexander and de Groot 1988）

圖4-68 加拿大亞伯達省傑克松（*Pinus banksiana*）FWI = 15與FWI = 17火燒

（Alexander and De Groot. 1988）

圖4-69 加拿大亞伯達省傑克松（*Pinus banksiana*）FWI = 20與FWI = 24火燒

（Alexander and De Groot. 1988）

圖4-70 加拿大亞伯達省傑克松（*Pinus banksiana*）FWI = 34火燒

（Alexander and De Groot. 1988）

附錄1　加拿大Fire Weather Index（FWI）系統方程組及運算

FFMC

$$m_0 = 147.2(101 - F_0)/(59.5 + F_0) \qquad ①$$

$$r_t = r_0 - 0.5 \text{，} r_0 > 0.5 \qquad ②$$

$$m_r = m_0 + 42.5r_f(e^{-100/(251-m_0)})(1 - e^{-6.93/r_f}) \text{，} m_0 \leq 150 \qquad ③a$$

$$m_r = m_0 + 42.5r_f(e^{-100/(251-m_0)})(1 - e^{-6.93/r_f}) + 0.0015(m_0 - 150)^2 r_f^{0.5} \qquad ③b$$

$$E_d = 0.942H^{0.679} + 11e^{(H-100)/10} + 0.18(21.1 - T)(1 - e^{-0.115H}) \qquad ④$$

$$E_w = 0.618H^{0.679} + 10e^{(H-100)/10} + 0.18(21.1 - T)(1 - e^{-0.115H}) \qquad ⑤$$

$$K_0 = 0.424[1 - (H/100)^{1.7}] + 0.0694W^{0.5}[1 - (H/100)^8] \qquad ⑥a$$

$$k_d = k_0 * 0.0581e^{0.0365T} \qquad ⑥b$$

$$k_j = 0.424[1 - ((100 - H)/100)^{1.7}] + 0.0694W^{0.5}[1 - ((100 - H)/100)^8] \qquad ⑦a$$

$$k_w = k_1 * 0.581e^{0.0365T} \qquad ⑦b$$

$$m = E_d + (m_0 - E_d) * 10^{-k_d} \qquad ⑧$$

$$m = E_w - (E_w - m_0) * 10^{-k_w} \qquad ⑨$$

$$F = 59.5(250 - m)/(147.2F + m) \qquad ⑩$$

The FFMC is calculated as follows:

Previous day's F becomes Fo.

Calculate mo from Fo by Equation 1.

3a. If $r_o > 0.5$, calculate r_f by Equation 2.

  b. Calculate m_r from r_f and m_o by Equation 3a or 3b.

  (i) If $m_o \leqq 150$, use Equation 3a.

  (ii) If $m_o > 150$, use Equation 3b.

  c. The, m_r becomes the new m_o.

4. Calculate Ed by Equation 4.

5a. If $m_o > E_d$, calculate k_d by Equations 6a and 6b.

  b. calculate m by Equation 8.

6. If $m_o < E_d$, calculate E_w by Equation 5.

7a. If $m_o < k_w$ by Equations 7a and 7b.

  b. Calculate m by Equation 9.

8. If $E_d \geqq m_o \geqq E_w$, let $m = m_o$.

9. Calculate F from m by Equation 10. This is today's FFMC.

  There are two restrictions in the use of these equations:

  (1) Equation 3(a or b) must not be used when $r_o \leqq 0.5$ mm；that is, in dry weather the rainfall routine must be omitted.

  (2) m has an upper limit of 250；that is, when Equation 3(a or b) yields $m_r > 250$, let $m_r = 250$.

DMC

$$r_e = 0.92r_0 - 1.27 \text{，} r_0 > 1.5 \qquad \text{⑪}$$

$$M_0 = 20 + e^{(5.6348 - P_0/43.43)} \qquad \text{⑫}$$

$$b = \frac{100}{0.5 + 0.3P_0} \text{，} P_0 \leq 33 \qquad \text{⑬a}$$

$$b = 14 - 1.3 \ln P_0 \text{，} 33 < P_0 \leq 65 \qquad \text{⑬b}$$

$$b = 6.2 \ln P_0 - 17.2，P_0 > 65 \qquad \text{⑬c}$$

$$M_r = M_0 + 1000r_e/(48.77 + br_e) \qquad \text{⑭}$$

$$P_r = 244.72 - 43.33 \ln(M_r - 20) \qquad \text{⑮}$$

$$k = 1.894(T + 1.1)(100 - H)L_e * 10^{-6} \qquad \text{⑯}$$

$$P = P_0(\text{or } P_r) + 100k \qquad \text{⑰}$$

The DMC is calculated as follows

1.　Previous day's P becomes P_0

2a. If $r_0 > 1.5$, calculate r_e by Equation 11.

　b. Calculate M_0 from P_0 by Equation 12.

　c. Calculate b by the appropriate one of Equations 13a, 13b, or 13c.

　d. Calculate Mr by Equation 14.

　e. Convert M_r to P_r by Equation 15. P_r becomes new P_0.

3.　Take L_e from Tble 1 below.

4.　Calculate K by Equation 16.

5.　Calculate P from P_0(or P_r) by Equation 17. This is today's DMC.

　　There are three restrictions on the use of the DMC equations:

　　(1) Equations 11 to 15 are not used unless $r_0 > 1.5$；that is, the rainfall routine must be omitted in dry weather.

　　(2) Pr cannot theoretically be less than zero. Negative values resulting from Step 2e bove must be raised to zero.

　　(3) Values of T less than -1.1 must not be used in Equation 16. If $T < -1.1$, let T $= -1.1$.

DC

$$r_d = 0.83r_0 - 1.27，r_0 > 2.8 \qquad \text{⑱}$$

$$Q_0 = 800e^{-D_0/400} \qquad ⑲$$

$$Q_r = Q_0 + 3.937r_d \qquad ⑳$$

$$D_r = 400In(800/Q_r) \qquad ㉑$$

$$V = 0.36(T + 2.8) + L_f \qquad ㉒$$

$$D = D_0(or\ D_r) + 0.5V \qquad ㉓$$

The DC is calculated as follows:

1. Previous day's D becomes D_0.

2a. If $r_0 > 2.8$, calculate r_d by Equation 18.

  b. Calculate Q_0 from D_0 by Equation 19.

  c. Calculate Q_r by Equation 20.

  d. Convert Q_r to D_r by Equation 21. D_r becomes new D_0.

3. Take L_f from Table 2 below.

4. Calculate V by Equation 22.

5. Calculate D from D_0 (or D_r) by Equation 23. This is today's DC.

    There are four restrictions on the use of the DC equations:

    (1) Equations 18 to 21 are not used unless $r_0 > 2.8$; that is, in dry weather the rainfall routine must be omitted.

    (2) Dr cannot theoretically be less than zero. Negative values resulting from Step 2d bove must be raised to zero.

    (3) Values of T less than -2.8 must not be used in Equation 22. If $T < -2.8$, let T $= -2.8$

    (4) be cannot negative. If Equation 22 produces a negative result, let V = 0.

ISI

$$f(w) = e^{0.05039w} \qquad ㉔$$

$$f(F) = 91.9e^{-0.1386m}[1 + m^{5.31}/(4.93 \times 10^7)] \tag{25}$$

$$R = 0.208f(w)f(F) \tag{26}$$

BUI

$$U = \frac{0.8PD}{P + 0.04D} \text{，} P \le 0.4D \tag{27a}$$

$$U = P - [1 - 0.8D/(P + 0.4D)][0.92 + (0.0114P)^{1.7}] \text{，} P > 0.4I \tag{27b}$$

FWI

$$f(D) = 0.626U^{0.809} + 2 \text{，} U \le 80 \tag{28a}$$

$$f(D) = 1000/(25 + 108.64e^{-0.023U}) \text{，} U > 80 \tag{28b}$$

$$B = 0.1Rf(D) \tag{29}$$

$$InS = 2.72(0.434InB)^{0.647} \text{，} B > 1 \tag{30a}$$

$$S = B \text{，} B \le 1 \tag{30b}$$

The ISI, BUI, and FWI are calculated as follows:

a. Calculate f (W) and f (F) by Equations 24 and 25.

b. Calculate R by Equation 26. This is today's ISI.

c. Calculate U by Equation 27a if $P \le 0.4D$, or by Equation 27b if $P > 0.4D$. This is today's BUI.

d. Calculate f (D) by Equation 28a for values of U up to 80. If $U > 80$, use Equation 28b.

e. Calculate B by Equation 29.

f. If $B > 1$, calculate S from its logarithm, given by Equation 30a. If $B \le 1$, let S = B according to Equation 30b. S is today's FWI.

第八節 綜合討論

在地表火與樹冠火類型之間轉變方面，Van Wagner（1977a）提出，針葉林樹冠火能根據其對地表火依賴程度進行分類，準則能用幾個準數學式來做描述（圖4-71）。此確認出了三種樹冠火。根據Van Wagner（1977a）的觀點，任一針葉林中預期的樹冠火類型取決於冠層燃料的三簡易屬性和兩基本林火行為特徵，如次：

1. 初始地表火強度。
2. 葉面水分含量。
3. 低冠基高度（Canopy Base Height）。
4. 冠層容積密度。
5. 觸動冠層火燒後蔓延速度。

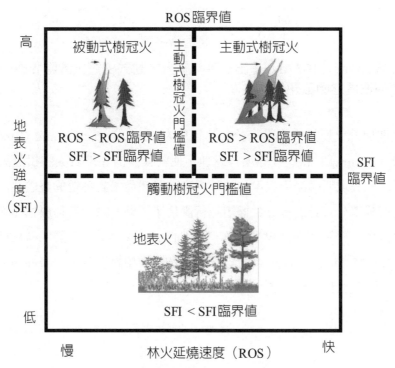

圖4-71 針葉林之樹冠火觸動和火延燒理論類型（Van Wagner 1977a）

Van Wagner（1977a）指出，從可獲得的經驗證據顯示，冠層容積密度（CBD）低於0.05 kg/m³的情況下，主動式樹冠火不太可能發生，但這並不意味著就不會出現非常強烈

的高強度被動式樹冠火型態（圖4-72）（Alexander and Cruz 2016）。

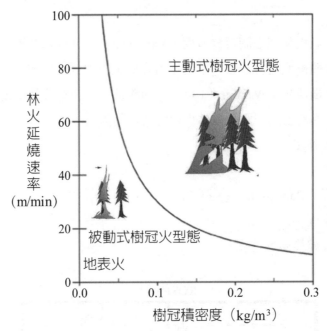

圖4-72　Van Wagner（1977a）提出針葉林林分主動式樹冠火的臨界最低蔓延率與冠層容積密度之函數關係。

　　在地表火與樹冠火型態轉變上，於營林管理方面，Alexander and Cruz（2016）指出，採取整枝（Pruning）和疏伐等燃料處理，使其具有潛在地表火和樹冠火行為型態。值得注意的是，未發現明顯減少或增加火延燒率。雖然尚未對系統的整體性能進行直接評估，但其主要組成部分有針對獨立數據組進行評估了，圖4-73中各種屬性如次：疏伐和未疏伐燃料綜合屬性，分別可用於燃燒表面燃料1.1和0.5 kg/m^2、冠層底高1.7和0.9 m；以及冠層堆積密度0.05和0.1 kg/m^3。40℃空氣溫度和20%相對溼度，地表細小枯落物燃料含水量5%和7%。葉片含水量都設定100%，水平之地形。

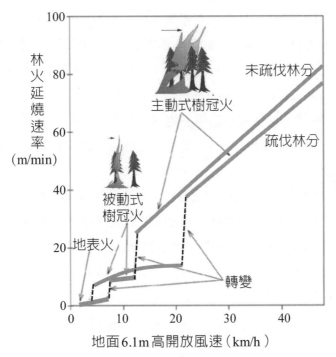

圖4-73 松樹12年林齡疏伐（50%基部面積減少處理）和未疏伐的風速為林火蔓延速率之函數（Alexander and Cruz 2016）

第九節　結論

　　林火對森林的影響是多元的，尤其對於生態的影響更是複雜，而藉由了解林火行為特性，有助於了解對於整個森林生態系的影響（Johnson and Miyanishi 2001；DeBano *et al.*1998）。林火行為是森林可燃物的起火、發展和延燒的過程。這個過程是可燃物、天氣與地形綜合作用的結果。亦即林火行為依燃料、氣象和地形之間相互作用（Countryman 1972），表現出林火之延燒速率、火線強度、火焰長度、火場周長和燃料消耗率，其中前三者是林火行為三大定量指標（Alexander 2000），而林火蔓延速率是最基本的指標，運用其能計算出火場的周長及面積，同時也與火線強度和火焰長度緊密相關（Alexander 1982）。

　　林火能從火源燃燒熱量傳輸來驅動火線燃燒到周遭未燃之燃料層（Baines 1990；Catchpole *et al.* 1993；Catchpole *et al.* 1998）。在實驗室能藉由固定獨立參數對林火蔓

延速率（ROS）影響，以燃料床模擬出其相關變化，而有助於理解林火行為之延燒機制（de Mestre *et al.* 1989；Sun *et al.* 2006）。但實驗室燃料配置難以像田野燃料床自然呈現（Fons 1946；van Wagner 1970；Anderson 1969），而受限於各種燃料型之燃料床空間組成（Pagni and Peterson 1973；Santoni *et al.* 1999）。

　　以林火理論模式而言，森林燃料的傳熱過程，對燃料表面的火燒擴展特性具有重要影響（Butler 1993；Dupuy 1995）。火燒過程是燃燒區和未燃區之間區域的物理傳輸過程和化學反應相互作用的結果（Dupuy *et al.* 2003），必須有足夠的熱量從燃燒區域向未燃區傳輸，以使燃料熱裂解（Pyrolysis）；同時熱裂解氣體和氧氣反應產生火焰，以維持火燒擴展過程（Drysdale 1999）。火燒擴展過程除了受燃料因子中自身理化性質、燃料含水率及燃料量制約外，外界因素諸如氣象因子之風速作用等影響極為顯著（林朝欽 1992a 1995；Albini 1986；Dupuy *et al.* 2005b；Sun *et al.* 2006）。對於這些因素的了解，全球已陸續在實驗室或田野樣區進行火燒研究（Catchpole *et al.* 1993；Dupuy 1995；Wu *et al.* 1996；Viegas *et al.* 1998；Mendes-Lopes *et al.* 2003；Viegas 2004b）。

　　在飛火星方面，美國森林管理局和加州林業部門進行的火災後分析研究表明，飛火是WUI火災中建築物起火的主要來源。據悉，飛火星可能引起距離火災前方數百公尺的二次火災，並且是WUI地區房屋起火的主要原因，目前的結果清楚地表明，飛火星可以熔化瀝青瓦。因此，飛火星生成研究應重點關注於火災發生率和火災發生情況。飛火星的影響直接受天氣條件，特別是風和溼度的影響。風驅動飛火星運輸和溼度是決定是否發生飛火星點燃的關鍵參數。

　　另一方面，全世界林火研究者在不同國度裡發展適合當地使用的林火預測模式（Model），而模式是系統或過程的簡化描述方式，使能了解複雜的狀態，並加以預測（Odum 1975）。因此，進行林火行為模擬，有助於在林火搶救前階段，從林火發現、組織消防力與派遣人員至現場所需時間，即能做出林火規模預測（Albini 1976）。這些結果將有助於制定林火戰略，並做出適當分配消防資源和決定重點位置部署，而採取地面消防力直接攻擊、空中攻擊、引火回燒及周邊防火帶利用等戰術（林朝欽 1993a；盧守謙等 2011b）。

第五章 全球林火問題分析

　　全球範圍內僅有約4%的林火，是由極端天氣事件（高溫、乾旱和風暴）自燃、閃電、岩石滾落、隕石或火山噴發等自然原因所引起的（WWF 2003）。本章將針對全球重要地區之林火原因、林火季節、林火面積及林火位置，進行一系列分析探討；此有助於讀者對世界各地林火複雜性及問題背景了解，具有整體國際觀概念。

第一節　全球性林火問題

一、地中海地區

　　地中海地區是世界上物種多樣性最重要的地區之一。地中海爲三大洲之間的過渡區，擁有來自歐洲、非洲和亞洲的物種。儘管地中海地區只占地球表面1.6%面積，但發現全球所有開花植物在此區占有10%。據世界自然基金會（WWF）估計，經過數百年的林火、過度砍伐和過度放牧之後，地中海地區仍存在原始森林覆蓋率只剩17%（WWF 2016）。

　　每年在地中海地區發生5萬起林火，早自二十世紀六○年代以來，地中海地區年平均林火面積至今已增加了四倍。原因主要是人爲疏忽、意外或縱火，加上夏季炎熱乾燥，森林退化，小火蔓延迅速。單一種植純林和灌叢林地形成特別大規模的林火，已經達到驚人規模的程度（WWF 2016）。

二、德國方面

　　德國聯邦勃蘭登堡州（Brandenburg）受到林火影響是較顯著的，重點在柏林南部的松林區。除該區外，德國的林火風險是遠低於地中海地區。林火的數量以及受影響的面積（ha）計算，多年來一直在三位數範圍內。從1991年到2014年，平均每年經濟損失達190萬歐元。每年用於林火預防和控制的金額，超過了林火所造成的損失。例如，在勃蘭登堡州和其他東德州，爲了及早發現林火，建置高分辨率照相機的自動林火監測系統等。在林火風險管理方面，目前是透過將均質松樹單一栽培轉化爲不同齡木結構良好的混合林分，才能長期削減林火之風險（WWF 2016）。

三、俄羅斯方面

俄羅斯中部和東部地區受林火影響最大，於大多數人口稀少地區發生林火。儘管每年有數百萬公頃的森林在這些地區火燒，但這些嚴重林火幾乎沒有受到任何關注。相比之下，當人口密度更高的地區受到影響時，例如2010年在俄羅斯西部首都莫斯科周圍，儘管其火燒面積相對小，但林火的影響要嚴重得多。俄羅斯的大部分森林生態系統已適應林火。然而，俄羅斯林火發生率在增加，導致一些地區的生態變化，甚至形成沙漠化現象（WWF 2016）。

四、北美方面

在北美林火是自然反覆出現的現象。美國西部和加拿大北方森林生態必須有定期林火返回，以進行再生。然而，上個世紀林火嚴重度急劇增加，現在威脅著美國西部許多地區的人類和野生動物。2015年是美國歷史上林火最嚴重的年分之一，林火面積達410萬公頃，是自有紀錄以來森林損失率最高的一年（WWF 2016）。

五、澳大利亞方面

澳大利亞的大部分地區，森林和灌叢林火都是自然現象。每年澳大利亞北部廣闊的熱帶草原（Savannahs）和草本植被都會火燒。在南部燒毀的地區要小得多。然而，人口密集的南澳大利亞州的火燒，所造成的損失遠高於人口稀少的北部地區。在正常情況下，在塔斯馬尼亞（Tasmania）西部熱帶雨林的潮溼氣候下，火勢是難以蔓延的。然而在2016年，廣泛的火燒威脅著這個獨特的生態系統，形成大面積林火蔓延現象。隨著氣候變遷的推進，澳大利亞南部高熱和高風險天氣的日數將會增加（WWF 2016）。

六、亞馬遜流域

亞馬遜盆地擁有地球上最大的雨林。由於森林覆蓋物的喪失，亞馬遜流域的區域氣候變得愈來愈乾燥。林火開始將森林轉化為大豆田或畜牛牧場。令人擔心，一旦超過森林砍伐門檻，區域氣候平衡可能會破裂。隨著進一步林火的發生，乾旱可能進一步加劇雨林退化。亞馬遜熱帶雨林將從碳匯轉變為源頭。到2030年，亞馬遜熱帶雨林的55%，可能會被摧毀或嚴重受損。這反過來會對全球氣候和物種多樣性產生嚴重影響，造成惡性循環。目前，亞馬遜熱帶雨林近20%的森林已經喪失，另有17%的森林因人為干預（Intervention）而呈現退化現象（WWF 2016）。

七、東南亞地區

東南亞的植被不適應林火，林火事件總是具有破壞性。當地居民一直使用火進行焚燒農業，並以火燒灰燼撒於田地做施肥。人口密度低，森林有足夠的時間恢復。然而，隨著人口增長，森林面臨的壓力也在增加，而且隨著大企業財團購買大面積，轉變種植棕櫚油（Palm Oil）或紙漿（Pulpwood）等廉價資源，森林面臨的壓力也愈來愈大（WWF 2016）。

當地人為使用火來燒毀清除木塊和剩餘植被的土地。在異常乾燥的年分，這種做法會導致大火，並持續數月，有時會呈現大規模林火現象。2015年厄爾尼諾現象（El Niño Effect）造成極端乾旱，導致印度尼西亞在6月至11月期間發生嚴重林火。其中煙霧影響該區鄰近國家環境和人體健康。2015年印度尼西亞林火釋放的溫室氣體數量幾乎是德國2014年全國排放溫室氣體的兩倍。過去西方捐助國對印尼的發展合作措施主要集中在技術方法上。但印尼軟弱的司法系統和薄弱的行政當局，卻是有效撲滅林火和起訴肇事者的主要障礙（WWF 2016）。

圖5-1　東南亞林火後往往形成大規模土地使用轉換，這種轉變完全取代了天然森林生態系統（圖片：馬來西亞棕櫚油種植園）（WWF 2016）

第二節　林火原因

一、地中海地區

　　地中海地區的林火是不可避免的。然而，有些解決方案，是有助於將林火控制在人類和自然的可接受範圍內。在地中海林火易發的生態系統中，必須實施全面性的森林防火政策，該政策考慮到林火管理的四大支柱之均衡，即預防、整備、應變和復原，不是僅依靠直接滅火（應變）一種方式（Xanthopuolos 2007）。

　　地中海地區林火政策的關鍵要素是預防性土地利用規劃，充分處理林火風險，並盡可能減少林火的發生及其造成的損害。這能透過將適當的安全區與森林和其他易燃居住地，予以安全隔開，並防止林火進一步失控的發展。當地主管單位要求在空間上明確記錄，所有關於用途（森林、農地等）及所有者的區域，制定詳細資料位置之登記冊。此外，登記冊應包括有關野火風險的區域分類，且登記冊還必須說明該地區是否為火燒風險區，以便執行禁止在火燒風險區進行施工的法令規定。為了防止損失，一般情況下，在林火風險較高的地區不應發放建築許可證，如葡萄牙在林地界面已經進行相關規定。土地使用規劃應充分和公平地考慮，所有受影響的利益相關者，以免土地使用衝突，而有人使用縱火的可能動機。

　　在林火原因方面，比較地中海國家之葡萄牙林火原因最多為疏忽（57%），而西班牙與義大利皆為縱火；不明原因占12～38%。

表5-1　地中海國家2014年林火原因

地中海國家之葡萄牙、西班牙與義大利林火原因						
國家	不明原因	已知原因	林火原因			
			縱火	疏忽	撲滅後復燃	天然原因
葡萄牙	38%	62%	31%	57%	10%	1%
西班牙	12%	88%	59%	31%	3%	7%
義大利	24%	76%	85%	14%	-	1%

（WWF 2016）

二、德國

在中歐，德國僅次於波蘭，是林火發生率最高的國家。一般來說，在炎熱的夏季，林火風險會增加。預計氣候變遷會加劇夏季異常炎熱的頻率，就像2015年林火危險特別高時一樣。此外，乾燥炎熱的夏季為高度易燃草的生長，創造了有利條件。幾乎所有的林火都是以地表火為起點，因草和其他地面植被是第一個點燃的。近幾十年來，由於大氣中氮的輸入，草的入侵已經增加，此種輕質燃料是影響林火風險的重要因素。在中歐兩種最易燃的草本植被，即羽毛草（Feather Reed Grass）和波浪狀曲芒發草（Wavy Hair-Grass），即是這些變化帶來的植物之一。這導致了德國東北部松林床更高的林火風險。草地入侵可以透過特定的林火管理來減低。例如，在伐木過程中非常小心地進行樹冠改變，將森林地面上的光線照射降到最低，如此會降低草的競爭力並促進森林再生。

德國大部分的林火都是人為故意或疏忽造成的。2014年德國只有6%的林火是歸因於閃電等自然因素的，41%原因是不明的、20%是由縱火引起的、24%是由於疏忽造成的。疏忽造成的林火主要歸因於露營者、森林遊客或兒童，有10%至25%與農業和林業活動有關。另外，2012年鐵路和電力線路發生11起林火。2014年，在炎熱和乾燥的天氣下，由林區所劃分的軍事訓練區，即二戰時期殘留未清除的舊彈藥和未爆彈造成林火占有11%之多，但林火面積卻占整體1/3多（表5-2）。

表5-2　德國2006～2014年林火原因與林火面積

項目	林火面積（ha）										
年分	平均值		2006	2007	2008	2009	2010	2011	2012	2013	2014
林火原因	1991～2000	2001～2005									
自然原因	111	6	15	2	13	12	7	8	10	12.4	2.5
疏忽	286	64	202	75	137	41	58	64	55	29.8	19.1
縱火	153	92	35	48	41	34	29	20	30	14.8	11.5
舊彈藥與未爆彈	244	104	26	32	279	69	307	28	33	71.2	42.9
不明原因	446	136	204	98	69	107	121	94	141	70.5	44
合計	1240	403	482	256	539	262	522	214	269	199	120

（WWF 2016）

圖5-2　德國林區有大量二戰時期之舊彈藥與未爆彈，有時引發林火（WWF 2010）

三、俄羅斯

俄羅斯林火有72%是由人為疏忽、意外或縱火所引起的，有7%是農業中使用火燒，有14%是其他因素，素如電力或鐵路線上的火花、火星。儘管在俄羅斯北部人煙稀少的地區，閃電所造成的林火比例約為50～70%，但閃電只造成整體林火的7%（FAO 2006）。2003年的極端林火情況，可歸因於複雜的多重相互作用因素：極端乾旱、滅火能力下降、林務管理不當（Ill-Adapted Forestry），以及經濟動機之縱火或疏忽因素。

縱火還與非法採伐有關，在跨越貝加爾湖地區以及俄羅斯東南部整個地區，這種採伐已經占有驚人的比例。這些地區約有50%的木材是非法採伐的。如此原因驅動主要是鄰近之中國對木材的巨大需求（Environmental Investigation Agency 2013）。另一方面，蓄意使用火燒，由此受損的樹木採購費用卻少得多（FAO 2006）。與此同時，從相鄰的未損壞的森林，形成砍伐樹木的誘惑會很高。

四、美國

全美森林覆蓋面積為3.1億公頃，占全美領土面積的31%。在美西森林，林火是一種自然反覆發生的現象，依靠這些定期火燒來恢復。然而，上個世紀林火嚴重程度急劇增

加，現在威脅著美國西部許多地區的人類和野生動物。美國的大部分林火是由人類活動引起的。從2001年到2014年期間全美平均有85%的林火是由人為活動引起的。有15%的林火，是由閃電造成的，然而，這種情況在各地區有所不同。在美國西部的一些地區，雷擊是林火的主要原因。夏季暴風雨中的空氣溼度可能會很低，以致低降水量不足以撲滅閃電引起的林火。在美東雷暴通常伴有強降雨，因此雷電很少引起大火。因此，在美東地區，98%的林火是人為引起的（National Interagency Fire Center 2015）。

五、加拿大

加拿大國土面積的34%（3.47億公頃）為森林覆蓋（FAO 2015）。加拿大許多森林生態系統中，林火是一個自然過程。在加拿大的北方森林中，樹種適合於火燒到需要高強度樹冠火型態來進行再生的程度。加拿大其他森林地區需要定期地表火，以清除林下燃料，防止大規模嚴重林火發生。在二十世紀七〇年代，林火管理認識到完整的防火既不經濟可行，也不符合生態需要。儘管成本增加，但沒有觀察到林火發生率的下降。同時，林火在維持森林的穩定性、生產力和生物多樣性方面的重要自然作用，得到了確認，特別是在加拿大的北方和溫帶森林地區。因此，林火戰略有必要進行相應調整。為保護人類居住地或對木材加工業以及娛樂休閒場所，這些區域具有很高的價值，會進行滅火抑制的努力。同時，經濟價值低的偏遠林區，往往能容忍林火，而不介入干預（CIFFC 2015a）。

林火原因和平均燒毀規模顯示出明顯的區域差異。在全國平均水平上，雷擊造成35%的林火，但卻占火燒面積的85%。在加拿大北部廣闊的偏遠森林中，雷擊是最常見的原因，林火可能無限制蔓延。人類引發的林火，通常發生在發達的森林中，需要快速加以防止林火蔓延。因此，大約一半的火燒區位於偏遠地區。最大的林火燃燒區域是沿著加拿大西部和中部的北部邊緣地帶進行，林火皆為自然發生，且該地帶人口密度是極低。

六、澳大利亞

澳大利亞無人居住的地區，雷擊可能造成多達四分之一的林火，在全球範圍內扮演次要影響作用（Minor Role）。但是，偏遠地區的雷電林火會造成巨大的森林覆蓋損失，而這些占年度火燒面積之很大比例。在澳大利亞和其他地區一樣，人類活動是大多數林火的根本原因。像閃電這樣的自然因素只會導致6%林火，而13%歸咎於縱火、37%為疑似縱火，因此縱火可能性在澳大利亞占了林火一半原因；另有35%的林火是由於人為疏忽、意外造成的。

　　林火發生率最高的是社區中有大部分兒童和教育程度、就業率、家庭收入皆低於平均水平之居民。這種人口結構通常位在郊區。與此同時，野地—城市界面提供了大量點燃林火的機會。大部分林火蔓延面積一般不超過5公頃，但會造成嚴重破壞並危及人口密集地區的人命安全。

七、亞馬遜流域

　　如果假設亞馬遜盆地是位在歐洲，其面積相對於將從里斯本延伸到華沙，從巴勒莫（Palermo）延伸到哥本哈根。亞馬遜盆地擁有地球上最大的保留熱帶雨林區（540萬 km^2）。亞馬遜一半以上位於巴西領土上，較小的比例位於鄰近的玻利維亞、祕魯、哥倫比亞、圭亞那、蘇里南、委內瑞拉和法屬圭亞那。

　　亞馬遜地區是物種多樣性的真正寶庫，擁有大約10%的全球生物多樣性。直到2016年統計，已有約4萬種植物、427種哺乳動物，包括豹（Jaguar）、豹貓（Ocelot）、巨獺和河豚、1,294種鳥類其中包括皇家鷹（Imperial Eagle）、巨嘴鳥、金剛鸚鵡和蜂鳥（Hummingbirds）以及3,000種不同的魚類。其中許多是特有的，這意味著其只能在亞馬遜地區找到。大部分亞馬遜仍然是未開發的。僅在1999年至2009年的十年間，亞馬遜地區就確定了1,200種新植物和脊椎動物物種，不包括無脊椎動物。這顯示了亞馬遜物種豐富，以及我們對它的了解迄今仍是有限的（WWF 2010）。

圖5-3　僅在過去50年亞馬遜熱帶雨林中有17%面積因人為砍伐或火燒轉化土地使用已無可挽回。（WWF 2016）

　　亞馬遜地區的林火幾乎全是人爲引起的。熱帶雷暴伴隨著強降雨，通常能阻止閃電引燃林區之可能（FAO 2006）。林火和隨之而來的森林破壞，主要歸因於畜牛業土地轉化和小型農業用途。同時，根據巴西農業部研究機構Embrapa資料，現有火燒後開放土地有7,000萬公頃轉化爲農業用地。但是，欲恢復一公頃枯竭的土壤，使其適合農業的成本至少爲290歐元；另一方面，同一地區透過火燒來清除，成本將變得低得多。

　　伐木公司是第一個進入熱帶雨林的商業組織。2004年，巴西亞馬遜地區處理了2,460萬m³的木材，其中36%用於出口，這些木材在巴西亞馬遜地區進行處理（World Resources Institute Imazon 2006）。採伐作業留下了枝幹和不可用的材塊。陽光透過樹冠的空隙進入林內，乾燥了森林地面上的木質殘骸，並殺死了曾經生長在陰暗的林下層物質。當人類定居者或非法占地者進入採伐道路並開始清理時，剩下的森林區塊是易致災且更容易受到林火襲擊。

　　林火後，小型農民通常流離失所，土地轉變爲牧場。畜牛牧場覆蓋整個森林砍伐面積的70%。巴西亞馬遜地區的畜牛數量從1990年的2,700萬增加到2003年的6,400萬。同時，只有13%的生產肉在地區消費（World Resources Institute Imazon 2006）。擴大的大豆種植，反過來推動牛農更深入亞馬遜地區。在巴西，大豆種植面積從七〇年代中期的690萬公頃增加到2009年的2,150萬公頃。此期間的產量從大約1,200萬噸大豆增加到5,800萬噸（World Resources Institute Imazon 2006）。2010年，這一數字達到了68.5百萬噸。就價值而言，大豆是巴西的第三大重要農產品，僅次於甘蔗和牛肉（FAO 2016）。大豆大部分用於出口。2011年，巴西出口了3,300萬噸大豆，占巴西大豆收成的一半左右。各國進口大豆通常用作工業化養殖的動物飼料。預計到2020年，巴西大豆種植面積將增加到3,000萬公頃（WWF Brasilien 2012）。

圖5-4　亞馬遜地區使用火燒進行整地種植或作為畜牧之用（WWF 2016）

八、印尼／東南亞地區

東南亞的林火幾乎完全是由人類將熱帶雨林，轉化爲種植園或爲其他土地用途而引起的。東南亞沒有典型的自然原因的林火，因此東南亞植被不適合林火。印尼是東南亞地區受林火影響最嚴重的國家。每年每個島嶼都經歷林火，其中印尼婆羅洲島的蘇門答臘島和加里曼丹島，特別受到人爲林火嚴重影響（FAO 2006）。印尼唯一的自然林火原因，是煤層自燃。自從上個冰河時代印尼低地的氣候變得乾燥以後，它們被閃電或其他自然因素引燃，這些地區一直在冒煙達17,000年。在極端乾旱時期，這些地下林火可能會在森林地面上點燃乾燥的樹葉和樹枝，從而引發地表火（Transparency International 2016）。

九、臺灣方面

臺灣林火原因95%是由人爲引起的。1980年以前臺灣林火大部分與產業有關，如林業生產過程中不愼、開墾林地周邊土地用火、打獵引火所致（林朝欽 2010）。1980年以後有一原因逐漸增加，爲遊樂發展後遊憩活動所引起，如登山活動是最主要的林火原因。於1963～2004年間，國有林平均每年發生34次火燒（林朝欽 2010），此段期間國有林發生原因如圖5-5所示，除高達35.01%（509次）處於原因不明，大部分是人爲因素，且以墾殖引起最多（20.56%，299次），其次歸因於菸蒂引起的（16.02%，233次），狩獵亦爲主要原因之一（9.42%，137次），另有7.7%（112次）則是縱火引發（黃清吟、林朝欽 2005）。不過由社會變遷，林火的原因會轉移改變，如1993年玉山大火、八通關大火；2000年及2001年大甲溪連續的森林大火；2009年阿里山公路沿線頻繁的林火，都是因旅遊時不愼、或其他人爲原因引起，而臺灣地區每逢假日都會有眾多的遊客上山，林火還是隨時會發生（林朝欽 2010）。在2016年研究中，指出林火的原因99%是人爲引起，其中又以墾殖引起最多（31%），其次爲菸蒂（20%）和狩獵（11%），另有5%則是縱火引發，但有高達42%的林火無法知道原因（林朝欽 2016）。

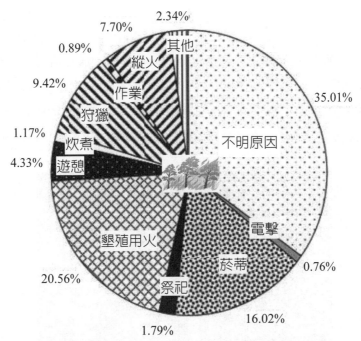

圖5-5　臺灣地區國有林1963～2004年林火發生原因百分比圖

（改編自黃清吟、林朝欽 2005）

第三節　林火季節

　　林火季節通常被定義為年分第一次和最後一次大型林火之間的時間段，以此作為一個地區的林火季節的長度。全球各國的林火季節因地點而異，但在過去40年中幾乎普遍變得更長。其中，大型林火事件在各國定義是不一的。

一、地中海地區

　　地中海在荒地與城市的界面，由於城市擴增顯著增加，地中海地區一些大型林火（Megafires，指超過1,000英畝火燒面積）造成嚴重損害，甚至導致人員傷亡。2009年希臘或義大利受林火影響的地區並不特別大。然而，由於該年7月底發生嚴重火災，撒丁島（Sardinia）占當年義大利全部森林覆蓋損失的一半以上。在希臘，2009年8月下旬雅典周邊地區的林火造成該國該年森林覆蓋損失的一半。據估計，在地中海南部地區，迄今仍僅在夏季為林火季節，但將在本世紀中葉以後，全年皆保持高風險之林火季節情況。

二、德國

在德國林火季的時間進程取決於相應年分的天氣條件。通常情況下，林火季節在三月和四月達到了第一個高峰，當時上一年地面植被的乾燥殘餘物是極好的燃料。如2014年德國3月林火發生率為20%，與7月相同。僅6月的林火發生率較高為24%。在前一年，3月森林火災發生率僅為1%，而7月達到最高值的比例為40%（WWF 2016）。

圖5-6　2014年是德國林火發生數少的一年（WWF 2016）

三、美國

自二十世紀五〇年代以來，美國森林大火已經有系統地得到抑制和打擊。通過抑制較小的地表火，使其消除生長不足的生態功能喪失。相反地，大部分老式耐火樹都被砍伐，並被密集種植和易燃的人造林所取代。僅在美國就有超過70萬公里的伐木公路通過公共森林，促進了人為疏忽和使用火引起的林火。透過放牧，許多將火燒在地上的原生草被易燃灌木所取代。這使得火更容易跳入森林樹冠層。氣候變遷延長了林火季節，導致更頻繁的乾旱，使森林退化並使其更容易燃燒。自二十世紀八〇年代中期以來，美國的二氧化碳排放是氣候變遷之主要貢獻者，也是造成林火升級的原因（Westerling *et al.* 2006）。

在過去的12年中，美國西部的每一個州在1980年至2000年期間，平均每年發生大火的次數都比年平均增加了。而在南部各州，即喬治亞州、佛羅里達州等地，有一個很長的林火季，現在隨著季節變化卻繼續擴大發展並向西部遷移。2017年林火如此嚴重的部分原因是夏季蒙大拿州、俄勒岡州和西部其他地區遭受嚴重乾旱。研究表明，由人類引起的氣候變遷已經在整體林火數量和規模上有了顯著增加。自1984年以來，美國燒毀的土地數量是當時沒有氣候變遷影響之預期的兩倍。自1970年以來，林火季節已經延長了約兩個半月，預計這一趨勢將會持續。

圖5-7　美國在過去20年，每年發生6萬至10萬場林火（圖片為黃石國家公園林火）（WWF 2016）

四、加拿大

加拿大之不列顛哥倫比亞省和西北地區的省分受到林火特別影響。在不列顛哥倫比亞省，2014年有1455起林火摧毀了368,785公頃的森林。在西北地區，林火季節從5月開始，一直持續到9月。僅在不列顛哥倫比亞省就有385次林火，包括林火以每分鐘150公尺的速度進行延燒，摧毀了340萬公頃的森林。在200萬公頃的土地上允許有控制的林火，

而在140萬公頃的林火必須被完全壓制，以保護人類社區和基礎設施（CIFFC 2015a）。
2015年的林火季比前一年平靜。2005年直到9月中旬才發生6,765次林火，森林砍伐量
低於400萬公頃（WWF 2016）。而2017年是不列顛哥倫比亞省有史以來最嚴重的林火
季節。於2017年林火季節（從4月底至9月），林火高峰期是7月及8月，如圖5-8所示
（CIFFC 2018）。

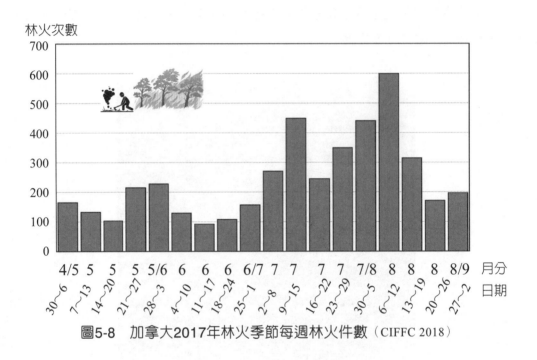

林火次數

圖5-8　加拿大2017年林火季節每週林火件數（CIFFC 2018）

五、澳大利亞

澳大利亞國土面積761.8萬平方公里，從亞熱帶區深入到南溫帶氣候帶。林火的屬
性、頻率、範圍和季節，受到大範圍區域變化的影響。隨著氣候暖化，自1970年代以
來，高火險的天數有所增加，到2050年可能達到一倍。特別是澳大利亞南部地區受到這
些變化的影響，增加了人類、財產和基礎設施的風險。許多高風險地區將會使林火季節延
長（Reisinger 2014）。這可能會影響滅火技術裝備之調度和人力資源的可用性。到目前
為止，澳大利亞和北美之間可以共享滅火設備和滅火工作人員。國際公司在夏季將一些最
大的滅火飛機出租給北美，冬季則出租給澳大利亞。另外，北美國家和澳大利亞之間就工
作人員交換達成了協議，根據這些協議，高度專業化的消防隊員被部署在兩大洲撲滅林
火。如果北美和澳大利亞的林火季節延長並開始重疊，這種資源交換將是不可能的。

圖5-9　澳洲野地─城市（WUI）界面特別面臨極高林火風險（WWF 2016）

六、亞馬遜流域

　　巴西林火數量通常在夏末增加（圖5-10），並在9月達到峰值（INPE 2015）。在6月至11月的旱季，一旦火燒可能發展成不可控制的林火，特別是當厄爾尼諾事件加劇乾旱時。乾燥期是由大規模季節性氣流變化所引起的。在冬季和春季，溫暖的空氣在亞馬遜流域之上升起。從北大西洋的熱帶地區吸取潮溼的空氣流，隨著這股氣流升起而冷卻，導致形成厚雲層和降雨。在夏季，北大西洋熱帶氣溫升高，導致氣流逆轉。海洋上溫暖的空氣升起，並產生雨水，而乾燥的氣流團下降到亞馬遜流域（WWF 2016）。因此，亞馬遜盆地乾旱期的長度和強度，取決於海洋表面的溫度（Good *et al.* 2008）。自1970年以來，海洋表面溫度平均上升了0.5℃。在熱帶大西洋，夏季水溫升高到自2004年起為28°至30℃。與此同時，亞馬遜地區的旱季開始時間較早，持續時間較長。這是其中因素之一，全球氣候變遷尤其是造成亞馬遜乾旱的原因。

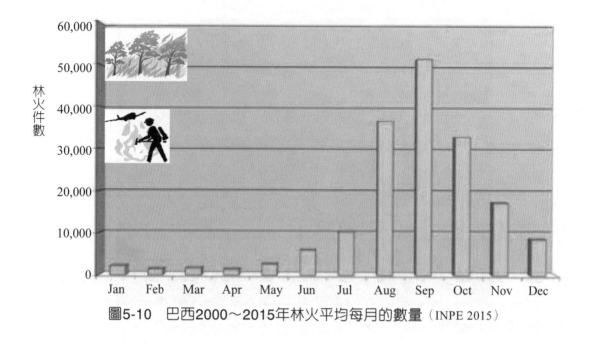

圖5-10　巴西2000～2015年林火平均每月的數量（INPE 2015）

七、印尼／東南亞地區

在印尼／東南亞林火和火燒生成煙霧，造成可觀的經濟巨額損失。印尼林火季於2015年10月的滅火成本達2億美元。考慮到對旅遊業、農業、林業、衛生和運輸部門的影響，這一數字估計增加到140億美元。林火生成的濃霧霾影響了印尼及其鄰國馬來西亞、新加坡、泰國和汶萊。2015年9月4日，蘇門答臘島和婆羅洲的6個印尼省因陰霾而宣布進入緊急狀態。僅印尼就有4,300萬人曝露在煙霧中。超過50萬人患有呼吸道疾病，至少有10人死亡。在鄰國馬來西亞2015年，學校在9月和10月暫時關閉，吉隆坡城市馬拉松賽被取消。眾多的航班因能見度不佳而被取消。世界自然基金會（WWF）表示，解決印尼具破壞性林火問題，林火管理應建立在四大支柱上：預防、整備、應變和復原等階段上（WWF 2016）。

八、臺灣方面

臺灣林火發生數加入中央氣象局各氣象站月平均降雨量整合分析，顯示國有林之火燒季節明顯出現在春季（1至4月），5月以後開始減少，夏初至秋中（7至10月）為林火較少之季節。林火季中以3月為林火發生之最高峰（296次），其次為1月（248次）、再次為2月（231次）及4月（208次），此4個月林火發生次數高達983次，占全部林火總數的

67.5%。顯示國有林發生林火的季節特性，此特性與降雨量有密切關係，大致上全臺月平均月降雨量與林火發生數成反比（黃清吟、林朝欽 2005）。

在2016年研究中（林朝欽 2016），於1963～2013年間，臺灣平均每年發生57次火燒，過去50年間臺灣林火現象於1991～2003年是高峰期。這種林火的波動是與季節有關的，火燒季節明顯出現在春季（1～3月）爲1,398次，夏季（4～6月）減少爲617次，夏中至秋中（7～9月）林火燒再減爲266次，多初（10～12月）爲559次，春季林火發生數接近全年林火的一半。

顏添明、吳景揚（2004）於南投林區統計上，於1992至2002年的林火發生紀錄11月至隔年3月爲旺季（圖5-11），該時期之所以容易發生林火，可歸納如以下幾個原因：

1. 氣候因子的關係，如溼潤係數較低，故容易發生林火，此由研究所得不同月份之溼潤係數和林火頻度，呈顯著性的負相關來支持此論點。

2. 火燒頻度較高之月分，此時期氣溫較低，因此有較多的用火時機，此亦可能是引起林火的另一個重要原因。

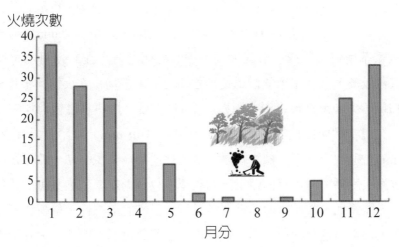

圖5-11　南投林區1992～2002年各月分累積林火次數

（改編自顏添明、吳景揚 2004）

在中部大肚山區研究上（林朝欽等 2005b），每年火燒集中在多季及初春，81.7%的林火是發生在10月到隔年2月之間，此期間所火燒波及面積更高達總面積的90.70%，晚春至初秋火燒次數大爲減少，因此大肚山之林火具有明顯的季節性（圖5-12）。明顯之火燒季應與氣象因子有關，就燃料因素而言，大黍草非生長季之乾燥狀態爲主要原因之一；這種乾燥狀態乃季節性氣候所造成。

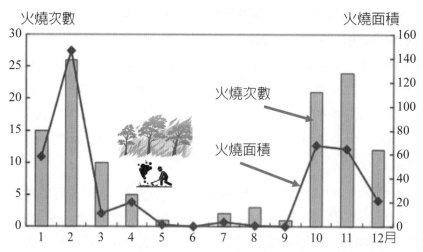

圖5-12　大肚山地區1991～2003年各月分累計火燒次數與面積（林朝欽等 2005b）

　　大肚山地區1991～2003年植群火燒統計上，以草生地居多，再者是相思樹林，如下表所示。降雨量方面，集中於夏季，10月至隔年2、3月間降雨相當有限，為明顯之乾季。除季節性影響外，各月降雨之實際量與燃料一年中之生長週期，也是大肚山地區火燒特性形成之另一因素。11月至歷年1月之月平均降雨量維持在10～40 mm低降雨量，植物生長受影響，大黍草呈乾枯狀態，形成大量累積的乾死燃料，在3、4月雨季節來臨前，當地造成火燒次數較多，且在季風氣候風速加強情況下，平均每次火燒面積達5.52公頃，難以人為有效控制，大多靠地形上天然障礙；至4月以後，燃料量已經消耗完畢，且伴隨著雨季的來臨，火燒次數與面積均大量減少；至9月（100 mm）降雨開始減少，10月則急速下降（20 mm）進入乾燥期，植物經夏季之生長期轉為非生長期，並開始形成較易引燃之乾燃料，導致火燒頻率與災害面積上升的現象。故降雨之累積數量可能成為引發當地林火重要的指標，監測此一數值有助於掌握燃料可被引燃的敏感性（林朝欽等 2005b）；可見大肚山植群大黍草已適應火燒狀態，在林火返回間隔短的情況下，大肚山大多地景維持在草生地植被演替狀態。

表5-3　1991～2003年大肚山地區各植群火燒統計紀錄

植被類型	林火次數	林火面積（公頃）
草生地	49 (40.83%)	108.03 (27.34%)
相思林	47 (39.17%)	225.07 (56.95%)
樟樹	14 (11.67%)	50.24 (12.71%)

植被類型	林火次數	林火面積（公頃）
楓香	1 (0.83%)	2.50 (0.63%)
其他	9 (7.50%)	9.38 (2.37%)
總計	120	395.22

（林朝欽等 2005b）

　　在林火時段方面，許啓祐等（1984）曾統計1974～1983年間，臺灣林火燒發生的次數與原因，有70%以上火燒發生於10:00～18:00之間。這段時間爲人類活動最爲頻繁，導致火燒發生的機會大增，同時也因爲白天太陽直接照射，燃料之含水率偏低，以致可燃性提高；相對地夜晚則因大氣溼度較高，燃料有回潮含水量之現象，使其較不易燃燒所致。陳正改等（1983）曾研究臺灣林火之有關氣象條件，認爲大甲溪事業區在乾季時，最容易引起火燒原因爲東北季風、高壓迴流及移動性高氣壓等三種，並認爲林火前十日之累積雨量可視爲其嚴重性程度的一項指標。

　　以林火較頻繁的大甲溪事業區爲例，該地區之燃料調查數據顯示（周巧盈 2004），大甲溪事業區原以收穫臺灣二葉松爲目的之林相變更，改以水資源爲主的保安目標，使臺灣二葉松林燃料型態改變。近年來林火頻繁已被懷疑係燃料量過高所致（林朝欽2003a），加上人爲介入強力滅火作業是否影響林火發生數雖仍需進行實驗加以驗證，但其影響火燒強度確屬可能（林朝欽、邱祈榮 2002）。因燃料載量增高，使火強度及火嚴重度同時增大現象，似宜加強地表上燃料管理，以控制焚燒方式來管理臺灣二葉松林燃料累積問題。

圖5-13　林火嚴重度與燃料量累積有關而控制焚燒之燃料管理是較佳做法（盧守謙 2011）

　　在中部地區從梨山到武陵一帶，同樣為臺灣海拔高度中最乾燥之地區，平均年雨量在2000 mm以下，相對溼度在80%以下，南向及西向坡多為臺灣二葉松林，成為全國最容易發生火燒之地區（邱祈榮等　2005）。邱祈榮等（2005）研究中，指出大甲溪事業區天然林面積約32,500公頃，包括針葉林、闊葉林與針闊混淆林，人工林面積約11,600多公頃，散生地與草生地面積約占22,000多公頃，旱作地、果園面積約1,100多公頃。其餘土地多為崩壞地、溪流地。此區山坡地開發情形嚴重，導致下游河床淤積嚴重；而各林班林火頻度顯示如圖5-14（邱祈榮等2005）。有時草生地輕質燃料常為地表火引燃之植被，適時引入控制焚燒，也許是一種有效燃料管理之方式。

　　又根據林朝欽（2001a）統計，1963～2000年間共發生907件火燒，林地被害面積達35431 ha，其中大甲溪事業區發生118件，林地被害面積達7,667 ha，在所有事業區中火燒頻度最高，被害面積亦最廣。2002年5月11日上午於有勝溪附近菜園發生火苗，在氣候異常乾燥與風勢助長下，延燒至5月17日始得控制撲滅，為10年來第三大林火（郭晉維2012）。因此，一定程度乾燥期加上風勢助長，常為引起大火之必要林火氣象條件。

　　以地理位置而言，1963～2004年間國有林之林火發生地點，主要在中央山脈之西側（84.6%），顯示國有林之林火主要以南部的嘉義與屏東林區較多（650次，44.7%），中部的南投與東勢林區次之（581次，39.9%），北部與東部林區的林火發生次數則相對減少，僅占15.3%（黃清吟、林朝欽 2005）。

圖5-14　大甲溪事業區1963～2001年各林班火燒頻度分布圖（邱祈榮等2005）

第四節　林火面積

一、地中海地區

在地中海地區，自古以來小規模的林火是很常見的。林火是自然動態的一部分，或被用作管理自然資源的工具。然而，近幾十年來，隨著地中海地區的社會經濟變化，林火發生的頻率和規模也出現令人擔憂的情況。每年至少有5萬次林火。根據聯合國糧農組織資料（FAO 2006），70萬至100萬公頃的森林已爲林火燃料，這相當於克里特島（Crete）或科西嘉島（Corsica）面積，占地中海地區整個森林覆蓋面積的1.3%至1.7%（WWF 2016）。

歐盟成員國西班牙、葡萄牙、義大利和希臘特別受到影響。例如，在希臘從1985年到2014年，超過140萬公頃的森林被燒毀，這個數字超過該國領土的十分之一。自千禧年以來，地中海地區出現了3次特別嚴重的林火（表5-4）。2005年，西班牙和葡萄牙的伊比利亞半島（Iberian Peninsula）是受到林火嚴重影響。2007年，在義大利和希臘受林火影響。2012年，在乾燥的冬季之後，伊比利亞半島和義大利的林火肆虐如表5-4所示（WWF 2016）。

表5-4　地中海國家2005、2007與2012年林火燒毀面積（公頃）

國家	林火面積（ha）		
年分	2005	2007	2012
西班牙	188,672	82,049	216,894
葡萄牙	338,262	31,450	110,232
義大利	47,575	227,729	130,799
希臘	6,437	225,734	59,924

（WWF 2016）

地中海地區多年以來，以伊比利亞半島最爲嚴重，圖5-15、5-16顯示西班牙1961至2015年、葡萄牙1980至2015年林火發生件數與火燒面積（WWF 2016）。

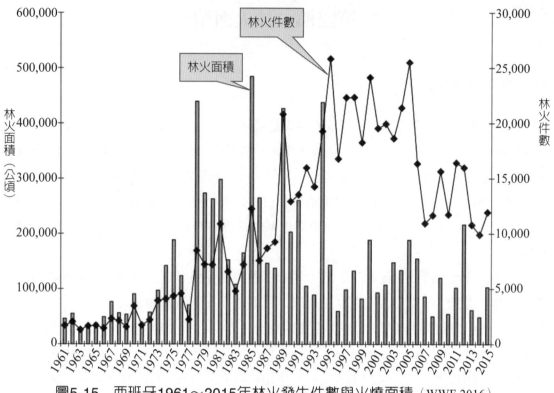

圖5-15　西班牙1961～2015年林火發生件數與火燒面積（WWF 2016）

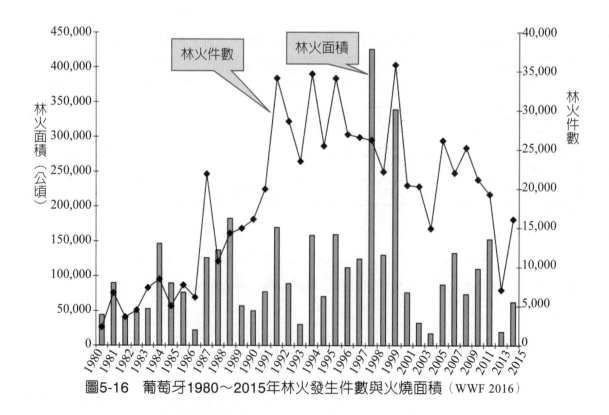

圖5-16　葡萄牙1980～2015年林火發生件數與火燒面積（WWF 2016）

二、德國方面

德國自1977年以來，2014年是林火數量最少的一年（429件）、最低的受災面積（120公頃）。就過去10年平均數而言，火災發生率下降了41%，而受災面積減少了63%（表5-5）。1975年發生在德國聯邦州的史上最大林火，發生於LüneburgHeath。來自德國各地約15,000名消防員進行滅火，來自法國近11,000名士兵和消防飛機支援。當強風移動時，5名消防隊員被火焰圍住而殉職。在這次大火中，7,418公頃的森林遭到破壞。由於這場災難，日後德國各地的防火組織顯著進行改善（WWF 2016）。

從1991年到2014年，德國平均每年經濟損失達190萬歐元。每年用於消防和控制的金額超過了林火造成的損失。例如在勃蘭登堡州和其他東德州，為了及早發現林火，建立了使用高分辨率攝影機的自動化林火監測系統。

表5-5　德國1991～2014年林火發生數、面積和損失情況

年分	林火面積（ha）	林火件數	平均每件林火面積（ha）	經濟損失（百萬歐元）
1991	920	1,846	0.5	1.7
1992	4,908	3,012	1.6	12.8
1993	1,493	1,694	0.9	5.4
1994	1,114	1,696	0.7	1.3
1995	592	1,237	0.5	1.5
1996	1,381	1,748	0.8	4.2
1997	599	1,467	0.4	1.5
1998	397	1,032	0.4	1.6
1999	415	1,178	0.4	1.4
2000	581	1,210	0.5	2.1
2001	122	587	0.2	0.5
2002	122	513	0.2	0.5
2003	1,315	2,524	0.5	3.2
2004	274	626	0.4	0.5
2005	183	496	0.4	0.4
2006	482	930	0.5	0.9
2007	256	779	0.3	0.8

年分	林火面積 （ha）	林火件數	平均每件林火面積 （ha）	經濟損失 （百萬歐元）
2008	539	818	0.7	1.0
2009	262	763	0.3	0.6
2010	522	780	0.7	1.2
2011	214	888	0.2	0.9
2012	269	701	0.4	0.5
2013	199	515	0.4	0.5
2014	120	429	0.3	0.2

（WWF 2016）

三、俄羅斯方面

在俄羅斯，林火的最大比例是人為引起的。只有在俄羅斯北部，大部分林火是由閃電引起的。俄羅斯每年有數百萬公頃的森林火燒。根據保守估計，2010年至2014年期間，僅在過去5年內就損失了1,100萬公頃森林面積（圖5-17），這相當於德國的整個森林覆蓋面積（FAO 2015；European Commission 2015）。於2015年，發生12,238件林火，共燒毀287百萬公頃森林（European Commission 2016）。然而，根據來源和數據獲取方法的不同，有關俄羅斯林火燒毀區域的可用信息存在很大差異。上述數字來自俄羅斯Avialesookhrana特種空中滅火部門，並依靠在地面或從空中蒐集的數據。Sukachev林業研究所是俄羅斯科學院的一個獨立遙感機構，利用衛星圖像確定燒毀區域。比較火燒面積數據顯示，Sukachev研究所確定的火燒面積，比Avialesookhrana規定的面積大得多。有些年分的差異數達6到7倍。從其他研究和評估俄羅斯林火燒毀面積的真實範圍，是更接近Sukachev研究所的報告數據（FAO 2006）。

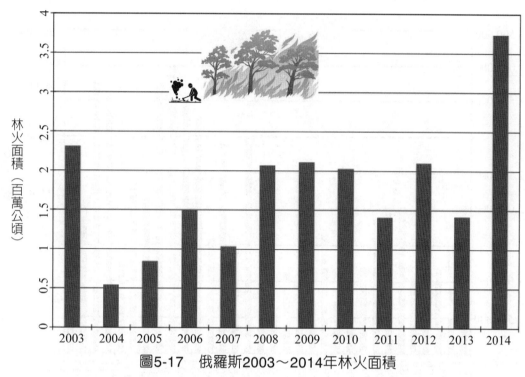

圖5-17　俄羅斯2003～2014年林火面積

（FAO 2015; European Commission 2015）

四、美國方面

　　在美國地區林火面積已有進一步加劇趨勢。在1983年至1989年期間，全美平均每年火燒100萬公頃。二十世紀九〇年代，年平均森林覆蓋損失增加到130萬公頃。從2000年到2009年，年度火燒面積上升到280萬公頃，是二十世紀九〇年代之10年平均值的兩倍，如圖5-17所示（WWF 2016）

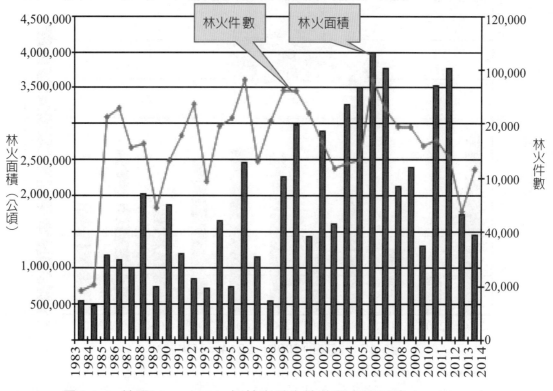

圖5-18　美國1983～2014年林火發生件數與火燒面積（WWF 2016）

五、加拿大

　　加拿大於2004年到2013年期間，平均每年有7,084起森林火災，平均森林覆蓋損失略低於230萬公頃。2014年，林火發生率為5,126件，遠遠低於10年平均值，但燒毀面積（460萬公頃）卻是前10年平均值的兩倍。在加拿大的其他地區，特別是地表火扮演自然作用的地區，成功預防林火導致了燃料的積累。難以控制的嚴重林火，可能是一個後果。完整的防火工作也為森林病蟲害創造了有利條件。林火通常是昆蟲災難的後果，因為它們提供大量枯立木和乾燥的樹木作為燃料（CIFFC 2015b）。1990至2016年統計報告顯示，林火年度火燒面積以1995年（730萬公頃）及1994年（650萬公頃）為例，此段期間最低為1997、2000及2001年（0.5百萬公頃），如圖5-19所示（Canada National Forestry Datbase 2017）。

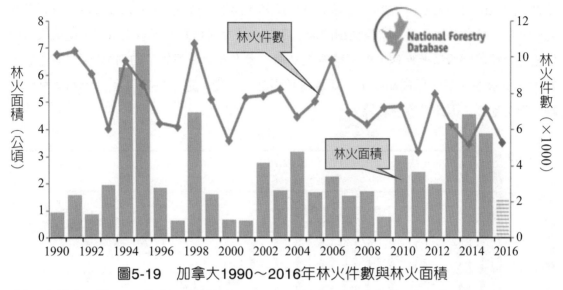

圖5-19　加拿大1990～2016年林火件數與林火面積

（Canada National Forestry Datbase 2017）

六、澳大利亞

　　林火對澳大利亞各地的影響是大不相同的。在北方，數百萬公頃的土地可以火燒而不會造成重大的物質損失，而在該國其他地區，一場較小林火面積卻可能造成相當大的生命和財產損失。這解釋了為什麼2003年被認為是林火最嚴重的年分之一，儘管與長期平均水平相比，只有一小部分地區被燒毀。實際上，由於土地利用改變，火災預防和原住民傳統火燒停止，自從歐洲人定居澳洲以來，每年的燒毀面積已大幅減少了。這導致了森林結構的變化，森林退化（Degradation）甚至森林衰退現象（Decline）。從2000年到2015年，澳大利亞因林火和乾旱而損失了560萬公頃森林。在這一時期，澳大利亞的森林覆蓋率損失僅次於巴西（FAO 2015）。到2015年，150萬公頃的森林已被復林。

七、亞馬遜流區

　　在1995年至2015年期間，亞馬遜熱帶雨林每年損失146萬公頃，相當於每分鐘2.78公頃或4個足球場！在2003年8月至2004年8月期間，共有274萬公頃熱帶雨林消失，如比利時國土面積一樣。這是自1995年創紀錄的一年以來，消失率第二高的一次。自1995年起，消失率一直在大幅下降（圖5-20）。1998年，巴西Roraima州遭受厄爾尼諾嚴重乾旱，林火導致巨大損失。數百起林火未能得到控制，並發展成巨大的林火規模，最終造

成700人喪生，並摧毀了約120萬公頃的熱帶雨林。燒毀面積約占Roraima整個森林覆蓋面的6～7%，是迄今為止森林砍伐面積的兩倍多。火燒生成煙霧籠罩著大城市，造成人口中嚴重和持續的呼吸系統疾病，並影響空中交通。大火向大氣釋放了約440萬噸二氧化碳。2003年又發生了另一場極端乾旱，亞馬遜地區林火多發。這些主要發生在1998年林火已經火燒之地區，因此更容易燃燒。

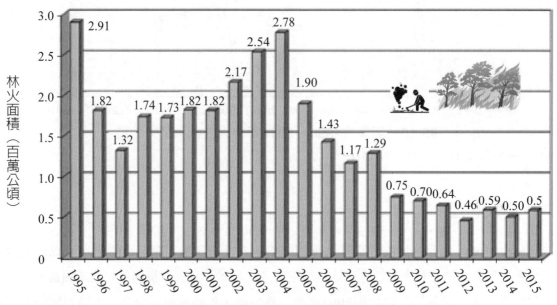

圖5-20　巴西亞馬遜地區1995～2015年森林覆蓋損失率下降（INPE 2015）

八、印尼／東南亞地區

　　自1990年以來，印度尼西亞已經損失了2,750萬公頃的森林，因大量伐木、林火發生以及轉化向紙漿和棕櫚油種植園。這相當於德國森林覆蓋率的兩倍左右。從國際氣候保護的角度來看，東南亞泥炭沼澤森林發揮著重要作用，因其是熱帶地區最大的陸地碳匯。當其被排乾時，例如棕櫚油種植園，它們變得特別容易發生林火，因其地表乾燥的泥炭是一種完美的燃料。由於這些森林在地下儲存了大量的碳，因此它們在火燒時會轉化為巨大的二氧化碳排放源。

　　2015年發生的林火摧毀了260萬公頃的熱帶雨林，這些熱帶雨林是亞洲象（Elephas maximus）、老虎（Panthera tigris）、犀牛（Dicerorhinus sumatrensis harrissoni）和猩

猩（Pongo Species）等瀕危野生動物的家園。在加里曼丹（Kalimantan），猩猩棲息地受到林火和煙霧的嚴重影響。濃密的霧霾嚴重影響了猩猩的健康和運動。在蘇門答臘，重要的大象和老虎棲息地受到煙霧和林火影響，其中包括泰索尼羅（Tesso Nilo）國家公園。

　　透過衛星圖像檢測出，印尼約有140,000件林火是來自於熱帶雨林區火燒清除行為。這些10%的林火發生在保護區，且在9月和10月達到高峰。據印尼林業部報告，6月至10月期間，超過260萬公頃的土地被燒毀，相當於德國森林覆蓋面積的四分之一。41%的大火是發生在泥炭沼澤中火燒，造成特別高的溫室氣體排放。2015年6月底形成一場災難性林火，一直至該年11月雨季開始時，始得到控制，此與1997/98年和2006年相同情況。總體而言，2015年印尼林火排放的溫室氣體估計為17.5億噸CO_2（Global Fire Emissions Datbase 2015），這幾乎是2015年德國溫室氣體9億8,000萬噸二氧化碳當量排放量的兩倍。根據世界銀行（World Bank）的報告，林火所影響貿易、旅遊、農業和林業，包括急性健康成本（呼吸問題）、環境（碳匯損失）和消防成本，印尼林火達161億美元。這一數額不包括長期健康成本和生態系統服務損失，也不包括印尼以外的區域和全球損害（World Bank 2016）。因此，林火的後續費用是2004年海嘯後重建費用的兩倍。

　　1990年，印尼有三分之二的領土被森林覆蓋，2015年只有一半。然而，其餘9,100萬公頃林地中，只有50%是原始森林。另一半已經因採伐和其他人為干預而退化（FAO 2015）。通常只有占地上生物量最小部分的有價值木材才被提取用於貿易，其餘的則被燒掉。此在天氣乾旱期間，這可能導致難以控制的林火。

圖5-21　完整的熱帶雨林景觀是低林火風險區（WWF 2016）

九、臺灣方面

　　臺灣發生於國有林之紀錄，自1963至2004年共1,454件，依紀錄內容整理分析。結果顯示，國有林大部分是燃燒面積在5 ha以下之小型林火（857次，58.94%）（圖5-22），因此，大致上國有林之森林火屬於小型火燒。若以每次火燒燃燒面積100 ha以上定義爲大型森林火，則過去42年間，大型森林火亦有80次之多，燃燒面積總計21,192 ha。而近年來累積燃燒面積逐年減小，此現象應與救火裝備改善、人員素質提升、空中消防加入、以及林火應變指揮系統運作有關（黃清吟、林朝欽 2005）；再者，林火受到重視，人爲介入搶救時間也盡量提早。在2016年研究上，臺灣50年來因林火已毀林74,430公頃，但每次燃燒面積大多在5公頃以下（1,722次，60%）；但主要臺灣是一海島型氣候，相對溼度大，使地表枯落物含水量達一定溼度以上。

　　可見，臺灣地區之林火面積與其他國家比較算是相對小的。歷史上，臺灣較大規模的林火，如1963年秀姑巒溪事業區（1,832公頃）與1972年林田山事業區（1,229公頃），且1963年秀姑巒溪事業區的大火，也是目前國有林燃燒面積最大的一次林火（林朝欽 2016）。2002年以後空中滅火的協助，顯見林火防救作業與能否及時掌控火場的重要性，在人力有限的情況下，如能快速控制火場，則燃燒面積不易擴大，這些作爲使得2003年以後林火次數明顯下降。臺灣的林火大多集中在秋末至初春，因這段期間是中南

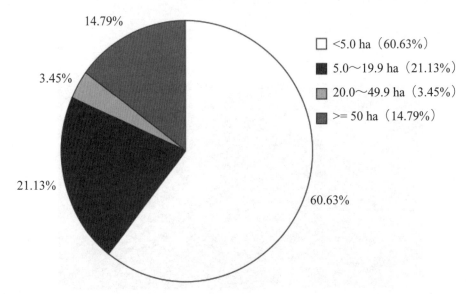

14.79%

3.45%

□ <5.0 ha（60.63%）
■ 5.0～19.9 ha（21.13%）
■ 20.0～49.9 ha（3.45%）
■ >= 50 ha（14.79%）

21.13%

60.63%

圖5-22　臺灣地區1963～2013年國有林之林火面積分布（林朝欽、麥舘碩 2014）

部乾季，且中部地區因森林類型的影響，是林火比較多的區域，其中最明顯的是大甲溪事業區，因臺灣二葉松林是此地區的優勢植群，在生態學上屬於賴火植群或與火密切相關森林，它們之間形成特殊關係，火燒讓臺灣二葉松林可以保持優勢，加上大甲溪的臺灣二葉松造林屬密植林，與天然的疏林型態不同，若此區域無法進行調整，則大火現象仍有發生的可能（林朝欽 2016）；因此，選取天氣許可條件下，測試落葉起火與熄滅之臨界含水量，來進行控制焚燒，進行林火風險高特定區域地表燃料管理，不失為是一有效方式。

以林區而言，依第三次森林資源調查（林務局 1996）顯示，南投林區林火發生次數最多（351次，24%），其次為屏東林區與嘉義林區，同為325次（22%）。在空間上，南投、嘉義、屏東林區轄管海岸至中央山脈中南段，這三個林區之森林型態變化大，亦即燃料種類複雜，如丹大事業區、恆春事業區之草生地，造成林火頻繁；大埔事業區之山地農業較多，可能亦是造成林火發生次數較多的原因，如表5-6及圖5-23所示。

表5-6　1963～2004年臺灣地區國有林所轄林區林火頻度及燃燒面積統計

林區	發生次數		燃燒面積		林區面積	林區燃燒面積百分比	每次林火平均面積
	頻度	(%)	(ha)	(%)	(ha)	(%)	(ha)
	A_i	$A_i/\Sigma A_i$	B_i	$B_i/\Sigma B_i$	C_i	B_i/C_i	(B_i/A_i)
羅東	33	2.27	93.6	0.26	175,735.8	0.05	2.8
新竹	87	5.98	648.0	1.81	163,108.4	0.40	7.4
東勢	230	15.82	9,693.7	27.01	138,413.4	7.00	42.1
南投	351	24.14	7,528.1	20.97	211,822.5	3.55	21.4
嘉義	325	22.35	6,908.7	19.25	139,654.2	4.95	21.3
屏東	325	22.35	3,576.4	9.96	172,119.5	2.08	11.0
臺東	47	3.23	1,847.6	5.15	226,547.9	0.82	39.3
花蓮	56	3.85	5,599.3	15.60	320,851.0	1.75	100.0
合計	1,454	100.00	35,895.5	100.00	1,548,252.6		

（黃清吟、林朝欽 2005）

國有林區內大型森林火（燃燒面積大於100 ha者），羅東林區為唯一未發生過火燒的林區，東勢林區則是最多火燒的林區（98次），並且也是累計燃燒面積最大的林區；另外真正的森林大火（面積超過1000 ha）有2次，分別為1963年秀姑巒溪事業區（1832

ha）、與1972年林田山事業區（1229 ha），1963年秀姑巒溪事業區的大火且是目前爲止
國有林燃燒面積最大的一次森林火（林朝欽、麥舘碩 2014）。

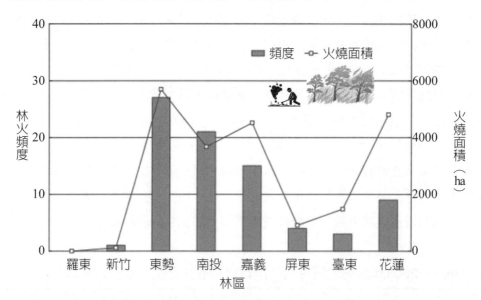

圖5-23 臺灣地區1963～2004年國有林之大型森林火頻度與燃燒面積——以林區統計
（改編自黃清吟、林朝欽 2005）

第五節 林火位置

一、地中海地區

由於地中海地區的氣候和生態條件，林火並非例外，而是經常發生的自然現象。儘管
如此，政治只是在緊急情況下做出反應，而不是採取預防性主動行動。因此，林火經費大
多投注於直接滅火的技術設備上。地中海地區歐盟成員國受到林火之特別影響位置，是在
西班牙、葡萄牙、義大利和希臘等國。在西班牙，林火的數量自2006年以來大幅下降，
但仍比60年代的8倍還多。葡萄牙林火是該地區最嚴重的國家，過去10年來平均每年發生
近2萬次林火。

二、德國

　　德國東部聯邦州是林火最危險的州。2014年德國429起森林大火中，有225起（超過50%）發生在東德聯邦州，儘管它們在德國的森林覆蓋率僅為28%。勃蘭登堡森林受到特別影響，占德國所有林火的三分之一。在勃蘭登堡州，高火險的重點在於柏林南部的松林（圖5-24）。

　　勃蘭登堡州是最乾燥的聯邦州，這種特殊的林火危險是由氣候條件來決定的。鬆散的沙質土壤難以儲存降水，松樹林中有70%為人工林，進一步加劇了林火風險。此種松木材富含精油和樹脂，使松林特別容易著火。歐盟委員會因此將勃蘭登堡州和其他聯邦州的鄰近地區與法國南部、科西嘉島和西班牙南部，一起列入高林火風險地區名單。

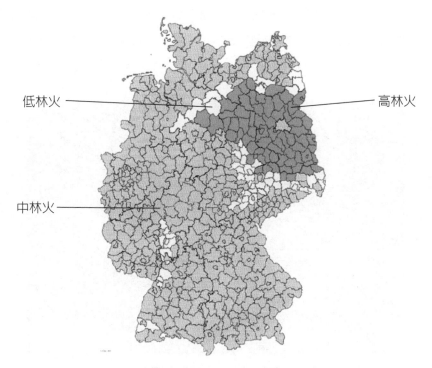

圖5-24　德國林火風險地理位置圖（WWF 2016）

三、俄羅斯

　　俄羅斯為地球上最大的國家，擁有8.15億公頃的最大森林覆蓋面（FAO 2015），人口密度和森林生態系統的區域差異顯著。俄羅斯西部人口密度較高的森林，由對火敏感樹

種（Fire-Sensitive）組成，不適應林火。另一方面，在俄羅斯中部和東部人煙稀少的地區，林火是生態系統的一部分，森林適應火燒事件（Goldammer 2010）。

俄羅斯中部和東部受到特別影響，因為偏遠地區的林火肆虐。雖然俄羅斯遠東地區的城市經常被陰霾籠罩數日甚至數週，但這些林火幾乎沒有得到政治和媒體的關注（Goldammer 2010）。

2002年8月至2003年5月間，貝加爾湖西北部和東南部地區的降水量極低。這個地區常年降水量約為190毫米。植被遭受極端乾旱脅迫。與此同時，預算削減導致監視林火之飛機航班減少。因此，火源沒有及時發現，並演變成無法控制的林火（FAO 2006）。氣候變遷可能會進一步增加林火的數量，特別是在森林廣闊、滅火基礎設施薄弱的西伯利亞地區（WWF 2016）。涉及使用火燒伐木後的林業做法，顯著增加了林區遭受林火的脆弱程度。火燒規模超過了樹種能夠透過風傳播的距離。在俄羅斯部分地區極端氣候條件下，自然更新已不再可能。經常發生的林火，已為定期發生林火的廣大草原的演變，創造了有利條件（FAO 2006）。

圖5-25　俄羅斯過去6年來至少有一半的豹棲息地被燒毀（WWF 2016）

四、美國

在美國2017年報告了1409件重大林火，此件數約占全國林火總數的2%。圖5-26描繪了這些重大林火地點。依「全美動員指南」（National Mobilization Guide）將重大林火

定義為火燒林木類100英畝或草／灌木類300英畝面積以上之林火事件。

阿拉斯加　　　　　夏威夷　　　　波多黎各島
　　　　　　　　　　　　　　　　（美國境外領土）

圖5-26　美國2017年重大林火位置圖。重大林火定義為火燒林木類100英畝或草／灌木類300英畝面積以上

（National Interagency Coordination Center 2017）

五、加拿大方面

　　近年來，隨著愈來愈多人口遷入加拿大，森林附近與建築物界面（WUI）之社區數量迅速增加。這些新住戶對林火和適當的預防措施知之甚少。2003年，大眾首先意識到界面之林火所造成的巨大威脅，當時不列顛哥倫比亞省的林火數量和範圍超過了消防能力，並且有超過45,000人口不得不撤離。自那以後，由於城市／野生動植物界面的不斷增加和林火風險的增加，構成了相當大的挑戰，而加拿大相關主管單積極制定詳細防災計畫。此外，加拿大北部的社區也期望改善防火。對於這些社區來說，森林是他們的生計，所以即使是不直接影響住宅區，林火也會對社區經濟產生相當大的間接影響。幾乎每年加

拿大北部的一些社區必須撤離，以保護人們免受林火和煙霧的侵害（WWF 2016）。

　　因此，近年來，森林防火在公共話題中愈來愈重要。除了保護居民的財產，特別是當地社區、森林所有者和與森林毗鄰的地區居民，期望主管當局讓他們參與有關森林防火的決定。這種參與需要知情人士了解林火的積極影響，並且大火形成就很難以停止。

　　除了林區界面是林火風險位置外，加拿大的林火有56%是由於偏遠地區無建築物條件下可容忍林火。2014年這些地區主要分布在西北地區、薩斯喀徹溫省（Saskatch-ewan）、魁北克省、馬尼托巴省（Manitoba）以及紐芬蘭（Newfoundland）和拉布拉多（Lbrador）等內陸省分。

　　大部分林火發生在不列顛哥倫比亞省（1819件）和阿爾伯塔省（1698件）。薩斯喀徹溫省受影響最大的地區為178萬公頃，受控火燒占100多萬公頃，其餘70萬公頃的火勢不得不被抑制（CIFFC 2015b）。圖5-27顯示加拿大1980至2016年期間累積大型林火（火燒面積超過200公頃）位置圖（CIFFC 2018）

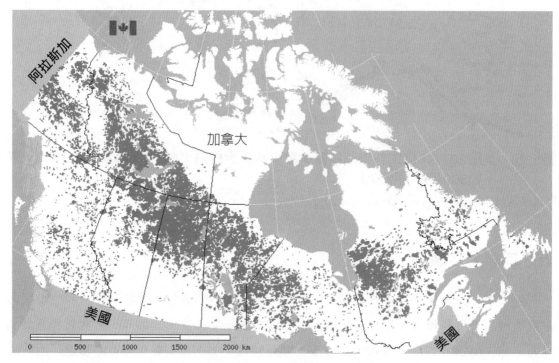

圖5-27　加拿大1980～2016年大型林火位置圖（CIFFC 2018）

六、澳大利亞

　　澳大利亞每年北部的廣大地區都會火燒；圖5-28顯示了2015年的情況。該國這個地區的熱帶草原和草本植被很容易進行頻繁地火燒。人們習慣使用火燒，以增加有益礦物質來促進牧草和野生動物的鮮草生長。

　　在南方，火燒面積要小得多。然而，人口密度要高得多，景觀也高度分散。因此，澳大利亞南部的林火造成的損失，要比人煙稀少的北部高得多。南部相對較小的林火引起公眾的注意，並進行人爲即時抑制撲滅，因其燒毀房屋並危及居民的生命。因此，已經建立了完整的防火文化，來保護有價值的林火風險資產。

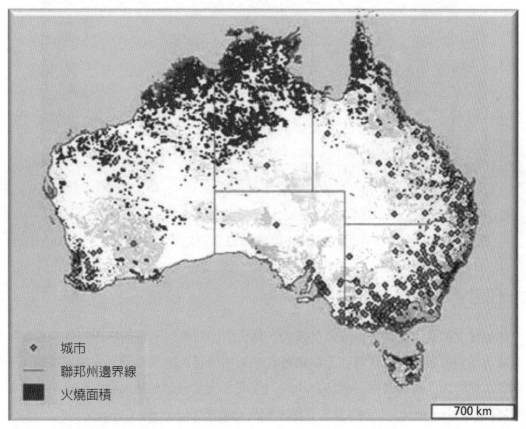

圖5-28　澳大利亞2015年林火面積地圖（Western Australian Land Information Authority 2015）

七、亞馬遜流域

　　從2003年8月到2004年8月，有274萬公頃的熱帶雨林消失，幾乎和比利時一樣大小。自從1995年以來，2003年期間是雨林消失第二高。自那時起，消失率已持續大幅下降（圖5-29）。從1996年到2005年的10年期間，每年平均有200萬公頃的森林流失，但在接下來的10年（2006年至2015年），森林消失有減緩現象。

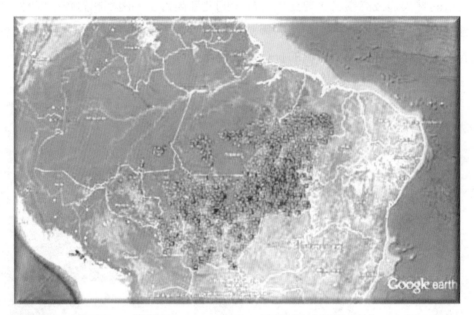

圖5-29　巴西2015年使用NOAA衛星15亞馬遜地區的林火（WWF 2016）

八、印尼／東南亞

　　印尼林火的最大比例是由人為引起的。林火增加的原因，是因為印尼本身問題，以及全球市場的發展，因為貿易商品如纖維素、天然橡膠或棕櫚油受到大規模種植，在印尼熱帶雨林的大片種植園中。到2015年10月下旬，印尼有25%林火發生在紙漿林種植園（Pulpwood Plantations）、4%發生在伐木特許經營區（Logging Concessions）、有10%發生在棕櫚油種植園（Global Forest Watch 2015）。蘇門答臘衛星圖像評估表明，該島39%的林火發生在紙漿和紙張生產商及其供應商的特許權經營區。在蘇門答臘的泥炭地森林中，53%的林火是APP/Sinar Mas供應商的特許權經營區；因此，印尼林業部暫停了其中一家供應商的許可。印尼地區法院駁回了該部門於2015年12月要求賠償7.97億美元的訴訟。

圖5-30　一強大林業遊說團隊，即伐木和種植體系本身以及社會／政治土地使用和權利結構方面，使目前印尼森林生態保護問題不太可能發生多大的改變（WWF 2016）

九、臺灣方面

臺灣於1963年至2004年間國有林之森林火發生地點，詳細如圖5-31所示。再就各事業區的大型森林火燃燒面積與頻度分析（圖5-32），大甲溪事業區在37個事業區中發生大火之燃燒面積最大（5263 ha），次數也最多（24次），玉山事業區（代號15）燃燒面積雖大（2541 ha），但次數只有4次，秀姑巒溪事業區（代號29，2109 ha，2次）亦如玉山事業區，燃燒面積大但次數少。圖5-31亦顯示發生大火較頻繁之事業區均集中於中、南部地區。

大型森林火何以集中在大甲溪事業區，依觀點分析，因大甲溪事業區的植群主要是臺灣二葉松林（劉棠瑞、蘇鴻傑 1983），但自1976年林相變更計畫大量營造臺灣二葉松林以來，該地區每公頃臺灣二葉松株數與天然群落差異甚大（周巧盈 2004），亦即燃料型態與燃料量之改變，是形成大火之潛在因素。從地形觀點分析，大甲溪事業區為雪山山脈主要區域，與中央山脈在思源埡口相交，大甲溪流經事業區中央，造成許多箱型谷，容易造成煙囪效應（林朝欽 1999；Pyne *et al.* 1996），此種地形火勢輻射能回饋效應是促使大火發生有利的地形因子。由氣象觀點分析，大甲溪事業區之氣候頗似溫帶地區，四季分明，乾燥季節之相對溼度低（林朝欽 1999），使得燃料長期處於低溼狀態，較易引燃（Lin 2004），乾燥燃料燃燒傳播快速，若搶救不及則擴展成大火。再就火源觀點分析，大甲溪事業區內高山果菜園林立，農民整理果菜園時間與乾燥季節重疊，且農民大部分用

火作爲整理果菜園工具（王筱萱 2004），使得森林火引發機會增加，2001年與2002年的大火是最明顯的例子；又大甲溪事業區位於熱門旅遊景點的雪霸國家公園範圍內，爲攀登雪山與武陵四秀等主要登山活動的必經之途，登山者用火是不可避免的行爲，登山引起之森林火時有所聞（Lin 2001），2001年雪山東峰之森林火即是登山者用火不愼的案例。

　　綜合以上森林火環境分析，足證大甲溪事業區是森林火敏感地區；但由生態觀點觀之，則臺灣二葉松林被認爲是火燒適存植群（劉棠瑞、蘇鴻傑 1978），林火是臺灣二葉松林成爲優勢植群的主要因子，火與臺灣二葉松林間形成特殊的依存關係，若大甲溪的臺灣二葉松林無法進行調整，則大火現象難以改變（黃清吟、林朝欽 2005）；但實施控制焚燒是一管理選項策略。

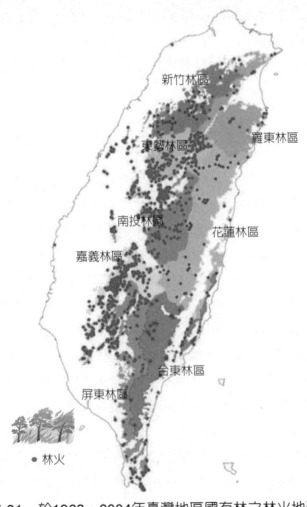

圖5-31　於1963～2004年臺灣地區國有林之林火地理圖

（改編自黃清吟、林朝欽 2005）

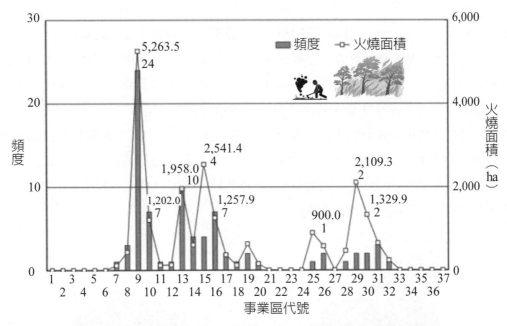

圖5-32 於1963～2004年臺灣地區國有林之大型森林火頻度與燃燒面積──以事業區統計（改編自黃清吟、林朝欽 2005）

　　因此，如何就特殊燃料型態地區改善經營措施或定期進行燃料移除，與山地社區互動取得防火共識，是這3個林區值得重視的課題。再檢視8個林區所轄各事業區林火發生情形，顯示發生頻度最高的5個事業區為：南投林區埔里事業區與嘉義林區大埔事業區均為187次（12%）最多，其次依序為屏東林區旗山事業區（156次，10%）、恆春事業區（137次，9.%），以及東勢林區大甲溪事業區（136次，9%）；但上述情形為整年（1至12月）發生林火的狀況，若僅以火燒季節（1至4月）分析，則主要分布的地點仍為此5個事業區，但以大埔事業區最多（159次），其次為旗山（138次）、埔里（126次）、恆春（97次）、大甲溪（74次）等事業區，顯然這5個事業區是國有林林火發生較敏感的區域（黃清吟、林朝欽 2005）。

　　在最近研究上，顯示過去50年間林火發生的區域，可分為「國有林事業區內」與「非國有林」來看，國有林事業區內的林火主要發生在中部及南部林區內，中部林區的東勢林區（350次）與南投林區（429次），兩個林區的林火數目占40%。非國有林事業區內的林火主要發生北部及中部縣市，新北市為所有縣市最多（128次），若把臺中市、南投縣、彰化縣、臺灣大學及中興大學實驗林加入計算，則中部地區是最多林火的（326次，占35%）（林朝欽 2016）。

　　低海拔地區之事業區之林型，多以闊葉樹林爲主（林務局 1996），理論上較不易引發林火（Pyne *et al.* 1996），除非刻意引火或縱火，否則難以發生較多林火，顯然與火源有關，而人爲火源涉及社會因子之變數。又林火引起對人類活動是否頻繁、到達是否方便，可從道路因子方面來探討。森林中開設的道路會增加人類到達的方便性與行進速度，也使人類較容易進入森林從事活動。從南投林區1992至2002年的火災發生紀錄來看，林火發生的地點多數集中分布於距離林道2 km以內之範圍，其中又以距離林道1000 m之範圍林火發生次數最高，此結果亦可間接佐證林火的發生和道路的遠近有著一定程度的關聯性（顏添明、吳景揚 2004）。人爲用火能觸及林地，假使在林火危險率高之地區，應加管制及宣導，以降低林區起火之可能性。

圖5-33　林區開闢道路可使消防車能到達進行快速有效滅火，但另一方面道路深入林區增加人為起火可能性（盧守謙 2011）

第六節　結論

　　本章呈現全球主要地區之林火問題與分析，林火發生會促使氣候暖化，而氣候持續暖化又會加劇林火發生風險，形成一種負面結構性循環作用。爲阻止一些重要林火問題更加嚴重，世界自然基金會（WWF）也介入輔導，以力求改善。在俄羅斯受到林火威脅的最

重要瀕臨絕種的雲豹森林棲息地（Leopard Hbitat），世界自然基金會積極建置20～30公尺帶狀高山落葉松林（Larches）之生物化防火林帶工作。這種松林會抑制林下植被的增長，能為地表火提供燃料有限，從而能夠阻止樹冠火之發生。然而，這要求落葉松齡需超過10年。在未到達10年之前，這些林分以及相鄰的林床必須注意防火。同時，世界自然基金會與俄羅斯邊防巡邏隊合作，訓練巡邏人員進行滅火，並提供簡單的滅火設備。

　　森林防火應該被理解為森林管理的一部分。這意味著要避免大面積切割，但這會增加森林的易燃性。另外，在依賴火的森林生態系統中，控制燃燒應被視為減少燃料量，促進自然更新和改善野生動植物自然棲息地的管理工具。建立公眾知識在林火風險的認識，對減少人為林火發生的數量是必要的，例如透過學校的教育活動。另一方面，在基礎設施規劃中應考慮林火風險，例如鐵路或電力線路的建設。在全球非法採伐非常嚴重之地區，最重要的是，林業部門的執法力度應得到加強，以打擊非法和相關縱火行為。世界自然基金會多年來一直呼籲政府加強國際合作，消除非法採伐和非法貿易。由俄羅斯、歐盟成員國、中國、日本以及其他歐洲和亞洲國家，共同參與組成北亞森林執法和治理（ENA-FLEG）協議組織，進行核查木材合法來源的許可協議外，ENAFLEG還包括對林業部門改革的支持。在這個過程中，將分析各國現有防護林火的法律規定，並制定森林防火相關戰略，以改善一些重要林火問題之地區。

　　在臺灣位於亞熱帶與熱帶交界處，擁有近60%的森林覆蓋率，在熱帶、亞熱帶、溫帶、亞寒帶等型態的植物群落間，孕育著豐富多樣的野生動物社會之海島型國家。在春夏季期間長，空氣中相對溼度較高，使森林地表落葉含水量多，臺灣林火發生及其規模算是相對較少。事實上，林火是森林動態變化中主要干擾之一，具有益和有害雙重作用（呂金誠 1990；林朝欽 2000；陳明義、呂金誠 2003；FAO 2010）。有些森林生態系統適應了火燒，並依靠其來保持旺盛的生長和再生能力（呂金誠 1990；陳明義、呂金誠 2003）。

　　然而，林火常常失控並毀壞森林地被和生物量，繼而由風和水造成大量的土壤流失（陳明義、呂金誠 2003）。林火不僅僅影響森林及其服務功能，也涉及財產、人類生命和生計。儘管某些森林生態系統依靠火燒進行更新，但林火對一些敏感的不適應火之森林生態系統卻帶來毀滅性結果（呂金誠 1990），這在整個林火管理上是需要衡酌的。

第六章　起火管理

誠如第5章所述，全球大部分林火是由人類活動引起的。人類應對林火負責——無論是直接還是間接，由於故意或疏忽引起的（WWF 2016）。據估計，每年大火燒毀高達5億公頃的開闊森林、熱帶和亞熱帶草原，10～15萬公頃的北溫帶森林和20～40萬公頃的熱帶森林（Goldammer 2010）。本章首先以歐洲爲例，進行探討歐洲林火發生模式。然後，我們根據一些案例研究，對驅動起火的關鍵因素，進行更詳細的相關因素分析，最後對起火管理的涵義做出一些評論。

第一節　起火與人類活動

有關林火發生的地點、時間和原因的知識，對於確保適當的林火政策（Fire Policy）和管理是至關重要的。了解和預測起火模式（Ignitions Patterns）的能力，將有助於管理者和決策者提高防火、監測（Detection）和林火資源分配的有效性（Catry *et al.* 2010）。

一、人為原因和自然原因

有證據表明人類最早使用火種發生在100多萬年以前（Pausas and Keeley 2009）。自然林火體制至少在數千年前已被人類所改變，在世界大部分地區人類活動比自然火源更爲重要（Goldammer 2010）。歐洲尤其如此，特別是人類干涉生態系統歷史悠久的地中海地區（Thirgood 1981）。

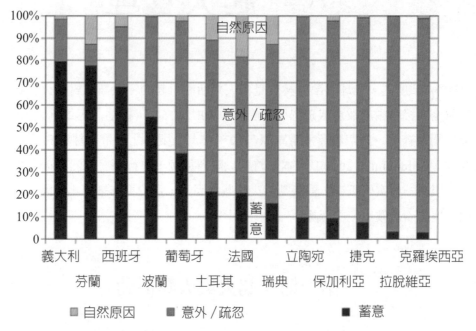

圖6-1　歐洲林火主要原因，從歐洲森林林火資訊系統（EFFIS）數據（1998～2007年期間；有成功調查500件林火的國家資料）（Catry *et al.* 2010）

　　目前，歐洲約95%的林火直接或間接是由人類行為和活動（Human Behaviour and Activities）引起的；其中有51%是故意造成的，44%是疏忽或意外的，僅5%是自然原因（主要是閃電）。然而，這些數據在國與國之間是存有很大的差異，故意的原因占所有林火的2%到79%，疏忽和意外原因占10%到98%，自然原因占0%到32%。圖6-1顯示了成功調查至少13個國家有500起林火之主要原因（Catry *et al.* 2010）。

　　此有一共同特徵，歐洲林火一些主要人為原因與土地管理有關，例如農業和林業殘餘物（Forestry Residues）使用火燒、牧場土地火燒翻新或使用機器。然而，還有許多其他因素也會導致林火，包括故意性縱火（Arson）、意外起火，如電力線路和鐵路事故，或與森林娛樂相關火的使用（Vélez 2009）。

　　關於林火如何開始的問題，如果想了解人類在林火體制中扮演角色，對起火原因的調查是至關重要的。正如所看到的各國之間林火原因方面，存在很大差異性。然而，歐洲不同的國家在確定林火原因的林火百分比方面，也存在頗多不同。這些百分比從拉脫維亞（Latvia）近100%，到葡萄牙（Portugal）的5%（Catry *et al.* 2010）。此外，歐洲國家對林火原因進行調查和分類的標準至今仍沒有統一，難以有可靠之比較研究。儘管自然火源和人為火源之間的區別，可能更多或更簡單，但不同人類活動起火源（Fire Ignition）

的分類，顯得困難得多了。即使僅將疏忽／意外與故意（縱火）原因，進行非常粗糙的分類，不同國家也沒有使用相同的標準，使得國際間變得困難比較。例如，在葡萄牙不受控制的農業焚燒（Uncontrolled Agricultural Burnings）被歸類為疏忽，而在西班牙卻歸類為故意（APAS 2004）。

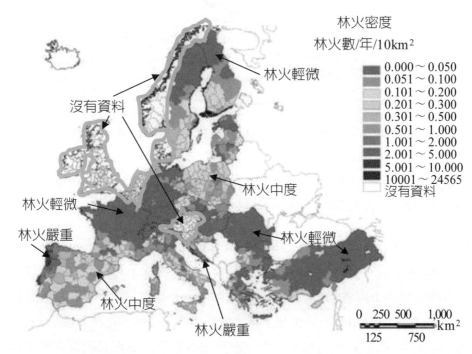

圖6-2　歐洲國家1998～2007年期間林火密度（林火件數／年／10 km²）

（Catry *et al.* 2010）

二、起火空間和時間形式

　　歐洲國家林火的密度較高是主要集中在南部地區，其中地中海國家占林火事件的大部分。但是在一些中部和北部國家，林火也很頻繁。有幾個因素可以很好地解釋起火密度的空間變化，如氣候、人口密度、主要經濟活動（Main Economic Activities）和土地利用型態（Land Use）。從全球一些研究，已確定了影響起火空間形式的許多因素。然而，不同因素對林火發生的影響，可能在生態系統和空間尺度上存有頗大差異性。

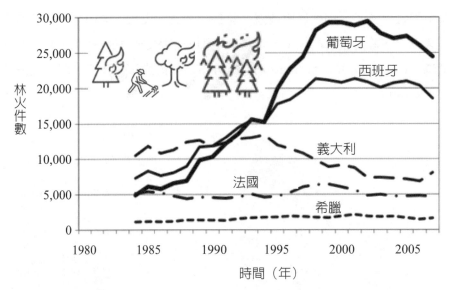

圖6-3　1980～2007年期間五個南歐國家林火件數情況，使用移動平均數（Moving Averages）（n = 5年）（European Commission 2009）

　　近幾十年來，歐洲的林火數量一直在增加（European Commission 2009）。聯合國（UN）（2002年）報告稱，1970年代大約有40,000次林火，增加到九〇年代95,000次（歐洲31個國家10年平均值）。一些社會經濟因素，包括愈來愈多的森林娛樂使用和土地可及性（Land Accessibility），促成了林火增加趨勢。然而，在林火探測（Fire Detection）方法和通信／報告系統方面的改進，很可能也有助於發現和報告更多的林火件數（Catry *et al.* 2010）。

　　一直到最近十年來，儘管年變化很大，但是林火數量已明顯地趨於穩定，甚至開始下降。從EFFIS數據庫顯示，在過去10年（1998～2007），平均每年發生89,000次林火，低於聯合國報告1990年代的平均值；然而，EFFIS數據庫僅有21個歐洲國家，而聯合國報告包括31個歐洲國家，因此限制了直接比較。另一方面，從歐盟5個地中海國家（具有較長的時間序列林火數據庫的國家）趨勢來看，即使它們呈現出截然不同的情況，在此也可以看到，這10年的整體趨勢是林火數量已趨近穩定或減少，但需要更多的時間來明確證實這一趨勢（Catry *et al.* 2010）。

　　歐洲地區的林火主要集中在夏季和春季（見圖6-4）。大部分（51%）的林火發生在夏季（7月至9月）。平均而言，27%林火發生在春季（4月至6月），14%發生在冬季（1月至3月），只有7%在秋季（10月至12月）。然而，地中海國家，大部分林火發生在夏季，而其餘大多數國家大部分林火係發生在春季（Catry *et al.* 2010）。平均而言，每日

林火分布在14：00至17：00之間，占30%，為全部林火發生最多的時段。大部分林火發生在13點至19點之間（全部林火的53%），最少發生林火的時間為03：00至07：00（僅為3%）。歐洲國家在白天的起火分布方面，幾乎是沒有區別（Catry *et al.* 2010）。

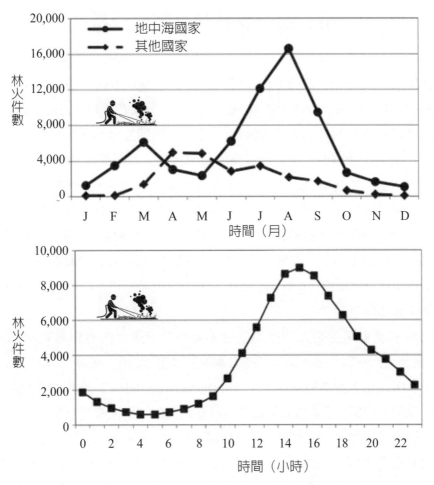

圖6-4　歐洲林火平均每月（上圖）和24小時分布（下圖）（21個國家1998～2007年）（Catry *et al.* 2010）

三、起火與燃燒面積

在歐洲地區絕大多數的林火都很小，只有少數會有重大的後果。歐洲所有林火平均70%燃燒面積係不到1公頃，95%燃燒不到10公頃。所有林火大於100公頃是少於1%，大於500公頃的林火不到0.2%。儘管所有國家的這些類型總體上都非常相似，但更大的林火

幾乎全部集中在地中海國家（Catry *et al.* 2010）。而地中海國家的林火數量最多，占歐洲地區林火面積最大，這些國家平均每年燒掉大約50萬公頃面積（Catry *et al.* 2010）。

第二節　驅動起火因素分析

起火風險（Fire Risk）定義是由任何致災因子（Causative Agent）的存在和活動，決定起火機會（FAO 2001；NWCG 2006），是評估林火危險度（Fire Danger）重要因素（Finney 2004；Vasilakos *et al.* 2007）。驅動起火關鍵因素分析，本節以地中海國家為例做說明。葡萄牙是歐洲林火密度最高的國家，無論是起火還是燃燒面積，因此選其為案例研究，以進行更詳細的分析。有一研究小組研究葡萄牙5年期間，共發生13萬次林火（Catry *et al.* 2007, 2008, 2009）。這項研究工作的重點，是表徵和確定林火起火空間發生的主要因素。選取和分析假設與起火的空間分布，相關的一些社會經濟和環境變數（Environmental Varibles）。結果做出一些統計模型（Logistical Models），並為整個葡萄牙地區製作了起火風險圖（Ignition Risk Map），此能高精準度預測起火發生的可能性（Catry *et al.* 2010）。

人類存在和活動是葡萄牙起火的主要驅動因素。選定的解釋變量（Explanatory Varibles）與起火的空間分布，都有很高的顯著相關性（Catry *et al.* 2010）。而人口密度（Population Density）是多變量模型中（Multivariate Models）最重要的變量。這個變量與起火事件呈現正相關，意味著在人口較多地區起火的可能性較高。在全球一些國家研究中，人口密度也被認為與林火起火呈現正相關（Cardille *et al.* 2001）。在葡萄牙，70%以上的起火發生在100人／平方公里以上的城市，儘管這些城市僅占全國面積21%（Catry *et al.* 2010）。

由於不同類型的人類活動（土地利用），導致不同程度的風險，如引發林火的活動（消除農業殘留物之傳統土地火燒）以及因不同類型土地，而導致不同程度的林火風險，因此土地植被（Land Cover）也被假設為導致起火的決定性因素，因其具有不同的燃料特性（如水分與可燃性等），其可以確定起火和初始延燒擴散。在Catry *et al.*（2010）與其他研究（Cardille *et al.* 2001）發現相似，土地植被顯示了對起火機率的強烈影響。絕大多數的林火發生在農業和城鄉混合區域（85%），只有15%發生在森林或野地，儘管這些占了高達全國面積50%。結果表明，農業是影響林火的重要因素。這與Catry *et al.*（2010）

之前對林火原因的調查是一致的，其結論是大部分林火是由農業活動引起的。

　　造成這種高起火率的原因，是這些地區與森林和非耕地相比（Uncultivated Areas），通常存在較高的人口密度，許多地中海農業地區的草本植被更容易起火，且其比其他地區有更易延燒之燃料類型，特別是在夏天當燃料水分很低時。城鄉地區的高起火發生率，也可能是由於農業活動和人類的高度存在所致。森林、灌木叢和稀疏植被區（Sparsely Vegetated Areas），也對多變量模型表現出一些影響，但其影響率是相當低的（Catry *et al.* 2010）。

　　隨著與主要道路的距離增加，起火發生的可能性隨著降低（Catry *et al.* 2010）；這個結果也在其他研究中發現一樣（Vega *et al.* 2006）。根據Catry *et al.*（2010）研究結果，98%的起火發生在離最近公路不到2公里處，85%在500公尺範圍內（Catry *et al.* 2010）。此外，海拔也顯著影響起火分布。這種影響是因一些人類活動更可能發生在較高海拔區，例如使用傳統的焚燒來修復牲畜的牧場，這種焚燒在伊比利半島引起頻繁的林火（見專欄1）。Badia-Perpinyà和Pallares-Barbera（2006）在西班牙東北部農村高海拔地區，也發現了較高的起火頻率。此外，閃電引起的林火，可能發生在更高的海拔（Vazquez and Moreno 1998）。

圖6-5　林區開發道路人為起火可能性增加（盧守謙 2011）

在此以南美洲巴西為例，Tasker and Arima（2016）研究指出，儘管巴西亞馬遜地區的天然野生生物資源相對較少，但人為活動仍然是一個常態性威脅（Alencar *et al.* 2009）（圖6-6）。許多研究發現，林火發生率與農業活動之間存在很強烈的顯著關係，通常以道路距離、農場交貨價格（Farm-gate Prices）和以森林砍伐面積之距離來表示（Shlisky 2014）。此外，伐木和森林區塊化增加了燃料載量（即成堆枝條及枯落物），並降低了林下溼度（Cochrane and Schulze 1999），數百萬農民和牧場主人在森林砍伐過程中，使用火燒森林生物量時，提供意外火源。火燒後往往草本侵入，從而增加細小的燃料載量和火強度（Brando *et al.* 2014）。一旦建立了牧場，侵入灌木與牧場所需的草類競爭，牧場主人經常使用火燒來控制維護（Tasker and Arima 2016）。

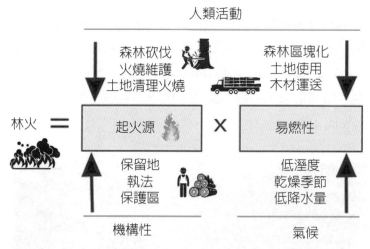

圖6-6　林火驅動因素之概念框架（Tasker and Arima 2016）

專欄1　林火和畜牧業 —— 葡萄牙案例研究（Catry *et al.* 2010）

葡萄牙於2002～2007年之6年期間發生135,000起林火，分析林火和畜牧業之間的關係，使用了7,337個已知原因的林火樣本，來調查牧場引起林火與所有其他原因的區別特徵。

平均而言，牧場活動（Pastoral Activity）占全部林火的20%，占地區的11%。牧場引起（Shepherd-Caused）的林火主要是灌木林地（78%）和森林（18%）。相比之下，其他林火比灌木林地（37%）燃燒更多的森林（56%）。

採用Logistic回歸方法，分析26個潛在解釋變量（Explanatory Varibles）的相對重要性，並開發林火起火預測模型（Ignition Predictive Models）。對林火發生機率影響最大的因素，是森林存在、頻繁人為活動（Active Population）、過去林火復發、海拔

高度和坡度。森林和頻繁人為活動的存在，產生了負面顯著影響。評估模型的特徵測試（ROC），顯示了預測林火發生的準確性有82～85%。

關於地形，結果表明，與牧場活動（Pastoral Activity）相關林火，比其他林火發生在較高海拔和不規則的地形（Irregular Terrain）更多。在人口密度／活動較少的地區，這些林火也更頻繁地發生，這些地區距離主要道路較遠，過去林火頻繁。

由於牧場活動引發的林火，也呈現出不同的時間模式，主要發生在從中夏到中秋。然而，觀察到林火季節出現大的年度變化，可能與牛隻的年度氣象條件和食物供應有關。

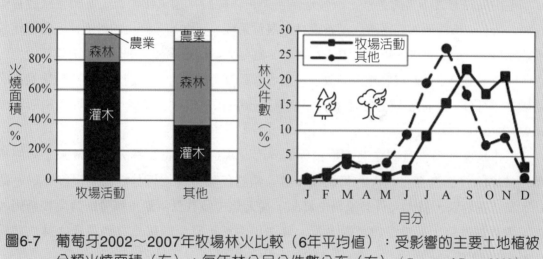

圖6-7　葡萄牙2002～2007年牧場林火比較（6年平均值）：受影響的主要土地植被分類火燒面積（左）：每年林分月分件數分布（右）（Catry and Rego 2008）

以下就社會經濟、生態及政治因素進行探討。

一、社會經濟因素

在過去的幾十年中，曾經是地中海地區特有的傳統農村社會經濟制度已經崩潰。在地中海北部大部分地區現已放棄小規模農業，例如義大利、西班牙和希臘，其中在塞普勒斯或土耳其南部地區，管理不善和過度開採增加。此外，整個地中海地區經歷了由於城市化進程加快，沿海旅遊業發展、基礎設施擴張和改善，而帶來的土地使用深入林區和迅速變化。這些變化速度已經阻止人們以社會、生態和經濟等可持續的方式，來適應新的環境（WWF 2016）。

過去幾十年農業的減少，導致北地中海國家的農村人口遷移到城市和沿海地區。在該

地區的大部分區域，農業用地和森林都被完全放棄了。生物量積聚在未利用地區，成為林火的燃料。在這種情況下，在牧場和農田的維護中可以採用傳統的火燒，當火焰蔓延到被遺棄的地塊，並變成無法控制的野火時，即會產生災難性的影響。

　　隨著大部分農村人口的遷移，社會控制也喪失了。義大利調查人員最常見的縱火犯，一般為中年男子為一名農民或牧羊人工作，生活在一個很大程度上被人類拋棄的地景中，利用火燒來清除別人土地上的矮樹和森林，從而創造出新的牧場來增加他的牲畜。同一類型的罪犯，特別是在義大利南部的罪犯，也利用火作為恐嚇和威脅他人的手段，以維護他的利益（WWF 2016）。

　　地中海經過幾十年的遷移，一些地區目前正在建設「週末住宅」，並開發旅遊基礎設施。所有城市周圍的郊區融入鄰近森林和叢林景觀，這增加了野火的可能性。隨著建設用地和房價上漲的需求，土地投機正在增加。有些人試圖透過縱火把森林變成建築用地。與此同時，由於旅遊基礎設施得到改善，度假者數量大幅增加，特別是在林火風險最高的乾燥夏季月分。休閒旅遊者往往無法評估風險，因此常疏忽（吸菸、營火）而引起林火（WWF 2016）。

　　城市地區與自然景觀之間不斷擴大的界面（WUI），也給林火工作帶來了新的挑戰。當WUI界面區發生林火的可能性和對人類的危險，要比森林地區多出許多倍。此外，在這些地區，滅火人員必須集中資源，從火焰中拯救受到嚴重威脅的房屋和基礎設施，導致在戰略上缺乏整體行動力量，無法集中滅火資源於防止火勢蔓延之林火前線（Rinau and Bover 2009）。

圖6-8　人為林火發生牽涉社經、生態及政治因素（WWF 2016）

二、生態因素

地中海地區的大部分自然和生態極其寶貴的植被，經歷了迅速而深遠的變化：在該地區的北部，它被厚厚的次生林、叢灌林及Macchia植被所取代。在南方，剩下的幾片老舊森林被分割。在這些退化、次生林以及未利用的農業地區，大量乾木材積聚並成為廣泛林火的理想燃料（WWF 2016）。

氣候變遷進一步加劇了地中海地區森林火的風險。預期影響包括夏季較長的乾旱期以及一年中其他時間也會發生乾旱。這將大大延長伊比利半島和義大利北部的林火季節。在地中海南部地區，林火風險將全年保持高位。到2050年全球變暖2℃，西班牙的林火季節將延長2到4週（WWF 2016）。即使在今天，地中海地區的氣候條件也是如此，即長期以來幾乎沒有降雨，平均氣溫遠高於30℃，將地表枯落層乾燥至溼度低於5%，假使有一火星，即足以點燃一場巨大的林火（Velez 2002）。

氣候變遷也愈來愈多地引發極端天氣條件，例如低溼度和強風的長時間熱天。突如其來的暴雨和強降雨，在幾小時內達到年平均降雨量的發生率，也可能增加強降雨現象，從已燒毀的未受保護的土壤，造成地表上流失，土壤侵蝕進一步導致沙漠化。即使在今天，地中海地區30萬平方公里的土地，也受到沙漠化威脅，影響了1,650萬人的生計（WWF 2016）。

三、政治因素

由於地中海地區的氣候和生態條件，林火發生並非例外，而是經常發生的自然現象。儘管如此，政治只是在林火緊急情況下才做出反應，而不是採取預防性減災行動。因此，大部分林火資金主要用於直接滅火的技術設備。儘管滅火成本飆升，但影響不大，因社會大眾廣泛接受這些滅火措施，因媒體播放了令人印象深刻的大規模火燒圖像。事實上，從中長期來看，從減災、整備之預防措施執行會更便宜和更有效，對人類和自然有許多協同效應（Synergistic Effects）。在地中海地區長期預防措施常常失敗，因為與林火相關的政治承諾，很快就被遺忘了，直到幾年之後，另一場災難性的森林大火才讓所有人感到意外。近幾年來，在一些地中海國家採取了一些正確方向的步驟，以綜合措施來制定預防措施，這些措施考慮了相關的社會經濟、生態和政治因素（WWF 2016）。

在大多數地中海國家，制定了規範滅火期間責任的法律，對縱火犯提供嚴厲懲罰，並禁止將燒毀地區轉變為建築用地。然而，正如每年經常發生的林火一樣，制裁法律通常執行不力。僅有極少數情況下，縱火犯能被確認、逮捕並繩之以法。例如在義大利，2014年有3,257起火災。在調查的案件中，85%是由於縱火，另外14%是由於疏忽造成的。只

有1%的林火是自然原因的。儘管如此，只逮捕到133人和3名嫌疑人，而西班牙的情況類似，2013年發生的10,797起林火中，只能找到134起縱火犯，僅占林火事件的1.24%（WWF 2016）。

　　事實上，在地中海地區不受控制的城市和基礎設施發展，爲林火預防性措施帶來了額外的成本，例如維護電力線路或公路沿線的森林面積（WWF 2004）。應該全年實施適合各自土地使用的預防措施，這可以爲只能季節性聘用的消防員，創造全年工作機會，並且可以消除縱火的潛在動機（WWF 2016）。

第三節　林火與人口密度

　　在歐洲國家起火的空間模式，對於所有的林火大小皆不一樣（Catry *et al.* 2008）。儘管大多數林火，起始於人口密度較高的地區，但最大的林火是發生在人口密度相對較低的地區。全球多變量預測模型（Global Multivariate Predictive Models）觀察到人口密度，是強烈顯著隨著起火件數增加而迅速下降，其中預測林火發生在500公頃以上時變爲負值。由於起火導致小火或大火，土地植被分類的影響是不同的。考慮到所有的林火規模（Fire Sizes），亦即全國範圍內所有隨機發生林火，那麼城市和農村混合林火的起火次數，將比預計的多9倍。與所有隨機分布相比，森林和灌木地區的林火起火少3倍。然而，結果還表明，與小火相比，林地（Woodlands）大火發生的機率顯著較高，而在城鄉較低（Catry *et al.* 2010）。

　　在歐洲國家起火的頻率也取決於與道路的距離，並且起火更可能發生在靠近主要道路（Main Roads）（此與臺灣情形類似），而與所產生的火勢規模（Fire Size）無關。然而，Catry *et al.*（2010）證實，從較遠道路距離明顯發生較大林火的頻率，高於較小林火的頻率。關於海拔高度，較高海拔的林火更有可能發生較小的林火（圖6-9）（Catry *et al.* 2010）。

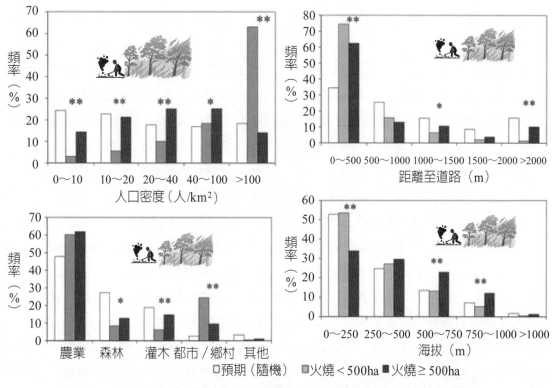

圖6-9 林火與人口密度、土地植被、道路距離和海拔高度相關性

（顯著差異* p＜0.05，** p＜0.001）（改編自Catry *et al.* 2008）。

這項研究的結果清楚地表明，起火與人類的存在和活動密切相關，而且起火的空間形式，對於較大或較小的林火是不同的。對研究所產生的模型是具有合理的良好預測能力，ROC（Receiver Operating Characteristics）（接受者操作特徵）分析表明，預測機率（Predicted Probbilities）與觀察結果之間一致性為74%至87%。不同年分建成的模型表現相似，表明5年內空間林火模式變化是不大的（Catry *et al.* 2010）。

第四節　起火和土地植被之間關係

由於人為林火活動的增加，了解土地植被在形成大概林火體制（Coarse-Scale Wild-fire Regimes）中的作用，已成為一個主要問題。這是因人類的存在和影響（如人口密度、農業習慣、放牧量（Grazing Pressure），以及燃料的數量和空間分布，是能解釋火燒引起和延燒的影響因素（Lloret *et al.* 2002）。土地植被和燃料屬性（Fuel Characteristics）往往是密切相關起火的特徵，因此不同的土地植被分類的性質，在很大程度上會影響起火的可能性（Catry *et al.* 2010）。

在Catry *et al.*（2010）另一項研究中，量化3個選定的歐洲研究區域起火大概模式（Coarse-Scale Patterns），以確定歐洲地區因土地植被不同而起火的程度（Bajocco and Ricotta 2007）。研究確定假設幾種土地植被分類如同樣具有適火性易燃傾向（Fire-Prone），那麼地景中就會隨機性（Randomly）發生林火（Catry *et al.* 2010）。

在方法（Methods）方面，Catry *et al.*（2010）分析歐洲林火數據庫包括如次：

1. 2000～2004年期間Sardinia島（義大利）13,377起林火紀錄。

2. 2001～2005年期間Coimbra地區（葡萄牙）3,023起林火紀錄。

3. 1982～2005年期間Ticino、Graubuenden和Uri州（瑞士）1,331起林火紀錄。

Catry *et al.*（2010）研究報告是從CORINE土地植被數據（Land Cover data）得出的所有選定的研究地點，都使用了具有常見圖例的土地植被圖，其中原始類別被匯總成12個較粗糙的宏觀類別，其組成在整個研究區域中略有不同（見表6-1）。正如葡萄牙研究案例所述，城市階層包括混合的城鄉地區（Catry *et al.* 2010）。為了確定檢查的植被分類中的林火數量，是否與隨機事件會有顯著不同，使用Monte Carlo進行模擬。虛無假設（Null Hypothesis）是林火隨機地發生在整個地景上。因此，預計每個土地植被類火燒相對豐度（Relative Bundance），與分析區域內每個類別的相對範圍之間是沒有差異。在每個研究地點，將每個土地植被類的實際林火數量與999次隨機模擬結果，進行比較（Catry *et al.* 2010）。

表6-1 不同歐洲地區（義大利、葡萄牙和瑞士）土地植被類別所發生起火分析結果。在p ＜0.01情況下，在特定土地植被分類上，林火發生機率以符號 + 和－分別代表是高於還是低於預期隨機虛無模型（Random Null Model）。（）代表p = 0.05時不顯著；NP ＝於研究區域土地植被分類是不存在

土地植被物類別 （Land Cover Types）	義大利 （Sardinia區）	葡萄牙 （Coimbra區）	瑞士 （TI-GR-UR區）
城市區域（Urban Surfaces）	+	+	+
非灌溉耕地（Non-Irrigated Arble Land）	+	+	(-)
灌溉耕地（Irrigated Arble Land）	(+)	-	NP
葡萄園（Vineyards）	+	-	+

土地植被物類別 （Land Cover Types）	義大利 （Sardinia區）	葡萄牙 （Coimbra區）	瑞士 （TI-GR-UR區）
果樹和橄欖樹（Fruit Trees and Olive Groves）	+	+	+
異質的農業區域（Heterogeneous Agricultural Areas）	+	+	+
闊葉林（Broad-Leaved Forests）	-	-	+
針葉林（Coniferous Forests）	-	-	-
混合森林（Mixed Forests）	-	-	+
牧場（Pastures）	-	NP	(+)
天然草原（Natural Grasslands）	-	-	-
過渡期林地灌木和／或硬葉植被（Transitional Woodland-Shrub and/or Sclerophyllous Vegetation）	-	-	-

（Catry *et al.* 2010）

上表列出了歐洲部分研究地區的起火分析結果。根據Monte-Carlo模擬，土地植被分類林火數量發生率（Fire Incidence）不是隨機的（P < 0.01）（Catry *et al.* 2010）。

總的來說，雖然各研究點的結果略有不同，但林火數量與城市和農業土地植被分類之間，存在明顯的正相關。更具體地說，在Sardinia城市地區和所有農業類別的林火數量，是高於預期。相比之下，森林、草原和灌木林的林火數量，是低於預期。葡萄牙也得到類似的結果，除了「灌溉耕地」（Irrigated Arble Land）和「葡萄園」（Vineyards）之外，所有人口壓力（Human Pressure）高的土地植被分類，都具有非常高的起火機率。然而，森林、天然草地和灌木叢表現出相反的行為，所有特點都是低起火機率（Catry *et al.* 2010）。

在瑞士，由於存在兩個不同的林火季（春季和夏季），情況稍微複雜一些。大多數人造和農業土地植被類的特點，是高起火機率。兩種森林類型：「闊葉林（Broad-Leaved Forests）」和「混合森林（Mixed Forests）」也是如此，因其靠近人類住宅（Settlements），這些森林類型是受到人為起火之強烈影響。另一方面，在草地、灌木林和針葉林中，單靠偶然發生（Chance Alone）的林火數量，是低於預期（Catry *et al.* 2010）。

從統計學的角度來看，這種分析很容易在任何空間範圍內進行，並且在任何有意義的土地利用分類（Land-Use Classification）方案，都能為制定林火風險評估（Fire Risk Assessment）和防火戰略（Fire Prevention），來提供有價值的資訊（Catry *et al.* 2010）。

第五節　燃料對起火的影響

　　一般歐洲林火危險度系統（Fire Danger Systems），是基於燃料特性、地形如坡度和坡向方位（Aspects）、氣象數據如當地或區域溫度、降雨和風力狀況等（Ubysz and Valette 2010）。在歐洲研究人員將監測與監測枯死燃料（枯落物）和／或生物燃料（灌木和樹木的葉子）的含水量結合起來。氣象數據可以連續監測，數據按要求時間間隔顯示。可以很快時間間隔來獲得植被1小時的時滯含水量，更常見的是10小時時滯的燃料（Time-Lag Fuels），但是通常僅在一天中最乾燥和最熱的時期獲得，以便捕獲對應於每日林火危險度峰值的相對最小值（Relative Minimum）。取決於參數的使用情況，以及蒐集燃料的樣區（Plots）網絡的密度，燃料含水量（FMC）是可以每天、每兩天或每三天來進行提供（Ubysz and Valette 2010）。以Szczygieł地區等（2009年）和Ubysz與Szczygieł地區（2009年）為例，介紹波蘭的觀測點網絡（圖6-10）和推斷的林火危險度地圖（圖6-11）。

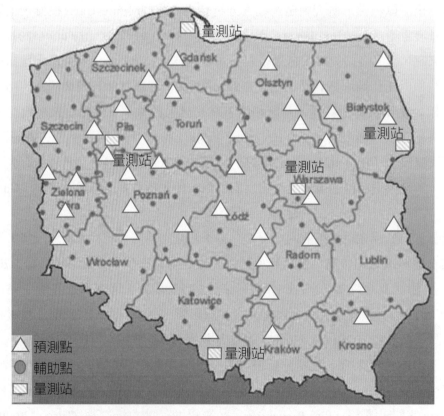

圖6-10　波蘭森林燃料含水量（FMC）量測網絡（Ubysz and Valette 2010）

圖6-11　波蘭林火危險率資訊圖（Ubysz and Valette 2010）

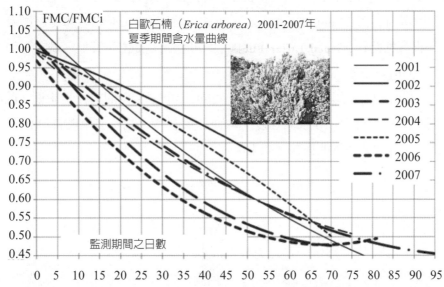

圖6-12　白歐石楠（*Erica arborea*）2001～2007間夏季量測其燃料含水量（FMC）曲線

（Ubysz and Valette 2010）

　　圖6-12整合了法國地中海地區在7個乾燥夏季（2001～2007年）期間，蒐集到的法國網絡（Forest Focus專案計畫）一個樣區上，白歐石楠（*Erica arborea*）樣品FMC曲線情況。圖中顯示2002～2005年的夏季，乾旱不是太嚴重，白歐石楠能限制其FMC的減少。在其他夏季，這些臨界值分別在8～17天和17～28天後達到（Ubysz and Valette 2010）。

　　透過包含生物學數據，對特定樣區的若干物種和給定日期的樣區監測，提高了林火危險預測（Fire Danger Prediction）的準確性。在最近的整合論文中，Chuvieco *et al.*（2009）證明，鮮活燃料含水量，可用於預測特定地中海生態系統中的林火行為和發生情況（Ubysz and Valette 2010）。

　　在更新林火危險地圖方面，需要從氣象和燃料含水量數據中，來推導出地圖。這通常透過先前發生事件獲得的知識、邏輯演進（Logical Evolutions）以及可燃性數據（Ubysz and Valette 2010）。關於野地和森林燃料可燃性的其他研究方法和主要結果，一些文獻已做了描述（Moro 2006）。Weise等（2005）在初步測試中表明，錐形量熱儀（Cone Calorimeter）也可用於將起火時間和含水量關聯起來。Dibble等（2007）指出，錐形量熱儀提供的數據，可以比較許多物種的燃燒屬性。歐洲Fire Paradox團隊改進了程序，以便表徵野地和森林燃料，並為林火行為模式使用者，提供準確的所需輸入值（Rein *et al.* 2008；Madrigal *et al.* 2009）。

　　Guijarro等（2002）描述了一種適用於燃料床（Fuel Beds）的方法，提出燃料含水率和枯落物堆積密度（Bulk Density）的增加，意味著燃燒時間的增加。這也意味著初始林火蔓延速度（Initial Fire Spread）和蔓延速率的降低，以及火焰高度（Flame Height）和燃料消耗率（Fuel Consumption Ratio）的減少，而降低起火之風險。Jappiot等（2007）根據枯落物（Dead Litter Fuels）的可燃性，提出了野地—城市界面（WUI）區域的分類（Ubysz and Valette 2010）。

　　Moro（1990）研究白歐石楠，從1989～2007年的夏天期間進行了測量（圖6-13）。圖6-13說明了燃料可燃性，在很大程度上取決於燃料含水量；其中燃料FMC與平均起火時間（MIT）之線性或指數關係式，如下：

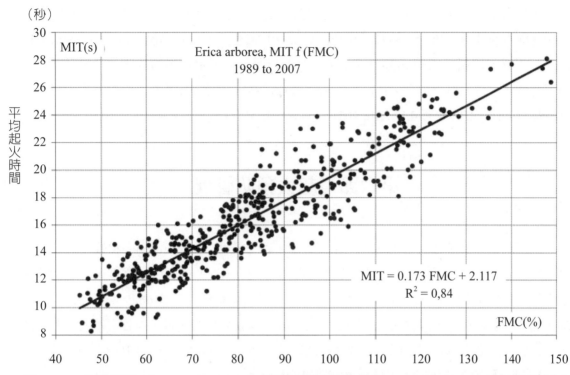

圖6-13 白歐石楠（*Erica arborea*）平均起火時間（Mean Ignition Time）與燃料含水量（FMC）的關係（Ubysz and Valette 2010）

$$MIT = 0.173 \times FMC + 2.117 \qquad (R^2 = 0.84)$$
$$MIT = 6.767 \times e^{0.010FMC} \qquad (R^2 = 0.82)$$

Valette和Moro（1990）指出，對可燃性參數的測量，能在林火季對所關注的植被來進行分類，如表6-2總結一些文獻報告的植被分類。

表6-2 歐洲植被易燃性分類

易燃性	法國	希臘	西班牙
極高易燃	*Pinus halepensis, Quercus ilex, Erica arborea*	*Pinus halepensis, Quercus ilex, Erica arborea*	*Pinus halepensis, Quercus ilex*
較高易燃	*Arbutus unedo, Quercus coccifera, Pistacia lentiscus*	*Arbutus unedo, Quercus coccifera, Pistacia lentiscus*	*Arbutus unedo, Quercus coccifera*
適度易燃	*Cistus salvaefolius*	*Phlomis fruticosa, Cistus salvaefolius*	*Cistus salvaefolius*

（Valette and Moro 1990, Velez 1990, Dimitrakopoulos and Panov 2001）

世界各地林火事件，有許多是鐵公路拋出火／火花引燃植被之案例。許多研究小組已在實驗室條件下，研究了植被因火花（Sparks）和香菸等熾熱物體（Incandescent Objects）引燃的機制。Xanthopoulos等（2006）證明，從車窗拋出的菸蒂，可能引發林火的可能性非常小，但不是零，特別是當車速低且道路狹窄時；許多在歐洲公路橫越野地和森林都是如此（Ubysz and Valette 2010）。

第六節　起火預防管理

眾所周知，林區起火管理在自然原因方面，除了監測（Monitored）和管理的有關火山活動（Volcanism）地區外，乾旱風暴期間（Dry Storms）還發生了雷電火。這些發生頻率似乎持續增加（Alexandrian 2008）；這可能是全球暖化（Global Warming）的結果。這種類型的林火，通常在特定點上起火，其中釋放大量的能量，並且初始階段非常動態。因此，因應雷電起火管理上，實務建議如次（Ubysz and Valette 2010）：

1. 加強研究，以確定發生這種雷電現象的條件。
2. 將雷電衝擊的遠程監測與雷達雨量監測聯繫起來，以預測林火發生的局部性。
3. 利用歷史數據識別易發生雷擊的地區，開發雷電探測系統，提高雷電預測模型的準確性。
4. 加強雷電多發地區的林火監測（Fire Monitoring），以及當天氣條件有利於雷電和乾旱風暴（Dry Storms）之時間點。

許多林火發生與高林火危險度（乾旱、風）期間，在野地和森林中進行的工程有關。通常釋放的林火初始能量非常弱，並且初始延燒階段需要長時間。在那種情況，如果天氣條件不太嚴重，只要工人有一些工具和設備，即可控制和撲滅林火。但是，這樣的林火可能會長時間悶燒，而往往在工人離開之後，才會被發現。為了減少與「森林」活動有關的林火發起次數，起火管理如次（Ubysz and Valette 2010）：

1. 為專業人員配備滅火工具。
2. 在工作組織和時間表（Schedule）中，整合預防可能之林火發生。
3. 使工人了解該地區的特定林火風險（Specific Fire Risks）。
4. 夏季期間排除火的使用。
5. 在工作契約（Working Contracts）之「惡劣天氣」條款中，包括高林火危險度的

日期或時間段，並訂定違反相關規定罰則。

6. 在高林火危險度（Fire Danger）期間或當日，禁止在野地和森林中進行任何活動，除了防火和滅火行為。

其他林火事件，包括當地居民，或是來自林火危險較低的地區或遊客的非故意行為（Unintentional）和不當（Imprudent）行為。這兩種行為，地方或區域當局都必須其意識到風險並鼓勵改變遊客個人行為。一般來說，在林火初始能量很弱，林火初始發現時間早（Detected Early）；在此方面起火管理如次（Ubysz and Valette 2010）：

1. 加強有關林火危險的資訊。

2. 改善一般人民的資訊。

3. 管理娛樂場所燃料及火源，盡量減少林火的發生，如停車場內沒有灌木或草本層、有效的菸灰缸、對訪問者提供清晰和簡單建議的有效資訊大型看板，並有專業人員配置。

4. 禁止在這些地區引入「火點」（Hotspots），如燒烤（Barbecues）或烤箱（Ovens）。

5. 安裝垃圾箱並鼓勵遊客將垃圾物帶回去。

其他林火事件與電力線路、高速公路、公路、鐵路等設備沿線，或附近發生的事故（Accidents）或事件（Events）有關。最初的起火能量可能非常微弱（來自發動機的火花或從汽車丟棄的香菸），或者在汽車、貨車或貨車碰撞的情況下產生更大火花。為了限制鐵公路起火的風險，起火管理如次（Ubysz and Valette 2010）；此延伸閱讀請見第7章第1節交通上安全帶部分。

1. 管理公路沿線物理屏障（Physical Barrier），以防車輛丟棄菸蒂起火。

2. 在公路兩側推廣種植當地灌木和低可燃性的樹種。

3. 透過主動發光標誌（Active Luminous Signs），使公路行車使用者了解當地的林火危險度（Fire Danger）。

4. 管理開放之道路和步道（Paths）的邊緣，減少現有的鮮活燃料和枯死燃料量。

5. 鼓勵鐵路公司實施制動裝置不會產生火花，和不可開之車窗，以防乘客向外拋擲菸蒂。

6. 減少現有的活燃料和死燃料量，以管理鐵路的邊界（Borders）。

7. 鼓勵埋設電力線路（高、中、低壓），以減少線路與地面植被之間放電風險。

8. 無法埋設的電力線下方，盡可能減少燃料量。

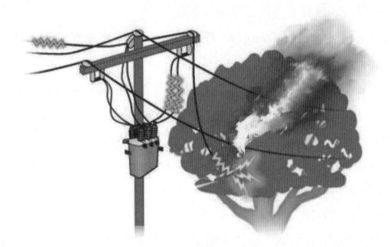

圖6-14　電力線路以埋設方式減少線路與植被間放電風險（改繪自John Blanchard 2017）

在野地－城市界面（WUI）起火管理措施（Ubysz and Valette 2010）；此延伸閱讀請見第11章。包括：

1. 促進選取、發展或植入較低可燃性的灌木和樹種。
2. 鼓勵減少WUI界面和附近的燃料。
3. 讓居民意識到高林火危險期間（High Danger）將面臨的具體風險。
4. 鼓勵居民清理房屋的邊界，包括屋頂、雨水溝（Rain Gutters）和木質百葉窗／門（Woody Shutters）。
5. 蒐集雨水並將其存放在水槽中，以進行可能滅火之用。
6. 為房屋推廣不易燃的建築材料。

最後，野地起火的原因，還有與放火狂（Pyromaniacs）和縱火犯（Arsonists）的行為有關。前者是涉及需要精神治療的人（Psychiatric Treatments）。後者縱火犯對他們的行為是必須負完全法律責任（Ubysz and Valette 2010）。這些行為在歐洲可能是基於鄰居的糾紛或與狩獵糾紛（Hunting Dissensions）有關；調解人員介入措施可能有效解決問題。當縱火犯的行為是以占地為基礎時，勸阻性決定就是禁止進入野地、森林內房屋或者其他建築物部分地區；這個禁令可以在以後的10年、20年或30年內適用。在地產（Landed Property）壓力重要的地中海地區，這種規定仍需要得到地方、區域和國家層面，以及人民、主管單位等方面大力支持（Ubysz and Valette 2010）。

第七節　綜合討論

　　至今，許多林火管理決策，仍是完全基於林火蔓延和滅火壓制困難的影響因素來做考量。但是，由於資源有限，確定各地區的優先重點非常重要。在類似的燃料、地形或天氣條件下，應優先考慮具有較高起火風險的地區（Vasconcelos *et al.* 2001；Chuvieco 2003）。理解和預測起火模式的能力，對於管理人員至關重要。此有助於提高防火、林火監控（Detection）和資源調配的有效性；而林火發生的地點、時間和原因的知識，是可以提高此方面的能力（Catry *et al.* 2010）。

　　野地和森林燃料的化學、熱力學和物理特性，對起火的作用，也強調了燃料含水量改變對其植被易燃性變化，以及由此帶來的林火危險（Fire Hazard），在林火季扮演最重要作用。而以合理的成本來改變野地和森林燃料的化學、熱力學和物理特性，是不可能的。但是，關於燃料床（Fuel Bed）藉由許多人為處理，是可以減少燃料載量（Fuel Load）和燃料層孔隙率（Fuel Porosity）（Ubysz and Valette 2010）。同樣地，在大面積範圍內，燃料含水量不易維持在低風險水平；現有的手段是專用於非常局部區域的應用（Ubysz and Valette 2010）。因此，針對野地和森林管理者、消防人員、終端使用者（End-Users）、業主、地方或區域當局的推薦意見，將只涉及有限的地區，主要是野地／城市（WUI）界面和建築結構附近（房屋、車庫間、工廠等），其位於野地或森林附近，顯現了界面上建築結構某些程度之林火危險（Vélez 2009）。

　　土地植被分類的林火發生率差異很大。某些類型的土地植被林火頻率，要比林火隨機發生的情況多得多。此外，林火發生的可能性通常與社會、經濟和文化驅動因素有關。在城市和農業界面林火發生率極高，主要是由於人類的高度存在，人類起火也代表了歐洲等大部分地區的主要火源。人口密度、道路距離和海拔，也被認為是林火發生的重要預測因素。目前的結果能向林火管理者提供有關林火危險（Fire Hazard）和風險（Risk）高的優先區域資訊。在這些地區，最佳化控制焚燒應用和明智使用林火的生態效益，可能對於實現減少林火的目標是非常有效的（Catry *et al.* 2010）。

　　林火開始的時間模式（Temporal Patterns），主要與氣象條件有關，這會影響起火和初始延燒，如影響燃料的水分之可燃性（Catry *et al.* 2010）。這些模式的知識，也會對林火管理產生重要影響，即防火警戒（Vigilance）和滅火整備（Fire Fighting Prepared-ness）（Catry *et al.* 2010）。關於林火原因的知識，也是至關重要的，應在投資資源（Investing Resources）方面受到高度重視，以盡量減少林火問題（Catry *et al.* 2010）。

儘管如此，歐洲國家在林火原因調查過程中，存在著重大差異。這些差異導致被調查的林火發生率不同，特別是在不同的分類系統中，這使各國之間量化比較產生可靠度問題。鑑於這些差異，歐盟委員會（European Commission）透過其聯合研究中心（Joint Research Centre）發起了一項關於「確定森林林火原因並協調（Harmonisation）報告之方法」。但是，這一倡議所產生的結果，有必要轉化爲政策，其宗旨在統一林火調查和林火原因分類的不同方法和標準。儘管針對特定團體（Identified Groups）的當地行動，是防止起火的重要策略，但歐洲應在這個問題上，有共同的倡議和支持機制（Catry *et al.* 2010）。共同標準的存在，將有助於確定哪些國家和地區最需要關注、哪些資源應以防止起火，來進行優先分配。另一方面，這些研究調查也看到林火不同的原因，可能有不同的空間和時間模式。因此，有更多關於林火調查的資訊（包括已知原因）並按原因類型（如對牧羊人造成的林火）分別進行分析，也有助於改進現有知識（Catry *et al.* 2010）。

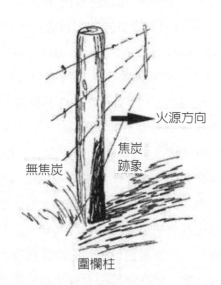

圖6-15　林火調查找出不同原因可能有不同空間、時間模式（NWCG 2004）

　　進一步重要的研究課題，還應包括暫時性林火活動的措施，例如預測與自然和人爲變數有關的每天林火數量。此外，由於只有較少的起火，導致大規模燃燒面積，從管理的角度來看，進一步了解導致大火的起火屬性是重要的課題，因這些應成爲初始滅火攻擊和抑制的優先事項。這在葡萄牙的情況下，是有得到解決，但需要對這個重要主題，再進行更多的研究（Catry *et al.* 2010）。

第八節　結論

　　火是人類已知的最古老的工具之一。幾個世紀以來它一直用作清理土地的管理技術。對於農業土地邊緣的農民、農場主人和種植業主，向森林地推進，火燒是最明顯的使用工具。它通常是清除植被和施肥營養貧瘠土壤最便宜和最有效的方式。

　　在起火與人類活動上，約95%的林火是直接或間接由人類行為和活動引起的，關於林火如何開始的問題，如果想了解人類在林火體制中扮演的角色，對起火原因的調查是至關重要的。正如所看到的各國之間林火原因方面，存在很大差異性。在起火空間和時間形式上，有幾個因素可以很好地解釋起火密度的空間變化，如氣候、人口密度、主要經濟活動和土地利用型態。在一些社會經濟因素，包括愈來愈多的森林娛樂使用和土地可及性，促成了林火增加趨勢。

　　在驅動起火因素分析，在全球一些國家研究中，人口密度也被認為與林火起火呈現正相關，由於不同類型的人類活動（土地利用），導致不同程度的風險；一些研究者發現相似，土地植被顯示了對起火機率的強烈影響，特別是在夏天當燃料水分很低時。在林火與人口密度上，儘管大多數林火，起始於人口密度較高的地區，但最大的林火往往發生在人口密度相對較低的地區。起火頻率也取決於與道路的距離，且起火更可能發生在靠近主要道路，而與所產生的火勢規模無關。

　　在起火和土地植被之間關係上，在歐洲國家研究報告指出，林火數量與城市和農業土地植被分類之間，存在明顯的正相關，尤其靠近人類住宅，這些森林類型是受到人為起火之強烈影響。在燃料對起火的影響上，其中燃料含水率和枯落物堆積密度的增加，意味著燃燒時間的增加。這也意味著初始林火蔓延速度和蔓延速率的降低，以及火焰高度和燃料消耗率的減少，而降低起火之風險。因此，燃料可燃性在很大程度上取決於燃料含水量。

　　從統計學的角度來看，以上這種分析很容易在任何空間範圍內進行，並且在任何有意義的土地利用分類方案上，都能為制定林火風險評估和防火戰略，來提供林火管理者有價值的具體決策資訊。

第七章　林火阻隔技術

世界各國對林火之控制能力雖已大幅提升，然當大火燃燒達一定程度時，以目前之科技仍無法予以立即控制。為防止大火蔓延擴張，各先進國家均紛紛探討新方向與途徑，而防火林帶即是其中之一。林火阻隔技術之建造早在1899年即出現在美國加州之森林，其後於1960年代，由於林火頻傳而建造大量的燃料防火線系統（Merriam *et al.*, 2006）；前蘇聯與東歐一些國家即選擇抗火性植物與樹種，提出防火林帶建置工作；1970年代中國大陸等國家提出以闊葉防火林帶來取代森林防火線，隨即展開大規模實施工作；1980年代為控制森林火災之擴展與蔓延問題，歐洲南部與美國加州等地區，亦大力種植耐火性林帶來對抗火勢；1990年代時，日本等國家已普遍推廣防火林帶應用於林野火災與都市防火措施上。現今，各種林火阻隔作為林火蔓延之障礙，不僅得中斷或降低可燃物之連續性，在森林保護上亦可改變林相結構之耐火能力、防止林火蔓延之危害，從而達到減少與控制林火之目標。

一般林火阻隔有多種，如防火線（生土帶）（Firebreak）、生物化防火林帶、燃料隔離帶（Fuelbreak）術語、防火燃料區（Defensible Fuel Zone）、防護條帶（Protective Strip）、道路上及其他重要區域安全帶（Safety Strips）和防火警戒帶（Fireguard）等，有時易產生混淆（FERIC 2017）。一般於林緣或林內開設一定寬度之帶狀空地，來隔絕樹冠火與地表火之蔓延，並作為森林火災搶救時人員部署之動線，或作為引火回燒（Back Fire）之活動據點；此種林火阻隔作用，即為各國最早所採用防火線之森林防火措施。而現今林火阻隔工程一般分為自然阻隔、生物阻隔和工程阻隔三類。自然阻隔如河流、小溪、山溝、農田等；生物阻隔主要是由防火樹種所營造的生物化防火林帶；而工程阻隔主要有公路網建設、開生土道、燃料隔離帶、防護帶、安全帶等。

第一節　工程阻隔

一、生土帶防火線

生土帶防火線（Firebreak）是相對較窄的條帶，通常寬約3～10m，防火線上所有植被都被移除到礦物土壤層。鑑於防火線不包含易燃材料，所以林火不能燃燒。一般建置於

具有戰略上的位置，如山頂上。基本上，生土帶防火線主要是利用火三要素之燃料中斷，來控制林火蔓延，林火中熱輻射是扮演熱傳最大之因素，利用空氣是一種不良熱傳導體，使用生土帶之一定間距，來防止鄰近燃料繼續著火蔓延。森林早期使用之防火隔離帶，近年來隨著各先進國家在生物防火技術上之發展，其應用已有逐漸減少之趨勢，因而各國對生土帶之研究亦相對減少。生土帶防火線在嚴格意義上是不存在植被，或減少到低草本層的線性不連續性狀態（FAO 2001）。

　　生土隔火帶大多能阻止低強度地表火或地表下之腐殖質火蔓延，生土帶可作為運送地面滅火人員和滅火物資的運輸通道。這些生土帶開設地段多為森林／城市（WUI）界面、山脊、山溝、林緣、村落和庫房周圍、道路和河流兩側，也可在大片林區內通過開設生土帶連接河流、道路、農地、湖泊和其他自然、人工障礙物等形成，以獲得更好的效果。

　　在生土帶防火線開設方面，使用方式可用推土機（Bulldozer）、牽引機（Tractors）、犁車、手工具、殺蟲劑（Phytocides）（除草劑）或爆破（炸藥）等來構建。Noste *et al.*（1983）指出，無論以手工具或爆破方法建立之防火線，對生土帶植被之恢復能力是不會產生負面影響。但這些燃料層不連續性仍有諸多缺點。美國阿拉斯加是使用堆土機，並結合阻燃劑或水噴灑，來加強防火線之阻火效果。在加州是使用牽引機，如果是高強度火燒的情況下，則會同時使用兩輛牽引機做平行開設。Sutton（1982）指出，使用輕型炸藥之爆破方法來開闢生土帶防火線，是一種快速簡捷且低成本之有效方法。在前蘇聯許多林區，大部分以犁車來建立生土帶，對於森林地表火亦利用犁車來進行翻土壓滅火勢。

圖7-1　使用堆土機並結合阻燃劑或水噴灑能加強防火線效果（NWCG 1996）

在德國Mecklenburg-West Pomerania地區林火危險度在A級林地（＞5公頃），必須沿鐵路軌道、高速公路和國家高速公路建造和維護15 m以上的生土帶。沿著其他道路和具有B和C級危險度的地區，根據德國森林管理機構（Mecklenburg-West Pomerania）森

林防火條例規定，必須建造和維護其生土帶，以使連續性燃料中斷。

圖7-2　德國耙除之森林生土帶（Photo: N. Kessner）

　　在臺灣，1968年起林務局執行聯合國補助之林相變更計畫，大甲溪事業區爲林相變更計畫造林區之一，主要造林樹種爲臺灣二葉松，之後爲德基水庫水源涵養亦加強造林，雖混有其他樹種，但仍以臺灣二葉松爲主（林朝欽 1999；林朝欽、邱祈榮 2002）。目前於大甲溪事業區人工造林地約11,600 ha，有鑑於大面積松林面臨森林火災危險，造林地實施之初，即規劃於林地內建立生土帶永久防火線，寬度分別爲：5、10、15、30及50 m五類，爲管理防火線，每年須於乾燥季來臨前進行地被燃料清除，作業花費約2,000萬元（林朝欽等 2008）。雖造林地間建立生土帶防火線系統，但1968～2006年仍有68次林火發生在防火線之林班間，其中燒越防火線之紀錄有11次，就此11次林火紀錄分析，平均每次之森林受害面積127.75 ha（黃清吟、林朝欽 2005）。

　　大甲溪事業區之初始防火線以生土帶防火線爲主，依據2003年東勢林區大甲溪事業區檢定結果，防火線長度共計111,900 m，面積達170.6萬m²，防火線寬度由5 m至50 m不等，並每年進行刈草作業（林務局東勢處 2003）。由於歷年林火發生時，有多次飛火飛越防火線案例，加上生土帶防火線上土壤裸露之水土保持問題，東勢林區管理處乃於

1989年起試行防火林帶之建立，分別在生土帶防火線上栽植闊葉樹種（林務局 1996；黃清吟等 2009）。

歷史林火位置
防火線
林班地

圖7-3　大甲溪事業區防火線分布圖（改編自黃清吟等 2009）

在澳洲方面，灌木叢提出防火線（Firebreaks）設置應實現下列目標：（Smith 2011）

1. 提供生土帶（Mineral Earth Break）或減少的燃料區，以防止未計畫火燒（Unplanned Fires）失控，即戰略性的外部威脅防護帶。

2. 提供生土帶或減少的燃料區，以防計畫外的火燒不會離開控制內林地，即戰略性的內部威脅防護邊界。所以控制焚燒不會越出焚燒區域，即戰略性火燒邊界。

3. 堤供進入林地的關鍵區域，以便進行滅火活動，即戰略性預定的回火（Back-Burning）燃料燒除之邊界。

在澳洲利用大量生土帶或道路作為防火線使用，但為維護道路及生土帶之功能，以防生土帶之侵蝕，在設計上提出生土帶二邊設計排水溝（圖7-4）、生土帶必須橫跨道路，以及設計上特別注意彎道之生土帶型態，以防侵蝕（PNG 1995），如圖7-4所示。

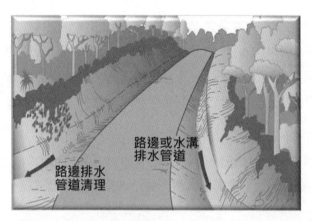

圖7-4 澳洲生土帶排水溝以維持道路路邊或為防積水之排水溝圖（PNG 1995）

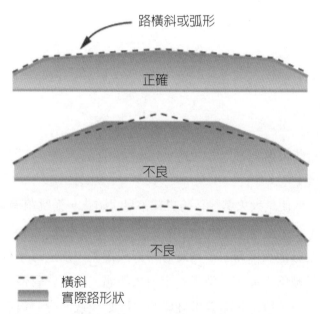

圖7-5 澳洲生土帶橫跨道路或彎道減少侵蝕示意圖（PNG 1995）

1.防火線有效寬度

　　Noble在西伯利亞研究森林防火線時，指出生土帶有效防火寬度之計算，可由風速、可燃物溼度、可燃物密度與草本高度等因素來做決定，如在無林地、草本高度低於15 cm時，生土帶寬度應為2 m以上，始能有效阻止火勢蔓延；草本高度在15～30 cm時，生土帶有效寬度應為2.8 m以上；又草本高度在30～50 cm時，生土帶有效寬度應為4.2 m（Noble 1971）。而日本東京消防廳亦指出，生土帶防火線開闢寬度原則上以樹高2倍或

草高10倍以上為基準（日本火災學會編1997）。後Noble（1971）以俄羅斯貝加爾湖東部林區實際進行測試，指出林緣周界之生土帶防火線理想寬度，至少應在2 m以上才能達到阻止外緣草原火之侵入蔓延。而在歐洲為允許地面滅火人員的交通車輛運輸和進行消防活動，同時能確保人員的安全，生土帶最小寬度必須具有20 m（FAO 2001）。

2.防火線有效區劃

在生土帶防火線研究上，Gorbunov *et al.*（1974）對幼林地區之防火設計中，提出在每10～50 ha林區面積上以生土帶來作區劃分割，來阻止大火擴張。

(1) 種類

日本東京消防廳整理相關研究資料指出，生土帶防火線應用種類如次（東京消防廳1994）：

① 皆伐防火線。

② 土堤防火線。

③ 犁除防火線。

④ 溝壕防火線。

⑤ 燒除防火線。

⑥ 耕作防火線。

⑦ 上述任一組合防火線。

(2) 缺點（FAO 2001）

① 大火會跳躍：假使是大火勢往往防火線不足以防止，而跳躍過防火線寬度。

② 維護成本高：防火線需要每隔1至4年進行一次定期維護，以消除地表面植被。

③ 水土流失：由於地表裸露，下雨時容易形成逕流，加上每年刈草時表層土受到破壞，土壤極易被雨水沖走，造成水土流失問題。生土帶對侵蝕非常敏感，會造成一定的水土流失，特別是當斜坡陡峭時，因缺少或減少植被而導致侵蝕；此狀況需維護技術。

④ 增加風速：假使沒有防風植被層（Wind Breaking Vegetation），會增加風的加速度。

⑤ 破壞景觀：具有負面的景觀（Negative Landscape）影響。

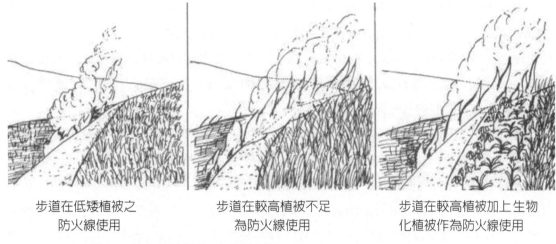

| 步道在低矮植被之
防火線使用 | 步道在較高植被不足
為防火線使用 | 步道在較高植被加上生物
化植被作為防火線使用 |

圖7-6　以步道作為防火線使用（World Agroforestry Centre 2018）

二、燃料隔離帶

通常情況下，燃料隔離帶（Fuelbreaks）比防火線（Firebreaks）要寬得多，其中燃料隔離帶上植物數量減少，但往往沒有完全去除。燃料隔離帶主要透過減少可燃燒的燃料量來降低火強度。事實上，燃料隔離帶並不是為了阻止林火，而是為了促使滅火抑制人員成功攻擊林火的較大可能性（Green 1981）

在適當的構造和維護、合適的條件下，燃料隔離帶也阻止火勢蔓延，而且幾乎不需要進一步的行動。而另一作用是將燃料隔離帶建置防火線的每一側，以便在火燒接近防火線時能降低火線強度（Fire Intensity），如此也降低飛火之可能性，從而使滅火人員能夠在防火線上進行防禦，以保護防火線之安全。而燃料隔離帶的寬度和所需的燃料減少量，取決於地形、燃料／植被種類、潛在天氣條件和其他因素。

燃料隔離帶有些是工程阻隔，有些也與自然阻隔相連結，主要是使燃料連續性產生中斷，亦即目標是創造植被覆蓋的不連續性，並允許地面滅火人員直接攻擊。在歐洲有樹覆蓋的燃料隔離帶在最小寬度為100公尺的情況下（FAO 2001），有樹覆蓋的燃料隔離帶之目的是透過減少植物之間的接觸來限制林火蔓延，同時創造如下：

1. 水平不連續性（Horizontal Discontinuity）：透過疏伐（Thinning）分隔樹木及林下清理，消除下層植被（FAO 2001）。

2. 垂直不連續性（Vertical Discontinuity）：透過整枝（Pruning）和清除林下層，來抑制冠層與林下層之界面。

　　隨著上述行動致樹木覆蓋度的降低，植被重新生長迅速，因此必須定期進行維護（FAO 2001）。某些劃分是以不同的強度來完成的（FAO 2001），如中心區是特定燃料處理區（Privileged Fuel Treatment Zone）。而與中心區毗連的邊界區（Boundary Area），這是一個不需特殊勞動力的動物單純放牧區域，透過在防火帶邊緣減少燃料載量，而改進林火控制的一部分（FAO 2001）。

　　換言之，燃料隔離帶是燃料類型從高度易燃到較少易燃性燃料的燃燒障礙（Barrier）或改變。燃料隔離帶可能是自然的如斜坡、河流或落葉樹林分（Deciduous Stand）或人造的步道（Man-Made）。人為的燃料隔離帶是戰略性的，用於保護處於危險中的有價值物，通常是寬塊形（Wide Blocks）或長條形（Strips），並有密集的、濃厚型或易燃植被覆蓋，轉變為較低的燃料量和／或降低其易燃性（Green 1981）。設計和建造燃料隔離帶是一項前瞻性的行動（Proactive Actions）（Canadian Interagency Forest Fire Centre 2003）。相比之下，建立防火警戒帶（Fireguard）是林火期間使用的反應性行動（Reactive Action）；鑑於實際的林火蔓延，防火警戒帶也位於戰略位置。這相當於創造了一個狹隘的林火屏障，使地面滅火人員可以透過如此，採取消防活動來阻止或減緩林火蔓延。滅火人員通常是透過移除所有植被和曝露礦物土壤而建立的；同義詞包括防火線（Fireline）和防火帶（Firebreak）（FERIC 2017）。

山坡上燃料隔離帶位置

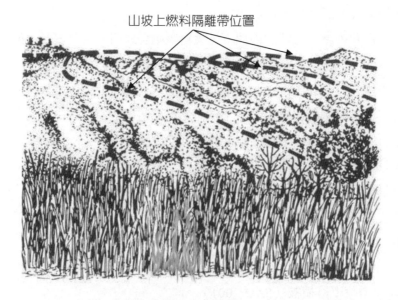

圖7-7　山脊及山坡上燃料隔離帶的建置（World Agroforestry Centre 2018）

於過去數十年來，在地中海地區和美國西部地區，燃料隔離帶已被用作林火控制設置（Omi 1996）。自1886年以來，燃料隔離帶的基本思想就已一直存在（Green 1981），迄今使用燃料隔離帶仍存在著爭議。今日關於燃料隔離帶建構（Construction）、維護、成本、有效性和處置規模（Treatment Scale）的問題依然存在（FERIC 2017），燃料隔離帶在美國加州被廣泛使用，首次於1914年建成。而法國在燃料管理（Fuel Management）方面非常活躍，法國林火戰略的核心是透過使用燃料隔離帶，來進行林地之區劃。澳大利亞也廣泛使用燃料隔離帶來控制灌叢野火。而陸上最大的生物群系之北方針葉林（Boreal Forest），Alexander和Lanoville（2004）使用白楊林分（Trembling Aspen）之間斷式結構，作為燃料隔離帶之效果（FERIC 2017）。

1.功能

大多林火行為文獻上一致認為，森林燃料的修改（Modification）會改變野地林火行為（Agee *et al.* 2000, Alexander and Lanoville 2004）。所以，與所有燃料處理一樣，燃料隔離帶的主要作用，是林火進入「燃料改造區」時（Fuel-Altered Zone）改變行為，使其火焰長度減少（van Wagtendonk 1996），降低樹木火炬現象（Torching）和獨立式樹冠火（Independent Crown Fire）的可能性（Agee *et al.* 2000）。

燃料隔離帶具有以下功能：

(1) 能使大量連續的密集木質材料產生中斷（Break Up），以限制或減緩林火蔓延（Green 1983, van Wagtendonk 1996）。

(2) 在林火滅火活動上，燃料隔離帶也作為間接攻擊林火和控制焚燒的中止點（Anchor Points）（Omi 1979）。

(3) 地面抑制火勢能力可以更迅速地在已建立的燃料隔離帶內，形成防火線（Firelines）或防火帶（Fire Breaks）作用。

(4) 燃料隔離帶可以為地面滅火人員提供消防通道，且其冠層覆蓋減少從空氣中釋放的阻燃劑（Fire Retardants），可以更大程度地滲入到地表燃料（Agee *et al.* 2000）。

2.建構

燃料隔離帶建構上（Fuelbreak Construction），是沒有絕對的燃料隔離帶寬度或燃料規模執行標準（Agee *et al.* 2000）。燃料隔離帶需要根據地形、燃料、歷史林火體制（Historic Fire Regimes）以及所處地形的預期天氣狀況（Green 1983, Agee *et al.* 2000, Omi 1996），來量身訂製。在文獻中的燃料隔離帶寬度變化很大。寬度範圍從65m到

300m（Green 1981, Omi 1977, van Wagtendonk 1996）。一般來說，更廣泛的燃料隔離帶，將會更容易和更安全地來阻止林火蔓延。因此，林火管理者應盡可能廣泛地使用燃料隔離帶，以便在危險條件下，控制火勢延勢之效用（Green 1983, Agee *et al.* 2000）。

　　燃料隔離帶不應僅透過疏伐（Thinning）來單一建構。在可能的情況下，燃料隔離帶應與湖泊、河流、自然燃料缺口（Natural Openings）和近期燃燒等現有的自然林火障礙，予以連結起來（Dennis 2005）。進行燃料隔離帶在特定的一定間隔建構時，沿著燃料隔離帶長度能減少林火迅速蔓延的可能性（Green 1983）。在規劃和建構燃料隔離帶過程中，重要的是涉及包含社區、相關利害關係者（Stakeholders）（Omi 1996）、研究人員（Bower 1963）和滅火人員，獲得相互合作（FERIC 2017）。

3.維護

　　燃料隔離帶為能繼續發揮效果，必須注意現有的地表燃料載量和活冠部的高度（Height to Live Crown）也必須加以處理（Ingalsbee 1997）；而局部化林下清理（Localized Undergrowth Clearing）可以降低風險值，並為滅火小組提供安全之滅火區域（Fire Fighting Zones）（FAO 2001）。現已採用了各種技術來操縱森林燃料，以去除地表燃料，增加活冠部的高度殘留樹木與冠部間隔距離（Green 1981）。

　　使用機械和手工具方法、控制焚燒、放牧和除草劑，已被用於建構和維護燃料隔離帶（Schimke and Green 1970, Green 1983）。在鬱閉的燃料隔離帶中（Shaded Fuelbreaks），足夠大的樹木和／或較小的樹木組，一般會留下來遮蔽地面並阻止下層植被（Understory Vegetation）建立和生長（Anderson 1969）。剩餘的樹木應是林分優勢和共同優勢種類（Co-Dominant Species）中，最大、最健康強壯樹種。

　　在北美黑松（Lodgepole Pine）和恩格爾曼雲杉（Engelmann Spruce）林分中，可能需要數年時間，才能開發出燃料隔離帶，以使林分能夠穩固生長（Firm-Up）。事實上，燃料隔離帶計畫中最薄弱的環節，認為是維護（Maintenance）（Schimke and Green 1970）。Ingalsbee（1997）指出，造成美國加州燃料隔離帶不佳的主要因素，是缺乏灌木維護（Brush Maintenance）。如果沒適當的維護，燃料隔離帶會隨著時間的推移而下降，而未維護的燃料隔離帶會導致當地居民和滅火人員的安全感錯覺（False Sense）。燃料必須保持有效，因此需要有長期資金來支援。

4.有效性（Fuelbreak Effectiveness）

　　燃料隔離帶的有效性不僅取決於其設計特點，還取決於接近防火帶時林火行為。這種行為很大程度上取決於鄰近地區的燃料空間格局（Fuel Spatial Pattern）。在林火蔓延方

向上，以重疊不連續性的燃料處理斑塊（Fuel Treatment Patches）模式，在改變林火蔓延速率方面，理論上是有效的（Finney 2001）。基本上，植被發達地區的燃料隔離帶，一般認為是有效的林火管理策略（Green 1981），但文獻大部分是理論性的，而且現有的經驗性評估，僅限於使用林火行為模型的電腦模擬（FERIC 2017），以假設的燃料隔離帶或防火線（Firebreak）來進行模擬（Finney 2001）。有些關於燃料隔離帶／防火線的文件紀錄，但仍難以完全分析所需的防火帶大小（Break Size）、地形、燃料類型和林火行為的詳細資訊（Graham *et al.* 2004）。

圖7-8　不連續性的燃料處理斑塊使林火蔓延速率減緩（NWCGS 2008）

近年來，當林火蔓延到燃料改造區域如燃料隔離帶，現場蒐集了林火行為數據，但大多發表的天然實驗文獻是取決於事後分析（Lawson *et al.* 1994），其中並沒有提供關於林火行為的詳細數據，也沒有未燃燒前之燃料條件（Pre-Burn Fuel）（FERIC 2017），實際評估燃料隔離帶的有效性顯得困難。燃料隔離帶處方不盡相同（寬度、燃料減少、維護標準）、燃料使用地點不同如燃料、地形、微氣候（Microclimate），林火強度也不盡相同，燃料隔離帶的目標和預期，也會各不相同。

因此，有些文獻強烈推薦任何超出燃料隔離帶的疏伐（Thinning），都會提高其有效性。所以，鄰近地區的燃料處理（Fuel Treatments），將決定其中的燃料隔離帶寬度和冠層變化（Canopy Alteration）。在景觀尺度上的燃料隔離帶網絡（Fuelbreak Network），一般認為是理想的。

5.知識缺口（Knowledge Gaps）

我們對燃料隔離帶的缺乏理解，受到以下方面資訊的限制（FERIC 2017）：

(1) 各種天氣條件下的燃料隔離帶對林火行為的影響。

(2) 低地植被覆蓋（Low Ground Cover）的最佳類型，以維護燃料隔離帶。

(3) 除去冠部植被數量（Canopy Removal）。

(4) 燃料隔離帶的最小／推薦尺寸。

(5) 北方森林類型（實際上是所有森林類型）的具體數據。

一些管理人員和公眾普遍誤解，包括燃料隔離帶在內的燃料處理，會阻止林火蔓延。同樣地，燃料隔離帶並不意味著，是林火管理者一種獨立的處置配方；適當的處置配方組合，將有助於不必要的林火影響。

然而，當時間或金錢有限且地表燃料處理不被認為是可行時，燃料隔離帶通常視為單一選擇。如果防火林帶沒有一些內部燃料處理和主動滅火行為，單靠燃料隔離帶並不足以阻止所有的林火蔓延。即使如此，在極端條件下，與極端林火行為相關的長距離飛火現象，也極大可能會使最寬廣的防火帶相形失色。

三、防護帶（Protective Strip）

防護帶是20至30 m寬的樹木覆蓋地帶（Tree Covered Land），易於清除易燃材料（樹枝、灌木、乾或枯木），在德國應用頗多。除去病樹和枯樹，剩餘的松樹被限制低於4 m高。防止地表火透過少量可燃材料和缺乏階梯燃料來延燒至樹冠層。這些防護帶在街道或鐵路軌道的一側或兩側以及併合燃料隔離帶來形成。

圖7-9　地表火透過地面大量累積燃料可能延燒至樹冠層（USDA 2014）

四、安全帶（Safety Strips）

1. 交通上安全帶

(1) 交通上的安全帶是指於森林邊緣道路和防護道路上沿線清除植被，以確保森林防火及交通運輸線安全性（Secure Transit）。而主要目的是爲了避免起火，如菸蒂點燃等（FAO 2001）。

(2) 道路上安全帶必須注意維護，假使維護不足以使草本層再生，易使菸蒂引燃起火，使安全帶的功能大幅降低。

清理安全帶的目標包括（FAO 2001）：

(1) 保持足夠的安全條件，充分發揮車輛和監視的作用。清除地面的寬度取決於植被高度，而道路兩側至少有5公尺防火寬度。

(2) 在發生林火的情況下，建立地面滅火人員據點或介入區（Intervention Zones）。清除了植被安全帶最小寬度，是道路兩側各25公尺防火寬度。

(3) 考慮到現場地形條件和風向，林下清理可能需要是不對稱的（Asymmetrical），如季節盛行風（Prevailing Wind）的一側或者在位於斜坡上的道路上，清除了林下植被寬度必須加大。

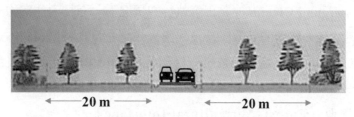

圖7-10　道路安全帶清除地面的寬度（FAO 2001）

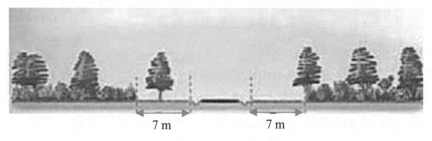

圖7-11　道路安全帶清除地面的寬度（FAO 2001）

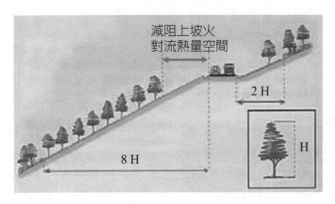

圖7-12　道路安全帶清除地面的寬度（FAO 2001）

2. 其他重要區域安全帶

其他重要區域如住宅周邊、對林火非常敏感的工業區、機場、貯木場娛樂區（營地、野餐區等）、倉庫、林務農業界面區、垃圾堆（場）、電力線和鐵路沿線區等。

(1) 住宅周邊（Around Dwellings）

森林中的住宅代表雙重風險：住宅構成了一潛在起火來源如烹飪文化、燒烤（Barbecues）、林下清理木屑火燒、花園翻耕火燒（Garden Fires）等；當森林中發生火燒時，住宅會直接受到威脅（FAO 2001）。為了保護住宅，有必要清除房屋附近的林木。即使在一定空地間隙（Ground Clearance）正確執行的情況下，森林內住宅的分散也是一個重要問題。它確實導致滅火裝備的分散，涉及保護人類生命及森林價值成本之優先滅火順序問題。此外，通往這些住宅的通道往往是一條死巷（Dead Ends），入口和出口道路可能被火勢切斷（FAO 2001）。

(2) 森林—農業界面（Forest-Agricultural Interface）

森林周邊的農業活動，構成了潛在的起火源，如枯落物和田野火燒（Field Burning）等。因此有必要限制向森林地林火蔓延的風險，並減少森林周邊的可燃生物量。例如，在南歐賽普勒斯（Cyprus），6月初在森林邊緣焚燒寬度為30～50公尺的安全帶，然後用破碎機（crusher）清除地面（FAO 2001）。

(3) 農業安全帶（Agricultural Breaks）

空間不連續性的產生，也可由於農業用地（如葡萄園、果園、橄欖樹林等）構成，如其能經常維護，則會構成林火蔓延障礙體。必須清除農地（斜坡、溝渠等）之間林下層植被，以致林火無法透過的連續性植被，形成往上延燒（Igniter Cords）的作用（FAO 2001）。

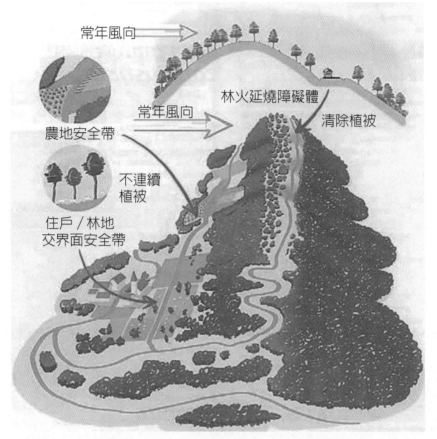

常年風向

常年風向

林火延燒障礙體

清除植被

農地安全帶

不連續
植被

住戶／林地
交界面安全帶

圖7-13　不連續性植被，以免形成往上延燒作用（FAO 2001）

(4) 設施周邊

　　一些設施周邊如垃圾堆（場）或是重要設施之電力線和鐵路沿線等，也多具有潛在的起火源。因此，建議在接近森林時，在這些設施附近構建一個清除了林下植被之隔離安全帶。如摩洛哥（Morocco）於國家電力公司（National Electricity Company）必須確保在電力線路上進行清除，而摩洛哥國家鐵路公司（National Railroad Company）在鐵路沿線也有相同的義務（FAO 2001）。

常年風向

圖7-14　建置潛在設施起火源隔離帶或清除林下植被安全帶（FAO 2001）

第二節　自然阻隔

　　自然阻隔如河流、小溪、湖泊、山溝、農田等無燃料或低燃料物質所產生之林火障礙體，使其無以延燒。本項阻隔方法即利用燃料之中斷方法，使燃料不連續性一段相當距離，使火三角無法連結，火勢延燒會停止。

　　基本上，大多數的有火燄燃燒都存在著鏈式反應。當某種燃料受熱時，它不僅會氣化，而且該燃料的分子還會發生熱裂解作用，即它們在燃燒前會裂解爲簡單分子，活性很強的游離基。由於游離基是一種高度活潑的化學型態，能與其他的游離基及分子產生反應，而使燃燒持續下去，這就產生了燃燒的鏈式反應。

　　當燃料用盡，火三角之燃料即失去一角，火勢便會自行熄滅，也就是將燃料隔開是滅火的主要方法。但在森林環境中，地表上有一定相當規模之森林燃料，假使林火蔓延是在樹冠火型態或火炬樹現象，在一定風速情況下，可能會產生飛火星形成下風處燃料之飛火現象，即形成一種火勢跳躍延燒現象，此時不論是工程或自然或生物阻隔技術，皆無法令火勢中斷停止。

圖7-15　火三角缺乏燃料之自然阻隔作用

第三節　生物阻隔

一、生物化防火草帶

　　從近幾十年防火線之發展而言，生土帶防火線曝露了諸多缺失，如水土流失嚴重、維護困難及經濟成本高等負面情況，使生物化防火線之推廣愈來愈受到重視，特別是建築物或住宅紛紛興建於林地周遭位置，對此問題之研究更加深入。1970年代，Jolly（1968）在紐西蘭之森林防火線上種植三葉苜蓿（*Medicago sativa*），研究指出其可達到防火效果，又同時具有重複採伐之經濟收入。Nicholson（1991）種植多年生有根莖之草本植物（*Vetiveriazizanioides*）於防火線上，來防止生土帶之水土流失，由於此種植物僅生長7個月就能形成濃密之植被層，且具有強抗火性之功能，所以不僅具有防火效果又能達到水土保持之作用；且其不會受到草食動物之啃食危害，防火線日後幾乎不需再進行人工維持之工作。Etienne *et al.*（1989）在1981至1987年對Esterel林區防火線之維護與羊群放牧管理進行研究，評估年降水量與可食草料之季節變化等因素，如果單純以施肥方式並不能提高草料之產量，但在防火線上種植車軸草（*Trifoliumsubterraneum*）、鴨茅（*Dactylis-glomerata*）、羊茅（*Festuca* spp.）、金雀兒（*Cytisustriflorus*）等四種草本植物後，特別是金雀兒可供作春季飼料，藉由如此措施不僅可提高畜牧產量，亦可達到防火線之維護目的。

　　Pardini *et al.*（1993）在其相關研究中指出，以車軸草（*Trifolium subterraneum cv. Woogenellup, T. brachycinum*）種植在20 m寬之防火線上，並結合放牧作為防火線之維護；其後又在Tuscan Maremma地區之林地上利用種植耐火之苜蓿來減少易燃物，作為防

火隔離帶與土壤流失防治之一項措施。Masson（Pardini *et al.* 1995）認為利用車軸草不但可供放牧及保護環境，並阻止地中海區域之森林火災蔓延及防止土壤之流失作用。後來Pardini *et al.*（1995）等人於1990至1994年於Casamora區域栽培10個車軸草品種與澳大利亞6個相關品種，進行適應性之觀察研究，確定了適宜牧場播種之品種與葡萄園之綠肥選用品種，並提出了燃燒性低之矮莖品種非常適宜在防火線上推廣種植。中國大陸亦進行類此相關研究，如肖功武與劉志忠（1996）以具有阻火與滯燃作用之白三葉草（*Trifoliumrepens*）做樣本研究，結果指出白三葉草是非常適宜選作防火帶上之草本植物。

二、生物化防火林帶

　　生物防火林帶之阻隔林火功能，需靠多元組成之效果，如植物葉株之耐火性與抗火性、常綠闊葉樹冠結構保水性以及相對密植構成的獨特林分，所具有高相對溼度之微氣候；因樹種在林火衝擊的作用下，首先析出水分，其次析出輕質可燃揮發物。事實上，任何植物均可被引燃，主要是取決其含水率關係，以生物化防火林帶是不甚符合火三角理論。假使林帶火環境水分愈高，則引燃時間持續會愈長，同時吸收大量潛熱。林分的結構對燃燒性具某種程度影響，樹冠茂密，林帶鬱閉度大，可以抑制林下陽性雜草的滋生，且多為溼生的地被物，不利於地表火的蔓延。而防火林帶緊密結構，對於降低林分內溫度、樹木的蒸騰有積極的作用，使林帶內形成陰溼環境，並可有效地阻止飛火的傳播。

　　與傳統生土帶相比，該項技術在阻擋火焰輻射、飛火以及保持水土和生態維護等方面，具有較佳優勢；因防火林帶上有樹冠的截留，截留量達15%～40%，下有地面枯枝落葉的保護，顯著減輕了雨水對地面的直接衝擊，加上枯枝落葉層的吸水和阻攔，大大減少了地表逕流的形成。又林帶內相對溼度增加，為各種生物和微生物活動創造了條件。防火林帶的土壤，在水、溫、氣、熱以及枯枝落葉覆蓋等共同影響下，加上微生物的作用，增加枯落物分解，加大對土壤養分歸還係數。

　　東勢林區於1990年起試行於防火線上栽植闊葉樹，試圖建立防火林帶以有效防範大面積火燒的擴展（林務局 1996）。大甲溪現有防火林帶上，以木荷（*Schima superba*）、青剛櫟（*Cyclobalanopsis glauca*）、細葉杜鵑（*Rhododendron noriakianum*）、楊梅（*Myrica rubra*）等4種樹種出現較多，前三者屬於造林計畫所選的樹種，細葉杜鵑為非造林樹種；另有10種非造林計畫樹種出現，分別為臺灣二葉松、米飯花（*Vaccinium bracteatum*）、臺灣赤楊（*Alnus formosana*）、大頭茶（*Gordonia axillaris*）、栓皮櫟（*Quercus varibilis*）、狹葉櫟（*Cyclobalanopsis stenophylloides*）、昆蘭樹（*Trocho-*

dendron aralioides）、華山松（*Pinus armandi*）、楓香（*Liquidambar formosana*）及細枝柃木（*Eurya loquaiana*）等（黃清吟等 2009）。

就樹種生物／生態性狀而言，除臺灣赤楊與栓皮櫟為落葉樹種外，其餘7樹種為常綠樹種。從樹冠幅的調查結果顯示臺灣赤楊、木荷及米飯花均具較長的冠幅，但枝下高則以細葉杜鵑、楊梅與狹葉櫟為較低的樹種；各樹種的枯枝數目，除臺灣二葉松未發現枯枝外，木荷是具有最多枯枝的樹種，另臺灣赤楊、楊梅亦為枯枝較多的樹種。臺灣二葉松除不具枯枝，亦不具分叉，其餘樹種以細葉杜鵑、楊梅、米飯花具有較多分叉數。各樹種遭病蟲害感染的情形不一，以輕度、中度、重度三級嚴重度分析，大致上木荷、米飯花、狹葉櫟、細葉杜鵑屬於比較健康的樹種（黃清吟等 2009）。

黃清吟等（2009）以各樹種之含水率分析，顯示落葉樹種之臺灣赤楊與栓皮櫟、針葉樹種之臺灣二葉松具有較低之含水率，其他常綠闊葉樹具較高之含水率，各樹種間差異不大，但以米飯花、木荷及細葉杜鵑3種樹種的含水率較高。熱值的分析結果與含水率有類似之現象，亦即落葉樹種之臺灣赤楊與栓皮櫟、針葉樹種之臺灣二葉松具有較高的熱值，其他常綠闊葉樹種之熱值較低，但各常綠闊葉樹種間之差異不大。灰分含量的分析結果顯示：狹葉櫟、青剛櫟及細葉杜鵑之灰分含量較高，而楊梅、栓皮櫟之灰分含量相對來說較低。各樹種的抽出物含量除楊梅特別偏低（10.9%）外，臺灣二葉松、米飯花及大頭茶為較高的3種樹種。至於纖維素與木質素之含量，青剛櫟、栓皮櫟及狹葉櫟具有較高的纖維素含量，但此3種樹種的木質素含量除栓皮櫟較高外，其餘2種樹種之木質素含量在所有樹種中反而較低，而以臺灣赤楊、楊梅及大頭茶具有較高木質素量（黃清吟等 2009）。

除楊梅、青剛櫟及木荷3種為造林計畫選用的樹種外，林帶上亦出現其他樹種11種，這些樹種如臺灣二葉松顯然為林帶周邊之臺灣二葉松造林木天然下種而來，又如栓皮櫟為當地原已生長林木，於造林時雖遭砍除，但日後經萌蘖更新而存在，至於其他樹種如米飯花及細枝柃木雖數量不多，但推測應為種子天然更新之樹種（黃清吟等 2009）。

又經萌蘖更新之栓皮櫟是林帶上出現甚多的種類，此樹種為落葉樹種，於秋冬之林火季節落葉，增加細質乾燃料，對防火林帶而言，並非良好的防火林帶樹種（黃清吟等 2009）。

大甲溪事業區燃料防火線試行栽植闊葉樹種以形成防火林帶之造林作業，成活率雖已達近80%，但從林木生長情形來看，有相當比例林木生長不良，且林分的鬱閉度偏低及出現病蟲害之情形（黃清吟等 2009）。

臺灣赤楊的熱值最高，但臺灣赤楊為落葉樹種，每年產生乾細質燃料不利防火。單一

因素顯然無法評估防火樹種的選取，因此就目前所得的燃料燃燒性狀數據，仍需再與其他生物／生態及造林等因素綜合評估（黃清吟等 2009）。

防火林帶樹種選擇考量如次：

1. 樹冠幅較大者、枝下高低者、枯枝數少者、多分叉（Saharjo *et al.* 1994）。

2. 枝葉茂密、含水量大、耐火性強、含油脂少、樹皮厚、不易燃燒，有效發揮林帶的阻火作用。

3. 生長迅速、適應性強、萌芽力強、鬱閉快，林帶的遮蔭作用減少地被物的載量，增加含水率，使林帶地表失去載火能力。

4. 層林木應耐潮溼、與上層林木種間關係相互適應。

5. 不易遭病蟲害者為佳（Saharjo *et al.* 1994），能形成密集林帶，林帶降低風速、攔截火星、阻攔熱傳導、熱輻射和熱對流，產生機械阻擋作用。

6. 適應當地生長的樹種、種源豐富、栽培易成活，有較高經濟價值。

但如同工程阻隔技術一樣，林火假使是高強度，生物化防火林帶反而比生土帶更為不利，而形成大火中之燃料供應體。生物化防火林帶在林火阻隔技術仍有諸多優勢，本章第5節專節將詳細進一步解說。

第四節　林火阻隔之維護

因防火線在森林保護中仍是一項非常重要之措施，故經長期之發展，各國對其開設與維護方法之應用上亦不斷改善，相關之研究與管理亦一直未嘗間斷。

一、利用放牧維護

自1980年代以來，農林業之研究與發展具有長足之進步，對於防火線維護措施上，一些歐美國家相繼提出利用放牧來做管理，如Esplin在1980年時提出利用山羊維持LosPadres林地之防火線，因山羊可以吃掉80%之灌木、70%之一年生草本與50%多年生草本，於櫟樹（*Quercusdumosa*）、下田菊（*Adenostomafasciculatum*）之立地上，最易實施放牧（Esplin 1980）。Etienne等（1989）人之研究中，皆提出防火線上種植車軸草來結合放牧，以維持防火線之防火效果（Pardini *et al.* 1995）。Delbraze於1990年時提出林牧業相結合之基本形式：

1. 鄰近農場之林區放牧。
2. 林區內農場之牧畜飼養。
3. 季節性林區放牧，指出防火線或採伐地上放牧是一種重要之森林防火措施（Del-braze and Dubourdieu 1992）。

Pardini於1994年時，對Casamora森林區防火線上進行放牧與可燃物之關係研究，結果指出倘若不進行人工管理之防火線，地表可燃物之累積量年平均達2.2 ton/ha，且草本層高度為45 cm，火燒潛在危險性最高；若進行放牧管理之防火線可燃物之累積量年平均則為1.9 ton/ha，火燒潛在危險性亦高；而若防火線上以人工種植苜蓿，不進行放牧管理可燃物之累積量年平均1.5 ton/ha，草本層最高高度為25cm，然若又進行放牧管理，則可燃物之累積量年平均僅有0.3 ton/ha，草本層高度為10 cm，大幅降低了火燒潛在危險性。換言之，在防火線上種植苜蓿並結合放牧，可以大幅減低火災危險性與兼顧防治土壤流失之作用（Pardini *et al.* 1995）。此外，Taylor亦提出以放牧山羊可作為防火線上灌木與細小可燃物種之管理工具（Taylor 1994）。

二、林牧複合畜牧（Silvo-Pastoralism）

在許多國家，林牧畜牧使用於林地養牛羊等，這是一種當地人通常使用的技術。然而，如果不加以控制，牧場動物就會透過破壞樹幹上的再生芽（Regeneration）和摩擦損傷（Frictions），造成森林的敵人；另一方面，如果牧場活動管理良好，可作為森林地的維護（FAO 2001）。因此，進行良好控制的牧場，且牧場區域和範圍明確且限定。為森林保護而引進的林牧畜牧活動，只有在需要維護的森林地區，能夠很好地融入（Well Integrate）牧民的所有牧場資源（Pastoral Resources）時，才能成功。因牧民總是會喜歡牧群的健康和正確的餵養，以適應林下植被清除的行為。因此，有必要根據基礎研究（Baseline Studies），將育苗間隙的區域整合到育種系統中，而不是一開始事先設定一個需要維護的區域，希望育種者接受嚴格的限制、修正（Modifying）和干擾預先存在的系統來做育種（Pre-Existent System Breeding）。

圖7-16　在歐洲一些國家使用林牧複合畜牧來控制燃料載量（FAO 2001）

在重型動物（Heavy Animals）牧場上，雖可用於初期林下植被清除工作，但只能與其他飼料區在燃料隔離帶和某些環境下如稀疏灌木層的白橡木（White Oak）、聖櫟的高灌木（High Coppice of Holm Oak）等結合使用（FAO 2001），此優點能控制植被及現有資源的管理。在一些國家重新評估育種（Breeding）和荒棄地景，保持森林中的人類活動（Human Activity）。缺點是需要保護再生（Regeneration）而反對放牧。在資源不規則方面，食物補充有時是必要的，如透過播種（Sowing）改良牧場，削減被動物拒絕植物的必要性。在負面環境影響方面，土壤沉降（Soil Settlement），特別是在重型動物的情況下，當動物群體的壓力太大時，產生土壤腐蝕風險。

在以色列，以林牧複合畜牧業（Silvo-Pastoralism）來鼓勵盡可能多的森林牧民，以減少森林的燃料負荷。牧草控制有兩種方式：畜群區（Herd）和放牧區（Grazingzone）發放牧場執照（Pasturelicenses），以及安裝圍欄（FAO 2001）。

三、利用除草劑維護

迄今，除草劑之應用已提高防火線之防火效能，並大幅降低其維護之成本。在歐美國家經由不斷研究，確定出不同群落與地區植被相適合之除草劑類型，如Silva（Taylor 1994）於1969年指出，陡坡上易燃草本植物之地表火潛在危險性，可藉由選擇性除草劑（如Dowpon S）做最適林地之化學處理，不僅利於雙子葉植物之發展，亦可防止大黍（*Panicum maximum*）之侵入；此外，DowponS除草劑亦可應用於荒地、大黍地與灌木生長之坡地上。Delbraze於1971年時，在地中海林區之防火線（30～100 m寬）上，連續

2年之春季使用2-4-D除草劑，而秋季使用2-4-5-T結果顯示，5年觀察期間皆沒有發生火災蔓延現象（Delbraze and Dubourdieu 1992）。Garcia等人1976年時在葡萄牙北部地區，選擇冬末初春之溼潤天氣條件下用8 kg/ha Ustilan除草劑噴灑於防火線上，結果3年後無草本再生現象（Delbraze and Dubourdieu 1992）。

Delbraze於1978年，於春季應用不同除草劑噴灑來減少易燃性之草本植物與一些木本樹種（特別是柑桔屬），降低火災潛在危險性後；結果指出以4 kg/ha黃草靈可有效控制歐洲蕨，2 kg/ha草甘磷（Glyphosate）可全面控制或消滅已發育之草本植物，而木本植物以黃草靈來控制處理更為有效（Delbraze and Dubourdieu 1992）。Pakotomanampison於1978年時對9種除草劑之除草效果進行效能比較，結果指出最為有效是GS29696（Thia-zafluron），用量為每公頃為8 kg，有效期可達到30個月之久（Delbraze and Dubourdieu 1992）。

Mortenson於1983年提出防火線管理，認為應該利用適當除草劑來控制草本、灌木及其他一些樹種，並結合其他措施來進行綜合性管理，包括病蟲害管理、計畫燒除（Pre-scribed Burning）、機械或人工採伐與放牧，來控制易燃性植物之生長與入侵，如桉樹（*Eucalyptus*）、金雀兒（*Cytisusmonspessulanus*）等（Mortenson 1984）。Suharti（1989）之研究則指出，對阿拉伯金合歡（*Acacia arbica*）防火林帶內，利用苯撐藍除草劑來清理林下雜草之費用僅為人工清理成本的0.26倍。Davison（1996）指出，在森林可燃物管理項目中，提出利用除草劑、機械控制、計畫燒除與放牧等綜合措施來降低林地火災潛在危險性，是一種相當有效的方法。

因此，化學燃料減少（Chemical Fuel Reduction）方面，使用林下清除可以透過噴灑除草劑或生長抑制劑來進行。對於不可能進行機械維護（陡坡、岩石地形等）的地區，使用這些化學劑是一個令人關注的選擇，此外，假使囿於資金以致無法使用成本過高的機械來進行植被清除（FAO 2001）。施用的藥劑通常具有整體系統性的功效（General Sys-temic），可透過葉或根系滲透整體轉移（透過汁液運輸）到植物的其他部分，藥效從幾小時如草甘膦（Glyphosate）到幾個月如六嗪酮（Hexazinone）的持久性。根據其屬性，有以下優勢（FAO 2001）：

選擇性破壞易燃物種，並逐漸導致植物如草、雜草、半木質（Semi-Woody）和木本植物死亡。在季節之外以高林火危險度期間來實施，這種破壞在夏季之前對地面上樹木部分進行人工整枝。這種介入對多年生植被（Perennial Vegetation）是很有利的，因其可以防止任何發芽（Sprouting）。

1. 後續維護成本降低。

2. 不改變根系的同時，殺死植物並能保護土壤免受侵蝕。

3. 植物的生長抑制，暫時減少木本增量和葉片發育，在發芽過程中抑制發芽或破壞種子。這可以減少燃料負荷（在生長抑制物質或芽生抑制劑分類下的產品）。

4. 在森林防護中使用這些化學物質之前，建議諮詢所有法律限制。

5. 明智的產品組合和應用模式，包括以下事項（FAO 2001）：

　　(1) 找到適合條件的技術解決方案：根據目標和應用條件選擇產品。

　　(2) 處理任何地形：根據可接近性和待處理區域的地表，來選擇使用的物質。

　　(3) 快速應用效果：能選取使用較適應的物質。

應用例：法國（FAO 2001）

　　使用化學物質清理灌木。法國法令規定：只有獲准使用的商業化學品才能許可使用如類別為「森林」或「非農作物區域」（Non Crop Zones），以便在沒有任何植被的情況下進行構成防火線（Firebreaks）。依農業和漁業部在歐洲法律規定內所批准產品。必須由獲得此類工作許可的公司執行處理，其中人員需由認證人員進行指導，如農產品（Agro-Pharmaceutical）應用和分銷商的證書等。

表7-1　林火阻隔使用除草劑的一些例子（Some Examples of Herbicides）

項目	內容
滲透葉片（光合器官）	如草甘膦（Glyphosate）是一種廣泛使用之非選擇性的全身除草劑，用於控制一年生和多年生植物，包括草本和木本植物，如磷酸胺（Fosamine Ammonium）是一種生長抑制劑
滲透根系統	如拿草特（Propyzamide）由草本根吸收並向上移位；透過抑制細胞分裂和光合作用之作用，因此雜草生長速度可以等於其死亡速度。如敵草隆（Diuron）或氨基三唑（Aminotriazole），此種除草劑僅限於非農田，其對林木根系有害
混合性滲透	六嗪酮（Hexazinone）是一種三嗪除草劑（Triazine Herbicide），用於防治許多一年生、二年生和多年生雜草以及一些木本植物；此主要用於非農作物地區；選擇性使用針葉樹，特別是在生長季節期間的松樹
應用方式（Ways of Application）	
·使用可調噴射流之噴嘴（Jet Stream Nozzle）的水管 ·壓縮空氣噴霧器（Compressed Air Sprayers） ·機械和動力噴霧器 ·直升機噴灑，僅用於防火帶（Fire Breaks）	

項目	內容	
使用對象類型		
類型	防止菸蒂起火之安全帶（Anti-Cigarette Strips）	樹下層燃料之燃料隔離帶
目標	安全帶，從雜草和草本層中完全清除，尤其在季節時具有高林火危險度期間	限制草本和木本地層的植被生物量（燃料負荷），降低危險度水平
處理和預防措施	噴塗大面積以獲得高效塗布在分散的木本植被地區情況下，使用活性乳液（Active Emulsions）進行局部處理（可能是非法的）應用時注意：避免造成連續死亡的植被覆蓋，容易引起著火和囤積大火燃料量。沿著小溪和溝渠形成無植被（Vegetation-Free）之安全帶	選取處理為了減少其生物量，生長抑制劑用於較不易燃植被（Less Flammble Vegetation）。以特定目標和局部方式選擇性使用，特定產品或處理劑類型。此種方式能破壞：在同一時間地表上草本層和木本層；或只有單一種類植被層

（FAO 2001）

四、機械維護（FAO 2001）

1. 硬體：修改／改裝的農用拖拉機或公共工作機（Public Work Machines）（FAO 2001）。

2. 維護措施週期：每3至4年優點快速。在易於到達的地形中，有利於成本／效益（Cost/Benefit）關係。

3. 缺點：這些設備需要高額投資，而且其維護成本很高。

   (1)環境條件（地形、土壤類型、樹木密度）可能成為使用設備的障礙。

   (2)重型設備透過壓實對土壤產生負面影響；儘管如此，清除區的影響有限，僅占森林面積的一小部分。

   (3)根部露出（De-Rooting Exposes）裸露的土壤，在陡坡上造成侵蝕。

   (4)切除植物碎片必須火燒或粉碎／切碎。

   (5)通常僅非常易燃的共同物種是較有利的（FAO 2001）。

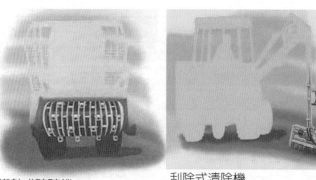

橫軸式破碎機　　　　　　　刮除式清除機

剷除式清除機　　　　　　　拋圈式清除機

圖7-17　歐洲國家以各式機具進行清理地面植被作為林火阻隔（FAO 2001）

五、控制焚燒維護

　　森林中每年之枯落物因不能完全腐化，導致地表枯落物之飛散與累積，而可燃物質積累愈厚，釀成森林大火之潛在危險性亦相對提高。自1970年代以來，各林業發達國家已普遍開始應用控制焚燒工作，如美國、加拿大、澳大利亞等，每年於林區實施控制焚燒之面積皆達100 ha以上（Caljouw *et al.* 1996；Kwilosz *et al.* 1999）。這種技術使用火來消除和局限在一個限定區域內的植被。一般在地中海盆地很少使用如此策略，除了在法國1999年有3,000公頃土地，使用控制焚燒來清除林下植被。在葡萄牙控制焚燒方法，於1980年就非常普遍，如Minho地區就有超過2,000公頃的海事松林床（Maritime Pine Stands）使用此種方法。控制焚燒技術的應用障礙是：由於對火燒的恐懼或害怕對林分的影響，造成的心理保留（Psychological Reservation）。

圖7-18 地表枯落物從上次火燒後逐漸堆積10mm厚（正方形1m×1m邊條黑白各30 cm與二邊端白色各5 cm）

　　在某些國家缺乏控制焚燒特定訓練，而產生上述心理，且會擔心發生事故時的法律責任問題（火燒失控）（FAO 2001）。即使燃料負荷很高，控制焚燒也可以用於定期燃料減量以及首次林下植被清除（First Undergrowth Clearing）。例如，植被層打開情況：用於密集的Macchia地層的森林保護管理，該地層可以達到2.5公尺的高度，或者密集的灌木叢及1公尺高的Kermes橡樹（Oak）（FAO 2001）。在不同類型的石楠（Heather）地層進行牧場管理。在國內大甲溪事業區之德基水庫集水區防火線維護，使用藥劑會汙染水源區，而位置坡度大，機械難以使用，放牧難行且可能造成踐踏破壞水土保持。因此，清理防火線除現有人工方式以外，控制焚燒是考慮做法（林朝欽1993c），可選擇在相對溼度大之早晨無風條件時，落葉含水率接近熄滅含水率條件下，進行緩速延燒來進行。

　　控制焚燒實施措施的週期，在歐洲是每3至4年，其優劣點如下（FAO 2001）：

1.優點

　　(1) 沒有地形限制。

　　(2) 能有效木質植被。

　　(3) 減少精細和中等燃料。

　　(4) 消除地面枯落層燃料如松針（Pine Needles）。

2.缺點

    (1) 需要專家。

    (2) 監督義務。

    (3) 除了需要進行熱量稀釋分散燃料層厚度。

    (4) 對幼樹或帶有樹皮薄的樹木有負面影響。

    (5) 必須考慮氣候條件。

圖7-19　地中海國家進行控制焚燒情形（FAO 2001）

1.控制焚燒理論基礎

    控制焚燒是在一定地形、氣候、土壤溼度等條件下，巧妙地用火燒除多餘可燃物，將燃燒連續行為限制在特定之區域內，於一定時間內產生合適之熱量強度與蔓延速度，為防火、育林、野生動物管理、放牧與減少病蟲害等多重目標管理上常用之一種方式，具有某些預期之效果。一般而言，控制焚燒在林地管理中之應用極廣，如：消除林床不必要燃料負載量、提高家畜與野生動物放牧價值、防治病蟲害、減少火災所造成之水土流失、保護野生動植物、提高林區景觀度等；在育林工作上，則包括立地準備、競爭植被之控制、林分改造恢復與保護自然生態系統等。

圖7-20　選擇溼度適當以進行林內低能量火燒緩慢釋放地表厚枯落層能量

2.控制焚燒種類

　　在一定條件下進行適當之控制焚燒，對林木而言有其正面效益。一般實施時是選擇在溫度、風速、風向、溼度、植物含水量等適宜之季節與時間內進行，在嚴格控制之下展開。其種類對象有：

(1) 林內火燒：林內計畫火燒是指在不傷害目的樹種之前提下，以低能量火燒緩慢釋放林內多餘能量。此種技術主要應用於有厚保護性樹皮、樹冠耐輕度灼傷之樹林。

(2) 茂盛荒草火燒：對於不必要之荒草進行燃燒，因其秋冬季時形成枯草時具有易燃性特強，常成為林火侵入或蔓延之通道。此項措施必須限制在某種範圍內進行，以免破壞生態系統之平衡。

(3) 火燒防火線：火燒防火線是一種低成本高效益之維護或預防林火方法，如對道路兩旁、林緣或林內防火線之陽性雜草進行低強度燃燒予以清理，一般選擇在春、秋季來進行。

3.控制焚燒條件

　　根據可燃物狀況與林火環境特點來選擇用火時機與技術，確保林火燒之低強度燃燒行為。實施前需做全面評估，調查燃料負載量、林木生長狀況、地形、風速與溼度等條件下來安全進行。一般可利用雨後且大氣穩定時，在細小燃料含水量高之情況下來進行低強度之燃燒行為。應用條件上，控制焚燒要求根據火燒場地之地形、植被特徵和計畫的火燒

控制類型，選擇適合的天氣條件和燃料含水量，以防火勢越出到定義區域外，並保護（如果存在）樹冠（FAO 2001）。例如：在向東斜坡上，東風常導致下風之反風向行為。在樹冠下，強風常常是優先考慮的因素，它可以防止回流的熱羽流（Hot Plume）並使其分散，並防止煙柱在樹冠內滯留太久。在樹冠下強風常常是優先考慮的，因強風可防止熱羽流、回火（Fire Backing）進入風中，並使火燒高熱量散開（Dispersion），並防止熱煙柱在樹冠內滯留太久（FAO 2001）。

圖7-21　細小燃料含水量高之情況下來進行低強度之控制焚燒（盧守謙 2011）

4. 控制焚燒做法

在逆風下坡地形火燒（Downslope Fire Against Wind），採取現場安全措施，通常這種燃燒會抵消自然火燒動態威力，點火開始於地形最高點（Highest Point）和逆風狀態。連續性火線以帶狀方式沿著輪廓線（Contour Lines）逐漸低強度火勢，燒除地表燃料層（從地形頂部到底部）。這種技術可以燃燒更大的區域，但會使火焰強度增加，這需要創造因地制宜火燒威力減縮。例如，在潮溼條件下進行控制焚燒，如石楠（Heather）和Macchia植被（FAO 2001）。

(1) 林地準備（Site Preparation）

在控制焚燒過程中，火勢必須局限在明確的區域內。因此有必要劃定火燒場地的周長（Perimeter）：透過現有的障礙物（道路、溪流、種植區及岩石區等），或者特別透過林下清理或地面清潔而產生的人為障礙，其寬度與以下方面有關：屏障的位置（Position of Barrier）。地形、植被、氣候條件、火燒控制設想（Fire Control Fire Envisaged）

（FAO 2001）。例如，對於下坡地形逆風（逆風和自上而下）進行控制焚燒，只需耙除一條50公分寬的無枯落物地帶作爲控制火線（Control Fireline）之用。

圖7-22　控制焚燒過程中火勢必須局限在明確的區域內（盧守謙 2011）

　　限制火燒強度對莖和生態環境的生理損害，也是明智的，透過使用以下方法之一，來保護樹的底部（Tree Bottom），特別是那些具有精細樹皮（Fine Bark）的樹種（FAO 2001）。最常用的保護措施是將樹木基部的枯落物耙除，直到土壤裸露情況，能足以使火焰高度無法到達樹幹部位。耙除的寬度至少爲50公分，但可以達到樹木基部下坡3公尺；在高強度火燒的情況下，向上坡火勢行爲更具破壞結構威力（Destructive）。當火燒不是非常強烈時，也可以使用背包泵加溼軀幹（能添加泡沫滅火劑），或者在較高強度火焰情況下，用水槍（Water Lance）加溼降低火強度威力。在起火之前，檢查控制線是非常重要的，尤其是脆弱位置點要特別留意監督（FAO 2001）。

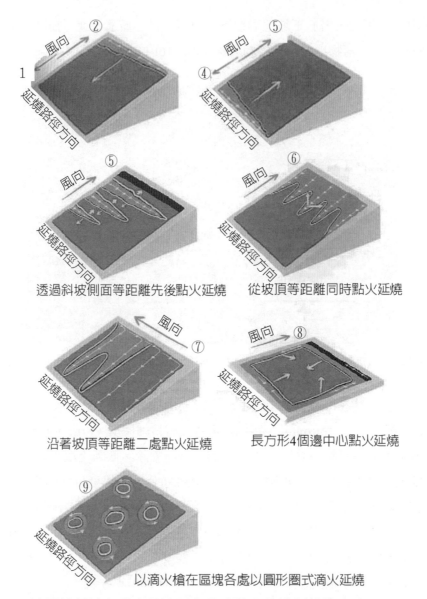

透過斜坡側面等距離先後點火延燒　　從坡頂等距離同時點火延燒

沿著坡頂等距離二處點火延燒　　　　長方形4個邊中心點火延燒

以滴火槍在區塊各處以圓形圈式滴火延燒

圖7-23　法國於斜坡上或水平地形之各式點火的控制焚燒方法（FAO 2001）

(2) 滴火槍（Drip Torch）

滴火槍是在美國設計（歐洲市場仍然不普遍），滴火槍是完美的火燒控制的重要工具。該滴火槍的燃油容量為5.7升，無縫鋁制裝置，雙層底和全長度手柄，噴嘴上的燃油蒐集器（Fuel Trap）和蓋子上的逆止閥（Check Valve）可防止回油（Flashback）（FAO 2001）。這種設備設計是作為長時間使用，具有高度的可靠性和堅固性。長時間使用後，只有噴嘴會堵塞的問題，並不會出現其他機械性故障。在北美地區使用煤油（Kerosene），滴火槍已經在歐洲使用了15年，其中30～50%的汽油與70～50%的柴油混合使用，混合比例為1/3汽油與2/3柴油是最方便、最通常和最便宜的。

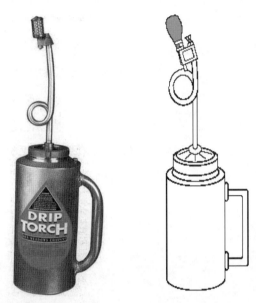

圖7-24 北美使用滴火槍：柴油／汽油為3/1或3/2（NWCGS 2008）

　　當使用汽油／柴油混合物時，建議保持警惕，於加油時一定要完全填滿儲油筒（Tank），打開時必須遠離任何起火源，如正在火燒、高熱的灰燼或點燃的香菸（Burning Cigarette）。確保在使用前後蓋子有正確關閉，以免火炬槍受到火勢動態熱輻射和太陽（特別是春季到秋季）的輻射照射，以免容器中氣體膨脹，以致引起的活塞效應（Piston Effect）（FAO 2001）。

圖7-25 法國使用滴火槍形式進行控制焚燒（FAO 2001）

六、手動灌木林清理（Manual undergrowth clearing）

1. 硬體：手工具或具備引擎工具如樹木推土機（Tree Dozer）、割草機（Slicer）。
2. 維護週期：每3至4年

    (1) 優點：工作質量（Quality Work）具備選擇性，從而保護再生。如果定期使用維護，低衝擊的方法。可用於困難的地形條件和非常有石質的土壤（Very Stony Soils）。種植不易火燒的植物，可以受到青睞。

    (2) 缺點：長時間工作效能低（Poor Yield），特別是在困難條件下。如果手工勞動力昂貴，則成本高。切除植被碎塊必須被燒毀或粉碎。手工勞動力成本相對較低的國家喜歡這種技術（FAO 2001）。

圖7-26　在梯形地帶使用割草機以手動減少燃料（FAO 2001）

七、組合應用

減少燃料技術的選擇，是取決於植被的一般狀況及其自然環境的狀況：

1. 植被類型和密度。
2. 地形和地域型態。

燃料減除可以區分兩個階段（FAO 2001）：

1. 初始操作（植被覆蓋層打開）：由於燃料載量高，這通常是昂貴的操作。
2. 此後階段，林下灌木層清理旨在限制植被重新生長。這項工作必須定期進行，人工整枝頻率隨著植被密度和應用技術而不同。考慮到植物生長緩慢，這種操作

每次處理費用較低，但需要編訂每年連續性的維護費預算（Continuous Budgeting）。當燃料載量較高時，例如在初始開啓植被覆蓋層時，建議進行手工具或機械灌木清理，或使用控制焚燒。如果燃料載量較低，則可以採用其他技術如除草劑或林牧複合、畜牧業（Silvo-Pastoralism）。林下清除的各種技術，如能與機械進行整枝，然後是森林養護維護相結合。處理的週期取決於植被再生的速度，管理目標，即可承受的最大生物量負荷（Biomass Loads）和財政能力（FAO 2001）。

各種方法可以連續使用，以提高林下植被清除的有效性。

1. 如用於頂層打開然後維護安全帶上有樹木覆蓋的燃料類型（FAO 2001）。

2. 機械林下植被清除和受控牧場（Controlled Pasture）環境的開放，是透過機械林下植被清除來進行的，如果可能的話，還要去除伐木後留下樹椿部（Stump）。

3. 於受控牧場限制植物的再生長，採取定期放牧方式（Regularly Browsed）。

4. 牧場改良如透過播種而無需進一步的場地整備，以構成動物的富饒營養食物（Food Enrichment）。

5. 人工林下清除消除了牛隻拒絕的植物。

以上這種組合可以減少維護的頻率。在歐洲控制焚燒和控制牧場是在夏季開始時，由火燒進行植被層環境打開，然後由動物等密集放牧（Intensive Pasture）維持；假使受動物拒絕的植被，也可以透過火燒來消除（FAO 2001）。結合林下清除，林業活動以及農業或牧區活動如燃料隔離帶（Fuelbreaks）和防火線（Firebreaks）以構建大規模空間不連續性的燃料綜合體（Fuel Complexes），旨在建立滅火支援區域（Fire Fighting Support Zones）及準備防火線（Prepared Fire Lines），能更容易地來局限火勢。

在燃料不連續性方面，可以構建在森林邊緣（森林／城市界面）或森林內。燃料不連續性可以阻止低強度和中等強度林火。然而，高強度林火可能跳過這些防護帶。然而，強風也會降低這些不連續點的有效性，因風帶來的易燃餘燼很容易穿過（飛火星），並在另一側點燃第二處起火點，即飛火現象（FAO 2001）。

初始狀態　　　　　　　清除林下植被　　　　　　　擇伐

圖7-27　減少燃料技術的選擇是取決於植被及其自然環境狀況（FAO 2001）

第五節　生物化防火林帶之阻隔機制

一、生物林帶對熱環境之因應

　　對於耐火林帶之防火效果，在此有二個重要名詞需先作探討，亦即(1)耐火力，指樹木能耐火多少之程度；(2)遮熱力，則指樹木能遮斷多少熱之程度。

　　林帶區域內之樹木，在防火上為能有效維持，必須具有耐火之程度，而耐火力係指樹木能維持其形狀，在能忍受火熱環境下而不致燒死之程度。然為達此一結果，樹木必須能發揮遮熱力，以達成具有所謂遮蔽物之效果；圖7-28所示為樹木受到熱環境壓力下之對應（日本火災學會 1997）：

1.耐火力：亦即難燃之程度

　　林帶區域內樹木受到外圍火熱之影響下，初期主要為樹木周圍位置或樹冠層（canopies），從受熱方向之葉面開始發生變化。當受到熱輻射作用時，為防止葉面溫度上升，樹木內部會持續進行氣化熱之轉變過程，亦即放出樹葉中之水分與蒸氣。而由層層重複葉片組合之樹冠層中，亦能扮演著防止熱浸透之角色作用。而樹葉即藉由水分轉移之冷卻，來抑制葉溫之上升作用；然當一旦受熱量增大，致受熱與放熱之平衡機構喪失，葉溫即會逐漸往上升高。

　　基本上，樹葉在熱環境下因而吸收之熱量QR，可以下式求得：

$$QR = QL + QS + QM + QH$$

　　式中，QR係葉面直接受到火熱所得到之純受熱量；QL係從葉面受熱環境經由水分蒸發作用所需之潛熱傳達量；QS係葉面因受熱環境從周邊空間放射出熱量之顯熱傳達量；QM係葉面因受熱環境所吸收熱量比放射熱量多而蓄積之儲存熱。在一般定常狀態下QM = 0；而QH係植物代謝所需使用之熱量，亦可將之予以忽略。

　　進一步而言，在熱環境下樹木之QR會增大，QL與QS在增加持續狀態下，葉中之水分即呈現一定之限界值存在。依日本類似實驗指出，從樹根部彼此間所吸收水分來補充葉面，所產生之冷卻機能，是來不及趕上因葉層熱蒸散而喪失之水分量；又熱放射量亦因受熱量多而無法得到熱平衡，所以在此情況下，QR與（QL + QS）間的熱平衡機構喪失，使QM因而增加，如此葉面所得到之結果即是溫度持續上升，當其達到一定溫度時，即

開始進行所謂「熱裂解」作用（Pyrolysis）。熱裂解進行中開始生成木瓦斯（可燃性氣體）與殘渣，一旦達到完整之發火條件時，即出現發火現象。此後如復能滿足其燃燒條件時，則形成燃燒態樣。亦即樹木在熱環境下對於發火與燃燒之二種條件皆能滿足時，則呈現出葉面之有焰燃燒狀態，此時在防火上已無效果可言。

　　換言之，林帶樹木之葉面在持續受到熱環境之影響，而形成燃燒狀況，此時樹木是否仍能維持其形狀，則寄望於樹木之遮熱力程度，來防止葉面燃燒傳熱至周圍所進行之熱浸透能力；以下特以圖7-28之①至③進一步說明樹木形狀維持之機制（盧守謙、呂金誠2003）。

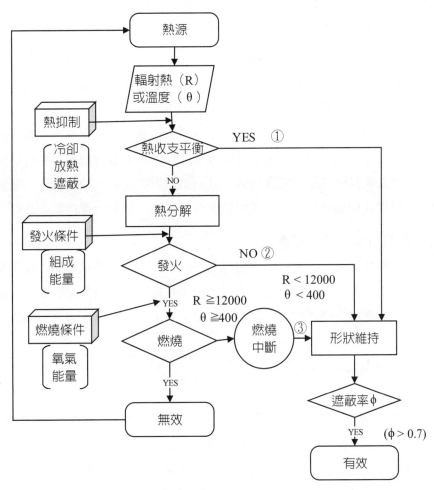

圖7-28　樹木在熱環境下之因應（日本火災學會 1997）

　　在圖中①情況中，林帶樹木在受熱環境下，其熱收支之平衡機制並沒有瓦解，因葉溫沒有持續升高，故尚未進行所謂熱裂解作用，亦無發火燃燒情況，而呈現一種有效之形狀維持機制。

　　在圖中②情況中，林帶樹木在受熱環境下其熱收支之平衡機制已瓦解，葉溫持續升高情況下，而進行熱裂解作用，但尚未達到完整之發火條件，所以沒有形成發火現象；此現象之可能原因，主要是外界風力吹動葉面晃動，導致熱裂解所生成之可燃性氣體擴散掉，而無法達到其一定條件所致。通常物質是否形成發火現象，主要取決於熱能量條件所左右，如以耐火力最弱之針葉樹而言，其輻射熱（R）通常亦需達到12,000 kcal/m²h與溫度（θ）達到400℃，才足以達到發火之程度，如果低於如此能量值，樹木仍能維持其一定形狀。②與①之主要不同點，可能在於各樹種葉生理性狀之屬性差異所致。

　　在圖中③情況中，樹木在受熱環境下，其熱收支之平衡機制瓦解，葉溫持續升高情況下，而進行熱裂解作用，並達到完整之發火條件，而形成發火現象，但所形成之燃燒條件並沒有達到完整，致燃燒連鎖反應因而自行中斷現象。以燃燒條件而言，通常即使氧氣供應足夠，但受到能量供給並未充分，則雖在葉表層已達到發火之程度而亦產生燃燒現象，但因沒有達到所需之能量來供給下層樹葉燃燒，此可能是表層葉燃燒，輻射熱受到次層葉之遮蔽作用，而使能量傳遞受到遮斷所致，此即為樹木之熱防制機能表現。這種燃燒反應中斷現象，一般僅在樹葉上呈現出小規模範圍有焰燃燒，所以能維持有效之樹木形狀。

2.遮熱力：亦即熱難浸透之程度

　　以遮熱力之評價而言，通常指樹木在受熱環境下，能耐高熱狀態而不致燒死，仍能維持一定有效形狀之現象。亦即林帶之樹木能遮斷高熱往周圍傳輸熱浸透之力，如此與樹木或樹葉間所形成之間隔空隙比率（空隙率）有密切關係。其空隙率通常表示如下：

$$空隙率 = \frac{樹木範圍 -（樹冠面積 + 枝幹面積 - 枝下面積）}{樹木範圍}$$

　　式中，樹木範圍 = 樹木高度 × 樹葉層寬度。而葉子交錯重疊所成形之樹冠面積中常有多處空隙，此一空隙值在各不同樹種間亦因而迥異，所以樹冠面積必須依不同樹種之葉密度來做係數補正。而枝幹立面上之空隙率在各樹種間差異性則極小，然而枝下部分之空隙率較大，在求其枝下比（指枝下高度與樹木全高之比值）時，有必要做空間之係數補正，故在評估樹木防火上之有效性上，必須依據空隙率大小來做探討（盧守謙、呂金誠2003）。

二、生物林帶耐火之限界值

對耐燃樹木作為森林防火線或是都市防火應用上之有效性而言，前述之形狀維持是最基本之必要條件；然這並不意味樹木不會燃燒，而是視其受輻射熱或溫度大小與樹木耐火力程度，來決定樹木是否出現燃燒、不燃燒或燃燒反應自行中斷之現象。

基本上，樹木在熱環境下，尤其樹葉之受熱面因持續受到高熱而變色，同時從葉內部出現激烈的熱裂解氣體後，發生葉面曲折捲縮變形現象，變形過程中經歷生物階段變化，而最後整個變為黑色；此時假如受熱度超過樹木耐火限界值將形成發火現象；反之，如果在限界值以下，樹葉將產生焦黑再轉為白色化，有時則焦黑後產生龜裂或捲擠成一團之不發火現象。

一般而言，在輻射熱（R）在20,000 kcal/m²h或溫度（θ）在500 ℃值左右之溫度，為發火之臨界點（Red Spot）並會持續擴大至葉全面，而出現出一種無焰發火現象，這種發火沒有出現有焰現象，為樹木防火上極為重要之條件，如常綠闊葉樹中之珊瑚樹（*Viburnum awbuki*）即是一種值得推薦之有效防火樹種。當評價樹木之耐火力值，依據日本實驗得到各樹種對輻射熱之耐火限界值，如表7-2所示。

表7-2 樹種別之耐火限界值（單位：1000 kcal/m²h）

常綠闊葉樹種				落葉闊葉樹種		針葉樹種	
樹木名	耐火限界值	樹木名	耐火限界值	樹木名	耐火限界值	樹木名	耐火限界值
海桐	14.9	樟樹	13.7	枹櫟	15.0	羅漢松	16.1
全緣冬青	14.9	日本桃葉珊瑚	13.7	銀杏	14.1	日本柳杉	14.9
八角金盤	14.5	小葉青剛櫟	13.7	光葉櫸	13.4	日本赤松	14.9
山茶	14.1	珊瑚樹	13.4	-		日本魚鱗松	13.0
波綠冬青	14.1	日本石櫟	12.3	-		日本扁柏	12.6
楊梅	13.7	-				日本花柏	11.9

（日本火災學會 1997）

圖7-29表示常綠闊葉樹種之發火時間與受熱量之關係；圖中上半部係發火之危險區域，圖中下半部則表示安全區域；換言之，依日本實驗指出，常綠闊葉樹種處於輻射熱13,450 kcal/m²h以下環境時，無論經過多少時間亦不會出現發火燃燒現象，此即為常綠闊葉樹種之耐火限界值。而其發火時間與輻射受熱量之關係式，可依上述實驗表示如下：

$$tE = 88.13 - 33.71 \ln（R - 13.45）$$

式中，tE為常綠闊葉樹種之發火時間（秒），ln為自然對數值，R為輻射受熱量（1/10 kcal/m²h）。

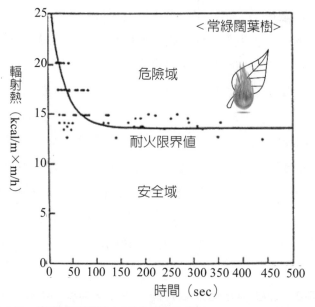

圖7-29　常綠闊葉樹之耐火限界曲線（日本火災學會 1997）

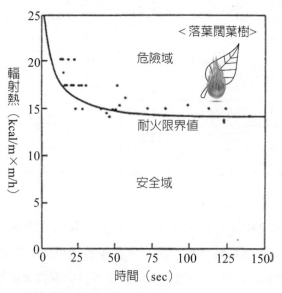

圖7-30　落葉闊葉樹之耐火限界曲線（日本火災學會 1997）

　　圖7-30與圖7-31則表示落葉闊葉樹種與針葉樹種之發火時間與受熱量之關係，其中圖之關係式爲：

$$tF = 50.53 - 19.48 \ln(R - 13.93)$$

　　式中，tF爲落葉闊葉樹之發火時間（秒），ln爲自然對數值，R爲輻射受熱量（1/10 kcal/m²h）。而下圖之關係式則爲：

$$tN = 196.97 - 87.17 \ln(R - 12.02)$$

　　式中，tN爲針葉樹之發火時間（秒），ln爲自然對數值，R爲輻射受熱量（1/10 kcal/m²h）。又依圖中可看出落葉闊葉樹種之耐火限界值爲13930 kcal/m²h，而針葉樹種則爲12020 kcal/m²h。

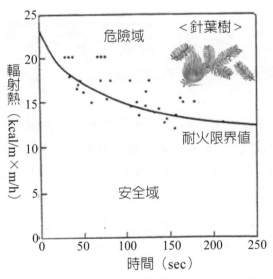

圖7-31　針葉樹之耐火限界曲線（日本火災學會 1997）

　　圖7-32表示常綠闊葉樹種之巴西番荔枝苗（*Pasania edulis Makino*）樹葉在火熱環境下之溫度變化情形，測試點1是位於葉上方2 cm之空氣溫度，測試點2與點3爲位於葉表面之溫度，測試點4與點5則爲位於葉裡面之溫度。測試點1初期溫度上升率快而處於非常不安定，1分鐘後達到300℃時，始轉爲較穩定狀態；測試點2之初期溫度上升率亦非常快，

約40秒後達到400℃時轉為安定狀態；測試點3為30秒後產生急激上升現象，一直至450℃值過後才產生發火現象；測試點4之初期與測試點3有類似傾向，但至350℃值才轉趨安定；測試點5與測試點4一樣至350℃值才轉趨安定。綜合而言，在各測試點積情況，一旦達到臨界值時即出現發火現象。

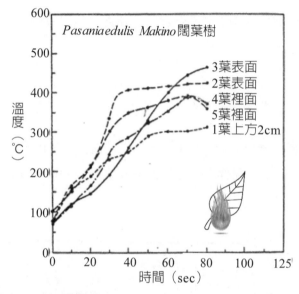

圖7-32 在熱環境下之葉溫變化（日本火災學會 1997）

從以上實驗得出重要結果，即林帶樹葉之耐火限界溫度值，在常綠闊葉樹種為445℃，而落葉闊葉樹種為470℃，針葉樹種為 409℃。如上述樹種在熱環境下未達到其限界值時，藉由遮熱力效果，樹木僅可能出現發火現象，但不會產生有焰燃燒行為。表7-3為日本實驗所得之不同樹種耐火限界值。

表7-3顯示，以發火限界值之輻射熱而言，針葉樹最低、常綠闊葉樹次之、落葉闊葉樹最高；另以溫度而言，落葉闊葉樹最低、針葉樹次之、常綠闊葉樹最高（盧守謙、呂金誠2003）。

表7-3 樹木之耐火限界值

項	目	常綠闊葉樹	落葉闊葉樹	針葉樹
發火限界	輻射熱（kcal/m²h）	13400	13900	12000
	溫度（℃）	455	407	409

項	目	常綠闊葉樹	落葉闊葉樹	針葉樹
引火限界	有焰燃燒（kcal/m²h）	5400	-	5800
	無焰燃燒（kcal/m²h）	5700	-	-

（木下茂他 1991）

第六節　生物化防火林帶之建置效益

一、防火樹種選取

防火樹種是指在初期火勢或林火強度未達到一定程度下，使所選取樹種個體具有不易燃燒，或燃燒難以維持，亦即起火後無有效火焰，而達到具有延遲林火甚至能阻滯蔓延之作用。但所有森林植物都屬於可被燃燒的燃料，減少引燃機會或增加引燃難度與樹種的燃燒性、生物與生態學特性及造林特性有關（林朝欽 2010）。林火強度達到一定程度以上時，樹種之抗火性、耐火性及易燃性，幾乎就沒有多大差異了，一樣皆是林火燃燒載體之燃料量。

因此，篩選適合營造防火林帶樹種之主要目的，在於選植較造林樹種如松樹或杉木等不易引燃的樹種，或火後能夠快速恢復生長的樹種。因此防火林帶中防火樹種的篩選涉樹種燃燒性、生物與生態學特性以及造林學特性等三層面。樹種的燃燒性乃指樹種著火蔓延的難易程度和速度（林朝欽 2010）。

1.理想防火樹種

防火林帶樹種選取，主要是考量如下：

(1) 生物理化性

生物理化性如燃點、熱值、灰分含量、含水量、矽含量、纖維素與木質素組成比例、揮發物含量如粗脂肪含量、乙醚等。其中含水量對於火行為具有決定性作用，通常以水分占燃料絕乾重的百分比來表示，含水量關係樹種是否能起火與起火至燃燒之時間。高含水量使樹體在蒸發脫水過程中會吸收大量潛熱（Latent Heat），而不易點燃，或能形成減緩蔓延速度。基本上葉子的含水率是由生物遺傳和環境決定的，於乾旱條件下，含水量會降低。即使水分充足，含水量在一日中也有所變化，因含水量的日變化與溫度具相關性。

　　Wrigen（1990）對南非某些樹種的燃燒性研究，是以生物量、燃料垂直分布、葉含水率、熱值和粗脂肪含量等作爲指標，而熱值是樹種燃燒時所能產生熱量，以傳導、對流及輻射形式向外進行熱傳，進而使火勢延燒。在樹葉中灰分含量愈高，即顯示其可燃物質相對少些，抗火性能就會較強。燃料的揮發物含量大多則相反，揮發物含量如粗脂肪含量、乙醚等，因其閃火點（Flash Point）較低，可在較低溫度下分解及起火燃燒，並產生較高輻射熱，造成延燒。Chandier（1982）提出樹種化學組成，在矽含量和乙醚含量而有不同。矽含量具有降低火焰活動，對能量的釋放有一些抑制作用，其於不同樹種間具有2%～40%範圍變化，而乙醚則在0.27～15%，此種變化是由土壤、氣候或生物遺傳因素引起的。

　　又乙醚和灰分含量會隨季節變化，其中灰分含量在枯落物腐化過程產生變化，一般森林枯落物灰分爲鮮活燃料2～8倍。此外，樹種物體主要是由纖維素與木質素組成，通常纖維素之含量較木質素高，但木質素的化學結構是屬於難分解與燃燒的物質。因此，選擇木質素含量高的樹種作爲防火樹種較爲有利，至於纖維素含量則關係到熱分解產生燃燒；由於纖維素含量與木質素有一定的比例，較少的纖維素含量表示較多的木質素含量，故對抗火的擴展較有功效（林朝欽 2010）。

　　樹種燃燒性判斷的指標各研究者有不同之認定，但主要以燃料燃燒過程中最重要的因素加以測量。因此，燃料的溼、熱值、灰分、抽出物、纖維素與木質素等因素，乃是測量樹種燃燒性的主要因素（林朝欽 2010）。

(2) 火災學特性

　　植物的燃燒性取決於上述理化物，而產生抗火性、耐火性、非抗火性或非耐火性之區分。所謂抗火性之樹種，即指受到外來之火焰或其他起火源能抵抗和忍受燃燒之能力，即較不容易起火之樹木，雖然抗火性之樹種在大火中亦如其他樹種一樣會受到傷害甚至燒死，但是其樹葉與樹幹較不易起火，當曝露於火災熱環境時，抗火性植物較有能力得以維持或復甦。而耐火性樹種假使經過火燒後的萌芽再生能力較大，其與抗火性則有程度上的差異性存在，如大多數桉屬植物與樹皮（Paperbarks）是具有較高之抗火性，其即使遭遇到極強度火災（Intense Fires）仍能生存。

(3) 生物學特性

　　生物學特性如垂直分布、生物量、型態結構、生長發育、萌芽能力、枯落物分解速率、樹皮厚度、葉片質地和厚度、葉面積指數、結構如冠幅、樹高年平均生長量、葉面積重疊指數（單株葉面積）、自然整枝性能（枯枝數、低枝下高、樹幹分叉數）等。

(4) 生態學特性

生態學特性如耐蔭性、抗旱性、抗寒性等，對立地條件包括氣候，海拔高度，乾溼等生態條件的反應和適應能力。

(5) 營林學特性

營林學特性如種苗來源較充裕、生長速度快、易於造林、易於管理、抗病蟲害能力、栽培容易、恢復能力強與草本競爭性等。

林朝欽（2010）指出，經研究發現常綠（EverGreen）、速生（Fast Growing）、樹冠結構連續（Continuous Canopy）、枯枝落葉易分解、低枝下高（Low Branches）是評估防火樹種生物與生態學特性的因素。例如樹冠結構連續的樹種構成的林帶，樹冠鬱閉後，可以減少下層易燃草類生長，或使林帶內氣溫較低，地表蒸發少，形成溼度較高之微環境等，皆不利林火的發生與蔓延。而闊葉樹大多枝葉及軀幹不含脂類化合物，不易引發樹冠火，且林內相對溼度較高，其枯落物也能分解較快，殘積期短，相對地林下可燃物積累少，地表火勢自然較弱，而難以延燒至樹冠火。

在臺灣中部武陵地區防火樹種之篩選（郭晉維 2012），試驗結果顯示，含水率以菱葉柃木（*Eurya Gnaphalocarpa*）最高，最低為華山松（*Pinus Armandii*）；抽出物成分以楓香（*Liquidambar Formosana*）最高，最低為菱葉柃木；木質素含量最高為楊梅（*Myrica rubra*），最低為華山松；灰分含量最高為楓香，最低為楊梅（郭晉維 2012）。而在大甲溪事業區森林調查，依樹種燃燒性評估，木荷、細葉杜鵑、大頭茶3種樹種屬於較理想的樹種，其中以細葉杜鵑具有的優點最多。依生物與生態性評估，仍以細葉杜鵑具有的優點最多，其次是米飯花，再其次是主要的3種造林樹種木荷、青剛櫟、楊梅（林朝欽等2008）。

Saharjo（1992）提出防火樹種的標準：

① 常綠。

② 生長快。

③ 栽培容易。

④ 生態適應性強。

⑤ 樹冠濃密連續。

⑥ 枯落物易於分解。

⑦ 枝下高低。

⑧ 抗火性強（根皮厚、含水率高）。

⑨ 抗病蟲害能力強。

　　Monsen（1994）研究了半乾旱立地上防火樹種的選擇，應考慮因素：適應半乾旱立地能力、與一年生草本競爭能力、易於造林、低燃燒性、恢復能力強、萌芽能力強且易於管理。

　　就樹種生物與生態性來看，林朝欽（2010）指出，常綠樹種中之臺灣二葉松屬於針葉樹。就防火林帶樹種選擇標準，通常以選擇常綠闊葉樹爲主，其中米飯花、木荷、青剛櫟若在密植的狀況下，比其他樹種容易達成鬱閉狀態。其次枝下高結果顯示：細葉杜鵑、楊梅是較理想的樹種。再就枯枝數評估結果顯示：木荷與楊梅是較不想的樹種。另外就樹幹分叉數來看，細葉杜鵑、楊梅是較優的樹種。就樹種造林特性而言，從現有的造林地及天然林調查：楊梅及栓皮櫟均有超過30%的林木生長不良，臺灣二葉松與赤楊則有超過20%之林木生長不良，青剛櫟亦有17.59%之林木有此現象。若以生長良好的樹種做選擇，則米飯花、木荷、細葉杜鵑要比其他樹種爲優。

　　在安徽省大別山區以25種樹種抗火性能研究，可分成四類（熊翠林 2008）：

　　I類樹種：油茶（*Camellia oleifera*）、木荷（*Schima superba*）、茶樹（*Camellia sinens*）、石櫟（*Lithocarpus glber*）、青剛櫟（*Cyclobalanopsis glauca*）、苦櫧（*C.sclerophylla*）、甜櫧（*C.eyrei*）、綿櫧（*Lithocarpus harland*）、栓皮櫟（*Quercus varibilis Bl.*）、麻櫟（*Quercus acutissima Carr*）、茅栗（*Castanea seguinii Dode*）。這類樹種是安徽省大別山區的主要防火樹種。

　　II類樹種：厚皮香（*Ternstroemia grmnanthera*）、喜樹（*Daphniphyllum macropodum*）、山烏　（*Camptotheca cuminate Decne*）、珊瑚樹（*Sapium discolor*）、楓香（*Hburnum odoratissimum*）、女貞（Ligusrtum lucidum）、交讓木（*Daphniphyllum macropodum*）。這類樹種是次佳防火樹種。

　　III類樹種：香樟（*Cinnamomum camphora*）和毛竹（*Phyllostachys pubescens*），這類樹種不適宜作爲防火樹種。

　　IV類樹種：馬尾松（*Pinus massoniana*）、杉木（*Cunninghamia lanceolata*）、溼地松（*Pinus elliotti*）、柳杉（*Cryptomeriafortunei*）、黃山松（*Pinus taiwanensis*）。這類樹種抗火性最弱，考量以I類和II類樹種混植組成生物防火帶。

　　基本上，一般防火樹種應具有較強之阻火能力、環境適應性強、具常綠且樹冠結構緊密、樹種來源豐富、栽培容易而生長快，達到鬱閉早，能較快產生防火隔離之作用，並具有如次功能：（本木茂他 1991）

　　① 降低火災強度。

　　② 減少風速與火旋風。

③ 捕捉飛火與餘燼。

④ 遮開輻射熱能等。

⑤ 樹種本身亦能具有一定之經濟價值。

2.耐燃樹種

雖然幾乎所有樹種在曝露到足夠高熱度後均會燃燒，但受到中等強度火之耐燃樹種之林帶是較不容易引燃的，因而削減森林大火蔓延之強度。一般而言，作為防火林帶之樹種必須具備以下屬性（近代消防編集局 1999；Stephen and waldo 2002；The Rural Fire Division 1994）：富含較多水分且厚實之樹葉（Leaf Fleshy or Watery Content），如一般果樹、熱帶雨林樹種等之樹葉，均富含有較多水分，在一定熱環境下當其起燃時，將需要較多之預燃時間，並從火災中吸收較多熱能，因而達到降低火災強度。相反地，富含揮發油與樹脂之樹種，在足夠熱環境下將會形成燃燒現象，並增加火災蔓延強度。

(1) 具有隔熱與厚質（Thick Insulating）之樹皮

假使植物體形成層外面組織具有纖維狀、寬鬆樹皮、乾枯樹枝或樹皮呈條狀裂縫現象，如擁有繩狀樹皮（Stringy Bark）之桉屬樹種即是。此種易使地表火爬上至樹冠層，如大多數之桉屬植物與白千層（Melaleucas）之樹皮，即具有上述之狀態；而如Cypresspines等常保留許多精細乾枯細枝，因而容易造成起火。

(2) 富含鹽分之樹葉（Salt Content of Leaves）

如檉柳（*Tamarix*）、西方桉樹（*Eucalytpusoccidentalis*）等，均是非常不易起燃的，因其樹葉具有減低燃燒熱之高鹽分含量。

(3) 具有較稠密之樹冠層（Dense Crowns）

樹木具有較充分之樹冠層（Full Canopies）屬性，亦能較有效扮演防風、防熱煙氣、防飛火之作用。亦即當樹種具有較常綠性與生長健全茂盛現象，遮熱效果佳而受到火災起燃之潛在危害機率會較小；但是土壤如果一旦變乾情況下，樹種本身所能含有水分即會減少，相對地起燃機率即會相對提升。

(4) 樹種分枝距離地面具有較高之高度

林中一旦形成火災時，樹種分枝與地表火擁有一定高度距離，較能免受火勢輻射熱之威脅。然而，較易燃燒之樹種如次：

① 樹木含有揮發油脂，如大多數桉屬植物（Eucalypts）。

② 含有樹脂（Resin）之樹種，易分泌樹脂生成物如大多數之針葉樹種。

③ 含有或累積有較多無生命之樹葉與樹枝，如大多數之桉樹。

　　防火林帶樹種的選擇雖可依其特性為依據，但此類樹種不一定具有造林適合性，如適應於貧瘠乾燥土壤、種源豐富及育苗容易、栽植季節能配合苗期、高成活率、生長鬱閉快等造林學特性（林朝欽2010）。因此適地適木的造林特性也非常重要，就樹葉含水率資料來說：闊葉樹除栓皮櫟之含水率接近針葉樹之臺灣二葉松外，其餘調查到的闊葉樹（木荷、楊梅、青剛櫟、大頭茶、赤楊、細葉杜鵑、狹葉櫟、米飯花）明顯具有較高的含水率，尤其是米飯花含水率顯得最高。再就熱值來看，研究資料顯示，臺灣二葉松、赤楊、栓皮櫟具有較高之熱值，而造林樹種之青剛櫟、木荷、楊梅則次之，至於原生或天然更新之樹種中，大頭茶具有最低之熱值，若單以熱值為防火樹種篩選指標，則大頭茶是較理想的樹種。就灰分含量來看，針闊葉樹之間有高亦有低，而造林樹種中的楊梅其灰分為所有調查樹種中最低者。各樹種醇苯抽出物、木質素與纖維素的含量變化相當大，無法由單一成分含量做防火性之評估，需佐以熱重分析結果作為比較（林朝欽 2010）。

　　在選取防火或耐燃樹種之測試方法如下：

(1) 經驗分析法

　　對當地主要樹種造林學特性及經驗，如木荷、楊梅、青剛櫟、茶樹等優良的防火樹種，可供選擇。

(2) 模擬火燒實驗

　　在防火林帶現場進行火燒，觀測林帶的阻火功能。這種試驗要有充分的準備且易失控，應嚴謹選擇氣候及其含水率等。

(3) 燃燒試驗法

　　以不同植物的枝葉置於相同火強度的電爐火上測定燃燒快慢，而比較其燃燒難易或是採樣進行起火容易程度實驗室內可控制環條件下行燃料床火燒實驗。

　　在火燒跡地調查不同樹種燒死、燒傷程度和萌芽再生能力，以判斷其耐火性。

(4) 實驗室試驗

　　採集樹種的枝葉在風洞實驗室模擬火場試驗，求取耐火、抗火樹種。

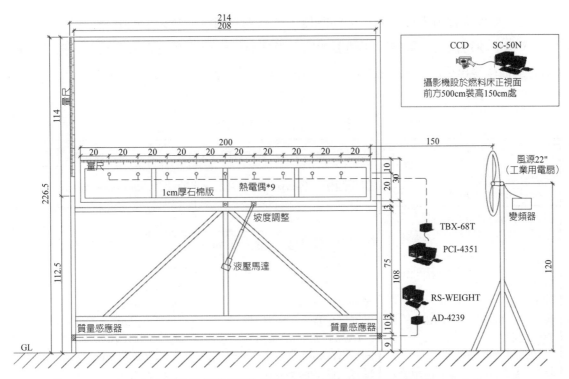

圖7-33　室內可控制環條件下進行防火樹種燃料床火燒實驗（盧守謙 2011）

(5) 綜合評判

　　以上述組合應用，並考量立地可能火環境進行綜合研判。

　　因此，理想防火樹種不僅在生物理化性上要有良好的抗火性，還要在生物學上具有耐火性，以及在生態學上具有較強的適應能力，從而形成良好的林帶和林分結構，有效地發揮阻隔林火的作用，以及樹種存活難易性，樹種生長的繁殖更新等，決定在實務上應用與推廣。

二、樹種抗火性與耐燃性

　　通常作為生物防火林帶之樹種可區分為抗火性（Fire Resistance）與耐火性（Fire Retardance），如桉樹、樟樹等揮發油類含量高的樹種不抗火；此見上一節所述。但是，如果其樹葉富含較高油分或具有寬鬆樹皮，仍可能造成本身強烈火勢，此時其所具有的耐燃屬性並不能發揮顯著效果。另一方面，如大多數熱帶雨林樹木因富含較高水分與較少之乾枯樹枝或樹葉，則具有相當耐燃性（Stephen and Waldo 2002）。然而，一旦受到火燒即容易受到傷害，即使在輕微火勢（Mild Fire）之熱曝露環境下，也可能會造成枯萎。

換言之，如果選擇耐火性而非抗火性樹種，可以大幅削減強烈火災輻射熱而減低其蔓延能力，但樹種可能在火災後因而枯萎死亡，亦即耐燃性樹種遭到大火僅能用一次（One-Off），而後需再重新栽植；表7-4列出抗火性樹種例（盧守謙、呂金誠2003）。

表7-4　抗火性之樹種

常綠性樹種（Trees-ever greens）		
美國西部落葉松（*Larixoccidentalis*）	美國西松（*Pinuscontorta*）	糖松（*Pinuslambertiana*）
黃松（*Pinus Ponderosa*）		
落葉性樹種（Trees-deciduous）		
大葉槭（*Acer macrophyllum*） 馬栗 （*Aesculushippocastanum*） 黃金樹（*Catalpa speciosa*） 美洲皂莢 （*Gledtsiatriacanthos*） 膠皮糖香樹（*Liquidambar styraciflua*） 針櫟（*Quercuspalustris*） 柳樹（*Salix*）	挪威槭（*Acer platanoides*） 紅榿木（*Alnusrubra*） 美洲樸樹（*Celtisoccidntalis*） 美國肥皂莢 （*Gymnocladusdioicus*） 白楊（*Populus*） 紅櫟（*Quercusrubra*） 歐洲花楸（*Sorbusauacparia*）	深紅槭（*Acer rubrum*） 樺木（*Betula*） 梾樹（*Cornus*） 胡桃（*Juglans walnut*） 櫟樹（*QuercusgarRyana*） 刺槐（*Robiniapseudoacacia*）

（Oregon State University 2006）

一般而言，被列入抗火性之樹種，則具有以下屬性（近代消防編集局 2002；Shu 1998；Queensland Fire Services 1996）：

1. 樹葉較潮溼（Moist）與柔順（Supple）。
2. 樹木具有較少與乾燥之小枯枝，以及較少枝葉累積在其周遭範圍內。
3. 樹木之汁液似水狀（Water-Like）且不具顯著性之氣味（Strong Odor）。
4. 樹木具有較高之二氧化矽（Silica）含量。

大多數落葉性之樹種與灌木（Shrubs）均具有抗火性；然而，在此要強調的是，即使是抗火性之植物，亦會在一定大火中燃燒起來，特別是健康狀態（Healthy Condition）不佳之樹種。相反的，高易燃性（Highly Flammble）之樹種，通常具有以下屬性：

1. 含有細小（Fine）、乾燥或枯死之物質在樹種周邊位置內，如細枝、針狀物質（Needles）與樹葉。
2. 葉、細枝與樹幹含有易揮發性的蠟質（Waxes）、烯（Terpenes）或油質（Oils）。

3. 樹葉具芳香（Aromatic）（特別是當其揉碎時）。

4. 樹木之汁液含有黏性膠質（Gummy）與樹脂（Resinous）及具有強烈氣味。

5. 具有鬆散的（Loose）或薄狀（Papery）之樹皮。

因此，依樹種抗火性與耐火性之息息相關為引火性與發火性，在選取防火樹種應具備之條件為（林野火災對策研究會 1984）：

1.不易引火或發火者。

樹葉如果其耐火力及抗火力大者，即不易引起燃燒，而充分地發揮其防火作用。

2.枝葉不易發出火焰燃燒者。

如果防火樹本身容易發出火焰而燃燒者，即無法阻止其延燒。又防火樹之外側，如以不易發出火焰之樹種所構成者，對於內側林帶當可防止其延燒，至少亦可拖延其延燒時間，而發揮其防火林整體之防火價值。

3.即或引火或發火時，其火勢為弱者。

如果防火樹不幸而引火或發火時，其火勢過猛者，甚易延燒，而其火勢較弱者，延燒不易，自可阻止其火勢之擴大。

4.熱度之遮斷效果大者

樹木受到鄰近火燒情境，假使可以遮斷燄火之熱度，而顯著地降低樹種所受之熱輻射量。如能將其熱輻射量降低，當可阻止或拖延其時間，免於其他其引火或發火，而充分地發揮防火之效果。

5.火燒後其再生能力強者

樹木之遭受火熱之燃燒後，如果其再生能力較強者，不久之後即可重新萌芽，而恢復生機，不需施行復舊造林。惟有許多樹種其再生能力較弱，故必須重新實施造林，而浪費造林撫育費用。

三、防火林帶結構

森林可燃物是林火的必要條件，降低其易燃性是森林防火的基礎途徑，而科學合理的防火林帶是降低其易燃性的關鍵。遵循適地適樹和樹種合理配比的原則，調整林帶結構，或提高針闊樹種混交比例，或喬、灌複合與常綠、落葉樹種組合，在林火風險較高地區種植，以降低大火延燒蔓延能力。亦即生物防火林帶是能充分發揮自然力的作用，利用樹種本身的抗火性與耐火性的差異，因地制宜，考慮林區地勢、地物特點，以含水量高等樹種

組成的林帶，來阻隔某種強度以下林火所產生的延燒。

　　基本上，樹木受到非足夠火熱環境而沒有出現燃燒現象，這種結果可以達到樹木之形狀維持，而形成一種所謂「屏風」作用，產生遮斷熱能量之機制功能。然而樹木之屏風功能並不像混凝土壁體一樣完全沒有空隙，而能具有100%遮斷熱能量之能力。因此，樹木必有一定空隙率之比例存在；亦即在火熱環境下，熱度會從樹木空隙通過（主要指樹冠層部分）而衍生熱浸透之作用。所以，在防火林帶建置上需考量樹種結構間之空隙作用與其遮熱效果。

1.林帶結構之遮熱率

(1) 一片葉之遮熱率

　　依據日本實驗資料指出（日本火災學會編 1997），常綠闊葉樹之一片葉面具有40%遮熱率，而落葉闊葉樹遮熱率則僅有30%。但是，針葉樹種因其葉之規模較小，難以正確測量出一片葉之構造，僅能以落葉樹中之銀杏來做比較，得出其相當於常綠闊葉樹48%之遮熱率效果（盧守謙、呂金誠 2003）。

(2) 一棵樹木之遮熱率

　　林木個體與林木群體的阻火性是有區別的，以一棵均一之常綠闊葉樹為試驗體做實驗，得知一棵樹之遮熱率為36%，然連續3棵則可達到90%遮熱率效果，此乃因樹葉之層層重合作用，而具有遮熱之增強效果，針葉樹中之日本花柏（*Chamaecyparispisifera*）與常綠闊葉樹連續3棵做比較，其實驗顯示出可達到97%之遮熱效果，已可達到較完全之遮蔽作用。

(3) 一片林木帶之遮熱率

　　以複數樹木之集合體所形成樹木帶而言，在構成樹木之列數與樹木之間隔以及如何配置關係，皆會產生出不同程度之遮熱率效果；表7-5所示，如以一列樹木之方式種植時，在樹木間隔以1/2樹木寬度空隙種植時，具有80%遮熱率效果；然而，若以樹木間隔以1倍樹木寬度空隙時，則僅剩下60%之遮熱率效果；如以二列方式種植，且樹木之間隔以交互種植時，可達到最佳之遮蔽輻射熱效果；而如以三列方式種植，在樹木間隔以1倍樹木寬度時，也可達到95%之遮熱率效果。

表7-5　樹木間配植結構與遮熱率關係

		1列	2列	3列
沒有空隙	正列	●●●	●●● / ●●●	●●● / ●●● / ●●●
	交互		●●● / ●●●	●●● / ●●● / ●●●
1/2空隙	正列	● ● ●	●●● / ●●●	●●● / ●●● / ●●●
	交互		●●● / ●●●	●●● / ●●● / ●●●
1倍空隙	正列	● ● ●	●●● / ●●●	●●● / ●●● / ●●●
	交互		●●● / ●●●	●●● / ●●● / ●●●

（日本火災學會 1997）

2.林帶結構之形式

大體上，生物防火林帶結構有三種形式，即單層結構、複層結構與矮林結構；緊密結構的林帶因有較大面積含水量多物質，會吸取大量潛熱，會比單層林的防火效果好。複層林帶優點如次：

(1) 保持多層鬱閉，有利於維護森林生態環境，保護林帶溼度，降低風速；

(2) 密集林帶可以阻擋熱輻射，有效發揮林帶的阻火作用。

而複層林帶需要較複雜造林技術與合理樹種結構配置，以構成密閉式立體林帶，提高生物防火林帶的生長效益、混交效益和立地適應效應。此外，為使防火林帶達到最佳阻火效果，可利用不同防火樹種混合植被，如利用耐火性灌木、小喬木與喬木等樹種彼此混合之結構設計（盧守謙、呂金誠 2003）。

四、防火林帶配置

一般而言，枝葉茂盛之樹冠能有效阻擋火焰之蔓延，而良好之林帶結構配置則形成不

利於森林燃燒傳熱之環境。在生物化防火林帶所組成之林地網格，更可對具有極易燃屬性之針葉純林區，達到所謂機械隔離之遮熱作用。

　　在規劃時，需考量區域分界，因地制宜，適地適樹原則，以及林分、主風向、地形、道路、河流、山脈、起火源和人為活動等具體情況，應充分利用天然或人工的障礙物。在林帶網絡密度及控制面積大小都要系統化，整體規劃與分期實施原則。在配置時，帶可考量行（帶）狀，即方形、品字形、正三角形等配置。品字形和正三角形等適用林內防火林帶、方形配置常用於山脊，以防中等強度以下樹冠火延燒，而林緣和山腳田邊之方形防火林帶，以防外來火源侵入或延燒接壤，如阻止農事用火不慎引起火燒蔓延擴大；上述林帶規格寬度見下面所述，假使是陽光充足，立地條件好，營造經濟林防火林帶也可考慮加寬。

1. 方形配置

　　株行距呈正方形或長方形配置，常用於單層結構林帶。

2. 三角形配置

　　相鄰的種植行，株行距錯開，種植點構成三角形（正三角形或等腰三角形）。

　　常用於不同樹種混交的防火林帶，以形成緊密型樹冠結構，山腳田邊種植的果木，為了充分利用光能，也應以三角形配置為好。

3. 混合型

　　既有方形，也有三角形配置。

五、防火林帶規格

　　防火林帶之配置規格應根據樹種本身之抗火或耐火性能、林分燃燒性、生態學特性、造林地之地形與氣候條件特性等因素做考量。一般而言，熱帶性地區之防火林帶寬度可比溫帶地區相對窄些，以美國之主林帶而言，通常其寬度為15～50 m範圍；在德國生物化防火林帶（Vegetated Fire Breaks）範圍100～300 m寬，植株以耐燃性（Fire Retarding）（闊葉樹）樹種灌木和抗火性（Fire Resistant）地被植物為主。生物化防火帶能使樹冠火轉變為較容易控制之地表火，或是其能阻礙地表火蔓延，從燃燒火焰中吸取大量熱能。德國林務局為了保護大面積的林區，特別是在A級林火危險度地區，這些生物化防火林帶在一個系統中相互關聯。在這樣的系統中，主要防火林帶（Main Fire Break）從北向南延伸，因在林火期間，德國風向主要是從西部或東部吹來的。在東西方向的主要防火林帶間進行次要防火林帶（Secondary Fire Breaks），能阻礙林火的發生或減少林火風險

（Kaulfuß 2011）。

　　而日本防火林帶範圍為30～34 m寬，即其中間兩側各3 m寬生土帶，然後再各為12 m寬的防火樹帶，如圖7-34所示；或是生土帶6 m寬，兩側再各由14 m寬上層木與下層木所組成之防火樹帶，如圖7-35所示。然而最適防火林帶之寬度不僅應考量林帶所能發揮最低防火效能，亦應能滿足其經濟與林學之特性為實際取向（盧守謙、呂金誠 2003）。

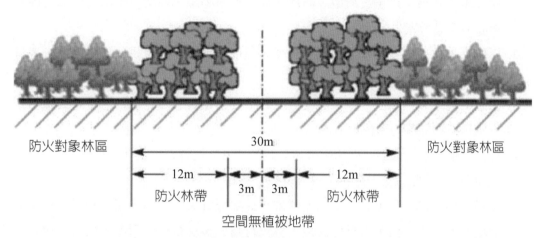

防火對象林區　　　　　　　　30m　　　　　　　　防火對象林區

12m　　　3m　3m　　　12m

防火林帶　　　　　　　　防火林帶

空間無植被地帶

圖7-34　防火林帶設置規格一（近代消防編集局 1990）

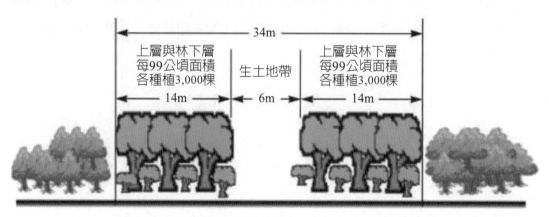

34m

上層與林下層每99公頃面積各種植3,000棵　生土地帶　上層與林下層每99公頃面積各種植3,000棵

14m　　6m　　14m

圖7-35　防火林帶設置規格二（近代消防編集局 1990）

六、防火林帶設置

　　通常生物防火林帶設置區域一般置於山脊、稜線、溪河、峽谷及重要行政界線等，又為防止人類活動不慎引火，亦常置於林地邊界周遭處、道路兩側處、遊憩區、農場墾地

（含果菜園）、人為活動地區等。因此，在設計除上述外，防火林帶應考量林分、山脈、地形等自然環境條件，使防火林帶與工程或天然防火線以及天然地形屏障相連接，以共同組成林火阻隔之網絡系統（島田和則1999）。當然也要考量林帶種植之立地條件，立地分類對不同立地條件和生產潛力，選擇適宜的樹種，來達到理想的造林效果。因此，在樹種植被與立地條件有以下各種效果考量：

1. 樹種植被效果：以植被類型、群落結構、群落等級、植被年齡結構、植物區系等與立地互動所產生效果。

2. 樹種生長效果：立地條件的良劣在很大程度上影響樹種生長效果。因此，考量樹種在不同立地上的林木生長狀況。

3. 生態環境效果：由於立地地形、地貌和地質土壤具有變化性，應考量樹種生長及生態林植物群落的演替效果。

4. 綜合效果：立地上不同樹種植被、氣候、地形、地質土壤及其生長效果等。

防火林帶如在山脈位置上選擇，可考量以下據點：

1. 山脊：林火由一面山脈由下而上延燒，此部分林火強度因不僅熱輻射，也增加大量地形熱對流，但至山脊位置後，林火行為已幾乎很少熱對流，火勢減緩，以防火林帶來減緩或阻礙林火繼續往另一山脈，甚至防堵樹冠火延燒；在營林上，可利用耐火性灌木、小喬木與喬木樹種等混交營造林帶。因此，山脊立地好可種植防火樹種，立地差種灌木或瓜薯類草本植物；待其鬱閉後再種灌木林或除伐形成複層林。

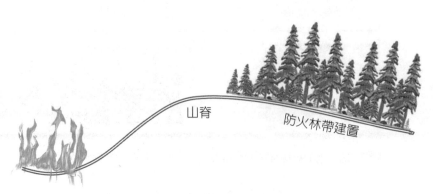

圖7-36　山脊位置後建置防火林帶

2. 山腳：防火林帶主要是林緣外如焚燒雜草或農地火耕燃燒引入，以防止或阻礙外來火源。

3. 山腰：大面積山脈進行阻隔區劃分割，以延緩林火無限之蔓延，爭取有效介入抑制滅火活動時間，並有利於空中或地面人員之消防活動。

七、防火林帶效益性

理想之生物防火林帶，具有防火效益、生態效益、經濟效益及社會效益等多重效果。

圖7-37　理想防火林帶之建置效益性

1. 防火效益：林火發生時可將林火阻隔在閉合圈內，發揮到阻火、隔火和斷火作用，降低火災危險等級，並減緩火災蔓延速度，為林火搶救贏得時間，進而大幅提高森林自身抵禦火災能力。換言之，在森林易燃樹種之可燃物可藉由生物化防火林帶之設置，使其在垂直分布上呈現不連續現象，又防火林帶地表上枯落物即使燃燒亦較不易由地表火轉為樹冠火型態；在水平方向上，防火林帶之樹葉係屬於難燃燒物，應用在大面積屬於易燃之針葉林區而分隔成小區域，使廣大易燃樹種間呈現間歇性分布型態，故適當設置之防火林帶，實具有可防止森林大火之發生與蔓延機率之效果。

2. 生態效益：具有生態上效涵養水源、防止水土流失、同化二氧化碳、釋放氧氣、減輕水災旱災，提高土壤有機質含量並保護生物多樣性，並增加森林生態系統的複雜性效果，並助於提高物種生態位的利用，促進生物良性迴圈。同時，帶狀的防火林帶也起著廊道的作用，有利於生態系統間物質與能量的交換，增加了森林景觀的複雜性，也增強了植被群落的穩定性。

3. 經濟效益：修改單一林帶為混交林分，優化林種樹種結構，並在林火阻隔應用上，能有效節省維護防火線的費用，並增加木材儲備及休閒遊憩觀光之經濟性效果。生物防火林帶週期比其他防火措施要長些，其發揮作用時間將會很長，這是其他防火措施無法相比的。且減少防火線建設，改變單純之防火投入為開發性的

林業投入，提高林地和資金之使用率。

4. 社會效益：大面積生物化林帶能增加森林覆蓋率，美化環境，增加遊憩觀光，無其他防火線等林火阻隔之負面影響，並附帶產生各類積極社會效應。

第七節　結論

從近40年之國外研究來看，對生土帶防火線之研究已趨減少，傳統之生土帶防火技術逐漸被生物化防火帶所取代。生土帶之形成，除天然地形外，仍主要藉由機械方式，其維護管理不乏利用刈草、翻土或除草劑等來清除植被，以保持其阻隔火勢作用。在近20年來隨著人們環境保護之日益重視，所要求使用之除草劑必須是無毒、無汙染、易分解，所以各國對除草劑之應用與研究，尤其是歐洲國家目前已有豐碩之研究成果，並已定位出不同植被類型所需選用之最適除草劑。然而，以生物化防火線來取代生土帶是一種發展趨勢，從1980年代以來隨著林業之發展，各國利用生物措施進行防火之研究與應用已得到相當成果與經驗累積，篩選出最適耐火性或抗火性強之樹種林帶，並與相關防火線作結合，在大面積林地上分隔成適當防火區塊，採取這些綜合措施必可大幅提升森林本身之防護水平。

事實上，生物化防火林帶充分發揮自然力作用，其利用森林植物間之阻火性差異，以抗火或耐燃樹種所組成之林帶，達到不同層次上防止森林火災之蔓延與擴展，具有降低火災強度、減少風速與火旋風、捕捉飛火與餘燼及遮蔽輻射熱能等種種防火效益性。而臺灣處於低緯度為亞熱帶海島型國家，氣候溼度高，有利於防火林帶效果之發揮，這或許是今後以天然方式來控制森林火災之發展考量方向（林朝欽 2010）。如此方向具有以下幾項相關子題：

1. 選取具有防火之樹種（ Selection of Fire Retardant or Fire Resistant Tree Species）：防火之樹種必須具有在火災後有萌生幼芽（Shoots）之能力、含水量高以減少易燃性與火災蔓延性、具較低之樹脂與揮發油量、具較高之二氧化矽（Silica）含量。而選取不同樹種之方法係依據樹種生物地理學間等屬性差異做評估。

2. 森林防火林帶之機制（Mechanism of Forested Firebreak Belts）：包括森林、樹種與森林帶下燃料機制與林床管理等，通常對於如何防止林火之蔓延機制有幾種研究方式，包含植被層之化學與物理分析之田野調查等。

3. 防火林帶所附加之利益分析（Analysis of The Beneficial Impacts of Fire-breaks）：其包含火災防止、森林帶邊際利益、微生物多樣性之生態學上與社會上所附加之利益分析。

4. 前瞻性建構防火林帶（Put Forward Rules of Firebreaks Belts Built）：以合乎科學、最適使用與科技標準方式，來明確建構防火林帶；包含防火林帶之分類、大小設計與密度所形成之網狀系統。

　　一旦標準化生物防火林帶種植與維護將能替換火災傳統搶救技術，且防火林帶所附隨利益，亦包含土壤、水資源涵養、木材之生產與非木材之森林產品（Non-Wood Forest Products）。這些從經濟學上所獲得利益與其所投入成本（Cost-Effective）比較觀點，或許在臺灣森林保護工作上是頗值得深入評估之發展方向。

第八章　林火影響生態

生態系統受到林火影響（Fire Effects），林火一旦點燃會開始影響生態系統的所有組成部分。植物、動物、土壤、水和空氣，都以某種方式與林火產生相互作用（van Wagtendonk 2006）。

第一節　林火歷史

一、林火早期紀錄

火對現代世界的大片土地造成巨大的影響。植被火燒因地球大氣中含有足夠的氧氣（>15%）以支持林火現象（Pyne 2001）。約20億年前，氧氣開始積聚在大氣中，自從泥盆紀（Devonian）（B 4億年前）時地表上出現植物，提供燃料以來，在過去的3.5億年中，化石炭（Fossil Charcoal）的記錄幾乎是連續的，表明大氣支持大部分陸生植物演變的林火歷史（Scott 2000）。至約3億年前（Ma），在大量化石炭表示頻繁的火成岩時，氧含量達到最大值。在白堊紀時（Cretaceous）（135～165Ma），開花植物（被子植物）開始擴散時，林火也很常見。在白堊紀沉積物（Cretaceous Deposits）中常見普遍且廣泛存在的化石花卉（Fossil flowers），其細結構保存得像木炭一樣美麗（Nixon and Crepet 1993）。在這些時間和其他時候，頻繁的火山活動，在古生態系統的生態和演化中，卻扮演舉足輕重的作用（Bowman *et al.* 2009）。

類似於今天的熱帶和溫帶森林，闊葉林最先出現在始新世（Eocene）（35～55Ma）溫暖溼潤的時期，並在全球廣泛分布。在這段時間內化石證據很少見，但是過去的分子系統發育（Molecular Phylogenies）表明，始新世地景中的火山產生持續性火燒（Scott 2000）。草原是地球歷史上最易燃的植被。熱帶（C4）草原和稀樹大草原（Savannas），是當今占據世界陸地地表三分之一的最廣泛易燃生物群落。雖然C4草原是古老的（30 Ma BP），但是稀樹大草原生物群最先從近中新世（Late Miocene）（8 Ma）開始擴散。海洋沉積物中的木炭在過去的10 Ma內急劇增加，火推動生態系統（Fire-Promoting Ecosystems）包括稀樹大草原在內，開始形成火燒蔓延情境（Bowman *et al.* 2009）。

原始人類使用閃電火或許是在1～1.5 My年代，這是在200～400 Ka BP之間能最早

開始點燃自己的火（Pyne 2001）。火的早期使用有很多原因，如清理植被，以便運輸（Transportation）；狩獵之食用；並迫使動物到狩獵場（Vale 2002；圖8-1）。火是農民用來清理新土地和準備沼澤型農業（Swidden-Type Farming）的工具。然而，人類使用火對環境的歷史影響，有很大程度上是取決於地理區域（Geographic Area）。

　　在東南亞（50ka）和澳大利亞（60～45ka）木炭含量的增加與現代人類的使用火是相一致（Daniau *et al.* 2010）的。過去兩千年來，世界各地的木炭紀錄顯示人類對生物質火燒的影響很小，直到1870年以後才出現火燒紀錄突然下降（Marlon *et al.* 2008）。因此，過去幾千年來，植被燒毀的面積可能處於最低水平（Bond and Keane 2017）。

圖8-1　北美大草原上美洲原住民點燃火之油畫像（Vale 2002）

二、世界生物群落和林火發生率

　　在林火歷史研究方面，Clark等（1996）指出，古紀錄可以提供關於大量氣候變遷期間林火和植被相對應的資訊，從而有助於描述長期林火發生的控制特徵。Swetnam等（1998）這些紀錄提供適合多尺度的空間和時間視角分析；可用來確定調節林火體制的哪些過程是尺度不變的（Scale-Invariant），即在任何尺度上小範圍內或大範圍內，以及是尺度偶然性（Scale-Contingent），即僅在一個時間和空間尺度上運行；如圖8-2所示。圖中垂直線從最好的時間精度延伸到特定方法的最大時間深度。水平線從對單個紀錄的最佳空間精度估計，延伸到所有現有北美紀錄的組合空間範圍。終端圓代表了對特定方法的不可克服之限制。虛線表示可能將林火歷史進一步延後，儘管這取決於紀錄發現。箭頭代表了未來工作中更多空間涵蓋的潛力。雖然樹木年輪和沉積物古火紀錄可能與相隔數百公

里的地點進行比較，但這些紀錄所代表的聚集區域是相對小的（Swetnam *et al.* 1998）。

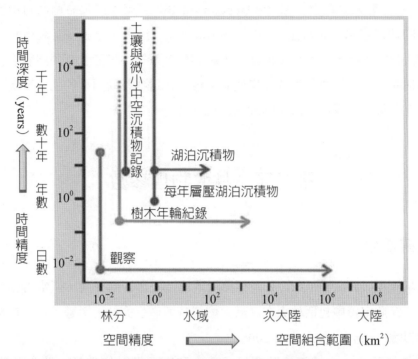

圖8-2　研究林火歷史方法的空間和時間範圍跨越幾個數量級（Swetnam *et al.* 1998）

　　現從衛星圖像能開始顯示全球廣闊的火燒跡象。於1997年到2008年，全球平均燒失面積為370萬平方公里，占總面積的2.8%（Giglio *et al.* 2010）。在2001年至2006年間，近三分之一的地表經歷了林火活動。僅非洲就占全年火燒面積的70%，其餘30%主要是在澳大利亞，其次是南美洲和中亞。只有在氣候連續體（Climatic Continuum）的極端情況下，大火才是罕見的。最潮溼的熱帶與溫帶森林和最乾燥的沙漠地區，每年的火燒面積比例最小（Cochrane and Ryan 2009）。但是，在這兩個極端之間，林火已影響了多樣性生態系統的範圍和組成，包括熱帶草原和稀樹草原、溫帶草原和草原（Steppe）、北方森林（Boreal Forests）、乾燥針葉林、溫帶林地、地中海型灌木叢、野地（Heathlands）和桉樹林地（Eucalypt Woodlands）（Scott and Burgan 2005）。竹莢林（Mast-flowering Bamboo）林下也容易在竹子開花和死後產生易於火燒燃料，造成巨大的燃料負荷。人類已改變了火燒的地景模式，由於砍伐（Logging）和砍伐森林火燒（Deforestation Fires），甚至潮溼的熱帶森林也遭到燒毀。所有這些生物群落，都經歷了廣泛不同的頻率和火燒嚴重程度，有助於塑造生態系統結構和功能（Bond and Keane 2017）。

鑑於廣泛地理範圍，火會不可避免地影響許多植物和動物物種的分布和豐度（Bundance）。一些生態系統是由依賴火（Depend on Fire）來完成生命週期的物種，占主導地位。其他的則以容忍火的物種（Tolerate Burning）為主，但其沒有直接的依賴性。除非受到人類活動的干擾，否則很少或從不火燒的生態系統，可能含有偶然容忍火物種與無法容忍火物種的混合。火燒對生物多樣性的影響，在這些不同類型的生態系統和物種反應模式之間，存有很大差異性（Bond and Keane 2017）。

第二節　林火物理參數

一、林火嚴重度

林火的嚴重度（Fire Severity）是林火對環境造成影響的程度，通常用於許多生態系統組成部分。在此定義中包括林火在區域內燃燒時所產生的林火影響，以及在林火後環境中所產生的影響（van Wagtendonk 2006）。

不同的火線強度、火燒持續時間以及死亡和存活燃料的數量，都會影響林火嚴重度。例如，持續時間較短的高強度林火，可能會導致與低強度林火持續時間相同的嚴重程度。此外，同樣的林火行為可能會對土壤和林下層／上層（Understory and Overstory）植被造成不同的嚴重影響。一個高強度的火焰迅速透過樹冠可能會殺死所有的樹木，但對土壤的影響相對較小，而低強度的林火可能會使樹木不受影響但悶燒數天，並導致嚴重的土壤升溫。根據對生物和生態系統組成部分的變化程度，精確的火嚴重程度將隨著生態系統的不同而有不同（van Wagtendonk 2006）。

圖8-3　一般草本層火線強度為800至850℃，照片與熱影像對照（盧守謙 2011）

基本上，森林林分發展階段可分如次（Stine 2014）：

1. 幼林起始階段（Stand Initiation Stage）。
2. 新株排除階段（Stem Exclusion Stage）。
3. 下層再現階段（Understory Reinitiation Stage）。
4. 老的多齡植被階段（Complex or Old Growth Stage）。

在演替初期仍會因為樹種間的消長導致鬱閉度下降，待演替進入下層再現期後，才會呈現比較穩定的趨勢，最後進入老的多齡植被階段。先驅樹種在幼林起始期進入演替，並在新株排除期退出演替。

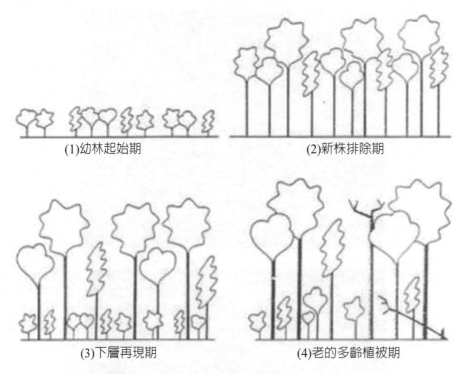

(1)幼林起始期　　　　　　　　　(2)新株排除期

(3)下層再現期　　　　　　　　　(4)老的多齡植被期

圖8-4　森林林分發展階段（Stine 2014）

　　Stine（2014）提出植被狀態和轉變與林火嚴重度相關的概念，在低至混合型嚴重林火體制，潮溼的（Moist）針葉混合林地景主要是由古老樹和相對開放的下層植物，或古老樹開放和密集的林下層補丁（如圖8-5右上角的雙邊方框）所鑲嵌的斑塊。森林結構和組成在各種結構不同的階段（上部非灰色區域的方框）之間轉移，此取決於生態區域、細小尺度的環境變化和高嚴重度的火燒數量。在林火排除和同齡林（Even-age）管理下，森林結構和干擾體制已將潛在的森林成長階段和演替途徑，轉移到圖中較低的區域（灰色區域）。

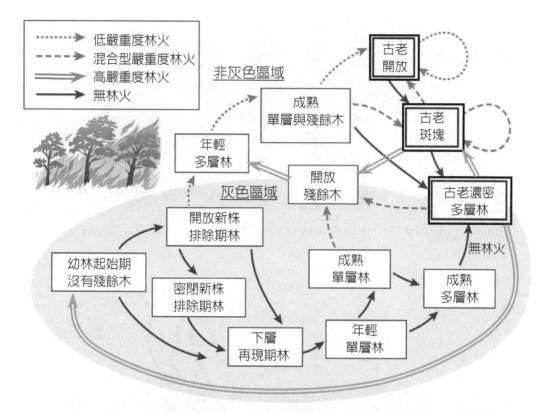

圖8-5　植被狀態和轉變與林火嚴重度相關之概念模型（Stine 2014）

二、樹木燒焦高度

　　樹木燒焦高度上（Tree Crown Scorch Height），當植物的葉子或針葉的內部溫度升高至致死程度時，呈現燒焦現象。溫度和持續時間都很重要（Davis1959）。熱曝露於約49℃（120°F）的溫度下，一個小時就可以開始殺死植物組織，而在約54℃（130°F）的溫度下，可以在幾分鐘內致死，溫度超過64℃被認為是瞬間致命的。van Wagner（1973）認為樹冠燒焦高度，與環境溫度、火線強度及風速相關聯；後來，Alexander and Cruz（2011）更補充燒焦高度也與地形坡度直接關聯。在暖空氣條件下，將組織溫度提高到致命水平所需的強度較小（van Wagtendonk 2006）。對於一定的火線強度，隨著風速的增加，燒焦高度會急劇降低。當熱氣流夾帶的環境空氣透過樹冠移動時，風將進行冷卻（Albini 1976）。燒焦高度計算包括在BEHAVE（Andrews and Chase 1989）和FARSITE（Finney 1998）中。

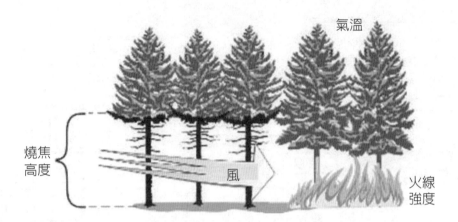

圖8-6 燒焦高度受火線強度、風速和氣溫之影響（van Wagtendonk 2006）

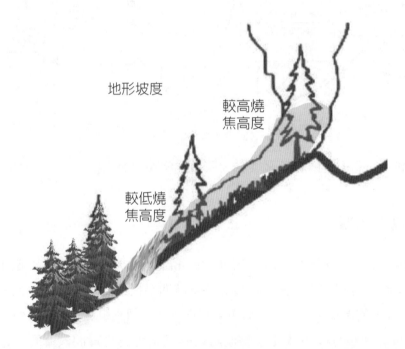

圖8-7 燒焦高度受火線強度、風速和氣溫外，也受地形坡度影響
（Alexander and Cruz 2011）

三、植物致死率

在植物致死率上（Plant Mortality），當植物完全消耗或某些組織升高到致命的溫度，並持續足夠的時間時，可能發生死亡。然而，一些物種在完全除去樹皮或燒焦後會發芽。對於其他物種，如果太多的形成層或冠層死亡，植物則無法生存。

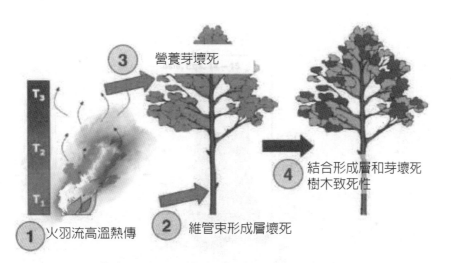

圖8-8　火燒致命溫度使營養芽及形成層壞死，形成樹木致死現象（Schaupp 2016）

　　Ryan and Reinhardt（1988）研究了成熟花旗松（*Pseudotsuga Menziesii*）的長期火燒死亡率，發現死亡形成層的數量是樹木死亡率的最好預測因子，且冠部焦化的百分比是燒焦高度一個更好的預測指標（van Wagtendonk 2006）。Ryan and Reinhardt（1988）研究沒有指出火焰長度數據，但van Wagtendonk（1983）發現，火焰長度是美國內華達山脈針葉樹林下層死亡率的最好預測指標。

　　Peterson and Ryan（1986）利用樹皮厚度、冠部燒焦高度和Rothermel（1972）公式，來預測美國洛磯山脈北部物種的損傷和死亡率。Ryan and Reinhardt（1988）根據樹冠燒焦體積百分比和樹皮厚度，開發了一個預測百分比致死率的模型。樹皮厚度來源於物種和胸徑，而百分比冠部燒焦從焦化高度、樹高和冠部比（Crown Ratio）計算。Tephens and Finney（2002）發現，美國內華達山脈混合針葉林的死亡率，是與枯枝落葉百分比和當地地面燃料消耗率有關（van Wagtendonk 2006）。

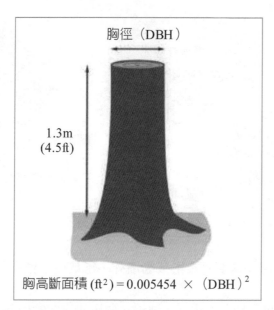

胸徑（DBH）

1.3m
(4.5ft)

胸高斷面積 (ft²) = 0.005454 × （DBH）²

圖8-9　樹皮厚度來源於物種和胸徑，胸徑示意圖

　　另一方面，已有愈來愈多的研究提出林火強度（或火焰強度象徵如冠狀焦燒）、林火後死亡率、幼樹生產力（Sparks *et al.* 2016）和成熟樹木（Sparks *et al.* 2017），彼此之間的機制聯繫。然而，這種聯繫可以擴展到地景尺度。但顯然需要更多的地面測量來確定圖8-10框架（Sparks *et al.* 2018）。在圖8-10概念系統中，根據初始林火強度、存活樹木或幾種林火後林區恢復途徑。假設更高強度的林火會導致林木受到更多的破壞，如林木在林火後的數週和數月內沒有足夠的資源來修復生理功能，這會導致死亡率增加。最高的林火強度導致存活樹木的生理功能和淨初級生產力（Net Primary Productivity）損失最大（Sparks *et al.* 2017），以及林火後幾年內延遲死亡率（Delayed Mortality）的最高機率（Sparks *et al.* 2016）。

　　一些研究已經觀察到切割植物區段的木質部導管中（Xylem Conduits），因熱傳形成空穴化（Cavitation）（West *et al.* 2016），呈現木質部電導率降低，是林火導致死亡率的主要機制（van Mantgem *et al.* 2013）。適度的林火強度會造成足夠的損害，從而降低生長和生產力，並改變樹木對次級致死媒介（Secondary Mortality Agents）（如昆蟲、疾病和乾旱）的脆弱性。如果永久性防禦性結構威脅（如用於驅逐樹皮甲蟲之松樹樹幹中的樹脂管道）是由火引起的（Sparks *et al.* 2017），則可能會減少其脆弱性（Vulnerability Lessen）（Sparks *et al.* 2018）。

　　相反地，如果樹木的光合（Photosynthetic）機械結構受到充分損害，林火可能使樹

木更容易受到二次死亡媒介的影響（Davis *et al.* 2012）。經歷低強度林火的林木可能會減少生長，但生存的機率高於受到較高火力強度的樹木。對於任何經歷林火後，生理條件較好的或曝露於較少環境壓力的林木，可能會對林火後的生長影響較小，死亡機率較低（Sparks *et al.* 2018）。

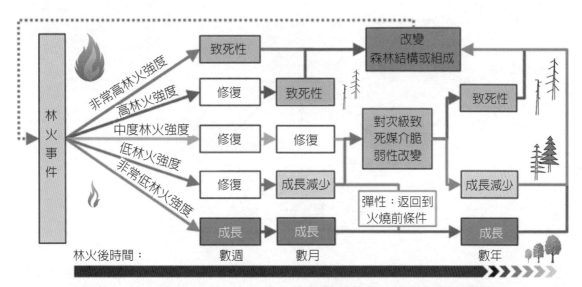

圖8-10　量化林火強度對針葉林生理、生長和脆弱性影響的概念框架（Sparks *et al.* 2018）

此外，植被死亡率問題上，德國Johann Heinrich von Thünen-Institut研究機構（2018），指出在全球範圍內，森林提供維持人類生命的服務：儲存碳、生物多樣性和調節氣候。這些服務現受到環境條件迅速變化的威脅。最近的觀察記錄了所有森林生物群落中樹木的廣泛死亡率，但缺乏可靠的全球森林狀況評估。因此，網路也將成為開發新的植被死亡率評估工具的平臺。一個致力於公民科學和外展活動的團隊，提出了一個植被死亡率應用程式，允許使用者報告樹木和森林死亡率的發生情況。Johann Heinrich von Thünen-Institut（2018）開發一個工具，能記錄位置、樹木的類型（如物種、常綠與落葉）、死亡率（個體和樹木群、森林斑塊、大型森林區塊）和潛在的驅動因素。

圖8-11中提出地面數據源如研究樣區和林區，以及來自移動應用程式的數據，將橫向整合到一個共同數據庫中，並與從空間和空中蒐集的數據相結合，以確定和驗證植被死亡事件（垂直整合）。在這些林火熱點地區，實驗和密集監測將有助於確定因果關係，最終將為植被模型提供機制參數，以更好地預測未來森林對持續氣候變化的反應（Johann Heinrich von Thünen-Institut 2018）。

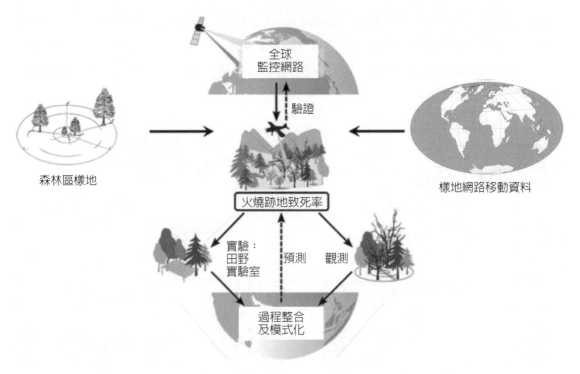

全球
監控網路

驗證

森林區樣地

樣地網路移動資料

火燒跡地致死率

實驗：
田野
實驗室　　預測　　觀測

過程整合
及模式化

圖8-11　從地面研究樣區與移動應用數據，橫向整合至共同數據庫，並與從空間和空中蒐集數據相結合，以驗證植被死亡率（Johann Heinrich von Thünen-Institut 2018）

四、生物質消耗

在生物質消耗上（Biomass Consumption），林火前鋒消耗的生物量，可以透過林火釋放單位面積的熱量來計算。然而，火燒影響通常是與透過火焰前鋒經過後，所放出的熱量有關。van Wagner（1982）提供了方程式，將燃燒的枯枝落葉層和腐殖層的總量，基於其平均含水量來進行估算。Kauffman和Martin（1989）發現了美國內華達山脈的枯落物層和腐殖層也有類似結果。他們發現，枯枝落葉層和腐殖層的消耗量與腐殖層下層的含水量是成反比關係（van Wagtendonk 2006）。

五、微氣候

在微氣候（Microclimate）上，林火對微氣候的影響，可以透過比較林火前後的鬱閉度（Canopy Densities）來確定。這些次生效應是透過植被的變化來體現的。如林床火燒後產生疏伐作用，增加地面的風速和溫度，降低相對溼度和燃料的溼度。

圖8-12　林床火燒後產生疏伐作用,增加地面的風速和溫度

　　更敞開的樹冠層允許更多的陽光照射到地表燃料,並形成較小的抵抗風力在樹冠上的阻力。這些變化反過來會影響後續林火的行為。Albini(1981)指出,應用電腦模軟體,將林區風速調整到中心風速6.5m(20呎)以上的理論基礎,Rothermel(1983)給出了各種燃料模型的調整因子。Rothermel等人(1986)解釋了基於燃燒顆粒大小、氣候條件以及曝露於陽光和風的情況下,對細小死燃料含水量建模的程序(van Wagtendonk 2006)。

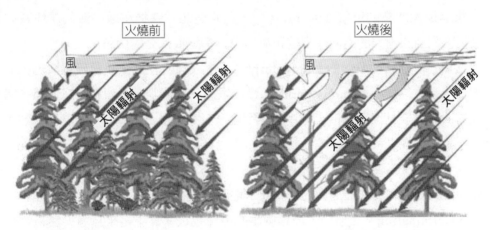

圖8-13　林床火燒後使太陽輻射、溫度和風速增加,而相對溼度下降(van Wagtendonk 2006)

第三節 動植物對火燒的反應

一、植物

植物受到火燒反應，受到類似林火體制之生態系統，會有趨同的營養（Convergent Vegetative）和生殖特性（Reproductive Traits）。例如，在以木本植物為燃料之樹冠林火體制（Crown Fire Regimes）之適火性特徵，與由枯落物或草本植物為燃料之地表林火體制（Surface Fire Regimes）之間，是存有明顯的差異性。在樹冠林火體系中，林火事件觸發了花粉、種子散布，或種子萌發依賴火燒（Fire-Dependent）之植物物種。在多年生草本（Perennial Grasses）和草本植物（Herbs）中，包括蘭花（Orchids）、百合（Lilies）和其他球莖植物（Bulb Plants），火刺激開花是一種常見的現象。這些物種與不同物種火燒後表現出兼性反應（Facultative Response），在未火燒的植物中持續低程度的開花，另一些物種被煙霧影響，如非洲的*Cyrtanthus* spp.、澳大利亞的*Xanthorrhea*，則誘發強制性反應。

林火刺激繁殖（Recruitment）也發生在植物激發種子釋放的木質物種與類似延遲性閉合毬果（Serotinous Cone-Like）結構上，在二次火燒之間，其在植物上能儲存種子多年（指一些植物物種，保留其非休眠種子在一個錐形中長達數年，但接觸到火會釋放出）。毬果無延遲開裂的現象（Serotiny），在北美北方森林和地中海氣候地區的針葉樹，以及澳大利亞和南非的不同類型開花植物中，都是很常見的例子。

一些物種對於性狀是多態的（Polymorphic），在經常經歷大規模嚴重樹冠火的種群中，延遲性閉合毬果（Serotinous Forms）釋放增加。火燒刺激土壤種子庫使種子萌發，也是常見的混合樹冠林火體制。土壤中的休眠種子（Dormant Seeds）表現出受熱刺激的種子發芽，尤其是在豆科（Legumes）植物和其他具有硬質種皮的進化分枝（Clades），如鼠李科（Rhamnaceae），具有厚種皮能防止吸水，直到由於火燒高熱而裂開。據報導，南非、澳大利亞和加利福尼亞的易燃灌木地區的許多物種，會受到火燒的煙霧而刺激種子萌發（Germination）。然而，煙霧刺激的發芽也被報導不是來自適火性易燃生態系統（Fire-Prone Ecosystems）的植物。無論發芽機制（Germination Cue）的性質如何，在火燒發生之後出現的許多幼苗，都是生態系統中依賴於火燒物種（Fire-Dependent Species）的特徵，並具有樹冠林火體制（Crown Fire Regimes）的進化歷史。

植物的營養特徵，也隨著林火體制反射植物的存活能力和／或在林火後快速再生

（Keeley *et al.* 2011b）而變化。具3種型態（Morphological）特徵可使木本植物受火燒後能夠存活：厚樹皮、開放的樹冠和深根（Kolstromandkellomaki 1993, Bond and Keane 2017）。從隔熱芽（Insulated Buds）發芽是另一種常見的林火存活機制，無論其是從根本上或從地下分支。一些物種具有大的腫脹（Swollen Burls）或木質管（Lignotubers），其扮演著芽庫（Bud Banks）或儲藏庫之作用。荒謬的是，樹冠林火體系中的許多木本物種不能再發芽（Resprout），常常被火燒死。

　　這些非發芽植物通常比相關的萌芽物種，具有更高的種子產量和更高的幼苗生長。在一些譜系中（Lineages），發芽是原始的特徵（Ancestral Feature），發芽的失敗被認爲是對火的適應性反應（Adaptive Response）。非發芽灌木在硬葉灌木（Chaparral）和類似灌木叢中特別常見，需要火燒才能從延遲性閉合毬果（Serotinous Cone）釋放種子或者刺激發芽。在適火性易燃（Fire-Prone）林分，許多針葉樹不發芽，少數桉樹也有被火燒死的情況。

圖8-14　黃松樹（Ponderosa pine）具厚樹皮、高而稀之樹冠、深根性，火燒後能較好地存活

（Bond and Keane 2017）

　　火燒前存在的植物種類，會影響重度火燒地點的植被，因爲死亡植物仍然是種子的來源。如果林地上的植物是黑雲杉（Black Spruce），則更是如此。黑雲杉每年都不會像其他針葉樹一樣落下種子。取而代之的是，這些樹木保留著它們的毬果體（Cones），由樹脂密封。直到樹脂經過多年的夏季太陽曬乾或由於高溫的火焰，毬果錐才會打開。隨著黑雲杉的毬果體在大火後開放，數百萬顆種子落到燒焦的森林地面上。如果條件適合，種子會發芽，並形成茂密的黑雲杉林。有時，大火後的條件允許其他樹種在火燒後自行植種。

有時在樺木（Birch）、白楊（Aspen）或白雲杉（White Spruce）的林分發生的地下火後，可能會造成樹木死亡，而不會燒毀上部分枝產生的種子。如果大火發生在種子成熟的時候，未燃燒的種子可以重建這些物種再生（U.S. Fish & Wildlife Service 2007）。

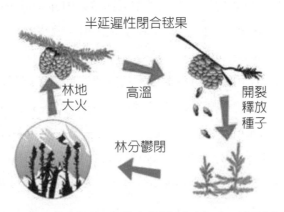

半延遲性閉合毬果

林地大火

高溫

開裂釋放種子

林分鬱閉

圖8-15 黑雲杉不會落下種子而在毬果體之樹脂密封下，直到太陽曬乾或大火時毬果才開裂（Karth Sarns*所繪*，U.S. Fish & Wildlife Service 2007）

　　如果火燒後不萌芽（Recruitment Fails），非發芽物種特別容易局部滅絕。樹冠林火體制中具有易燃型態的物種之出現，已導致了適火性發展以促進火燒（Mutch1970）。然而，促進易燃性的營養性狀也可以用於其他功能。一些木本植物透過保留死枝而積累高度易燃的燃料，同時還要求火燒萌發幼苗。在北美洲西部，只有在樹冠火燒死樹木之後，有延遲性閉合毬果松樹（Serotinous Pine）才能保留死枝，並萌發幼苗。這些物種似乎都促進了樹冠火的蔓延，並從火生刺激的繁殖（Fire-Stimulated Reproduction）中獲益。這種策略強烈地與天然整枝（Self-Pruning）、厚樹皮松如黃松（*Pinus Ponderosa*）形成強烈對比，該松樹耐受頻繁的地表火並不需要火萌發幼苗（Seedling Recruitment）（Bond and Keane 2017）。

　　以草本植物為燃料的地表林火體制，選擇了不同的植物特性。禾本科植物是所有植物生長形式中最耐火的（Fire Resistant）。新芽的芽是葉鞘層（Leaf Sheaths）或地下根莖（Underground Rhizomes）的土壤，能扮演火燒熱隔離作用。草原火燒後恢復得比木本植物快，可以在生產場所經常發生林火（1～3年）（Bond and Keane 2017）。儘管許多草原容易火燒，但很少有物種對火燒有強制依賴（Dependence Burning）。火刺激的開花是罕見的，但在許多溫帶草叢草本物種，包括紐西蘭的Chionochloa物種中已有報導。在沒有火燒的情況下，幾種普遍的溫暖氣候（C4）草（如Themeda Triandra和Andropogon Gerardi）會迅速衰退。由於枯落物堆積、遮蔽和殺死草坪植物，如果林火被壓制十多

年，這些物種就會滅絕。

　　與樹冠林火系統不同的是，大草原中的所有木本植物，在林火和苗木萌發後，都不會受火影響。相反地，熱帶稀樹草原已發展了非常頻繁的草原火忍受能力。這些為幼苗階段，創造了一個特別惡劣的環境。幼苗能透過迅速獲得發芽能力而存活，且幼苗能在膨脹的根中緩慢地發展一食物儲備機制，並最終產生使葉子高於火焰高度的栓莖（Bolting Stems）。這種特殊的生活史，發生在長滿青草的棲息地和許多稀樹草原上的幾種松樹，如沼澤松樹（*Pinus Palustris*）。幾十年前，稀樹大草原樹木可以忍受重複的火燒，在它們燒死或避開火焰區域至成熟之前，經歷了幾十年的重複火燒行為（Bond and Keane 2017）。

二、動物

　　動物受到火燒反應，火對野生動物的直接影響往往是令人驚訝的小。敏捷的動物在火燒中避難，如白蟻丘（Termite Mounts），或穿越火線到達安全地點。土壤是一種有效的熱絕緣體，因此許多動物能夠在土壤中的狹縫、裂開或洞穴中存活（Bond and Keane 2017）。包括人類在內的大型移動脊椎動物（Vertebrates）的死亡，只發生在最嚴重的林火中。爬行動物（Reptiles）和緩慢移動的無脊椎動物（Invertebrates），可能遭受更高的死亡率，並它們的屍體在火燒後的頭幾天，為食腐鳥類（Scavenging Birds）和其他動物提供食物來源。受威脅的南非禿鸛（Bald Ibis）廣泛利用最近火燒後的草地，如美國德州冬季覓食地的瀕臨絕種之美洲蒼鷺（Whooping Crane）即是（Bond and Keane 2017）。

　　火燒的間接影響通常遠比火線直接死亡率（Fireline Mortality）來得更重要，特別是隨著植被從火燒後恢復能力及棲息地屬性的變化。森林裡一場大規模的樹冠火引起了劇烈的結構性變化，並局部消滅了所有依賴未火燒之森林棲息地的動物物種。火燒後階段由一套新的物種侵入生長（Colonized）（Bond and Keane 2017）。不同的演替階段支持不同的動物組合。即使是經常火燒的草地，比如南非的高原草地（Highveld），也有獨特的鳥類組合，火燒後連續多年再生現象（Bond and Keane 2017）。

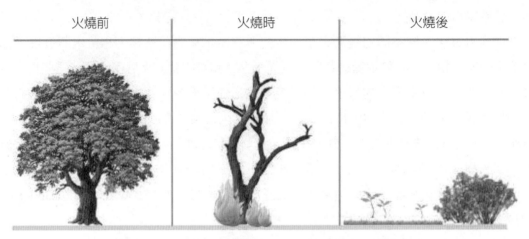

| 火燒前 | 火燒時 | 火燒後 |

圖8-16 火燒後恢復能力及棲息地屬性的變化

整個地景的林火模式（Fires Pattern），強加了不同演替年齡的鑲嵌體（Mosaic）。鑲嵌體的大小和結構透過動物物種的局部滅絕和斑塊重新填補（Patch Recolonization），來影響動物種群結構和組成（Ponsand Clavero 2010）。例如，澳大利亞和南非灌木地區以花蜜為食（Nectar-Feeding）鳥類在火燒後失去食物來源（Protea科灌木叢類），必須尋求未火燒地景上食物。老林床地景配置與開花灌木叢，和不成熟的灌木之幼林床，需要一個高度流動的鳥類組合。林火空間格局的變化，可能會改變不同動物元素的滅絕風險（Bond and Keane 2017）。

一些澳大利亞蜜蜂種類（Honeyeaters）面臨著滅絕的威脅，因林火體制的改變，不再能產生成熟和未成熟的蜜源植物（Nectar Plants）的正確組合。澳大利亞大草原的許多鳥類物種的減少，歸咎於透過大面積土地的系統式火燒，形成了同質性地景（Homogeneous Landscapes）。據認為，在原住民的焚燒行為之下，較小及更普遍的火燒是極為盛行的（Bond and Keane 2017）。自歐洲移居以來，許多澳大利小型到中型（50g至5kg）哺乳動物的滅絕，歸咎於林火體制的類似變化，但野生動物的獵食，也是一個主因（Bond and Keane 2017）。

由於森林結構受到人為影響，熱帶雨林中的林火對森林動物造成了破壞性影響。例如，在蘇門答臘，原始森林專家包括松鼠、犀鳥（Hornbills）、其他果食（Fruit-Eating）和食果鳥類（Frugivorous Birds），以及一些靈長類物種，完全從火燒和相鄰的森林中消失。潮溼的熱帶森林除了直接的森林砍伐之外，林火的風險愈來愈大，森林動物的存活受到嚴重威脅（Bond and Keane 2017）。

第四節　林火生態影響

一、生態系統結構

林火發生頻率增加，以致生態系統結構產生嚴重性的後果（Scott and Burgan 2005）：

1. 減少植被高度（高大的森林到較矮的森林到灌木林地）；
2. 減少木本植被而被草地所取代；
3. 促進易燃物種或群落，如低枯落物分解速率，更多旱生（Xeromorphic）植物葉、細枝／分枝；
4. 減少生物量。

熱帶和溫帶地區都含有適火性易燃（Fire-Prone）草原或灌叢地區的混合林，傾向於斥火性（Exclude Fire）的鬱閉森林。稀樹大草原樹木（Savannas）和鬱閉的森林，是這種取代生態系統（Alternative Ecosystem）狀態的例子；易燃性稀樹草原和耐火（Fire Resistant）森林的相對比例，例如，在降水梯度和局部性土壤上類型不同。

在某些情況下，古生態學研究表明，這些陡峭的界線在數千年來一直保持穩定。使用基於生理學的全球植被模型來進行的模擬表明，在沒有林火的情況下，森林的面積至少會增加一倍，特別是在易變的熱帶稀樹大草原生物群落中。當火勢受到人為抑制撲滅時，經常會發生由易燃性群落受耐火性森林所取代（Bond and Keane 2017）。

在非洲南部，有些地方經過10至30年的滅火後，森林已取代了稀樹大草原。穩定的邊界（Stable Boundaries）通常與不同的土壤類型相一致，森林會出現有更好的排水或更肥沃的土壤上。從耐火性（Fire-Resistant）到易燃性生態系統的變化，也可能是迅速的。在巴西亞馬遜地區，鬱閉林冠森林中的林火蔓延形成一個「地表火焰僅幾十釐米高的緩慢爬行帶狀」。儘管起火的嚴重度較低，火燒造成了結構變化，打開了林冠並干擾了林下植物，此有助於增加林下生物量，增加了再次發生火燒的風險。雜草和草本植物迅速侵入殖民兩倍的森林，進一步增加了可燃生物量。這種正面反饋（Positive Feedbacks）估計會減少在20～30年間森林過渡到灌木叢的植被量（Scrubby Vegetation）（Bond and Keane 2017）。

在地景上發生的林火大行其道（Parade），也造成了植物和動物群落和結構的變化。火燒後植被發育的速度和程度，加上火燒過程中林火的直接影響，如燃料消耗及燒死率，將決定燃料的供應，以促進未來的林火。在許多地景中，林火後留下的低燃料不足

以支持未來林火的蔓延。因此，火燒就像是阻止火勢蔓延的「林火」（Bond and Keane 2017）。林火的這種屬性是一個自我組織過程（Self-Organized Process）的例子，其中未來地景的結構，是由林火的歷史足跡及其影響，和火燒後燃料的增長所控制（Peterson 2002）。

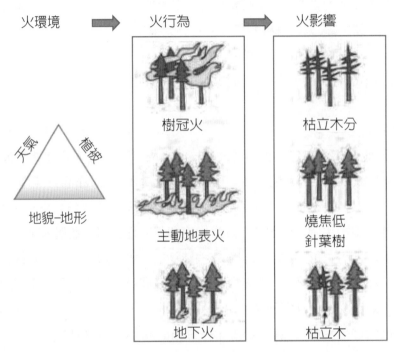

圖8-17   火環境、火行為至火影響之歷程（Ryan 2002）

二、生態系統功能

在生態系統功能上，林火的直接影響是火燒的死亡和生物質生物體中碳和氮的氣態損失。當最大的生物質火燒時，營養物損失最大，這通常是在最嚴重的林火中。伴隨著林火的強風，經常導致磷（Phosphorus）和陽離子（Cations）在灰分中被吹走的損失。灰分中的陽離子營養物質，往往是可移動的，也是植物可利用的形式，並在火燒後雨水的逕流中被沖走（Bond and Keane 2017）。它們的流失會使土壤PH值低，而使酸性森林土壤大量增加，而使草地或稀樹大草原中性或鹼性土壤略微增加。太陽輻射增加，蒸發減少和PH值升高，導致微生物活性（Microbial Activity）增加，礦化（Mineralization）率增加以及火燒後營養物質的可用率增加。

例如，在硬葉灌叢（Chaparral）火燒後，相對於未火燒的對照，硝酸鹽（Nitrate）

增加了20倍以上。在林火發生頻率較高的情況下，長期的減少可以替補養分供應短期的增加，火燒之間系統輸入是不足以替代損失的（Replace Losses）。嚴重的林火可能導致氮氣短缺。許多生態系統具有固氮生物體（Nitrogen-fixing Organisms），作為火燒後植被的主要組成部分，能在幾年內替代氮的損失量（Bond and Keane 2017）。

圖8-18　林床火燒後礦化率增加以及火燒後營養物質的可用率增加，先驅草本易侵入
　　　　（中興大學森林系Logo 15×10cm）（盧守謙 2011）

　　林火可能導致地景尺度上，生態系統過程的變化。由火燒引起的生物量減少和土壤性質的變化，導致水流模式的暫時性水文變化（Hydrological Changes）。嚴重的林火，可能導致水土流失加劇。在美國，1988年的黃石公園大火，導致了土壤沉積物（Soil Erosion）負荷的顯著增加，並改變了河流系統的地貌，其在河谷底的火燒碎跡物蔓延12公里長（Bond and Keane 2017）。

三、物種和群落

　　在物種和群落上（Species and Populations），以當地規模和易發生的生態系統中，物種對火燒頻率、季節和嚴重度的差異，做出不同的反應。林火間隔的變化是群落趨勢（Population Trends）的一個重要決定因素。在以木質燃料為特徵的樹冠林火體制中，林火對植被增長的影響，取決於物種的關鍵族群屬性（Demographic Attributes）。非發芽物種的族群數量波動大於發芽物種，單一林火後局部滅絕並不罕見。在第一次開花結果撒

布種子（Set Seed）之前就受火燒掉，成熟緩慢的物種尤其脆弱。在林火間隔超過物種或種子庫（Seedbank）的壽命期間，種群也受到負面影響（Bond and Keane 2017）。

　　C4草對火燒頻率的變化也很敏感，一些草原的優勢種在10年以上的火燒排除（Fire Exclusion）後而消失。非洲和南美高地草原的豐富多樣性（Rich Forb Diversity），也依賴於頻繁的火燒，火燒的排斥已導致長壽多年生物種（Long-Lived Perennial）的喪失，尤其是擁有大型地下儲藏器官的物種。這與北美大草原形成鮮明對比，林火排除促進了多樣性。操作火燒間隔（Fire Interval），是影響植被生物多樣性（Biodiversity）的關鍵工具。在易燃木質生態系統中，植物生殖狀況的信息，特別是有活力的種子庫的大小，在不同的火燒後階段，被廣泛用於確定最佳火燒頻率，以能維持特定物種（Bond and Keane 2017）。

圖8-19　火燒後植被發育的速度和程度，將決定未來的林火事件（盧守謙 2011）

　　在火燒頻率與地景物種群落影響關係方面，Platt *et al.*（2006）指出，草原（Prairie）和森林之間的地景轉換，取決於干擾的影響和頻率（圖8-20）。假設林木和草原之間的植群密度依賴關係保持不變，而不管沿著從草原到森林連續體的地景位置如何。隨著干擾頻率的增加，林木死亡率增加，有利於禾本科植物，從而進一步增加小樹木的死亡率。因此，大林木被移除並且樹木更新受阻，將地景轉向草原。如果干擾頻率減少，地景又轉向森林，因林木再生並成長，此過程中抑制了草原。於下圖中預計生態系統沿著連續體的位置取決於火燒的發生頻率以及無火燒間隔的長度。模型的中性方面由圓圈下面的水

平線表示，表明火燒頻率的單位變化使生態系統在各個方向上均等地移動。短期無火燒間隔時間，將使生態系統向草原區轉移，並且長期無火燒間隔將使生態系統轉向森林區。

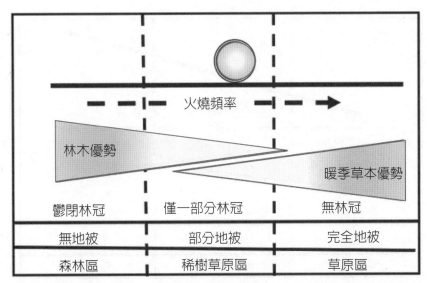

圖8-20　地景連續體生態系統（圓圈）林木和草原對火燒頻率（虛箭頭）之回應。從森林（左）延伸到熱帶稀樹草原（中間）到草原（右）；沿著這個連續體，林木和暖季草原（三角形）之間的優勢轉移。沿著連續變化的結果，包括了過度和地面覆蓋範圍的變化（改編自Gilliam and Platt 2006；Beckage *et al.* 2006）

　　Beckage *et al.*（2006）指出，在經常發生的林火地區，可能沒有穩定的平衡，而是依賴於擾動頻率之不斷改變的狀態。基於這種模式，頻繁的火燒應該會導致樹木的死亡，這將有利於將地景轉向草原。隨著火燒間隔時間延長，樹木逐漸占據並趨於成熟，這將不利於草地，使地景轉向森林。基於此模型預測，從歷史上而言，從森林到草原的連續區可能存在如整個墨西哥灣沿岸平原，沿著這些連續區的狀態則取決於火燒頻率（Platt *et al.* 2006）。而熱帶稀樹草原（Savanna）松在頻繁火燒的情況下，擴增（Recruit）的能力在頻繁發生的火燒條件下，也改變對地景的影響（圖8-21）。如果稚齡松樹可能在經常發生的低強度火燒中倖存，則維持草原所需的擾動頻率會顯著增加。即使在每年或兩年一次的火燒情況下，熱帶稀樹草原松也不可能從地景中消除。因此，僅透過火燒就不可能在海灣沿岸地區生成草原。此外，火燒返回間隔愈來愈大，預計將迅速向森林轉移。在這模型中，美國東南沿海的大草原並沒有成為穩定的地景：適火性樹種將無可避免地，以其有利方式，來入侵和形塑生態系統（Engineer Ecosystems）。此外，下圖模型對於具生命週期階段的樹種，即使經常發生火燒，其也能生存並成長為過度的事件，如長葉松（*Pinus palustris*）、溼地松（*Pinus elliottii* var. *densa*），即使是非常高的火燒頻率，也不會使生態系統朝向轉移無樹的草原狀態（Platt *et al.* 2006）

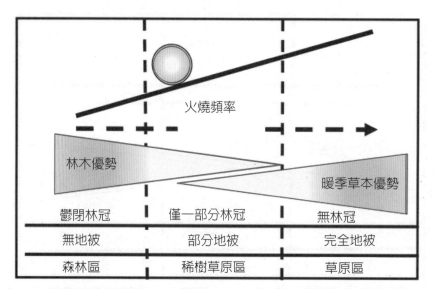

圖8-21　適火性樹種對火燒影響，沿著草原—森林連續體過渡預測效果。從上一圖中修改樹種對火燒的適應性影響。在發生或不發生火燒時，此模型不再中立，從而使生態系統在各個方向上均等地移動；相反地，需要增加火燒頻率以將生態系統轉向熱帶草原和草原狀態（Platt *et al.* 2006）

　　Platt *et al.*（2006）指出，假使頻繁火燒的影響預計會與火燒後頻繁洪水的影響產生相互作用，從而減少幼樹的存活，產生無樹地景。只有在無火燒間隔時間長的情況下，樹木才有可能發生。此外，預計日益增加的林火頻率將會迅速向草原區轉移。圖8-22中，在季節性棲息地，年度乾旱持續時間較長，隨後出現年度洪水災害時，火與洪水相互作用可能會使生態系統向草原狀態進行轉變。

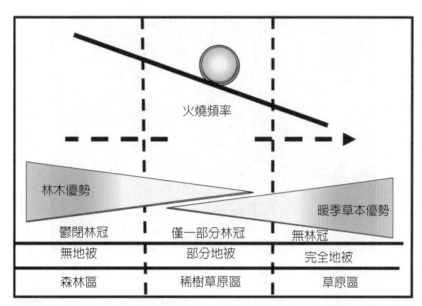

圖8-22　頻繁洪水對草原—森林連續體，在不同火燒頻率影響的預測效果。火燒頻率
　　　　的增加使生態系統向草原狀態轉移，因頻繁的洪水使得火燒適應性樹木飽受
　　　　脅迫，使其容易受到火燒；當每年發生洪水時，需要長時間的無火燒間隔，
　　　　才能將生態系統轉向熱帶稀樹草原和森林區（Platt *et al.* 2006）

　　此外，在植物種群火燒後恢復方面，Bond and Keane（2017）指出，植物種群的火燒後恢復，需取決於火燒當天情況的獨特組合。在某些生態系統中，這些「事件相關」（Event-Dependent）效應，可能與火燒頻率在影響生物多樣性方面同樣重要。火燒季（Fire Season）對西澳大利亞和南非天然灌木林（Fynbos）中，Proteaceae群落延遲性閉合毬果（Serotinous）的發芽，有顯著的影響。春季火燒可以使Protea群落減少到火燒前密度的十分之一以下，而秋季火燒可能導致植物密度增加10倍以上。火燒季也影響發芽植物的恢復，根部儲備的大小之季節性變化，影響再發芽的活力（Bond and Keane 2017）。

　　操作火燒季有時是管理萌芽灌木密度的唯一有效工具。溫帶森林之林下無性系榛（*Corylus* spp.）的莖密度，隨著連續四次春季火燒而增加了4倍，但連續夏季火燒則減半。在Zambian林地，旱季初期的年度火燒，在過去10年來使樹苗增加了10倍，成熟樹死亡率減少了。草原組成對火燒季也很敏感。在美國堪薩斯州大草原（Kansas Prairies）的長期火燒實驗中，晚春的火燒導致了帚狀需芒草（Andropogon Scoparius）生物量，相對於火燒幾週前的一半。火燒季對物種和生態系統恢復的影響，在許多生態系統中是鮮為人知的。由於氣候的限制及火燒季很短，因此可能影響並不是那麼重要（Bond and Keane 2017）。

圖8-23　植物種群的火燒後恢復，取決於火燒當天情況因素組合（盧守謙 2011）

根據定義，嚴重的林火會導致一些生態系統的生物質損失，最為嚴重。在許多針葉樹和一些桉樹森林（Eucalyptus Forests）中，強烈的樹冠火殺死了所有的地上層植物生長。在樹木不能發芽處，這些火燒會導致樹冠的完全被取代。發芽植物特別是淺根性（Shallow-Rooted）物種，可以透過高度嚴重火燒致死。林火嚴重度對種子萌芽（Recruitment）的影響因物種而異（Bond and Keane 2017）。在適火性易燃灌木叢（Fire-Prone Shrublands）中，豆科植物（Legumes）和其他具有堅硬休眠種子（Dormant Seeds）的植物是不會發芽，除非火燒充分加熱土壤。例如，澳大利亞灌木（*Acacia Suaveolens*）是不會發芽，除非土壤被加熱到超過50℃。火強度（Fire Intensity）的變化會直接影響適火性（Fire Prone）的灌木地的物種組成，火燒一些種子並刺激其他種子萌發。在重要的物種如豆類（Legumes），可能會基於安全原因，而於低強度火燒後採取不萌芽（Germinate）策略（Bond and Keane 2017）。

火強度是熱帶稀樹草原生態的重要因素。如果草的生長是足以產生頻繁地火燒進行，那麼火燒能殺死幼苗和灌木的地上部組成。枯死量（Dieback）取決於火燒的強度。在溼地稀樹草原（Mesic Savannas）中，林火非常頻繁且激烈，以至於幼苗可能會被困在草地上數十年。火燒的頻率和強度，也是熱帶草原生態系統（Savanna Ecosystems）中樹木生物量（和棲息地結構）的重要決定因素（Bond and Keane 2017）。

圖8-24 火強度愈高，火燒溫度也愈大，致殺死幼苗和灌木的地上部組成（照片與熱影像對照）（盧守謙 2011）

　　植物對火燒季的相對敏感性和火燒嚴重度（Fire Severity），因物種而有差異。這使得對不同火燒週期下的族群趨勢，沒有物種特有的信息，而進行一般的預測是有困難的。在地中海灌叢地區，對同一個植物社區火燒的頻率、季節和火燒強度，有不同反應的物種，表明這些因素的林火歷史是有所不同的。將可變性（Varibility）納入林火體制，以維持物種的完全多樣性，是一個相當大的保護挑戰課題（Bond and Keane 2017）。

四、火和草食動物

在火和草食動物上（Fire and Herbivory），因火與其他影響生態系統結構的干擾因素（Disturbance），產生相互作用並受其影響。草食動物影響植物的分布和生物量，因此影響林火體制的屬性。重度放牧的稀樹草原草地，通常不會火燒，因能夠放牧的草地是太短，而不能火燒，如牛羚（Wildebeest）、白犀牛（White Rhino）和草原土地，可以減少地景的火燒活動。短牧草的消失，可以反過來促進更頻繁的較大火燒，而減少地景異質性（Heterogeneity）。由於林火發生頻率的降低，牛的持續大量放牧，通常導致樹木密度的增加。在非洲，大象開闢了林地，促進了草地生長，促進了更頻繁和更嚴重的火燒。大象和草原火燒的組合，可以導致樹木密度（Tree Densities）顯著減少。在Zimbbwe的Miombo林地，在大象和火燒的共同影響下，林地結構的變化顯著降低了鳥類的多樣性，並導致當地四種特有林地鳥類物種之滅絕（Bond and Keane 2017）。

食草昆蟲也會影響林火體制，尤其是在北方的生態系統（Northern Ecosystems）。在北美東部的香樹林（*Bies Balsamea*）和紅色雲杉（*Picea Rubens*）森林中，林火是罕見的，但大規模的樹木死亡率，是由雲杉蚜蟲（Spruce Budworm）爆發引起的，可能透過改變植被結構和燃料特性，來抑制林火的蔓延（Bond and Keane 2017）。然而，一般來說，提供燃料火燒的植物，使食草動物（Herbivores）的食物變差，反之亦然。分解緩慢的地方容易火燒，導致枯死物質堆積。緩慢分解與碳／氮比率高，纖維含量高，葉片比重（Leaf-Specific）高有關，所有這些都會抑制草食動物的攝食。因此，最容易發生火燒的植被，往往是最不可食用的，反之亦然（Bond and Keane 2017）。

五、火和破碎地景

在火和破碎地景上（Fire and Landscape Fragmentation），火勢在地景中蔓延對易燃植物的連續性很敏感。地景破碎化可能對火勢造成重大影響，反過來影響碎片內物種的存活。火燒後早期環境的植物，在50年期間北美大草原破碎區塊（Fragments）的物種損失較大。類似的局部滅絕（Local Extinction）模式，發生在南非的非易燃森林所包圍的Fynbos碎片地景中。在大草原和Fynbos的物種損失原因，是由於孤立的破裂區塊不經常火燒。廣大易燃灌木林地或草原地區小片森林斑塊（Patches）因不耐火燒（Intolerant of Burning），也更容易成為當地滅絕物種。在圭亞那（Guyana）熱帶森林裡，厚樹皮（Fissured Bark）的耐火（Fire-Tolerant）森林樹種和小種子，在稀樹大草原（Savanna）和人類住區邊界附近，是非常普遍的（Bond and Keane 2017）。

圖8-25　地景破碎化對火燒造成重大影響，反過來影響碎片區內物種的存活（盧守謙 2011）

六、火和侵入物種

火與入侵物種（Fire and Invasives）之間的相互作用，可能導致驚人的生態系統轉變。入侵植物的直接影響比間接影響較小，因後者是相對於燃料性質和林火體制（Fire Regimes）的影響。草本侵入木本生態系統具有特別有害的後果。在夏威夷，高大外來草（Nonnative Grasses）的入侵使得獨特的森林（Unique Forests）變成了與島嶼生態系統完全不相容的草原，引發了頻繁的林火（輕質燃料增加）。在南美洲，易燃草（Fire-Promoting Grasses）登陸侵入熱帶森林，可能會導致森林生態系統的消失和外來草（Alien Grass）的迅速取代（Bond and Keane 2017）。

在澳大利亞西南部，物種豐富的石楠荒原（Species-Rich Heathlands）是依賴火燒的（Fire Dependent），但其也被非本地的草侵入，造成經常火燒，使荒原變成一個種類貧乏的稀樹草原，散布著殘餘的樹木（Relictual Trees）。而在美國西部，旱雀麥草本植被（*Bromus Tectorum*）入侵本土山艾灌木草原（Sagebrush Grasslands），增加了林火發生頻率和嚴重度（Billings 1990）。相反的模式，即不容易火燒的植物侵入適火性易燃草原（Fire-Prone Grasslands）的模式，也可能是一個問題。例如，馬纓丹（*Lantana Camara*）在南非侵入依賴火的草地，卻比當地的植被更容易火燒（Bond and Keane 2017）。

圖8-26 草本侵入木本生態系統具有特別有害的後果（輕質燃料增加）（盧守謙 2011）

第五節　林火與全球氣候變遷

一、氣候變遷對火生態的影響

　　氣候變遷對林火的影響可能大不相同，取決於林火行為主要受天氣或足以火燒的燃料量的限制。與天氣有關的林火，是木本生態系統（Woody Ecosystems）的特徵，如針葉林、桉樹林和易燃灌木林地。在長時間炎熱乾燥時期之後焚燒的面積最大，在這些生態系統中發生的林火最為嚴重（Bond and Keane 2017）。相比之下，草地火燒的生態系統燃燒在異常潮溼的年分（Unusually Wet Years）之後，火燒最為廣泛。這意味著氣候變遷將根據生態系統的性質，而產生不同的影響。在加拿大的北方森林（Boreal Forests）中，過去半個世紀以來，火燒面積已有所增加。這是由於全球變暖，溫度升高導致火勢更大（Flannigan 1993）。預計到本世紀末，全球氣候變暖將導致火燒面積加倍，林火發生率增加50%。對黃石針葉林也進行了類似的預測，如此頻繁和嚴重的林火，黃石國家公園森林可能會消失，到世紀中期（Midcentury）被低生物量生態系統（Low Biomass Ecosystems）所取代（Westerling *et al.* 2006）。全球變暖也可能增加從鄰近的稀樹草原侵入熱帶森林，造成高強度烈火（High Severity Fires）的頻率。

　　然而，目前占全球年度火燒面積一半以上的稀樹大草原，也受到其他全球變化因

素的影響，這些變化因素可能會導致林火活動的大量減少。預計非洲大部分地區的氣候變乾，導致草地生物量減少。另外，大氣二氧化碳的增加可能有利於不易燃草地（Less Flammble Grasses），比目前高度易燃的（Highly Flammble）生態系統中占優勢地位的草地，更易於生長傳播。

　　二氧化碳的增加也被認為是增加了稀樹草原上的木質覆蓋（Woody Cover），以及儘管經常發生林火，森林擴展到了稀樹草原。人口密度日益增加，導致燃料分散（Fragmentation），燃燒面積減少，透過牲畜密度（Livestock Densities）增加，外來物種侵入（Exotic Invasions），土地轉變為農作物，擴大道路網絡和日益城市化（Growing Urbanization）。因此，林火和生態系統的未來是非常不確定的。全球變化對林火狀況預測的不確定性（Uncertainties），正在透過發展以物理為基礎（Physically Based）的林火蔓延模型，加上以生理學為基礎（Physiologically Based）的全球植被模式，將對未來植被的氣候和二氧化碳影響結合起來，以尋求解決。然而，最終的挑戰是設計創新的林火管理方案，減少生命和財產風險，同時保持滿足不同人類需求的土地使用（Landcover）（Bond and Keane 2017）。

二、火作為溫室氣體的來源

　　林火是溫室氣體的來源之一，植被林火對溫室氣體排放產生重大影響，從而影響全球氣候變遷（Loehman *et al.* 2014）。衛星數據已大大改善了全球林火排放的正確估計，但仍有許多不確定性，尤其是林火活動的年際變化（Interannual Varibility）。從1997年到2009年的全球林火排放量平均每年為2.0 pgc，而化石燃料火燒每年為～7.2 pgc（van Der Werf *et al.* 2010）。全球火燒排放的來源，主要是來自非洲（52%）、南美洲（15%）、赤道亞洲（10%）、北方地區（8%）和澳大利亞（7%）。稀樹大草原（Savannas）和草原占碳排放量的60%，但其中大部分將透過快速的火燒後再生來做彌補。

　　在印尼大火El Nino之後，1998年的年排放量從1.5 pgc到最高的2.8 pgc。大約四分之一的林火碳排放量（每年0.5pgc），是歸因於1997～2009年期間森林砍伐（Deforestation）、熱帶泥炭地（Peatlands）火燒和炭降解（Degradation），這些是大氣中二氧化碳的淨來源（Net Source）（Bond and Keane 2017）。與稀樹草原火不同，砍伐森林的火燒也會釋放大量的CO和CH_4等微量氣體。森林砍伐、降解和熱帶泥炭火，共占約全球CH_4（甲烷）排放量的一半。北方泥炭地（Boreal Peatlands）是一個主要的碳庫（C Pool），其儲存量可達270～370pgc。在北方森林中火勢增加，地表火燃燒轉入至地下

火，可能釋放出大量的碳進入大氣層。潮溼熱帶森林火的頻率愈來愈高，也令人擔憂。據估計，熱帶森林將儲存世界碳的十五分之一。如果熱帶森林繼續火燒，大面積的土地可以轉化為易燃的次生灌叢（Secondary Scrub）或草地，將這種碳釋放到大氣中（Bond and Keane 2017）。

　　火作為溫室氣體的來源外，另一方面在森林砍伐和氣候變遷關係上，Tasker and Arima（2016）指出氣候變遷除受外部因素（如CO_2）驅動外，研究還顯示森林砍伐與氣候之間的反饋環路（Feedback Loop），可能會進一步加劇問題（圖8-27）。區域氣候模式顯示廣泛的森林砍伐可能導致降水量下降，從而導致亞馬遜流域南部的稀樹草原（Savannization）和巴西東北部的荒漠化（Desertification）現象（Oyama and Nobre 2003）。預計森林砍伐的增加，也將森林砍伐後的氣候在亞馬遜流域南部造成更加暖化及乾燥（Fu *et al.* 2013）。這些變化會影響亞馬遜地區的碳平衡和未來的林火風險（Lewis *et al.* 2011）。

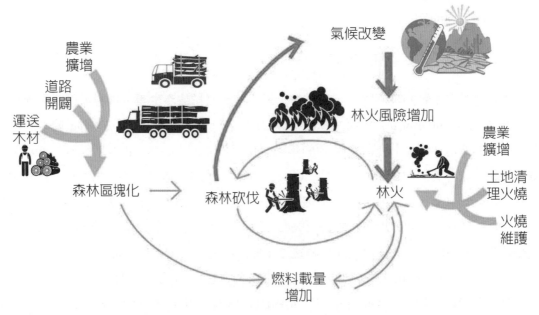

圖8-27　林火和森林砍伐之間的反饋，將增加氣候變遷和稀樹草原化

（Tasker and Arima 2016）

三、火作為煙霾的重要來源

　　林火是煙霾的重要來源，煙霾（Aerosols）透過後向散射（Back Scattering）的太陽輻射，來減少區域和全球輻射（Irradiation）。煙霧煙霾（Smoke Aerosols）還可以透過複雜而非線性的方式，來增加或減少雲層覆蓋，而這些方式尚未被充分量化了解。林火也可以透過改變反照率（Altering Albedo），來影響輻射增強（Radiative Forcing）（Bond and Keane 2017）。火燒後立即產生黑煙減少反照率（Reducing Albedo），來加熱地表。

　　然而，由於火燒引起的樹木覆蓋減少，可能會導致北方森林（Boreal Forests）積雪覆蓋，或者在其他地方用更多的反射植物（Reflective Vegetation）（例如熱帶草原）來替代黑暗的森林（Bond and Keane 2017）。改變中的林火體制對全球變暖的淨影響是複雜且具不確定性。公眾於火燒對大氣影響的關注，導致公眾針對用於保護目的火燒，來施加壓力。這可能會產生積極的影響，假使採取採伐的做法，會減少潮溼森林之火燒危險。壓制林火的公眾壓力，可能會對自然易燃的生態系統及其依賴火的物種（Fire-Dependent Species）產生負面影響（Bond and Keane 2017）。

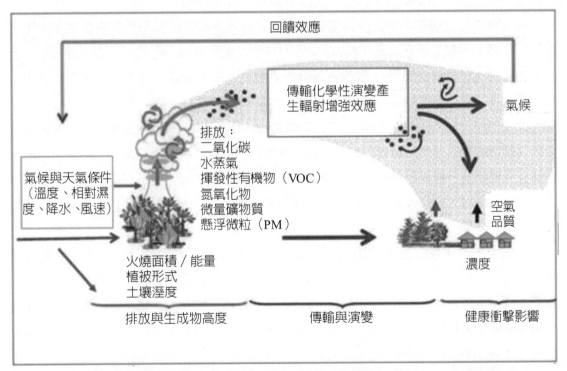

圖8-28　火燒後黑煙透過減少反照率來加熱地表輻射增強，致使氣侯變化
（Youssouf *et al.* 2014）

第六節　結論

　　幾乎在陸地上每一類型生態系統都受火所影響，火是自然界週期的更新和再次成長的一部分。火亦如乾旱、水災、暴風雨與其他的自然干擾一樣，在植物和動物上具有快速的和直接的衝擊影響。因此，在管理自然界的火已經是當前我們的幾項挑戰。火對人們和財物是危險的，因最近世紀大多數的人們想要除去火。但是，如同在上面所述那樣，林火是自然生態系統的一部分。

　　火已經並將繼續在全球範圍，塑造森林生態系統的重要作用。儘管一些生態系統依靠火燒來恢復，如澳大利亞的山地灰樹林（Ash Forests），但其他森林生態系統卻容易受到大火，如熱帶低地、泥炭森林（Peat Forest）的嚴重破壞。火燒會導致物種滅絕，改變物種組成和演替階段，並導致生態系統功能（土壤和水文）發生重大變化。在世界上幾乎所有的森林生態系統中，人類的干預改變火燒的頻率和強度，此已使自然的火勢行為進行變更。人們已經排除或抑制火勢，改變了地景的性質，使自然發生的火，不再以自然方式，像沒有人類影響一樣發生。在人類、火與森林之間的相互關係，是一種複雜的過程，一直是受到無數研究和報告的主題（Jackson and Moore 1998）。

　　以大自然角色而言，林火直接關聯地球上許許多多植物社區和動物族群生存重要之影響。火燒有一似是而非論點（Paradox），其能殺死動植物，造成廣泛的生態破壞，但它也是非常有益的，森林再生和營養循環的來源。然而，火是大自然回收必須營養素，特別是氮的方式。對於許多北方森林來說，火是森林循環的一個自然部分，一些樹種尤其是北美黑松（Lodgepole Pine）和北美傑克松（Jack Pine），需靠種子進行繁衍及更新，其延遲性閉合毬果（Serotinous Cones）需靠火燒高溫後才開裂使種子萌芽。火燒能迅速將有機物質分解成礦物成分，能使植物充分吸收生長加速，也可以減少森林中的病蟲害（Gorte 1995）。但重要的是要記住，極端天氣條件下的大火，可能對大片森林造成破壞。

　　正如太多的火燒可能導致問題，於地球端北方森林中的許多林火自然是雷電造成的。但是，一些國家，特別是美國制定林火可能失控的一個政策。在這種情況下，進行人為介入撲滅會導致林區非自然的環境。傳統的思想認為，人為介入滅火可能導致死生物量累積，改變了樹種的組成，所以一旦林火開始，並不是相對較小，而是呈現更加強烈和大規模（Gorte 1995）。

圖8-29　人為介入撲滅會導致林區非自然的環境干擾

　　因此，理解火之利益與危險、使用與誤用是環境教育中所知必要課程。基本上，林火和生態系統已經有一段源遠悠長的歷史互動了，美國生態專家Mutch教授指出，對火的歷史、體制（Regimes）與影響等方面，理解絕對是有必要的；且就許多規劃問題而言，火不但是有效而且是廉價的管理工具。Mutch教授繼續強調著，今天森林火最大的問題並不是消防或林務單位如何去搶救壓制火勢，而是試圖將火完全打熄，使火排除在自然界所造成的。我們是要選擇與火為夥伴而共同工作呢？或是我們選擇忽略它，而造成我們周遭環境處於更易燃之危險境地？

　　或許，今天對火在大自然中之可接受度，似乎與我們在今日高都市化的年代，對火的觀念基本上是相反的。也許感覺到我們對火這種自然力量之倚賴性，因工業化進化所產生種種替代能源，而已不再那麼直接需要火了；或者可能是我們僅單純地不再想進一步去知道和理解火之真實角色。

　　最後，從地球生物演化上，大自然不喜觀真空狀態，野地火燒後，焦黑土面很快地就會被植物侵入、占據予以填滿，森林火相關單位必須確認到火所扮演的真實角色。以公眾的觀點而言，火燒仍然是敵人、反派角色、自然破壞者，應盡可能消滅去除它。然而，火是一種非常迷人之強大自然力量，它是一種美，亦會造成一場人間煉獄。但是，火本身並不是壞的；火在地球上自從有植物以來，即是自然生態系統生命週期的一部分，它是大自然植物再生的一種方式，亦是生態上不容失去之重要環節。在過去它早已在這裡，哪裡結束就會在哪裡開始，迄今仍在重複著它古老之循環，它永遠都在亦永遠不會消失；也就是說，火與我們終將一直陪伴至未來。

第九章 林火生態與林火體制

　　火燒是生態系統不可分割的一部分（Fire as an Ecological Process），如沒有火燒，整個的局部生態系統、棲息地，甚至物種，很少會像今天所知的那樣持續下去。火燒的動態性和複雜性，被不同的地形、氣候和植被所放大。幾千年來，森林生態系統隨著火燒而發展起來。火燒型式的長期變化，發生在氣候變遷與人類的相互作用上。在過去的兩個世紀裡，人為干預減火（Human-Induced）的速度加快，物種和生態系統發生了一些變化。其中許多物種和生態系統的變化是以前就已發生的，有些正在發生，還有一些尚未體現出來。要理解林火生態作用的重要性，有必要將火燒視為一個生態系統過程（Sugihara *et al.* 2006a）。

　　能在兩個截然不同的時間框架內看到火燒：個別火燒和重複火燒形式。當個別火燒被看作是離散的事件（Discrete Event）時，其物理特徵是重要的，以及能理解火燒如何作為生態系統之一種過程。個別火燒的行為、規模、燃燒形式和生態系統影響，從簡單到極其複雜。有限的區域內的個別火燒，會影響燃料動力學、生態系統的物理屬性以及個體、物種、人口和社區層面的生物系統（Sugihara *et al.* 2006a）。這些直接的影響，將在本文第一部分的後續章節中詳細討論。

　　在具有重複的火燒、火燒幅度和火燒類型的地景（Landscapes）下，隨著時間和空間而變化。當數百年或數千年的火燒，被認為是大面積地景時，這種重複的火燒發生形式及其特性，會影響生態系統的功能。個別火燒的複合影響，使現存的形式大大影響物種組成、植被結構和隨後的火燒形式動態發展。雖然認識到大面積的空間和長時間的火燒，發生的形式是非常複雜的，這就是所謂林火體制（Sugihara *et al.* 2006a）。

　　生態系統中有火燒、燃料和植物的連續反饋。火燒與物種組成、植被結構、燃料溼度、氣溫、生物量以及許多其他生態系統組成部分和過程，在多個時間和空間尺度上相互作用並受其影響。這些生態系統組成部分如此相互依賴，以至於包括林火在內的變化，往往會導致其他重大變化。這種生態系統的動態觀點，是把林火理解為生態系統過程的關鍵（Sugihara *et al.* 2006a）。

　　假使從生態系統中消除火燒，將是人類施加在環境系統中產生最大的衝擊之一，隨著依賴火燒之生物族群的演變，成為最嚴重的影響之一（Sugihara *et al.* 2006a）。無法預測真正結果，但會發生所有動植物和環境之間關係的根本性進行重新排序。許多物種可能因滅絕而喪失（Heinselman 1981）。

　　在本章中，我們將林火作為一個動態的生態系統過程來進行探索，首先在一般的生態學理論的背景下考察火燒，然後討論火燒的概念，最後透過開發和應用一個新的火燒分類框架，使得我們更好地理解火作為生態系統內過程的作用。

第一節　生態理論下林火

一、演替理論（Succession Theory）

　　隨著生態學理論的發展，在這個理論中考慮了與氣候、昆蟲、真菌和天氣一起演化的火燒方式。我們首先看演替理論，然後透過生態系統，干擾和分層理論（Hierarchical Theory）。最後，我們把火燒看作是一個生態過程（Sugihara *et al.* 2006a）。

　　古典演替是Clements（1916）在二十世紀初發展和倡導的生態概念。自從它首次出版以來，他將植物群落視為隨著時間的推移，而發展的複雜實體的框架，已成為演替生態學理論發展的基礎。Clements（1936）將演替定義為可預測、定向的和逐步的進展之植被組合，最終在由氣候控制的自我永續的頂極群落中，達到極盛相。例如，裸露的地面可能首先為草本占據，其次是灌木，然後是年輕的森林，最後被成熟的森林所覆蓋（圖9-1）。Clements認為，氣候極盛相是穩定的、複雜的、自我延續的，被認為是複雜有機體（Complex Organism）或植被群落（Plant Community）的較成熟版本（Sugihara *et al.* 2006a）。

裸地 → 草地 → 灌木 → 幼林 → 成熟林 → 極盛相

TIME ▶

圖9-1　Clements認為演替是一個逐步的、可預測性定向過程。隨著時間的推移，從光禿地景最後演替為一成熟極盛相植被（Sugihara *et al.* 2006a）

　　Clements（1916）認為，由閃電形成的裸露地景，是開始演替的自然資源之一。Clements認為，在經常發生雷暴乾旱的地區，閃電產生火燒非常多，而且經常是非常具有破壞性的。事實上，二十世紀初，在美國已發現了一些最具破壞性的野地火燒。Clements表示，這樣的火燒保持植被不同於氣候極盛相的地區，是屬次極盛相（Subclimaxes），因其達到極盛相條件之前，不斷被重複火燒重新設置到植物群落（Seral Plant Assemblages）。Clements引用美國加州的硬葉灌叢（Chaparral）和科羅拉多州的馬尾松（*Pinus Contorta* spp. *Murrayana*）作為火燒的次極盛相植被（Clements 1916）。如此火燒被視為一個生態倒退的過程，阻止了繼續朝著穩定氣候極盛相（Climactic Climax）方向發展（Sugihara *et al.* 2006a）。Clements（1936）修正了關於極盛相的性質和結構想法，並發展了一個分類植物單元的複雜術語。火燒次極盛相仍然是這個複雜系統的一部分，他加入加州的蒙特雷松（*Pinus Radiata*）、主教松（*Pinus Muricata*）和圓錐松（*Pinus Attenuata*）為例。Clements把次極盛相這個詞，用於常被伐木、放牧和營火（Burning）等類活動貶低的植物社區，但似乎並沒有把這個詞應用於自然火燒（Clements 1936）。

　　Gleason（1917）對Clements的理論做出了反應，提出了植物群落的個人主義觀點。他認為，演替並不是固有的定向性，而是物種隨機移入不同環境的結果。隨著環境的變化，相關物種的組合，將根據每個物種的個體屬性而做變化。例如，Gleason引用草地逐漸被加州橡樹（*Quercus* spp.）林床所取代，隨著山麓海拔增高降水量愈多（圖9-2）。同樣地，Gleason（1917）認為，完全不同的植物群落可能占據地文上（Physio-Graphically）和氣候上相同的環境。例如，內華達山脈的高山地區與安地斯山脈的環境基本相同，

植物群落
隨著環境
作變化

低　　　　　　降水量　　　　　　高

圖9-2　Gleason認為植物群落根據環境梯度進行分布，如隨著海拔降水量增加，草地逐漸被樹林替代（Sugihara *et al.* 2006a）

但是其植物群落卻完全不同。雖然Gleason（1926）認為環境對植物群落的發展有很大的影響，但Gleason把火燒稱為非自然干擾，局限了初始植被的持續時間。

Daubenmire（1947）是首次認識到火燒是生態因素，而不是同種異體因素（Allogenic Factor）的生態學家之一。然而，在演替方面，他遵循了與Clements（1916）相同的術語，但認為火燒是五個不同的極盛相之一。初級極盛相（Primary Climaxes）包括氣候、土壤（Edaphic）和地形的極盛相，而火燒和動物極盛相（Zootic Climaxes）被稱為次極盛期（Daubenmire 1968）。具體的例子包括內華達山脈的森林，不連貫性火燒（Episodic Fires）使耐火性（Fire-Tolerant）松樹取代了火敏感性（Fire-Sensitive）樹種。Daubenmire（1968）認為火燒極盛相能適當地稱為干擾極盛相（Dis-Climax），因它的維持依賴於持續的干擾（Sugihara *et al.* 2006a）。

Whittaker（1953）考察了極盛相群落的生物體（Organismic）（Clements 1916）和個體（Individualistic）概念，並提出了另一種方法，將極盛相看作是由環境變量導致的植被形式。Whittaker推測：

1. 極盛相是植物社區生產力、結構和族群的穩定狀態，其動態平衡取決於其地點；
2. 植物種群間的平衡隨著環境的改變而變化；
3. 極盛相組成由成熟生態系統的各種因素決定。

Whittaker（1967）對生態學理論的一個重大貢獻，是利用梯度分析（Gradient Analysis）來描述植物群落在空間和時間上的變化。Whittaker（1953）認為週期性火燒是一些極盛相所適應的環境因素之一。在沒有火燒的情況下，極盛相植物種群可能發展成完全不同的物種，但是這種發展可能永遠是不會發生的。Whittaker提出的一個關鍵點是火燒可能導致群落（Population）的波動，使得作為環境因素的火燒和作為從生態系統外部引入的干擾火燒難以區分（Sugihara *et al.* 2006a）。例如，在森林與沙漠之間的氣候中，火燒可能會改變林地、灌木林地和草地之間的平衡關係（Whittaker 1971）。

二、生態系統理論（Ecosystem Theory）

Tansley（1935）駁斥了Clements（1916）提出的植物群落的有機體概念，並提出在植物社區中的演替，是一個具有許多可能的均衡系統的動態軌跡。也就是說，取決於環境，植物群落能在許多不同的方向之一進行演替，並達到一平衡點，而不管隨後的軌跡如何。Tansley引入生態系統術語（Term Ecosystem）來描述整個系統，不僅包括生物成分，還包括構成環境的非生物因素。在生態系統中，這些成分和因素處於動態平衡狀態。

演替導致了一個相對穩定的階段，稱爲氣候極盛相（Climatic Climax）（Sugihara *et al.* 2006a）。Tansley確認由土壤、放牧和火燒等因素決定的其他極盛相。Tansley（1935）認爲，植被遭到不斷重複的火燒，成爲火燒的極盛相，但認爲災難性的火燒是破壞性的，是系統外部的。

　　Odum（1984）將生態學定義爲生態系統結構和功能的研究，並強調生態系統方法具有普遍適用性。Odum將營養和能量流動的生態系統概念，與進化的生態增長和適應聯繫起來（Odum 1984）。火燒被視爲許多陸地生態系統中的一個重要生態因素，既是一限制因素，也是一調節因素（Odum 1984）。Odum列舉了火燒消耗積累的未腐爛的植物燃料，並施加選擇性壓力，限制額外物種，而有利於某些物種的生存和發展。

　　Schultz（1997）提出了一系統方法（Systems Approach），將能量耗散的概念，應用於生態系統功能。Schultz將生態系統描述爲開放的系統，物質是輸入和輸出的。開放系統不是達到平衡，而是以最小的能量損失來達到穩定狀態。火燒被認爲是一種負面的反饋機制，透過將一些能量回饋給系統，來防止自然生態系統的完全破壞（Schultz 1968）。

三、干擾理論（Disturbance Theory）

　　傳統的自然干擾理論認爲，干擾必定是一個重大的災難性事件，它必須來源於物理環境（Agee 1993）。許多討論都集中在這些干擾方面，並且已應用了各種定義和臨界值，來將干擾（Disturbance）與過程區分開來（Sugihara *et al.* 2006a）。Watt（1947）提出植物群落，是由在時間和空間上動態變化的各個發展階段之斑塊（Patches）組成的。這些斑塊是由某種形式的干擾引發的，無論是一棵樹的死亡還是風暴、乾旱、流行病或火燒等較大的因素。除了提到大小差異之外，Watt沒有區分生態系統內部或外部的因素。

　　同樣地，Watt（1979）曾經呼籲干擾的概念，不應局限於源自物理環境的大災難事件，還應包括外部因素。Pickett和White（1985）把干擾定義爲「任何相對離散的事件，干擾生態系統、社區或族群結構、改變資源、底層可用性或物理環境，包括災害（Disasters）和巨大災難（Catastrophes）作爲干擾的子集（Subsets）」（Sugihara *et al.* 2006a）。火燒被指定爲自然干擾（Natural Disturbance）的來源。

　　Agee（1993）提出，干擾包括從輕到重的梯度；Agee沒有區分內部和外部的來源。他確實區分了自然起源的火燒和美洲原住民或歐裔美國人的火燒（係指早期歐洲移民美洲使用火燒清理土地，以便定居、開墾農田等），稱之爲自然干擾。Walker和Willig

（1999）遵循Pickett和White（1985）的術語，把火燒視爲一種自然的干擾。Walker和Willig繼續指出，源自於利益體系內部的干擾，被認爲是內源性（Endogenous）。

火燒是由系統外部的外源性因素（Exogenous Factors）（如氣候和地形），和內源性因素（如土壤和生物）的相互作用所驅動的。從此種意義上而言，Walker和Willig（1999）認爲火燒是一個固有的生態過程。Walker和Willig透過其頻率、大小和幅度來描述干擾。這些特徵被用於將干擾團體歸入干擾體系（Disturbance Regimes）（Sugihara *et al.* 2006b）。

Turner and Dale（1998）指出，大規模、不經常的干擾很難界定，因其發生在一個連續的時間和空間上。Turner and Dale提出的一個定義是，干擾的範圍、強度或持續時間的統計分布，應該超過期限和感興趣區域平均值的兩個標準差（SD）（Sugihara *et al.* 2006b）。Romme等（1998）將大規模、不頻繁性干擾與頻繁干擾的力量，超過其抵抗干擾內部機制的容量或新的恢復手段之頻繁小規模干擾，予以區分開來。例如，由於非自然厚重的燃料積聚，而導致嚴重火災的區域與經常發生低嚴重度火燒的區域，在質量上是不同的。

但是，並不是所有高度嚴重的火燒都會跨越反應臨界值。Romme等（1998）引用了北美短葉松（*Pinus Banksiana*）的例子，這種生態環境相當於北美黑松（Lodgepole Pine），無論其大小，透過將種子從延遲性閉合毬果（Serotinous Cones）裂開出來，重新建立起適應火燒之幼苗（Stand-Replacing Fires）。這些準則（Turner and Dale 1998，Romme *et al.*1998）構成了將內源性火燒與生態系統外部環境之外的火燒，可作爲區分之基礎（Sugihara *et al.* 2006a）。

四、分層理論（Hierarchical Theory）

O'Neill等（1986）提出了一個生態系統的分層概念，來調和物種社區（Species-Community）和過程功能學派（Process Function Schools），其將生態系統定義爲由植物、動物、非生物成分和環境組成。認爲生態系統是一個雙重組織，由生物體的結構性約束（Structural Constraints）和過程的功能約束（Functional Constraints），來予以決定。這些雙重層次結構，具有時間和空間兩個組成部分（Sugihara *et al.* 2006a）。

干擾（Disturbances）也稱爲擾動（Perturbations），並與特定的時間和空間尺度有關。O'Neill等（1986）將火燒描述爲一種擾動，確保地景多樣性，並保留種子源，而能從任何重大干擾中恢復。O'Neill等指出，在林床的任意尺度上，來觀察生態系統出現火

燒，是一場災難性的干擾。但是，如果按照與發生頻率相適應的尺度來看待火燒，那麼它能被看作是保持地景空間多樣性的基本生態系統過程，並且允許在干擾之後達到動態平衡。O'Neill等人（1986）認為，如果生態系統結構對非生物環境的某些方面施加控制，而不做控制較低的組織水平上，則會考慮到為一擾動事件（Sugihara *et al.* 2006a）。

相對於其擾動而言，較大的系統能保持相對恆定的結構（O'Neill *et al.* 1986）。例如，黃松（*Pinus Ponderosa*）林通常比黃松組內（Within）的火燒更大；因此，這種擾動被認為是火燒不會威脅到生態系統的生存，但事實上這是維持地景空間多樣性的必要條件。圖9-3說明了這個概念。對角線上方是與其特徵擾動相同或更小的不平衡系統。野地火燒將被視為森林上林床的擾動，但是在大型森林中將是一個併入的過程（Incorporated Process）（Sugihara *et al.* 2006a）。

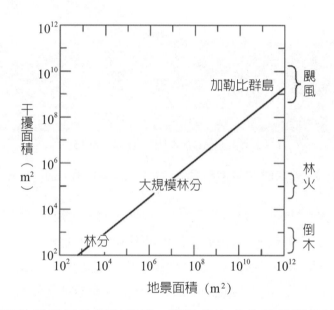

圖9-3　干擾面積和地景單元的相對規模。對角線上方的地景因小於特徵擾動（Per-turbations）而處於不平衡狀態（重繪Shugart and West 1981）

Pickett等（1989）將生態系統組成的分層組織，與干擾概念連結起來。Pickett等人指出，任何持續存在的生態客體，如樹都會有一個最小的結構，使其持續下去，而這種結構的變化是由一個外在的因素所造成的。然後，干擾被確定為組織的特定生態水平或具分層之事件（Hierarchies）。從這個角度來看，週期性的火燒使得生態系統各種結構得以持續存在（Sugihara *et al.* 2006a）。

因此，前面提到的每一觀點，都是基於仔細的觀察，並且存有一些事實。在目前火燒

看法中，建立在以前的理論基礎上進行綜合。基本上，林火是一種次生演替（Secondary Succession）過程，而次生演替發生在已建立生態系統，但受到林火、洪水、伐木、農業或任何其他干擾影響的地區。受到干擾後，該系統將再次開始向極盛期植被社區邁進。干擾的大小和類型決定了系統將從何時開始，以及需要多長時間。

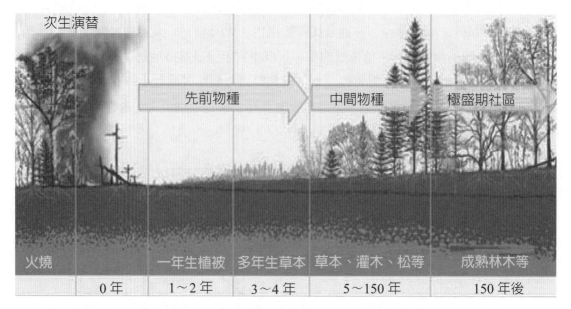

圖9-4　林火造成次生演替過程（Encyclopaedia Britannica, Inc 2006）

　　而Sugihara等人（2006a）提出不同角度看法，認為林火是一個併入（Incorporated）的生態過程，而不是一個干擾。火燒的自然作用不是對生態系統產生影響的干擾，而是一個生態過程，與降雨、風、洪水、土壤發育、侵蝕、捕食（Predation）、草食、碳和養分循環以及能量流動一樣，也是環境的一部分。火燒重置植被進展軌跡，建立並保持不同植被結構和成分，進行動態性鑲嵌過程（Dynamic Mosaic），並減少燃料積聚。然而，人類經常破壞這些過程，結果可能是林火的行為和影響，超出了自然變化的範圍，而使林火被認為是一個外源性的干擾因素。

第二節　生態原則（Ecological Principles）

一、林火復發

　　只要植物存在於地球上，就會發生林火，為土地的一種干擾過程。林火的歷史可透過木炭碎片（Charcoal Fragments）追溯到數億年前的古生代（Paleozoic Era）（Agee 1993）。閃電（Lightning）啟動林火在令人難以置信的速率（Mind Boggling Rate）進行。全球每天發生約800萬次雷擊（Strikes）（Pyne 1982）。由人類起火在歷史上是常見的，今天仍然普遍。野地大火將繼續發生；關於林火發生的重要問題是何時、何地以及何種嚴重程度？於北美歷史林火的發生頻率，是因氣候而異的（Brown 2000）。

　　在大量小枝（Bundant Cured）或枯落的細小燃料的生態系統中，例如美國南方松（Southern Pines）、西南黃松（Southwestern Ponderosa Pine）和橡木稀樹大草原（Oak Savanna），林火自然返回間隔時間通常為2至5年。對於乾地針葉樹，包括加州硬葉灌木叢（California Chaparral）和大部分草地，林火返回間隔為5至35年；美國西部和北部針葉樹林為35年到200年；對於美國一些東部硬木和溼地針葉樹，約為200至500年；對於極端寒冷或潮溼的生態系統，如高山凍原（Alpine Tundra）和美國西北海岸雲杉－鐵杉林（Spruce-Hemlock），則需要500至1000年（Brown 2000）。

　　我們對林火頻率的了解，主要基於樹木年輪（Tree Ring）和林火後林分年齡之分析，它們只能讓我們了解過去幾百年來的林火歷史，這是一個相當短的氣候期。儘管如此，提供了能理解林火再次發生基礎，能制定出在林火管理上可能有用的規劃。請記住，氣候確實可能發生改變，進而影響林火的發生和植被反應的屬性（Brown 2000）。

　　歷史上，林火發生在不規則的時間間隔（Irregular Intervals），很大程度上取決於氣候。加拿大西部的熱帶氣候學研究（Dendroclimatological）（Johnson and Larsen 1991）和美國（Swetnam 1993）已經表明氣候週期，在週期內有時會影響林火頻率（Fire Frequency），如巨型紅杉林（Giant Sequoia），降水量是影響林火發生的最重要因素，如El Nino和La Nina氣候現象的反覆發作（Swetnam and Betancourt 1990）。然而，在幾十年到幾個世紀的時間裡，溫度是影響林火頻率的最重要因素。在這兩種情況下，燃料含水量可能是受降水和溫度氣候趨勢，影響最大的燃料重要屬性。

　　對美國預定林火頻率體制（Fire Frequency Regimes）的研究表明（Frost 1998），林火復發的模式，即火災週期，可以是規則的或不規則的（Brown 2000）。對於林火頻

率較高（平均火災返回間隔為0至10年）的火燒情況，個別林火認為是非隨機的，因其位在平均林火頻率上。對於大於10年的林火頻率，個別林火發生則是不規則或是隨機發生的（Brown 2000）。

二、生物多樣性（Biodiversity）

生物多樣性之廣泛地定義為同一個地區中生命多樣化（Variety）和相關的生態過程。這個多樣化有時是分為遺傳（Genetic）、物種和生態系統組成部分（Salwasser 1990）。在處理植被時，將組成部分的範圍考慮為植物、社區和地景是方便的。地景可看作是斑塊鑲嵌（Mosaic of Patches），這些植物社區通常描述為植物類型（Vegetation Types）、演替階段、林分和年齡階層（Brown 2000）。

林火體制類型（Fire Regime Types）以各種方式來影響生物多樣性（Duchesne 1994）。在森林生態系統中，「林下植被型林火體制」（Understory Fire Regimes）對植物群落內的生物多樣性影響最大，因林下植被層比林上植被層更受林火的影響。「取代林分型林火體制」（Stand-Replacement Fire Regimes）是透過影響斑塊（Patches）的大小、形狀和分布，來顯著影響地景中的生物多樣性。「混合式林火體制」（Mixed Fire Regimes）可能對植物群落的生物多樣性影響最大，但也會影響斑塊特徵或群落多樣性。在草原生態系統中，林火頻率和季節性時間在很大程度上決定了生物多樣性（Brown 2000）。

生物多樣性可透過許多生態系統的林火而增加，並透過消除林火而減少（Keane *et al.* 2001）。時間和空間中的林火體制的變化，創造了最多樣化的物種組合。因此，時間（林火季）、火強度、林火類型和林火頻率具有高度變異性（High Varibility）的地景，在生態系統組成部分中，往往具有最大的多樣性（Swanson *et al.* 1990）。

Martin和Sapsis（1992）提出火燒多樣性（Pyrodiversity）促進生物多樣性一詞，卻恰當地總結了這一概念。然而，當發生林火的頻率，比歷史林火體制（Historical Fire Regime）發生更多時，生物多樣性則可能趨於減少。

1.植物對林火的反應（Plant Response To Fire）

第8章解釋了許多適應性特徵（Adaptive Traits），可讓植物物種存活下來。事實上，許多物種都依賴火（Depend on Fire）來繼續存在，諸如厚重樹皮、耐火的葉和不定芽（Adventitious Buds）等性狀，使植物能夠在相對較短的時間內，於低到中等強度的林火中存活下來。而火燒特性會刺激發芽（Germination）、地下萌芽（Belowground

Sprouting）和延遲性閉合毬果（Serotinous Cones），這些方式允許植物在高嚴重度的林火後重現。對於任何特定植物的生存和持續，其適應性特徵必須與林火的特徵及其發生的時間能相容的。林火的強度、持續時間、嚴重度、季節性時間和火燒頻率，可能會有所不同。其他因素尤其是天氣和動物的影響，可能會極大地影響物種，是否能在林火後繁殖並繼續存在。有蹄類動物（Ungulates）放牧，會影響林火後續演替模式和未來林火的可燃性質（Smith 2000）。

　　林火的嚴重度（Fire Severity）和強度（Intensity）對火燒後初始植物群落的組成和結構，產生很大影響。林火強度主要影響地上層植被的生存。而林火嚴重度則考慮向上和向下的熱通量（Heat Fluxes）；因此，林火嚴重度是初始火燒後植物群和其他林火影響的更好指標。例如，當森林地面燃料的含水量高時，地表火可能以高強度火燒，但不會破壞腐殖層（Duff）和礦物土壤中的發芽組織（Sprouting Tissues）。一般規則，火燒地區往往會回到與火前相同的情況（Christensen 1985；Lyon and Stickney 1976）。然而，高嚴重度的林火為新物種建立異地種子（Offsite Seed）創造了機會。大規模之高嚴重度火燒可能緩慢恢復，此取決於可用的種子來源。低嚴重度火燒之後，會有強烈的發芽反應（Brown 2000）。

圖9-5　火燒高嚴重度對火燒後初始植物群落的組成和結構產生很大影響

　　包括季節性和頻率在內的林火發生時機（Fire Timing），對於保護生物多樣性的管理是至關重要的。由於大眾社會強調控制林火和滿足空氣品質的限制，林火管理在這一方面是很容易被忽視。季節性的林火時機很重要，因為它主要決定林火嚴重度和植被相關死亡率。林火發生時機特別影響草本植物和灌木的繁殖。例如，在一些生態系統中，春季和

夏季林火可能產生火燒後大量的開花，而夏末和秋季林火則會產生很少開花現象。

美國德克薩斯州的多年生植物（Perennials）在春季林火中倖免於難，但如果在種子生產之前發生林火，年度植物就會受到傷害（Chandler *et al.* 1983）。有證據表明，為了在高聳草被（Tall Grass）生態系統中保持長期（幾十年）的多樣性，應該在一年的不同時間，應用火燒以實現各種植物的成功植苗（Seedling）和生產力促進（Productivity）（Bragg 1991）。短林火返回區間體制類型（Short Fire Return-Interval Regime Types），林火頻率是一個特別重要的考慮因素，因幾年到十年的時間，對於某些物種的生存可能是至關重要的。頻繁林火體制（Frequent Fire Regimes）能控制灌木群落，對於維持草原生態系統也極具影響（Wright and Bailey 1982）。

許多珍稀和受威脅的物種，隨著林火頻率的降低而下降（Green 1983）。美國東南部一些依賴火的物種，似乎需要1至3年的林火返回間隔（Frost 1995）。與此相反，儘管人們普遍認為當地稀有植物，在具有不同干擾歷史的不同植被群落和結構的地景中，其生存的可能性更大（Gill *et al.* 1995），但是當地物種的滅絕可能發生在頻率過高的林火中。今天的問題是，由於長時間的無火燒期（Long Fire-Free Periods）（Sheppard and Farnsworth 1997），累積的燃料導致強度和嚴重度較高的林火，可能會損害已適應短時間林火返回間隔（Short Fire Return-Intervals）之物種（Brown 2000）。

2.植物社區和地景對林火的反應（Community and Landscape Responses to Fire）

植物群落中的物種多樣性，如林分或斑塊是取決於植物社區中物種的聚集、適應性特徵、林火發生時間以及林火在社區中延燒路徑的性質。燃料和單個植物的空間布局對生存很重要，特別是在燃料分布不均的情況下。可變的林火天氣，也會影響到植被存活能力。鮮活燃料或枯死燃料的累積量多，會在相對較小的林地產生更大的林火強度和嚴重度。這可增強或減少植物多樣性，取決於植物社區屬性。例如，在花旗松林（Douglas-Fir）中，局部燃料濃度，可能會導致林火產生樹冠上的空隙或孔洞（Holes）。這將產生結構多樣性並刺激林下層植被，這是對「混合型林火體制」（Mixed Fire Regime）典型的反應（圖9-6）。然而，在黃松林（Ponderosa Pine）中，高經濟價值的老生長樹，會導致過高的死亡率現象（Brown 2000）。

圖9-6　黃石國家公園的花旗松林中，不同嚴重度火燒約一半的樹木死亡現象（樹冠燒焦）

　　當生態系統和植物群落的持續存在，是取決於經常發生的林火時（Recurrent Fire），此認為是依賴火的（Brown 2000）。在經常發生有規則性林火的地方，如非洲稀樹大草原（African Savannas）、開放型松樹社區（Open Pine Communities）和地中海灌木林地，它們可能在數千年內保持穩定（Chandler *et al.* 1983）。依賴火的社區多次發生的林火，保持了一種動態的過程，在整個地形上創造了多樣性，但如果排除林火，生物多樣性可能會減少（Chang 1996）。有人認為，火依賴型植物社區已經形成了有助於確保林火重複來臨，和物種更新週期的易燃特性（Mutch 1970）。然而，此種演替進化論仍存有某些爭議點（Chang 1996, Christensen 1993b）。

　　取代林分型（Stand-Replacement）火燒以及在某種程度上混合型林火體制（Mixed Fires Regime），此類火燒在不同的主要植被和林分結構的地形上，會形成了斑塊（Patches）（圖9-7）（Brown 2000）。

圖9-7　黃石國家公園在低風速下「取代林分型」嚴重火燒（Stand-Replacement Fire），持續在厚重堆積枯落地表燃料延燒形成地景斑塊（Brown 2000）

根據地景的生物物理特徵（Biophysical Features）和林火行為，斑塊的大小和形狀可能會有很大差異。風不同速度和方向會引起林火行為產生各種火燒面積形狀（Fire Shapes）。地形（Terrain）和地貌（Landforms），主要決定了地景嚴重剖開程度的斑塊大小。例如，在非山區加拿大北方森林中（Non-Mountainous Boreal Forests）的林火通常很大（通常超過10,000英畝面積），但在美國西部山區的針葉林的林火則是中到大（100到10,000英畝面積）（Heinselman 1981）。即使在山區的大火中，林火嚴重度也會在植群燒傷中發生很大變化，從而導致林火影響的斑塊產生不均勻分布現象（Turner and Romme 1994）。一般情況下，在以大型取代林分型火燒為特徵的地景中，斑塊形式自然是非常粗糙（Coarse Grained）。在支持較小型取代林火地景上，斑塊形式是更細緻的。在具有林下植被型林火體制（Understory Fire Regimes）的地景中，偶爾樹木被殺死，從而形成樹冠空隙。這留下的林上植被層（Overstory）細緻斑塊形式（Fine Grained Pattern）的地景，這使得斑塊的概念，對描述地景多樣性是沒有多大幫助的。在這些林火體系中，植物社區內可能存在相當多的結構多樣性（Brown 2000）。

隨著上次林火發生時間的延長，繼任者將在林床上發展推進到類似的植物社區，逐漸減少結構多樣性。延長無火燒時間也增加了大火的可能性，因此產生更大的斑塊和更小的斑塊多樣性（Heinselman 1981）。Murray（1996）發現，在白松林中（Whitebark Pine）缺乏火燒而造成高海拔一樣地景，平均斑塊大小和多樣性較低現象。Romme（1982）發現，儘管在某些情況下，排除林火實際上增加了地景多樣性，但林火控制政策傾向於減少地景豐富度（Landscape Richness）和斑塊，並增加地景均勻度。有關林火體制的知識，可幫助林火管理者選擇替代土地做法（Alternative Land Practices），使火燒是有利於與自然生態系統相容，產生豐富之地景多樣性現象（Brown 2000）。

第三節　生態過程

林火是一個生態過程（Ecological Processes），觸發其他過程和相關條件的大型網絡。為了解釋此網絡，可將林火影響分為一階和二階效應。一階影響效應是林火的直接作用，包括植物死亡率、有機材料的消耗、煙霧的產生以及物理化學環境的變化。二階效應很多，取決於一階影響效應和火燒後環境的性質，尤其是土壤、天氣和動物活動。例如，以下是二階影響效應的部分（Brown 2000）：

1. 改變微氣候（Microclimate）。
2. 增加土壤溫度的範圍。
3. 改變土壤養分（Soil Nutrients）和微生物活性（Microbial Activity）。
4. 植被再生。
5. 演替（Succession）和新的植被模式。
6. 植物生長率和競爭性相互作用的變化。
7. 改變野生動物棲息地和無脊椎（Invertebrates）／脊椎動物（Vertebrates）的活動。
8. 改變了蓄水能力和水逕流（Runoff）形式。

Reinhardt等（2001）指出，林火影響效應會遵循林火行為的，可能是直接（一階）或間接（二階）效應（圖9-8）。多種因素相互作用以驅動野火行為並控制熱釋放，以直接影響植物、動物、土壤、水質和空氣品質。資源、組成部分和過程之間的連續時間和空間連結，形成了間接影響的串聯性干擾現象（Disturbance Cascades）（Nakamura et al. 2000），這可能會隨著時間的推移而延遲，並且會從被燒毀的區域長距離延伸。林火影響可能是中性的、消極的或有益的效應，此取決於林火強度、社會價值、生態系統組成部分，對林火影響的敏感性，以及林火如何影響發展中管理方案（Keane et al. 2008）。

預測林火影響的困難，是由於核心林火和林火影響科學的差距，現有林火影響知識的有限轉移，以及支持分析所需的空間不一致和有限的數據庫（Kevin et al. 2012）。由於控制天氣、林火和生態系統物理過程的混亂、多尺度和非線性特性，預測是複雜且固有本身的不確定性（Peters et al. 2004）。生物和非生物生態系統因素，透過空間和時間網絡相互作用和調整，這些網絡通常很複雜且難以理解和表徵（Bowman et al. 2009）。此外，評估林火影響效應需要進行等價替代分析（Trade-Off Analysis）。林火影響可

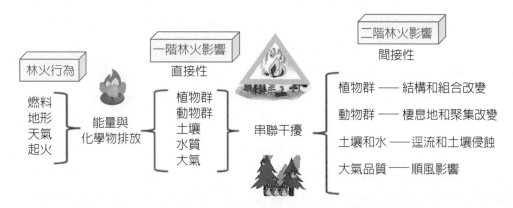

圖9-8　林火行為與一階和二階林火影響效應之間的關係（Kevin et al. 2012）

能會導致一種受關注的資源受益，同時又會傷害另一種資源（Boerner *et al.* 2006）。短期損失可能容忍，以換取長期效益，但其中某些損失可能是無法容忍的（Kevin *et al.* 2012）。

此外，在植物死亡率、再生和生長對於土地管理者而言，顯然十分重要，因其決定了植物和燃料的特徵，這些特徵隨著演替繼任的進行，是很容易觀察到的。較不明顯但仍重要的是，特別是對於燃料改變的形式，涉及林火、昆蟲和菌原體（Pathogens）在不同角色之分解過程。

圖9-9　火燒後環境的性質會影響二階效應

一、演替路徑（Successional Pathways）

傳統的演替概念是植物群落隨著時間的推移，向最終的極盛相體制（Climax State）演變，而這種體制能無限期地保持穩定（Brown 2000）。然而，現代生態學家已經拒絕了這個概念，認為演替是一個動態過程，可在週期性干擾的影響下，在另一個方向上移動，並且永遠不會達到穩定的終點（Christensen 1988）。

描述演替的一種有用的方法，是利用多路徑方法（Connell and Slayter 1977; Kessell and Fischer 1981），其中演替的類型或階段是沿著路徑，並與一個或幾個稍微穩定的晚期演替社區類型（Late-Successional Community Types）相銜接起來。演替的類型（Successional Classes）是透過植被類型和結構階段來描述。在演替類型、路徑和與類型之間的時間階段，可根據知識和應用而變化。這種方法允許將不同程度的林火和其他干擾，如

放牧和森林砍伐（Silvicultural Cuttings）等納入概念化演替過程（Conceptualization of Successional Processes）（Brown 2000）。

時間是理解演替的關鍵因素（Wright *et al.* 1976），並能解釋至其他方面。一些植物群落如中草原溼地（Mesic）在干擾後僅1或2年內，就恢復了原有的組成和結構（圖9-10）。對於其他生態系統而言，一些組成變化可能會在未來持續很長時間。在恢復到成熟條件所需的時間內，森林和灌木林群落差異會很大。在林下植被型林火體制（Understory Fire Regimes），此種植被通常能迅速恢復。結構變化很小或很細（Fine-Grained），可能不太明顯。在林分取代型林火體制（Stand Replacement Fire Regimes）下，此種年輕的森林狀況可能在20年左右出現。但在大規模嚴重火燒的地方，樹種的來源受限，可能需要幾倍的時間才能恢復（Brown 2000）。

圖9-10 愛達荷州Caribou國家森林在一山區大型鼠尾草社區控制焚燒後一年，於溼地恢復了由多年生草本和藤類為主的植被（Brown 2000）

二、分解（Decomposition）

林火、昆蟲和菌原體（Pathogens）是負責分解林床上死有機物質和營養物質的循環過程。火燒直接回收鮮活和枯死植被的碳。基本上，林火和生物分解的相對重要性，是取決於林地和氣候。在寒冷或乾燥的環境中，生物腐爛（Biological Decay）是有限的，這允許植物碎屑的累積。火燒在這些環境中會回收有機物質方面，扮演著重要作用。這種生態系統沒有火燒的情況下，營養物質被束縛在枯死木本植物中。森林裡，樹木密度和林下

植被會增加競爭和水分吸收壓力（Brown 2000）。反過來，這增加了昆蟲和疾病，所導致死亡的可能性，從而導致枯死燃料增加，造成強度較高的林火能大量揮發（Volatilization）更多營養物質。在排除火燒和放牧的草地生態系統中，茅草（Thatch）或草本枯落物累積，這會降低牧草產量和植物種類數量（Wright and Bailey 1982）。火燒能幫助控制灌木和樹木侵占；提高牧草產量，粗糙草本（Coarse Grasses）的利用率和牧草的供應；並改善一些野生動物物種的棲息地（Brown 2000）。

　　因此，火燒創造並消耗燃料，透過殺死灌木和喬木來增加可利用的燃料，導致死亡物質進入地表燃料綜合體。枯死燃料的含水量平均比活燃料低得多，這也增加了燃料的可用性（Fuel Availbility）。昆蟲和疾病的作用相似，其都會殺死植物，從而產生可用的燃料，並分解有機物質。在某些情況下林火增加了昆蟲和疾病發作的機會；如樹皮甲蟲（Bark Beetles）可能壓倒火燒過針葉樹，並且木腐爛的生物可能侵入火焦疤（Fire-Scarred）的落葉樹體內部。昆蟲和疾病生物體，林火和環境之間存在複雜的相互作用，這種相互作用尚未得到很好的理解。但是，我們確實知道林火、昆蟲和病原體一起演變為生態系統的重要組成部分（Brown 2000）。

　　Oliver（1981）指出，干擾對森林發展產生強烈的影響，並表現在廣泛的時間和空間尺度上。在過去一世紀裡包括木材採伐、畜牧放牧和人為滅火在內的土地管理措施，已大大改變了地球上一些干擾體制，尤美國西部更是明顯。在混合針葉林中，干擾結果是樹木密度增加、非自然燃料積累（倒木等）和不耐火物種的擴大（Westerling et al. 2006）。特別是在這種情況下，導致不同類項異質（Dissimilar）之林分條件，與歷史上具有短期間隔之低嚴重度地表火體制之適火性森林（Allen et al. 2002）。在干擾相互作用方面，Andrew等（2016）指出，於美國內陸花旗松是遍布落基山脈中心的一種普遍森林類型。干擾因素包括林火、花旗松甲蟲（Douglas-Fir Beetle）、西部雲杉蚜蟲（Western Spruce Budworm）、花旗松槲寄生（Dwarf Mistletoe）和根部疾病之間的相互作用，影響了林內花旗松林的健康狀況，並且可能使森林易受干擾；具體的干擾相互作用如圖9-11所示。

　　在非取代型林火事件發生後，影響可能會導致隨後的樹皮甲蟲干擾。林火相關的樹冠焦灼、樹幹炭化和與根系損傷，影響樹木成為吸引花旗松甲蟲的目標。Furniss（1965）指出，在美國愛達荷州南部發生林火後，灼傷花旗松林有70%受到花旗松甲蟲感染；尤以低至中度形成層損傷松林中，受到甲蟲攻擊比例最高，其韌皮部（Phloem）和其他重要資源被甲蟲利用而遭破壞。

　　與林火干擾相比，樹皮甲蟲對森林結構襲擊動態的影響不同。在低強度林火下，通常

圖9-11　林區內花旗松林之生物和非生物干擾相互作用及相關森林健康問題之概念圖
（Giunta 2016）

小直徑和幼樹群體遭火燒致命，而直徑較大樹種存活下來。因此，在樹皮甲蟲的襲擊下會尋找老的且大直徑的樹種，這也是成熟的種子生產樹。在低強度林火之後，除偶爾形成火炬樹（Torched Trees）外，樹冠結構尚保持完整（Stevens-Rumman *et al.* 2015）。生存的樹木保持遮蔭覆蓋，這可以增加土壤溼度保持，有利於再生和其他建立的植被。此外，週期性的低強度林火減少了地表燃料量，並減少林區整體燃料載量（Fuel Load）。相比之下，當枯死樹針葉開始落下時，增加地表上燃料載量，這是在甲蟲襲擊後1〜4年期間（Stevens-Rumman *et al.* 2015）。隨著林上冠層死亡率的增加，粗木質碎屑的數量會增加。林上冠層的消失造成了樹冠開口，則有利於草本類植物和草的生長（Jenkins *et al.* 2008）。

三、燃料累積（Fuel Accumulation）

　　燃料累積是一個常用的術語，表示隨著上次林火發生時間增加，在林火的開始、蔓延和強度而潛在加大。通常在年生物量（Annual Biomass）增加超過衰減的生態系統中，隨著時間的推移，總營養生物量穩步增加，因為光合作用（Photosynthesis）儲存化學能是

一個持續的過程（Ongoing Process）。而燃料累積不一定是一種穩定形式（Steady Fash-ion）（Brown 1985a）；一旦林火發生時，將植被光合作用儲存化學能燃料，轉變為燃燒之輻射能型態。

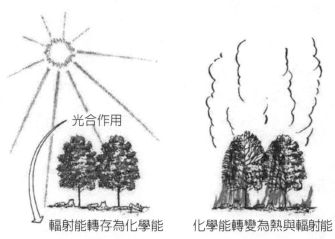

光合作用

輻射能轉存為化學能　　　化學能轉變為熱與輻射能

圖9-12　林火時將光合作用儲存化學能轉為輻射能

　　在森林地景上，每年的生物增加量大部分都集中在鮮活樹幹（Live Tree Boles）無法燃燒的地方。在短期林火返回間隔（Short Fire Intervals）的草原和森林中，隨著生物量的增加，燃料隨著時間推移會不斷增加。然而，在中到長期林火返回間隔的針葉林中，可用燃料和潛在火勢（Fire Potential）可能會隨著火燒後林分發展（Postfire Stand Develops）而減少，然後隨著林分變老和過熟（Overmature）而增加（Brown and See 1981）。

　　燃料累積和相關火勢取決於燃料量以及其他重要燃料特性，例如緊密度（Compact-ness）和連續性（垂直和水平）。為了有用的估計林火行為，燃料量必須透過鮮活和枯死成分的口徑大小等級來做表示；延伸閱讀請見第3章第4節部分。在給定的植被類型中，燃料數量、大小分布、鮮活／死亡比率（Dead to-Live Ratio）和連續性，是隨著演替進展而變化之一種重要屬性。

　　一般而言，在草地、灌木林和森林生態系統中，生產力較高的地區，燃料的數量會累積到更高的水平（Brown and See 1981；Wright and Bailey 1982）。在森林生態系統中，大部分死亡燃料以粗木質碎屑形式存在（Coarse Woody Debris），其中包括口徑大於3英寸，有時口徑大於1英寸的碎片（Harmon *et al.* 1986）。生產力愈高的地方也會種植更大的樹木，最終會變成粗木質的碎片（Brown 2000）。溫帶生態系統管理中的一

個重要考慮因素，是粗木質碎屑的許多作用都得到了認可。它透過成為大型無脊椎動物（Macroinvertebrates）、土壤蟎蟲（Soil Mites）、昆蟲、爬行動物、兩棲動物、鳥類和哺乳動物生命週期的一部分，來促進生物多樣性（Mcminn and Crossley 1996）。它是營養物質、陸地和水生生物棲息地（Aquatic Life）以及林火燃料的來源（Harmon *et al.* 1986）。作為一種燃料，樹體最重要的特點是其變成了腐爛的木材，這會延長火燒停留燃燼的時間，並使林火在林地持續較長存在。歷史上，發生了大火，因為在腐爛的木材（Rotten Wood）和腐殖層中長時間悶燒，直到低燃料水分和高風速結合，產生強烈而快速的火勢蔓延情況（Brown 2000）。

植被易燃性隨著死亡比率（Dead-to-Live Ratios）的增加而加大。又燃料透過植物的生長和死亡而累積，可能達到的可燃性臨界值（Thresholds），致使林火強度大幅增加，如地表火成為針葉林的樹冠火，而灌木群落作為單一燃料複合體，則以強烈燃燒形式存在（Brown 2000）。

燃料的連續性非常重要，因其部分控制林火發生的位置和行進速度。在草原和開放的灌木林地中、嚴重放牧地區和生產力低地區，形成了不連續燃料，其會限制林火蔓延，這是使用控制焚燒的關鍵障礙。在森林中，從林下植被中存在階梯燃料（Ladder Fuels）可使地表火進入樹冠部位。如果樹冠大部分鬱閉，在適當的風速下，樹冠火可很容易地發展。開放的冠層不支持樹冠火。燃料連續性的增加，可解釋林火嚴重度（Fire Severity）的變化，包括從林下型（Understory）到混合型以及從混合型到林分取代型（Stand-Replacement）。土地管理者可透過操縱植被結構，來改變燃料的連續性（Brown 2000）。

圖9-13　林下植被中存在階梯燃料現象（盧守謙 2011）

　　當隨著火燒橫跨整個地景，延燒遇到不同植被社區、不同林地生產率和不同的干擾歷史，導致不同的林分結構和易燃程度（Graham *et al.* 2004; Peterson *et al.* 2005）。例如，具有高開放樹冠林分以及矮小的林下燃料，形成貧乏的垂直燃料連續性。由於地表空氣、日照和風力增加，這種林分經常會發生地表火型態（Albini 1976; Stocks *et al.* 1989; Wotton *et al.* 2009），但由於地表與空中燃料之間的較大縫隙，所以具有低的潛在樹冠火型態（Artsybashev 1983; Scott 1998; Scott 2000; van Wagner 1977b, 1998）。以圖9-14說明持續增加林地的林分密度，導致水平和垂直連續性的燃料增加，最後會潛在顯著增加樹冠火之型態。

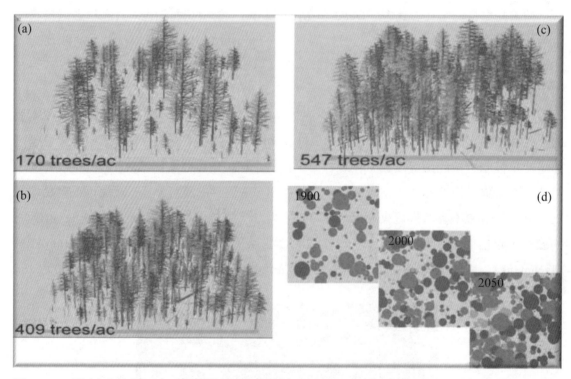

圖9-14　燃料連續性——持續增加林地的林分密度，為自然演替的函數，導致水平和垂直連續性的燃料增加。圖片說明1900年(a)每公頃420棵樹，2000年；(b)每公頃1,010棵，2050年；(c)每公頃1,351棵樹以及從A～C；(d)的俯視圖觀看水平燃料連續性。預計到2050年樹冠將增加到80%，導致潛在樹冠火型態之顯著增加。此圖使用FFE-FVS電腦軟體模擬科羅拉多州Pike國家森林演變（Smith 2000）

　　在物理環境是如何影響演替？演替的速度和模式部分取決於火燒場地的物理條件，因為不同種類的植物具有不同的土壤、溫度和溼度要求。永凍土地區的北方森林演替與非永凍土林分不同，類似的差異也發生在苔原（Tundra）。某些莎草（Sedges）和苔蘚

（Mosses）僅在潮溼的土壤中生長；許多灌木等植被則喜歡乾燥的地方（U.S. Fish & Wildlife Service 2007）。而火燒可以使土壤表面變黑並除去一部分有機層，如在美國阿拉斯加則加深永凍土地區的活動土壤層。這反過來會影響土壤排水。在火燒間接導致永凍土融化，而產生潮溼的草地、池塘甚至小湖。毫不奇怪，土壤條件的這些變化對返回到火燒地點的植物種類和數量有強烈的影響（U.S. Fish & Wildlife Service 2007）。

　　而火是如何影響演替？演替是植物和動物群落，隨著時間推移發生之自然而有序的變化；延伸閱讀請見本章第一節部分。輕度火燒的林分比嚴重火燒恢復更快，並且更可預測。在輕度火燒的地方，地景上數以千計的根狀莖和種子在地下活著。在一些地方，甚至地上部分也可能存活。由於火燒釋放的礦物質滋養，存活的植物部分可能會在火燒後數日內萌芽。因此，在輕度火燒的林地，植物的重建很快發生。在北方森林地區，大部分倖存的種子、根和根莖都來自火燒發生前現場的植物物種。然而，埋在土壤中的一些種子可能來自尚未現場種植的植物150至200年。野生天竺葵（Wild Geranium）的種子只有在火燒消除遮蔭樹木後才萌芽，火燒並營造出這種植物需要生長的溫暖、營養豐富的土壤條件。一般通常情況下，返回到輕度火燒的林地的植物，是那些在火燒發生前即在林地上生長的植物（U.S. Fish & Wildlife Service 2007）。

圖9-15　火燒後林分演替變化。演替的速度和模式部分取決於火燒場地的物理條件，輕度火燒的林分比嚴重火燒恢復更快，並且更可預測（Karth Sarns所繪，U.S. Fish & Wildlife Service 2007）

　　另一方面，林火對燃料的影響，基本上有兩種方式：

1. 透過熱分解消耗，來減少燃料。
2. 透過殺死植被，來增加燃料。

　　這兩個過程都會影響燃料和林火潛在的幾個屬性。最初的枯死地表燃料載量（Dead Surface Fuel Loadings）減少，同時也降低了鮮活／枯死比率（Dead-To-Live Ratio）。

如果大量的灌木、小型針葉樹、大型針葉樹的枝幹（Limbs）和葉，被大火燒死而未消耗，它們將在未來幾年凋落累積在地面上，成爲地表上燃料累積。因此，林火會極大地影響燃料的連續性，在地表燃料和樹冠燃料之內和之間（Within and Between），形成垂直和水平間隙（Brown 2000）。

1.森林上累積（Accumulation In Forests）

林區鮮活枯／死燃料以及小／大口徑燃料，可遵循不同的累積模式。通常情況下，於林分發展的早期階段，鮮活草本和灌木燃料，會隨著火燒後而增加。然後，隨著樹冠的鬱閉，鮮活草本和灌木燃料的數量，往往就會逐漸減少（Lyon and Stickney 1976）。然而，在含有耐蔭樹種（Shade Tolerant Species）的地區，生物量並不會降低的。樹葉、樹皮、木片（Flakes）、樹枝和祛草本植物（Cured Herbaceous Vegetation）的細小死燃料，成爲森林地面的一部分。一旦冠層完全鬱閉，枯落物燃料的數量保持恆定，因新下落的枯落物使較舊的枯落物積壓移入（Offset）腐殖層。腐殖層持續增加一段時間，直到分解達到平衡。這個時期大幅度變化，從美國東南部約需5年到一些北方生態系統的100多年（Brown 2000）。枯枝和樹根（Tree Boles）在地面累積，爲了對應於自然死亡率（Natural Mortality）和形成枯落的迴歸因素（Factors Causing Downfall）（Brown 1974）。諸如林火、昆蟲、疾病、樹冠壓制以及風雪災害等死亡率因素，都是相當隨機方式（Haphazard Manner）。因此，倒下的枯死燃料累積，經常以不規則的形式出現，這與林齡（Stand Age）沒有多大的相關性（Brown and See 1981）。

針葉樹冠燃料有規則增加，樹冠火的可能性增加，然而隨著較低的冠層生長，已遠高於地表燃料，然後樹冠火可能性減小。最終，當地表燃料增加並且林下針葉樹變成階梯燃料時，樹冠火燒可能再次增加。耐蔭樹種的葉生物量往往比不耐蔭樹種（Intolerant Species）多，這是由於耐蔭樹種有較長的針葉保持力和較高的樹冠密度（Crown Densities）（Brown and Albini 1978；Keane *et al.* 1999）。由於它們的耐蔭性，可填補冠層缺口，並發展成爲下層階梯式燃料。短期和長期林火返回間隔林火體制形式（Fire Regime Types）之間，燃料量差異是很大的，對其林火蔓延扮演重要的作用（Brown 1974）。在短期的林火返回間隔（Fire Interval）森林中，即使在分解速率差異極大的森林中，例如長葉松（Longleaf Pine）和黃松（Ponderosa Pine）、草、鮮活灌木和針葉等細小燃料，也會產生易燃的林下燃料。

大量的細小燃料加上長時間適宜的火燒條件，在很大程度上解釋了「林下層林火體制」（Understory Fire Regime）。在長時間的林火返回間隔森林中，森林地面和累積的

粗木質碎屑，是重要的燃料。當其火燒時會在較長的持續燃燒時間內釋放大量的熱量，導致上層的樹木大量死亡。其能點燃至其他地表和空中燃料，作爲飛火（Spotting Fire）餘燼落下的良好起火之一種可燃物，並經常使林火以跳躍式的方式（Leap Frog Fashion）向前移動；此延伸閱讀請見第4章第2節部分。林火間隔和環境在長時間林火返回間隔之間差別是很大的，如溫暖溼潤地區的杉木—鐵杉林（Cedar-Hemlock Forests）、寒冷乾燥地區的亞高山（Subalpine）和加拿大北方森林，即是明顯例子。儘管如此，在這兩種情況下，累積的森林地面和倒下的木質燃料，都支持成爲「林分取代型林火體制」（Stand-Replacement Fire），特別是在長時間的乾旱持續期間（Romme and Despain 1989）。

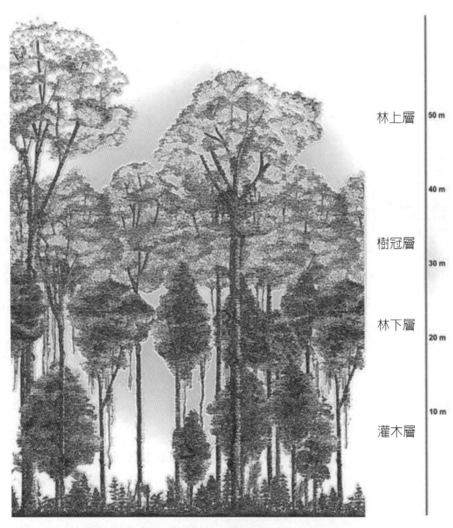

林上層　50 m

40 m

樹冠層

30 m

林下層

20 m

10 m

灌木層

圖9-16　熱帶林區燃料垂直分層（Butler 2018）

2.灌木叢和草原上累積（Accumulation in Shrublands and Grasslands）

在許多草原上，放牧消除了大部分年產量，因此燃料累積是無關緊要的。在沒有放牧的情況下，燃料數量主要取決於年產量，這種變化受土地潛力和年降水量影響（Wright and Bailey 1982）。草原社區火燒後反應緩慢的恢復，燃料載量（Fuel Loading）在林火發生後可能會持續幾年。然而，通常情況下，林火發生後的1年或2年內生產量會增加（Wright and Bailey 1982）。草本枯落物在一些草地生態系統中累積，但在其他草地生態系統中只有少量累積。枯落物對地上生產量（Litter-to-Current Production）的累積比例通常在0.25到0.50之間（Reinhardt *et al.* 1997）。

在灌木和灌木／草地生態系統中，年輕植物社區的死亡比例（Dead-to-Live Ratio）通常較低。此種可燃性在美國地區很大程度上是取決於草本和莎草類（Sedge）燃料。隨著灌木衰老或死亡，枯死木質累積，顯著增加潛在的可燃量。然而，自從上次林火以來，隨著時間的推移，枯死燃料量會隨著時間的推移而增加，或者隨著植物群落林齡的增加而增加，但不是以均一速率（Uniform），也不容易做預測。除了林齡以外，其他因素如乾旱、冬季死亡、昆蟲和疾病，都會導致週期性死亡，進而導致大量死亡燃料量。在美國地區隨著山艾灌木（Sagebrush）覆蓋度和高度增加，火勢和蔓延潛力會相對顯著增加（Brown *et al.*1982）。

四、人類影響（Human Influences）

人類是生態系統的一部分，並且對整個地區的林火產生了重大而深遠的影響。印第安人火燒在整個美國和加拿大都很普遍。Pyne（1982）引用Henry Lewis論述，以簡單地指出，所有印第安人用火改變它們的環境，不再是一個生態性概括化（Ecological Generalization），而是指出所有的農地都使用犁工具。然而，關於地區和人口變動，印第安火燒的程度差異很大（Pyne 1982）。印第安人火燒極大地延伸了美國草原面積，特別是在美國東部和中西部地區。從麻薩諸塞州（Massachusetts）、佛羅里達州到德克薩斯州的大部分沿海平原，都是稀樹草原。美國西部的山谷和山麓（Foothills）被維持為草原和開闊的森林型態（Gruell 1985）。

美國原住民和閃電在保持歷史林火體制（Historical Fire Regimes）方面，具相對重要性，但仍存在很大爭論（Froest 1998；Keane and 1999）。美國本土林火的相對重要性，在地形複雜的地區可能更大，林火區劃空間較小且閃電起火較少（Frost 1998）。還有人辯論過，人為燃燒（Anthropogenic Burning）是否應該被認為是本土或自然燃燒體

系的一部分（Kilgore 1985）。由印第安人點燃的火燒，往往具有不同於閃電開始的季節性、頻率和地景格局（Frost 1998）。印第安和閃電引起的火燒，存在數千年，這是一個短暫的進化期，但是植物群落適應林火干擾的時間很長。歐美移民林火歷史（Presettlement Fire History）考量用於指導生態系統管理，對地景的這段長時間的火燒，是強烈要求接受兩種火源，即天然及人為的（Brown 2000）。

於住宅和露營地周圍火燒，原先早期依靠的溼毛毯（Wet Blankets）和水桶（Buckets），努力抑制林火的效果不大（Pyne 1982）。現代人為滅火抑制能力，依賴於先進的通訊、快速攻擊滅火、專用設備和訓練有術消防人員，與二十世紀初相比，是相差甚遠（Brown 2000）。

林火保護已經成功地減少了火燒範圍並增加了林火返回間隔（Fire Intervals）。Chandler等（1983）認為，隨著林火保護的成功，林火返回間隔變得更大，可燃性增加。然後，需要更多的保護來保持林火燒毀面積減低。給定的保護措施和年度燒毀面積，最終將會達到平衡。自二十世紀八〇年代以來，林火保護成本投入和對林火作用的更多理解，危害減低和生態系統維護較具效果，而不僅只是保護作用而已（Brown 2000）。

在過去的100多年裡，人類使用林火在政治上和土地管理組織內，遇到了相當大的爭議，之前稱為受控燃燒（Controlled Burning），現在已有計畫地控制焚燒（Prescribed Fire）和野地林火使用。輕度燃燒（林下林火）曾經廣泛應用於美國南部松樹（Southern Pines）和黃松樹（Ponderosa Pine）類型，特別是在加利福尼亞州。控制焚燒（Controlled Burning）的一些好處，仍然是有得到認可，尤其是燃料危害減少和準備再生（Regeneration）種子床（Pyne 1982）。控制焚燒理由是減少燃料，如成堆枝條燃燒（Slash Burning）。控制焚燒的單一目的使用，導致短期演替作用，但長期是未能優化社會森林目標（Agee 1993）。

圖9-17　控制焚燒是為燃料危害減少和準備再生種子床（盧守謙 2011）

最近，生態系統管理的概念，導致對林火的生態作用，及林火在生態系統運作中的重要性，有了更廣泛的理解。然而，對空氣品質，林火控制和成本費用的擔憂，仍然是對應用控制焚燒和野地林火使用的主要限制。將林火作為生態系統組成部分，進行妥善管理的責任，現在比以往任何時候都要大，因為土地管理者有權力去延遲和排除林火，以及理解林火在生態系統所扮演的重要作用（Brown 2000）。

第四節　依賴火與火敏感生態系統

一、依賴火生態系統

在依賴火生態系統（Fire-Dependent Ecosystems）方面，全球範圍內約46%的生態區依賴或受林火影響。在這些地區，林火與維持動植物天然運作，如同日光和雨水一樣之不可或缺。典型的林火地景包括針葉林、非洲大草原、南亞的季風和乾燥森林、澳大利亞的桉樹林、加州針葉林、地中海地區，以及從針葉林到亞熱帶的所有松林（WWF 2016）。所有這些生態系統都是隨火而發展的。林火的頻率和強度取決於自然因素，如氣候、植被類型、雷擊、積累的生物量或地形條件。燃燒維持了隨著林火而演變的生態系統的特徵結構和組成（WWF 2016）。

但是，所有這些生態系統都不會以同樣的方式進行燃燒。在許多森林中，例如草原、熱帶草原和溼地，是以低強度的地表火型態進行，這是典型和必要的，以保持開闊的地景，擁有眾多的草原和灌木。其他森林和灌叢林生態系統依靠罕見、但嚴重的火燒來恢復植被群落。然而，只要林火仍然處於自然因素限制範圍內，所有依賴火的生態系統的區別，就在於植物和動物種群的復原力和恢復能力。林火預防會給這些生態系統帶來深遠的、生態的和社會上不受歡迎的變化。例如，完全的防火已經造成美國西南部一些地區，原本是典型草地景觀，為野生動物和牛提供食物，然而變成茂密的松林幾乎沒有草的生長，這反而為極端嚴重和破壞性大火，提供了豐富高大燃料（WWF 2016）。

二、火敏感生態系統

在火敏感的生態系統中（Fire-Sensitive Ecosystems），直到最近才發生頻繁、大而嚴重的林火。這些生態系統中的大多數植物和動物缺乏從火燒的正面影響中得到受益，或

在火燒後缺乏能迅速自我恢復的能力。WWF（2016）指出，全球36%的生態系統被歸類爲火敏感生態。這些的植被和生物結構，通常可以防止林火的發生和蔓延。從長遠來看，在火敏感的生態系統中，如由人類引發的林火，可能會影響其物種組成或減少其面積。對火敏感生態系統的典型例子，如亞馬遜和剛果盆地和東南亞的熱帶雨林。在這些生態系統中，即使是小規模林火現象，也會產生深遠的後果，因其引發了日益頻繁和嚴重的林火返回循環，最終形成生態環境，促進建立易受火燒影響的植物，如草本生態型態（WWF 2016）。

第五節　林火體制

一、林火體制之定義

　　林火體制定義是某種地區或生態系統發生林火的一種模式。自然林火體制描述了生態系統隨時間推移的整個林火特徵屬性。是長期以來在一個地區盛行的林火的形式、頻率和強度（Pyne 2002）。亦即林火體制（Fire Regime）是了解和描述氣候變遷對林火模式的影響，以及表徵其對植被和碳循環的綜合影響的重要基礎（Clark *et al.* 1996）。基本上，林火體制表徵了林火對景觀的時空格局和生態系統影響（Bradstock *et al.* 2002；Morgan *et al.* 2001；Brown 2000；Keeley *et al.* 2009）。確定林火體制的兩個最重要因素是植被類型（或生態系統）以及天氣和氣候模式。

　　林火歷史提供了過去林火與氣候關係的證據。這些證據表明，氣候變遷將會對許多地區和生態系統的林火頻率和火嚴重度產生深刻影響，以響應諸如早期融雪和更嚴重或更長時間的乾旱等因素（Westerling *et al.* 2006；Bowman *et al.* 2009；Flannigan 1993）（圖9-18）。氣候暖化將改變現有植被的生長和活力，導致燃料結構和枯死燃料載量的變化。

二、林火體制一般概念

　　野地植被中的林火，表現出一系列的林火行爲和林火屬性，這些屬性取決於如植被組成和燃料結構、之前發生林火或其他干擾後的演替階段、過去管理類型、氣候和天氣類型、地形和景觀等因素模式（Morgan *et al.* 2001；Taylor *et al.* 2004；Wotton *et al.* 2009）。林火體制的概念提供了一種綜合的方式，將生態系統或景觀層面上這些不同時

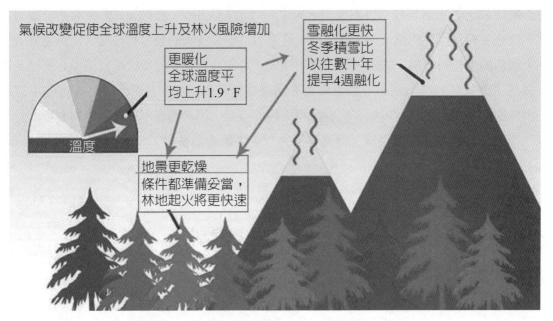

氣候改變促使全球溫度上升及林火風險增加

更暖化
全球溫度平
均上升1.9°F

雪融化更快
冬季積雪比
以往數十年
提早4週融化

溫度

地景更乾燥
條件都準備妥當，
林地起火將更快速

圖9-18　氣候改變與林火間關係概要圖（Missoula Fire Sciences Laboratory 2016）

空林火和林火影響，進行有效分類（Hardy *et al.*1998；Morgan *et al.*2001）。

　　了解不同類型植被的歷史和潛在林火體制，以及可以改變這些林火體制的因素，對於理解和預測林火與氣候之間潛在的相互作用，是非常重要的。不僅氣候直接影響林火的頻率、規模和火嚴重度，還會透過影響植被的活力、結構和組成，來影響林火規模。

　　從當地到地區範圍內，林火體制也可能受到地形特徵、坡面曝露、管理體制、景觀格局和潛在起火（雷電和人爲）的影響（Taylor *et al.* 2004；Frost 2000；Agee 1993）。從典型林火多久時間發生，即林火頻率、林火間隔時間、林火返回（Fire Rotation），以及對生態系統影響的一些評估，如上層或地表植被的死亡率，至少可以區分不同林火體制。一些林火體制分類包括附加特色，例如林火特徵，即地表火、樹冠火、地下火，林火的典型規模、林火嚴重度，即火對生態系統的影響，即死亡程度、燃燒深度、燃料消耗量等，火強度或其他林火行爲；季節性、地形位置以及生態系統或林火體制類型內林火屬性的變化程度。

　　我們目前還沒有一致的，普遍接受的林火體制分類。這部分反映了當地和地區在植被和氣候方面的差異，因此也反映了發生林火體制的類型。對林火體制細節進行分類的能力，還取決於所處理的時間和空間尺度以及可用數據的類型。感興趣的林火體制屬性，還可能取決於具體研究目標、個別生態系統對林火的具體反應或管理人員對某一特定區域

的需求等。基本上，係根據林火頻率、季節模式和強度不同，而區分不同的林火體制。例如，頻繁但輕微的地表火是非洲熱帶草原的特徵。在加拿大和阿拉斯加的北方針葉林中，林火不太頻繁，但往往會發生嚴重的林火。在熱帶溼雨林中，自然條件下的林火非常罕見，以至於現有的自然狀況數據很少（圖9-19）（WWF 2016）。

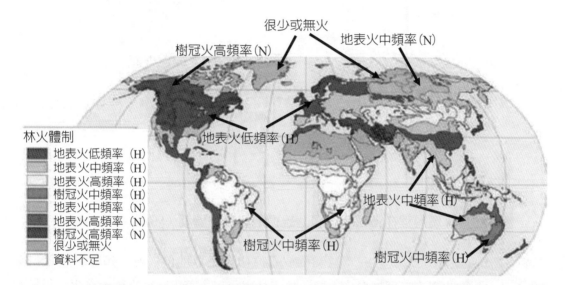

圖9-19　林火體制的世界地圖。該圖顯示了林火的主要原因、類型和頻率。區分自然或人為原因（圖例中的N或H）以及地表火和樹冠火類型。低頻率意味著超過200年的林火週期，20～200年為中頻率，以及低於20年為高頻率（WWF 2016）

三、形成林火體制

林火的生態效應，取決於林火體制和單一林火的發生。林火體制是由氣候、燃料性質和點火頻率的綜合影響，所控制的多重火燒的時空表達（Spatiotemporal Expression）（圖9-20）。通常其透過林火類型、火燒頻率之均值和方差（Variance）、強度、嚴重度、季節、模式和火燒範圍來做描述（Bond and Keane 2017）。林火類型包括地下火即火燒土壤的有機層，在地表火即火燒地植被層，樹冠火即在樹冠上火燒，以及混合林火體制即地表火與樹冠火結合火燒，產生不同程度的變化（Bond and Keane 2017）。地下火大部分發生在有機土壤中，在這些土壤中，它們可能對樹種具有極大的破壞性，破壞根部並完全改變土壤性質。樹冠火是典型的低生產力林分高嚴重度林火，如地中海型灌木林和北美北方森林（Boreal Forests）。地表火通常在許多林地和森林裡，枯落物是主要的燃

料（Bond and Keane 2017）。

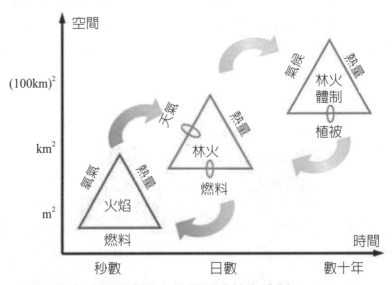

圖9-20　火燒過程在時間和空間上規模形成林火體制（Moritz *et al.* 2005）

　　草原燃料的地表火形式，在草原和稀樹草原中占主導地位，並以每年甚至每半年（Subannual）在生產率高區域形成火燒。當森林中出現樹冠火時，它們會產生大規模的取代林分（Stand Replacing）之林火。透過世界許多地區的積極滅火壓制，排除了火，導致了幼樹數增加和地表燃料的積累，現在這些地表燃料正在成為階梯燃料，使地表火過渡到樹冠火，從而造成破壞性後果（Keane *et al.* 2002）。

圖9-21　林區枯落物累積是強地表火主要的燃料（盧守謙 2011）

　　林火頻率（Fire Frequency）是根據火燒範圍（Maps of Fires），樹木上的疤痕紀錄或沉積物中木炭的沉積模式來進行估算的。火燒頻率的變化常常導致生態系統結構和功能的變化。林火強度（Fire Intensity）的測量是每公尺火線的釋放能量，其廣泛用於滅火活動應用考量（Bond and Keane 2017）。林火嚴重度（Fire Severity）是林火對生態系統的影響，通常從植物生物量的消耗量來做估算（Keeley *et al.* 1998）。快速移動地表火線僅消耗少量生物質的和緩慢移動火線會消耗更多的生物質，兩者具有相同的火線強度，但具有不同的嚴重度。林火的嚴重度（Fire Severity）是高度可變的，取決於火燒過程中的天氣、風況以及最重要的是植被的火燒前狀況（Bond and Keane 2017）。

　　林火季節（Fire Season）在很大程度上取決於可燃生物質的含水量。植被快速枯竭（Dries Out）的地方，幾乎可以在任何季節火燒（Bond and Keane 2017）。火燒的季節性時間，可以引起物種組成和生態系統結構的顯著變化。易燃植被層的持續性，特別在地景尺度上，強烈地影響了林火蔓延傳播（Scott and Butgan 2005）。棲息地破碎化可能會導致孤立易燃生態系統的火燒頻率減少，或受易燃植物包圍的斥火性樹種（Fire-Excluding）森林增加了。一些國家的土地排除火燒，導致了連續性改變，產生大量、連續性高度易燃的植被。在地中海地區，牧區活動的減少導致草地轉變爲高度易燃的灌木林地。這個過程導致每年的燒毀面積從1960年代的幾千公頃，增加到近幾年來的幾十萬公頃（Pausas and Vallejo 1999）。

四、林火體制和植物地理學

　　在林火體制和植物地理學上（Fire Regimes and Phytogeography），易燃生態系統在生長型態和火適應性（Fire Adaptive）特徵的組合上，存有很大差異。這種多樣性往往與林火體制的差異有關，而林火體制又與氣候連結。在沒有人類的情況下，野火的關鍵物理條件，是有助於雷擊的氣候條件，足夠乾燥的點火時間，以及大氣中足夠的氧氣來維持火燒。林火影響植物群落的地理位置時，火燒蔓延的主要障礙是河流、湖泊、冰雪、礫石層（Gravel Beds）以及其他植物生長稀少的地區。在這些物理限制的範圍內，植被本身是林火體制的主要貢獻者，因其爲林火蔓延提供了燃料（Bond and Keane 2017）。

　　在相同的地景中，對比的生態系統有完全不同的林火體制發生在一起，植物自身對林火體制做出貢獻的方式最爲明顯。這些被描述爲替代穩定狀態（Alternative Stble States），每個生態系統狀態由一組不同的正面反饋（Positive Feedbacks）來維持；如占非洲、南美洲和澳大利亞廣泛地區的耐火性（Fire Resistant）熱帶森林和易燃稀樹草原的

斑塊地景（Mosaics）（Bond and Keane 2017）。在一些情況下，可選擇的生態系統狀態的斑塊地景，發生在兩個狀態都是可燃，但具有對比的林火體制地方。如在北美西部具有樹冠火林火體制的硬葉灌木叢（Chaparral Shrublands），發生針葉林床上有以枯落物為燃料的低強度地表火之林火體制，所形成的鑲嵌地景（Agee 1998）。

　　林火體制的變化可能由外部條件的變化（如氣候和土地利用）引起，也可能由植物生長形式的變化引起，導致火燒性或生產力發生變化。連續火燒之間的最短時間間隔，是受到累積足夠的連續可燃生物質，以能使火燒蔓延之植物生長時間，所予以限制。這取決於存在的植物物種、它們的豐度和林分生產力。植物生長形成支配地位的變化，可能會對林火體制產生重大影響，例如將高度易燃的侵入草，引進灌木地和林地（Bond and Keane 2017）。

圖9-22　針葉林床上有以枯落物為燃料的低強度地表火之林火體制（盧守謙 2011）

林火嚴重度和林火強度（Fire Severity and Fire Intensity）

　　在討論林火體制時，重要的是要認識到在林火影響和林火生態學中使用「強度」和「嚴重度」這兩個術語的演變（Sommers *et al.* 2011）。過去，許多作者用強度（Intensity）來表示林火對生態系統的影響，如Heinselman（1981）與Kilgore（1981）。這種用法很容易與「火線強度」（Fire-Line Intensity）混淆，「火線強度」在參考林火行為時（火焰燃燒每單位長度的火焰前鋒之每單位時間所釋放的能量）具有非常明確的涵義。林火強度方面的其他物理因素的測量，可以包括熱傳方面的表徵如空氣溫度、土壤溫度，甚至是形成層溫度（Cambial Temperature）；和火焰

前鋒的特徵（火焰長度、火焰前緣深度、停留時間（Residence Time）或延燒速率等）（Sommers *et al.* 2011）。當與火線強度相結合時，這些因素可以更好地解釋林火對植被和土壤的影響。由於諸如腐殖質淫度、林火蔓延速率或停留時間等因素會衝擊生態系統的影響，如火燒深度，以及莖、枝和葉的加熱持續時間和強度，火線強度可能不會與林火嚴重度或碳排放量具顯著相關性（Sommers *et al.* 2011）。

　　特別是在廣泛區域或局部悶燒處或延燒速度緩慢，火停留時間長導致更深入滲透到土壤中熱量的情況（Sommers *et al.* 2011）。

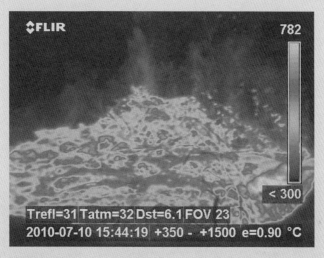

圖9-23　熱影像地表火過後，腐殖質悶燒高溫時間長易深入土壤（盧守謙 2011）

　　在大多數文獻中，在發生林火事件後評估了林火影響，很少或根本沒有有關實際林火行為的相關信息。Keeley（2009）等人使用術語「嚴重度」（Severity），來描述林火對土壤的影響〔有時稱為燃燒嚴重度（Burn Severity），請參見Jain and Graham（2004）〕或燃料和植被，有時稱為林火嚴重度（Fire Severity），林火嚴重度描述可能包括燃料消耗特徵與植被死亡率，如樹皮炭化（Bark Char）和葉子焦化（Foliage Scorch）等量測，後者是林火行為的指標，通常與植被死亡率有關。然而，強度（Intensity）是保留用於描述林火線強度，並且可以補充林火的其他重要物理特性（例如停留時間、延燒速率、土壤加熱的深度和持續時間）資訊，所有這些都可以幫助解釋林火的嚴重度；幸運的是，這已是日益普遍的做法，雖然嚴重度（Severity）可能以不同的方式來表徵，但多數情況下定性的是，使用這個術語能更清晰地描述和討論林火體制和生態系統之林火影響。

　　兩者進一步而言，Keeley（2009）指出林火強度（Fire intensity）代表燃燒過程中有機物質釋放的能量，也是林火時的火強度。另一方面，燃燒嚴重度（Burn severity）（又稱林火嚴重度）描述了林火強度如何影響已燃燒區域的生態系統功能。觀察到的影響通常會隨著該區域內和不同生態系統之間變化（Keeley 2009）。燃燒嚴重度也可以描述為某個區域被林火改變或破壞的程度。圖9-24顯示了林火強度和燃燒嚴重度之間差異的圖示；此延伸閱讀請見第8章第2節部分。

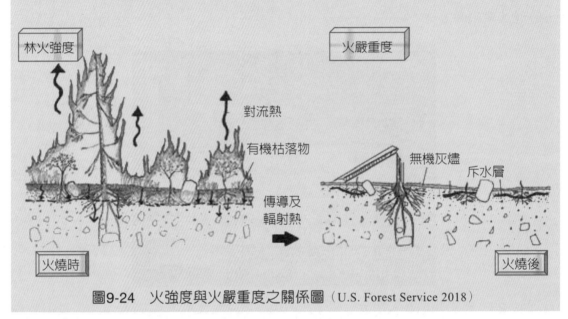

圖9-24　火強度與火嚴重度之關係圖（U.S. Forest Service 2018）

第六節　林火體制分類

　　一個特定植被類型或生態系統，在多個火週期（幾十年至幾百年）內的林火行為和影響，其一般時間和空間模式，決定了任何給定生態系統在特定時期的林火體制。林火體制對於比較生態系統之間火的相對作用，描述脫離歷史條件的程度，以及預測管理活動的潛在影響、氣候或點火模式變化程度，是相當有用的（Sommers *et al.* 2011）。

　　在文獻中提出了北美許多林火體制分類。這些因素在描述許多的林火體制類型，於發展分類的特徵以及所代表的生態系統類型方面會有所不同。大多數分類系統主要關注於森林區，很少有納入草原、沙漠植被、灌叢生態系統如硬葉灌叢（Chaparral），或具有深

層有機地面燃料生態系統如泥炭（Peat）（Sommers *et al.* 2011）。

表9-1　北美林火體度制分類比較，連接線代表類似林火體制類型

Heinselman（1981）	Kilgore（1981）	Brown and Smith（2000）	Hardy *et al.*（1998）	Morgan *et al.*（2001）
時常輕度地表火	時常低強度地表火	林下層林火（林木）	少於35年低嚴重度林火（林木）	非致死林火（林木）
不時常輕度地表火型	不時常低強度地表火型			
不時常嚴重地表火型	不時常高強度地表火型		於35年林分取代型林火（任何植被）	非致死林火（草本層）
短期返回間隔樹冠火型	短期返回間隔林分取代型林火	林分取代型林火（任何植被）	35至100年林分取代型林火（任何植被）	林分取代型林火（林木及灌木）
非常長期返回間隔樹冠火型	非常長期返回間隔林分取代型林火		大於200年林分取代型林火（任何植被）	
長期返回間隔樹冠火型	變異性：時常低強度地表火與長期返回間隔林分取代型林火	混合嚴重度林火（林木）	35至100年混合嚴重度林火（林木）	混合嚴重度林火（林木）
無自然林火型		沒有林火之體制	沒有燃燒	非常稀少燃燒

（Brown and Smith 2000）

　　總結這些分類系統（表9-1），說明了這些分類多樣性。Heinselman（1981）描述了6種林火類型，即3個地表火不同頻率和嚴重度，及3個樹冠火不同頻率。Kilgore（1981）稍微調適，一個以頻繁的低強度地表火為主，伴隨不頻繁的林分取代型（Stand-Replacement）或高強度林火為主，一種可變之林火體制（Variable Fire Regimes）。Frost（2000）採取了一個相當複雜的方法，在歐洲移民定居美國東部和西部的時間，繪製了林火頻率區域（Fire Frequency Regions）。在開發這些地圖時，他將地景結構特徵、林火頻率和對不同植被層的影響結合起來。然後，根據週期性（火間隔的規律性）、季節性（主要的火燒季節）、頻率（7類林火返回間隔）和生態系統效應（10類代表林火對下層和上層植被的影響）。後者包括輕度地表火型、草地減少林火型（Grass Reduction Fires）、林下層疏伐林火型（Understory Thinning Fires）、樹冠層疏伐型、樹冠取代型

和地下火等類別。上揭分類結果表徵了30多種不同的林火體制（Sommers *et al.* 2011）。

　　Brown and Smith（2000）使用一個簡化的方案，其中只包括3個基本的林火體制。儘管如此，本節是對美國主要生態區域的林火空間格局、頻率和影響進行了重點的概述。Hardy等（1998）根據典型的林火時間和低嚴重度林火（Low-Severity）（對植被或土壤影響很小、燃料消耗低）、高嚴重度林火（High Severity）（優勢植被地上層部分死亡之林分取代型林火）或混合嚴重度（Mixed Severity）（林火可能發生在地景嚴重度上，無論是空間還是時間，皆爲天氣、燃料和其他因素的函數）。

　　Morgan等（2001）提出的方案與Hardy等（1998）不同，其中區分爲非致命性林火（Non-Lethal Fires）（例如草原火和森林系統中的一些地表火），與森林和灌木地之林分取代型林火。爲此的推理是Hardy等（1998）的方案，對區別林分取代型林火之效果並不佳，有關因植被死亡率高，於植被地上部分燃燒嚴重的林火，但地下部分再生，或草本植被從種子迅速恢復的林分，並沒有交代清楚。

　　上面討論的林火體制分類，值得注意的是，在這些特殊情況下，特別提到了在北溫帶極北林地（Boreal Zone）普遍存在的深層有機層（如泥炭）中的地下火和悶燒火（Smoldering Fires）（Turetsky *et al.* 2011）和一些潮溼的亞熱帶系統，如美國東南部的淺灘沼澤地（Pocosin Soils）（Reardon *et al.* 2007）或馬來西亞的深層泥炭土。其中第一個提到的地下火體制是澳大利亞的Gill（1975），而「地下火」在世界其他地方，是很顯著重要的。上述林火分類方法的存有相當差異，說明了需要就適當的變量達成更廣泛的應用，這些變量可能是爲了不同的目的，來用於描述世界各地之不同空間和時間尺度的林火體制（Sommers *et al.* 2011）。

　　氣候變遷、自然干擾、林火和人類不斷影響地景上的植被格局。美國東部的林火歷史充滿了人類歷史，以及描繪每一因素的影響和意義的科學和軼事資訊。表9-2描述了人類居民在5個主要時間階段內對美國東部生態系統，特別是產生重大影響的火燒使用情況。

表9-2　美國東部人為火燒之林火體制的主要階段

林火體制	美國原住民	歐洲早期定居者	農業產業化	林火抑制撲滅	林火管理
時間段	西元前12,500至西元1500年代	西元1500年至1700年代	19世紀至20世紀	20世紀20年代至40/80年代	20世紀40/80年代至今

林火體制	美國原住民	歐洲早期定居者	農業產業化	林火抑制撲滅	林火管理
典型林火	低強度灌木（地表）火	低強度灌木（地表）火用於農業用途	主要由伐木者與農夫用於林分取代型火燒	聯邦土地林火抑制撲滅	不同火強度與頻率之控制焚燒

（Fowler and Konopik 2007）

第七節　林火類型與林火體制

　　數百年來，許多人把林火視爲對環境一種恐怖威脅。林火與土壤肥力下降、生物多樣性破壞、全球變暖和森林破壞、土地資源以及人力資產有關。類似這樣的爭論，對於不同類型的林火，以及在錯誤的地方發生錯誤的林火類型，沒有做出重要的區別出。

　　林火類型是描述生態系統特徵的火線前鋒形式。此類型在第4章第1節已做定義，包括地表火、被動式樹冠火、主動式樹冠火和獨立式樹冠火。儘管林火類型是一個分類變量，但是能用火線強度來表示林火類型的連續變量（Continuous Varible）。地下火雖然是造成火燒影響的重要因素，但並不是火線前鋒的一面（Sugihara *et al.* 2006a）。原則上，有四種林火體制（Fire Regime）類型，代表林火類型的不同組合。這些是地表被動式樹冠林火體制（Surface Passive Crown Fire Regime）、被動與主動式樹冠林火體制（Passive-Active Crown Fire Regime）、主動與獨立式樹冠林火體制（Active-Independent Crown Fire Regime）和多重林火體制（Multiple-Fire-Type Regime）。圖9-25顯示了在美國加利福尼亞州生態系統中，發生林火類型的4種不同形式。在Y軸上是受燒面積的比例，x軸表示林火類型沿著軸線之火線強度的增加值之關係（Sugihara *et al.* 2006a）。

一、地表火與被動式樹冠火型態（Surface-Passive Crown Fire）

　　此類大部分燃燒區域都會發生地表火燒。儘管多達30%的地區，可能會經歷單獨的樹木或樹木群體的火炬樹（Torching）現象，但火焰前鋒主要是地表火。有機層的部分是遭到地下火燒毀，有少數主動式樹冠火能燒毀樹種。草原、藍櫟林（Blue Oak Woodlands）、黃松（Ponderosa Pine）、低海拔沙漠灌木林地，則是這種林火類型分布的典型例子（Sugihara *et al.* 2006a）。

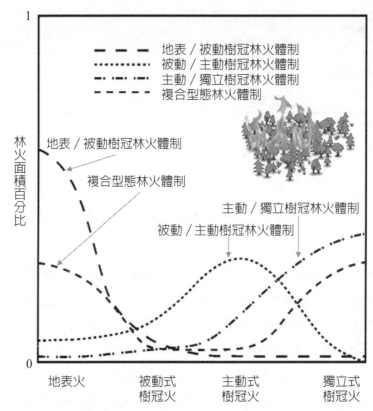

圖9-25 林火體制分布曲線型態，此種林火類型包括地表火、樹冠火和多種類型的火燒狀態（Sugihara *et al.* 2006a）

二、被動式／主動式樹冠火型態（Passive–Active Crown Fire）

此類大部分燒毀的地區，都有由地表火所延燒，形成被動式和主動式樹冠火之組合。主動式樹冠火是取決於與地表火燒同步進行，是最常見持續樹冠火（Sustained Crown Fire）延燒類型。這種火燒類型發生在美國北部沿海松樹林、錫特卡雲杉（Sitka Spruce）、圓錐松（Knob-Cone Pine）、沿海鼠尾草（*Salvia* spp.）灌木、沙漠河岸（Riparian）林地和綠洲（Sugihara *et al.* 2006a）。

三、主動式／獨立式樹冠火（Active-Independent Crown Fire）

在美國加州的森林中，獨立式樹冠火是非常罕見的，但偶爾其會與主動式樹冠火發生相結合的事件。當其發生時，樹冠火獨立於地表火，進行燃燒並在火焰前方的特定區域前進擴展著。例如加利福尼亞州東北部的小葉松（Lodge-Pole Pine）和一些閉合球毬

針葉樹（Closed-Cone Conifer）生態系統。在非常陡峭的複雜地形下，一些硬木（Hard-wood）或濃密樹冠層針葉林區，也能適應這種林火類型分布曲線。在硬葉灌叢（Chap-arral）生態系統中，獨立式樹冠火是常態的現象，儘管可能會出現一些主動式樹冠火；而具有獨立式之冠狀的更大優勢的植被類型例子，包括鑲嵌在硬葉灌叢中的圓錐形松（Knob-Cone Pine）、沙嶺柏林地（Cupressus Sargentii）、以及美國南海岸和內華達山脈硬葉灌叢（Sugihara *et al.* 2006a）。

四、複合式林火類型（Multiple Fire Type）

地表火和樹冠火是這些生態系統具有複合式林火類型的特徵。在不同的燃料、地形和天氣條件下，每種林火類型在相同火燒情況下，形成複雜空間鑲嵌地景（Complex Spatial Mosaic）。在美國內華達山脈、紅杉（Red Fir）、小葉松（Lodge-Pole Pine）和密花石棟（*Lithocarpus Densiflorus*）——混合常綠是生態系統的典型例子，這種林火類型是特徵性的。其他類型包括大果松（*Pinus coulteri*）、主教松樹（Bishop pine）和蒙特雷松（Monterey pine）等皆是（Sugihara *et al.* 2006a）。

五、結合各屬性發展綜合性林火體制

綜合每個屬性的適當屬性分布曲線，開發了針對植被類型的綜合性林火體制。類似的組合能被歸類為林火體制類型，如Hardy等（2001）所敘述的。本章第10節描述如何將所有7個屬性結合，來敘述俄勒岡州白櫟林地的火燒狀況，以及由於排除火燒結果，隨著林地轉變為花旗松林，其中這些屬性是如何變化的過程（Sugihara *et al.* 2006a）。

第八節　林火體制時態屬性
（**Temporal Fire Regime Attributes**）

林火體制的時間屬性以兩種方式來描述：季節性和林火體制返回區間。前者季節性描述了一年中何時發生火燒；後者火燒返回區間描述了多少年會發生林火的頻率。此描述的生態系統形式在地景中並不是靜態的，並且能隨著氣候、燃料、連續性、起火或物種組成的變化，而遷移或改變。當時間上的林火形式發生變化時，植被類型或植被類型的分布，通常也會發生變化（Sugihara *et al.* 2006a）。

一、季節性（Seasonality）

　　美國加州雖一般能形容爲溫暖乾燥的夏季，涼爽潮溼的冬季，僅季節就不能確定生態系統何時可能火燒。一些其他因素包括海拔高度、海岸影響、地形、植被特徵、起火源和季節性天氣形式，也會影響林火季（Fire Season）。林火季節在生物學上尤爲重要，因許多加州的生態系統，含有適應火燒的物種。圖9-26說明了在加利福尼亞州生態系統中，所發生的4種概念性季節形式，圖中Y軸上表示受燒面積的比例和X軸上年度日曆之關係（Sugihara *et al.* 2006a）。

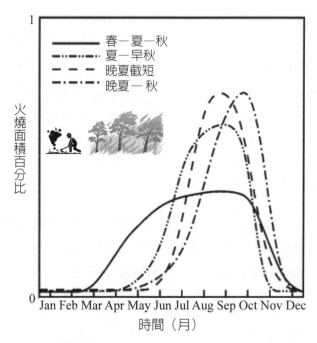

圖9-26 林火體制分布的季節性，此顯示美國加州從春季到秋季的四季不同分布曲線
（Sugihara *et al.* 2006a）

1.春季—夏季—秋季之林火季（Spring-Summer-Fall Fire Season）

　　在美國加利福尼亞州發生林火季節，是從每年5月到11月，發生在早春溫暖乾燥的生態系統中，火燒主要發生在迅速處理草本層（Herbaceous Layer）燃料。春季—夏季—秋季火燒類型發生在低海拔和沙漠區，在春季初期持續到秋季末期發生溼潤降雨。這個火燒季節形式是許多低海拔草原和橡樹林地（Oak Woodlands），以及Mojave、Colorado和Sonoran沙漠地區之屬性特徵（Sugihara *et al.* 2006a）。

2.夏季—秋季之林火季（Summer-Fall Fire Season）

在美國加州許多較低和中等海拔山地針葉林特有的火燒季節類型，如混合針葉林和美國西部黃松林（Ponderosa Pine Forests）。火燒主要是在草本、腐殖層（Duff）和落葉層（Needle Layers）進行的，其7月至10月期間，大部分地區皆有火燒現象（Sugihara et al. 2006a）。

3.夏末短期之林火季（Late Summer, Short Fire Season）

此為美國加州發生的最短的火燒季節。這是阿爾卑斯山和亞高山生態系統（subalpine ecosystems）的屬性特徵，夏末時植被乾燥到能燃燒的時間很短。氣候雖然閃電頻繁，但燃料多為稀疏不連續，導致火燒現象較少（Sugihara et al. 2006a）。

4.夏末—秋季之林火季（Late Summer-Fall）

此為美國加州中部和南部沿海地區的特色火燒季節類型。聖安娜（Santa Ana）和北風在夏末秋初最為常見，此大大影響了火燒的發生和規模。當旱季結束，鮮活燃料水分在一年中的這個時候是最低的。從9月到11月初，大部分地區都會有火燒現象（Sugihara et al. 2006a）。

二、火燒返回區間（Fire-return Interval）

火燒返回區間是指在特定地區火燒發生間隔的時間長度。林火返回（Fire Rotation）（Heinselman 1973）和林火循環（Fire Cycle）（van Wagner 1978）是具有相關性的概念，顯示了在相當於一個生態系統整體面積區域內火燒，所需平均發生間隔時間。林火返回區間分布（Fire-Return Interval Distributions），闡釋了生態系統屬性之價值範圍和類型，並且在確定特定地區的植被將否持續，及物種混合之重要資訊。如果火燒太頻繁、太早或太稀少，以至於不能使物種完成其生命週期，物種就無法生存（Hendrickson 1991）。例如，一個特定地區藉由火燒的非發芽性物種（Nonsprouting Species）生存，可能受到種子庫（Seed Pool）積聚之前或是超過物種壽命（Plant's Longevity）之後，其中種子儲存將會喪失（Bond and Vanwilgen 1996）。

在美國當火燒頻繁，經常足以防止俄勒岡白櫟林（*Quercus Garryana*）林地變成花旗松林分（Douglas-Fir Forest），此能說明火燒返回區間在確定物種組成或植被結構時間上的重要性，其代表可否容忍更廣泛的返回區間（Sugihara and Reed 1987）。圖9-27顯示了在加州生態系統中發生的6個概念性火燒返回區間形式（Conceptual Fire-Return Interval Patterns），圖中Y軸上受燒面積的比例和X軸上的火燒返回區間之關係（Sugihara *et al.* 2006a）。

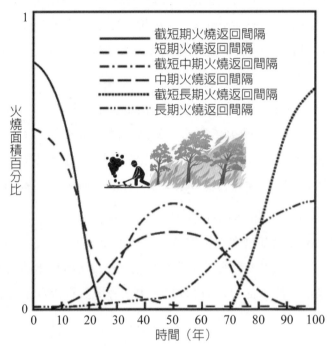

圖9-27 美國加州火燒返回區間的林火體制分布以6種不同分布曲線，描述了可能的返回區間體制多樣性

1. 截短期火燒返回區間（Truncated Short Fire-Return Interval）

在短暫的火燒返回區間內，此種形式大部分所有的地區都是如此。長時間區間是允許物種的建立和增長，將這些生態系統轉換成另一種類型。許多橡樹林（Oak Woodlands）、山地草原、草原和其他美國本土保存的生態系統，是此種典型的火燒返回區間型式（Sugihara *et al.* 2006a）。

2. 短期的火燒返回區間（Short Fire-Return Interval）

大部分地區的火燒返回火燒區間很短，但範圍很廣，包括一小部分較長的時間區間。黃松林分（*Ponderosa Pine*）是這種形式的典型代表，其區間較短，維持了林分的開放性，黃松為優勢種。偶爾出現低發生機率的長時間之區間，促進了樹冠物種混合的建立，但是只要短期區間是典型的，則黃松林分就能持續保持優勢之樹種地位（Sugihara *et al.* 2006a）。

3.截短的中期火燒返回區間（Truncated Medium Fire-Return Interval）

在一定範圍的火燒返回區間內燃燒的區域，具有由特徵物種的生命歷史定義的上限和下限。該範圍之外的區間，會導致轉換到另一生態系統。這是在火燒返回區間長度上之上限和下限的變化。許多閉合毯果（Closed-Cone）、松柏（*Cupressus* spp.）是生態系統的例子，在這些生態系統中火燒，必須在特定物種再生的特定時間區間內發生。如果火燒區間太近或太遠，這種針葉樹就無法堅持生存下去（Sugihara *et al.* 2006a）。

4.中期的火燒返回區間（Medium Fire-Return Interval）

此種形式大部分區域在中等火燒返回區間燃燒，但偶爾有強度的偏差（Strong Deviation）。一般尚不足以轉換為另一種生態系統類型。這組火燒返回區間分布包括各種手段、範圍和形狀。儘管圖9-27中分布呈現對稱的形狀，但情況並非總是如此。該體制內存在一個特點，即相對廣泛的時間區間。這種形式包括許多硬葉灌叢類型（Chaparral Types）、常綠櫟樹林分（Live Oak Forests）和極高山森林（Upper-Montane Forest）類型，包括紅杉和白杉（Bies Concolor）林分（Sugihara *et al.* 2006a）。

5.截短的長期火燒返回區間

在此型所有的燃燒區域，在幾年甚至幾十年內在同一區域火燒，區間是時間長（通常大於70年），而不會轉化為另一生態系統之類型（Sugihara *et al.* 2006a）。

這種返回區間形式，是具有不連續燃料或火燒季節非常短的生態系統特徵，例如最乾旱的沙漠、沙丘以及高山（Alpine）和亞高山生態系統。植物物種通常不適應火燒，如白樺松（*Pinus Albicaulis*）、狐尾松（*Pinus Balfouriana* spp. *Balfouriana*）、刺果松（*Pinus Longaeva*）、錫特卡雲杉（*Picea Sitchensis*）和高山寒地草甸（Alpine Meadows）等，都具有這種返回區間之形式（Sugihara *et al.* 2006a）。

6.長期的火燒返回區間（Long Fire-Return Interval）

在此型大部分的燃燒區域，火燒返回區間很長。這種生態系統類型可能會在較短的時間區間內，一直在同一區域燃燒，但在總體燃燒面積中只占微小一部分。這種形式是屬地理上孤立（Geographically Isolated）的生態系統特徵，通常沒有燃料層，而產生著火現象（Carry Fire），因燃料不連續或火燒季節很短或缺乏點火源。這種典型的生態系統，包括一些僅在溼潤年分發育草本層的沙漠灌叢（Desert Scrubs）、低密度的傑佛來松（*Pinus Jeffreyi*）或不連續植被覆蓋的冰川基岩上的小葉松（Lodge-Pole Pine），以及單葉松（*Pinus Monophylla*）和海灘松（*Pinus Contorta* spp. *Contorta*）林分（Sugihara *et al.* 2006a）。

圖9-28　燃料不連續使林火蔓延顯著減緩（NWCGS 2008）

三、臺灣火燒返回區間

在臺灣於1964～1990年期間林火發生呈鋸齒狀跳動，每年均在50次以下變動（圖9-29、圖9-30）（黃清吟、林朝欽 2005）。趨勢至1991年起逐漸改變，林火發生次數呈現上升現象，1996年發生數首度超過100次，2002年之發生數更高達154次，成為42年間之次高峰期，2003及2004年發生數雖又趨下降，但林火之發生數已呈現上升狀態。依上述之結果，綜觀過去42年間之國有林林火頻率變動，大致上1960年代屬於高峰期，1970～1980年代為下降期，1990年代開始進入另一高峰期，因此可初步界定國有林林火呈現20年之波動週期。1991年後林火上升之原因，除社會因子影響外，燃料累積問題可能是一個重要因素（黃清吟、林朝欽 2005）。

社會性因子可能是影響此週期主要原因，其中尤其是森林經營方式之改變，由生產趨向保育與遊憩以及森林滅火成為保林重要措施等。1991年後林火上升之原因，除社會因子影響外，燃料累積問題可能是一個重要因素。美國以過去100年的林火資料分析，發現1960年代強力滅火作業造成燃料累積，使得2000年以來林火不斷增加，且每場火燒強度愈來愈高（黃清吟、林朝欽2005）。

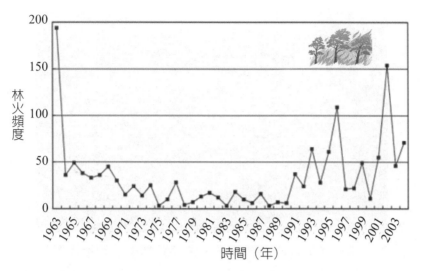

圖9-29　臺灣地區1963～2004年國有林之林火頻度（改編自黃清吟、林朝欽 2005）

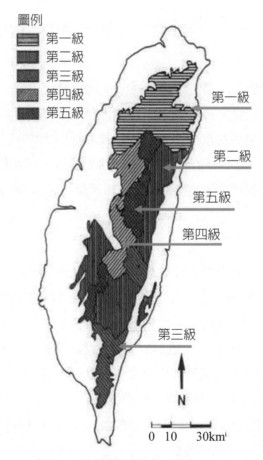

圖9-30　國有林區之林火頻度分布位置（改編自林朝欽 1994）

圖9-31　人為強力滅火作業造成燃料累積，會使得林火返回不斷增加（盧守謙 2011）

第九節　林火體制空間屬性（**Spatial Fire Regime Attributes**）

　　林火體制的空間屬性以二種方式來描述：火燒規模（Fire Size）和空間複雜性。火燒規模是火燒周圍區域的特徵分布。空間複雜性則描述了在不同火燒嚴重度下，火燒的區域形式。雖然對美國加利福尼亞州大部分植被類型的火燒前人為滅火抑制時代（Pre-Fire-Suppression-Era）空間格局，幾乎沒有直接的證據，但從植被結構、典型的燃燒型式（Burning Patterns）和條件，能推斷出很多相關資訊（Sugihara *et al.* 2006a）。

一、火燒規模（Fire Size）

　　火燒的規模顯示為各種規模的火燒疤痕區域的分布。單個火燒的規模是火燒周邊內部的區域。這與火燒的總面積不一樣，因它還包括未燃燒的樹叢區塊（Islands）和已燒／未燒的整個鑲嵌體塊（Mosaic）。火燒發生的規模取決於發生火燒時的燃料連續性、林分生產率（Site Productivity）、地形、天氣和燃料條件。圖9-32顯示了在美國加州生態系統中，所發生的4種不同的火燒規模形式，其中Y軸上燃燒面積和X軸上的火燒規模是成比例關係。在此應嚴謹分開，來解釋每條曲線之意義。小規模火燒是不需要比大規模來得多。小規模火燒範圍是比大或中規模林火體制小，因此比例是較大的（Sugihara *et al.* 2006a）。

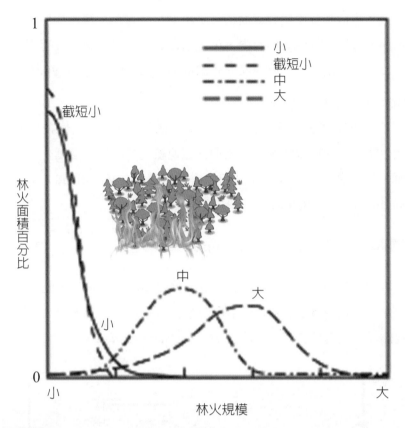

圖9-32 美國加州林火體制分布規模,展示了小、截短小(truncated small)、中和大火規模體制(Sugihara *et al.* 2006a)

1.小規模火燒(Small Fire Size)

　　小規模火燒在大部分地區的焚燒面積是小於10公頃,比較大規模整體火燒面積要小得多。以不連續燃料的冰川地表面之開放傑佛來松樹林地(Open Jeffrey Pine Wood-lands),就是顯著例子(Sugihara *et al.* 2006a)。

2.截短小規模火燒(Truncated Small Fire Size)

　　此型所有的燃燒區域都是小規模火燒,通常不到1公頃。這是因為具有非常不連續燃料地區的特徵,例如白皮松(White-Bark Pine)、狐尾松(Foxtail Pine)、石鬆松(Bristlecone Pine)和高山草甸(Alpine Meadow)生態系統(Sugihara *et al.* 2006a)等。

3.中規模火燒(Medium Fire Size)

　　此型大部分燃燒區域都在10至1,000公頃的範圍內林火。確有發生了較小和較大規模

的火燒，但占這些生態系統中燃燒總面積之一小部分。這種火燒規模形式是生態系統的特點，在燃料條件不規則、林分規模有限、火燒週期有限或燃料連續性有限的情況下發生。許多紅杉和白杉林，就是這種火燒規模形式的例子（Sugihara *et al.* 2006a）。

4.大規模火燒（Large Fire Size）

此型大部分燃燒區域面積是大於1000公頃，較小的火燒占比例較低。這種形式是發生在廣泛區域生態系統的典型特徵，火燒通常在連續的燃料層中蔓延。在美國加利福尼亞州的許多草原、硬葉灌叢（Chaparral）和橡樹林地（Oak Woodland）生態系統，都屬於這一類型（Sugihara *et al.* 2006a）。

二、空間複雜性（Spatial Complexity）

空間複雜性或斑塊補丁（Patchiness）是火燒範圍內林火嚴重度的空間變化。圖9-33顯示美國加州生態系統中發生的4種空間複雜度分布曲線，其中Y軸上的燃燒面積和X軸上的空間複雜度關係，是從低到高不等之比例（Sugihara *et al.* 2006a）。

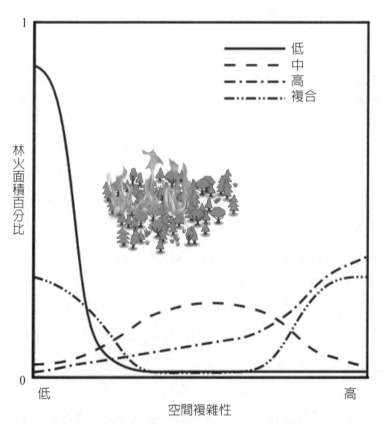

圖9-33　美國加州空間複雜性之林火體制分布曲線。火燒區域從低到高的空間複雜性以及多元化複雜性的混合（Sugihara *et al.* 2006a）

1.低度空間複雜性（Low Spatial Complexity）

此型大部分燃燒區域呈現均勻的火燒周邊範圍，沒有未受燒的區塊（Unburned Islands），而且相對較窄的範圍內，形成植被粗粒狀（Course-Grained）的斑塊地景。橡樹林地、草原和薔薇屬灌叢（*Adenostoma Fasiculatum*），常常是這種空間類型的例子（Sugihara *et al.* 2006a）。

2.中度空間複雜性（Moderate Spatial Complexity）

此型大部分燃燒區域都具有中等程度的複雜性。受燒和未受燒的地區，和產生細膩及粗粒（Coarse-Grained）植被型式的混合鑲嵌地景（Mosaic）嚴重度。花旗松（Douglas-Fir）和黃松（Ponderosa Pine）是此類型例子（Sugihara *et al.* 2006a）。

3.高度空間複雜性（High Spatial Complexity）

此型大部分燃燒區域的受燒和未受燒的地區和嚴重程度，形成高度複雜的形式，產生植被細粒斑塊地景。混合的針葉林和巨型紅杉林（*Sequoiadendron Giganteum*）就是例子（Sugihara *et al.* 2006a）。

4.複合式空間複雜性（Multiple Spatial Complexity）

此型大部分燃燒區域呈現二種截然不同的類型：一種是受燒和未受燒區域的混合複雜燃燒形式，以及產生植被細粒斑塊地景的嚴重度；另一個則是燒毀面積和嚴重度大體一致的形式，產生植被粗粒斑塊地景。這是生態系統的特徵，其中兩種不同的火燒類型，在兩個不同的燃料層中隨著火燒前緣（Flaming Fronts）發生。紅色的冷杉林（Red Fir）和白色的冷杉林，則是複雜的地表火和同質性樹冠火（Homogenous Crown Fires），所導致兩個非常不同的空間複雜性形式的例子（Sugihara *et al.* 2006a）。

第十節　林火體制屬性規模（Magnitude Fire Regime Attributes）

林火規模分為三個獨立的屬性：火線強度（Fire-Line Intensity）、火燒嚴重度（Fire Severity）和火燒類型（Fire Type）。火線強度是對能量釋放形式的描述。火燒嚴重度是對火燒對生態系統生物和物理成分的影響描述。火燒類型是對不同類型的火線（Flaming Fronts）的描述。儘管火燒嚴重度與火燒強度和火燒類型有關，但是其之間的關係是非常複雜的，取決於評估低、中、高和多重強度分布曲線中，其嚴重度（Severity）之要素（Sugihara *et al.* 2006a）。

一、火線強度（Fire-Line Intensity）

火線強度是衡量林火前鋒之火線於單位長度的能量釋放量。在第4章中詳細描述了火強度，並在此應用於林火體制（Fire Regimes）。圖9-34闡釋了在美國加州生態系統中發生的4種不同的火線強度分布形式，其中Y軸上受燒面積的比例和x軸上火線強度之關係（Sugihara *et al.* 2006a）。

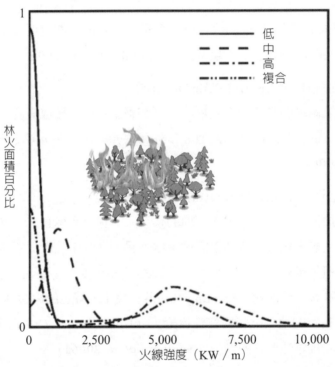

圖9-34　美國加州火線強度之林火體制分布曲線，在此林火體制係指如何受到直接和間接地林火強度和林火類型之影響。同樣地，火燒嚴重度與火燒季節性、火燒返回區間，皆具彼此關聯性（Sugihara *et al.* 2006a）

1.低火線強度（Low Fire-line Intensity）

此類大部分燃燒區域，火燒焰長度是低於1.2m，火線強度低於346 kw m^{-1}的低強度火線情況。此區域有一小部分是在中度到高度強度下火燒。使用手工具的滅火人員，通常能攻擊火線前鋒或側面的火燒。火燒仍於地表上，偶爾會消耗林下層的植被。在美國加州年度性草原（Annual Grasslands）和藍橡木（*Quercus Douglasii*）林地，是這種火線強度類型的生態系統典型例子（Sugihara *et al.* 2006a）。

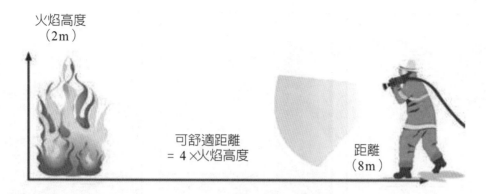

圖9-35　一般滅火人員趨近火線之較舒適距離為火焰高度之4倍

2.中火線強度（Moderate Fire-Line Intensity）

　　此類大部分燃燒區域是處在中等強度的火線，火焰長度為1.2至2.4m、火線強度為346至1,730 Kw M^{-1}。火燒輻射對使用手工具的消防人員，直接攻擊火線前鋒，因太強而難以進行。儘管可能完全消耗了林下植被，火燒通常仍處在地表上。在美國加州混合的針葉林和巨型紅杉林（Giant Sequoia Forests），則是以這種火線強度類型的生態系統為典型例子（Sugihara *et al.* 2006a）。

3.高火線強度（High Fire-Line Intensity）

　　此類大部分火燒區域的火線強度高達1730kwm^{-1}，火焰長度超過2.4m。有一小部分燃燒是處在低到中等強度的情況。可能形成一些樹冠火、飛火（Spotting）和大規模快速火燒（Major Runs）現象。這些火線強度通常導致植被的完全消耗和死亡，並且發生整個個體植物之燒毀。於美國洛磯山脈松林（Lodge-Pole Pine）和許多硬葉灌叢（Chaparral）生態系統，通常是這種火線強度類型（Sugihara *et al.* 2006a）。

4.複合式火線強度（Multiple Fire-Line Intensity）

　　此類大部分火燒區域主要有兩種類型：低強度地表火和高強度樹冠火。此區域的一小部分火燒是中度或非常高的強度。紅杉林、白杉林（White Fir）和一些花旗松及混合針葉林（Mixed Conifer Forests），通常是此種火線強度類型（Sugihara *et al.* 2006a）。

低火線強度　　　　　　　　中火線強度　　　　　　　　高火線強度

圖9-36　火線強度是衡量林火前鋒火線於單位長度的能量釋放量（Karth Sarns所繪，U.S. Fish & Wildlife Service 2007）

二、火燒嚴重度（Severity）

　　林火嚴重度是火燒對環境的影響程度，適用於植被、土壤、地貌（Geomorphology）、流域、野生動植物棲息地、人類生命財產等多種生態系統組成部分。當針對多個生態系統特徵顯示嚴重度時，以單獨方式且與一般不同的分布曲線（Distributions）來做表示是適當的。林火嚴重度並不一定是火線強度的直接結果，而是火線強度、火持續時間（Residence Time）和燃燒時溼度條件之相結合結果（Sugihara *et al.* 2006a）。這種嚴重度的處理，強調火燒對植物群落的影響，特別是對生態系統特徵的物種。圖9-37顯示了美國加州生態系統中發生的5種嚴重度形式，其中Y軸上受燒面積比例和X軸上嚴重度之對應關係（Sugihara *et al.* 2006a）。

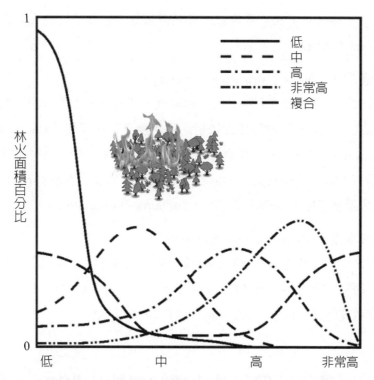

圖9-37 美國加州林火體制火嚴重度分布。5種不同分布曲線描述了不同林火體制火燒嚴重度的變化（Sugihara *et al.* 2006a）

1.低火燒嚴重度（Low Fire Severity）

　　此類大部分燃燒區域是低嚴重度火燒，對植被結構只產生輕微的或不產生改變；大多數成熟的單株植物能存活。僅有一小部分地區是處在較高嚴重火燒情況。Klamath山脈內的花旗松森林（Douglas-Fir Forests）、黃松林（Ponderosa Pine）和藍橡樹林（Blue Oak Woodlands）等，往往是這種火燒嚴重度類型的例子（Sugihara *et al.* 2006a）。

2.中火燒嚴重度（Moderate Fire Severity）

　　此類大部分燃燒區域都在中等程度上進行了林分改造情況（Moderately Stand Modifying），大多數單株成熟植物仍然存活。一小部分地區的火燒是較低與較高（Lower and Higher）嚴重度情況。混合針葉樹和巨型紅杉林（Giant Sequoia）等，是這種嚴重度類型的典型例子（Sugihara *et al.* 2006a）。

3.高火燒嚴重度（High Fire Severity）

　　此類大部分燃燒區域之大部分單株植物的地上部分，都遭火燒死。大多數成熟的單株植物在地下生存和再生。有一小部分地區的火燒是較低與較高（Lower and Higher）嚴重

度。薔薇屬灌木（Chamise）和許多發芽的硬葉灌叢等，往往是這種火燒嚴重度類型的例子（Sugihara *et al.* 2006a）。

4.非常高火燒嚴重度（Very High Fire Severity）

此類大部分燃燒區域是受到大部分火燒所取代。所有或幾乎所有的單個成熟植物都被殺死。該區域僅有一小部分燃燒是處在較低的嚴重度下。西黃松（Lodge Pole Pine）、山鐵杉（Mountain Hemlock）、圓錐松（Knob-Cone Pine）、蒙特雷松（Monterey Pine），以及許多柏樹（Cypress）和非發芽灌叢叢生類型（Nonsprouting Chaparral Types），是經常顯示這種火燒嚴重度類型（Sugihara *et al.* 2006a）。

5.複合式火燒嚴重度（Multiple Fire Severity）

此類燃燒的區域大多分為兩種不同的火燒類型：低嚴重度、高到非常高嚴重度。有一小部分是處在中嚴重度下火燒。紅冷杉（Red Fir）和白冷杉（White Fir Forests）等，通常是這種火燒嚴重度類型的例子（Sugihara *et al.* 2006a）。

第十一節　林火體制屬性及改變

在前述林火體制將其描述為一組概念性分布曲線（Conceptual Distributions）的方法。本節以俄勒岡州白櫟林（White Oak Woodland）／花旗松林及其林火體制為示例，將這種描述方法應用於美國加州生態系統，以較好地說明這種分類。其中展示了生態系統的持久性是如何依賴於特定林火體制屬性的。

一、林火體制之屬性（Fire Regime Attributes）

自十九世紀中葉以來，林火體制型態（Fire Regime Patterns）出現了一個普遍的變化，從俄勒岡的白櫟林到花旗松林所構成之林地，也發生了相應的變化。9-38圖顯示了兩種分布曲線，此定義了歷史上的林火體制和目前的林火體制，取代了過去200年來的歷史林火體制。這敘述描述解釋了變化的動態和未來管理的一些選擇。本節是為了顯示林火體制分布的使用，但不能完全描述所有可能的複雜性（Sugihara *et al.* 2006a）。

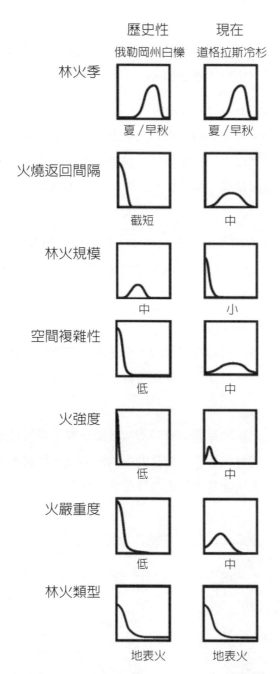

圖9-38　俄勒岡州白櫟／花旗松森林生態系統的林火體制屬性分布（Sugihara *et al.* 2006a）

1.季節性（Seasonality）：夏季－秋季早期

俄勒岡州白櫟林地（White Oak Woodland）／花旗松林地（Douglas Fir），從以前到現在，林火季是一直保持相對不變狀態。

2.火燒返回區間（Fire-Return Interval）

美洲原住民每年或幾乎每年都會維持沿海紅杉林（*Sequoia Sempervirens*）內的俄勒岡州白櫟林地，來進行火燒行為。花旗松是紅杉林（Redwood Forest）的組成部分。火燒返回區間已改變到中等返回區間，如此發生火燒的頻率已減少。

3.規模（Size）

從歷史上看，由於地景植被的規模和格局，俄勒岡州白櫟林地（White Oak Wood-land）／花旗松林地（Douglas Fir），火燒通常為10～100公頃。目前由於人為滅火的有效性，大部分的火燒都不到10公頃。

4.空間複雜性（Spatial Complexity）

從歷史上看，任何火燒的複雜性都很低，這是由於均勻的草本燃料所形成林火蔓延現象。隨著花旗松建立並改變燃料條件，空間複雜度已增加到適中之程度。

5.強度（Intensity）

從歷史上看，由於火燒返回區間之時間短以及缺乏厚重燃料積聚的機會，林火是受限於低到中等火線強度。隨著林火排除，較長的返回區間是允許更多的精細燃料和較重的木質燃料積聚；而現在發生火燒則是中等到高強度情況。

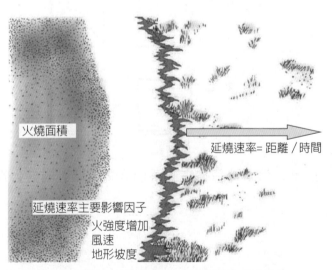

圖9-39　火線強度為每秒單位長度火線所釋放之熱量（NWCGS 2008）

6.嚴重度（Severity）

　　歷史上，火燒嚴重度較低，植物適應頻繁的火燒和頻繁的地表火，對俄勒岡州白櫟林的過度增長影響不大。花旗松（Douglas-Fir）在幼林時，對低到中等嚴重度的火燒呈現較敏感，但對中等嚴重度的火燒，如同一棵大樹，則造成的損害更是非常敏感。經過長時間的無火燒返回區間，高嚴重度的火燒一旦出現時，能消除花旗松林分之存在。

7.林火類型（Fire Type）

　　從歷史上看，只有偶爾發生的地表火燒。現在，在極端林火天氣條件下，地表火燒仍然是最常見的，但有更多的火炬樹（Torching）現象，還有一些主動式樹冠火燒情況。

8.林火體制改變（Fire Regime Changes）

　　自十九世紀後期以來，林火體制發生了變化，主要是由於消除了美洲原住民，於每年或幾乎每年的火燒行為。相鄰森林中的花旗松侵入和非本地一年生草本植物（Annual Grass Species）入侵，對該區生態系統影響是較大的。因物種組成的變化，會導致季節較早的非本地一年生禾本科植物成長（Cure），使禾本科植物林火季節，能在夏季早期就開始。林火由人為撲滅努力減少了火燒林地的機會。火燒的空間複雜性、強度和嚴重度，皆有所增加。本來，地表火是最常見的火燒類型。現在林火則呈現了地表火和樹冠火之組合型態。

9.植物群落反應（Plant Community Response）

　　林火體制的變化，導致從俄勒岡白櫟林地轉變為花旗松林。這代表了該地區生物多樣性的重大變化，因其呈現植物群落多樣性的減少。從俄勒岡州的白櫟林分被鄰近的花旗松林分擴張，所予以取代。

第十二節　結論

　　科學證據的絕對優勢在於本世紀及其後的剩餘年分內，人為驅動的氣候變遷將是重要的，而且變化是不可避免的且日益增加的。沒有跡象表明國際行動能夠充分減少全球溫室氣體排放量，特別是石化燃料消費所產生二氧化碳排放量，以能緩解預期的氣候變遷。沒有可靠的證據可以抵消這些氣候暖化結論（Sommers *et al.* 2011）。

　　林火已經成為地球歷史4.2億年以上的重要組成部分，其歷史林火變量（Variability）

與過去的氣候變遷，是具有密切相關性。林火體制和生態系統分類，被證明是鞏固林火和生態系統特徵，並將它們與氣候變化和變量聯繫起來的有用手段。為了對應21世紀的氣候變化，林火體制和生態系統格局和結構將發生重大變化。氣候變化的速度可能會加快，導致在本世紀中葉之後出現更大的變化。隨著氣候的變化，林火體制的變化也可能加快，對於植被生長繼續產生足夠燃料的生態系統而言，隨著燃料積累的增加，以及當前燃料限制體制（人為介入滅火），對氣候變遷已做出反應，使了林火活動增加（Sommers *et al.* 2011）。

　　林火是是一個重要的生態過程，森林在生態環境中占據著十分重要的地位；林火之間的相互作用環境影響構成林火生態系統。火因子與植被和天氣間具有直接和間接的關係。森林在自然界的循環系統中，一般都會有其自身的火因子活動週期，這是自然環境自身的調理，對植被的交替、生物的繁衍等，扮演一種積極的作用。過度的人類干預火因子，會造成林火生態的失衡，如造成樹木的耐火性下降，導致耐火性差的植被被外來入侵取代，改變已有的生態體系。又如灌木或者草類在火的干預下，會在旺季長勢茂盛，對火干預後使其錯過茂盛期，能透植被掩蓋逃脫之獵物遭到曝露，造成動物繁衍受到破壞。因此，林火生態的研究和管理對於自然迴圈與生態平衡，具有某種程度之重要意義。

　　以時間長度而言，林火經常發生，是具有可預測的空間、時間和規模幅度形式。然而，這並不代表總能預測何時何地會發生火燒。在美國加利福尼亞州為一種適應火燒之生態系統，林火是不可避免的，一般的發生形式是能預測的，但不包括極端情況。物種適應火燒的特點，使其在經常發生火燒的情況下具有競爭力。由於林火類型與生物群落（Biotic Communities）相互作用，並依靠生物提供燃料，生態系統的動態與林火體制是密切相關的。不斷變化的林火體制，固有地反饋影響到生物組成變化。任何林火體制屬性的變化，都會對該生態系統功能產生大規模改變，造成物種和生態系統組成和分布的相對改變（Sugihara *et al.* 2006a）。

　　林火體制在多個層面上一直是動態的。除了分布曲線所代表的尺度之外，幾個世紀和幾千年以來，林火體制在更大的地景中也以更大的尺度在運行。生態系統及其相關的林火體制，隨著氣候變遷、人類占有以及地質和生物變化，而橫跨整個地景。整個生態系統透過改變組成和結構、向上和向下移動以及南北向，來適應林火體制的相對變化（Sugihara *et al.* 2006a）。

　　在美國整個加州雖然人類已改變了數千年來的林火體制，但是在過去的200年裡，林火體制變化的步伐加快了。最近和現在的林火管理策略，已在許多加州生態系統的林火類型上，發生了方向性的改變。例如，從歷史上一些森林中頻繁發生林火，但人為排除火

燒已延長了林火體制返回區間，從而允許更多的燃料積聚。於2000年時，這一趨勢的總面積已減少，主要由於中低強度和嚴重度的火燒減少。目前的趨勢是更多的地區會遭受大量的高嚴重度林火型態。由於目前的技術，人類增加干預撲滅中低嚴重度火燒，已促使歷史上的林火體制分布，現已轉移到較大比例之高嚴重度、大規模林分取代型（Stand-Replacing）之林火體制。儘管不可能將加利福尼亞州的生態系統，普遍恢復到任何歷史條件，但顯然我們不能完全排除火燒（Sugihara *et al.* 2006a）。

近幾十年來，生態學家和土地管理者已非常關心，如何減輕對歷史性林火體制的影響。科學家和土地管理者已付出了相當大的努力，來提高對歷史性林火體制的理解和對其所產生之變化。火燒在生態系統和林火體制動態中的作用，是驅動許多物種棲息地變化的機制。了解林火體制情況對於評估目前的情況和制定實現土地管理目標的戰略，是至關重要的。在評估野地─城市界面（WUI）林火對人們的威脅方面，也是至關重要的。

最後，在本章描述林火體制的系統，能允許敘述所涉及的屬性，與其他生態系統中的屬性，進行比較其差異，以及其隨時間的變化。此外，林火體制的描述，使我們能夠有系統地觀察變化的屬性，火燒作爲生態過程如何影響的角色。有關林火體制與生態系統（Fire Regime-Ecosystem）相互作用的知識，使我們能夠了解由於林火體制的變化，而引起的生態系統變化機制，從此一知識進一步來預測未來計畫，和未計畫的林火體制將會發生的生態變化之方向。

今天，我們有機會管理動態的生態系統，並保持許多重要的過程和屬性。人類社會正在重新定義土地管理的目標和策略，管理林火體制已成爲管理生態系統的一個主要因素。我們還必須決定，從何處去管理變化中之林火體制和生態系統，以滿足社會的願望和要求。本章描述的林火體制旨在幫助我們應對這些挑戰，爲我們提供評估林火體制與生態系統動態的工具，幫助我們了解林火生態系統變化之機制，以制定最佳之土地管理策略。

第十章　林火體制與林火管理

　　本章介紹了前面章節中描述的生態學原理和轉移中林火體制，進一步更廣泛及更基本的觀點，這些對生態系統管理（Ecosystem Management）具有重要意義。還包括在生態系統管理方面，林火管理的策略和方法（Strategies and Approaches），以及可協助這一過程的技術知識來源，其中研究需求也有做探討。林火使臺灣二葉松林成為優勢種，火燒與臺灣二葉松林間形成某種特殊關係。而林火作用對植物和燃料影響的基本原理，可用下列原則來作描述（Brown 2000）：

1. 根據氣候情況，林火將以不規則的形式發生。
2. 物種多樣性和植被類型（Vegetation Pattern）是取決於林火多樣性（Fire Diversity）。
3. 火燒影響生態過程，如再生、生長和死亡、分解、營養通量（Nutrient Fluxes）、水文（Hydrology）和野生動物活動等。
4. 人類撲滅抑制林火，對生態系統產生了巨大的影響。

第一節　林火體制架構（Fire Regimes）

　　了解單一火燒對特定生態系統屬性的影響，是相對簡單的，但林火作為一個生態系統過程的重要性，卻因長期、多重的火燒（Multiple Fire）事件和眾多生態系統屬性，變成複雜林火影響之形式。為了綜合這些火燒發生的形式，生態學家們使用林火體制的概念。為了科學和管理的目的，林火體制是一種方便和有用的方式來分類，描述和分類火燒發生的形式。像任何分類一樣，林火體制分類必然會簡化複雜的形式。雖然林火體制通常是指由陸地或植被類型定義的生態系統，或者區域和植被的某種組合，但是在同一片土地上，其在植被類型和時間上，通常具有某種相當程度差異性（Sugihara *et al.* 2006a）。

一、歷史林火體制敘述（Previous Fire Regime Descriptions）

　　林火體制分類系統的基礎是非常少量的屬性，能描述和用來解釋生態系統變化的基本形式。這些分類提供了從簡單的單一屬性描述（例如，平均火燒返回區間）到幾個屬性的

各種資訊，但是通常沒有提供隨著時間和空間以及數量的描述。最近的林火歷史研究，集中在林火的多尺度時空變化的重要性。隨著對生態系統和諸如火燒等複雜過程的認識的增長，在此需要更複雜的描述性工具，例如林火體制分類。重要的是要認識到，任何分類系統都是為了方便人類而過分簡化自然界的某一部分，而且沒有單一的「完整」或「正確」的方式來描述林火體制。用於林火體制分類的適當系統，取決於生態系統的特性、林火體制和該系統的預期用途（Sugihara *et al.* 2006a）。

　　Kilgore（1981）指出，火燒在許多生態系統中是重要的。因此，僅僅把生態系統稱為適應火燒（Fire Dependent）或不受火燒影響（Fire Independent），就變得沒有意義了。相反地，Kilgore認為，以火燒頻率和強度（Heinselman 1981）、季節性（Gill 1975）、形式（Keeley 1987）與重度火燒（Depth Burn）（Methven 1973）等因素構成的不同林火體制的生態系統，是更為合適的（Sugihara *et al.* 2006a）。

　　Heinselman（1981）將林火體制定義為生態系統林火歷史的總結。Heinselman根據以下幾點區分了七種林火體制：

1. 林火類型和強度（樹冠火或重度地表火與輕度地表火）。
2. 典型重大林火的生態規模（面積）。
3. 典型林火頻率或返回區間的特定土地單位。

　　雖然這些林火體制類型，描述了在美國中西部地區所觀察到的型式，但這個系統已成為整個美國西部林火體制分類的基礎。分類並不意味著暗示相互排斥或澈底的類別（Exhaustive Categories）；而是為了提供討論林火一般發生形式的工具（Sugihara *et al.* 2006a）。Heinselman（1981）指出：「這裡的目的不是要建立一個精確的分類，而是要能夠討論林火影響生態系統的重要區別差異性」。Heinselman的林火體制定義，指出在表10-1。

表10-1　Heinselman林火體制（Fire Regimes）

森林生態系統可區分七種林火體制		
項目	返回區間	林火類型
0	沒有或很少	沒有自然火燒
1	超過25年	罕見輕度地表火
2	1至25年	頻繁發生輕度地表火
3	超過25年	罕見強度地表火

森林生態系統可區分七種林火體制		
項目	返回區間	林火類型
4	25至100年	短期區間之樹冠火和強度地表火燒之組合
5	100至300年	長期區間之樹冠火和強度地表火燒之組合
6	超過300年	非常長期區間之樹冠火和強度地表火燒之組合

（Heinselman 1981）

圖10-1　燃料載量有限林床，地表火形成輕度型態（盧守謙 2011）

　　Heinselman（1981）指出，當單一生態系統中有幾種火燒類型時的多重林火體制，每種類型都能用自己的林火狀態來描述。這種情況發生在以下3個條件下：

　　1. 生態系統能有多種類型的林火。

　　2. 不同類型的林火發生在不同的條件下。

　　3. 允許不同類型的林火在不同的發生頻率。

　　在能夠產生林火具有多重燃料層的植物類型中，最常見的是多重林火體制（Sugihara *et al.* 2006a）。Heinselman（1981）描述了紅松（*Pinus resinosa*）森林在草本層中經常有輕度的地表火體制，而在森林樹冠中則有一個不太頻繁的高強度林火體制。美國加州許多的生態系統，包括一些花旗松（*Pseudotsuga menziesii* var. *menziesii*）、紅杉（*Bies magnifica* var. *mampifica*）和混合針葉林火，同時在不同頻率和不同天氣條件下，發生地表火和樹冠火，稱為多重林火體制（Heinselman 1981）。

圖10-2　草本層中經常有輕度的地表火體制（盧守謙 2011）

　　Kilgore（1981）將Heinselman（1981）針對美國北方森林設計的林火體制，應用到美國西部的森林和灌木叢地區之後，進行觀察研究。美國西部各州不同形式生態系統的其他屬性之間與林火，存在著複雜的關係。林火的頻率和強度隨著植被、地形和氣候的變化，而各有不同變化，這決定了起火和火燒條件的一致性。植被構成和結構取決於氣候、林火頻率和林火強度，而林火的發生頻率和強度，則依次取決於植被結構、地形和氣候（Sugihara *et al.* 2006a）。Kilgore（1981）的結論是，由於幾乎一年一度的起火與合適的燃燒條件相符，在美國西部森林如內華達山脈的一些森林，經常發生低強度的林火。儘管許多洛磯山脈（Rocky Mountain）森林中的起火是很常見，但在乾燥的燃料條件下，其並不經常出現。這些洛磯山脈森林，往往具有較少但高強度的樹冠火型態之傾向（Sugihara *et al.* 2006a）。

　　Hardy等（2001）修改了Hienselman（1981）的6個原始林火體制，用林火嚴重度（Fire Severity）代替了火燒等級。Hardy等將林火體制分為3種發生頻率級別和3種嚴重級別（表10-2）。現使用這些林火體制分類，來確定整個地景之自然林火體制類別（Hann and Bunnell 2001）。從自然林火體制條件上，來作為林火和燃料管理計畫（Fuel-Management Programs）的基礎（Sugihara *et al.* 2006a）。

表10-2　按發生頻率和嚴重度之條件分類之林火體制群組（Fire Regime Groups）

項目	頻率（年）	嚴重度
I	0～35	低（常見地表火燒）到中嚴重度（占優勢上層植被取代少於75%）
II	0～35	高（林床取代）嚴重度（占優勢上層植被取代大於75%）
III	35～100＋	中嚴重度（占優勢上層植被取代少於75%）

項目	頻率（年）	嚴重度
IV	35～100＋	高（林床取代）嚴重度（占優勢上層植被取代大於75%）
V	200＋years	高（取代林床）嚴重度

（Hardy *et al.* 2001）

　　根據優勢植物種類對火燒的反應、潛在火燒頻率以及火燒後演替的相似性，可將植被類型與各種林火體制群組進行結合（Sugihara *et al.* 2006a）。Davis等（1990）定義了美國蒙大拿州的林火體制群組，Bradley等（1999）也針對美國愛達荷州東部和懷俄明州西部林區。而Agee（1993）認為，當一個管理系統是基於相似的植被單元，如棲息地類型時，林火體制群組是一個有用的方法，來對林火和生態資訊進行分類；但是當考慮到美國西部數以百計的林火群體或植物群落時，這個系統的簡單性開始慢慢消失。Agee（1993）仍認為，林火體制群組在西北太平洋林區是最好的應用（Sugihara *et al.* 2006a）。

　　Agee（1993）還描述了另一種基於太平洋西北部林區，優勢種火燒影響嚴重度的林火體制分類系統（Fire Regime Classification System）。為了顯示林火類型內或林火類型之間發生的火燒變化，Agee用一組分布曲線來說明林火嚴重度形式。低、中、高林火嚴重度類型，是由不同比例的嚴重度組成的分布（圖10-3）。這能在一林火體制類型內的一系列嚴重度做不同變化。下面的部分大大擴展了Agee（1993）對概念分布的處理，包括7個林火體制屬性（Sugihara *et al.* 2006a）。

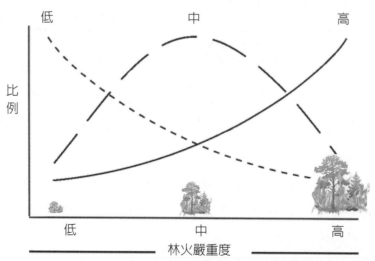

圖10-3　一般林火體制群組內林火嚴重度的變化（重新繪製Agee 1993）。在單一林火體制類型中，可能會出現低、中、高嚴重度之火燒組合（Sugihara *et al.* 2006a）

二、林火體制架構（New Framework）

　　林火體制將關於火燒發生形式連續變化的有用資訊，篩選成簡單的類別，幫助描述火燒中的主要形式及其對生態系統的影響（Sugihara *et al.* 2006a）。隨著土地管理目標的發展，有必要重新評估構成有用資訊的內容。過去幾十年來，土地管理的社會目標已改變，強調生態系統和生物價值，已超過消費用途（Consumptive Uses）。管理火燒以實現這些新目標所需的資訊量和細節，比以往任何時候都要大。Heinselman（1981）使用林火嚴重度（Fire Severity）、發生頻率和類型的各種組合，來定義林火體制（Fire Regime）。儘管這個系統能被改進，以滿足新的管理資訊需求，但是選擇了開發一個新的框架，包括擴展林火體制之一般屬性（Sugihara *et al.* 2006a）。

　　這個新的架構描述了使用7組林火體制屬性的3組屬性（表10-3）。雖然還有許多其他的屬性能使用，但這7個屬性包括最常認為對生態系統功能，占有很重要的屬性。這些屬性被分為時間（Temporal）、空間（Spatial）和規模（Magnitude）的變數，其中時間屬性包括季節性和火燒返回區間（Fire-Return Interval），空間屬性包括火燒的大小和空間複雜性。規模屬性包括火線強度（Fire-Line Intensity）、火燒嚴重程度和火燒類型（Sugihara *et al.* 2006a）。

表10-3　林火體制一般屬性（Fire Regime Attributes）概要

林火體制	一般屬性
時間（Temporal）	季節性（Seasonality） 火燒返回區間（Fire Return Interval）
空間（Spatial）	規模（Size） 空間複雜性（Spatial Complexity）
規模（Magnitude）	火線強度（Fire-line Intensity） 火燒嚴重程度（Fire Severity） 林火類型（Fire Type）

（Sugihara *et al.* 2006a）

　　這使用一組與Agee（1993）提出的林火嚴重度相似的概念，其中分布曲線來描述林火體制。對於每個屬性，可能會有多個不同形狀的曲線，表示不同生態系統類型內該屬性分布的可變性。針對特定生態系統類型的林火體制，包括代表該生態系統內變異性形式的所有7個屬性的分布（Sugihara *et al.* 2006a）。

　　圖10-4是火燒返回區間的林火體制分布曲線（Distribution Curves）的一個例子。每個分布曲線的X軸表示3種不同生態系統類型的火燒返回區間值範圍。圖中Y軸始終代表不同返回區間分布的火燒面積比例。每條曲線下的面積總和等於1，並且說明了實際上與哪一種林火體制類型相關之所有區域。圖中所示的3種分布類型是短期的、中期的和長期的，分別表示從短到長的範圍，但是具有不同的比例（Sugihara *et al.* 2006a）。概念式分布曲線（Conceptual Distribution Curves）能夠說明將影響特定生態系統功能的林火體制特徵（Sugihara *et al.* 2006a）。例如，如果閉合毬果（Closed-Cone）針葉樹是區分生態系統與周圍生態系統的唯一物種，閉合毬果針葉樹的持續性，則是生態系統持續性的關鍵。

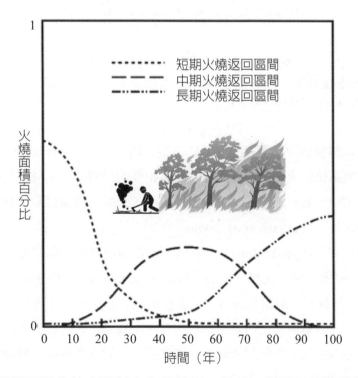

圖10-4　火燒返回區間的林火體制分布曲線例。對於短期返回區間體制，大部分焚燒區域的區間時間只有幾年。中等返回區間體制範圍從幾年到幾年不等，但大部分焚燒區域區間在中等範圍。同樣，長期返回區間體制主要有很長的時間區間（Sugihara *et al.* 2006a）

　　在這種情況下，兩個生態系統的火燒返回區間的分布可能是基本相同的，只是在變化範圍的極端（常態分布尾巴）（Distribution Tails）存在或不存在之低發生頻率事件（圖10-5）。如果當閉合毬果針葉樹能產生種子時，火燒返回區間超出時間範圍（或者更短或

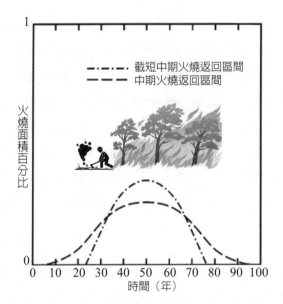

圖10-5 閉合毬果針葉生態系統及其周邊硬葉灌叢生態系統，火燒返回區間的林火體制分布曲線實例。除了閉合毬果針葉樹沒有分布尾巴之外，曲線仍是相同的 （Sugihara *et al.* 2006a）

者更長），則預測轉換到硬葉灌叢生態系統類型（Chaparral Ecosystem Type）。對於這個例子，兩個生態系統的火燒返回區間分布具有相同的總體形狀，只有在針葉樹類型中沒有分布曲線的尾部時，始有所不同；其分布的尾部，是處在針葉樹可持續的火燒返回區間長度的變化範圍之外（Sugihara *et al.* 2006a）。

定義和篩選分布（Distributions）的資訊，能透過使用許多數據源，包括帶有火疤痕（Fire Scars）的樹木年輪、沉積物核心（Sediment Cores）中的木炭沉積物（Charcoal Deposits）、火燒紀錄和年齡層等分布，來獲得相關資訊。這些方法需要深入研究，單獨使用時，通常只會產生整個林火體制中的一部分。額外資訊能透過一些目前沒有用於林火體制屬性的來源獲得。以下資訊對於開發具體生態系統的概念性林火體制屬性分布是有用的（Sugihara *et al.* 2006a）：

1. 地理位置和地形。
2. 植物物種生活史特徵和林火適應性。
3. 燃料數量、結構和易燃性的空間和時間形式。
4. 氣候和天氣形式。

圖10-6　帶有火疤痕的樹木年輪

　　雖然可能沒有任何情況下能擁有所有的數據，來全盤了解任何一個生態系統的所有林火體制屬性的實際分布情況，但是能以概念性描述大多數生態系統屬性分布。這些描述是基於物理環境的特徵，以及組成植物類型的物種火燒關係的知識，以及地景上與其相接觸的其他植物類型之資訊。有不同的重要林火體制屬性之生態組合，影響林分結構和密度、物種組成、植被類型的分布和穩定性，這些會改變林火體制關係。為生態系統定義，應用林火體制的一般類型，使其能夠深入了解，林火在生態系統中所扮演意義與作用（Sugihara *et al.* 2006a）。

第二節　林火體制驅動因素

　　在40多年前，自從Gill（1975）首先提出「林火體制」這個表達方式以來，已變成一個不夠嚴謹（Rather Loosely）的用語。Gill指出描述林火體制的方法，包括兩次林火

之間隔時間、自上次林火以來的時間、林火強度（Intensity）、火燒的燃料類型和發生的季節（Gill 1975），如此林火體制已被廣泛使用，其他作者也提出了對原始定義的修改（Bond and Keeley 2005），一些作者用此表達來描述一個特定的林火，但是更常見的表達方式是總結林火的特徵，典型發生在一個林地（Site）（Whelan 1995）。本文中，在後一種意義使用「林火體制」，而沒有特別考慮林火特性（Fire Characteristics）的精確設定。

　　林火體制的驅動因素方面，氣候和燃料特性都影響著林火體制，哪一個是影響特定區域的火勢，最重要的驅動因素，已有了相當多的爭論（Minnich et al. 1993；Gillett et al. 2004）。要評估一因素還是另一因素是最重要的，這不是一個簡單的練習，因這取決於燃料和氣候的類型（Bessie and Johnson 1995；Agee 1997）。在許多地區，由於人類的影響，這種評估更加簡單（Pausas and Keeley 2009）。這引發了另外一個懸而未決的問題，即人類或自然因素在確定林火類型（Fire Patterns）中，是否更重要（Bowman et al. 2009）。人類透過三種基本方式來影響林火體制：開始新的起火（Starting New Ignitions）、改變燃料特性、積極地撲滅抑制林火（Actively Suppressing Fires）。鑑於其悠久的人類歷史，包括傳統用於農業的火燒和刀耕火種（Slash and Burn）的做法，這些方面在歐洲是認為特別重要的，如當地不同的研究報告所指出的（Carrion 2002）。

　　因此，為理解造成林火體制的機制（Mechanisms），重要的是查看歷史數據。在湖泊或沼澤沉積序列中保存的木炭，提供了集水區規模林火體制變化的長期紀錄（Silva and Harrison 2010）。全球考古火山工作小組（Global Palaeofire Working Group）彙編了來自世界各地的近800個這樣的紀錄，並進行分析，以研究在10年至千年時間尺度上，林火體制的變化（Power et al. 2008）。林火體制（Fire Regimes）對百年至千年時間尺度的溫度變化，是有強烈的反應。在最後一次冰河期（約8萬年至20萬年前）期間，在格陵蘭冰芯（Ice Core）紀錄的反覆突然暖化事件期間，林火是增加的，並在隨後的涼爽期間下降。這一趨勢在過去的21,000年也有所體現（Power et al. 2008）。由於可用地點的數量增加，有可能表明北半球和南半球之間的溫度變化，是存在相反的趨勢（南半球的暖化與北半球的冷化相對應，反之亦然）；這導致了兩個半球之間林火體制的不同步變化（Asynchronous Changes）。過去2,000年紀錄也顯示了全球和區域尺度上，溫度變化與林火之間呈現強烈對應關係（Marlon et al. 2008）。溫度變化主要是透過植被生產力和燃料可用性，來影響林火體制。另外，寒冷氣候的特點，降低了水文循環的活力，從而減少了閃電，也就減少了起火可能性。透過影響燃料固化（Fuels Curing）速度與溫度變化，也可能是重要的。Marlon等人（2008）也研究了人類對近期林火體制的潛在作用，並且

認爲過去2000年人類在全球林火體系中所扮演的角色，是積極抑制撲滅二十世紀的林火（Silva and Harrison 2010）。

美國、澳大利亞和亞洲最明顯的幾個地區發生林火的時機，是在引入主動滅火之前，因大規模農業和牧場的擴張用火，是有相對應。在最近沒有經歷過大規模農業和牧場擴張的地區，如北半球北方地區或歐洲，上個世紀沒有發生林火。因此，Marlon等（2008）認爲，林火事件減少是人類活動的一個偶然後果，主要是地景破碎化和／或集約管理地景（Intensively Managed Landscapes）中燃料消耗減少所造成的。儘管在庫存數據（Mouillot and Field 2005）中已看到了二十世紀上半葉歐洲林火事件的下降，但表現得不那麼強烈（Mouillot and Field 2005），並被納爲下一屆國際氣候變遷小組，評估制定的「代表濃度變化歷程」（Representative Concentration Pathway, RCP）情境中來評估制定（Silva and Harrison 2010）。

另一方面，林火體制驅動因素上，Moritz等人（2012）特別提出林火體制三要素，如圖10-7所示。其是特別是燃料因素。基本上，燃料條件至少受兩種方式的影響：

1. 直接影響燃料本身。
2. 間接影響燃燒時燃料的狀況。

在第1種情況下，於農業休耕週期，進行放牧和土地清理（Land Clearing）實務作法，都影響地景的燃料空間格局以及積累的燃料種類和密度。基本上，農業明顯影響燃料的連續性和類型，如在溼地稀樹大草原（Mesic Savannas）地區，未耕作的地區往往以高大的多年生草地爲主，而休耕地的年度往往較短。這兩者的乾燥速率和燃燒強度差別很大，並對火勢有重要影響。因此農業景觀的燃料載量（Fuel load），是人類土地利用及其歷史的一種函數。在第2種情況下，燃料的狀況受到實務做法的影響，特別是燃燒點火的時間和地點。例如，稀樹大草原火的蔓延強度和速度，在很大程度上取決於隨著旱季進展而燃料含水量下降之程度。因此，該早期林火往往不那麼激烈（燃料含水量較高），並且由於地景的自然異質性，火的傳播方式不同於後來較乾燥的林火強度（Russell-Smith *et al.* 2009）。

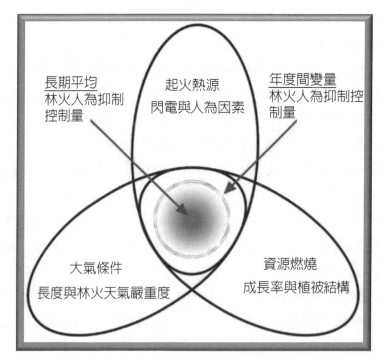

圖10-7　林火體制三要素（Moritz *et al.* 2012）

　　天氣或大氣條件可能會出現「自然起火」因素如閃電，但這在很多情況下並非如此。值得注意的是，必須經常決定一年中的時間何時點火（Laris 2002），而選擇點火時間是以燃料含水量多寡，這在很大程度上是取決於天氣條件，包括一天中變化的溼度和風。例如，許多稀樹大草原林火在下午被點燃，以便能在晚上自行萎縮至熄滅。再者，決定起火的位置，此可以控制或影響林火如何隨著風和地形進行蔓延。對於美國數十年控制焚燒，這與非洲、南美洲或澳大利亞稀樹草原的傳統火燒，一樣是正確的生態過程（Kull and Laris 2009）。

　　起火也許是最複雜的因素，可能是經常被忽略或過於簡化的原因。起火可能是自然力量的結果，如閃電、岩石滾落、隕石或人為行為的結果，無論是有意或無意的。意外疏忽林火的理論性不足，但至少可以從三方面來考慮（Laris 2013）：

　　1. 與環境無關的活動引發的林火（如從路人的車窗拋出的菸蒂）。

　　2. 與環境相關的活動引發的林火（如狩獵相關的槍擊）。

　　3. 失控火燒（如火燒雜草失控）。

　　有意義的林火定義也很複雜，因有關起火的決定是由人類的實務和知識決定的，但其係由更廣泛的因素構成的，如政策、土地使用權以及氣候變遷等因素（Laris 2013）。

第三節　轉變中林火體制

美國大部分地區和加拿大南部的歷史上，林火體制已經進行轉移現象（Shifting Fire Regimes）。Leenhouts（1998）在對美國鄰近地區的燃燒情況進行綜合評估，目前必須火燒約10倍的面積，才能將歷史林火體制（Historical Fire Regimes）恢復到非城市和非農業用地（Nonagricultural Lands）之原先體制。歷史上最大的林火發生在美國洛磯山脈，現在只有1,900年前的年度平均林火面積的一小部分被燒（Barrett *et al.* 1997）。Kilgore和Heinselman（1990）估計林火排除的最大不利影響，是在洛磯山脈的短時間林火返回間隔體制（Short Interval Fire Regimes）下。相比之下，在長時間林火返回間隔體制，林火保護（Fire Protection）效果並沒有產生重大影響。在加拿大和阿拉斯加北方森林中，由於偏遠地區的有限保護，本質上保持了林火體制的歷史性（Historically）（Brown 2000）。

以廣泛放牧來減少燃料、農業和人類發展造成的地景破碎化（Fragmentation），也導致了林火體制的轉變。延長的（Lengthened）林火返回間隔，導致植物和燃料的變化，而增加林火嚴重度，並減少物種和結構多樣性。哥倫比亞內陸河流域（Columbia River Basin）歷史性和現在的林火體制約為2億英畝，火燒嚴重度上表明，24%的地區已變得更加嚴重（Morgan *et al.* 1998）（見圖10-8）。該地區有61%是沒有變化的。在火燒頻率方面，有57%面積上發生頻率較少，33%面積保持不變，有10%面積發生頻率更高。以上從林火保護、從放牧減少細小燃料、從人類建設發展的減少燃料連續性，在某些情況下外來植物（Exotic Plants）是最可能的原因（Keane *et al.* 1999）。美國目前對林火體制和植被狀況類別的變化，正在進行更深入的分析（Hardy 1999）。

一、森林和林地（Forests and Woodlands）

已經有廣泛的文獻證明，由於林火體制轉變，造成森林組成和結構的變化。通常不耐蔭（Shade-Intolerant）的物種正在被耐蔭物種所取代。隨著多層化冠部（Multiple Layer Canopies）的發展，林床密度不斷增加。昆蟲的爆發和根部疾病的發生，這些情況似乎在惡化（Stewart 1988）。最大的影響發生在以黃松（Ponderosa Pine）生態系統和長葉松（Longleaf Pine）生態系統為代表的林下型林火體制（Understory Fire Regime Types）（圖10-9）（Brown 2000）。儘管這兩個生態系統經歷了廣泛不同的氣候，在某些地點透過高齡木擇伐（Selective Harvesting），但它們在最終的排除火燒（Fire Exclusion）

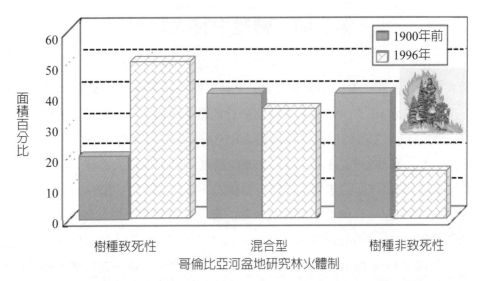

圖10-8　美國林務局和土地管理局在1900年前和1996年條件之間，於哥倫比亞內陸河盆地之植被群體的林火嚴重度的變化（Quigley *et al.* 1996）

圖10-9　美國優勝美地國家公園密集的林下樹木中累積的枯死地表燃料和活階梯燃料，提供成為林分取代型林火體制。其發生在林下型林火體制中，火燒使老林齡長葉松致死（Brown 2000）

結果中，也呈現相同惡化的結果。在林火體制轉變的情況下，樹木的生長和活力減少，昆蟲和疾病的死亡率增加，林下燃料載量和連續性增加，林火傾向於高強度，殺死大部分或全部松樹林；且林下層草本和灌木的多樣性下降。而熱帶草本層（Pyrophytic Herb Layer）的消失或消耗，被認爲是地景歷史上未被認識的生態災難（Unrecognized Ecological Catastrophes）之一（Frost 1998）。在相對應用較少控制焚燒的黃松林，其問題的程度更大。儘管控制焚燒在美國南方被廣泛應用，但在很大程度上僅用於休眠季節期間的粗糙枝條減少（累積的林下燃料）。因此，美國南部松林分（Southern Pine Types）缺乏季節性火燒多樣性，相對也限制了植物的多樣性（Brown 2000）。

在沿海和內陸花旗松（Douglas-Fir）、白皮松（Whitebark Pine）、紅松（Red Pine）和檜松（Pinyon-Juniper）等混合型林火體制（Mixed Fire Regime），林火排除的結果，產生了與林下型林火體制中（Understory Fire Regimes）所發現的問題是相同的。混合型林火體制所發生的非致死性的林下層火燒（Nonlethal Understory Fire），如與過去相比要少得多（Brown *et al.* 1982）。混合型林火體制正在轉向林分取代型林火體制（Stand-Replacement Fire Regime），這種體制有利於耐陰物種和地景多樣性（Brown 2000）。

在林分取代型林火體制中，林火返回間隔通常會延長；然而，這種影響在很大程度上，係取決於歷史上預設林火返回間隔（Presettlement Fire Return Intervals）和滅火工作的可及性（Accessibility）。例如，在Selway-Bitterroot Wilderness地區占優勢種的北美黑松／亞高山冷杉林中（Lodgepole Pine/Subalpine Fir），預設林分取代型林火體制比最近普遍發生的林火高出1.5倍（Brown *et al.* 1982）。預設林火返回間隔約爲100年。在美國黃石國家公園的同一類型中，以300年左右的林火返回間隔爲特徵，在不同時期和近期之間火燒的地區，可能並沒有出現多大差異（Romme and Despain 1989）。

邊際商業林和非商業林（如荒野地區和公園）的林齡分布，正在轉移到老林分的豐富度（Brown and Bevins 1986）。演替正在增加林分的耐陰成分，如果繼續排除林火，則可能導致優勢種之轉移。在美國西部白楊情況下，一半以上類型已經消失（Bartos 1998），其中很大部分是由於針葉樹的演替取代（Bartos *et al.* 1983）。林火保護政策導致白楊的林火週期從約100年變爲11,000年；因此，如果這種林火排除的程度繼續下去，生物多樣性的喪失將會相當大。在傑克松（Jack Pine）林中，更耐陰的香脂冷杉林（Balsam Fir）正在自然惡化（Natural Deterioration），和傑克松遭伐木（Harvesting）的情況下，逐漸成爲優勢種（Brown 2000）。

針葉林之林分取代型林火體制（Stand-Replacement Fire Regime）的燃料累積模式，是有很大變化的。成熟林會支持大量或相對較少的可用燃料。然而，隨著林火返回間隔增加，林分變得過於成熟，預計耐蔭林下針葉樹倒下的枯死木質燃料和活階梯燃料（Ladder Fuels）將會大幅增加。其結果仍然是林分取代型林火體制，但火強度更高，儘管有人為減火壓制努力，但這些火燒會蔓延成更大的林火。這種趨勢可能會導致在惡劣林火天氣期間，雖發生頻率較少但以規模較大的林火出現，導致林地上斑塊（Patch）大小和林齡差異大幅縮減（Keane *et al.* 1999）。

圖10-10　倒木質和活階梯燃料將會大幅增加林分取代型林火體制（NWCG 2008）

二、草原和灌木叢（Grasslands And Shrublands）

草原的林火體制已經從歷史上預設時期（Presettlement Period）急劇轉變。許多生態學家認為，由於林火保護政策（Fire Protection），使牧場上發生火燒的頻率和範圍減少，在美國是由非美洲原住民（Nonnative Americans）所造成最普遍的影響之一。在過去的100年裡，已轉變為木本植物優勢，這種轉變是非常可觀的。放牧和可能的氣候變遷，已經使林火減少，從而為木本植物提供競爭優勢。一些木本植物，如蜂蜜豆科植物（Honey Mesquite）能夠抵抗林火，發展燃料不連續性並減少火勢蔓延。隨著時間的推移，林火後的恢復，是有利於多年生灌木（Archer 1994）。這可改變生態系統的組成，使草原恢復到幾乎不可能或無法實行的地步（Impractical（Brown 2000）。

　　從歷史上看，美國東部的林火比西部草原較頻繁。高生產力生物量，維持在高草草原中（Tallgrass Prairie）經常發生的火燒透過再循環累積的茅草（Thatch）。不同的組成（Diverse Composition），是受到林火頻率和季節性變化的影響結果。西部草地似乎普遍遭遇林火的頻率較低（Wright and Bailey 1982），但其本身仍足以阻止木本植物（Woody Plants）經常性的入侵（Brown 2000）。

　　Briske等（2005）指出，火、天氣和放牧的變量可能相互作用，產生獨特的植被動態模式。家畜放牧與火燒相互作用是造成木本植物侵入的最廣泛認知和理解（圖10-11）（Briske *et al.* 2005）。家畜放牧與火燒相互作用是減少燃料載量，減少與木質種子的草本競爭，並增強木本植物種子傳播（Archer and Smeins 1991；Archer 1994）。因此，放牧會影響超過火燒門檻值（Fire Threshold）的速率（Fuhlendorf and Smeins 1997），但放牧不能直接在沒有火燒情況下對門檻值進行定義（Brown and Archer 1999）。如果不恢復林火體制，預計沒有放牧也不會扭轉林地轉變過程（West and Yorks 2002）。在某些情況下，根據生態系統內部強化反饋的發生，恢復先前的擾動狀態時，門檻值甚至可能不會逆轉（Scheffer *et al.* 2001）。

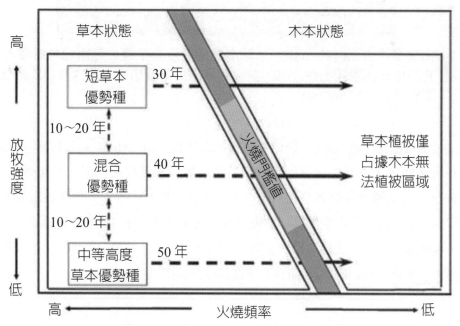

圖10-11　區別草地和林地穩定狀態的火燒門檻值圖。各個草原群落之間的轉換（虛線箭頭）與放牧管理是可逆的。草地組成在沒有火燒情況下，可以影響超出門檻值（實線箭頭）的速率，但其不能阻止其到達門檻值（Fuhlendorf and Smeins 1997）

　　在美國西部占地超過1億英畝的山艾灌木草原（Sagebrush-Steppe）生態系統之乾燥部分，林火體制已轉移到過多火燒的情況。林火頻率在許多地區由於Chegragrass和Medusahead植被入侵而增加，引入一年生的草本並在長期林火季節保持易燃。由於林火頻率的增加，對許多原生植物產生了強大的選擇壓力（Keane *et al.* 1999）。對於更蔓延的溼地（Mesic）大型山艾灌木（Sagebrush），存在一個對比的情況，就是減少林火頻率和針葉樹侵占，導致草本和灌木植被減少（圖10-12）（Brown 2000）。

圖10-12　山艾灌木（Sagebrush）／草本群落如沒有干擾，花旗松林將侵占，最終會變成一個鬱閉的樹冠林，並具有稀疏的下層植被（蒙大拿州Deerlodge國家森林）（Brown 2000）

　　Strand and Launchbaugh（2013）研究牲畜放牧（Livestock grazing）與林火行為影響關係上，指出天氣、燃料屬性和地景特徵會影響林火蔓延、嚴重度和強度（圖10-13）。降低以山艾灌木為優勢生態系統中大範圍林火風險的努力，使用牲畜放牧行為是令人相當關注的，以如何影響燃料、林火行為和林火影響。牲畜放牧影響與燃料屬性相關的因素，包括草本和木質燃料的比例、草本生物量、鮮活／枯死混合燃料，以及地景規模上燃料連續性和異質性如斑塊（Patch）（圖10-13）。

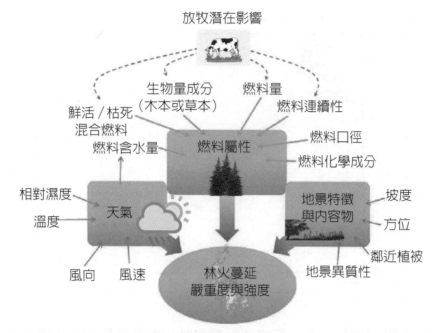

圖10-13 影響林火蔓延速度、強度和嚴重度的因素，可分為與天氣、燃料屬性、
地景特徵和內容物相關因素。而放牧會潛在影響相關與燃料屬性之因素
（Strand and Launchbaugh 2013）

　　在山艾低灌木草原和半沙漠中之林火行為和影響的重要因素，是燃料屬性和林火天氣
（圖10-14）。在低至中度天氣條件下，以山艾低灌木為主的草本燃料占主導地區的牲畜
放牧，是最有可能影響林火蔓延和強度（即圖10-14左上區域所示的條件）。透過以牛放
牧通常集中在草和其他草本草料上，因此放牧牛隻有可能改變由山艾灌木為主驅動的林火
行為（即圖10-14左下區域所示的條件）（Strand and Launchbaugh 2013）。

　　然而，在潮溼和涼爽的條件下，放牧可以透過影響山艾灌叢植被，來影響灌叢下沿著
草本群落延燒的林火。但在極端大火燃燒條件下，往往以低燃料水分和低相對溼度以及高
溫和風速為特徵，林火更多地受到天氣條件驅動，而不是燃料屬性之驅動。因此，低林火
天氣嚴重性的特徵在於高燃料溼度、高相對溼度、低溫和低風速，而極端林火天氣的特徵
則是相反。當艾灌木覆蓋率低且林火天氣嚴重度為低至中度時，放牧能有效降低林火起火
蔓延和蔓延風險的可能性最大；但在極端天氣放牧減少效果，則相當有限（如圖10-14右
側所示的條件）（Strand and Launchbaugh 2013）。

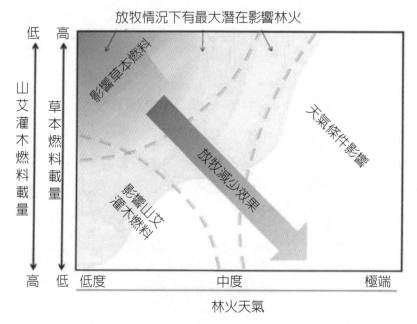

放牧情況下有最大潛在影響林火

低　高

山艾灌木燃料載量

草本燃料載量

影響草本燃料

天氣條件影響

放牧減少效果

影響山艾灌木燃料

高　低　低度　　　　　中度　　　　　極端

林火天氣

圖10-14 沿著燃料連續性和天氣條件所發生林火行為受到放牧影響；此概念模型中，燃料成分顯示在Y軸上，林火天氣狀況則顯示在X軸上（Strand and Launchbaugh 2013）

三、生態系統偏離

在林火體制發生改變的情況下，目前關於林火頻率和嚴重度等關鍵因素的林火模式，已偏離了各自生態系統的自然、歷史和生態可接受的變化範圍。爲了保護植物和動物種群以及表徵生態系統的自然過程，生態上可接受的林火可能受到人類的影響。理解林火體制對於評估人類滅火干預，是否能從生態學角度來看，是有益的、不加批判的或有害的，是至關重要的（WWF 2016）。

由於林火體制的關鍵屬性，超出了生態上可接受的變化範圍，因此會產生威脅當地動物和植物生存的生活條件，這些動物和植物對於相應的林火體制是典型的。林火體制的一個或多個關鍵屬性的變化，會導致整個生態系統的惡化，因已嚴重地改變了其組成、結構和過程。反過來，可能會引發朝著完全不同的生態系統和林火體制發展。例如，在地中海地區，林火被認爲是沙漠化日益嚴重的原因之一。來自許多不同生態系統的證據表明，一旦林火體制開始在轉變，就很難予以停止或扭轉這種發展（WWF 2016）。

林火體制的改變，已被確定爲全球生物多樣性面臨的最重大威脅之一。對保護全球物種多樣性至關重要的，於優先生態區有84%是面臨著轉變中林火體制的風險。亦即生態優

先生態區，現只有16%面積之林火體制，其生態邏輯是可接受水平範圍。林火敏感生態系統有93%面積，如熱帶雨林區之植物和動物，是缺乏適應自然林火的風險。依賴火或受火敏感影響的生態系統，有77%面積是處於危險之中，如非洲大草原面積略有減少趨勢，但其林火體制仍已處在轉變中，受到相當大的威脅情況（WWF 2016）。

　　氣候變遷可能會進一步加劇威脅。假設在地中海南部地區，到本世紀中葉，全年的林火風險將持續存在，於伊比利半島和義大利北部的林火風險，將是非常高的（WWF 2016）。林火發生後，經常發現林火在各自生態系統動態過程中作用，這些在該地區的空間發展計畫中，是沒有或未有充分考慮。其中一個主因是，林火體制的變化是一個緩慢而漸進的過程，有時可能延續幾十年，其中許多根本原因是受到人為滅火干預之決定性影響。體制變化通常在達到臨界點時，才會被識別。如北美和澳大利亞，當地房地產繁榮和城市化，帶來了人們在經常發生林火的地區定居。隨後，即使是小型的自然林火，也被消防人員完全抑制，導致燃料多年積累，最後形成特大、嚴重度和破壞性的大火來臨（WWF 2016）。

　　即使在依賴火的生態系統中，如在西伯利亞針葉林中，火燒也會變得頻繁。西伯利亞農村人口的增長和透過鐵路和電力線等基礎設施的發展，日益擴大，導致林火更加頻繁。這會導致森林面積的損失，並釋放數百萬噸儲存的二氧化碳量，造成地球持續增加暖化現象（WWF 2016）。

　　另一方面，在林火體制改變原因上，Laris（2013）提出對林火體制從自然－社會連續體（Nature-Society Continuum）角度觀察，指出人類和生物物理因素及其相互作用的影響相當明顯。明顯林火體制的變化，可能是源自於生物物理系統、修改過的自然景觀或更廣泛的社會和政治因素變化的一種函數；如圖10-15所示。

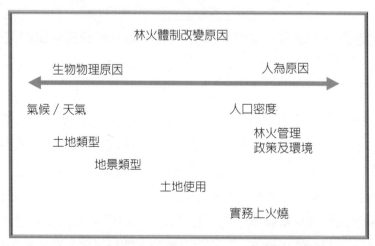

圖10-15　林火體制改變的原因之自然－社會連續體（Laris 2013）

第四節　林火體制地區例

　　在本節中，以歐洲爲例來確定不同地區林火體制的因素，探討在不同的歐洲地區展開的研究：Sardinia（義大利）；Macedonia（希臘）；葡萄牙；Ticino（瑞士）；波蘭（圖10-16）。

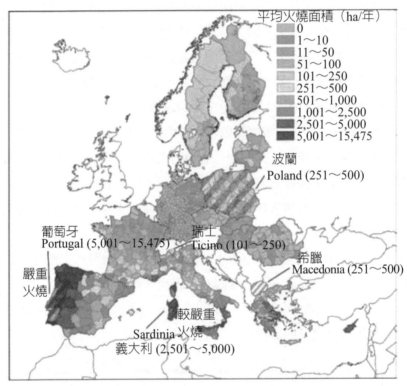

平均火燒面積（ha/年）
0
1～10
11～50
51～100
101～250
251～500
501～1,000
1,001～2,500
2,501～5,000
5,001～15,475

波蘭
Poland (251～500)

瑞士
Ticino (101～250)

希臘
Macedonia (251～500)

葡萄牙
Portugal (5,001～15,475)

嚴重
火燒

較嚴重
火燒

Sardinia
義大利 (2,501～5,000)

圖10-16　按地區劃分的歐盟地區燃燒面積（NUTS3）和研究樣區的位置（San-Miguel and Camia 2009）

　　在歐洲的許多地區，特別是地中海地區，過去幾十年的特點是土地覆蓋面積劇烈變化，特別是放牧模式和土地棄置，再加上造林。最近的發展強調了解決林火易發（Fire Proneness）問題的必要性，以便了解哪些地形覆蓋分類是林火的「首選」。土地覆蓋分類的林火傾向性評估，最近得到了研究人員關注。某一地區的林火傾向性分析，是取決於所使用的方法和可用的林火數據庫。在這種情況下，我們必須記住，通常情況下，林火數據庫（Data Sets）很短，可能不一定涵蓋全面的土地利用類型和模式（Types and Patterns）。另一方面，為了將燃燒面積分配不同的土地覆蓋分類，具有足夠的地理參考林火燃燒周界（Geo-Referenced Fire Perimeters）是非常重要的。這並非總是可行的，因多年來並非所有國家和地區都有蒐集這些資訊。儘管必須考慮到在歐洲情況下，影響林火發生的機制與導致起火的人類活動密切相關，但是使用起火點而不是燃燒面積，可能是克服這一困難的方法（Catry *et al.* 2010），而負責分布整個地景的燃燒面積的機制，主要是氣候和燃料所驅動的（Silva and Harrison 2010）。

最近的研究旨在評估這些因素對林火體制的影響。根據現有數據，這些方法各不相同，但也取決於每個研究小組所選取的方法。除了林火發生的基本方面外，不同研究還著重於林火季節性和林火規模（Fire Size）等其他方面，旨在根據不同類型的土地覆蓋情況，來呈現林火體制之特徵（Silva and Harrison 2010）。

一、Sardinia（義大利）

Bajocco等（2008）基於Sardinia 2000～2004年的可用林火歷史數據，分析了林火發生頻率和平均林火規模（Mean Fire Size），將兩個變量分開，對特定土地覆蓋分類的林火傾向性分析。從13,377次林火分析得出的結果顯示，對於大多數土地覆蓋分類，林火在林火頻率和林火大小方面，都有選擇性的表現。在城市和農業地區林火發生頻率高於預期，而在森林、草原和灌木林火燒發生頻率低於預期。在草原和灌木地區，平均林火規模顯著大於預期的隨機虛無模型（Random Null Model），而在城市地區，永久性農作物和異質農業區域（Heterogeneous Agricultural Areas），林火蔓延具有顯著的抵抗力。此外，就林火平均規模而言，森林和耕地似乎並不特別易燃，因此兩個土地利用類別都與其可用性成正比（Silva and Harrison 2010）。

Bajocco等（2008）補充研究進行，旨在評估每個土地覆蓋類林火的季節性。更具體地說，這研究目的是分析2000～2006年期間Sardinia林火發生的時態模式（Temporal Patterns），以確定林火發生在早於或晚於預期的隨機虛無模型地區。結果表明，對於所有分析的土地覆蓋分類而言，起火的時間選取是有選擇性的，具有非常高的顯著性水平。在城市地區和所有農業類別中，林火發生的時間早於預期的隨機虛無模型。相比之下，林火發生在森林、草地和灌木林地比預期的要晚。土地覆蓋分類與Sardinia氣候地區之間，也有很強相關性。因此，研究強調了林火發生的時間與土地覆蓋之間密切關係，受到兩個互補因素支配：根據氣候區域確定土地覆蓋分類空間分布的氣候因素；以及人口是直接影響起火之因素（Silva and Harrison 2010）。

使用相同的林火數據庫，Bajocco等（2008）依據Blasi等（2000）分類，進行評估Sardinia植物氣候區系（Phytoclimatic Regions）（地中海、過渡地中海和過渡溫帶）的遙感物候獨特性，以及這些區域在林火時間序列的時間屬性上，是有何不同。獲得的結果提供了主要植物氣候區系（Phytoclimatic）單元，在物候動態（Phenological Dynamics）和林火體制的時間特徵方面，是相當明確和一致的分離。結果還強調了Julian林火發生的平均時間。例如，林火發生的最早平均時間，通常與地中海植物氣候區有關，該地區也是林火發生數最多的地區，而最近發生的林火平均時間與過渡溫帶地區（Transitional Temperate Region）有關。Silva and Harrison（2010）研究結論是，即使在人類密集的地區，林火的時態特徵也有很強的氣候控制（Silva and Harrison 2010）。

二、Macedonia（希臘）

Bajocco等（2008）透過使用13年（1985～1997）期間，希臘北部Macedonia整個地區的林火之起火位置，來評估林火傾向性。資源選擇比率（Manly *et al.* 1993）是根據林火傾向性，得出土地覆蓋分類的排序。這排序進一步分析了跨植被區域。研究結果討論了各種植被帶*Quercion Ilicis*、*Ostryo-Carpinion*、*Quercion Confertae*、*Fagion-Bietion Cephalonicae*、*Pinetalia Nigrae*、*Vaccinio Picetalia*，在不同海拔梯度、種群密度和相對豐富度上，其水分和溫度狀況之土地覆蓋分類。看來，林火頻率是受到兩種相反趨勢的制約（Silva and Harrison 2010）。

一方面，在氣候變得涼爽和潮溼的高海拔地區，林火頻率是下降的。另一方面，在較乾燥的地區，以農業為主的土地覆蓋之低地人口密度是較高的。在此氣候條件更有助於起火，但地景的特點是這種類型一般不太容易發生林火。特別是在*Ostryo-Carpinion*植被區、半自然土地覆蓋分類植物種類非常稀少，總的來說，該地區的林火比其預期的要少，表明林火發生在集約管理的農業地景（Intensively Managed Agricultural Landscapes）中的可能性較低，其燃料載量保持在低水平。Silva and Harrison（2010）提到存在一個與較高林火發生率相對應的動態「張力區」（Tension Zone）。這個區域的特點，是從溫暖乾燥的環境逐漸轉變為涼爽潮溼的環境，同時也從密集管理的地景（相對豐富度、耐火性，主要為農業用地的土地覆蓋分類），逐漸轉變為人口密度較低的地景（易燃性之半自然森林土地覆蓋分類）（Silva and Harrison 2010）。

三、葡萄牙

Moreira等（2009）描述了以地景的林火發生模式。在葡萄牙1990~1994年期間，根據5,591件林火（5公頃以上）的土地覆蓋資訊與周邊地景，採用資源選擇比率（Selection Ratios），針對全國12個地區不同土地覆蓋類的林火傾向性進行測量。灌木林地是最易發生林火的土地覆蓋物，而一年生作物（Annual Crops）、永久性作物（Permanent Crops）和農林業系統區（Agro-Forestry Systems），則是最不易發生林火的地區。就森林類型而言，針葉樹人工林比桉樹人工林（Eucalyptus Plantations）更易燃燒，而闊葉林是林火最少的森林。根據氣候、管理、起火方式、滅火策略和每個土地覆蓋分類的區域可及性（Regional Availbility）的差異，討論了以土地覆蓋分類易燃性的地區差異。透過對所有土地覆蓋分類的選擇比率的區域變化，進行群聚分析（Cluster Analysis），可以確定三個具有相似林火選擇模式的主要地理區域。研究還表明，土地覆被可及性與資源選擇比率，呈現顯著正相關之關係（Silva and Harrison 2010）。

基於Moreira等（2009）研究與Silva and Harrison（2010）採用3種不同的方法，限制了對葡萄牙主要樹種森林類型的林火傾向性評估：使用資源選擇比率來應用於火燒的地塊；隨機定位的樣區被火燒的比例；以及火燒的國家森林資料庫樣區的比例。結果能按照以下順序來排列林火傾向性：海松林（*Pinus Pinaster*）、藍桉林（*Eucalyptus Globulus*）、未指定的闊葉林、未指定的針葉林、軟木橡樹林（*Quercus Suber*）、板栗林（*Castanea Sativa*）、聖櫟林（*Quercus Rotundifolia*）和石松林（*Pinus Pinea*）。

Silva and Harrison（2010）還使用了一個不同的林火數據庫（1998~2005林火地圖），透過使用單變量邏輯模型（Univariate Logistic Models），來探索結構變量加林床組成對林火機率的影響。從所有變量來看，林床組成是解釋林火機率最重要的因素。逐步回歸程序是用來建立一多變量邏輯模型（Multivariate Logistic Model），表明以林火機率而言，林床組成在不同類型的森林中扮演著不同的作用（見專欄1）（Silva and Harrison 2010）。

四、Ticino（瑞士）

Bajocco等（2008）分析了在Ticino（南瑞士）1982~2005年期間林火發生頻率和林火規模（平均值和中位數），其特定森林植被類別的林火傾向性。爲此，Bajocco等（2008）調查了4組林火（所有林火、人爲冬季林火、人爲夏季林火和自然夏季林火）的林火數據庫，並對林火頻率和林火規模進行了1,000次隨機蒙地卡羅模擬。人爲的冬季

和夏季林火主要發生在板栗林（*Castanea Sativa*）林床、闊葉林以及距離森林邊緣最初50 m範圍的低海拔地區。在冬季，板栗林林火的一半明顯大於1.0公頃火燒面積，一些針葉林的平均火燒面積往往較高。閃電火似乎更喜歡雲杉林（*Picea Bies*），但夏季潮溼的板栗林和山毛櫸林（*Fagus Sylvatica*）則不發生火燒。在山毛櫸林裡，在混合林和夏季遭受自然火的雲杉林中，火燒面積變小。分析獲得的林火發生模式，特別是人為林火在林火頻率方面的發生，似乎也與地理參數（如高度和方位）以及人為特徵（如道路或建築物的緊密程度）有相關（Silva and Harrison 2010）。

五、波蘭

Szczygieł等（2009）使用了1996～2006年波蘭發生的林火數據庫。分析林火發生頻率與土地覆蓋的關係。這項研究表明絕大多數林火發生在非林地。根據Corine土地覆蓋分類（Büttner *et al.* 2004），該研究得出結論，31.9%的林火發生在非灌溉耕地（占火燒面積37.3%）、城市結構中發生率為16.2%（火燒面積8.6%）、複雜植被類型為11.2%（火燒面積8.5%）、農業土地占9.5%（火燒面積17.4%）、針葉林區8.8%（火燒面積5.8%）、闊葉林區6.6%（火燒面積8.3%）、混交林區3.6%（火燒面積2.9%）（Silva and Harrison 2010）。

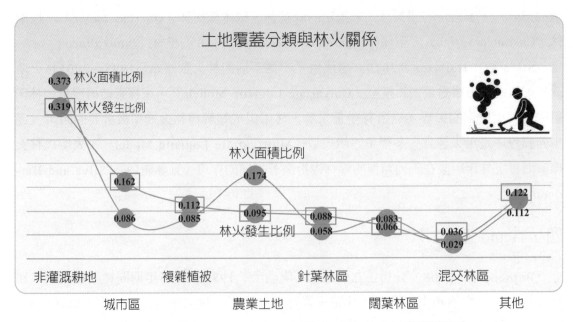

圖10-17　波蘭1996～2006年林火發生與土地覆蓋關係

　　Silva and Harrison（2010）使用2002～2008年的數據，對波蘭國有林的成果進行了細化，共計30,494起林火。利用資源選擇比率分析了林火數量與森林類型、優勢種類和林齡等級之間的關係。分析證實，根據生育地和林分條件存在不同程度的林火傾向性。林火發生率較高的地區是針葉林，從最乾旱的地區到乾旱的地區。最低值（小於1）對應於闊葉林和山地林。從優勢種看，最高值是由蘇格蘭松（*Pinus sylvestris*）林分（超過1）。所有其他林分的值都小於1，最低值是由闊葉樹種和冷杉（*Bies* spp.）林分。最後，從林齡面來看，結果表明，老齡林的林火發生率普遍下降，僅40年以下林分的資源選擇比率大於1。這種趨勢的例外是V級，相當於80年以上，比IV級（60-80年）高（Silva and Harrison 2010）。

專欄1　林火偏好案例研究：葡萄牙（Silva and Harrison 2010）

　　在葡萄牙，透過使用1998～2005年的林火地圖（Fire Maps），研究了林火傾向。這些地圖與1997～1998年森林調查樣地的地點重疊，以便將森林特徵（林分和植被密度）與林火發生情況聯繫起來。有了這些數據，就有可能使用邏輯回歸程序建立一個林火機率模型（圖10-18）。結果表明，桉樹（*Eucalyptus*）、海岸松（Maritime Pine）和非特定闊葉林之林火發生率較高，而石櫟木（*Holm Oak*）、橡木（*Cork Oak*）栓皮櫧林分中則較低。

　　此外，除了未指定的闊葉林（減少趨勢）和桉樹（混合趨勢）外，所有物種的植被密度較高（覆蓋指數），似乎林火機率增加。

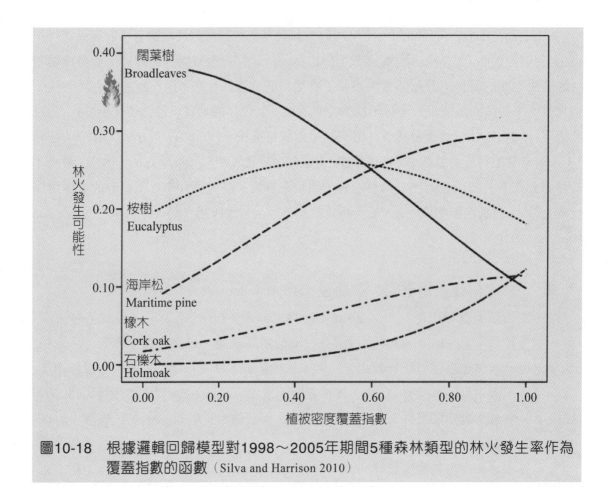

圖10-18 根據邏輯回歸模型對1998～2005年期間5種森林類型的林火發生率作為覆蓋指數的函數（Silva and Harrison 2010）

　　因此，儘管所報告的研究中，不同學者使用了廣泛的方法學（Methodologies），並且空間和時間尺度上存在差異，但出現了一些對管理政策有實際影響的連貫性結論。以林火發生次數與影響（以林火面積做衡量）之間，有一個根本區別。個別案例研究表明，林火數量受人類活動的強烈影響，農業區域和野地─城市界面（WUI）較高。然而，這些林火中很多面積很小。儘管不應低估控制人為林火的重要性，但氣候因素和植被類型似乎是更大的林火起火驅動因素，正如2003年歐洲發生的極端天氣情況所見。從生物質燃燒的古生物紀錄（Palaeo-Record），基本證實了這些結論，表明在過去21,000年的大部分時間裡，燃燒面積從年代變化到千年尺度氣候變遷的強烈反應，而在較暖的時間間隔內，林火是顯著地增加（Silva and Harrison 2010）。

　　個別的案例研究表明，土地覆蓋（Land Cover）部分地受氣候影響，也是人類管理的後果，對於確定燃料量情況以及所形成林火體制至關重要。人類可以在故意或無意中修改某一地區的土地覆蓋和燃料特性（Fuel Characteristics）。以當地規模的林火傾向性結

果，明確強調了適當的土地覆蓋規劃（Land Cover Planning）和適當的燃料管理，對防止林火的重要性。這些分析表明，應當推動土地利用規劃（Land-Use Planning）政策，盡量減少林火危險，同時考慮到滅火和防火的高成本。社會應反思上個世紀所遵循的土地利用轉型模式，即廣義的放棄農田和建立人工林的模式（Vélez 2009）。在後一種情況下，控制焚燒作爲燃料管理技術，已被認爲是經濟和生態上可取的解決方案（Fernandes and Rigolot 2007）。因此，如果社會大衆眞的致力於盡量減少林火造成的問題，就應設想土地利用規劃和管理的新解決方案。

　　上述一些研究報告的困難表明，歐洲國家明確需要使用林火統計的共同標準，以及關於土地覆蓋使用（Land Cover Occupation）的共同數據庫。具體而言，爲了改善林火預防，林火管理人員需要有關林火時空分布的資訊。在此框架內，具有生態意義的地景分類，可爲地理單元（Geographical Units）提供開發林火風險評估和防火戰略的巨大潛力。雖然土地覆蓋型態直接控制燃料載量和燃料連續性，實際上燃燒了什麼，土地覆蓋型態也透過與地景的生物氣候特徵，而強烈關聯影響林火發生的季節性。

　　因此，生態適宜的土地覆蓋圖，可能有助於制定林火危險評估策略，例如優化儲水點和消防隊的位置，從而使滅火戰略更有效。另一方面，個別林火報告包括火燒區域的地圖和相應的起火位置，這是非常重要的。這將提供有價值的資訊，可用於更好地了解人類、燃料和氣候作爲林火控制的不同作用。在歐洲層面，管理歐洲林火資訊系統的歐盟委員會聯合研究中心，將是支持和領導這一任務的權責機構，其目標旨在實現健全、一致性和全面的林火數據庫（Fire Datbase）（Silva and Harrison 2010）。

圖10-19　林火危險度高地區優化儲水點和消防隊的位置，從而使滅火戰略更有效
（盧守謙 2011）

第五節　管理林火

　　管理林火（Managing Fires）一直以來是令人關注之主題，由於林火是全球性生態系統如此普遍的一個特色，爲了特定目標（包括保護財產和保護生物多樣性）進行林火管理，是一個重大課題。對野火的態度和行動絕不是中立的。在一些生態系統中，火勢受到有效地壓制，但在其他地方卻有意引燃。野火一般會引起公眾和媒體的關注。在美國，野外地區的聚落增多，已使更多的人口接觸到野火，而在歐洲，隨著更多的人口流入林地（WUI）界面居住，城市界面的住宅數增多，加大了野火對人類和財產的威脅。

　　煙霧管理也成爲一個重要的健康和安全問題（Bond and Keane 2017）。林火管理經常花費巨大的努力和經費。適當的林火管理體制，仍然是保護區管理之令人頭痛問題，不同於美國黃石國家公園在針葉生態系統和南非Kruger國家公園之非洲稀樹大草原區。維護滅火隊的費用，會消耗森林保護機構經費資源。當林火超出保護區的邊界時，訴訟（Litigation）也可能會使保護預算吃緊；其中縱火（Arson）是常見的，有時是作爲對當局權威的抗議。總之，積極的林火管理大部分是抑制撲滅林火，而消耗大量的處理時間，這些是適火性易燃生態系統（Fire-Prone Ecosystems）之主要預算開支（Bond and Keane 2017）。

　　在林火管理政策方面，關於如何管理保護區或其外部的林火，目前沒有得到共識。二十世紀前半葉，完全的滅火是一種常見的政策，在世界的許多公園中依然如此。人爲抑制政策已慢慢發生了變化，部分原因是它們的成本，一方面是因它們效率不彰，另一方面是生態思維（Ecological Thinking）的改變。林火抑制導致適火性易燃生態系統中死生物量的積累，一旦火燒時又形成更嚴重的林火規模。在發現生態的火依賴特徵（Fire-Dependent Features）之後，滅火抑制政策也被鬆綁了。在南非海岬灌木林（Cape Fynbos），當管理人員意識到美麗的山樓木（*Orothamnus Zeyheri*），有一專門依靠火來刺激種子的萌芽，而排斥了一些植物，然後人們愈來愈認識到干擾，才是生態系統的自然過程。除雨林之外，完全的滅火很少是林火管理的目的（Bond and Keane 2017）。

　　然而，幾十年的人爲滅火，導致了生態系統結構的明顯變化，如何在不引起更多問題的情況下，重新引發火燒的思考，現在則面臨著重大挑戰。許多針葉林受到頻繁地表火，來維持開放的公園景觀（Open Parklands）。人爲滅火使許多幼樹木建立起來，形成階梯燃料（Fuel Ladders），便於從地表火過渡到樹冠火型態。在一些稀樹大草原上，滅火已導致了森林物種侵入草地，這是一個很難逆轉的過程，除非花費昂貴的人工清理樹木，始

能恢復大型哺乳動物棲息之地景（Bond and Keane 2017）。

　　控制焚燒是爲了管理目的而故意點燃的火。滅火隊員的安全和資產的保護，始終是一個重要的考慮因素。因此，定期焚燒經常會導致林火體制發生重大變化，特別是季節和強度，而且還會導致火燒頻率（Bond and Keane 2017）。林火體制的變化，會導致敏感物種，如豆科植物（Legumes）的種群數量明顯下降，因種子萌發需要強烈的熱量。定期焚燒要求明確的管理目標，由於火燒對植物社區的結構和組成影響很大，因此必須就可達到的目標（Desirble Objective）做出決定，應採用何種燃燒模式（Burning Pattern）來實現這一目標。

圖10-20　控制焚燒要求明確的管理目標而故意點燃的火（中興大學森林系Logo 15×10cm）（盧守謙 2011）

　　在控制焚燒執行上，澳州生物多樣性、保護和景點部（DBCA 2014）指出，準備控制焚燒計畫需要仔細而謹慎的規劃。林務主管部門與消防和緊急服務部門以及當地政府密切合作，確保控制焚燒計畫的整體風險管理部分與其他目標相輔相成。在確定任何火燒的位置、範圍、時機和處方參數時，必須考慮許多問題。火燒規劃包括考慮有關煙霧、枯死病（Dieback Disease）、動物物種棲息地、珍稀植物群用於造林的問題。規劃和準備這些問題可能需要長達數年的時間。規劃過程中的步驟是（DBCA 2014）：

1. 火燒程序計畫。
2. 擬議的燃燒規劃。
3. 制定控制焚燒處方。

4. 實施火燒。

5. 火燒後進行評估。

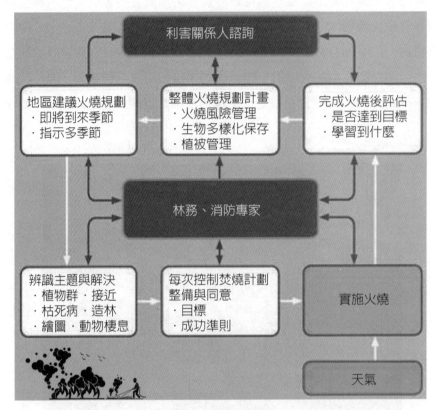

圖10-21　控制焚燒計畫過程（DBCA 2014）

　　在南非的稀樹大草原公園，林火政策從完全的林火排除（Fire Exclusion）轉變為固定的間隔實施焚燒（促進大型哺乳動物），以達到生物多樣性之最大化（Maximize Biodiversity）的林火體制。後者的目的，是創造和維持一個不同的連續年齡或棲息地之多元鑲嵌體（Mosaic），可以維持大多數物種的可持續種群（Bond and Keane 2017）。

　　另一個通常考慮的政策是重建過去常常被稱為自由燃燒、野火之用火或控制的自然林火，也就是控制焚燒的自然燃燒體系。這項政策允許在可接受的天氣條件下，由閃電、落石、自燃或其他非人類因素引燃的林火，但是會對人類引起的火來進行撲滅抑制（Bond and Keane 2017）。在美國有人批評重建自然林火體制（Natural Fire Regimes），不包括美洲原住民影響之林火體制，其已對數千年來地景格局產生重大影響（Bond and Keane 2017）。自然火燒政策（Natural Burning Policies）的一個變數，是重建美洲原住民的火燒做法，試圖重現農業前時代之地景（Pre-Agricultural Landscapes）。這些政策的執

行，是受到生物知識貧乏、林火管理技術和安全相關考慮所予以限制（Bond and Keane 2017）。

在實務做法上，未來的林火管理，必須基於安全考慮事項和地景不同部分的保護目標，在抑制滅火、控制焚燒和可控制自然林火（Controlled Natural Fires）之間，找到最合適點之整合（Bond and Keane 2017）。

第六節　恢復火燒

在恢復火燒（Restoration of Fire）方面，北美大多數生態系統，都需要恢復不同程度火燒，以達到生態系統管理的整體目標。火燒恢復的需要，最明顯是在林火頻率較高的地區，如林下型林火體制（Understory Fire Regime Types）和一些林火被排除的草地和灌木地區，其比平均林火返回間隔長數倍以上時，尤為需要火燒。儘管相當多的知識來支持林火生態系統，恢復林火的必要性，但土地管理者卻面臨一些的限制和障礙（Brown and Bevins 1986；Mutch 1994）。如資金有限、空氣品質限制、對火場人命逃生的擔憂以及大眾支持度不足等，而造成窒礙難行。管理火煙（Managing Emissions）和獲得大眾支持方面的一些突破，為控制焚燒計畫提供了更多需要的思考空間。

成功的恢復林火工作，包括明確規定的目標。此種計畫應基於林火在生態系統角色的科學知識，以及從控制焚燒工作中，進行適應性學習（Brown 2000）。適應性學習是很重要，因控制焚燒通常會隨著經驗，而提高處方條件（Prescription Conditions）和用火技術的，而需要調整來作修改，以實現整體目標，例如林地給定的燃料減少至一定水平或滿足限制條件時，或是上層植被死亡率控制在一定限度內。在初始處方下，假使火勢可能無法進行延燒，則需要考慮林火氣象之較低的燃料含水量或較高的風速之天氣情況，才能使火勢延燒成功。恢復林火可在整個生態系統或個別植物群落基礎上進行。理想情況下，恢復個別植物群落，應基於更廣泛生態系統（Broader Ecosystem）其所屬生態來做考慮。適合規劃恢復的生態系統評估程度，在很大程度上是取決於土地所有權（Land Ownership）和給予管理層的方向。

圖10-22 木麻黃區地表累積厚枯落物之低強度控制焚燒（盧守謙 2011）

在適應性管理方面，美國國家公園局（National Park Service）（2017）指出適應性管理過程（Adaptive Management Process），需以8個步驟循環來描繪。而成功的適應性管理，要求管理者完成所有的連續步驟；特別是在林火影響之監測方案（Fire Effects Monitoring Program），需蒐集林火管理計畫和活動所需的數據和資訊。而監測是適應性管理框架中的關鍵要素，它識別與管理行動相關的不確定性，然後建立方法來檢驗這些不確定性所產生的假設。管理行為不僅用於實現理想的未來地景條件，而且還用於生成這些系統知識的工具。

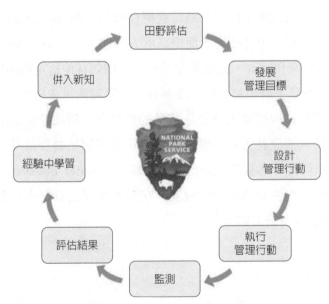

圖10-23 成功8個步驟適應性循環管理，要求管理者完成所有連續步驟（National Park Service 2017）

在管理地景方面，對於擁有大面積的土地所有權（Large Land Ownerships），以恢復整個生態系統或大型地景區域，是管理地景格局和實現生物多樣性之廣泛目標的最有效方法；其還可有效地燃料處理，來破壞燃料連續性並減少大火事件的威脅（Brown 2000）。Keane等（2001）在白樫松林（Whitebark Pine）生態系統採用恢復林火的步驟，應用在其他情況下也是有用的，包括草原和灌木叢。Keane等（2001）首先推薦了多尺度（Multiple Scales）的地景和林分特徵資料庫清單（Inventory）；然後，寫下地景和林分重要過程之敘述性及管理方案（Brown 2000）。

在複層林分方面（Two-Storied Stands），地景和林分可優先進行恢復處理，並根據資料庫（Inventory）、敘述性（Description）、優先等級和可行性來進行選擇。應根據資料庫和敘述性資訊，爲每個選定的林分或地景設計處理方案，並盡可能有效地實施處理。最後，應該監測林地處理後變化，來評估恢復的成功（Brown 2000）。

在草原、灌木草原（Shrub Steppe）和稀樹草原的火燒恢復使用，需要仔細考慮季節性之時間和使用頻率，以確保控制焚燒將以適當的程度來進行延燒。一旦木本植物侵占（Encroached）進入一地區，並成爲優勢種時，就很難使火燒有足夠的熱量進行延燒，以殺死地上莖（Boveground Stems），例如在稀樹大草原上的橡樹（Oak）（Huffman and Blanchard 1991）以及山艾灌木（Sagebrush）／草叢中的杜松（Juniper）一樣。也許焚燒成功的最大障礙，在於陸續喪失了本地物種組合，並且缺乏足夠的草本輕質燃料，來供應林火蔓延的地區燃料量。火燒後播種本地物種，可能是恢復以前植物組成相似性所必須的。如果針葉樹侵入如松茸（Pinyon-Juniper）和內陸花旗松等草原（Gruell et al. 1986），則地表火的成功延燒，可能需要加強燃料工作，例如修剪大量樹木以產生足夠的地表燃料。否則可能需要樹冠火，這將需要更易燃、更窄的控制焚燒處方（Narrow Fire Prescription）來限制燃燒範圍，以免情況失控（Brown 2000）。

一、控制焚燒和造林（Prescribed Fire and Silviculture）

控制焚燒和造林可同時進行，以恢復林分和生態系統。一般認爲控制焚燒是一種造林技術，儘管其遠遠超出了造林業的通常目標，其爲生產木材產品和理想的林分結構之目的。一個值得商榷的問題是，管理階層如何模仿各種類型的林分和地景結構，這些是典型的歷史上預設林火體制（Presettlement Fire Regimes）。但是，了解林火體制類型（Fire Regime Types）特徵與造林之林分結構（Silvicultural Stand Structures）之間的相似性，可能有助於將林火與造林相結合進行，將林火恢復爲一自然過程，並實現生態系統

管理目標。根據Weatherspoon（1996）討論，以下對林分結構和造林實務的描述，適用於個體林分，並對林分進行不同處理，以管理不同地景等級（Landscape-Level）之植被（Brown 2000）。

1.同齡林分（Even-Aged Stands）

　　同齡林分之自然形成主要來自高嚴重度（High-Severity）的林分取代型林火體制（Stand-Replacement Fires）之火燒，這些林火造成大部分樹木死亡。產生同齡林的造林方法包括皆伐（Clear-Cutting）、種子樹（Seed Tree）和傘伐（Shelterwood Cutting）。在確保再生之後，擇伐或種子樹是典型地進行移除作業。以整堆式火燒（Pile Burning）或廣泛撒開式燃燒，通常用於減少燃料載量，並為植被再生做好準備。在大型處理單元中殘株、大型倒木和未經處理的斑塊，是來實現生物多樣性的重要目標（Brown 2000）。

圖10-24　周界劃好整堆式火燒用於減少燃料載量為植被再生準備（盧守謙 2011）

2.複層林分（Two-Storied Stands）

　　這些林分是與混合型林火體制類型有關，即典型之中到高嚴重度火燒形式。保留擇伐木（Retention Shelterwood），也稱為不規則擇伐（Irregular Shelterwood）或未經清除的擇伐，是用於處理林分的造林方法。控制的林下層焚燒方式，通常可用來管理燃料並創造內部多樣性。一旦建成，該林分將永遠不會缺少大型木，因每一更新伐（Regeneration

Cutting）都會伴隨著一些上層木的留存。而林地上枯立木（Snags）是很容易的自然形成（Brown 2000）。

3. 不同齡摻雜同齡或同尺寸樹種群體之林分（Uneven-Aged Stands With Even-Aged Or Even Sized Groups）

這種林分與低到中嚴重度的林火有關，其伴隨著林下型林火體制（Understory Fire Regime Type），並可能在某種程度上與混合型林火體制（Mixed Fire Regime Type）的低火嚴重度有關。在造林方面，這種林分結構是模仿群體擇伐式（Group Selection Cutting）方法。熟練的控制林下焚燒需要適當火燒嚴重度，來維持這種林分結構。在不同的處方條件下，整堆累積燃燒（Jackpot Burning）和兩階段燃燒方式，可能是較適當的（Brown 2000）。

4. 不同齡摻雜稚齡之鑲嵌林分（Uneven-Aged Stands With Fine Tree Mosaic）

這種林分的特點是，三個以上的尺寸和所有樹種的林齡，在整個林分內是均勻分布的（Uniformly）。這種林分類型被認為主要是隨著林分取代型林火（Stand-Replacement Fire）後長期耐蔭的針葉樹（Shade-Tolerant Conifers）所發展出來的。它與頻繁型林火（Frequent Fires）不相容。單個樹種選取方法是用於維護此結構。這種林分結構以黃松（Ponderosa Pine）和長葉松（Longleaf Pine）為代表開放式林分。然而，從生態學角度而言，它們更適合於同齡群組（Even-Aged Groups）之先前類型（Previous Category）（Brown 2000）。

二、林下層林火體制類型（Understory Fire Regime Type）

恢復林下型林火體制，需要應用頻繁、低強度的火燒，這已經被排除了很長一段時間。根據林分和燃料條件，恢復方法可能會有很大差異。目標通常是建立更符合歷史干擾體制的開放林分結構。取決於林地潛力和造林目標，各種林分密度可能是適當的。可使用各種同齡林和不同林齡的林分結構，而透過再生和保留老齡樹，使長針松（Long Needle Pine）組分得到充分利用，此需要往往是高度優先的。通常需要克服的主要問題，是過多的林下層燃料累積，尤其是活階梯燃料，以及在理想剩留株基部周圍所堆積的腐殖層。另一個考慮因素是鼓勵歷史性林下層植被（Historical Understory Vegetation）多樣性，這需要在生長季節進行火燒，這與春季、秋季或冬季休眠季節期間，傳統應用控制焚燒的情況是不相同的（Brown 2000）。

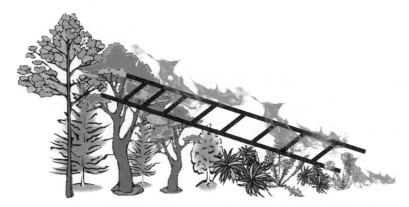

圖10-25　林下層過多的燃料累積，似成活階梯燃料造成樹冠火

　　在長時間的無火燒期間進行第一次控制焚燒時，必須小心謹慎，以免幼樹叢（Sapling Thickets）大量突發上揚火焰（Flare-Ups）或火焰太大（Rough），而殺死所需留存樹木。對於黃松（Ponderosa Pine）而言，在進行林下層植被控制焚燒（Prescribed Underburn）之前，可能需要對濃密下層植被進行疏伐（Thinning）和成堆枝條（Slash）進行燃燒，以降低火載量，並砍除可能在大多數控制焚燒中倖存的競爭物種（Fiedler *et al.* 1996）。但是，如果林下層由濃密斑塊（Thick Patches）的杉木（Fir）組成，那麼過於謹慎就會導致燃料量不足。透過砍伐小杉木落下，來增強地表燃料，可助其以足夠的火強度來使林火蔓延，以致殺死杉木。可能需要進行一系列控制焚燒，旨在逐漸減少活燃料和死燃料的累積，以便將恢復林分到易於管理的，以能維持林下層植被焚燒（Underburning）狀態（Sackett *et al.* 1996）。恢復的最佳方法，必須以植被底部為基礎（Base Basis）來確定，但通常需要機械處置和控制焚燒重複數年之結合方式進行（Brown 2000）。

圖10-26　長時間無火燒期間因堆積地表枯落物進行控制焚燒應謹慎為之（盧守謙 2011）

三、混合式林分取代型林火體制（Mixed and Stand-Replacement Regimes）

混合式林分取代林火體制包括由高度變異（Highly Varible）不同火嚴重度（Fire Severities），引起的廣泛林分結構和地景格局。個別林火可能是非致命性林下層（Non-lethal Understory）或林分取代型林火嚴重度（Stand-Replacement Severity），或上述兩種嚴重度的組合。因此，管理人員在設計控制焚燒和造林活動方面，是有相當大的自由度。儘管基於過去恢復努力的指南很少，但確定恢復目標（Restoration Objectives）的最佳方法，是在大型地景基礎上進行，因爲各個林分結構具有很大的自由度。面臨的挑戰是提供多樣化的林分結構，在森林生態系統中保留枯立木（Snags）和一些粗糙木質碎片（Coarse Woody Debris），以及草地和灌木叢中的未燃燒的斑塊。在以前沒有允許林火的荒野和自然區域管理中，避免由於累積燃料造成過度林分取代型嚴重火燒（Excessive Stand-Replacement），這可能是重要的思考問題（Brown 2000）。

圖10-27　美國Wyoming州Bridger-Teton國家公園山楊林正逐漸受到冷杉取代。恢復將需要林分取代型林火干擾，這可透過疏伐一部分針葉樹來補償（Brown 2000）

林分取代型林火嚴重度（Stand-Replacement Fire Severities）可透過強烈的地表火或樹冠火來產生。在林火長時間的燃燒期間，可形成大規模高嚴重度（Brown *et al.* 1982）。在控制樹冠火焚燒情況，具有更高的風險和更少的燃燒機會，因其會產生飛火現象。因此高嚴重度地表火是比樹冠火更容易進行控制和實現。嚴重的地表火和樹冠火的生態效應不同，樹冠火消耗的葉子，大量灰燼掉下保護土壤。它可殺死錐體毬果中

（Cones）的種子，重新分配灰分中的營養物質，並爲場地外殖民物種（Offsite Colonizers）提供更多的再生機會。在追求營林目標的情況下，一個重要的考慮是密集小規模砍伐（Cutting）和控制焚燒活動時，應避免造成的地景上過度破碎化。地景上能保留枯立木（Snags）和粗木質碎屑（Coarse Woody Debris），對生態系統也是很重要的（Brown 2000）。

四、放牧和外來植物（Grazing and Exotic Plants）

引入外來物種和放牧，是嚴重干擾生態系統來恢復林火過程的兩大問題。良好設計（Well-Intentioned）的控制焚燒、造林和牧場改良活動（Rangeland Enhancement Activities），也將會形成大幅度失敗，除非放牧和外來植物，能得到適當的預期處置和管理（Brown 2000）。

1.放牧（Grazing）

過度放牧（Excessive Grazing）可能是成功使用控制焚燒的最大障礙，草地植被是主要成分，美國特別是西部草地和灌木／草地植被類型（Wright and Bailey 1982）。對於束狀草（Bunchgrasses）而言，它比根莖類草（Rhizomatous Grasses）更爲棘手。在沒有林火之過度放牧（Overgrazing）情況下，於發生林火後可能會降低植物的多樣性。而林火後放牧過早，可消除或大大減少理想的植被。在草原地區，木本植物具有競爭優勢，這可能會挫敗燃燒的目的，以阻止木本植物的侵入（Brown 2000）。

根據林地潛力（Site Potential）和放牧壓力，放牧應該在生態系統發生火燒後延遲1到2年，如山艾灌木／草（Sagebrush/Grass）／半荒漠灌木（Semidesert Shrub）即是明顯例子（Wright and Bailey 1982）。在山楊（Aspen Type）等森林中，牲畜和野生有蹄類（Ungulates）動物尤其是麋鹿，在控制焚燒後，對發芽植物進行強烈放牧，可能會大大阻礙（Retard）植物的恢復過程。由於集中放牧，小型控制焚燒特別容易受到人們過度利用（Overutilization）（Bartos *et al.* 1991）。

在控制焚燒之前放牧，可很容易地將細小燃料減少到火勢不會蔓延的地步，也不會有足夠的熱量點燃或殺死木本植物。在草地和草地／灌木植被之成功控制焚燒時，需要至少600磅／英畝的草本燃料，始足以使火勢擴展蔓延（Wright and Bailey 1982）。

2.外來植物（Exotic Plants）

火可爲非本土物種建立和繁殖，並創造有利的林床。如果外來植物已經在控制焚燒預定實施地區生長，則存在潛在的問題。侵略性的外來物種可競爭性地排除原生植被（Native Vegetation）。嚴重火燒後曝露大面積礦質土壤，是最容易被外來植物侵入之機會；如果外來植物已經建立，其優勢可能會加速。火嚴重度較低的火燒跡地，更能抵抗外來物質的蔓延，這是因許多本地物種發芽並迅速占據該位置（Brown 2000）。

　　已主宰數百萬英畝土地的非原生種一年生（Nonindigenous Annual）的螯合草（Cheatgrass），是一受到林火青睞之適應火燒物種的極端例子。侵入山艾灌木草原（Sagebrush Steppe）植被類型，由於大量的、早期固化葉莖（Early Curing）的細小燃料，其導致林火頻率增加。結果是永久性轉變爲年度草原植被（Annual Grassland），並破壞干擾歷史性林火體系（Historic Fire Regime）。以林火恢復工作努力的一部分，在嚴重火燒的地點種植非本土草本，如一年生黑麥草（Ryegrass）可能會導致非本土植物（Nonindigenous Plants）之另一個問題。這種旨在穩定土壤的做法，可能會延緩本土物種恢復的重建，並可能改變長期的植物群落組成。

　　另一問題是由外來物質引起的，例如侵入東南沿海沼澤地的烏桕樹（Chinese Tallow），此入侵導致當地從草地優勢社區（Grass Dominated Communities）轉變爲稀疏草甸優勢（Sparse Forb-Dominated）社區，這個社區的易燃程度要低得多，以致能作爲一種防火帶之功能（Fire Break）。因此，一旦烏桕樹（Chinese Tallow）在一地方占據優勢地位，控制焚燒就不能有效地控制外來的和具侵占性之木本植物。因此，以草爲主的沼澤地區將會逐漸減少（Brown 2000）。

五、林火處方（Fire Prescriptions）

　　生態系統管理爲控制焚燒的應用，帶來了新的挑戰，主要是由於某些控制焚燒的規模和複雜性之增加傾向（Zimmerman and Bunnell 1998）。傳統上，控制焚燒適用於單一土地所有權的小型、相對均勻性的地景單元（Relatively Homogeneous Units）。控制焚燒將繼續對小規模作業很重要，但爲了達到一些生態系統的目標，控制焚燒需要應用於包含各種植物群落和燃料的廣泛區域（Extensive Areas）（Brown 2000）。

　　在設計林火處方（Fire Prescriptions）時，需要在生態系統廣泛目標（Ecosystem Goals）、資源目標和林火目標之間，建立起強而有力的且清晰的連結。這有助於確保控制焚燒，能夠達到預期的效果。這些還可幫助選擇合適的技術輔助工具來確定處方，並確保林火具有成本效益且安全地進行。透過一個可見的、合乎邏輯的過程，來設計處方也可證明專業能力，並提升負責控制焚燒活動人員的信譽（Brown 2000）。

　　在定義林火的目標方面，歸結爲具體一階林火影響（First Order Fire Effects），敘

述出哪種火燒應該立即完成（Brown and See 1981）；並明確處置目標（Treatment Objectives）需求（Brown 2000）：

1. 火燒哪種的有機物質應消耗多少？
2. 火燒哪種植物會致死？
3. 已燃和未燃的斑塊（Patches）大小應是多少？

　　還必須考慮實現處置目標的限制因素，即應避免其遭到林火影響。控制火勢、管理煙霧和避免上層植被死亡率（Overstory Mortality）是常見的限制因素。具體目標和限制，是一個宣告火燒應完成和避免因素的雙重問題。兩者都具有各種各樣的林火生態目標，那麼兩者為何不同呢？其中一個原因是，它有助於展示對林火的有利和不利方面的意識，並向大眾解釋控制焚燒的計畫（Brown 2000）。

圖10-28　林區地表控制焚燒計畫周詳，派遣消防車消防水線布置妥當（盧守謙 2011）

　　根據資源目標（Resource Objectives），林火目標是需要一個廣泛或窄化的處方窗口。例如，將資源目標恢復為非致死的林下型林火體制（Understory Fire Regime Type）過程，可能只需要控制焚燒以最小化的死亡率，進行延燒到上層植被，此具體目標可透過廣泛處方窗口（WIde Prescription Window）來實現。實現天然更新，同時保留一些大量倒木物質（Large Downed Woody Material）的具體資源目標，乃是需要一林火目標，即規定20%至30%的礦質土壤（Mineral Soil）曝露量，而不消耗大於半數比例的大量倒木物質，此將需要一個窄化處方窗口（Narrow Prescription Window），這是具有某種一定程度之專業性（Brown 2000）。

偶爾林火目標和限制之間可能會產生衝突。一個常見的例子是在低燃料含水率下進行火燒，來減少燃料的目標和控制煙霧產生的限制。不同目標之間可能會發生衝突，如為了曝露高比例的礦質土壤，並留下大量倒木物質，以獲得其他生態系統效益。當衝突出現時，妥協可能會阻止林火來實現資源目標。能識別這些情況，是非常重要的，這樣能避免控制焚燒可能是無法成功的（Brown 2000）。

許多技術輔助工具，可用於協助來林火處方準備工作。大多數涉及預測相關資訊，如天氣機率、燃料載量、燃料消耗量、林火行為、樹木死亡率和植物反應（Plant Response）。此有二種技術能予以幫助，第一種可幫助編寫（Help Writing）和解釋控制焚燒目標和設計林火處方的用戶指南，即林火影響資訊系統（Fire Effects Information System-FEIS），第二種與第一種相關應用，即遍布美國和加拿大大部分地區的應用程序和一階林火影響模型（First Order Fire Effects Model-FOFEM）（Reinhardt *et al.* 2001）；兩者如下所示。

1.林火影響資訊系統（FEIS）

FEIS是一個易於使用的電腦化知識管理系統，以百科全書的方式存儲和檢索當前資訊。FEIS在三大類中，提供林火影響和相關的生物、生態和三種管理資訊：即植物種、野生動物種（Wildlife Species）和植物群落。植物種類別包括每一物種、資訊分類（Taxonomy）、分布（Distribution）和發生、價值和用途、植物（Botanical）和生態特徵、火生態、火影響和參考資料。

引文檢索系統是可透過作者和關鍵詞，來進行獨立搜索。儘管該系統最初是為了滿足控制焚燒需求（Prescribed Fire）而開發的，但現在能獲取有關任何應用的物種生態資訊，實在是一種寶貴協助工具。此可至美國林務網站參訪：http://www.fs.fed.us/datbase/feis（Brown 2000）

2.一階林火影響模型（FOFEM）

FOFEM系統的開發，是為了預測林火的直接後果，即一階林火影響（First Order Fire Effects）。FOFEM計算許多森林和牧場生態系統的腐殖層和木質燃料消耗量、礦物質土壤曝露量、林火造成的樹木死亡率和煙霧產量。FOFEM包含一個林火影響計算器（Fire Effects Calculator），用於預測火燒條件以及控制焚燒計畫人員對林火的影響，以計算實現欲達成效果所需的火燒條件。

使用者可輸入現場的燃料數據，或者使用由許多森林覆蓋類型所提供的燃料模型預設值。欲獲得FOFEM軟體最新版本，請聯繫美國內山林火科學實驗室（Intermountain Fire

Sciences Lboratory）（406）329-4800（Brown 2000）。

第七節　林火管理策略和方法

　　林火是生態系統不可分割的組成部分，可影響生態系統管理的各個方面。林火體制已經由於人類的影響，產生了變化，並且可能繼續在某些生態系統中產生明顯不利的後果。土地管理者需要知道如何規劃，和林火管理策略實施，並成功融入林火之生態角色。林火管理（Managing Fire）限制、控制焚燒和煙霧，使得實現資源目標變得困難，而防止野地林火可能產生不良的生態後果（Brown and See 1981）。克服這種困境，要求土地管理者和公眾都認識到林火在生態系統運行中的作用，以及林火能滿足不同的資源目標（Brown 2000）。

　　在策略和方法上，植物和林火管理目標應來自更廣泛的（Broader）生態系統管理目標，以達到理想的林火效果。在美國，根據土地所有權和方向，確定目標以及實現這些目標的策略和方法，可能從很簡易的到複雜的。例如，可能只是想減少林火危險，在這種情況下，可明確說明燃料減少的目標，並在適當的情況下進行控制焚燒，以減少不需要的燃料。如果方向是生態系統管理，美國許多聯邦和某些州的土地上所採用的一個目標，則可能需要更詳細的過程，來確定目標和策略（Brown 2000）。

圖10-29　林區地表控制焚燒消除雜亂草本層並維護景觀（盧守謙 2011）

為了導引這一過程，生態系統管理的指導原則或目標，是保護生物多樣性和生態系統組成、結構和過程的可永續性（Sustainbility）。這涉及到制定管理計畫，應基於對生態系統過程的理解。許多過去的計畫工作中，考量不同規模的地景不是缺少某些因素，就是僅做最低的限度。為此，需要考慮跨層級土地單位（Hierarchy of Land Units）的生態過程。

廣泛目標（Goals）和詳細目標（Objectives）的設定是從廣義上開始，其目標是指定生態系統的未來狀況或特定的一片土地。這種理想的條件是對未來的展望，而不是管理行動的詳細目標。對生態系統、資源潛力（Resource Potentials）和人們需求的評估，是設定預期未來條件的先決條件。由此可得出管理林火的更具體的詳細目標（Objective）。在此應按照可監控的具體名稱（Specified in Terms）來進行規定。採取不同的方法來進行評估，並設定所需的未來條件和隨後的管理詳細目標（Management Objectives）。

以下考慮三種土地利用類型的計畫任務：

1. I 區

荒地（Wilderness）和自然區域的詳細目標，要求盡可能讓林火發揮自然作用。林火目標可能會有所不同，無論是荒地或自然區域，應具體取決於是否為保護特定條件。

2. II 區

一般森林和範圍管理，需要提供資源價值，意味著廣泛的植被和林火詳細目標將是適當的。

3. III 區

住宅野地（Residential Wildlands），林火的自然作用將受到相當大的限制，燃料管理是主要目標。

在區域I和區域II中，設置目的和目標兩個較麻煩的方面，是依賴於關於林火的生態角色知識，這涉及到轉變中的歷史體制範圍以及過程與結構的廣泛目標取向（Goal Orientation）。

一、歷史變異範圍（Historical Range Of Varibility）

生態系統組成部分的歷史變異範圍，也稱為自然變異範圍（Natural Range of Varibility），可用於幫助設定所需的未來條件和林火管理目標。它可作為設計不同空間尺度的

干擾處方的基礎，並有助於為評估生態系統管理建立參考點（Reference Points）（Morgan *et al.* 1994）。可從歷史記錄、孢粉學（Palynology）、自然區域、檔案文獻和照片，地理資訊系統數據層和預測模型（Predictive Models）等各種來源，來解釋生態系統過去運作（Past Functioning）的參考點（Morgan *et al.* 1994）。森林生態系統的歷史林火體制，往往是透過確定林齡分布（Age Distribution）和橫跨大面積地景的系列等級區域範圍（Areal Extent of Seral Classes），以及年代測定火疤痕（Fire Scars），來確定林火返回間隔。這些技術提供了涵蓋過去100到400年的生態系統狀況之快照（Snapshot）。花粉分析（Pollen Analysis）可延長這一時期，但對干擾事件的精確度是較低的（Swanson *et al.* 1994）。由於缺乏火疤痕（Fire Scars）和容易確定的林齡層，估計草原和灌叢地區的歷史林火頻率是較成問題的。此主要依賴於人類活動的歷史紀錄（Brown 2000）。

林火管理者應在多大程度上依靠歷史變異範圍的知識，來幫助確定廣泛目標和詳細目標（Goals and Objectives）？在很大程度上，是取決於生態知識的健全性和其他生態系統問題，如人類需求以及受威脅和瀕危物種（Endangered Species）（Myers 1997）。可提出一個有力的論據，即應該將歷史林火知識作為理解地景模式（Landscape Patterns）、條件和動態的指南，但不一定用於創造歷史地景。關於歷史變異性知識，能將歷史範圍內的地景現有條件範圍，提供一種研究基礎。

基於科學的基本原理，以歷史變異性作為管理生物多樣性指南。至少在過去的一萬年，美國本土物種發展並適應了自然干擾事件繼續維持。許多生態學研究強調，物種對干擾方式是具有密切依賴性。遺傳多樣性以及地景多樣性，透過干擾制度得以維持。在林火體制明顯轉移的情況下，物種和地景多樣性已經持續下降。

使用歷史變異（Historical Varibilit）作為管理生態系統指南（Morgan *et al.* 1994；Swanson *et al.* 1994）的關注和限制如下（Morgan *et al.* 1994）：

1. 由於數據不足，難以解釋過去的變化。
2. 過去和未來的環境條件，可能超出既定的歷史條件範圍。例如，由於全球暖化導致未來氣候變遷的可能性，是一個重大問題。
3. 社會期望的生態系統條件的範圍，是與歷史變化的程度不同。

自然範圍的變異性（Varibility）可在高火燒頻率林火體制下，合理地確定和應用。在林下型林火體制（Understory Fire Regimes），有關林火頻率的大量數據，往往可透過諮詢已出版的資料，或對林火疤痕（Fire Scarred）樹木來進行林火返回間隔（Fire Intervals）之研究來獲得。林火返回間隔的變異性，可予以量化，並與最近的林火歷史進行比

較，以確定是否發生了重大偏離（Brown 2000）。在一些森林和苔原（Tundra）的長間隔林分取代型林火體制（Stand-Replacement Fire Regimes）中，由於可研究的干擾事件的數量有限，所以估計的歷史變異範圍更難確定。也許測量這種情況下林火體制特徵的最佳技術，是利用衛星和GIS技術來繪製植被類型（Morgan *et al.* 1994；Swanson *et al.* 1994），這是需要大量資源的一種方法（Brown 2000）。

圖10-30　海岸木麻黃區中度地表火後形成樹幹火疤痕（盧守謙 2011）

　　解釋林火歷史（Fire History）時，經常出現的一個問題，特別是關於荒野和其他自然區域的問題，即印第安人野地起火（Indian Ignitions）應該如何處理？普遍的想法是，因印第安人焚燒在歷史上發生一段時間，生態系統林火影響已調整為人類和閃電起火結合，並且這反映了歷史林火體制。在過去的幾千年裡，氣候、植被組成和干擾模式（Disturbance Patterns）的變化，土地管理者需要一致的基礎來做規劃，並且使用可量化林火歷史（Measurble Fire History），以作為一種實務上的具體方法。這歷史變異範圍的概念，對於理解和說明生態系統的動態特性（Dynamic Nature），以及評估當前的生態系統健康狀況，是具有相當價值的（Brown 2000）。

二、過程性與結構性目標（Process Versus Structure Goals）

　　過程性和結構性廣泛目標設定方法，對於上述I區域的管理非常重要。這些概念起源於建立荒野（Wildernesses）和自然地區，目標是管理自然。林火在荒野和自然地區的

適當作用，已經從過程導向（Process-Oriented）和結構導向目標中（Structure-Oriented Goals），所表現出來（Agee and Huff 1986）。簡而言之，我們是否想要一個自然的林火體制（過程），或者說是一個自然體制會形成的植被（結構）（van Wagner and Pickett 1985）？由於自然概念的哲學差異，對此的回答可能會引起某種程度的爭論（Kilgore 1985）。在實務中，兩種方法或兩者的混合，可能是合適的，是取決於實際情況（Circumstances）；此如成本、林火安全考慮以及生態系統的大小和邊界等，往往決定了最合適的方法（Brown 2000）。

嚴格的過程導向目標可能只適用於大型荒野地區。透過實際考量修改的過程目標方法，通常是必要的（Brown 2000）。

在地表燃料已經累積到可能發生高強度林火的林下型林火體制中，以結構為導向的目標，是最終實現自然條件的最佳途徑。如果燃料使用低強度火燒的處方，來減少燃料以避免殺死上層燃料，那麼如果燃料能保持林下型林火體制，則可遵循允許自然起火的過程目標。結構性目標將繼續在林下型林火體制中得到應用，以恢復甚至保持林火的自然作用。結構性目標方法可能是對受威脅和瀕危物種（Endangered Species），進行管理的最佳方式，也可能較為有效和美觀（Esthetically Pleasing）。

荒野地區的混合型林火體制（Mixed Fire Regime Types），是呈現變化的、複雜的地景格局，可能使結構目標難以實現。在混合型之林火頻率通常在35到100年之間。在某些地區，林火缺乏足夠的時間，以致燃料和林分結構似乎超出了歷史變異範圍。在這種情況下，當累積的地表燃料和自然發生的起火，有利於林分取代型林火（Stand-Replacement）時，結構性目標旨在保留部分上層，此可能適用於恢復混合型林火體制。如果沒有累積過多的燃料，過程性目標（Process Goals）似乎是才最合理的（Brown 2000）。

無論是否選擇結構性或過程性目標，荒野地區的另一個考慮因素，是何時何地使用控制焚燒來滿足荒野目標。在美國有75%法令分類（Congressionally Classified）的荒野地區（Wilderness Areas），其占據了荒野土地面積（Wilderness Land Area）分類的一半比例，其燃料量太小而無法依靠閃電等自然起火（Natural Ignitions），來維持自然林火體制（Brown and Bevins 1986）。還有諸如社會大眾對林火逃生的擔憂，缺少閃電引起的林火，荒地目標（Wilderness Goals）和空氣品質管理規定等限制因素，都需要控制焚燒來恢復林火並模擬自然演化過程。使用控制焚燒的決定，必須基於生態學，但也意識到模擬自然林火過程的嚴格解決方案（Exacting Solutions），有可能是不可行的。林火歷史（Fire History）確定和控制焚燒的應用，都不是確切的事情。

對於住宅和商業用地（I區和II區），結構性目標是最合適的。正在尋求明確可定義和可量化的結果終點。例如，樹種和大小、林齡分布、斑塊大小（Patch Size）、灌木刺激增產、牧草產量增加和燃料數量減少等特定條件，可能是所欲達成的目標（Brown 2000）。

三、地景評估（Landscape Assessment）

管理生物多樣性和生態系統組成部分與過程的可持續性（Sustainbility），需要以地景觀點（Landscape Perspective）來做評估。以較大的生態系統中是存在小型生態系統，個體發生在植物群落社區內，此種短期過程是嵌套在長期演化過程中。以各種不同尺度來適合於決定一個地區多樣性模式的階層結構（Hierarchical Structure）。在生態系統管理背景下，設置植被和林火目標的一項主要挑戰，是評估和解釋多種尺度的生態意義。植被尺度範圍從單個植物、社區、系列階段、潛在植被類型到生物群落層面（Biome Level）。物種和單個植物群落，是採用細過濾方法（Fine Filter Approach）來進行處理。

傳統上，評估林火影響和其他環境影響，已經在項目基礎上（Project Basis）進行，使用細規模至中規模的評估。生態系統的粗規模（Coarse Scale）方面，在很大程度上被忽視。處理社區聚集（Aggregations of Communities）等較高規模等級的粗過濾方法，可在相對較少的資訊下運作，但卻是能滿足生物多樣性目標的有效途徑（Bourgeron and Jensen 1993；Hunter 1990；Kaufmann *et al.* 1994）。以單一的生態系統，可能太小以致不能容納所有物種的生存種群，特別是大型捕食者。因此，粗濾器方法是最適用於流域和山脈等生態系統的組合。這兩種方法對評估生態系統的所有方面和實現生態系統管理的廣泛目標（Goals），都是必要的。

地景和生態系統特性的評估，可進行不同複雜（Sophistication）程度和努力。這些規劃工作中的一些正在透過反覆試驗（Trial and Error）進行修正，並作爲案例參考。在過去的10年中，美國林務局（U.S. Forest Service）和土地管理局（Bureau of Land Management）對極大區域的地景進行了分析，例如2億英畝之哥倫比亞內河流域盆地（Upper Columbia River Basin）（Keane *et al.* 1999）以及較小的地區，如在科羅拉多州Pike和San Isbel國家森林公園、Cimarron與Comanche國家草原區、130,000英畝的Elkhorn山脈與46,000英畝的蒙大拿州North Flint Creek Range山脈。這些地景評估的細節各不相同，但其遵循一般三個步驟：

1. 指定研究區域內（Designated Analysis Area）的生態系統和地景的一般組成

（General Composition）、結構和過程（Structure and Composition）之屬性。

2. 分析數據以評估結構和組成的變化，並將變化與先前的管理作法，予以聯繫起來。

3. 檢視對該地區重要的生態系統過程，及其對生態系統和地景組成、結構和變化率的影響。

四、演替模式（Succession Modeling）

　　演替模擬（Succession Simulation）是提供來預測火燒、昆蟲、疾病等過程與在不同規模地景之間，植物長期相互作用的手段。透過其了解生態系統的功能，以及能評估不同的管理方案。強大的電腦功能有更廣泛的可用性，已導致特別是地景應用（Landscape Applications）的演替模型（Succession Modeling）工作研究。以管理者爲導向（Manager-Oriented）電腦模型，來模擬大型地景之演替過程，是面臨著生態過程的實際情境（Realistic Portrayal）和模型效用之間的替代（Tradeoff）。沒有特殊的培訓或協助，有些模型是太過複雜。儘管如此，管理人員在規劃中愈來愈多地使用演替模型，其中模型也不斷發展並且電腦功能不斷在增長著（Brown 2000）。

　　在爲特定應用選擇模型時，模型的時間（Temporal）和空間尺度（Spatial Scales）與預期用途，能相互匹配是非常重要的。運行數十年的模型，對於規劃處理是非常有用的。例如，森林植被電腦模擬（Beukema *et al.* 1997）的林火和燃料擴展，能模擬單個林分時發生火燒時的燃料量、樹木特性和樹木死亡率情況（Tree Mortality）。當一個地區的潛在林火行爲和林火影響，被認爲是不可接受時，管理人員可使用該模型，來幫助安排有計畫的進行疏伐工作（Schedule Thinnings）和燃料處理（Brown 2000）。

　　幾個世紀以來，模擬林火影響的模型，爲管理人員提供策略目標（Targets）、評估條件的歷史範圍（Historic Range）、評估氣候變遷的影響，以及了解管理行爲可能的長期後果，這些對管理工作都是很有助益的。例如，CRBSUM軟體是使用模擬哥倫比亞內河流域，在不同管理情景下的地景變化（Keane *et al.* 1999）。

第八節　林火管理經濟效益與偏好

一、林火管理方案經濟效率

在林火管理方面支出上，在美國聯邦野火抑制滅火成本，隨著時間的推移呈現往上波動現象，反映了林火季節的嚴重性。然而，美國聯邦支出的整體趨勢實際上是愈來愈多的。州在滅火支出資金上是有限的。圖10-31選定五年中（1998、2002、2004、2006、2008），數據顯示各州在林火管理方面投入了大量資金，幾年內幾乎達到或超過聯邦抑制滅火成本。事實上，一些州的支出可以由聯邦政府根據成本分攤協議（Cost-Share Agreements）或透過災難聲明（Disaster Declarations），予以得到補償（Reimbursed）。

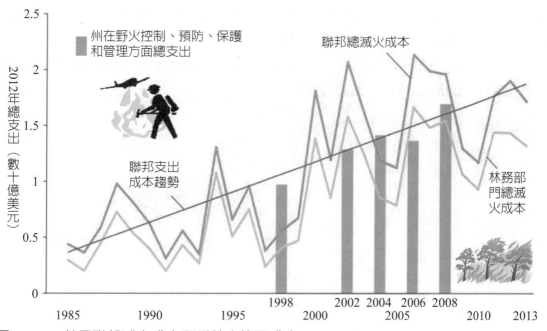

圖10-31　美國聯邦滅火成本和州林火管理成本（National Interagency Fire Center 2014）

在林火管理方案的經濟效率，為了對抗林火問題，森林管理者能採用不同的管理措施。這些包括預防（如教育與宣傳活動）、燃料處理（如控制焚燒、疏伐、機械式燃料去除）、預防整備和抑制以及復原措施。林火管理中最棘手的問題之一，是確定如何最有效地使用有限的預算、設備和人力資源，並將其分配到其他林火管理選項中（Mavsar *et al.* 2008）。

　　爲了回答這個問題，林火管理效率的經濟分析，通常由成本加淨值變化概念（C ＋ NVC）來評估（Donovan and Rideout 2003），其估計了與林火管理措施相關的所有成本和效益。該模型是透過在林火抑制成本和林火導致資源產出（Resources Outputs）變化的淨值（Net Value）之間（資源效益與損害之間的差額），增加滅火整備成本（Pre-Suppression Costs）得出的。滅火整備成本代表林火季之前，林火管理的支出（如購買消防車等滅火資源及滅火人員的設備）。滅火成本指林火季的滅火支出（例如滅火人員的工資與飛機等空中資源的燃料）。在C ＋ NVC模型中，滅火整備和滅火抑制支出被視爲獨立支出（Independent Inputs），其透過淨值變化（Net Value Change NVC）函數（Donovan and Rideout 2003）。滅火整備和滅火支出的獨立性，意味著一個輸入不決定另一個層次。例如，在林火季之前購買一些滅火設備，並不能確定在林火季節使用該設備的頻率。然而，滅火整備可能會影響透過NVC函數，來達到滅火的最佳水平（圖10-32）。在圖10-32曲線的斜率，等於是滅火和滅火整備在減少損害方面的邊際效率（Marginal Contributions）之負值。應指出的是，只有在NVC保持不變的情況下，滅火整備能被滅火取代（Donovan and Rideout 2003）。因此，兩個輸入都能獨立變化，但透過NVC函數以保持其相關性（Donovan and Rideout 2003）。

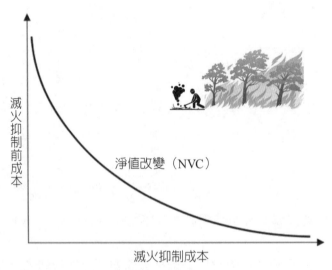

圖10-32　淨值變化曲線（Mavsar *et al.* 2010）

　　在C ＋ NVC模型的目標，是找到最有效的管理水平。選擇最有效的管理水平，是一個優化問題（Optimization Problem），我們打算找尋最小化成本和淨值變化（Net Value Change），或者最大化社會效益（Social Benefits）（Donovan and Rideout 2003；Mercer *et al.* 2007）。例如，考慮到滅火整備支出是處於最佳水平（圖10-33），最有效的滅火方案（Fire Programme）是成本和淨值變化總和之最小位置點（即圖10-33中的P*）。在模型中，成本部分（C）是透過估計此項方案之成本（滅火整備和滅火活動）獲得的；而淨價值變化（NVC）將由於林火導致的資源產出（Resources Outputs）（物質和服務）數量／質量的所有變化，再乘以產出單位價值。林火管理措施經濟效益評估的目標，不僅是幫助確定最有效的方案層面，而且決定如何分配資源（空間部分）（Mavsar *et al.* 2008）。也就是說，一旦決定使用多少資源（如林火探測設備、滅火資源、燃料處理），就必須確定其最有效和最具成本效益（Cost-Effective）的分配（Wei *et al.* 2008）。

為了能夠應用C＋NVC模型，並將其納入到決策支持系統（DSS）中，來規劃和評估管理方案的經濟效益，此項是需要足夠的資訊。例如，對於每項評估過的林火管理方案，至少需要有關經濟效益的貨幣估計，對資源產出影響的定量估計，以及與這些價值相關的風險評估。但是，知識和數據可用性仍然存在相當大的缺陷（Mavsar *et al.* 2008）。與應用C＋NVC模型有關的困難之一，是對NVC組件的估計，其要求提供關於林火產生直接和間接影響，即商品和服務（Goods and Services）的空間和時間提供的資訊，以及關於林火導致的商品和服務質量和數量（Quality and Quantity）邊際變化（Marginal Changes），是如何影響社會福利（Social Welfare）的資訊（Mavsar *et al.* 2008）。對於可能受到林火影響的許多商品和服務之類型，這些領域中的一個或兩個都缺乏相關資訊。圖10-33顯示C＋NVC模型的插圖（Donovan and Rideout 2003）。

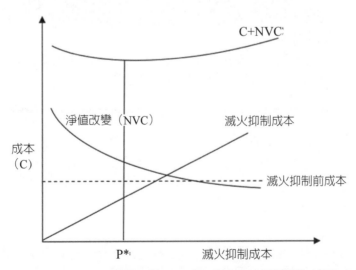

圖10-33　C＋NVC模式曲線圖：P*為成本和淨值變化總和之最小化

（Donovan and Rideout 2003）

　　由於林火事件或管理措施，可能存在時間上的相互關係，使成本和NVC的估算進一步複雜化；這意味著目前的行動，可能影響未來林火季的林火管理措施的應用決策（Mavsar *et al.* 2010）。例如，Mercer等（2007）表明，在當前季節應用的燃料管理措施，能在隨後的季節中產生效益（如降低林火風險）。在評估林火管理措施的成本和效益時，還應考慮到這些擴大的（Extended）效益。滯後的利益（Lagged Benefits）不僅是管理措施的特點，而且還是林火的特點。即林火大大減少了燃料的數量（類似於燃料管理的影響）；因此，它們明顯影響了隨後季節的林火風險和強度。根據Mercer等（2007）指出，這種林火的降低風險能持續11年之久。

　　在管理成本方面，美國林務局針對Willamette國家公園北部的Oakridge和Westfir林區，設計並開始實施疏伐（Thinning）和燃料縮減計畫方案。因幾十年來燃料一直在計畫區累積，該研究旨在減少Oakridge、Westfir周邊以及Oakridge北部草原區的野外－城市界面（WUI）的燃料，以提高住區和消防人員的安全，並協助土地所有者減少私人土地上的火燒風險，以減少整體林火人為壓制管理成本，恢復和維持景觀多樣化的歷史條件，並改善森林健康、增長和活力（Willamette National Forest 2018）等多元目標。

未疏伐林分
林火易形成較高強度與嚴重度，且易往上延燒至樹冠層，而造成樹冠火水平擴展，難以控制停止火燒。

適度疏伐林分
較低林火強度與嚴重度，火燒較可能僅停留在地表層；而滅火人員是較容易且安全地來停止火燒行為

圖10-34　美國Willamette國家公園實施疏伐和燃料縮減計畫方案（Willamette National Forest 2018）

在評估林火管理的成本和效益時，需要考慮的另一個重要問題，是能透過這些措施來實現多個目標。例如，控制焚燒能減少燃料、處理伐木殘枝（Logging Debris）、準備播種和種植場地、改善野生動物棲息地、管理入侵物種、控制昆蟲和疾病、提高可接近性（Improve Accessibility）、增強美學和娛樂活動、改善飼草和放牧，並管理瀕危（Endangered）物種（Wade and Lunsford 1988）。在歐洲層面，另一個重要的問題，也許是最根本的是，普遍缺乏可靠的數據，不僅僅是林火對自然資源產生的商品和服務的數量／質量的影響，而且是不同商品和服務的社會價值，以及林火管理和滅火活動的成本和開支。在許多情況下，沒有蒐集和報告這些數據的共同方法，因此現有數據通常是不完整的且不可靠的，並且只能局限用於一些國家或地區（Mavsar et al. 2008）。

二、林火管理方案社會偏好

經濟效率（Economic Efficiency）是決定哪一項林火管理方案，是最有效的重要準則。但是，在決定林火政策（Fire Policies）或管理措施時，此不應是唯一考慮的屬性。此外，考慮其他因素也是很重要的，例如某項方案或管理措施的社會價值和偏好（Social Preferences）（Daniel et al. 2007；Martin et al. 2008）。了解不同管理行為的社會偏好，並辨別何時可能與管理者之觀點不同，能幫助了解並預測不同的公眾（Different Audiences）對這些決策的反應。例如，這些知識能：

1. 幫助政府認識政策或行動，何時可能得到公眾的支持或反對；
2. 有助於發展有助於開展資訊或教育活動，這有助於獲得公眾對某項政策或行動的支持度（Mavsar et al. 2008）。

因此，了解社會偏好，會以不同的方式來發揮正面作用。此能作為政策設計和／或特定林火管理方案的支持工具；或者如面臨林火減災（Wildfire Mitigation）的固定預算，土地管理者可能希望設計一種反映社會偏好的防火措施，例如對森林資源影響較小的林火行為。因此，社會偏好能使決策者更好地確定林火管理中的重點關注領域（Priority-Attention Areas）。此在歐洲情況很少，只有一些案例研究引發了對林火管理措施的社會偏好（見專欄1）（Mavsar et al. 2008）。

三、估算林火的成本

在估算林火的成本方面（Estimating the Costs of Wildfires），係估計林火引起的社會經濟損失（Socio-Economic Damages）的先決條件，是了解重要因素是什麼，以及它

們如何影響自然資源（如森林），所提供的商品和服務的數量和質量。這些知識，對於辨別可能受林火或被林火損失的商品和服務，是至關重要的。只有對損失的完整描述，才能可靠地估計林火的社會經濟影響。此外，也應承認林火能產生正面之影響。例如，改善野生動植物棲息地、改善林下牧草和放牧、管理瀕危物種和依賴火的物種（Fire Dependent Species）。這些正面影響（效益）如存在，也應納入估算方法學內（Estimation Methodology）（Mavsar *et al.* 2010）。

　　廣泛的成本可能與林火有關，並且有不同的分類方法（Dale 2009）。總的來說，我們能將成本分為直接成本和間接成本。直接成本是指與林火事件直接相關的成本，由於林火和／或受林火熱曝露而發生，如環境（森林）商品和服務的損失或損壞、財產和直接滅火成本。相反地，間接成本與林火發生的風險或反映到林火發生風險有關，如預防、監測（Monitoring）和滅火整備成本、復原（Restoration）成本以及與個人相關遭受林火影響所形成利益損失等其他成本。評估林火管理效率和估計林火成本的一項重要問題，是對林火造成的環境（森林）商品和服務可能遭到破壞（或增強）的適當考慮。在估計林火的經濟影響時，傳統上只考慮其中的一小部分，主要是木材（Timber）數量／質量下降（Mavsar *et al.* 2008）。

　　然而，在過去的幾十年裡，森林作為環境和社會產品和服務的提供者，也變得非常重要。因此，現在估計的林火成本，還必須包括這些商品和服務（Butry *et al.* 2001）。然而，重要的是要明白，與具有市場價格的森林商品和服務（例如木材、水果和蘑菇）相反，森林商品和服務反映其價值，有商品和服務（如生物多樣性、娛樂活動、防止侵蝕、水淨化），在傳統市場中（以下稱非市場商品和服務）沒有交易。因此，在此沒有關於它們價值的資訊（Mavsar *et al.* 2008）。

　　能應用非市場估價方法（Non-Market Valuation Methods），來評估這些商品和服務。儘管這些方法在過去幾十年中，已有相當大的改進，但仍有其局限性，在使用時應予以考慮。最重要的限制之一，是估計值不容易被外推（Extrapolated）。例如，不同森林中的娛樂價值可能不同，這種差異不一定只是林地特徵不同的結果，也可能受到其他因素，如人口規模、地區收入、可接近性（Accessibility）的影響。在開發評估林火對社會經濟影響的評估體系時，這種限制尤為重要，因林火可能蔓延到沒有估計出非市場商品和服務價值的地區。在這種情況下，僅僅應用其他林地（Another Site）的值，可能會產生重大的估計錯誤。然而，透過使用正確的數據，適當的技術如利益轉移方法（Benefit Transfer Method）或採用委託代理（Proxies），如復原成本，這個問題能予以克服（可參考Rideout *et al.* 2008）。

專欄1　林火管理措施社會偏好案例研究（Mavsar *et al.* 2010）

燒毀的森林面積或枯死樹？西班牙**Catalan**地區人民的選擇

　　在Catalan（西班牙東北部）進行的這項研究的目的，是根據其對林火行為（林火蔓延和強度）的影響，引起社會對防火措施的偏好，並估計這些措施之社會價值。本項應用了選擇實驗方法學。選擇實驗（Choice Experiment）標籤是指模擬實際市場行為，所基於調查之一種評估方法（Hanemann and Kanninen 1999）。本項技術是基於這樣的思想，即任何替代品或好的商品，都能用屬性或特徵來做描述。在選擇實驗中，給受訪者呈現一系列包含至少兩種選擇的選項集，並被要求選取其更喜歡的選擇（Hanley *et al.* 2001；Bateman 2002）。在本項實證應用中，2007年6月在Catalan3個省，即Barcelona、Gerona與Lérida，進行了207次訪談。

　　訪談的第一部分介紹了要評估的屬性，以及每種選擇的支付機制和後果。第二部分包含選擇實驗練習和一些問題匯報。最後一部分旨在蒐集有關受訪者的一些社會經濟數據。研究結果表明，額外的防火措施提高了Catalan人口的福利，而Riera and Mogas（2004）研究也有類似的結果。此外，結果表明，最受關注的屬性是林火蔓延（火燒面積）。因這可能是公眾對燒毀面積數量資訊的熟悉程度。因西班牙媒體經常用它來量化林火的後果和嚴重度（Severity），結果意味著從社會的角度來看，減少森林火燒面積是設計防火保護方案時最相關的因素之一。

　　但防火與保護方案的設計，還取決於其他因素，如植被類型和特徵、火燒問題的複雜性、可用資金、可用經驗與專業知識。因此，社會偏好應在決策過程中考慮，但不只是提出林火管理方案的設計時，唯一之影響因素。

　　儘管如此，如前所述，在大多數情況下，只考慮滅火成本和木材生產損失，而對森林非市場商品（Non-Market Goods）和服務的損害，往往被忽略或是非常有限。忽略了非市場價值，是考慮到量化它們的複雜性和高成本付出；此外，所獲得的數值是特定地點的，並且只能在某些特定條件下轉移到其他地點（如類似的森林地點和種群特徵）（Mavsar *et al.* 2008）。

第九節　林火管理研究需求

維護所有生態系統組成部分和過程的永續性（Sustainbility），以及保護生物多樣性的目標，給土地管理組織帶來了新的挑戰。了解生態系統如何運作（Ecosystems Function）以及它們提供什麼，對於做出明智的環境管理決策是至關重要的。以下廣泛闡述的研究需求，表明了管理對植物和燃料的林火影響所需的知識，這將有助於維持永續性的生態系統（Brown 2000）。

一、林火體制的特點

1. 林火體制特徵（Fire Regime Characteristics）變異的歷史範圍是什麼？特別是林火頻率、林火季節和火依賴生態系統之火嚴重度？由於生態系統的分層結構（Hierarchical Structure），應在多種空間尺度上得到回應。
2. 生態系統模型和過程的限制，顯著生態系統是否超出了歷史變異範圍的界限？
3. 氣候在多大程度上影響了過去的林火體制屬性？預計的氣候變遷，將如何改變未來的林火體制屬性（Brown 2000）？

二、林火對生態系統過程和生物多樣性的影響

1. 林火不同頻率和嚴重度，對營養動態（Nutrient Dynamics）和植被的長期影響是什麼？
2. 林火不同頻率、季節性和嚴重度，是如何影響個別植物種和植物群落的發育？研究的重點應放在較貧乏知識（Knowledge Lacking）的稀有物種和其他植被組成部分。
3. 昆蟲、疾病和林火之間的相互作用，是歷史林火體制（Historical Fire Regimes）特徵，以及這如何影響地景格局（Landscape Patterns）？當生態系統超過變異（Varibility）自然的範圍以及應用各種管理活動時，這些相互作用是如何改變？
4. 不同生態系統尺度，對生態系統過程和生物多樣性的相互作用是什麼？粗尺度分析（Coarse Scale Analysis）在多大程度上，可以解釋生態系統過程和生物多樣性？
5. 大規模排除林火之生態系統，林火在林火體制演變下長期影響是什麼（Brown 2000）？

三、生態系統恢復（Restoration Of Ecosystems）

1. 在滿足社會資源需求的同時，能使用哪些方法，涉及野地林火使用、控制焚燒、造林和放牧方面，使生態系統恢復到植被結構和過程的歷史上範圍（Historical Range）？

2. 哪些燃料管理活動可提供可接受水平的林火危險（Fire Hazard），並與生態系統目標保持一致，特別是對粗木質碎屑（Coarse Woody Debris）的需求？

3. 如何結合控制焚燒和資源利用活動（Resource Utilization Activities），以管理非植物物種來維持生物多樣性（Brown 2000）？

四、生態系統評估方法的發展

1. 繼續開發可幫助理解和管理生態系統動態的模擬模型（Simulation Models）和生態系統評估技術。而演替和地景模型，是需要考慮林火、植被、燃料和氣候的相互作用。

2. 嚴格林火影響假設檢驗（Rigorous Fire Effects Hypothesis Testing），是需要小時間和空間尺度的林火影響模型，並且需要具有較大時間和空間尺度的模型來建構模組化。

3. 確定組織研究方法（Organizational Approaches），使所有土地管理組織和單位都可使用所需專業技能，和高速電腦設施提供複雜之生態系統模型（Brown 2000）。

第十節　結論

過去十年來極端林火事件表明，林火不僅是生態性，而且更是社會經濟性問題。經濟學在幫助量化問題的規模（即評估林火成本）和找到適當的解決方案（即評估林火管理措施的效率和提供有關公眾偏好的資訊）方面，扮演著重要的作用。這也意味著經濟學在林火管理過程中的角色，應做調整改變。

因此，對於決策者而言，開始將經濟分析視為主動林火管理的一個整合部分，是非常重要的。這種工具提供的資訊，能幫助管理人員做出更明智的決策，從而能在特定情況下

選擇最有效的替代方案。雖然經濟方法（如非市場估價方法）和模型（如C＋NVC模型）有相當大的發展，但未來仍有許多重要問題需要解決（Mavsar *et al.* 2008）。在這方面，主要問題是對以下方面的理解不足：

1. 林火對商品和服務的空間和時間，提供的衝擊影響（即商品或服務的質量和數量如何受到影響和持續多久）；

2. 林火對社會福利造成改變的潛在影響（即損失的價值是什麼）；

3. 林火管理措施對林火的風險（Risk）、程度和嚴重度（Severity）的影響（即量化各不同管理措施的影響）。

因此，決策支持系統（DSS）的發展，需要首先解決以上3個問題。一旦完成，下一步就是開發模型、充分模擬林火的行為和影響、林火管理措施的影響以及潛在的經濟影響（正面和負面）。此外，開發和實施DSS需要蒐集和處理大量資訊，例如燃料型（Fuel Models）、林火歷史數據、天氣參數（Weather Parameters）、地理數據（Geographic Data）、現有林火管理實務做法和資源的可用性、市場和非市場商品的價值和服務。另外，必須建立標準化的程序，來蒐集和處理所需的數據（Mavsar *et al.* 2008）。

最後，重要的是要認識到，決策支持系統或電腦模擬模型是不能替代決策者。決策者還必須權衡和吸收大量相關因素，其中許多不能用普通單位（Common Units）來衡量，甚至根本不能用數量（Quantitatively）來衡量，並且必須將林火規劃置於其他管理方案和制度約束的範圍內（Mills and Bratten 1982）。DSS簡單地量化了一些與林火管理方案規劃相關的因素，並幫助追蹤數量眾多關係間相互作用，以便能輕易操作來遵循。在DSS林火經濟效率的情況下，這將僅向決策者提供關於如何設計最經濟有效之林火管理方案的資訊。然而，結果取決於模型的假設和限制（即林火管理政策）。DSS可能會表現出對該項目施加制度性限制的一些成本；雖然其中許多限制條件是有效的，但它們的成本必須始終得到考慮（Mills and Bratten 1982）。在仔細考慮DSS提供的所有資訊以及其他來源後，關於什麼類型以及在何種程度上來實施林火方案（Fire Programme）的最終決定，是完全取決於決策者的魄力（Maker's Shoulders）（Mavsar *et al.* 2008）。

在開發和應用歐洲級林火管理和保護規劃之經濟效益評估模型的道路上，仍有許多障礙需要克服。其中一個主要問題是缺乏林火影響的可靠度和可比較的數據（Comparble Data）、受影響商品和服務的社會價值，以及林火管理活動的成本。考慮到這些限制，不僅需要制定相關的DSS，有可能處理地域差異，而且還要確保以標準化的形式（Standardized Form）來蒐集適當的數據。希望這在不久的將來會有所改變（Mavsar *et al.* 2008）。

　　而大多數人爲了某種目的而故意造成起火，此有太多的開始原因，在規劃、滅火和使用控制焚燒的責任是很清楚的。良好土地管理的利益和不好做法的成本，令人混淆不清。火燒之影響和衝擊尚不是很清楚全面性，人們整體理解性可能尚不足。這種特性的影響和成因，呈現出的是「不受控制的林火」。因此，在貧窮、國債、不正當的經濟激勵和土地使用權明晰性和安全性等方面，進行診治與緩解環境慢性惡化的努力，應是同步進行的。

第十一章 林地界面林火管理

　　本章能提供一些方法學，來進行林地界面之林火管理，同樣地，這些方法學也能應用到林火管理之其他方面，在此以歐美國家現有做法爲例，進行一系列探討分析。

第一節　林地界面易致災性

　　在地理上，「界面」（WUI）被定義爲兩個不同系統之間的接觸面或接觸線條。此構成了一個特殊交換區域，可以在兩個系統之間進行交互作用，特別是人類和林地系統。在文獻中，界面進一步定義爲建築結構和其他人類發展與未開發的林地或植被燃料相遇或混合的線條、面積或區域。在此使用WUI社區是以城市與林地之間的界面社區，存在於人類及其發展與林地燃料相遇或相互混合的地方，其建築結構與未開發的林地植被，是彼此相遇或混雜一起的（USDA-2014）。目前更普遍的是，WUI通常描述爲城市地區與農村土地相遇並相互作用的地區，包括城市和小社區的邊緣、住宅和其他建築物與森林混合的區域、其他土地用途以及城市地區未開發土地的區塊（Islands）。在這些WUI中，增加人類影響，土地利用轉換正在增加自然資源商品、服務和管理（Macie and Hermansen 2002）。

　　界面林火行爲和易致災性，因其由連片森林組成的大片地區，很大程度上常受到人類活動的影響。這種影響導致了地景的破碎化，森林地帶被城市發展所包圍或彼此交織一起。野地植被或其附近的城市經濟發展，彼此衍生衝突，對環境也構成重大威脅。如此造成人類與環境衝突的領域，如林火造成的家園破壞、自然棲息地破碎化（Natural Hbitat Fragmentation）、引進外來物種（Exotic Species）以及生物多樣性退化（Radeloff *et al.* 2005a）等。這些以人類活動和土地轉換增值爲特徵的地區，組成了本章所欲探討之野地─城市界面（Wildland Urban Interfaces, WUI）（Lampin-Maillet *et al.* 2010）。

　　WUI的重要性近年來有所增長，主要是因WUI作爲地景單元（Landscape Units），在全球範圍內逐漸增長。基本上在美國、加拿大和澳大利亞，在1985年的大規模林火之後，對WUI的研究受到大幅關注（Davis 1990）。在歐洲WUI從2000年開始人類居住涉足林火環境，住宅區愈來愈受到林火的影響，商品和人員受到損害。極端林火行爲已影響到2003年的法國和西班牙、2005年的西班牙、2006年的葡萄牙和西班牙、2007年的希臘

以及最近幾年地中海國家地區等。更多的樹冠火涉及WUI地區，主要是在熱浪期間（Heat Waves），摧毀整個區域內建築結構（Lampin-Maillet *et al.* 2010）。

　　Cohen（2008）指出，WUI災害主要取決於建築物點燃的可能性；研究發現，建築物在極大野火期間的點燃潛力，取決於建築物外部材料和設計的特點，以及位在一百呎內和飛火星（燃燒餘燼）（Firebrands）內對物體燃燒的反應。在這個區域，即一棟建築物及其周圍的環境，稱為建築結構點燃區。也就是建築物能滿足和維持燃燒要求，即足夠的燃料（房屋）、熱量（相鄰燃燒物體）和氧氣（空氣）組合來進行燃燒。在極端的WUI大火期間，燃燒的要求可以透過兩種方式來實現：從火焰之輻射和對流熱，以及直接在建築物上點燃（飛火星）。

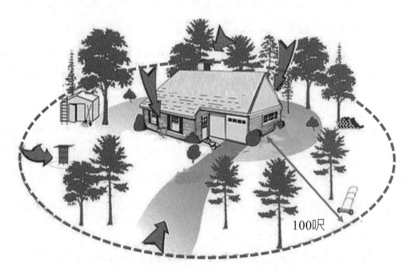

100呎

圖11-1　WUI大火能透過火焰之輻射和對流熱及飛火星直接點燃（改繪Hills Conservation Network）

　　點燃WUI房屋所需熱傳的計算模型和實驗室以及現場實驗表明，燃燒的灌木和樹冠（大小不一）的大面積火焰，必須在一百呎內才能點燃建築物木材外壁。實際案例研究發現，在大多數住宅區內不會出現極大野火行為；相反地，大多數被摧毀的建築物是直接從較小飛火星點燃。證據是大多數被摧毀房屋周圍並沒有植被存在。因此，鑑於極大野火的情況，建築物點燃區主要決定WUI火燒災害的可能性（Cohen 2008）。

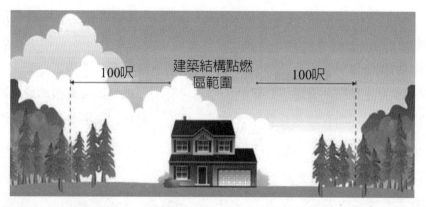

圖11-2　建築物點燃區主要決定建築物的受到野火點燃可能性。該點燃區包括以建築物為核心之100呎內周圍環境（Cohen 2008）

目前有相當多證據顯示，在美國和澳大利亞的界面林火中，飄揚之飛火星是建築結構起火的主要原因。飛火星點燃了至少60%的被摧毀的建築物結構。飛火星直接點燃占被摧毀建築物的25%左右。長久以來，飛火星進入建築物通風口被認為是重要的，在美國加州過去的10年裡發生了許多大規模的WUI林火，被認為是最容易受到飛火星，而造成建築物火災。因為飛火星不僅可能被困在建築物壁板本身，而且也可能被困在角柱內。對於了解飛火星和植被燃料位於建築結構太近的危險，是非常重要的。

各國努力投注研究，目的是在現有的或潛在的WUI地區，予以識別和圖形化，此已記錄在北美，其次在歐洲。目的是評估WUI中的林火風險，特別是其易致災性，以便對WUI林火蔓延之防護行動提高效率（Lampin-Maillet *et al.* 2010）。

第二節　界面林火風險

Cleetus and Mulik（2014）指出，風險可定義為發生不良事件（或危險）的可能性，造成人身傷害或金錢損失。潛在影響的程度是衡量風險嚴重程度的標準。在野火環境中，WUI人們面臨的風險正在增加，部分原因是氣候變遷引起的更熱與更乾燥的條件。經濟學家稱之為「道德危險」（Moral Hazard）問題，使這種情況更加複雜：屋主和地方決策者可能會做出選擇，因為WUI他們並沒有支付這些選擇的全部成本（如滅火是由全民納稅人支付），從而導致更大的風險。例如，允許在易發火災地區如WUI進一步開發的選擇，主要掌握在當地的主管當局手中（Cleetus and Mulik 2014）。

　　然而，這種類型的開發可能導致更大的滅火成本，其中不成比例的份額是由納稅人支付。減輕野火造成的經濟風險，需要採取行動降低風險本身（如透過主動燃料管理或家庭和社區的防火措施限制野火損害的機會）、限制風險曝露（如限制在野火易發區域或購買保險），或是企業援助資源，以幫助人們應付野火後果（如災難援助或保險賠付）。因此，可能需要將上述所有這些行動結合起來。此外，有些人可能更容易受到野火風險的影響，例如遭受煙霧健康影響的兒童或依賴健康森林維持生計的社區（Cleetus and Mulik 2014）。

圖11-3　影響災害風險的因素（IPCC 2012）

　　基本上，林火風險（Fire Risk）定義為由於某一地區和一段時間的林火，所造成的預期損失。林火風險至今有許多定義（Hardy 1977），最常見的對應於危險度與易致災性的結合：風險＝危險度×易致災性（Vulnerbility），建立了這三個概念之間關聯性。因此，林火風險包含兩個不同的組成部分：

1. 在這段時間內林火影響區域的可能性——林火危險度；
2. 林火發生後可能造成的破壞——易致災性（Blanchi *et al.* 2002）。

Blanchi等（2002）提出將林火風險的每個組成部分，定義由不同的重疊元素組成（表11-1）。

表11-1 有具體元素的林火風險（Fire Risk）定義

林火風險					
危險度（Hazard）				易致災性（Vulnerbility）	
發生		強度（intensity）		利害關係（Stake）	回應及反應（Reply Response）
起火機率	延燒機率	威脅區域	林火強度		

（Lampin-Maillet *et al.* 2010）

在其他林火風險定義，其中強度（Intensity）被認爲是易致災性的一部分（Wilson 1993）。林火風險評估，通常被認爲是防火和滅火系統不可缺少的組成部分。由於林火資源和防火基礎設施不是無限的，因此預測林火事件及其後果的需求，將會具體明顯。爲了執行和成本效益，資源需要在空間和時間上進行明智的分配。

通常林火風險評估，包括林火危險度評估和易致災性評估的組合（Lampin-Maillet *et al.* 2010）。以風險（Risk-Related）爲相關主題，在不同且相互矛盾的方式使用了「林火危險度」（Fire Hazard）一詞。基本上，林火危險度是林火發生機率和林火潛在強度的組合結果，與Blanchi等（2002）定義是類似的。而林火發生機率（Probability）則是一個地區發生林火的可能性。因此，在發生林火事件的情況下，林火強度被認爲是火線（Fire Front）單位長度的潛在能量釋放（Byram 1959），通常也將林火危險度作爲指標進行計算，其評估方法可按時間尺度（Temporal Scales）分類。如果評估是基於因子的，那麼隨著時間的推移是非常緩慢（如植被、地形）的變化，結果將是一個結構性（靜態或長期）指數。另一方面，如果評估是基於可能經常變化的因素（每天甚至每小時如燃料溼度、天氣），則結果將是動態（短期）指數。

關於易致災性方面，跨學科和主題有許多不同的易致災性概念（Gallopin 2006）。根據自然風險（Natural Risks），可以透過3種方式來考慮易致災性（Mantzavelas *et al.* 2008）：

A. 作爲一種結果（Consequence）。

B. 作爲一種狀態（State）或特徵（Characteristic）。

C. 作爲一種原因（Cause）。

在A情況下，易致災性是在發生危害時，可能造成損失（Lost）的價值。據Coburn等（1994）指出，易致災性定義爲給定元素或元素集的損失程度，由在特定的嚴重程度下所產生一定的危害程度。也就是當一個單元面臨一定程度的危險時，可以透過潛在損害計算，來表示易致災性。

　　在B情況下，易致災性可能是一種或一組要素發生危害時，遭受損害的傾向。一般而言，易致災性可能包括有組織的社會、經濟結構、建築環境和生態系統，對於曝露於危險事件所造成負面影響的脆弱程度。據Blaikie等（1994）指出，易致災性表達了一個人或群體，預測、處理、抵抗和從自然災害的影響中復原的能力。

　　最後，在C情況下，易致災性對應於「考慮了很多變量（自然和人為的）的體系。在這種空間和時間動態，會產生對受到危害曝露之人口社會或多或少危險的情況」。在這種情況下，目標是辨別確定作為易致災性來源的因素（變量）。總之，易致災性定義，顯然主要是指災難性事件的影響。對於特定危險嚴重程度，一個元素的易致災性，通常表示為損失百分比（或者介於0和1之間值）（Blanchi *et al.* 2002）。

　　在此面臨的挑戰，就是在可測量的單位或指數來表示易致災性，以便進一步估計整體之林火風險。此外，大多數減災工作的重點是減少易致災性，為此從已確定的主要危害，有必要了解哪些元素或單位，所面臨風險是最大。

　　在野火管理中的風險分析方面，野火風險取決於野火行為和野火影響的可能性（Finney 2005）。野火風險管理框架的構想，意味著系統和可重複的評估過程，評估所提出的行動的成功性和效果，以滿足多個共同競合的資源管理目標（Kevin *et al.* 2012）。關於野火風險分析的討論，包括圍繞核心風險矩陣（Core Risk Matrix）建立的野火風險評估框架，該框架考慮了可能的起火、野火行為和野火影響（Bachmann and Allgower 1998）；引入基於機率、後果或影響之核心概念之理論風險框架，以及衡量後果的目標或基礎（Shields and Tolhurst 2003）；基於環境風險評估原則，作為野火風險管理綜合方法（Fairbrother and Turnley 2005）。

　　野火風險的量化定義：給定的能量釋放特徵或強度的野火，導致的資源的預期淨值變化，乘以該野火強度的發生機率，再乘以所有可能的野火強度之總和（Finney 2005; Kevin *et al.* 2012）。圖11-4顯示了基於風險的分析序列，該序列明確說明了野火決策支持中的野火影響，並為建立基於風險評估之野火影響程序，提供了基礎（Kevin *et al.* 2012）。對野火風險的評估，能調整潛在的損失或收益，以確定有價值的資源將遭受野火的可能性以及影響發生的可能性。野火一旦點燃將燃燒特定區域的可能性，主要取決於野火天氣條件、先前氣候（Antecedent Climate）和可用燃料（Available Fuels）條件（Kevin *et al.* 2012）。

　　資源價值的變化取決於給定資源如何反應野火輸出，即能量和化學釋放（Kevin *et al.* 2012）。在量化風險的情況下，客觀地描述了一種判斷，以確定由於野火影響，所導致的潛在損失或收益的重要性。實施風險的影響分析，主要障礙是缺乏量化或鑑定有價值

資源的預期價值變化能力（Calkin *et al.* 2011）（圖11-4中的步驟2）。從歷史上看，只有在私有財產受到威脅並且可以很容易地分配市場價值的情況下，價值變化分析才能很好地完成。人們普遍預期損失是毫無疑問的假設，即野火首先會到達，如建築結構，第二建築結構將遭受野火的全部損失。非市場資源（即自然資源和生態系統服務）的價值變化量化，此會因野火影響知識的差距，而受到限制（Calkin *et al.* 2011），難以獲取已經公布的知識和對非市場資源估值的誤解（Shields and Tolhurst 2003）。

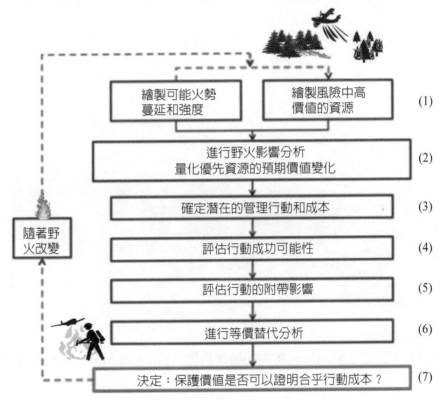

圖11-4　評估野火風險之一般管理行動步驟（Kevin *et al.* 2012）

　　而在林地界面之林火風險評估方面，林火管理重點是繪製在當地的WUI位置，並確定哪些WUI面臨最大的風險。為此設定下列幾個目標：

1. 第一個目標，是提出一種方法來描述（Characterize）和繪製當地WUI圖形，以提高防火效果，並在地景規模上分析其在地景上的地域發展情況。

2. 第二個目標，是提出的林火危險度計算和繪製圖形程序（Mapping Process），並考慮建築結構和日常之因素。

3. 第三個目標，是提出易致災性等級（Vulnerbility Levels）的評估方法。

4. 第四個也是最後一個目標，是提出一個具體的方法，以便透過全面的林火風險指標，來評估和繪製林火風險（Map Fire Risk）圖形（Lampin-Maillet *et al.* 2010）。

為了發展上揭的目標，在此將以歐洲3國之研究案例做說明，即法國、西班牙和希臘。第一個案例，係位於法國東南部Aix-En-Provence和馬賽Marseille之間的大都會區（圖11-5中標示1）。第二個位於西班牙東南部Sierra Calderona（圖11-5中標示2）。第三個位於希臘東北部Thessaloniki的西部（圖11-5中標示3）；此部分將在下一節探討。

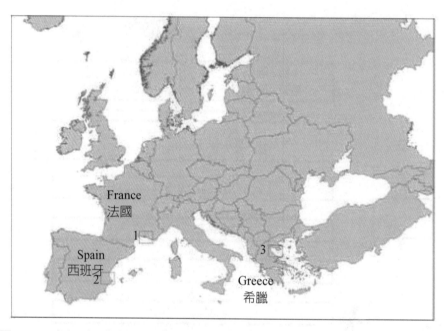

圖11-5　以三個歐洲研究案例的地理位置（Lampin-Maillet *et al.* 2010）

第三節　界面識別、描述和圖形化

本節以歐洲地中海國家為例，於林地界面形狀，可分以下數種結構：

1. 線結構：這種結構在自然條件下是很少有的，一般由人工形成的，如防護林帶、農田、景觀林或林緣道路等。

2. 鋸齒結構：是一種常見的林地生態界面，由生物群落自然演化形成，如河岸、林緣等。

3. 破碎結構：此較不能清楚地劃分林地生態界面，因受到不斷干擾形成的，如疏林地。

為了在土地上繪出WUI，在此提出WUI做更精確定義如下（Lampin-Maillet *et al.* 2010）：

1. WUI由住宅組成，這些住宅永久、暫時或季節性居住（農業、工業、商業和公共建築未被考慮）；

2. 房屋位於距離森林或灌木林地200公尺的地方，以考慮部分需要清理灌木或發生起火的區域；

3. WUI劃定在房屋周圍100公尺範圍內。這個距離考慮了可以對房屋進行燃料減少操作的周界範圍。

這些不同的距離特別適合歐洲的情況，但其也可以根據各國特定當地環境（植被清除法規或城市組織）來進行修正（Lampin-Maillet *et al.* 2010）。

一、局部區域層次（At Local Level）

考慮到上述定義，WUI地區距離森林300公尺範圍內，因此在植被火燒情況下，也顯著曝露於飛火星（Firebrands）之飛落威脅。2002年「法國森林定向法」（French Forest Orientation Law）係以WUI為主題，距離森林或灌木林不到200公尺的每座房屋周圍50公尺範圍內的灌木植被，必須強制清除。在其他歐洲國家，有效的燃料處理只需在10～30公尺範圍內，而美國為100呎（Lampin-Maillet *et al.* 2010）。

基本上，WUI是兩個混合的元素：

1. 第一個涉及住宅的空間組織（Spatial Organization）。

2. 第二個涉及燃料植物結構（Structure of Fuel Vegetation）。

在此必須制定空間標準，來明確與不同植被結構接觸的住宅結構。關於住宅的結構，以住房密度（Housing Density）計算方法，在此提出了一個實際量化（Real and Quantitative）的定義，來相對於孤立（Isolated）、分散（Scattered）、密集（Dense）（或非常密集）居住類型，通常由土地管理者和地理學家使用。此種區別是基於Lampin-Maillet等（2010）指出的定量標準，如房屋密度（Housing Density）。關於植被結構，只有可被空間識別的植被水平結構可被表徵出來，即無植被（No Vegetation）、稀疏植

被（Sparse Vegetation）和連續植被（Continuous Vegetation）。然後，不同類型的住宅和不同類型的植被水平結構的組合，形成了不同WUI類型（Typology）（Lampin-Maillet et al. 2010）。

因此，用於表徵和圖形化WUI的方法，可基於3個步驟（Lampin-Maillet et al. 2010）：

第一步是位於WUI中的所選取房屋，予以表徵和繪製房屋形態。然後根據Lampin-Maillet等（2010）指出房屋類型定義及緩衝和房屋計數的作業過程，每棟房屋被歸類：孤立的（Isolated）、分散的（Scattered）、密集的（Dense Clustered）及非常密集的（Very Dense Clustered）。這些類別考慮到房屋之間的距離以及房屋周圍100公尺範圍內的房屋密度（Lampin-Maillet et al. 2010）。

第二步是描述和圖形化植被結構。植被結構揭示了其水平連續性，其設計爲測量土地覆蓋圖中植被類別內空間格局之聚集程度（Aggregation Levels）。在地景生態學不同的現有指標中，衡量空間模式聚合的最合適指標，是植被聚集指數（Aggregation Index, AI）（Lampin-Maillet et al. 2010），此聚合指數具有空間表示。

根據植被類別計算，聚集指數增強了森林和灌叢的空間組織。植被被定義爲野生森林（針葉樹、落葉和混合森林）、灌木叢、過渡性土地，主要是明顯的切口（Clear-Cuts）。然後，從植被中排除低和高強度之住宅、商業／工業建築、果園／葡萄園、牧草／乾草、耕地（如大面積作物（Row Crops）和牧場、小雜糧作物、休耕、城市／休閒草、裸岩／沙／黏土、採石場、開闊水域和多年生冰／雪。

聚集度量（Aggregation Metrics）計算是在一個半徑爲20公尺的移動窗口內進行的，同時還繪製了聚合指數值圖，其中包括三類聚集指數值。第一類是指數值等於零，而另外兩類確定是將數值平均分成兩組或者透過設定臨界值等於95%：第一種分布是低聚集值，第二種分布是高聚集值（Lampin-Maillet et al. 2010）。

第三步是透過地理資訊系統（GIS）結合上面兩個標準。計算允許根據12種類型（圖11-6），透過以光柵格式（Raster Format），跨越四類房屋類型和三類植被聚集指數來圖形化WUI。此種WUI方法已在法國和西班牙的不同地區得到應用（Lampin-Maillet et al. 2010）。圖11-7是在法國樣區（圖11-5中標示地點1）上執行的WUI地圖的圖示（Lampin-Maillet et al. 2010）。

圖11-6　歐洲林地界面12種型態（Lampin-Maillet *et al.* 2010）

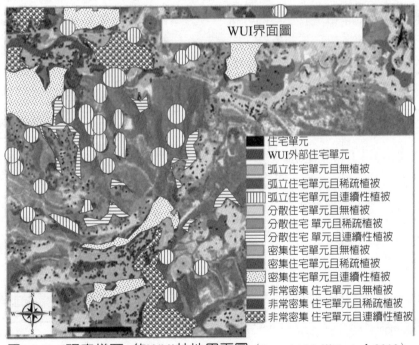

圖11-7　研究樣區1的WUI林地界面圖（Lampin-Maillet *et al.* 2010）

二、地景層次（At Landscape Level）

以局部區域規模（Local Scale）進行分析必須由一般的方法來補充。一方面，WUI 的擴張過程與逆城市化（Counter-Urbanization）和次要住宅單元動態的發展相關聯，其是反映到對林地界面尺度上（Urban-Regional Scale）的空間組織模型。另一方面，現有的地景格局對土地覆蓋和土地利用軌跡（Land Use Trajectory）產生影響，並最終影響新的住宅發展格局。此外，林火行為在很大程度上，取決於地景格局（Landscape Pattern）。這些是將地方特色評估方法，應用於局和整個區域層面（Local and Regional Levels）的中間尺度主要原因。

WUI表徵從不同尺度，即整個地區（Regional）、地景（Landscape）、局部區域（Local）的分析，以及它們之間的相互作用（即多尺度分析）得出結果（Galiana *et al.* 2007）。

三、整個地區層次（Regional Level）

在整個地區層次（Regional Level），分析的目標是建立一個影響該地區的主要土地動態，即郊區化（Suburbanization）、放棄和改造農村地、火燒地等主要空間格局的敘述性模型（Descriptive Model）。這種方法的結果，改善了地景特徵評估，這也是基於對結構（土地使用分布）和功能要素的分析。具體案例：西班牙Sierra Calderona地區WUI之表徵（Characterization），如表11-2所示。

表11-2　WUI居住區與地景類型間關係矩陣

地景類型／住區形態	城鎮	城市化	分散的農村居民點
I西部平頂高峰	I緊湊城鎮	III野地上自發城鎮化（未計畫）	IX溝壑斜坡上分散定居點
III野地山丘較低砂岩和耕種的溝壑	II緊湊城鎮擴展	IV野地上進行城市化（有計畫）	X野地上分散定居點
IV斜坡上農林牧場 V谷地上小型農業	-	V自發城鎮化（未計畫） VI野地上進行城市化（有計畫）	XI斜坡上栽培散落的定居點
II農業山麓平原		VII自發城鎮化（未計畫） VIII城市化（有計畫）	XII鄉村散落的定居點

（Galiana *et al.* 2007）

　　在地景層次上（Landscape Level），多尺度分析（Multiscale Analysis）包括地景特徵評估（Landscape Character Assessment, LCA），基於地景中的自然和文化特徵，以及功能動力和用途的評估。地景描述建立由兩個層次組成的分層類型（Hierarchical Typology）：即地景單元和類型。地景特徵評估（LCA）提供了WUI的地域背景，以便將城市化過程與其發生的地景類型以及這些可預見的風險演變，予以聯繫起來。

　　在局部層次上，WUI表徵過程包括識別出城市化過程所定義的不同型態，根據其發生區域的地景類型對其進行檢查，並根據林火行為對其不同表徵。於圖11-8是位於圖11-5中標示2的地景層面的WUI地圖之圖示（Lampin-Maillet *et al.* 2010）。

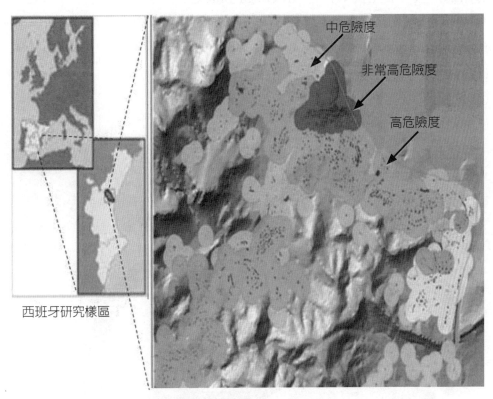

圖11-8　在西班牙研究樣區2地景層次WUI圖（Lampin-Maillet *et al.* 2010）

第四節　界面林火危險度評估（**Fire Hazard Assessment**）

一、林火危險度繪圖（Fire Hazard Mapping）

　　本節介紹的工作旨在定義一個標準工作流程（Standard Workflow），以獲得由GIS結構和動態因素的林火危險圖；此種地圖能以每日進行更新工作（Lampin-Maillet *et al.* 2010）。

1.計算結構指數（發生機率）（Structural Index）

　　有幾種方法試圖評估結構因素，對林火危險的整合影響。通常考慮的因素如下：（Lampin-Maillet *et al.* 2009）

　　(1) 人類的存在（人口、定居點距離與道路距離等）。

　　(2) 植被（類型、生物量、結構）。

　　(3) 地形（坡度、海拔、方位）。

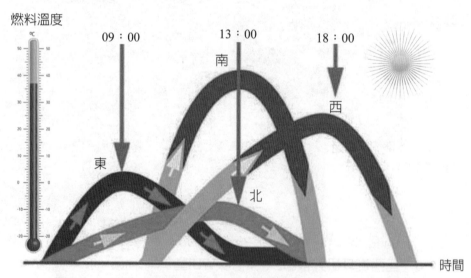

圖11-9　溫度（燃料易燃性）隨著時間與地形方位而變化

　　上面因素整合到方程式中，每個方程式根據使用者意見對其相對重要性，進行加權（Weighted），以產生危險指數（Hazard Indices）。為了克服因素加權的主觀性，已闡述了目前一些技術，如統計軟體主成分分析（Principal Component Analysis）、邏輯迴歸和神經網絡等。這些技術試圖建立這些因素和林火歷史之間的關係。在這些技術中，廣

泛使用邏輯迴歸，提供了一個輸出的機率。評估的準確性可以透過觀察到的林火事件，來
進行輕易估計。

圖11-10　地形坡度向上延燒危險加大（武陵林火，2002 盧守謙攝）

　　在第一步中，必須定義一組預測林火發生的潛在顯著變量（例如：燃料類型、海拔高
度、與最近道路的距離、年平均降雨量等）。應根據歷史性林火事件周界的林火數據庫，
對這些變量進行迴歸。

　　在第二步中，應進行探索性分析（如Chi^{2}顯著性檢定），以確定是否有任何考慮的變
量與林火發生無關。此外，權重分配給每個其餘的變量，根據其顯著性，這是透過邏輯迴
歸的方式計算。林火發生機率的邏輯模型可以表示為：

$$PFO_i = \frac{\exp(z_i)}{1 + \exp(z_i)}$$
①

其中PFO_i是第i個地理單元（像素）發生林火的機率，而Z_i可以計算為：

$$Z_i = b_0 + b_1X_{1i} + b_2X_{2i} + \cdots + b_jX_{ji} + e$$
②

其中X_{ji}是第i個地理單元（像素或多邊形）中考慮的第j個變量值，b_j是第j個變量的權

重，e是誤差項。

正如方程式①所暗示的，當Z_i接近正數無窮大時，指標值接近1，表明第i個地理單元一定會在下一個時期燃燒。同樣，當Z_i接近負數無窮時，指數值接近0，表示第i個地理單位不會燃燒。

其中PFO取值範圍：PFO是一個介於0和1之間的機率。

2.計算每日（動態）指數

考慮短期因素，採用了不同的策略，其中大部分是評估燃料含水量對燃料可燃性的影響。在加拿大林火天氣指數（FWI）是定義每日林火風險最有效的方法之一，除了加拿大使用外，FWI已在全球範圍內應用和評估了非常多樣化的生態系統（Viegas *et al.* 1998）。由於這些原因，FWI也是本節提出的動態指標。FWI結構的示意圖如圖11-11所示。

在計算FWI所需變量值（溫度、相對溼度、風和降雨），通常來自氣象站或氣象感知器（Sensors）。為了計算FWI值，需要獲得上述每個變量值。因此，在最終計算FWI之前，必須對這些變量的點源值（Point Source Values）進行插值（Mantzavelas *et al.* 2007）。

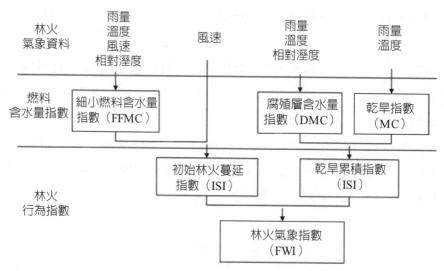

圖11-11　加拿大FWI結構圖（van Wagner 1987）

而FWI的值範圍是開放式的，範圍從0到100+；其中從0到8是低危險值，從8到17是中等值，從17到32是高值，並且大於32是極高危險值（Alexander 2008）；以下圖11-2、11-3是臺中港防風林區以FWI所進行的研究報告。

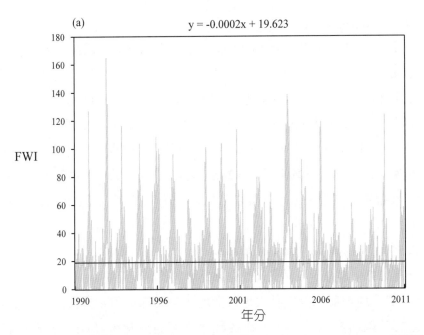

圖11-12　臺中港防風林區1991～2010年每日FWI值（n = 7,306，實線為平均值）

（盧守謙 2011）

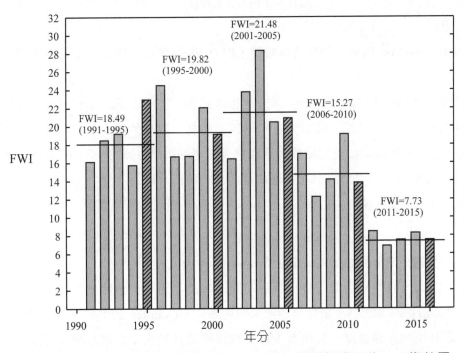

圖11-13　臺中港防風林區1991～2015年期間年度平均FWI趨勢圖

（盧守謙 2016）

3. 整合指數（Composite Index, CI）

如上所述，透過造成林火現象發生的所有因素（人、地形、植被、天氣等），來計算結構指數（Structural Index）（PFO）。但是，正如計算方法所暗示的那樣，結構指數是林火發生的長期預測因子，只能被視爲平均機率（Average Probbility），因其沒有考慮燃料的當前狀態（Current Status），這在林火發生中係屬非常重要的因素。例如，即使在（長期）發生機率是高的地方，大雨事件也能將林火的機會減少到零。另一方面，像FWI林火氣象指數，能代表著天氣的日常波動及其對燃料水分狀況的影響，所引起的起火風險。儘管FWI在確定每日起火風險方面非常有效，但可以合理地認爲（Lampin-Maillet *et al.* 2010）：

(1) 所有起火不能用低燃料含水量來解釋；

(2) 並非所有的起火都會形成林火（如在缺乏燃料的情況下）。

因此，爲了更好地理解和確定林火危險問題，需要採取整合方法（Integrated Approach），這一點顯而易見。爲此，建議計算一個整合指數（CI），它是結構指數（PFO）和林火天氣指數（FWI）的乘積，如次（Lampin-Maillet *et al.* 2010）：

$$CIi = PFOi \times FWIi \qquad ③$$

其中CIi爲第i個地理單元的整合指數值，PFOi爲第i個地理單元的結構指數值，FWIi爲第i個地理單元的FWI值。

CI可被視爲FWI計算的「有效」部分。也就是說，如果計算PFO的林火發生機率是正確的，那麼CI是FWI值的一部分，在結構因素和林火歷史的整合影響下，仍然是有意義的。換句話說，可以說CI是由結構因素和林火歷史驗證FWI值的一部分。如果PFO值爲0，則CI值變爲0；如果PFO值爲1，那麼CI值是FWI值的100%。因此，CI作爲PFO和FWI相乘產值，其中CI值範圍與FWI值（0至100+）是具有相同的值範圍（Lampin-Maillet *et al.* 2010）。

4. 潛在火線強度（Potential Fireline Intensity, PFI）

到現在爲止，我們只處理了林火發生的問題。爲了對林火危險度問題，有更廣泛的認識，我們必須探討某起林火事件可能帶來的後果（Alexander 2008）。這樣做的方法，是需要計算潛在的火線強度，其爲發生林火時每單位長度火焰的潛在能量釋放量。林火強度的計算，在林火抑制和林火生態效應研究上，具有重要意義。火線強度計算爲燃料

質量（Fuel Mass）、延燒速率和「常數」值（Constant Number）的函數，其中常數等於18,000 kJ/kg（Byram 1959）：

$$PFIi = 18000 \times Wi \times ROSi \qquad ④$$

其中

PFIi是第i個地理單元的火線強度（kW/m）

Wi是第i個地理單元的可用燃料量（kg/m²）

ROSi是第i個地理單元的林火蔓延速率（m/sec）

如果根據Anderson（1982）引入的分類方案，對燃料類型進行圖形化，或者對燃料進行描述的另一種分類方案，則通常將Wi和ROSi的平均值併入燃料類型的描述中。

PFI值範圍在0到100,000 kW/m之間，其中從0到350 kW/m強度值是低值，從350到1,700kW/m是中等值，從1,700到3,500kW/m是高值，從3,500到7,000kW/m是非常高值，並且大於7,000kW/m值是極端值（Lampin *et al.* 2010），表11-3顯示CI與PFI之對應關係。

表11-3　計算危險指數（Hazard Index）

CI \ PFI	低	中	高	非常高	極端高
低	低	低	中	中	高
中	低	中	中	高	高
高	中	中	高	非常高	極端高
極端高	中	高	非常高	極端高	極端高

（Lampin-Maillet *et al.* 2009）

二、建立危險指數（Hazard Index, HI）和圖形化

最後，危險指數（HI）可以看作整合指數（Composite Index）和潛在林火強度（Potential Fire Intensity）的組合。

危險指數（HI）計算背後的想法，是將單一指數（Single Index）整合在一起，包括起火、林火蔓延和造成損害的可能性。HI體現了該指數（Index）計算的指數值（Indices）的不同方面。一方面CI指示當前天氣情況和林火發生的影響，而PFI指示發生林火時的嚴重度。

　　例如，如果當前的天氣條件不利於起火或林火蔓延，並且也透過林火歷史值
（「低」CI值）和潛在的火線強度低（「低」PFI值）來驗證，那麼就應期望低強度起
火，或根本不會起火，即「低」HI值。如果當前的天氣和林火歷史，表明林火發生的可
能性很大（「極端高」CI值），並且潛在的火線強度爲「極端高」，那麼就應預期可能
造成廣泛損害的非常強烈的林火，即「極端高」HI值。HI（中、高和非常高）的中間級
可以類似地依序解釋，如此可在特定地點和時間是預期的林火行爲和強度。圖11-14顯示
了圖11-5研究樣區3HI的地圖（Lampin-Maillet *et al.* 2010）。

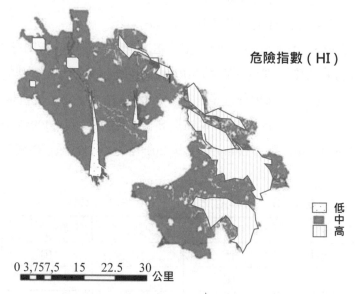

圖11-14　2007年4月14日希臘研究樣區3計算HI案例（Lampin-Maillet *et al.* 2010）

第五節　界面易致災性評估
（Vulnerbility Assessment in WUIs）

　　此項主要目標，是發展一套將WUI易致災性整合指數（Synthetic Index）圖形化到林
火的過程。易致災性評估，來自於三重考慮（一種結果、一種狀態或特徵、一種原因），
正如上面所用的不同定義所考慮的。因此，易致災性是由內部因素形成的，涉及林火對受
影響商品價值（Goods）及其復原能力的影響，以及林火特徵（Fire Characteristics）和

社會發展能力有關的外部因素，所面臨林火的危險。

根據這種方法，已確定了影響林火易致災性的各種因素，並提出了在局部層次（Local Level）獲得參數和圖形化的方法，來計算這些因素（圖11-15）。每個因素將進一步再細分（Subcategorized）為參數。這些參數是必須予以圖形化（Mapped）和標準化（Standardized）為一通用的，也就是簡單量化標準的基本單位，以便透過多標準評估（Multicriteria Evaluation）的過程，來匯總這些基本單位，其中每個變量賦予一個特定的權重（Particular Weight）。聚合過程可以重複，直到所有的層次結構聚合成單一指數，即易致災性指數，因而顯示一個特定區域是否易受到林火的損害。當計算出所有成分時，可以確定易致災性指數，並能評估顯示出某個地區是否易受到林火的傷害（Lampin-Maillet *et al.* 2010）。

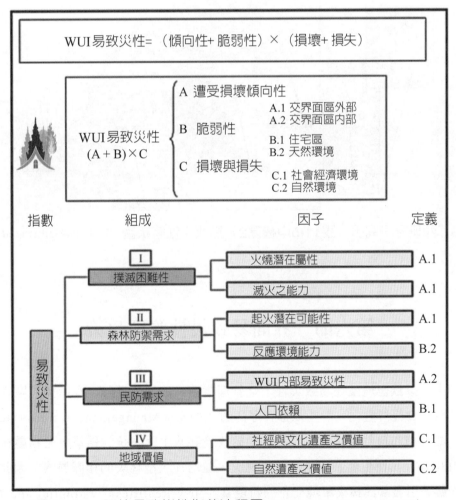

圖11-15　評估易致災性指數流程圖（Lampin-Maillet *et al.* 2010）

在獲取這些參數的過程中，潛在的高風險情況的模擬和林火的歷史分析，發揮了非常重要的作用；也從WUI表徵的過程中，納入所得出的結論。最後，將這些因素歸納爲整合成的4個成分：即滅火困難、森林防護（Forest Defense）需求、民防（Civil Protection）需求和地域價值（Territorial Value）。透過採用Delphi方法學與實驗區森林管理和滅火專家（Sierra Calderona, Valencia, España）等進行專家諮詢，對確定構成每個指數因素的權重，是至關重要的（Lampin-Maillet *et al.* 2010）。

在最終的易致災指數和中間的組成部分、因素和參數，對於地域規劃（Territorial Planning）、緊急事件和森林防火和滅火的管理者而言，都是相當有用的。

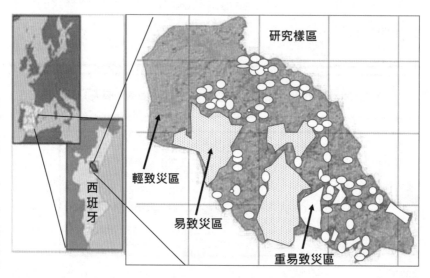

圖11-16　西班牙研究區（圖11-5中樣區2）易致災性等級圖（Lampin-Maillet *et al.* 2010）

第六節　界面易致災性管理政策

本節主要以歐盟地區在易致災性上之管理實務做法進行探討，在歐盟地區森林部門之外的近期社會經濟變化，一些森林管理活動（Forest Management Actions）和其他政策措施（如環境和自然保護政策），有助於改變某些生態系統的結構，生物燃料得以累積（Build-Up），使生態系統更易發生林火，並增加大型林火的相關風險。因此，森林部門正面臨著引發歐洲林火環境變化的新現實（New Realities）（Montiel and Herrero

2010）。

一、管理政策變化

到目前為止，引發林火政策變化或採取新的政治措施的過程，是對過去災難性情況的一種快速臨時反應（Fast ad Hoc Reaction），而不是在緊急情況出現之前主動減災（Proactive Mitigation）（FAO 2001）。這種情況需要從基於緊急滅火措施，技術投資的短期林火政策，轉變為消除林火結構性原因（Structural Causes），並採取長期預防性政策，盡可能減少潛在損害（Potential Damage）。

但是，從滅火型導向政策（Suppression-Oriented Policies）向預防型政策和整合型政策的轉變，還需要進一步調查歐洲林火造成的人為原因。既定的林火政策，為社會預防行動提供了框架，包括新的治理方法和控制焚燒預先燃料移除措施（Pre-Extinction Measures）（Aguilar and Montiel 2009a）。

這種對林火管理的整體和主動的方法（Holistic and Proactive Approach）（Morugera and Cirelli 2009），在歐洲需要不同的處理處方。事實上，林火問題在國家政策文件中受到不同考慮，取決於國家情況下林火的風險嚴重程度（Risk Severity），以及每個國家現有的不同政治和行政系統。在地中海盆地北部邊緣的國家，林火是愈來愈令人擔憂的問題；在北歐和中歐國家，林火事件的歷史就沒有那麼嚴重（Montiel and Herrero 2010）。

一般來說，二十世紀下半葉的林火問題變得更加嚴重。例如，土地利用的改變動態，已加劇了林火和災難的可能性，特別是在南歐，這部分是因放棄了農村地區，林地的長期保護（從而導致林火被排除在生態系統之外）以及野地—城市（WUI）界面區域之擴大（Galiana *et al.* 2009；Vélez 2002）。

為解決當前的林火問題，提出必要的範式（Paradigm）轉變的創新方法（Innovative Approaches），和建議的最佳工具，是立法和政策措施的結合。但歐洲林火問題的模式和空間分布，在不同的地區和國家是不同的，在區域和國家層面上，應根據林火發生率和社會經濟條件加以處理（Montiel and Herrero 2010）。

在美國加州Fischer *et al.*（2016）以社會生態學（Socioecological）角度來探討WUI問題，儘管全球規模，但野外風險的社會生態病理學（Socioecological Pathology）在美國西部已經有清楚的證明。在二十世紀，林火抑制和排除（林火防護）使得易燃植被在美國西部溫帶森林中累積，包括野地—城市界面（WUI）沿線的地景區，人們遷移到WUI

係基於景觀和娛樂等非消費價值，從二十世紀七〇年代開始，並在二十世紀九〇年代逐漸增加。隨著過去20年氣候暖化，美國西部地區的火燒面積、野外植被和生態影響程度有所增加，儘管高嚴重度火燒是持續增加。這樣結果是一個不穩定的反饋循環，其中螺旋式火燒損失是旨在保護人員和資源不受外界干擾之政策的直接後果（圖11-17）。

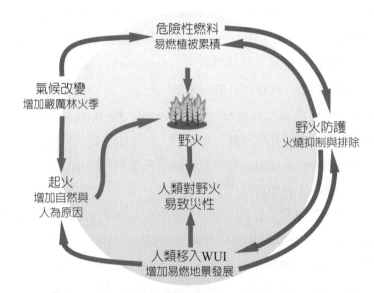

圖11-17　溫帶適火性森林中的林火風險是相互作用下正面反饋循環的結果，透過土地使用和自然資源管理的關鍵驅動因素，將野火和人類易致災性進行連結（Fischer *et al*. 2016）

　　Moritz *et al*.（2014）研究指出，野火帶來的影響在世界許多地區是不斷升級的，即失去生命和家園、滅火抑制成本支出和破壞生態系統服務，今日是需要與野火更可持續地平和共存。氣候暖化和適火性易燃地景（Fire-Prone Landscapes）的持續發展，只會加劇目前的問題。管理生態系統和減輕人類社區風險的新興策略（Emerging Strategies）提供了一絲希望，儘管需要更多對其固有變異和聯繫關係之認識是至關重要的。如果沒有更加完整的框架，野火永遠不會運行為一種自然生態系統過程，對人類社會的影響將繼續增長。因此，需要在這些連結系統中，採用更協調的風險管理和土地使用規劃方法。為了學習和減少火燒在生態系統和社區的有害影響，必須認識到系統和WUI界面規模之間的連結。唯有透過研究並反映社會價值觀和政治背景的不斷變化，來觸動政策、規劃和管理方面的進一步調適和變革。

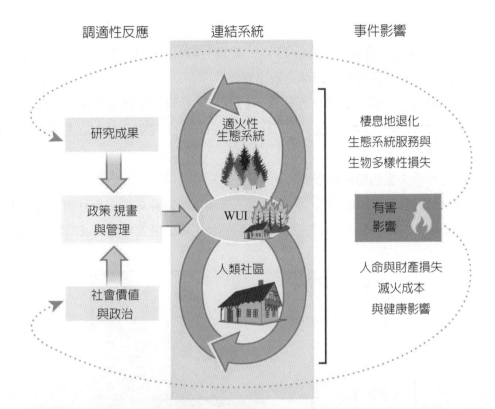

調適性反應　　　　連結系統　　　　事件影響

研究成果

政策 規畫
與管理

社會價值
與政治

適火性
生態系統

WUI

人類社區

棲息地退化
生態系統服務與
生物多樣性損失

有害
影響

人命與財產損失
滅火成本
與健康影響

圖11-18　在結合受野火影響社會生態系統，其恢復能力的連結和途徑。與野火共
　　　　　存，是受到特定地景上所運行自然林火體制類型，以及社區減少曝露和易
　　　　　致災性之程度等強烈影響。野外－城市界面（WUI）是連結的空間表現，以
　　　　　及為最接近曝露的地帶（Moritz *et al.* 2014）

二、管理政策工具

　　根據歐洲國家的權力下放（Decentralization）程度，林火管理問題主要在國家和
地區級的森林和人民保護政策內處理。國家和地區森林計畫，通常包括預防和滅火行動
（Curative Actions），以減輕林火危害，而人民保護政策則旨在保護人類生命和財產。

　　歐盟在二十世紀八〇年代以來，也透過各種法規在其政治議程上考慮過林火問題，鼓
勵會員國加強防止林火的行為。最近，歐盟委員會（EC）透過了一項關於預防自然災害
和人為災害的資訊通報，重點討論了一個共同方法，比單獨的國家方法更有效的主題；例
如，發展知識（Developing Knowledge）、將參與者和政策聯繫起來，並有效地將社區
資金用於林火預防（Montiel and Herrero 2010）。

　　在與國家主管部門達成一致意見後，歐盟委員會在防火方面主要舉措包括（Montiel

and Herrero 2010）：

1. 歐洲森林林火資訊系統（EFFIS），蒐集有關林火（如原因，風險等級）的資訊，以創建一個通用型歐盟林火數據庫。

2. 提供財務條款，關於對國家預防政策的支持，共同資助林火宣傳和宣傳運動；其中農村發展條例（Rural Development Regulation）是防止林火之基礎設施投資的主要來源。

3. 支持各種林火主題的科學研究。

來自EFFIS數據庫的資訊表明，林火模式不僅與氣候條件有關，而且與影響起火的社會經濟原因有關（Vélez 2009）。在歐洲，大約95%的林火是人為直接或間接造成的。

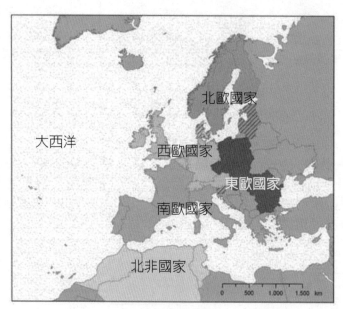

圖11-19　歐洲林火立法和行政分區政策（Montiel and Herrero 2010）

　　每個國家的政策措施，都受到威脅的感知程度影響，威脅程度隨著林火相關問題的強度和規模而變化。地中海盆地國家是迄今為止最重要的，制定顯著之政策，也是實施防火條例。在歐洲其他地區（尤其是北方國家），森林生產目標比林業管理中的森林大火更為重要。不同地區的林火發生率和事件（Incidence）不同；因此，國家法律和政策框架，應適應每個歐洲地區現有的生態和社會經濟特徵（Montiel and Herrero 2010）。

　　透過具體行動的規劃工具，對法律條例進行補充和詮釋。為防止和減少起火，國家和地區政策框架內考慮的關鍵問題如下（Montiel and Herrero 2010）：

1. 開展調查（Causes Investigation）：雖然許多國家進行林火原因調查是需要進一步發展的，但是減少起火是必不可少的一項活動，而且正成為地中海地區更重要的優先事項。

2. 監測系統（Detection Systems）：監測在減少起火和林火蔓延方面，也扮演著重要的作用。

3. 林火風險分區（Fire Risk Zoning）：這意味著劃分有潛在危險的區域和林火風險增加的區域。這些地區通常會獲得特殊的法律地位（例如限制與特殊措施）。在確定林火風險區時，需要特別注意像野地－城市界面之新的林火易發地區，因可能需要採取更具體的預防措施。

4. 高風險季節之確定（Determination of High-Risk Season）：宣布高風險的林火季節是個別成員國做出的決定。高風險林火風險季節的持續時間，因國家而異，其是氣候和林火季節性的函數。地中海國家比北部地區定義出更長的高風險林火季節。

5. 對危險活動的管制（Regulation of Hazardous Activities）：在建立了這些措施的國家，通常禁止在指定地區以外的農業—— 森林放牧和休閒活動中使用火種，和／或禁止在一年的特定時間使用火。同樣地，為了避免起火，建立措施來調整現有的危險設施或其位置。

6. 營林燃料處理（Placement of Silvicultural Treatments）：在危險性基礎設施區域附近進行造清除灌木（Brush）、疏伐（Thinning）或人工整枝，以防止該地區起火，或防止林火從這些地方蔓延。

7. 以火為工具：控制焚燒用於實現預防目標時，直接關係到戰略性減少燃料積累，避免因不受控制的農村焚燒而發生林火。

8. 火燒法律框架（Existence of a Legal Framework for Burning）：地中海盆地的法律框架範圍從不考慮使用火的國家，甚至禁止火（如希臘）到制定使用林火法規和基本標準（如法國、葡萄牙和西班牙和義大利）。

9. 防火活動：雖然國家立法中，關於防火的公共資訊和社會意識較少受到關注，但這是國家防火計畫中常見的相關主題。

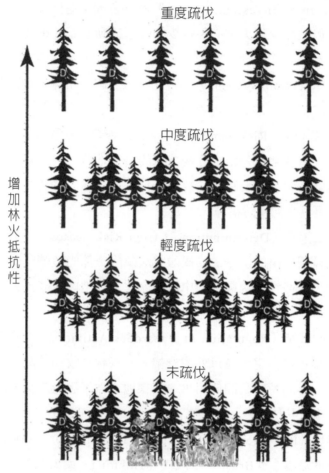

圖11-20　營林燃料處理如疏伐，以增加林區耐火性

　　除了森林和公民保護政策之外，還有其他公共政策性空間規劃、農業和農村發展政策、能源政策和影響林火問題的結構性原因之環境政策（Lázaro *et al.* 2008）（Montiel and Herrero 2010）。

1. 空間規劃有可能充分協調，爲反映到自然災害（洪水、林火等）所需的所有干預措施，以更合理地利用該地區。然而，除了城市政策之外，這一政策可能會影響導致林火風險增加的最重要原因之一：森林地區來分散的居民點。

2. 共同農業政策向實際農村發展政策的演變，爲林火管理提供了大量干預機會，例如：(1)將林火預防目標與當地發展進程聯繫起來；(2)確認農業在林火預防中的地域作用；(3)有可能利用新能源優先事項，來增加森林生物量作爲能源的使用。

3. 愈來愈多的人認爲林火是歐洲主要環境問題之一，特別是地中海地區。因此，有

利於將其視為環境管理的優先考慮事項。

三、地區政策與林火原因

林火特別是在地中海地區，不僅僅是乾旱時期的後果，它們也可以被視為區域之間的社會經濟差異，和各自發展水平的指標。影響近幾十年來林火體制的一些因素與社會經濟條件的變化，是密切相關的；其中最相關因素如次（Montiel and Herrero 2010）：

1. 農村人口減少，導致放棄農村地區和地景改變，因天然的和先鋒植被（Pioneering Vegetation）的入侵，可能導致燃料積聚增加，從而導致林火風險。這個因素的一個子問題，是農村人口的老齡化，這也由於傳統火燒習慣的知識缺失，而增加了林火風險。

2. 城市人口集中，增加了野地—城市界面。周圍植被附近的新住宅的建設，增加了林火風險。

3. 將林業政策重點從木材和其他原材料的生產，轉移到保護自然、地景管理和娛樂。

還應考慮影響近幾十年林火體制時態變化（Temporal Variation）的其他因素，如氣候變遷、地景格局變化、起火原因變化以及主要滅火政策的成功等。因此，與林火管理有關的傳統政策領域（森林和人民保護政策）中，假使有導致林火問題的重要原因被排除在外，必須得到其他部門政策的支持，這些政策涉及森林生態系統的多個層面，如與經濟、自然資源和環境有關的（Montiel and Herrero 2010）。

第七節　界面林火管理策略

本節介紹的工作，旨在透過WUI地圖計算總林火風險指數，來定義林火風險圖的過程。地圖可根據WUI地域的擴展名進行更新，以利進行有效之林火管理策略（Lampin-Maillet *et al.* 2010）。

考慮到WUI地圖，對這個地區有進一層的認識：WUI區域和WUI區域外部。由於其易致災性、起火機率和可燃性高，將風險評估集中在WUI中是重要和有效的。所形成的方法，可以評估和繪製林火風險等級（Fire Risk Levels）（Lampin-Maillet *et al.* 2010）。

　　對研究區域進行了空間分析，以便建立起火點和火燒面積（Burned Areas）的分布與不同的土地使用型態數據、WUI類型、環境數據之間的關係。為此，本節使用法國國家森林研究所（French National Forest Institute）的數位化起火點數據庫（Digitalized Database）。這包括1997～2007年期間林火面積超過一公頃之起火位置點。研究區大約有565處起火點。在provence-Alpes-Côte-D'Azur地區2004年的Spot Thema衛星數據庫中獲得的土地使用型態覆蓋層，以及研究區Spot 5衛星圖像，解析度為1：10,000比例的地域（城市、農業和自然部分）。

　　由於WUI和林火指標（Fire Indicators）之間建立的關係，是透過過去的林火數據之起火密度和火燒面積比（Burned Area Ratio）計算出來的，因此能確定具有較高林火風險的特定WUI。如圖11-21顯示，與孤立住宅（Isolated Dwellings）相對應的WUI，由於較高的起火密度和火燒面積比，而呈現高度的林火風險。與非常密集的集群住宅（Very Dense Clustered Dwellings）相對應的WUI與人類活動（Human Activities）相關的起火密度，也呈現高度林火風險，但火燒面積比是較低的，即低聚集植被情況（Lampin-Maillet et al. 2010）。

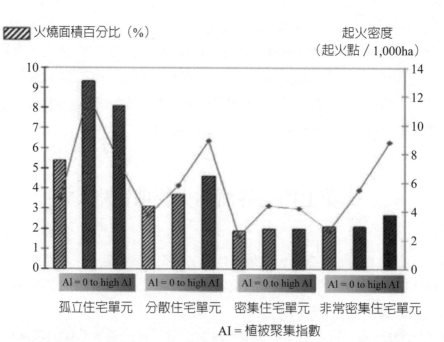

圖11-21　根據Lampin-Maillet（2009）中WUI類型的起火密度和火燒面積比（Lampin-Maillet et al. 2010）

　　空間分析還能識別與WUI中的高火險相對應的條件：房屋密度、道路密度、或多或少連續性植被。這個分析的結果，是透過統計多重回歸（Statistical Multiple Regressions）的3個主要函數（或林火風險指標）如下所述，來表示R^2程度（Lampin-Maillet *et al.* 2010）：

1. 起火密度（FID）＝ 指數函數（地域類型、土地使用型態、房屋密度），R^2 = 51%；

2. 火燒密度（WD）＝ 指數函數（地域類型、土地使用型態、房屋密度、針葉林、非常暖和氣候），R^2 = 57%；

3. 火燒面積比（BAR）＝ 多項式函數（地域類型、土地使用型態、房屋密度、道路密度、鄉村道路密度、矮林、海拔高度、低聚集植被），R^2 = 36%。

　　結合前三個指標開發了一個林火風險總指數（Total Index of Wildfire Risk）（Lampin-Maillet 2009）。關於林火風險的定義，3個指標中的每一個都包含危險度（Hazard）和／或易致災性的資訊：起火密度（FID）和火燒密度（WD）特別關注林火發生（起火機率和延燒機率），火燒面積比（BAR）與透過林火強度要素的危險度和易致災性。它們的組合能有助於對林火風險，來進行有效的適當評估。因此，林火風險總指數（RI）是對應於相同權重的3個指標的線性組合，並透過決定係數（R^2值）來校正。在此研究區域的情況，公式如下所示（Lampin-Maillet *et al.* 2010）：

$$林火風險總指數（RI）= 0.89\ FID + WD + 0.63\ BAR \qquad ⑤$$

　　對於起火密度（FID），有0.89解釋力是分別對應於比率51%／57%校正，對於火燒密度（WD）有1.0（最佳R^2值）解釋力是分別對應於比率57%／57%和火燒面積比（BAR）有0.63解釋力是分別對應於比率36%／57%。

　　上述林火風險總指數的地圖，如圖11-22所示爲法國南部研究樣區。

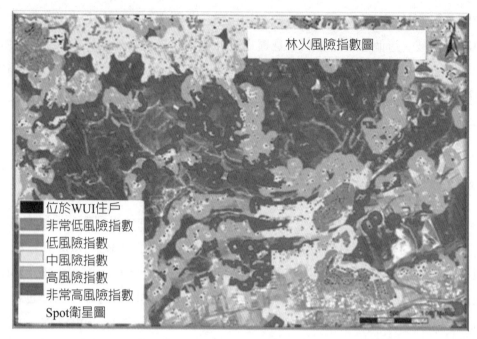

圖11-22　法國研究樣區WUI中林火風險總指數圖（圖11-5中樣區1）（Lampin-Maillet *et al.* 2010）

　　某些WUI的類型在起火密度、林火密度和火燒面積比方面，表現出高度的林火風險。關於起火密度和火燒面積比，孤立型住宅（Isolated）WUI值在低和高植被聚集指數（Aggregation Indices）是最高。即使具有低和高植被聚集指數的分散型WUI是低於孤立型WUI（Lampin-Maillet *et al.* 2010），但其也表現出高度的起火密度和火燒面積比。結果還強調，火燒面積比通常從孤立型WUI降低到密集型WUI和非常密集型WUI，並從高植被聚集指數下降到零聚集指數（Lampin-Maillet *et al.* 2010）。於圖11-23顯示，林火風險圖由起火風險圖（自然及人為起火）與延燒風險圖所組成，人為起火源由林火管理之限制人為活動來減少；林火延燒受到氣象、地形、燃料（植被類型、林齡）及林火管理等影響。

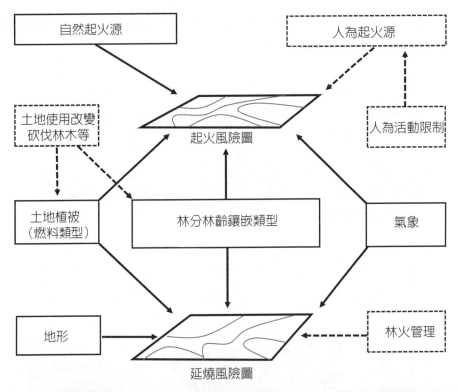

圖11-23　林火風險圖由起火風險圖與延燒風險圖所組成，方框實線為自然因子，方框虛線為人為因子（Li 2000）

　　在WUI林火管理上，林火是包含許多相互作用和複雜的社會、生態和物理因素。在整合林火策略工作的每一階段，以簡易概念模型（圖11-24）來說明管理活動，如何與物理和人為建造的環境、事件和過程之相互作用，以影響與林火相關的風險。林火是否點燃以及延燒和強度，是取決於5個因素的相互作用：點火源、可用燃料、地形、天氣和人為抑制反應。林火本身就是一事件，透過位置、強度、持續時間、程度或其他特徵來做描述，但其沒有標準價值（Normative Value），既不好也不壞。然而，林火涉及房屋和其他建築物、經濟價值的木材燒失、關鍵的野生動植物棲息地退化、或者其他價值，是好是壞則是取決於林火的位置、範圍和強度而論定（National Cohesive Wildland Fire Management Strategy 2018）。

　　圖11-24中提出之概念模型，是透過添加直接影響風險因素的結果（價值變化）和管理選項來建構。如預防方案之防火計畫可以減少人為引火的可能性。同樣地，燃料處理計畫能改變林火行為並減少其破壞性或更容易人為滅火抑制。第三選項是當地社區或管理單位的滅火反應能力，以期能在大火和破壞之前來控制火勢。最後，處理建築物或其他高

價值資源附近的區域燃料，能減少曝露由林火損壞建築結構的可能性（National Cohesive Wildland Fire Management Strategy 2018）。

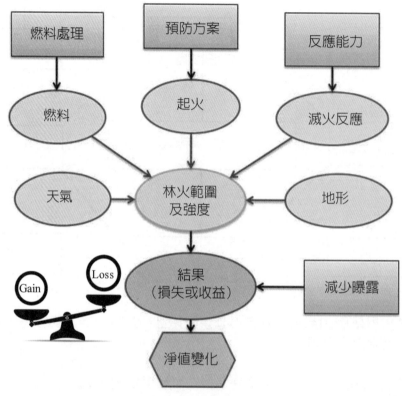

圖11-24　簡易林火概念模型，包含五個主要因素（圓圈處）、後果和四個管理選項（方框），旨在改變林火範圍和強度，或透過改變地景中有價值元素之曝露程度，來改變風險（National Cohesive Wildland Fire Management Strategy 2018）

第八節　結論

　　在本章中，我們提出了大規模（Large Scales）、大面積和地景尺度（Landscape Scale）繪製WUI的重現性方法（Reproducible Methods）。還提出了林火危險性評估和製圖方法，另外也提出了易致災性評估和製圖方法。這兩個過程有助於評估林火風險，將林火危險度和易致災性評估相結合。還開發具體的方法，來計算和評估WUI中的林火風

險總指數（Lampin-Maillet *et al.* 2010）。

　　WUI通常是一個特別受關注的，是一個人類生活的地方。然而，在歐洲地中海背景下，這種生活方式帶有一定的風險：人們應始終注意WUI中存在的林火風險，並應尊重及應用有效的建議，以防止發生人命危險情況（Lampin-Maillet *et al.* 2010）。二十世紀九〇年代，美國西海岸大幅建造的新房子中，有61%以上的住房建在林地界面區。這不僅極大地增加了火災造成的損失，而且還增加了與之對抗的成本。僅美國林務局和美國內政部就在2012年花費37億美元、2013年花費3.4美元來撲滅林火（USDA 2014）。

　　本章探討能對林火和土地管理，具有相當意義的影響。使用這些風險地圖引入林火管理，尤其是該地區的易致災性，是讓居民意識到WUI林火風險的一種方法。WUI地圖是關鍵資訊，用於識別需要減少植被的位置，以便在林火情況下能保護房屋及其居民，並且必須小心謹慎來避免起火。這將透過燃料移除（Biomass Removal）來減少林火蔓延，和／或減少林火的可能性，以及減少人為意外或疏忽行為，而在全球範圍內共同降低林火之起火風險。實現這一目標與指定適當的預防資訊和預防措施，是密切相關的，這些資訊可以根據本章所建議之WUI不同類型，而有所不同；當然這些方法學也能應用至其他林火管理方面。

　　近幾十年來，全世界的WUI大大增加，由於土地休耕（Land Bandonment）與城市化（Urbanization）相結合的趨勢，這種趨勢在未來幾年肯定會持續下去。在此開發出的繪製WUI的方法是在氣候、城市化和植被持續變化的背景下，來評估WUI動力學和相關林火風險動態（Fire Risk Dynamics），一種適當有效之管理工具。

　　林地界面（WUI）的人口增長，林火排除導致的高燃料載量以及最近常發生大規模高嚴重度火燒，已促使許多國家關注在林火前燃料執行方案上（Pre-Fires Fuel Manipulation Projects）。這種結果在歐洲，愈來愈多的燃料減少計畫（Fuel Reduction Programs），已經擴展林火前燃料執行範圍，包括範圍廣泛的植被類型和處置處方（Treatment Prescriptions），以及以公頃數來處理，如此在歐洲國家範圍內急劇增加來減少森林燃料。目前燃料減少處理的一般實施，以改變林火行為，提供滅火人員可及性（Access），作為一林火最初的攻擊之定位點（Anchor Point），或者是有利於控制焚燒。

　　在國內方面，以大臺中都會區的發展為例，大肚山脈相思樹林緣之人為活動增加，特別是垃圾廢棄物焚燒、墳葬與掃墓活動、戶外遊憩等因子影響，因而林火頻繁，大面積相思樹林逐漸因焚毀而衰退，並淪為大黍（*Panicum Maximum*）為主之草生地。據林務局及消防局之林火紀錄顯示，1991～2003年期間該地區共發生120次，火燒面積總計395ha。因該地區處於都市與森林之界面，林火問題對當地社區民眾已造成相當威脅（林朝欽等

2005）。因此，在臺灣林地界面之人爲起火事件頻仍，有關當局爲防範一再發生火燒搶救，應進行較有效之林火管理，如同本章所述之一些方法與策略。

第十二章 氣候變遷與林火管理

　　氣候變遷與林火管理（Global Change and Fire Management）是一項現今重要議題，全球暖化是人類活動對大氣和地景過程的綜合影響，並影響著各方面的林火管理。科學家們記錄了大氣中CO_2持續增加著，由於營養物質沉積（Nutrient Deposition）（如氮氣），引起的生物地球化學循環變化以及土地使用型態改變，導致的全球碳循環（Carbon Cycle）變化。預計這些改變，在可預見的將來仍會持續著（IPCC 1996a,b）。

　　全球大氣化學變化，歸因於生物質燃燒和工業過程。預計大氣化學組成的這些變化，會對生物地球化學過程和地球輻射平衡等，產生重大影響，即所謂的溫室效應（Greenhouse Effect）。大氣化學組成和地球能量平衡的改變，可預期會改變降水、溫度、溼度和植被發展，這些都會影響林火管理方式。此外，土地使用型態（道路、次分區、木材採伐、農業和牧業）的歷史性變化，也改變了植被和燃料，影響了林火的點燃、蔓延和嚴重度。人們繼續遷徙到野地，進一步使用人為控制焚燒和林火鎮壓抑制，使了這些將更為複雜化（Ryan 2000）。

　　由於這些所有過程的複雜相互作用，在某些情況下，甚至是變化的方向，很難對變化速率做出明確的估計。但是，根據目前的知識，預計的變化勢必會增加林火管理組織的壓力。在此本章考察了氣候變遷的複雜性，以及對植被和林火管理的可能影響（Ryan 2000）。

第一節　變化中氣候

　　氣候（Climate）一般定義是為一個地點的30年平均天氣（Ryan 2000）。變化中氣候（Changes over Time）在整個地質時期，植被和林火體制（Fire Regimes）是一直處於不斷變化的系統。千年以來氣候發生了改變（Bradley 1999）。隨著其他物種的滅絕，新物種也在不斷發展，氣候和草食（Herbivory）則作為主要之影響因素。在目前的地質時代——全新世（Holocene）（0到1萬年前），人類活動日益影響植被和林火。這段時間內無數的氣候波動，包括中世紀暖期（Medieval Warm Period）之900至1350年，小冰期（Little Ice Age）之1450至1900年。在幾十年內平均氣溫變化高達3℃（Bradley 1999）。人類社會以及林火的發生，已經受到這些變化的顯著影響（Clark *et al.*

1996）。

在北美方面，自歐洲人到達北美之前，當地原住民經常使用火來驅趕野獸，並管理營地附近的植被（Clark *et al.* 1996）。在一些地區，美洲原住民發展了大面積的農業社區，植被被廣泛改變。雖然用火啓動和保持農業的程度尚不確定，但農業和生物質（Biomass）能量的收穫，以長遠而言，確實導致了某些地區林火體制和植被的重大變化。在大部分地景中，閃電是起火的主要來源。火勢蔓延主要是受到燃料、天氣和地景自然障礙的影響。森林和牧場地點，以特有的林火體制和植被發展。地景透過不同年代、結構和物種組成的特色斑塊進行發展。動物群發展出適應這些地景格局的生命週期和行爲模式，儘管早期的歐美移民可能在現有的植被模式中，看到了許多令人滿意的特徵，但這些特徵並不是靜態的，而僅代表了北美植被發展的某個時間點（Bradley 1999）。

自從歐美在整個北美地區移民以來，農業、採礦和城市化，這些導致的地景破碎（Landscape Fragmentation）（Bahre 1991），已經顯著改變了許多生態系統的林火潛力。植被的這種轉變阻礙了先前蔓延橫掃草原區，和草原進入相鄰森林的林火可能性（Gruell 1985）。家畜已經減少了細小燃料，其爲火勢蔓延供應來源。在一些地區，放牧和林火排斥一起導致了灌木地被草地所取代（Wright and Bailey 1982）。外來物種（Exotic Species）的引入，導致許多生態系統的物種組成和火勢發生重大變化，特別是在乾旱（Arid）和半乾旱地區（Billings 1990）。而木材採伐上，也已導致植物的不自然模式，燃料床修改（Modified Fuel Beds）和林火嚴重程度的改變。

自二十世紀二〇年代土地利用最重要的變化之一，就是抑制林火（Fire Suppression）。滅火導致物種組成和植被結構發生變化，導致燃料的大量累積（Arno and Brown 1989）和增加森林健康之負面問題。從牧場到垃圾場和城市對野地的侵蝕，也導致了燃料的累積。結果是林火雖然明顯比十九世紀少，但現在火勢規模往往比以前更大更嚴重（Agee 1993）。

大規模強度林火時，可能會對生命和財產造成嚴重威脅，也可能對林火後植被的組成和結構，以及土壤和水、文化資源和空氣品質，皆產生不利影響，如林火對土壤和水的影響、林火對文化資源和考古學（Archaeology）的影響、林火對空氣的影響等（Ryan 2000）。

也就是說，林火以多種不同方式影響森林生態系統的穩態。能源流動、碳循環和水循環的變化，都是林火擾亂森林生態系統時造成的自我平衡影響（Haan 2018）。

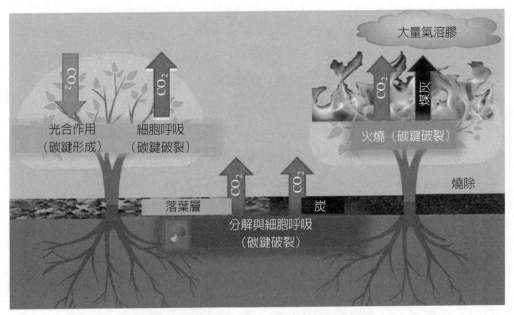

圖12-1　林火如何影響森林生態系統中的碳循環（Haan 2018）

1. 能量流動（Energy Flow）

生態系統的能量流動受到林火的干擾。林火會摧毀了生態系統中的大多數自養生物，從而消除了生態系統中最重要的能量流動開始步驟。

2. 碳循環（Carbon Cycle）

當林火破壞森林時，極大量的二氧化碳被釋放到環境中。二氧化碳釋放導致森林生態系統之碳循環中斷作用。

3. 水循環（Water Cycle）

林火摧毀生態系統中的有機土壤層，使土壤難以吸收水分。土壤的吸收水作用對森林生態系統至關重要，如果沒有土壤吸水，森林的水循環就因此受到干擾（Disruption）。

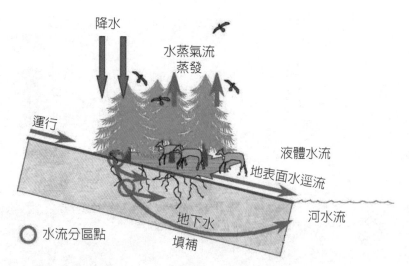

圖12-2　顯示吸水對森林生態系統至關重要，但林火發生能阻止森林吸水作用（Haan 2018）

　　另一方面，從近幾十年來工業生產過程中的排放，化石燃料的燃燒以及熱帶地區的刀耕火種農業，皆增加了大氣中溫室氣體（GHG）的濃度（Tett *et al.* 1999）；其中最主要的是CO_2，但水蒸氣（H_2O）、臭氧（O_3）、甲烷、氮氧化物（NO_x）和各種含氯氟烴（CFCS）也是重要的氣體（IPCC 1996a）。CO_2從工業時代前大氣中約270ppm，現今上升到約365ppm。雖然人們普遍認為溫室氣體的增加，會導致溫度上升，但觀察到的二十世紀的暖化卻扭轉了千年的降溫趨勢。愈來愈多的科學共識，認為我們正在經歷溫室效應所產生變化影響（IPCC 1996a）。

　　在印尼方面，是在中國、美國、印度和俄羅斯之後，排名全球溫室氣體排放國第五位，隨著2015年的火災危機，印尼超過俄羅斯成為第四大排放國。據聯合國糧農組織稱（FAO 2015），印尼森林生長在礦質土壤上的地上和地下生物量儲存了大量碳，在森林破壞的情況下，它們將以二氧化碳排放。完全釋放將相當於2013年全球二氧化碳排放總量的1.3倍。因印尼泥炭沼澤森林是東南亞地區最大的陸地碳匯。

　　意即森林砍伐無疑對溫室氣體排放貢獻產生了影響。而上個世紀全球一些林區清除和焚燒，以致排放到大氣中二氧化碳量累積影響，肯定會對世界氣候造成破壞性衝擊。當森林被燒毀時，儲存在樹木中的碳，透過來自生物質（Biomass）燃燒二氧化碳氣體釋放到大氣中（Benji Gyampoh 2011）。

　　森林正常時，碳從大氣中釋出並被林木、樹葉和土壤吸收。由於森林能夠在較長時間內吸收和儲存碳，而作為「碳匯」（Carbon Sinks）。實際上，當森林被移除時，其將大

氣中二氧化碳濃度保持在正常水平時，所發揮的獨特作用就形同喪失，而儲存林木中碳在燃燒時，以二氧化碳氣體的形式釋放到大氣中。總體而言，估計世界森林生態系統儲存的碳量將超過整個大氣層（Benji Gyampoh 2011）。

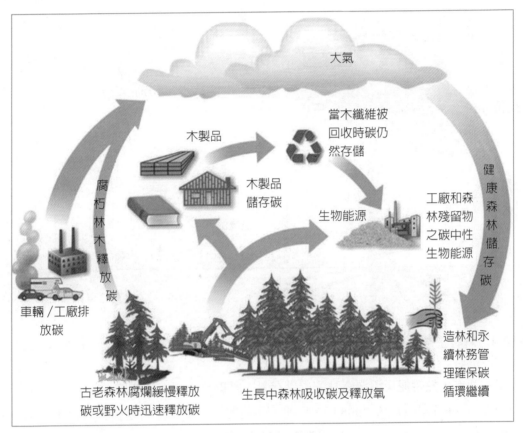

圖12-3　清除更多森林釋出碳匯，加劇氣候變遷（Benji Gyampoh 2011）

此外，森林生態系統中碳儲量及火燒造成的庫存變化方面，Keith *et al.*（2014）根據以下證據估算了2009年澳大利亞野火燃燒產生的生物量碳儲量損失：

1. 火燒後立即拍攝的照片（2個月內）及田野調查。
2. 火燒前與火燒後測量森林成分進行相對比較。
3. 火燒後生物質成分的測量，採取了火燒和未火燒的樣地。

Keith *et al.*特別測量了在火燒中燃燒的生物質組分：包括空心枯立木、剝殼樹皮（Decorticating）和粗糙樹皮、樹冠、灌木生物量、倒木（CWD）和枯枝落葉。

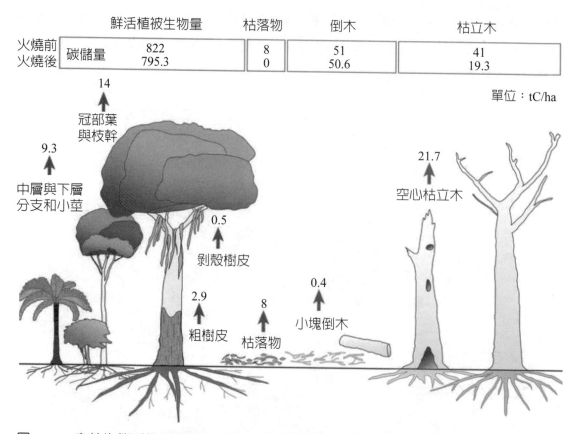

	鮮活植被生物量	枯落物	倒木	枯立木
火燒前　碳儲量	822	8	51	41
火燒後	795.3	0	50.6	19.3

單位：tC/ha

圖12-4　森林生態系統中碳儲量（tC/ha）火燒前及火燒後變化概念圖（Keith *et al.* 2014）

　　平均而言，熱帶泥炭沼澤森林的碳儲存量，是礦質土壤上生長的同等大小的熱帶雨林的十倍左右（Parish *et al.* 2008）。目前，印尼泥炭沼澤森林的碳儲量保持在55至610億噸之間（Uryu *et al.* 2008）。林火常常蔓延到泥炭土壤中，一旦到達形成地下火型態，在地面下進行熱傳導，即很難進行撲滅。泥炭大火造成不完全燃燒大量的生成煙，是跨區域煙霧蔓延霾汙染的起源（WWF 2016）。

　　全球各地的研究表明，泥炭林火的煙霧排放量比植被林火的排放量高出50倍。在1997年發生的毀滅性林火中，雖然只有20%的火燒區由泥炭地組成，但這些卻占總排放量的94%（Uryu *et al.* 2008）。1997年印尼的林火導致釋放22億噸二氧化碳（European Commission 2009）。

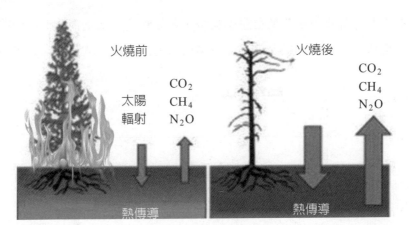

圖12-5　林火後太陽熱輻射可直接照射地表，致土壤碳大量釋出
（University of Helsinki 2018）

圖12-6　林火後土壤下生物量儲存大量碳，會以二氧化碳釋放（David 2009）

　　進一步的二氧化碳排放是由於發生林火後，被砍伐的泥炭土氧化而引起的。近年來這些數字已經大幅增加，現在已經明顯高於由林火引起之直接排放量（圖12-7）。

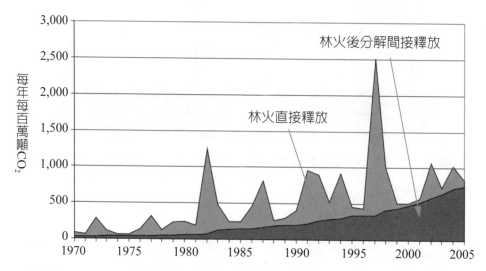

圖12-7　印尼1970～2005年林火造成二氧化碳排放量。碳125億噸相當於458億噸二氧化碳。2013年，全球二氧化碳排放總量達到353億噸（WWF 2016）

　　在亞馬遜方面，全球氣候變遷進一步加劇了這種情況。氣候電腦模型（Climate models）預測到2050年亞馬遜盆地的氣溫將上升2～3℃，並且乾旱季節的降水量會減少，從而導致大範圍的乾旱土地（WWF 2006）。布里斯托（Bristol）大學的一項研究，假設溫度升高降低2℃將導致亞馬遜河流域森林覆蓋率下降30%，增加3℃則達60%以上的損失。此外，可能會導致全球溫度升高在永久的厄爾尼諾效應中（Wara *et al.* 2005）。

　　太平洋地表溫度的升高，已經導致更頻繁和更嚴重的厄爾尼諾（El Niño）期間，這導致亞馬遜地區的嚴重乾旱。在1997/1998年的厄爾尼諾期間，幾乎沒有雨季，降水量僅達到正常值的25%。地下水儲量沒有得到補充，樹木無法從根部獲得足夠的水。由此產生的葉片部分損失使陽光透過樹冠進入，進一步加劇了林區乾燥情況。

　　位於美國Woods Hole研究中心的一項實驗表明，長達數百年的高大樹木，水分送達樹冠，對長期乾旱特別敏感。在人為干擾的第1年，1%的巨型熱帶雨林樹木死亡。第4年這個數字上升到了9%。這個實驗表明，降水量的減少可能導致亞馬遜熱帶雨林退化為發育不良的低矮森林（Woods Hole Research Center 2010）。同時，太陽光通過樹冠進入林區地表，使枯落物更加乾燥化。森林地表上的樹木減少和大量乾燥有機物的結合，極大地增加了森林易遭受林火的可能性（Woods Hole Research Center 2010）。雖然研究區內

的森林每年都有極大的林火風險，每年有8到10週，而對照周圍的森林只有10天的高風險（WWF 2016）。

這又引發了一個積極的反饋循環。較低的森林生長緩慢，從大氣中吸收較少的二氧化碳；愈來愈頻繁的林火向大氣釋放更多的二氧化碳。在厄爾尼諾年和相關的乾旱期間，亞馬遜熱帶雨林已從碳匯轉變為源頭（WWF 2006）。

從歐盟委員會聯合研究中心涵蓋1970年至2005年期間數據表明（圖12-8），亞馬遜熱帶雨林的火燒清除對全球二氧化碳排放有著明顯加劇作用（European Commission 2009）。2000年至2005年期間，巴西原森林火燒清除及其後的土壤氧化之二氧化碳平均排放量，每年達到9.11億噸。這比德國的年度二氧化碳排放總量還要多（IEA 2015）。在2005年非常乾燥的時候，巴西的二氧化碳排放量急劇增加，超過14億噸（European Commission 2009）。亞馬遜盆地由於2005年乾旱造成的長期二氧化碳排放量，估計約為60億噸（Lewis *et al.* 2011）。亞馬遜河流域的37%土地面積，是受到乾旱的影響。2010年的乾旱影響甚至超過了2005年的乾旱，影響亞馬遜盆地的57%。因此估計2010年與乾旱相關的長期二氧化碳排放量為80億噸（Lewis *et al.* 2011）。這相當於歐盟礦物燃料火燒造成的二氧化碳排放量的兩倍多（INPE 2010）。

由溫室氣體引起的大氣變化，預計會改變全球天氣模式，並顯著改變區域氣候。由於用於預測氣候變遷的一般環流模型十分複雜，因此增加溫室氣體對區域氣候影響的程度，存在很大的不確定性。從全球來看，預計年平均氣溫將升高1.1至4.5℃，具體取決於地點。目前，區域氣候變遷的估計，比全球變化的估計更具暫定性，但預計在高緯度地區，

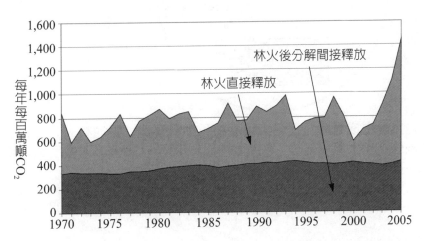

圖12-8　巴西1970～2005年林火造成的二氧化碳排放量（European Commission 2009）

中部大陸地區以及秋季和冬季的增加幅度更大（IPCC 1996a）。根據緯度和高度的不同，生長季節可能會延長1到2個月。年平均降水量可能增加20%，但預計北美大部分地區的內陸夏季降雨量不大。海洋氣候可能比今天更潮溼，但不確定降水量增加，是否足以補償更高的溫度（Franklin *et al.* 2002）。由於大陸位置預計將比海洋更快速地升溫，預計到下世紀中葉，大陸內陸地區將出現嚴重乾旱問題（IPCC 1996a；Rind *et al.* 1990）。

另一方面，林火／氣候／生態系統碳相互影響上，林火生態學會（Association for Fire Ecology 2013）指出，對氣候、野地和碳的政策聲明，由野地火燒造成的溫室氣體和生成氣溶膠微粒釋放大氣中，如何將森林碳循環和大氣氣候變化過程，進行連結來及時檢視（圖12-9）。

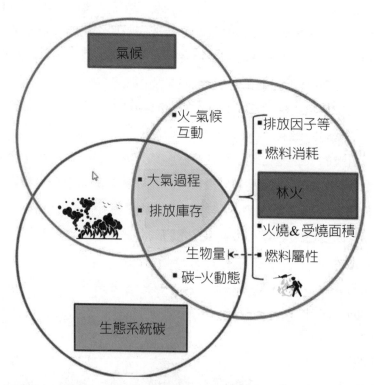

圖12-9　野地火燒生成氣體是連結火燒基部和燃料過程（野地林火）、碳循環（生態系統碳）和大氣（氣候）動態機制的一部分。多個非線性反饋迴路增加了因素交互的複雜性（Association for Fire Ecology 2013）

第二節　氣候、天氣和林火間相互作用

驅動氣候的能源是太陽輻射。太陽的能量作為電磁輻射穿越太空到地球並確定形成氣候的能量。進入地球的太陽輻射僅照射地球的一部分，而照射的長波輻射（Longwave Radiation）會更均勻地分布（圖12-10）。

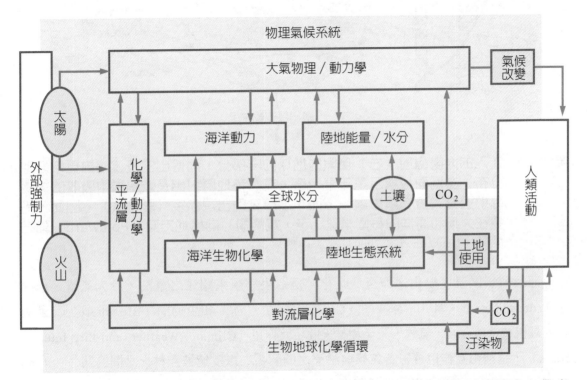

圖12-10　流體和生物地球的模型示意圖，顯示了數十年至數百年的時間尺度上的全球變化。此顯著特點是，人類活動的存在是改變之主要誘因；人類還必須生活在人為因素和自然因素變化之綜合結果（Trenberth 1992）

長波輻射分布在地球熱帶地區形成溫暖的環境，在高緯度地區形成寒冷地區，而溫度對比則會導致每個半球的溫帶地區出現寬闊的西風帶，其中有一個嵌入的急流（由寬箭頭表示）距離地球表面10公里。在不同底層表面（海洋、陸地、山脈）上的射流流動，產生大氣中的行星波和地理空間結構與氣候（Trenberth *et al.* 2000）

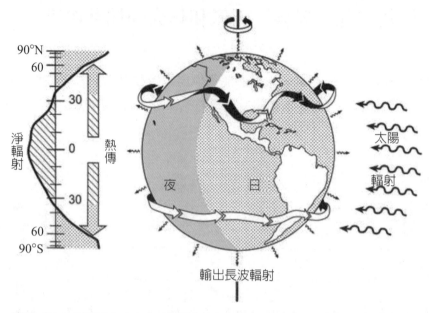

圖12-11   進入的太陽輻射（右）僅照射地球的一部分，而傳出的長波輻射更均勻地
分布。左側面板顯示是年平均值，在熱帶地區射出長波輻射中吸收的太陽
輻射過量（畫有陰影線），而中高緯度則出現赤字（彩帶狀）。因此，需
要在大氣和海洋的每個半球（左，寬箭頭）向極地方向（Poleward）輸送
熱量（Trenberth *et al.* 2000）

　　而目前氣候溫度變化（即全球暖化）是令生態學家關注之重點，於大氣層、水圈
（Hydrosphere）（水）、冰凍圈（Cryosphere）（冰）和生物圈（Biosphere）（動植
物）是機械性結合的，氣候、天氣和林火間相互作用（Climate, Weather, and Fire Interac-
tions），這種相互作用會影響氣候與林火之間關係，以及植被和林火之間的關係（Ryan
2000）（圖12-12）。如果發生預期的全球暖化，CO_2的增加和降水的變化，將改變植物群
落的增長和彼此競爭相互之作用。這將導致生態系統結構和物種組成的顯著性改變。

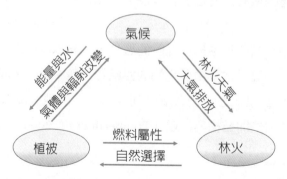

圖12-12   氣候、植被和林火動態結合。任一因素變化都會導致另二個改變（Ryan
2000）

全球氣候變遷與火干擾之間存在著相互作用的關係，氣候變遷直接作用於森林燃料和林火環境，從而影響林火發生的強度和頻率。因此，氣候變遷是將直接影響林火發展，並有利於火勢蔓延的天氣頻率和嚴重程度。透過燃料的物理和化學性改變，植物群落的變化，也將間接影響林火體制。火是許多植物社區的主要死亡來源，但反過來又為新物種創造了全新空間。因此，林火體制的變化將會改變植物社區對氣候變化的反應速度（Ryan 2000）。區域林火潛力與區域性氣候是密切相關的。天氣和火勢之間的這種聯繫，是林火行為的所有模型基本組成部分，因此任何顯著的氣候變化，都會影響起火和火勢蔓延的適合條件、頻率和嚴重程度。另外，每種燃料類型具有影響可燃性的特定物理和化學性質，並且這些性質隨著氣候和天氣也會產生變化。而美國航太總署（NASA 2011）指出1880年至2010年全球溫度已持續暖化升高現象（圖12-13）。

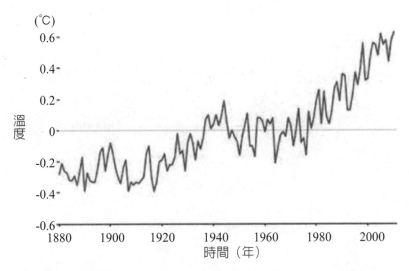

圖12-13　於1880～2010年全球溫度異常變化（NASA 2011）

聯合國氣候變遷政府間專家委員會（IPCC 2001）指出，全球氣溫升高的預期效應包括海平面上升、區域降雨量、模式和降雨強度的變化，以及海洋環流模式的可能改變。圖12-14說明了平均氣溫升高、氣候變化增加，以及這些因素相結合的影響。圖中鐘形曲線表示當前和未來溫室暖化條件下氣候變遷的機率，平均溫度的增加（曲線中向右移動）表示溫度升高事件的可能性增加，氣候變遷的增加表現為曲線趨於扁平，表示極端氣溫的可能性較高（這也可能意味著增加／減少的暴風事件等）。平均值和方差的增加，這兩者都是二十一世紀氣候變遷的預期效應的組合，表現為扁平曲線的右移現象，造成極端氣溫事件。

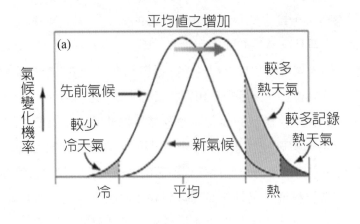

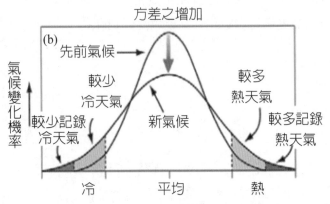

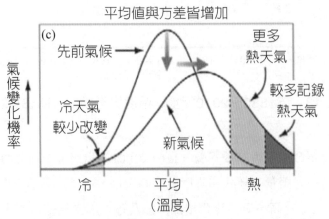

圖12-14 當溫度的常態分布：(a)平均值升高時，(b)方差（Variance）增加時，以及 (c)平均值和方差都增加時，對極端溫度的影響的示意圖（IPCC 2001）

　　另一方面，溫度升高是不會對林火產生很大的直接影響（圖12-15），但預計會與其他一些會影響火勢的變化相關（表12-1）。其中一個變化就是乾燥速率。每種燃料都有其

自己的乾燥速率，其含水量根據林地溼度歷史而有一定趨勢。預計相對溼度下降，會導致細小燃料水分降低（圖12-15），此使林火蔓延速度更快，而預計高溼度會導致更高的燃料水分和更低的火蔓延速度。因此，如果改變溼度模式，則燃料的水分和燃燒特性將相應地做出顯著改變（Change Correspondingly）（Ryan 2000）。

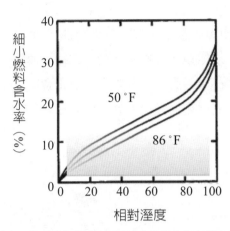

圖12-15　細小燃料平衡含水量為相對溼度和溫度的函數（Ryan 2000）

乾旱頻率和嚴重程度的增加以及林火季節的延長（Wotton and Bevery 2007），將導致更嚴重的林火和長的時滯燃料（Long Time-Lag Fuels）以及更多的火燒量，如原木（Logs）、腐殖層和有機土壤。風速也是決定林火蔓延速度的主要因素，如強風的頻率發生變化，大火的可能性也會發生變化。閃電是起火的主要來源，升高的溫度、降水和蒸發將會改變雷暴模式（Thunderstorm Patterns）。因此，雷擊引發林火的頻率預計將增加30%至70%，此主要取決於地點。此外，大部分雷擊的增加，預計會在水分短缺期間出現（Ryan 2000）。

表12-1　林火與氣候／天氣系統間相互作用

氣候／天氣對林火的影響	林火對氣候／天氣的影響
相對溼度	CO_2
風（速度、持續、極端）	一氧化碳（CO）
乾旱（頻率、持久性）	甲烷（CH_4）
火燒季節長度	水蒸氣（H_2O）
閃電（乾與溼）	顆粒（$PM_{2.5}$，PM_{10}）
乾冷鋒（Dry Cold Fronts）（頻率）	氮氧化物（NOx）

氣候／天氣對林火的影響	林火對氣候／天氣的影響
阻斷高壓（Blocking High Pressure）（持久性）	氨（NH₄） 微量烴（Trace Hydrocarbons） 微量有害氣體（Trace Gasses）（包括VOC）

（Ryan 2000）

　　而Moritz等（2010）指出，基本上林火框架概念，林火框架由消耗植被資源、大氣條件和起火熱源等主要元素之組成。這些主元素中的每一個組件在空間和時間上都是可變的，並且它們的組合導致了林火活動。這些組合的變化會產生不同的林火體制類型，如頻繁的低強度地表火與罕見的高強度樹冠火型態（Moritz *et al.* 2010）

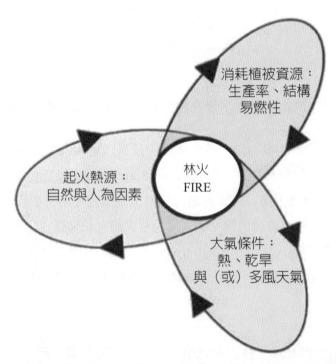

圖12-16　林火框架包括消耗植被資源、大氣條件和起火熱源。如箭頭所示，這些組件中的每一個組件在空間和時間上都是可變的，並且彼此組合導致了林火活動（Moritz *et al.* 2010）

　　而氣候變遷將如何影響未來的林火風險（即林火潛在危害和程度）、林火行為和蔓延以及抑制林火的難度，這將取決於許多因素，其中最重要的是天氣和氣候因素預計改變，即氣溫、相對溼度、降雨和風，其嚴重影響林火危險和林火行為（CSIRO 2016）。這些變化是一階影響效應（圖12-17），即氣候變遷直接導致氣候變量的變化，包括更廣泛的

天氣和氣候因素，如乾燥閃電傾向（偏遠地域林火發生主因）（Dowdy and Mills 2012）與林火天氣相關的天氣模式改變（Sullivan *et al.* 2012）。CSIRO（2016）指出，氣候變遷、林火危險的天氣模式與澳大利亞東南部林火發生之間關係是複雜的、多方面的，現今才剛開始被理解。而氣候變遷會增加直接林火危險的大型天氣模式和林火發生間關係，至今尚未完全量化。然而，未來的林火風險取決於受氣候變遷影響的一系列其他間接因素，此描述爲二階影響效應的改變——氣候變遷會改變天氣或類似的氣候變量，隨後會改變影響林火風險的其他因素或林火行爲，如林火燃燒的燃料，以及控制地景中林火蔓延和行爲的物理過程（CSIRO 2016）。一階及二階影響之延伸閱讀，請見第8章第4節部分。

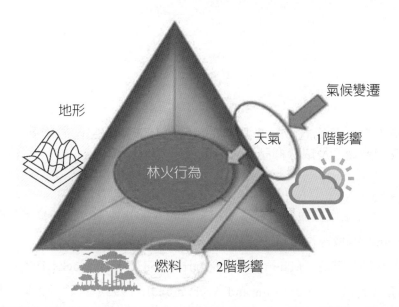

圖12-17　氣候變化對當地天氣和氣候方面產生直接（一階）影響，但也會對影響林火其他方面產生間接（二階）影響，如林火燃燒之燃料，其影響林火行為（CSIRO 2016）

　　在不同氣候條件下，只有林火天氣和燃料危害才會發生變化，地形不受氣候變遷影響。這些變化因素或增加量，是否取決於該年度類型（如炎熱和乾燥或涼爽和潮溼）、前幾年整體趨勢、一年中的時間、甚至一天中的天氣。圖12-18表示如何減少燃料危險性，如透過燃料的控制焚燒或機械處理，可以降低在特定位置引起的林火危險度。如林火天氣相應增加即抗拒相互作用（Antagonistic Interaction），則能否定整體林火危險度增加，或如林火天氣減少，則可以放大即協同相互作用（Synergistic Interaction）（CSIRO 2016）。事實上，減少燃料危險性，不僅可以減少特定地點的整體燃料危害，還可以增

加第一次攻擊成功抑制滅火機會，也增加空中抑制滅火之有效機會，並減少林火成為潛在大型林火造成破壞性火燒現象（Plucinski 2012，Plucinski *et al.* 2012）。

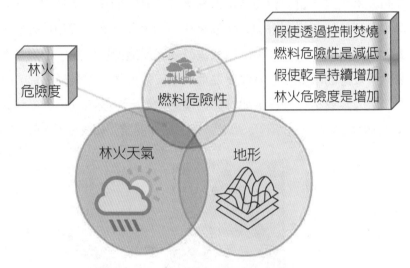

圖12-18 減少燃料造成危險性將減少特定位置林火造成整體危險度，並減少林火造成的威脅，及成功抑制滅火之機會（CSIRO 2016）

另一方面，在氣候方面，於加拿大和美國的大部分地區，預計會增加林火季時間長度（Wotton and Bevery 2007）、雷擊頻率（Price and Rind 1994）、乾旱頻率（Rind *et al.* 1990）和地區燃燒（Flannigan and Harrington 1988；Stocks 1987）；但有些地區的林火活動預計會減少（Bergeron and Archambault 1993）。除了天氣對林火的這些直接影響之外，預計風暴在氣候變遷中更為嚴重（IPCC 1996a）。如果是這樣，增加風力對森林的破壞，可能會大大增加火燒可用燃料量（Availble Fuels）；如倒木、枯立木等（Ryan 2000）。

生物質（Biomass）的完全燃燒產生了CO_2和H_2O，但是燃燒很少是完全的，並且產生了各種其他化學物質（Crutzen and Goldammer 1993；Goode *et al.* 2008；Hao *et al.* 1996）。在全球範圍內，生物質燃燒是大氣中幾種化學物質的主要來源，許多由燃燒釋放的化合物是溫室氣體，其中顆粒物質（例如PM 2.5、PM 10）可透過減少太陽能加熱產生局部短期冷卻效果，且顆粒物也會導致降水減少等（Rosenfeld 1999）。因此，生物質燃燒導致社會在管理溫室氣體和提供清潔空氣方面，面臨各種問題（Ryan 2000）。因此，全球變化在一定程度上影響了自然火源與人為火源的分布，影響了燃料物質分布及燃燒特性，由於燃料連續積累和能量的快速釋放，也造成林床結構之改變（Drossd and

Schwbl 1992）。

近些年來，美國、加拿大、俄羅斯、希臘、印尼、巴西、澳大利亞、西班牙等國家相繼爆發了歷史上罕見的森林大火。林火過程中釋放的煙霧成分主要包括CO_2和H_2O，另有一些CO、碳氫化合物、硫化物、氮氧化物以及微粒物質等。燃燒過程中釋放出大量含碳氣體，對地球碳迴圈具有直接的影響。生物質燃燒釋放出碳的過程，同時也是陸地生態系統中碳的損失過程，作爲碳源的產生增加了溫室效應。在這些生物質燃燒過程中釋放的氣體和顆粒，增加了大氣對流層中臭氧以及其他溫室氣體（如水蒸氣、二氧化碳、氧化亞氮、甲烷等）的濃度。林火引起的大氣化學性質的變化，同時也影響著地氣之間的能量傳輸，進而對全球的熱輻射平衡問題，產生重要影響。

圖12-19　林火過程中釋放出大量含碳氣體，對地球碳迴圈造成直接影響，同時也是陸地生態碳損失過程並增加了溫室效應（改繪 J Joaquin Aniceto）

在預測林火行爲所產生影響上，Lewis等（2011）指出，影響林火行爲直接與間接因素非常多，由於這種複雜性，目前尚無法確定近來乾旱，是由許多全球循環模式模擬的全球氣候變遷的結果。然而，這些模型已經正確預測了亞太地區人爲二氧化碳排放量的增加，以及亞馬遜地區乾旱頻率的增加（圖12-20）。

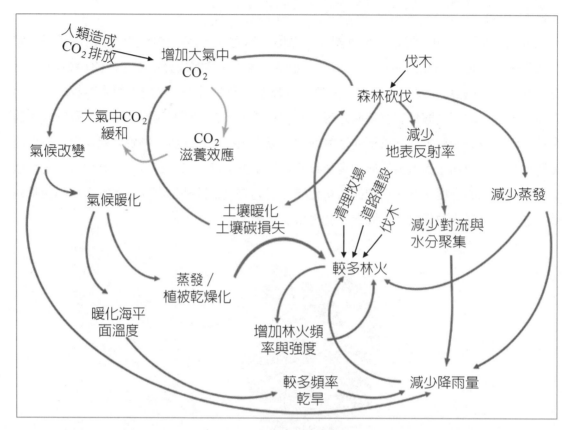

圖12-20　圖示林火／氣候／生態系統關係複雜性（UNEP/GRID 2011）

第三節　氣候和植被間相互作用

　　氣候和植被間相互作用（Climate and Vegetation Interactions），氣候扮演了全球植被分布的主要決定因素（Woodward 1987）。太陽輻射、溫度、溼度、降水和風都影響植物的生理生態（Physiological Ecology）（Bazzaz 1996），從而影響它們完成生命週期和維持種群的能力（表12-2）。因此，植被受氣候、植物和干擾過程的累積歷史（Cumulative History）所支配，隨著氣候變遷，世界植被的分布，也相對發生改變。此外，干擾的模式和嚴重度，特別是林火也會發生變化（Overpeck *et al.* 1990, 1991；Ryan 2000）。

　　植被結構與物種組成之間的氣候控制關係，是沿著海拔和緯度梯度發生。沿著這些

梯度變化，使得海拔每500公尺的增加，大致會與緯度增加275公里成比例發展（Hopkins Bioclimatic Law）（McArthur 1977）。考慮到在年平均氣溫升高3.5℃之後，才能建立平衡的時間（Time to Estblish Equilibrium）；如美洲洛磯山脈（Rocky Mountains）的植被區，預計會在山坡上向上移動大約630公尺（圖12-21），或者在更遠的北部高達350公里。與等溫線轉移相關的植被運動速度，比已知的物種遷移速度快幾倍（Gates 1990）。應該預料到生物群區的巨大變化（IPCC 1996a；King and Neilson 1992；Neilson 1993；Overpeck *et al.* 1991）。在許多情況下，物種將無法遷徙，種群將變得更分散（Peters 1990）。

表12-2　氣候／天氣系統與植被之相互作用

氣候／天氣對植被的影響	植被對氣候／天氣的影響
太陽能	反照率（Albedo）
溫度	蒸散（H_2O）
相對溼度	光合作用（O_2）
降水量（時間量）	呼吸（CO_2，H_2O）
大氣化學	甲烷（CH_4）
風（方向、速度、極端值）	對流、平流（Advection）、荒漠化

（Ryan 2000）

全球溫室的變化，會影響許多生態關係的生物化學過程（Joyce and Birdsey 2000；Schimel *et al.* 1999）。光合作用、呼吸作用、分解作用和養分循環，都將受到相對性影響（Agren *et al.* 1991；Bazzaz 1996；Long and Hutchin 1991；Mooney 1991）。這4種主要生理功能的反應是相互依賴的，並隨溫度和大氣化學而變化。然而，它們每個對溫度變化都有不同的反應速率。例如，光合作用和呼吸作用的溫度反應曲線各不同，而CO_2的增加將對光合速率產生重大影響。因此，個別植物或植群社區內的當前平衡規律關係（Current Balances），將難以預測未來發展。大量增加的水利用效率（Water Use Efficiency）（指光合作用過程中CO_2同化量與蒸發H_2O量的比值），可能是由大氣CO_2增加引起的（Bazzaz 1996；Mooney *et al.* 1991）。因此，植物生長可能會大大加快。然而，所有活細胞呼吸速率，也會隨著溫度而相對增加（Ryan 1990）。

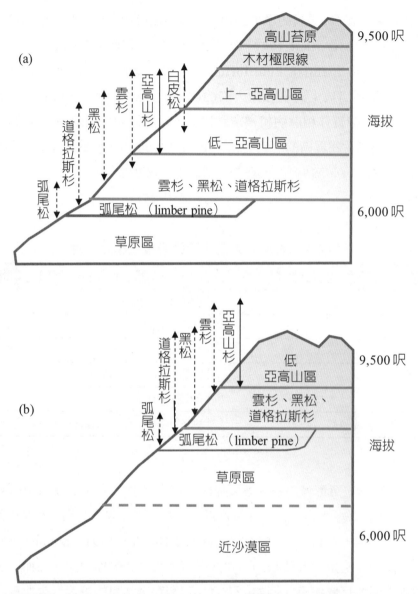

圖12-21　美國蒙大拿州和愛達荷州Bitterroot山脈當前的植被帶分布，為海拔的函數
　　　　　（Arno 1980）。(a)預計植被帶會與大氣中CO_2相關年度暖化產生加倍變
　　　　　化。(b)簡易一維顯示是不考慮相互動態作用，但說明了植被區可能變化相
　　　　　對大小（Ryan 2000）

　　　由於木本植物比草本植物，具有更多非光合有效活性組織（Nonphotosynthetically
Active Living Tissue），如大根系和邊材（Sapwood），與草本相比，森林和林地對溫度
影響變化預計相對較大（IPCC 1996b），更多成熟林可能會受到嚴重影響（Ryan 1993；
Waring 1987）。呼吸過程中碳的損失，會隨著溫度的升高而增加，從而潛在地減少了水

分利用效率的提高。如果增加的CO_2會改變植物的碳氮比，則分解、養分循環以及昆蟲抗病性，也將會相對改變（Vitousek 1994）。

　　區域氣候（Regional Climate）主導植被分區，但微氣候（Microclimate）、土壤、生命週期過程（如發芽和生長）以及生態相互作用（如競爭、草食動物和林火），是強烈影響植被區內群落的外部型態（External Morphology）和生理生態。預計所有這些都會因溫室氣體引起的變化，而產生改變（Ryan 2000）。

　　許多研究並沒有指出影響生長速率、分配（即葉、根、開花結果等間的植物生長是如何分配）和植被社區關係（Joyce and Birdsey 2000）之種間（Interspecific）和種內（Intraspecific）相互作用。然而，考慮到物種性狀的複雜性，期望植物社區關係在未來保持不變，是不合理的（Delcourt and Delcourt，1987；Foster *et al.* 1990；IPCC 1996a,b）。例如溫度、溼度和光週期，對物候（Phenology）和生長，係發揮強有力的控制作用（Ryan 2000）。

　　物種適應一系列季節性形式（Seasonal Patterns）。這些季節性模式的重大變化，可能會導致不同步發育（Asynchronous Development），這可能形成生殖衰竭（Reproductive Failure）和生長喪失（Grace 1987）。此外，高CO_2濃度下高度生長和葉片生物量，也會有所增加。如果冠層結構（Canopy Structure）發生變化，林下植物的光線將會改變，而CO_2濃度升高會部分補償低光照（Low Light）。由於並非所有物種都能長時間保持增長，因此，對於過度種植和林下物種競爭關係的影響，目前仍具不確定性。水分利用效率因物種而異，一些物種透過增加根冠比（Root to Shoot Ratios），來對CO_2濃度升高做出反應。因此，水和養分的競爭將會發生變化；具有C3光合途徑（Photosynthetic Pathway）的物種，如木本植物和涼季草本（Cool Season Grasses），在CO_2升高時表現出比具有C4途徑的植物，如暖季草本（Warm Season Grasses）產生更大的生長量增加。美國西部的奇異草（Exotic）之C3草本，對CO_2濃度升高特別敏感。預計氣候變遷，將是有利於早期演替的物種組合（Bazzaz 1996）。

　　氣候不僅影響區域植被，而且植被又影響區域氣候和微氣候（Microclimate）。地表植被的特徵，影響太陽能吸收量與反射量。積極的光合作用葉子的蒸散（Evapotranspiration），可為大氣帶來大量的水蒸氣，而影響當地的降水量。鮮活和枯死的植物都會在呼吸作用中產生CO_2，並釋放各種其他化合物到大氣中。其中一些化合物是溫室氣體（例如CH_4），一些會形成空氣品質問題，如區域霧霾（Regional Haze）和煙霧（Smog）（如微量碳氫化合物）（Ryan 2000）。

　　因此，由於溫度作用的不均衡性，氣溫的增加將可能導致較高緯度地帶的植被，在物

候和生產力上更加接近較低緯度帶上的植被，其中降水和氣溫對植被燃料的影響，短期內表現為降水率及植被功能的變化，在較長的時間尺度內，降水和氣溫的變化，對植被燃料的組成與分布格局，將會產生重要的影響。

　　Allen *et al.*（2010）研究指出，氣候模式預測未來幾十年全球各地的氣溫將會上升，但降水量的增加或減少取決於地區性之不同。預計持續時間和／或強度會增加突發性乾旱（蒸發量遠遠超過降水量）。總體結果將增加森林脆弱性，即由樹木超過其生理壓力門檻值，導致週期性廣泛地區植被致死事件。

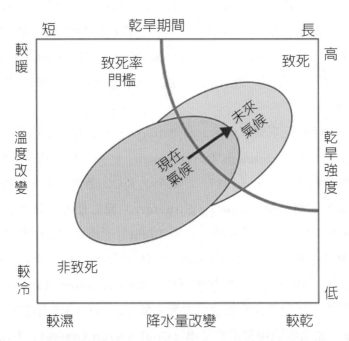

圖12-22　森林對氣候變遷脆弱性：氣候參數（溫度和降水量，或者乾旱期間和強度）當前和預計未來變化範圍下的森林脆弱性分析（Envelope Analysis）（Allen *et al.* 2010）

　　毫無疑問，全球變化已經影響到種間關係（Interspecific Relationships），將繼續且速率可能會加速。這些影響可能造成整個生態系統中串聯作用（Cascade）。例如，提高旱地植物的水分利用效率，可減少水流（Running and Nemani 1991），從而影響水生系統。種間關係太複雜及其理解度之貧乏，而不足以對其進行預測。鑑於這種相互作用的複雜性，管理者和決策者之科學基礎（Scientific Bases），不可能在行動管理上有顯著改善。而目前許多改變，很可能在主要變化發生之前仍然不會被發現（Ryan 2000）。

第四節 林火與植被間相互作用

　　植物社區的物種組成發展，係由個體社區成員的出生和死亡之連續，所予以決定。植被對氣候變遷的反應速度，取決於物種生活史（Species Life Histories）、遷徙速率（Migration Rates）以及創造適宜再生缺口之比率。林火與植被間相互作用，林火將扮演決定全球溫帶和北方生態系統中的植被地貌（Vegetation Physiognomy）、結構和物種組成，將繼續發揮其所扮演重要影響作用（Agee 1993；Crutzen and Goldammer 1993；Rundel 1982；Wright and Bailey 1982）。

　　林火是植物死亡的主要原因。例如，火優先殺死矮小或薄樹皮的樹木（圖12-23）。同樣地，林火造成新個體之殖民（New Individuals Colonize），形成死亡及新移入間的差距。因此，林火的改變，可能會極大地加速植被對氣候變遷的反應。氣候、植被和林火相互作用，影響了森林和牧場環境中大多數生態系統過程的存在和速度（Heinselman 1981）。例如，林火返回間隔（Fire Return Intervals）影響林床上的生命形式和再生模式（Regeneration Modes）的分布（Noble and Slayter 1980）。一些生態系統的組成和結構完整性，會受到火勢的強烈影響，因此此種生態系統被認為是依賴火燒（Turner and Romme 1994；Wright and Bailey 1982）。

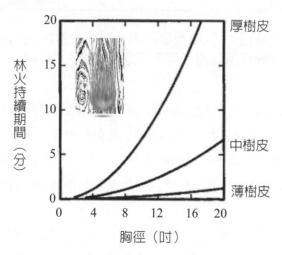

圖12-23　以樹皮厚度和林火持續時間為函數，來預測莖幹死亡率的變化。樹皮厚度曲線上方的區域，意味著形成層死亡，下面的區域意味著存活（改編自Peterson and Ryan 1986）

　　林火嚴重度是取決於林火發生時生物量和天氣條件的數量和類型，對植物的生存和再生（Survivorship and Regeneration），導致強烈的影響（圖12-24）。因此，預計在全球氣候未來發生變化，林火會加速地景的植被變化（King and Neilson 1992；Overpeck *et al.* 1991；Ryan 1993；Weber and Flannigan 1997）。

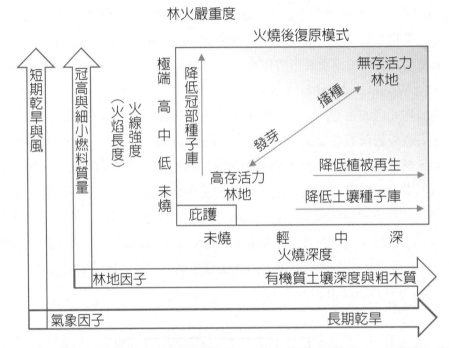

圖12-24　火燒後植被恢復因林火嚴重度而異。以火嚴重性概念中，Y軸表示林火上方熱傳作用，X軸表示熱傳作用向下進入土壤（改編自Ryan and Noste 1985）

　　Kostas Papageorgiou等（2012）指出，現今對自然環境保護和環境恢復的關注，比過去更加重要。但是，可用於其管理的資源和工具仍然不足。因此，在必須做出決定時需要注意力和精確度。林火後植被恢復的定量估計，有助於評估人類干預林火生態系統的必要性，隨著林火、氣候變化和荒漠化問題的加劇，其重要性將會增加（Solans and Barbosa 2009）。

　　林火事件後森林更新和植被恢復的仔細評估，為土地管理提供了重要信息（Mitri and Gitas 2011）（圖12-25）。林火後環境中的植被再生因燒毀地區而異。變化是由相互作用的因素引起的，包括土壤性質、植被特徵、水文、土地管理歷史和林火嚴重度（Casady *et al.* 2009）。林火嚴重度會影響土壤退化和植被消耗，進而影響再生模式和生物量排放量（Chuvieco 2009）。

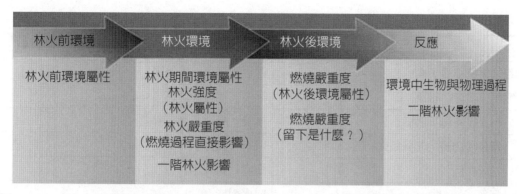

圖12-25　林火干擾連續體：林火嚴重度被視為一階林火影響，而燃燒嚴重度則是林火後環境的一個因素（Jain 2004）

另一方面，林火在個體植物和植物社區層面上，發揮選擇性壓力（Noble and Slatyer 1980；Rowe 1983）。以火燒間隔週期與植物社區變化影響如次：

1. 較短火燒間隔週期，是有利於稚樹發芽時忍受林火（Endure Fire）的物種，或透過在土壤中儲存種子，以及從區域以外入侵植被（Offsite Colonizers）並且生命週期短，而避免林火破壞。

2. 中等火燒間隔週期，是有利於成熟時抵抗林火的物種或透過將種子儲存在樹冠中，來避開林火，但也會發生由場域以外殖民者發芽和入侵。

3. 長時間火燒間隔，是有利於通常避免林火的物種。這種物種表現出對林火傷害的抵抗力低，主要透過種子再生。

如果林火返回間隔縮短到性成熟時間以下，那麼一物種將無法在林床上完成其生命週期，並可能從林床上消失。隨後的播種率（Reseeding Rate），主要取決於林火燒毀面積的大小和種子的流動性（Mobility）（Ryan 2000）。有關林火返回間隔延伸閱讀，請見第10章第1節部分。

在森林燃料方面，燃料的數量、化學性和大小分布，將隨著物種、生長模式（Growth Patterns）和分解變化（Decomposition Change）而做改變（表12-3）。例如，高溫、乾旱和營養短缺（Nutrient Shortages）可能導致壓力誘導的死亡（Stress-Induced Mortality）（King and Neilson 1992；Waring 1987），並且葉片衰老早，從而加速了地表燃料的累積。此外，增加碳氮比將減少燃料分解（Agren *et al.* 1991），並改變了火作為分解和營養循環的功能作用（Gosz 1981；Rundel 1982）。

表12-3 林火與植被間相互作用

植被對林火影響	林火對植被影響
生物量（火載質量／面積）	存活（抵抗林火傷害）
堆積密度（質量／體積）	再生〔播種與萌芽（Sprouting）〕
大小分布（表面積／體積）	損傷（壓力和活力降低）
化學（揮發性物質與非揮發性物質）	競爭（光、水、營養物質）
鮮活與枯死比例	植物社區動態
遮光／曝光（Shading/Exposure）	結構組成
水平層〔地表層與上層（Overstory）〕	
連續性（水平和垂直）	

（Ryan 2000）

在植被、林火和氣候相互方面，從過去1萬年間，在美國西部的特定地區，從植被、林火和氣候之間的相互作用，已有大量研究。這些研究資料通常來自湖泊、沼澤或甚至海洋的沉積物岩芯（Sediment Cores），來評估木炭沉積速率的變化以及大火事件的頻率（Sommers *et al.* 2011）。而氣候條件、森林燃料及起火熱源、地形和人類活動是強烈影響林火活動和森林動態的5個主要因素（Johnson *et al.* 2001）。反過來說，林火會影響氣候條件、植物生態系統和人類生活（Flannigan *et al.*2006），植被反應並適應環境的變化，建立適當的植被結構和組成（Russell-Smith *et al.* 2012）；如圖12-26所示。

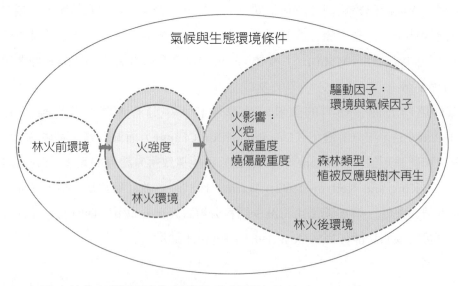

圖12-26 有關火燒後影響相關的環境和森林狀況評估之示意圖（Chu and Guo 2014）

第五節　不確定性相互作用：我們可預測未來？

　　氣候、植被和林火之間相互作用，是複雜而不確定的；因此，不確定性相互作用：我們可預測未來？對林火管理的期望是一般和暫定的。我們可假設一個因素的變化，將如何改變另一個因素，但實際上，幾個氣候強制因素（Climatic Forcing Factors），將同時發生變化，並啟動個別植物和社區間許多內部調整關係。物種的相對豐度（Relative Bundance），可能會發生變化，因為有些物種不適應氣候，而會改變的林床結構（Climate-Altered Site）。一些物種可能會再生，但由於新的氣候和林火體制（Fire Regimes），它們將無法成功完成它們的生命週期。例如，在美國北部洛磯山脈區（Northern Rocky Mountains），珍貴的野生動植物飼料物，如鼠李科植物（Redstem Ceanothus）以及類似的物種，是強烈依賴於儲存在土壤中的種子，有時持續數個世紀，可能由於新的氣候極端，導致其再生失敗，而從現有場地上消失，特別是早期季節性乾旱和嚴重林火。

　　林火是許多森林生態過程的重要驅動力，並決定其物種組成和景觀結構（Trabaud 1994）。基本上，林火是許多森林生態系統中的自然過程，但其可能具有不良的現場影響（Velez 1990），如植被退化、對生物多樣性的影響、生命和財產損失以及煙霧人類健康影響和碳排放到大氣。這些負面的影響可能會加劇，因目前氣候變遷下，世界許多地區的林火活動預計會增加（Moritz et al. 2012）。

　　預計氣候的近期和未來變化將改變影響幾個重要因子：即林區起火、燃料載量和易燃性（圖12-27）。例如氣候變化可能會改變風暴的體制，因此直接修改閃電引起的林火數量（Goldammer and Price 1988），並間接修改人為林火發生的數量（Wotton and Martell 2003）。氣候變化也可能導致植物種類和結構的變化（Pausas and Bradstock 2007）。此外，氣候變遷可能會改變短期氣候變化（Variability），導致更高的氣溫、更低的溼度和更強的風，這些條件可能會增加燃料的易燃性和火勢蔓延（Lavorel et al. 2007）。

　　如果氣候和林火體制的變化，所導致林床上大量的物種損失，那麼異地（Offsite）物種的遷移將會加速。具有廣泛生態幅度（Ecological Amplitude）的物種，應該比具有狹窄幅度或特定棲息地要求的物種更受青睞。最適合不穩定條件的再生策略（Regeneration Strategies），也應會受到青睞。額外的環境壓力以及干擾頻率和其嚴重程度的增加，可能有利於外來物種和入侵物種（Exotic and Invasive Species）的擴張（Ryan 2000）。

　　考慮到氣候、土壤、營養物質和林火的變化，許多特有種群將無法在其現有場地上

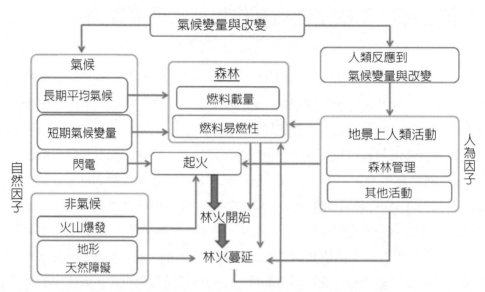

圖12-27　林火因子及氣候變量／改變，對林火的可能衝擊（Herawati *et al.* 2005）

競爭，並成功完成其生命週期。除非它們能夠在新的地區殖民，否則將會變得局部罕見或絕種。有些物種，尤其是主要從無性繁殖或從儲存在土壤中的種子繁殖的物種，移動性不高。雖其可能在地點干擾後大量繁殖，但不太可能利用這種異地氣候引起的干擾。這些物種應該會較緩慢遷移到生態幅度內新的區域（Ryan 2000）。

　　考慮到棲息區的海拔變化，許多高山物種將變得局部稀少或瀕危，因為沒有更高的區域可遷徙（Franklin *et al.* 2002；Peters 1990；Romme and Turner 1994）。類似的，白皮松（Whitebark Pine）等亞高山物種（Subalpine Species）將會從更高的山脈中消失。

　　土壤發育不良問題，會阻礙亞高山物種向前高山地（Former Alpine Zone）區的遷移，但山地物種應可自由遷移至較高海拔地區。如果高溫和溼度脅迫，嚴重限制生產力，它們可能威脅到低海拔森林的持續存在（IPCC 1996b）。乾燥樹林和草原物種進入這些森林，可能會因為缺乏耐蔭性而放慢速度，但它們應該在受林火影響的地方迅速入侵。而未來溫度和乾旱的增加，會加快泥炭土（Peat Soils）的分解並增加其易燃性（Hungerford *et al.* 1995）。目前溫帶和北方森林之間以及北方森林和苔原之間的界線，預計會向北方轉移，但不一定會以相同速率進行轉移（Ryan 2000）。

　　一般而言，氣候變遷可能會導致在物種範圍較涼範圍，以及在較乾燥限制條件下之較差環境。然而，許多植物社區是作為山脊或山谷之隔離，或環繞在耕種與城市區（Cultivation and Urban Areas），而存在（Peters 1990）。這些形成了對物種遷徙的屏障阻礙，而且氣候變遷速度，可能比物種遷徙能力快得多（Davis 2009）。

　　了解氣候變遷對植被和林火的潛在影響，將需要一種整合，非先前在生態系統研究中所嘗試過的。一些文獻（Franklin *et al.* 2002；Keane *et al.* 1999）試圖透過使用基於程序的電腦模型（Process-Based Computer Models），來模擬長期生態系統變化，以反應氣候改變。Kcane等（1999）提供了最全面的論述，有關於生物地球化學循環的林火和氣候相互作用。它們使用Fire-Bgc和FARSITE（Finney 1998）電腦軟體模型，來模擬蒙大拿州（Montana）冰河國家公園（Glacier National Park）在250年時間內的林分結構、物種組成以及水／氣交換的變化。對於模型比較，模擬了四種林火管理情境（Ryan 2000）：

1. 當前的現有氣候和完全的林火排除。
2. 當前的現有氣候和最近的歷史林火頻率（Historical Fire Frequencies）。
3. 預期未來的氣候和完全林火排除。
4. 預期未來的氣候和預期未來林火頻率。

　　這些研究結果表明，由於林火傾向於維持年輕的森林，而年輕的森林呼吸量較低，因此即使考慮到火燒生成物後，冰河國家公園的地景週期性林火，其呼吸量較少的碳，排放到大氣（表12-4）。在未來的氣候／林火情景下（情境d），煙氣排放量幾乎增加了一倍，但相對於未來火燒森林中的自養和異養呼吸作用（Autotrophic and Heterotrophic Respiration），這些排放通量較小（情境c）。預計未來的氣候將導致更頻繁和更嚴重的林火（Ryan 2000）。

　　這些結果適用於一生態系統，其他生態系統的結果，可能會不同，特別是在火並未在植被發展中發揮如此強大歷史作用（Strong Historic Role）的情況下。然而，與週期性林火有關的溫室氣體，減少其排放通量的預測表明，由於生態系統功能之間的複雜相互作用，生態系統的反應也可能是違反直覺的（Counterintuitive）（Ryan 2000）。從某種意義上講，氣候變遷可以增強或減弱人為因素的影響。

表12-4　在250年模擬期冰河國家公園地景的年平均碳排放通量（1000噸碳／年）平均值

碳源	當前氣候 無林火 （情境a）	當前氣候 歷史林火 （情境b）	未來氣候 無林火 （情境c）	未來氣候 未來林火 （情境d）
異養呼吸（HR）	820	768	942	810
自養呼吸（AR）	1,168	1,087	1,466	1,128
總呼吸（TR = HR + AR）	1,989	1,855	2,409	1,938

碳源	當前氣候 無林火 （情境a）	當前氣候 歷史林火 （情境b）	未來氣候 無林火 （情境c）	未來氣候 未來林火 （情境d）
總林火排放量	0	15	0	24
碳排放總量	1,989	1,871	2,409	1,962

[a]碳以1,000噸／年爲單位，如果乘以0.9072可轉換爲10^9克／年

（改編Keane *et al.* 1999）

　　氣候變遷有多遠與多快，仍然存在相當大的不確定性（Ryan 2000）。對許多物種的生態學（Autecology）知之甚少，因此無法定量確定它們將如何應對。由於未來的氣候和植被不確定，因此目前仍無法量化林火的變化（Ryan 2000）。在目前可有把握地預測氣候變遷的大小，其對植被和林火的影響以及對氣候系統的反饋之前，需要進行大量研究（Ryan 2000）。鑑於問題的複雜性，在不久的將來，能期望獲得更好的資訊，目前仍是過度期望的（Unreasonble）。考慮到林火管理可能帶來的巨大影響，長期規劃應該認識到林火管理，是需要更多的資源（Ryan 1993；Stocks 1989）。

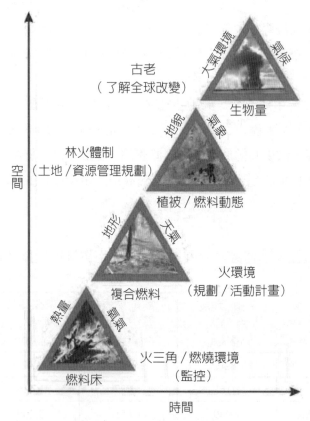

圖12-28　林火的多重尺度

（Scott 2000；Reinhardt *et al.* 2001；Moritz *et al.* 2005；Cochrane and Ryan 2009）.

第六節　綜合討論

根據氣候（Climate）定義爲長期（通常爲30年）的天氣事件統計匯總（通常每小時觀測一次，每日匯報），有助於形成生態系統和生態系統功能，包括林火等干擾事件。生態系分類系統，在大到中等尺度上受氣候因素支配。管理者應在其規劃中納入變化（Change）、變量（Variability）、類型和規模的概念，以最大限度地利用，關於大氣－生態系統－林火（Atmosphere-ecosystem-fire）的關係，以及它們是如何隨氣候而變化之重要資訊（Sommers *et al.* 2011）。

全球氣候變遷有其自身的規律，世界氣象組織（World Meteorological Organization, WMO）在2015年發布的研究報告中指出，過去10年是地球歷史上最熱的10年，2015年以來全球平均氣溫超過了二十世紀氣溫平均值0.85℃。目前，全球氣候變暖仍然在持續，高溫、乾旱、強風等極端天氣繼續呈現增多的趨勢。全球氣候變暖所導致的植被帶北移過程中，由於不能適應新的環境所導致的植被死亡，立地更替將會導致大量燃料物質的累積。同時，其他干擾形式的發生頻率也會相應升高，如蟲害、颱風和旱災等，也會造成大量的植被死亡，爲火干擾提供了物質基礎。氣溫升高，植被蒸發的增大，使得地表物質含水量不斷降低，使得這些燃料可燃性不斷升高。全球氣溫、降雨格局的改變使得乾旱、強風和自然火源（地表溫度的升高，地表氣流間對流性增強，可能大大提高了發生雷擊機率）等出現頻率不斷升高。因此，以多元化角度來探討，氣候變遷可能以多種方式來影響人類社會和自然環境，如溫度、海平面上升及降水量之改變等，這些改變更影響在森林、沿海地帶、農業、水資源、物種與天然地區及健康等層面（如圖12-29）。

在地球嚴重林火的國家方面，在北美林火是自然反覆出現的現象。美國西部和加拿大北方森林，需要定期林火返回，以進行再生。然而，上個世紀林火嚴重度急劇增加，現在威脅著美國西部許多地區的人類和野生動物。在俄羅斯，該中部和東部地區受林火影響最大，大多數人口稀少地區發生大火。儘管在這些地區每年有數百萬公頃的森林燃燒，但這些林火幾乎沒有受到任何關注。

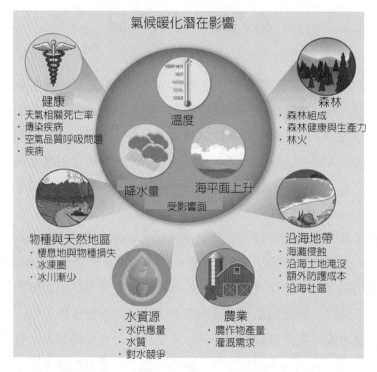

圖12-29 氣候變遷可能以多種方式影響人類社會和自然環境（Phillipe 2012）

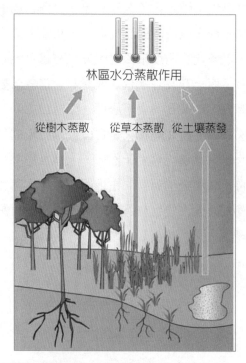

圖12-30 氣溫升高林區蒸發大燃料可燃性將升高（修改HowStuffWorks 2008繪）

只有在俄羅斯北部，大部分林火是由閃電引起的。而俄羅斯的大部分地區，森林生態系統適應火燒事件。然而，林火發生率在增加，導致該國一些地區的生態變化和沙漠化（WWF 2016）。在澳大利亞的大部分地區，森林和叢灌火燒都是自然現象。每年澳大利亞北部廣闊的熱帶草原都會火燒。而南部燒毀的地區要小得多。然而，人口密集的南澳大利亞州林火所造成的損失，遠高於人口稀少的北部地區。在正常情況下，在塔斯馬尼亞西部熱帶雨林的潮溼氣候下，火勢難以蔓延。然而在2016年，廣泛的林火威脅著這個獨特的生態系統。隨著氣候變遷的推進，澳大利亞南部高熱和高風險天氣的天數將會增加（WWF 2016）。

亞馬遜盆地擁有地球上最大的雨林。林火開始將森林轉化為大豆田或牛牧場。有人擔心，一旦超過森林砍伐門檻，區域氣候可能會失衡。隨著進一步森林火災的發生，乾旱可能進一步加劇雨林退化。亞馬遜熱帶雨林將從碳匯轉變為源頭。到2030年，亞馬遜熱帶雨林的55%可能會被摧毀或嚴重受損。這反過來會對全球氣候和物種多樣性產生嚴重影響，造成惡性循環。目前近20%的森林已經喪失，另有17%的森林因人為干預濫用而退化（WWF 2016）。

樹木和森林植物的流失，會影響當地和全球的天氣。樹木執行蒸散（Evapotranspiration）的重要天氣功能。蒸散作用是地球水循環的過程——樹木和其他植物透過葉片吸收下降的雨水，然後釋放水分回到空氣中，讓它蒸發形成雲層，而地下水也蒸發到雲層中。沒有樹木，水則不能完成蒸散週期；其結果是一非常潮溼的環境，而變成一非常乾燥的沙漠（圖12-31）（Chicomoto 2018）。

樹木流失形成惡性環境，造成破壞性後果。更少的樹木和枯竭的植被，意味著更少的熱量被地球吸收，地表反射率更低。吸收的熱量愈多，環境愈熱，這意味著四周的溼氣較少，從而產生林區較乾燥的微氣候。更乾燥的大氣會導致林火，火燒釋放形成雲層的氣溶膠（Aerosols），但不要讓水分像雨水一樣下落，使土地更加乾燥。而亞馬遜森林砍伐可能影響區域，從亞馬遜到墨西哥和美國德州的降雨量或降雨模式。這意味著砍伐森林可能會改變南美洲、中美洲和北美部分地區的天氣。在非洲中部的森林砍伐，已導致美國中西部的降雨減少。同樣，東南亞的森林砍伐導致巴爾幹半島和中國的降雨模式發生變化（Chicomoto 2018）。

現今在氣候變遷情況下，林火管理人員面臨著快速變化的生態系統情景（Prospect），並以多種方式同時進行。氣候變遷加劇了這些變化。氣候變遷能透過改變短期林火天氣環境和影響植被組成、狀況和結構的長期變化，來影響極端林火行為（圖12-31）。了解這些變化的涵義，對於確定和潛在減輕燃料在極端林火行為之作用，是至關

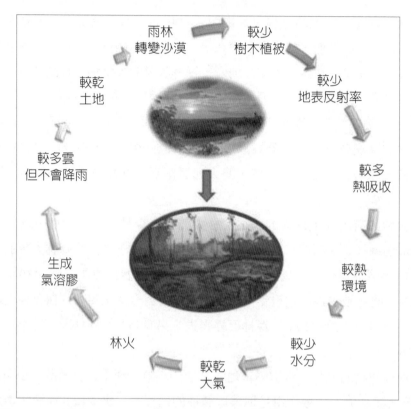

圖12-31　樹木流失形成惡性環境造成破壞性後果（Chicomoto 2018）

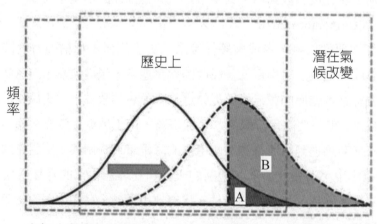

（冷－潮濕－低風速）林火環境屬性（熱－乾燥－高風速）

圖12-32　氣候變化對未來之林火管理具有重要意義。氣候轉向更熱和更乾燥的條件，能極大地改變事件發生的可能性。歷史上可能罕見的炎熱和乾燥事件（曲線下A面積），可能變得更加常見（曲線下B面積，B包括A）（Parsons *et al.* 2016）

重要的（Parsons *et al.* 2016）。

　　Bowman *et al.*（2013）指出，以控制焚燒作為溫室氣體減排工具辯論的一個自相矛盾論點，是對高生物量森林不可逆轉的氣候和林火驅動，轉化為低生物量之非森林土地使用狀態之有限窄化考量（圖12-33）。這種「生物群系轉換」是透過替代穩定狀態理論（Alternative Stable State Theory）來預測的，並符合一些森林系統的林火生態學。Lindenmayer等（2011）提出「地景陷阱」（Landscape Trap）概念，即高生物量桉樹林（Eucalypt Forests）採伐後的強烈反饋，會大大增加了林火風險，使得恢復到林火前森林狀態之可能性不大。替代穩定狀態理論能類似地應用於許多適火性森林的氣候變化影響；如林火天氣日益嚴重和乾燥時間過長，於美國西部的一些人為抑制林火之森林，形成易受災性，是很難轉化為非森林土地使用狀態（Non-Forest States）。實際上，Westerling等（2011）建模指出，氣候驅動的下一世紀之林火頻率會增加，可能將美國懷俄明州的大黃石生態系統，從針葉林轉化為更開放的植被類型。對於易受災性森林，Hurteau和Brooks（2011）提出，以機械疏伐和後續控制焚燒的真正價值，可能是抵制生物群落轉換（圖12-33(a)）：圖12-33(a)代表調適到頻繁、低強度林火之林區，歷史上人為抑制林火增加了小樹的密度和林分取代型林火的風險。這些森林在林分取代型林火後，通常具有有限的再生能力，因種子不能在大火中存活，林區植被補充需來自異地。疏伐和控制焚燒可以降低林分取代型林火的風險，能防止再生失敗後長期轉變為低生物量狀態，如黃松林（*Pinus ponderosa*）。

　　圖12-33(b)代表調適到不常發生、林分取代型之林區。雖然種子在高強度火災中存活，如儲存在冠層延遲性閉合毬果中，但氣候驅動的林分取代型林火返回間隔時間的減少，可以消除尚未成熟的再生植被，導致隨後的再生失敗。在氣候變化情景下，再生最小化失敗風險之最合適管理方案，可能是全面人為抑制滅火，如澳大利亞東南部之杏仁香桉樹（*Eucalyptus regnans*）。在澳大利亞南部桉樹林是易致林分取代型野火之受害，由專性種子（Obligate Seeders）植被占主導地位，因此大規模控制焚燒是不切實際的。在這種情況下，大範圍的疏伐會增加野火風險，人為干預滅火可能是最好的管理選項。

　　相比之下，圖12-33(c)代表經歷不常發生的高嚴重度林火之林區；這些樹種因其能夠再生而具有很強的抗火能力。這種森林對高強度林火返回間隔變化具有相對的彈性，因從種子中再生是不必要的。不需要管理來防止林火驅動的狀態轉變，如澳大利亞南部的大多數桉樹林（*Eucalyptus* spp.）。在以抗火性（Fire-Resistant）樹種為主的耐火桉樹林類型中，氣候變化很可能會改變林火體制，足以導致生物群落轉換。在野地與城市的界面上，減少對人類生命和財產威脅最具成本效益的林火管理策略，可能是透過重點地區機械整枝

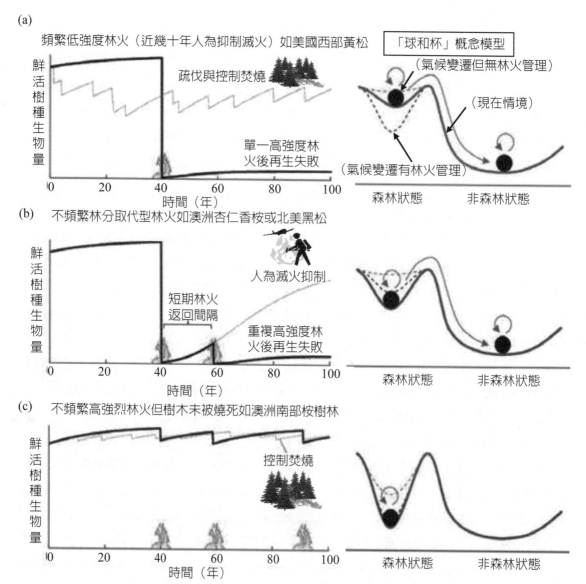

圖12-33 森林生物量與林火的對照反應以及可能的替代林火管理方案（Bowman *et al.* 2013）

之疏伐、控制焚燒或放牧等（圖12-33）（Cochrane *et al.* 2012; Gibbons *et al.* 2012）。

　　另一方面，火燒引起溫室氣體（GHG）的釋放，林火對氣候變遷產生重大影響。暖化氣候導致森林變得乾燥和退化，這增加了森林又易受火的危險。林火的數量和規模增加，從而形成一個正反饋循環。Savannah大草原和森林火燒，每年釋放大氣中二氧化碳17億至41億噸、甲烷每年釋放約3,900萬噸（1噸CH_4 = 21噸CO_2）以及2,070萬噸氮氧化

物（NOx）和350萬噸二氧化硫（SO_2）。全球溫室氣體排放量的15%歸因於林火，其中大部分是由於熱帶雨林中的火燒清理和土地轉變使用所造成的。林火造成全球一氧化碳的32%和甲烷排放量的10%，以及超過86%的煙霾排放（WWF 2016）。不同的研究報告，假設氣候變遷會增加林火風險較高的炎熱和乾燥天數，延長林火季節並增加閃電的頻率。這將增加林火的頻率以及受影響的森林面積（WWF 2016）。

從林火的角度來看，氣候變遷的尺度可以進行不同描述，基本林火事件的組成和過程，不會因氣候變遷而改變，但林火的頻率、幅度（Amplitude）和持續時間將會產生改變。在不同的地點，不同燃料類型和條件、起火頻率、林火季節長度、高火險等級和其他傳統林火業務指標等方式，將改變林火體制的短期（季節性）發生率特徵，包括林火的行為和生態系統影響（Sommers *et al.* 2011）。

Crystal等（2015）指出，當前的研究在林火與氣候改變關係上，主要集中在火燒區域的宏觀氣候驅動因素上，因為這些關係一旦被量化，就可以應用於全球氣候模型輸出項目，以預測未來火燒區域。然而，氣候變遷已經有許多反饋，並且可能繼續影響林火活動和嚴重度，發生在人類與自然系統之結合幅度上（圖12-34）。因此，Crystal等（2015）指出林火管理方面必須有所改變，如疏伐做法以增加碳儲量和減少災難性之林火風險（Prichard and Kennedy 2014），控制焚燒依尖峰季節（Shoulder Seasons）變異而作調整（Kolden and Brown 2010），改變滅火和管理策略（Owen *et al.* 2012），以及人類在林火中行為方式的改變，如管制野地－城市界面（WUI）之進一步擴展等（Moritz *et al.* 2014）。圖12-34為由天氣、燃料類型、燃料豐富度、燃料易燃性和人為反應路徑，透過生物物理途徑（即林火行為），基於人類通過自上而下，政府對林火風險的反應及減災作為及自下而上的個人反應，來描述氣候對生態系統和人類系統影響，在結合人類與自然環境系統中，氣候變異對林火影響的概念圖。

在因應氣候變遷與林火管理方面，聯合國糧農組織（FAO 2013）指出，氣候變遷對森林生態系統的影響，在全球範圍內是顯而易見的，至少在中短期內進一步的影響，已是不可避免的。在某些情況下，氣候變遷正在削弱森林提供關鍵商品和生態系統服務能力，如木材、非木材產品和清潔水等（FAO 2013）。因此，對氣候變化帶來的挑戰，管理者需要調整森林策略、森林管理計畫和做法的變化。採取行動的延遲，將會增加進行這些調整的成本和難度。氣候變遷只是森林管理者必須處理的許多因素之一（圖12-35），但其影響預計會增加並衍生廣泛的衝擊。雖然一些森林將受益於溫度升高和降水變化，但大多數森林將遭受重要物種的損失、產量下降、風暴和其他干擾的頻率／強度的增加（FAO 2013）。

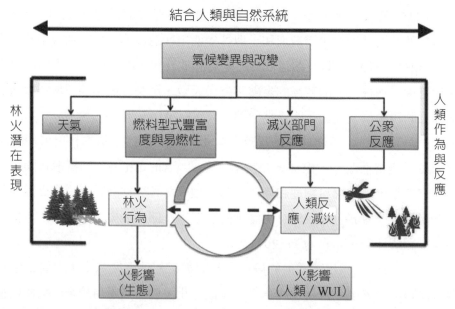

圖12-34　氣候對生態系統和人類系統影響，結合人類與自然環境系統中氣候變異對林火影響的概念圖（Crystal *et al.* 2015）

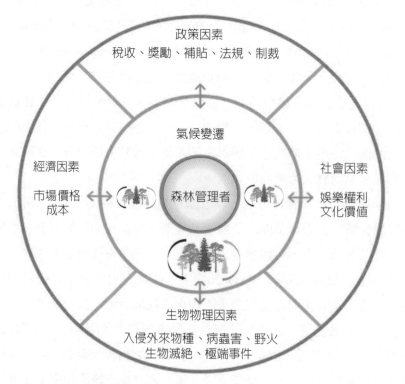

圖12-35　森林管理者需要應對各種不同因素，且這些因素都可能受到氣候變遷影響（FAO 2013）

　　調整森林管理計畫和做法，以減少脆弱性並促進適應氣候變遷，可能會產生額外成本，但這些成本可能低於氣候造成損害後補救行動的資本。森林經營者通常承擔管理成本的任何增額，但並不能從應對氣候變遷採取行動時所節省的成本中獲益。儘管如此，消息靈通的森林管理者能夠從財政和政策激勵中受益，以支持減災和適應氣候變遷的行動，這將有助於抵消氣候變遷管理的額外成本（FAO 2013）。

　　此外，Stein *et al.*（2014）指出，氣候變遷調適性（Climate Change Adaptation）目前是一項快速發展的保護生物學領域，為了使其有效必須實施以下做法：

1. 有規劃設計和實施。

2. 將主流項目（Mainstreamed）納入林火管理等現有管理活動。

　　調適性包括一系列潛在策略，包括選取當前條件的持續性、不干預以及定向轉化朝新未來特定之期望（Directed Transformation）（圖12-36）。這一系列策略是探索林火管理並考慮全面潛在管理選項的有用概念模型（US National Park Service 2016）。

圖12-36　因應氣候變遷之植被和林火體制之潛在調適性策略選項（US National Park Service 2016）

持續性的策略試圖防止或扭轉氣候變遷的影響，轉變為高價值和不可替代的資源，而不干預策略是接受資源變革，並且指導轉型策略工作，引導資源對應所需的新情況。根據資源的價值和可行性，可以在不同的地點應用不同的方法，從而可以在地景層面採用全方位的策略（Stein *et al.* 2014）。例如，持續性（Persistence）策略可能適用於小規模特別高價值的資源，而不干預策略，或定向轉化策略可能適用於其他地區或更廣泛的地景。實現特定適應目標所需的管理干預強度，是取決於焦點資源對氣候變遷的脆弱性，並可能隨著管理時間範圍和氣候變遷率而改變。

因此，調適性策略（Adaptation strategies）將取決於明確的目標、氣候變遷的大小以及管理資源的可用性。這裡提出的目標和策略（圖12-36）涵蓋了可以追求的廣泛的潛在方法。像燃料處理之管理干預措施並不是新的，但其在氣候變遷適應性方面的有效規劃，可能與過去的應用有很大不同，並且需要進行討論（Stein *et al.* 2014）。在整個範圍內，滅火人員的安全、財產保護以及遵守其他法律和政策（如空氣汙染），仍然是高優先權。包括監測在內的調適性管理是自然資源管理的一個關鍵組成部分，並被假定為在調適性方案中來持續進行。此外，偏好的調適策略（Preferred Adaptation Strategy）可能在公園內因地而異（US National Park Service 2016）。

1. 持續性戰略（Persistence Strategy）的目的，是在可行的情況下維持地景中的歷史林火體制和相關植被。管理人員可以透過大規模的火燒和機械疏伐，來減少整個地景的燃料負荷和連續性，以減輕火勢和燃燒的嚴重程度。加強地景異質性，能減少在單個季節內發生大面積林火的可能性。在林火發生之前恢復原生樹種，例如通過植栽或播種，可以減緩森林退化速度，並延長期望地區樹木覆蓋的持久性（US National Park Service 2016）。

2. 不干預策略（Non-Intervention Strategy）旨在允許林火體制和生態系統對氣候自然反應，而無需將系統引向特定條件進行強烈干預。盡可能地將林火體制和生態系統的組成、結構和功能自然反應，使其自主地進化（US National Park Service 2016）。

3. 定向轉化策略（Directed Transformation Strategy）在可行的情況下，試圖促進地景轉化為特定的未來期望條件，例如所識別的樹種、森林類型和林分結構和密度與較暖和較乾燥的條件和較頻繁的林火，進行相互對應，來朝期望目標前進（US National Park Service 2016）。

另一方面，愈來愈多的證據表明，氣候變遷的可能後果，將是每日的天氣系統發生模式的改變，如聖安娜（Santa Ana）風，這些模式是某些林火體制中的主要因素，也是天

氣模式分類的基礎，並連結現代林火天氣預報。管理人員可以預計，為了更好地通知季節性林火發生率預測，需要大幅度增加氣候變量資訊，並預計將開始接受對聖安娜，以及氣候變遷所導致類似主導林火天氣模式的未來變化（Sommers *et al.* 2011）。

正如厄爾尼諾現象（El Nino Southern Oscillation, ENSO）結合大氣－海洋環流模式所證實的，林火歷史和其他林火科學研究，正在提供越來越多的關於自然氣候變遷重要性的證據。反過來說，氣候科學家們正在形成強有力的證據，證明氣候變遷正在改變這些自然發生的氣候變異事例的頻率、幅度和持續性。因此，我們正在經歷更頻繁、更高幅度和更長時間的熱浪和乾旱事件。任何必須處理林火風險的季節性和長期評估的管理者，能熟悉燃料乾燥性和林火危險性增加，這是林火季節和較長林火潛力一個增長特徵，管理者應了解這些變異如何影響林火體制之改變（Sommers *et al.* 2011）。

以全新世（Holocene）林火歷史而言，對於了解生態系統在過去的氣候變遷過程中，是如何演變以及生態系統將如何反應正在進行的和未來的氣候變遷，而進行演變，這是非常有用的，但重要的是要認識到變化速度可能比全新世大多數時期還要快。林火管理人員應基於長期生態系統，在規劃適應氣候變遷方法方面能發揮重要作用，以確保林火日益增加的作用被納入管理規劃中，並幫助描述林火管理是如何尋求來提高現有，以及面對氣候變遷的未來生態系統的復原力（Resilience）（Sommers *et al.* 2011）。

在長的（數十年至百年）時間尺度上，林火應更多地視為一種生態系統功能，與其他干擾一起，是較可能加速生態系統對氣候變遷的調整，而改變生態系統功能軌跡（如碳封存），並最終能有助於了解給定地點之未來生態系統的轉變（Sommers *et al.* 2011）。

第七節　結論

一個多世紀以來，林火管理一直與氣候變遷能趨於一致。現在認識到，在林火管理的各個方面以及在受林火影響之自然資源管理的許多其他方面，氣候變遷考慮因素都將非常顯著。近年來，對氣候變遷和變量，以及它們歷史上與林火的關係如何大幅增長的理解。加上氣候變化科學的進步，這種理解提供了知識，有助於告知林火管理人員關於更長、更熱、更乾燥的林火季節，將引起的歷史性林火活動的變化，以及針對不同生態系統和林火體制的起火事件增加（Sommers *et al.* 2011）。

未來幾代的氣候變遷方向和程度是不確定的，特別是在整個區域層次（Regional

Level）。但無論氣候變遷的程度如何，土地利用的持續變化，都可能影響林火管理。又鑑於天氣模式和大氣化學可能改變，並且由於引入外來物種（Exotic Species），基於恢復歷史變異範圍目標的管理活動，可能難以成功（Millar 1997）。試圖維持眾多物種的持續存在（Peters 1990），可能需要採取主動策略，來操控野地及其干擾之體制（Disturbance Regimes）（Ryan 2000）。

因此，隨著全球氣候變暖，乾旱、高溫、強風等異常天氣明顯增多，改變燃料化學性質和林火天氣來影響火干擾，林火危險等級可能增加；此種全球暖化是自然資源管理者必須面對的基本事實。也就是說，林火的影響可能產生全球性衝擊：林火也會產生影響全球大氣成分和功能的氣態和顆粒物排放，加劇氣候變遷（Goldammer 2010）。而熱帶森林的破壞，也可能導致我們的天氣系統變得不一樣和往不可預測的方向前進（Ryan 2000）。

對於受季節性至多年乾旱影響的林火體制，以季節性到多年間的時間尺度來預測氣候變量的進展，為此種林火規劃，提供了前所未有的機會。所有管理者都將面臨挑戰，能充分融入林火在林火規劃中，並能反映到氣候變遷的長期適應性。將選取未來的生態系統恢復到二十一世紀根本就不存在之原來的狀態；或是替代地使生態系統在未來氣候範圍內能發揮完全的功能，並在可能增加林火的情況下讓它們加速轉變，是需要更多解決的挑戰。

林火和燃料管理將是氣候變遷適應的關鍵組成部分，既適用於傳統林火管理目標，也適用於碳封存等與氣候相關的新重要主題。相信本章報告中的文獻支持這些結論，並為管理者提供了構建其生態系統特定計畫的基礎。

第十三章　未來林火管理與生態系統

Leopold（1952）指出，當林火傾向於維護生物群落（Biotic Community）的完整性、穩定性和美感時，是一件好事。否則，則是錯誤的。且重點不是林火將發生的事情，而是其將發生的時間。本章以歐美林火生態與管理為例，重點介紹一些最重要的整體概念。然後，我們將討論未來可能導致我們往哪裡，而林火管理要求與挑戰，以及探討林火管理和土地管理未來之終極目標。

第一節　林火生態概念

林火生態概念（Concepts of Fire Ecology），在此先以美國加州為例探討，加州的植被是過去、現在和過去的氣候、地形和林火的產物演變之結果。從北海岸茂密的森林到中央谷地（Central Valley）的草原，到乾燥的東南沙漠和東北高原，林火扮演著各不同之重要作用。同樣，Klamath山脈、Cascades南部和內華達山脈的森林，也隨著週期性的林火而做演變。然而，在加州任何一個地方，林火都比在南中央海岸的硬葉灌叢覆蓋（Chaparral-Covered）山脈還要更戲劇性。加利福尼亞各種林火體制是植被、氣候、地形和火燒等多種多樣的產物（Sugihara *et al.* 2006a）。

雖然加利福尼亞大部分氣候都是地中海型，但實際上加州氣候和植被一樣是多變的。降水量從北部海岸平均每年204 cm到沙漠5 cm。1月內華達山脈氣溫為−4℃，7月的死亡谷（Death Valley）卻有39℃。風也是可變的，但聖安娜（Santa Ana）風對林火影響最大，特別是在南部山區。加州一年中任何時候都會發生雷擊，但在東南部沙漠、東北高原和內華達山脈（主要在7月和8月）雷擊最為普遍。所有這些變化綜合形成了不同林火體制之多樣化林火景觀（Sugihara *et al.* 2006a）。

林火也與生態系統物理成分產生相互作用。燃燒過程取決於是否存在足夠熱量、氧氣和燃料，來維持起火和蔓延前進。林火行為特徵如蔓延速度和強度（Intensity），其受可用燃料量（Availble Fuel）、天氣條件和地形的影響。具有不同行為特徵的林火，則會產生不同林火類型和影響。火也與土壤、水和空氣相互作用，從土壤結構的微小變化，到溪流水量和質量的變化，以及廣泛地區空氣品質的變化。然而，這些並不是孤立的影響（Isolated Effects），因為生態系統的一部分林火相互作用，可以影響其他區域的結果。

高強度的林火可能會導致土壤中疏水層（Hydrophobic Layers），於下雨時導致高度侵蝕效果。土壤侵蝕作用（Eroding Soil）會影響水質和化學性質，並影響下游河道型態和沉積物脈動（Sediment Pulses），這些沉積物既影響水生棲息地（Aquatic Hbitat），又形成許多河岸和溼地生態系統的基質（Sugihara *et al.* 2006a）。

在林火與土壤方面，林火誘發土壤斥水層（Water-Repellent Soils）形成，DeBano（1981）假設在林火期間如何在土壤表面形成斥水層，注意到在林火返回間隔期間有機物，在植被蓋下的土壤表面積累。在無火燒期間，斥水性主要發生在富含有機物的表層，特別是當它們被真菌菌絲體增殖時（圖13-1(a)）。在枯落物和地上燃料燃燒過程中產生的熱量使有機物質蒸發，然後向下傳熱到下面的礦物質土壤中，在那裡它們凝結在較冷的下層土壤中（圖13-1(b)）這些氣化的疏水物質凝結層形成一個獨特在土壤表面下面並平行的斥水層（圖13-1(c)）。

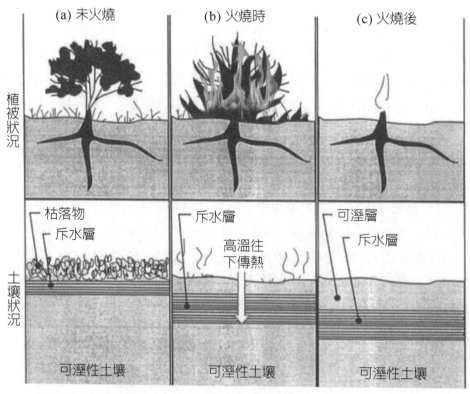

圖13-1　由火燒引起的斥水性土壤形成過程（DeBano 1981）

已經證明由於林火引起的斥水性，而形成的地面逕流，會遵循幾個明確的階段（Wells 1987）。首先，可溼性土壤表層在初始滲透期間飽和（圖13-2(a)）。水迅速滲入

可潤溼的灰分層表面，直到其受到斥水層的阻礙。這個過程在整個地景中均勻地發生，因此當溼潤前鋒到達斥水層時，它既不能向下排放，也不能向外排放（圖13-2(a)）。如果斥水土壤層位於土壤表面，雨滴到達土壤表面後立即開始逕流。隨著降雨的繼續，水會填滿所有可用的孔隙，直至可溼性土壤層變得飽和。由於下面的斥水層，飽和孔不能排出，這在斥水層之上產生正的孔隙壓力。增加孔隙壓力會降低土體剪切強度，並在孔隙壓力最大的可潤溼層和斥水層之間的邊界處產生破壞區（圖13-2(b)）。隨著水流向這個初始破壞區域會產生湍流，加速腐蝕並夾帶可溼性灰分層（如果存在）和斥水層中的顆粒（圖13-2(c)和13-2(d)）。斥水逕流繼續向下侵蝕，直到斥水層被侵蝕並且水開始滲入下面的可溼性土壤中。然後逕流量減少，湍流減少，停止切割作用。最終的結果是一條細流穩定在斥水層的下方（圖13-2(e)）。在分水嶺的基礎上，這些單獨細小水流（Rill）發展成一個明確的網絡，可以延伸到整個小流域（圖13-2(f)）（Wells 1987）。

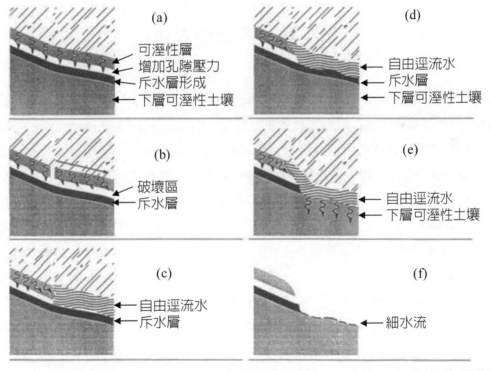

圖13-2　斥水層火燒後土壤斜坡上形成小逕流的序列，包括(a)可溼性表層飽和，(b)可溼性表層中破壞區的形成，(c)斥水層上形成自由水流，(d)斥水層的侵蝕，(e)斥水層去除和滲透到下面可溼性土壤中，(f)產生逕流（Wells 1987, Copyright Geological Society of America）

　　火與生態系統生物成分的相互作用，也是多樣化的。對植物的影響包括熱量和煙霧的直接影響，以及營養和光照變化的間接影響。植物對林火的反應可以分爲依賴火（Fire Dependent）、火強化（Fire Enhanced）、火中立（Fire Neutral）或火抑制（Fire Inhibited）。許多物種都具有物理特性，例如較厚樹皮，使它們能夠生存下來。其他物種受到林火的不利影響，並在長期無火燒期間做繁殖。林火體制（Fire Regime）屬性影響植物的生存和繁殖，從而影響植物群落的結構和組成。反過來說，植物群落透過反饋機制，來影響林火體制。林火影響動物，使其直接火燒死亡和間接影響其棲息地。雖然個別動物可能會死亡，群落（Populations）可能會受到影響，但動物群落的健康是由林火來維持其生態作用。林火保持棲息地的多樣化、循環並提供營養和水，並改變特定社區內各種動物物種間的營養關係。由於許多動物之物種是隨著林火而演化的，因此火的持續存在是至關重要的，畢竟林火是一個重要的生態過程（Sugihara *et al.* 2006a）。

第二節　改變中看法

　　在本書中，我們已表明，林火是生態系統不可分割的一部分，我們必須改變看法，而從生態學的角度來看，將其視爲一種外源性擾動（Exogenous Disturbance），是很有益的。多樣的氣候和地形類型，促進了豐富的植被和棲息地的發展。包括林火、洪水和侵蝕（Erosion）在內的生態過程，已將景觀和植物群落變成複雜的、不斷變化的生態系統。因此，林火不應被視爲干擾或倒退事件（Retrogressive Event），而延遲朝向一些假定（Hypothetical）、靜態的、氣候極盛相（Climatic Climax）的進展；林火應是一種併入重要的生態系統過程，在定義動態性生態系統上，林火是發揮重要功能之角色（Sugihara *et al.* 2006a）。

　　林火在生態系統中的作用，主要是描述林火發生類型、行爲和影響模式上，所形成林火體制之屬性（Fire Regime Attributes）爲特徵。在時間屬性（Temporal Attributes）包括季節性和林火返回間隔，這在本書第9章已有詳細描述。空間屬性是火燒規模和火燒的空間複雜性。規模屬性（Magnitude Attributes）是火線強度、林火嚴重度（Fire Severity）和林火類型。這7個屬性的分布形成了林火體制。林火體制和植被錯綜複雜地聯繫在一起，由一個至另一個之生態系統中相互依存的組成部分，而延續下去（Sugihara *et al.* 2006a）。

　　生物區組內（Within）和組間（Between）的林火體制，各不相同。由於不同的海洋對林火天氣和氣候的影響，常會沿著海岸向內陸的梯度展開作變化。在近岸海域的涼爽潮溼環境中，夏季炎熱乾燥的地方，林火的發生頻率往往較低。海拔梯度（Elevation Gradients）也會導致海岸附近林火體制的變化，但在美國內華達山脈、Southern Cascades山脈和Klamath山脈，則更為明顯。在這三個山地生物區域，由於西部斜坡降水較高，東部斜坡上有陰雨（Rain Shadows），使林火體制常常有所變化。在中央谷地（Central Valley），林火體制變化更為細微，因其與氣候和水文（Hydrology）的南北梯度是相關的（Sugihara *et al.* 2006a）。

　　生物區之組內和組間的林火體制，和對林火的反應的其他來源，還有包括林火季的持續時間和林分（Sites）的生產力。較潮溼生物區（Wetter Bioregions）和較乾燥生物區（Drier Bioregions）的較溼部分，產生豐富的燃料，但當燃料乾燥到足以燃燒時，林火季就會減少。因此，這些地區的林火體制特點是火燒返回區間之時間更長，而林火嚴重度更高。

　　林火嚴重度的影響方面，由於林火產生的NH_4-N的量通常隨著火燒嚴重度和持續時間，以及相關的土壤加熱而增加，且土壤pH值、陽離子也增高；但地面腐殖層、總氮和有機物質量卻減少了（圖13-3）（USDA Forest Service 1981）。

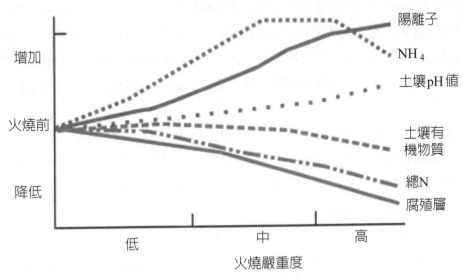

圖13-3　森林隨林火嚴重度增加之地面腐殖層、總氮和有機物質減少的一般化模式，以及土壤pH值、陽離子和NH_4卻增加的情況（USDA Forest Service 1981）

　　此外，在較乾燥的生物區和生產較少燃料其他生物區之較乾燥部分，當燃料火燒時，一年中會有更多的時間和更長持續的燃燒時間。這些地區的特點是林火返回間隔較短，火嚴重度傾向較低（Lower Fire Severities）。在加利福尼亞州最嚴酷的高山氣候條件下，植物的建立和生長，受到燃料缺乏和極其有限的林火季之限制。同樣地，炎熱乾燥的沙漠中的植物，產生燃料也很少，而形成罕見之林火（Sugihara *et al.* 2006a）。

　　林火體制描述是有利於確定哪些屬性是已經改變了，以及這些屬性與歷史模式是如何不同。比較改變後的林火體制和鄰近植物群落的情況，可以預測植被變化的軌跡，並可能預測植物群落的擴展或收縮的方向。現在一些土地管理者能夠把重點放在生態恢復（Ecological Restoration）工作中，具有生態意義的林火體制之屬性方面。

第三節　林火改變整個生態體系

　　Martin和Sapsis（1992）提出了火燒多樣性（Pyro-Diversity）概念，即林火體制長期變化，促進了生物多樣性。這個概念是理解林火作為一個生態過程，及其恢復（Restoring）和維護生態系統的價值所必須的。火燒多樣性在生態系統中是特別重要的，因火燒嚴重度（Fire Severity）的變化，提供了許多精細的（Fine-Scale）棲息地變化。火燒多樣性同時促進了許多林火體制中的生物多樣性，尤其是在火燒返回間隔短、低強度、火燒嚴重度低的林火體制方面。火燒嚴重度的變化（Severity Variation）對植物的依賴性也很重要，因其提供了植被生物各年齡層的鑲嵌體（Age-Class Mosaics）（Sugihara *et al.* 2006a）。

　　儘管歷史上發生的火燒多樣性層次，顯然維持了生物多樣性，但重要的是要注意，多樣性進一步增加會超出其歷史範圍，可能並不能促進本地生物多樣性的提高。在各種各樣的火與植物的關係中，火燒多樣性可能不會促進生物多樣性，在此能分成二類環境如次：

　　第一類是以截短（Truncated）林火返回區間分布為特徵的生態系群。只有限數量的多樣性是可以容忍的，因林火返回區間過長或過短時，它們會經歷生物類型之轉換。例如，假使閉合毬果松樹（Closed-Cone Pine）或柏樹林分（Cypress Stands）在種子生產前就形成火燒現象，或者火燒持續時間足以耗盡種子源，則這些專屬針葉林分就會從林床上消失。人為有效的林火抑制撲滅，可以排除林火足夠長的燃燒時間。這是減少生物多樣性的林火體制變化的擴大情況（Sugihara *et al.* 2006a）。

圖13-4 人為抑制撲滅減少生物多樣性的林火體制（武陵林火，2002 盧守謙攝）

第二類是本地或非本地入侵物種的限火性（Fire-Limited）或引火性（Fire-Induced）之蔓延。在一些沙漠中一年生禾草（Annual Grasses）可以暫時擴大多樣性的範圍，一旦它們變得優勢種，足以提供連續的燃料床時（Fuel Bed），它們就會減少火燒多樣性和生物多樣性情況。花旗松侵入北部海岸的俄勒岡白櫟林（White Oak Woodlands），增加了火燒多樣性，同時取代較豐富物種的林地（Species-Rich Woodlands），如此減少了生物多樣性。

儘管火燒多樣性在大多數美國加利福尼亞生態系統，確實促進了生物多樣性，但恢復和保持火燒多樣性的歷史水平（Historic Levels），現今採取以自然生物多樣性為目標之一種明智做法（Sugihara *et al.* 2006a）。

一個特定物種的個別有機體（Individual Organisms）必須在林火後具有足夠存活能力，或重新殖民化（Recolonize），才能成為生態系統的一部分。它們必須堅持才能複製並成為生物社區的一個可行組成部分（Vible Component）。即使在錯誤的季節發生的罕見林火，或者是太大、太強、嚴重的林火，都可以大大減少，取代甚至消滅一個地區的物種。一個物種的足夠個體需要在整個變異範圍內持續存在，這個物種的林火體制的特點，是在受林火影響生態系統中（Fire-Affected Ecosystems）能保持存活力。加利福尼亞州擁有多種不同植物，其在各種氣候和演化壓力（Evolutionary Pressures）下，演替而成。一些硬葉灌叢（Chaparral）是明確依賴火，並需要從木炭煙或化學物質使其發芽。其他

物種主要來自潮溼地區，對林火的抵抗力是很低或沒有抵抗力。但是，在所有的生物區域，許多物種都有一些特徵，可以讓它們在火燒後堅持下來，並通常能茁壯成長。排除林火導致整個加州內一些特有和稀有物種的消失。在美國大部分州的優勢原生植被是取決於火，以保持其結構、組成和功能，火和美國加州植被的關係可以追溯到數千年。巨型紅杉（Giant Sequoia）、針葉混合林（Mixed Conifer）、黃松（Ponderosa Pine）和花旗松（Douglas-Fir）林，皆受林火影響很大之物種（Sugihara et al. 2006a）。

　　幾十年來，當林火被排除在外時，這些林分呈現出完全不同的結構，並提供了一非常不同的棲息地。於美國北海岸霧林帶的海岸紅杉林（Coast Redwood），炎熱的乾燥的中央山谷山麓上的藍櫟林床（Blue Oak Woodlands），以及南海岸豐富多樣的灌木群落，這些能與反覆發生的林火並存。假使不會再次發生林火，於北海岸閉合毬果體松林（Closed-Cone Pine）和松柏（Cypress）群落、俄勒岡州的白櫟林地，以及內華達山脈高處的白楊樹林（Quaking Aspen），可能會被消滅或大幅減少。這些加州生物遺產的一大部分，是直接依賴於火的再次發生（Sugihara et al. 2006a）。

　　一個特定的植物群落總是具有相同的林火體制，這是錯誤的假設（Sugihara et al. 2006a）。生物區之組內和組間的幾個植物群落的特徵，是一個以上的生態系統。開放的林床上是非生產性、開放的、多岩石的（Rocky）或超鎂質（Ultramafic）林分，具相當不連續的燃料，林火通常局限於受雷擊單一樹木。在有更多燃料的生產力較高林分，生長相同的樹木，則林火將是更大，成為較重要的生態過程。海岸紅木（Coast Redwood）、花旗松（Douglas-Fir）、混合常綠（Mixed Evergreen）和其他一些植物社區，出現在各式各樣的環境中，因此通常是不只具有一種林火體制（Sugihara et al. 2006a）。

　　千百年來已發生氣候變遷，植被已透過地理分布和範圍之改變，而做出不同的反應，生物區氣候、植物區系和林火體制都是不同的。人為引起的林火體制變化，也可能是植被變化的驅動力。在美國歐洲後期移民（Post-European Settlement）期間，對林火體制產生修改，已改變了生態區之間的一些界限。林火的排除，使得內華達山脈的白樅地帶（White Fir Zone）向下擴張。在Cascades東部和內華達山脈東側的鼠尾草群落（Sage Communities），移除林火使得杜松林（Juniper）和小樹林地（Pinion Woodlands）得以擴張。巨型紅杉（Giant Sequoia）的火疤痕（Fire Scar），顯示記錄了十年、百年和千年變異的證據。從這些巨型紅杉林中排除林火，限制了它們的再生，並使其他針葉樹也同樣受到相當之侵害。將氣候變遷的影響與火燒排除（Fire Exclusion）後，對美洲的後歐洲移民（Post-European）火燒生物區系（Fire Biota）的影響，予以區分開來，對於理解當前火生態學角色，此種往往是一困難而重要的考慮因素（Sugihara et al. 2006a）。

火生態學是一門新興的、迅速發展的科學領域，但是我們的知識庫存在很多空白（Sugihara *et al.* 2006a）。直到最近，美國研究集中在內華達山脈的混合針葉林。有關林火在中部海岸、北部海岸、東南部沙漠和其他生物區域的角色信息，最近已發展起來。研究在加州其他生物區域的林火，進行其所產生之影響作用。目前，有針對性的戰略方針，旨在解決關鍵的生態問題，可以推廣到最廣泛的物種和生物區域。

在火燒和管理方面的知識，也存在差距。最常見的管理問題超越了多個生物區域（Bioregions），包括入侵物種衝擊、城市發展、棲息地破碎（Hbitat Fragmentation）、燃料累積減少、人為抑制火燒影響、瀕臨危險物種和空氣品質及二氧化碳等方面（Sugihara *et al.* 2006a）。

第四節　林火管理需以生態為基礎

林火管理需以生態為基礎，在此以加州為例，加州是美國人口最多的州，林火的挑戰在全州大部分地區都存在。只要我們選擇居住在適火性易燃生態系統（Fire-Prone Eco-systems），如此選擇是允許林火發生在本身的條件下，調整我們的社會與林火互動，或者繼續干擾林火體制的自然範圍和影響林火本身的基本生態功能（Ecological Function）。我們社會如何決定是否容納或干擾林火，將對我們的社會生態（Social Ecological）複雜性、本土性生物群系（Native Biota）和自然環境有很大的影響（Sugihara *et al.* 2006a）。

因為我們的影響，將成為林火體制和生態系統改變的一部分，所以不可能把人類的行為和生態系統分開。人類已用數十萬年的時間來操縱自己的環境，火的使用將我們從覓食者（Foragers）轉移到耕種者（Cultivators）之地位，並促使人類的物種在世界各地擴張。大約一萬一千年前，美國加州原住民火燒應用到地景上，是與第一次人類占領一樣之古老。火是加州印第安部落使用的最重要、最有效果（Effective）、最有效能（Efficient）、最廣泛使用的植被管理工具，印第安人有目的的火燒，以達到特定的文化目標，並維持特定的植物群落。印第安人對加利福尼亞生態系統的影響，從偏遠地區的少數人口到非人類居住的生態系統，都具有相當大的差異作用（Sugihara *et al.* 2006a）。

自1542年歐洲探險家抵達美洲以來，他們直接或間接地影響了林火體制。從這些生態系統中移除人為火（Anthropogenic Fire），已使得物種構成發生了廣泛的變化，侵入

（Encroachment）了殖民物種，轉變爲其他植被類型，並使林火危險增加。1848年，加利福尼亞州的淘金熱，永久性地建立了歐美人口移居。然而，正式的林火政策在十九世紀末和二十世紀初期，建立了大規模的森林保護區。一系列毀滅性的林火，導致了1910年大火後的全面人爲滅火政策。從1970年代開始，美國聯邦林火政策發生了變化，將滅火和林火管理相結合。在二十世紀九十年代末和二十一世紀初期，林火和土地管理集中在生態系統中積累的燃料管理，作爲預先抑制林火（Pre-Suppression）和生態系統管理的營林處理（Treatment）（Sugihara *et al.* 2006a）。林火日益成爲公認的生態重要過程，林火管理愈來愈注重恢復自然林火體系，從而解決生態系統的價值問題。必須記住，目前人類已影響了林火體制，我們必須承擔責任，以了解我們的行動將會產生什麼樣的影響。

　　看來，不管多麼努力地嘗試全面的林火抑制控制，火仍然會避開（Eludes）。美國自1923年Berkeley大火以來，野地－城市界面（Wildland-Urban Interface）林火問題，已成爲許多國家面臨的最重要的土地管理問題之一。儘管努力排除林火方面，進行了大量的心力和大量的技術及資金的應用，但林火仍然對社會和生態系統，產生很大的影響。大規模及最具破壞性的林火，其發生的速度正在加快，城市與野地界面的擴大和混合，使得大規模的林火的影響更加顯著。人們愈來愈認識到，如果我們要減輕野地上林火對城市景觀的影響，就必須了解和管理與野地生態系統，必須在林火體制和城市區域燃料屬性（Fuel Characteristics）有著內在結合之關係（Sugihara *et al.* 2006a）。

　　儘管今天世界各地有大量相當具規模的林火，但是在大部分地景，總體來說林火可能比人類到達以來的任何時候都少，但我們認爲林火的發生是一個環境緊急事件（Environmental Emergency）。尤其林火對流域和空氣的影響。也許我們是自己努力進行滅火成功的受害者。公眾喜歡自己的健康、潔淨的空氣和乾淨的水，希望保護所有的本地物種和生態系統。從歷史上看，有特定地區發生了大量的林火、大量的煙霧和大量的林火加速侵蝕（Fire-Accelerated Erosion）。但是林火會產生煙霧和其他燃燒副產品，這些副產品可能會對人體健康造成傷害，從而降低能見度。林火增加侵蝕、降低水質並殺死植被。雖然人類社會可能不喜歡這些變化，因爲火燒會對人類的健康和生活品質，產生不利的影響，但在很大程度上它們是自然的。今天各地已排除了林火（Excluded Fire）程度到了我們所經歷的時間點（Point），並且預期比起在十九世紀之前，對空氣和水質的林火影響（Fire Impacts）要小得多（Sugihara *et al.* 2006a）。

圖13-5　林火煙霧和其他燃燒副產品對人體健康造成傷害（改繪 J Joaquin Aniceto）

　　而地下火泥炭悶燒問題更是顯著，Hu *et al.*（2018）研究指出，根據燃料消耗量地球上最大的泥炭悶燒（Smouldering Peat），據報在全球六大洲皆有發生，造成區域陰霾事件。霧霾是大氣中低空大量積聚的煙霧，這會降低空氣質量，造成交通運輸能見度差，並導致醫療緊急情況。對泥炭排放和霧霾的研究充其量也是適度的，許多關鍵方面仍然不甚了解。林火有焰與地下泥炭火無焰排放煙霧成分有顯著不同（圖13-6），而熱帶與溫帶地下泥炭悶燒排放成分亦有顯著差異。Hu *et al.*（2018）以實驗室和實地研究，發現熱帶泥

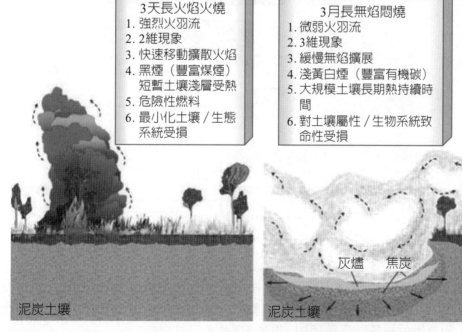

3天長火焰火燒
1. 強烈火羽流
2. 2維現象
3. 快速移動擴散火焰
4. 黑煙（豐富煤煙）短暫土壤淺層受熱
5. 危險性燃料
6. 最小化土壤／生態系統受損

3月長無焰悶燒
1. 微弱火羽流
2. 3維現象
3. 緩慢無焰擴展
4. 淺黃白煙（豐富有機碳）
5. 大規模土壤長期熱持續時間
6. 對土壤屬性／生物系統致命性受損

灰燼　焦炭

泥炭土壤　　泥炭土壤

圖13-6　3天長火焰火燒（左）及隨後3個月長無焰悶燒現象差異（Hu *et al.* 2018）

炭火燒產生的主要有機化合物排放，高於北溫帶和溫帶之泥炭火燒，這可能是由於較高的燃料碳含量（56.0比44.2%）。相比之下，由於未知原因，熱帶泥炭火燒對直徑≤2.5μm（PM2.5）的顆粒物質排放稍低，但可能與燃燒動力學有關。

在火燒煙霧排放方面，氣候驅動的林火排放變化，可能是控制PM2.5濃度的重要因素。例如，之前研究預測美國西部的林火活動將增加到2050年，雙碳質氣溶膠（Double Carbonaceous Aerosol）產生年均PM2.5和霧度的顯著增加（Spracklen *et al.* 2009）；如此煙霧可以透過地區盛行風或由林火產生的對流風，順風運輸數百英里遠，其濃度足以使其成為大型空氣汙染的最重要來源（Val Martin *et al.* 2013）。火燒排放煙霧對氣候變遷引起空氣品質之影響，如圖13-7所示。

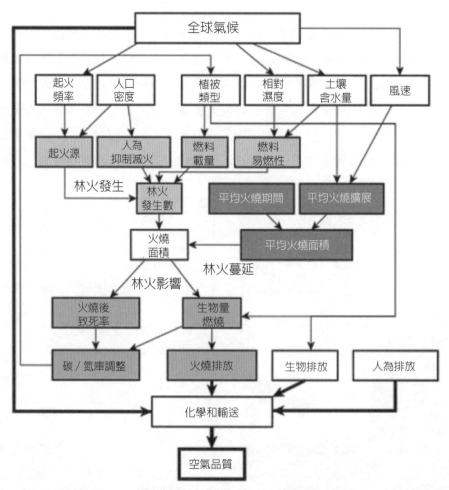

圖13-7　火燒排放煙霧對氣候變遷引起空氣品質之影響流程圖。流程圖中描述林火參數化有林火發生、林火蔓延和林火影響。圖中細線主要連接林火參數化之元素，粗線連接系統的主要項目（改編自Li *et al.* 2012）

在火燒煙霧對全球人口健康負面影響之相對成本方面，Williamson *et al.*（2016）提出應從林火生態學、流行病學和大氣科學領域的一系列研究挑戰，必須得到解決；然後才能準確估計野火和控制焚燒煙霧體制（Smoke Regimes），對人類健康相對之成本。在此介紹能了解許多複雜因素之間相互關係的框架（圖13-8）。圖中煙霧和煙霧之間的相互作

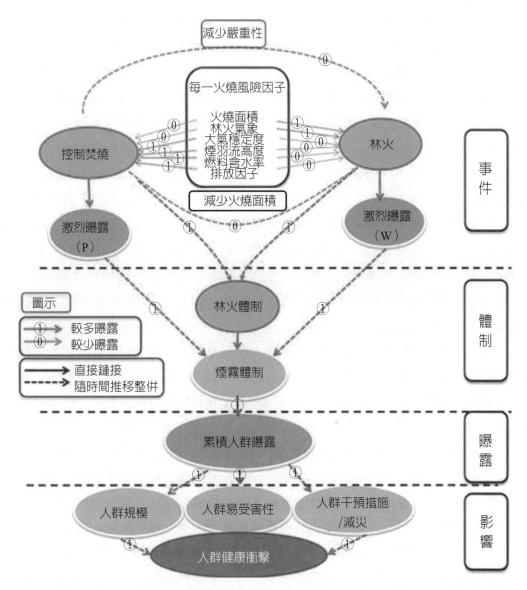

圖13-8　了解地景火燒對人類健康影響的原因和不確定性的框架。此框架是分成事件、體制、曝露和影響。個別林火事件具有可以抑制或放大煙霧產生的特徵（淺色線和深色線）。煙霧和林火體制是眾多事件的共同後果（Williamson *et al.* 2016）

用會影響長期的煙霧曝露。煙霧曝露對健康的影響，是受到人群分布的影響。總體人群健康影響取決於圖13-8所示所有因素複雜的相互作用。目前沒有評估考慮控制焚燒和野火影響健康結果的所有因素。

要了解控制焚燒計畫對人類健康的全面影響，我們必須考慮每次火燒（事件）的風險因素、控制焚燒和野火之間的反饋（火災和煙霧體制），以及如何轉化為煙霧和人群（曝露），以及曝露對人口的影響，作為其大小規模、易受害性（Vulnerability）和健康影響整備（Preparedness）的函數。需要進行此類分析以更好地理解人類健康的替代（Trade-offs）方案，即利用有計畫火燒來管理野火。而此框架對於開發煙霧曝露的預測模型非常有用，因為理解曝露量對於量化野火和控制焚燒煙霧體制的健康成本是至關重要的。預測模型對於林火管理人員減少煙霧曝露，並向易受影響人群提供警告，也是一項非常重要（Williamson *et al.* 2016）。

我們顯然需要保護空氣和水域品質。問題是，我們如何在適火性易燃生態系統（Fire-Prone Ecosystems）中做到這一點？不受控制的野火，是造成空氣質量惡化的原因，但是地方、州和聯邦主管單位，將重點放在可自由選擇的活動上（Discretionary Activities），包括林火管理。管理野地林火的挑戰，是要理解平衡公共利益目標的權衡（Tradeoffs），同時保持生態完整性。盡量減少煙霧對人類健康和福利（Welfare）的不利影響，同時最大限度地發揮林火的有效性，此是一項綜合性與協同之活動（Collborative Activity）（Sugihara *et al.* 2006a）。

今天，人類活動極大地改變了水域和林火體制。過去和現在的管理實務，包括水利發展、採礦、道路建設、都市化（Urbanization）、滅火、採木和休閒等活動，正在影響水域。最大的侵蝕事件（Erosion Events）通常發生在陡峭、侵蝕性地景（Erosive Landscape），發生非常大的、整體高嚴重度之林火現象。林火及其相關的沉澱物（Sedimentation）、大量殘餘物（Mass Wasting）和洪水的脈動，是在生態系統內自然過程工作，也是創造和維持水域（Watersheds）的過程一部分。然而，像空氣品質管理一樣，水域管理的重點往往是盡量減少控制焚燒的影響，因其被認為是林火管理上的一個自由選項（Discretionary）。除非水域管理人員、當地社區、水生生態學家和其他資源管理者積極支持恢復歷史林火體制（Historic Fire Regimes）來管理其資源，否則世界各地排除林火的可能性將繼續下去。在一些生態系統中，這意味著林火發生的頻率會降低，但發生的林火嚴重度將更加均勻一致，有時會導致水域不穩定性的更嚴重情況（Sugihara *et al.* 2006a）。

在世界各地一些重要的生態系統變化之一，是非本地入侵物種的到來。生態系統的林

火管理與非本土的入侵植物，創造了獨特的挑戰問題。在一些生態系統中，林火有利於非本地入侵物種的擴張，而在其他情況下，可以用火來控制或根除它們。在火與草之間的動態循環過程中，入侵草種（Invasive Grass Species）殖入於木本植被爲主的地區。隨著入侵草種數量的增加，高度可燃性細小燃料的連續層發展，導致林火蔓延和火燒頻率增加。由本地物種組成的灌木林和森林，將會被轉化爲非本土物種組成的草原。雖然火保持了本土植物群落，但入侵物種已改變生態，如美國南加利福尼亞州硬葉灌叢（Chaparral）、大盆地（Great Basin）、中央山谷和Mojav沙漠的大片地區的林火體制。管理林火和入侵物種，將是未來工作的一個重要領域（Sugihara *et al.* 2006a）。

當Leopold（1952）談到物種，指出：「保持每一個齒輪和輪子（Cog and Wheel），是明智修補的第一個預防措施」。「美國聯邦瀕危物種法」、「加州瀕危物種法」是爲保護受到威脅或瀕臨滅絕的本土植物和動物而制定的。在加利福尼亞州，林火、燃料管理以及瀕臨風險物種（At-Risk Species）的保存和保護，是經常發生衝突而不一致的。物種保護（Species Protection）通常意味著排除林火。雖然有困難，但林火管理也存有潛在機會，來幫助保護瀕臨風險物種。控制焚燒的使用可能爲這些物種提供了最好的機會，因爲沒有火的地方已退化了棲息地，或者火不可能自然恢復。加利福尼亞州有許多例子，其中，林火和燃料管理活動、控制焚燒、人爲滅火或林火後復原（Post-Fire Rehbilitation）和恢復已被整合，同時進行保存和保護瀕臨風險物種、棲息地和生態過程。許多處於瀕臨風險物種以及它們賴以生存的生態系統，如果沒有林火提供的直接和長期的生態功能，就無法維持或恢復。作爲一個生態過程的林火，是生態系統的必要組成部分，如果我們真的打算保留所有的部分，林火應該返回到如同各式各樣的「齒輪」和「輪子」作用（Cogs and Wheels）來廣泛的庫存，使其生態自然運作（Sugihara *et al.* 2006a）。

第五節　需要社會預防適應性措施

新林火情景下的風險實務：需要社會預防的適應性措施，本節以歐洲爲例說明。在歐洲林火問題的主要組成部分——林火和地域（Territory）——在過去幾十年中大幅演變，增加了對林火的易致災性（Vulnerbility）。由於新的燃料模式，是不受發展控制和生物量大量積累的結果，所以林火行爲正在演變。對空間（Spatial）和居住人口的擔憂，也在擴展重新界定地域類型，這些類型造成新出現易燃的地區和面臨風險的新地區（Vélezand

Montiel 2003）。燃料類型的多種組合，空間規劃（Spatial-Planning）和新的社會現實的新趨勢，導致了新的林火情景，這需要新的林火管理方法（Montiel and Herrero 2010）。

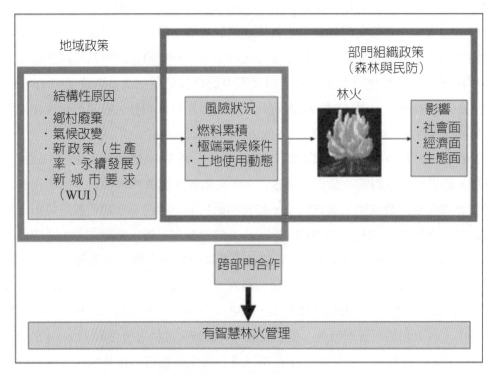

圖13-9　林火管理中地域政策（Lázaro *et al.* 2008）

在地區範圍內，可以識別三種地域情景（見圖13-10、圖13-11），顯示不同的起火模式和對林火的不同易致災性，因此需要不同的林火管理策略（Montiel and Herrero 2010）：

情景1：不利的農村地區（Disadvantaged Rural Areas）

這些農村地區處於危機之中，農村被遺棄，農業活動減少或放棄，新的城市壓力沒有顯著增加，一些森林已開墾為野地。人口老齡化和人口減少，也意味著火燒文化（Fire Culture）的喪失，因此將其轉入風險因素。現傳統的農村活動中，火的使用是在不同的空間條件下進行的，在這種空間條件下，林地和燃料載量的連續性，產生了林火風險增加。然而，新農村人口或野地休閒區的使用者，使用火成為新的起火風險因素，因他們無法保證可控制火燒（Fire Control）。

情景2：動態的農村地區（Dynamic Rural Areas）

這些地區的特點是社會經濟背景和生產性森林，沒有農村棄耕的重大問題。在農村活

動中使用火作爲管理工具，已是普遍情況。此外，現有的火燒文化可以確定一種火依賴型農村社區，強烈需要火使用規範和林火管理機制（Fire Management）。

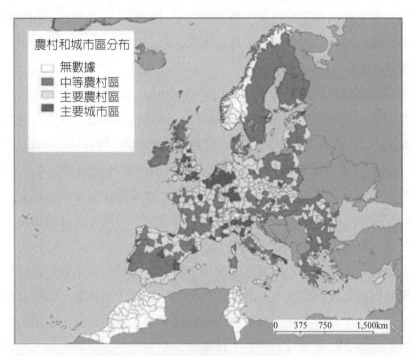

圖13-10　歐洲農村和城市地區的分布情況（Lázaro *et al*. 2008）

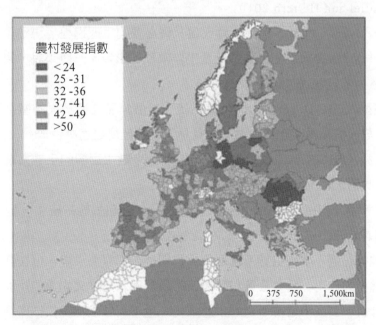

圖13-11　歐洲地區農村發展指數（Lázaro *et al*. 2008）

情景3：郊區農村和野地－城市界面（Suburban Rural Areas And Wildland Urban Interfaces）

這些都是以城市發展為主的地區，農業活動已被放棄。野地和城市化空間之間的過渡地區——野地－城市界面－代表了林火風險因素（Fire Risk Factor）的增加，並且非常脆弱（Highly Vulnerble）。

對影響林火的結構性原因進行干預（Interventions）的效果，在很大程度上是取決於其對所考慮地區的空間和社會經濟特徵的適應性（Adaptation）。3種不同類型的林火地域（Fire Territorial）情景，需要針對林火問題的生物物理（Biophysical）和社會組成部分，各採取不同的政策和管理措施。將國家和地區的社會預防措施方案，調適林火地域情景，對於減少起火是非常有效（Vélez 2010）。社會預防措施是指公共資訊、社會意識（Social Awareness）和新的治理機制，允許每種情景中的現有利益相關者，來參與整合性林火管理計畫（Montiel and Herrero 2010）。

在不利的農村地區情況下，由專業團隊使用控制焚燒技術，來執行燃料管理任務是明智的。這一戰略既能以較低的成本，面對燃料管理面臨的主要挑戰，又能適應人口稀少，人力資源匱乏的局面。儘管如此，在動態的農村情景中，透過加強火使用的最佳實務，來激勵農村社區的火燒文化是十分方便的，最重要的是，促進法規和新的治理機制，來解決原籍地的衝突起火問題。最後，提高林火風險意識應成為大都市農村和野地－城市界面的優先事項（Montiel and Herrero 2010）。

另一方面，Myers（2007）指出，林火為一種必要的生態過程，決定了許多生態系統的性質和特徵。林火也會對一些生態系統產生非常不利影響。一般來說，對林火事件和林火體制整體回應，可分為3種類型的生態系統：

(1) 火依賴型（Fire-Dependent）生態系統：一個具體需要林火的體制，當地植物物種具有對火的積極回應為特徵，並具林火促進延燒之適應性。

(2) 火敏感型（Fire-Sensitive）生態系統：受大多數火影響的生態系統，其植物物種通常不具耐火性。

(3) 火不依賴型（Fire-Independent）生態系統：火在生態系統中，通常扮演很少或幾乎沒有功能作用。

在全球各地有超過一半的生態系統屬於火依賴型，即需要火燒，但在許多地方，科學知識尚未確定林火的作用，公共政策和管理策略通常不承認林火的重要功能，導致不適當的管理行動和計畫，其既不維持所需的生態系統，也不利於生物多樣性保護，再加上不承認火在許多生態系統的有益作用（Myers 2007）。因此，形成未能識別生活在這些生態

系統中人民的文化和需求，以及火也能維持所需的生態系統之利益。處理與林火有關問題的新方法，需要將林火管理的技術方面、適當的生態約束（Ecological Constraints）和使用火的社經需求（Socio-Economic Necessities）層面進行整合。原則上，需要發展和適應當地和區域情況的論壇（Forums）和作業流程（Processes），以促進林火管理的整合方法，使當地生態系統人們和自然環境都能受益達到雙贏局面（Myers 2007）。

　　林火管理可以被視為針對林火問題和其所有技術決策、策略和行動。這些技術方面可以「林火管理金三角」稱之，分別是防火（Fire Prevention）、滅火（Fire Suppression）和用火（Fire Use）。全球各地管理單位大多有一套複雜的預防和滅火計畫，但其林火問題仍然存在。因其林火管理金三角之一角有缺失或是發育不良，就是所有使用火的技術方法，如控制焚燒、控制火燒的農業和造林，以及野地使用火燒之決策（圖13-12）。

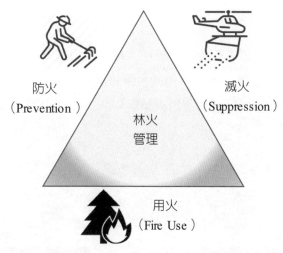

圖13-12　林火管理金三角顯示了構成有效林火管理之三個技術層面（Myers 2006）

　　整合林火管理（Integrated Fire Management）也可以用三角形來說明（圖13-13），其中一角是林火管理的所有技術方面，另外兩角是火生態（Fire Ecology）和火文化（Fire Culture），即當地使用火的社會經濟需求。整合性林火管理假設林火問題，不能僅透過利用林火管理現代化技術方面來有效解決，而是透過了解當地受影響生態系統的林火生態，以及生活在這些生態系統中人民的文化和需求，來制定林火管理之決策（Myers 2007）。

圖13-13 整合林火管理金三角說明林火管理決策，需要與火生態和火文化相結合
（Myers 2006）

　　在林火之利益超過潛在損害的生態系統中，促進使用火的有效策略將占主導地位。在大多數林火有損害的生態系統中，防火和滅火策略應占主導地位（圖13-14）。然而，在任何一種情況下，都需要不同程度的使用火策略和防火／滅火策略（Myers 2007）。

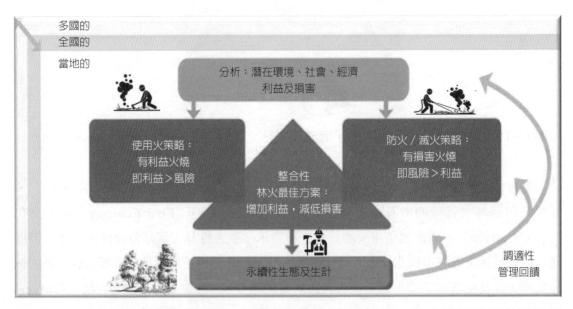

圖13-14 整合林火管理的目標是可持續的生態系統和生計。林火管理決策必須包括所考慮當地的火生態和火文化，並確定使用火和防火／滅火策略之相對重要性（Myers 2006）

第六節　我們從哪裡出發

　　作為人類，我們感到需要在我們的環境中控制林火，林火在生態系統中所扮演的角色，隨著我們控制林火的發展能力，已漸漸得到較多控制（Controlled）和更加難以預測（Unpredictble）。然而，控制林火和廣泛操縱植被，並不總是生態系統得到受益，或許提供此種控制，是能確保社會大眾所期望的。在此，我們應從哪裡出發（Where Do We Go from Here）？在加州1993年和2003年的大火，體現了我們實際上能控制的很少，還有其他選項必須考慮。雖然這本書綜合和鞏固了我們對林火的理解，但它並沒有回答我們，希望我們與野火的關係是什麼的問題。這不是一個生態問題，而是一個社會的，即社會的需求和需要（Wants and Needs），就像林火體制和生態系統一樣動態性。顯而易見的是，如果火要繼續在生態系統中發揮作用，就需要更好地理解這一角色，並將其納入在土地管理上（Land Stewardship）（Sugihara *et al.* 2006a）。

　　對歷史上最大規模的林火評估，很快就會給人一種林火愈來愈大、更具破壞性的印象。確實，最大的林火和最具破壞性的林火，正在以不斷增加的速度發生。對這一趨勢有許多解釋，但答案在於火與生態系統相互作用的性質，以及我們管理實務之歷史上（Sugihara *et al.* 2006a）。

　　人類滅火力量變得愈來愈有效率，而林火事件卻變得愈糟糕，這似乎是不合邏輯的。但它使生態意義具有生物生產力，但相對不易燃的生態系統，卻傾向於在林火中燃燒，以這種高強度和高嚴重度林火呈現出來。例如，美國南加州硬葉灌叢（Chaparral）比大多數周圍植被類型的火燒頻率要低，但由於它不太頻繁發生火燒，且在極端的天氣條件下，林火的強度和嚴重度往往都很高。在不太惡劣的天氣條件下，抑制火勢往往能撲滅輕度燃料積聚之較小和較不強烈的林火。這些火很容易被壓制，導致非典型的（Atypical）、均勻的、高燃料負荷狀態，林火只有在惡劣的天氣條件下才能蔓延。這放大了自然發生的高強度林火體制（High-Intensity Fire Regime）。除非我們能夠開發技術，來完全排除某些特定生態系統的林火，否則我們的滅火效果愈好，發生的林火卻會愈大且愈嚴重（Sugihara *et al.* 2006a）。

樹冠燃料

階梯燃料

地表燃料

林火因很少發生致燃料累積：地表燃料（草本、倒木等）、階梯燃料（灌木、幼樹、枯木）與樹冠燃料

❶地表火沿著灌木及木質小枝快速延燒

❷階梯燃料使火燒向上延伸至樹冠層

❸樹冠火如此強烈至難以控制

圖13-15　人為壓制林火現象（Cole and Hsu 2008）

林木樹冠

地表燃料

地表燃料（草本、倒木枝等）與樹冠擁有較大距離是較困難延燒形成樹冠火

❶經常性火燒沿著地表燃料

❷地表火無法延燒至樹冠位置

❸火燒僅燃燒低矮植被

圖13-16　未受人為壓制林火形成經常性火燒現象（Cole and Hsu 2008）

　　另一方面，在人命損失上，最具破壞性的林火燒毀，並迅速擴大到城市發展區域。這些都是幾千年來一直在地景中燃燒的火焰。它們不一定比人類出現之前就更強烈、更頻繁或者更快。不同之處在於次區域（Subdivisions）或者小社區在其延燒路徑上。只要

我們繼續壓制所有的其他林火，把都市擴展進入到高強度林火體制領域，我們將繼續看到愈來愈多的更具破壞性林火。雖然破壞性的林火不能消除，但都市邊際的設計、野地的燃料管理，以及在界面上創造緩衝和障礙，都可以降低大火的破壞程度（Sugihara *et al.* 2006a）。

第七節　改善野地林火管理策略

在審視近幾年全球林火狀況時，可發掘一項情況正在持續進展，即更長和更嚴重的乾旱、更多林火以及林火燒毀面積增加趨勢。令人不安的事件已經在進行，並且必須非常悲傷地承認，林火已經影響到滅火人員，而且在世界上一些國家發生了公眾安全悲劇和無法忍受的人命損失事件，而且層出不窮（Tom Zimmerman 2016）。

全球野地林火和土地管理包含各式各樣的情況和影響結果。在許多生態系統中，火是對植物健康和生存扮演至關重要的積極因素，而在另一些生態系統中，火可能是造成生物多樣性喪失、生態影響以及社會和經濟等負面影響的主要來源。增加野地燃料載量，擴大野外－城市交界區域，增加人為引起的林火數量，且氣候也改變了火勢，使了林火季更長、林火強度更高以及更嚴重之林火影響，這些都加劇了整體林火的複雜性。

與此同時，林火管理反映資源的需求和期望也正迅速提高，滅火人員的承擔風險和林火管理成本，達到過去前所未有的水平，使目前一些老化的設備和基礎設施，變得更難升級或更換之窘況（Tom Zimmerman 2016）。

在燃料問題上，美國林務局（2018）指出，現在，儘管盡最大努力繼續人為壓制火燒，但林火的生態作用正在發生變化。由於積聚的燃料，林火會燃燒得更強熱，所以樹木樹皮等抵抗機制已不夠用。在世界各地一些大型大規模林火（Mega-Fires），每年都會威脅到更多的資源和更多的人類社區（U.S. Department of Agriculture 2018）。

圖13-17 繼續人為壓制火燒但林火生態作用將發生變化（武陵林火，2002 盧守謙攝）

　　結果，人為壓制預算支出增加了（圖13-18）。由於人為壓制努力在很大程度上是成功的，如此傾向於促進人類能居住在大片森林邊緣界面（WUI）。因此，我們在撲滅林火方面的成功有助於風險擴大，促使對更多林火壓制的需求。但是積累的燃料量危險，隨著林火被壓制而增加。與氣候變遷有關的新風險，包括更乾燥和更熱的條件，預計只會增加而不會減少（U.S. Department of Agriculture 2018）。

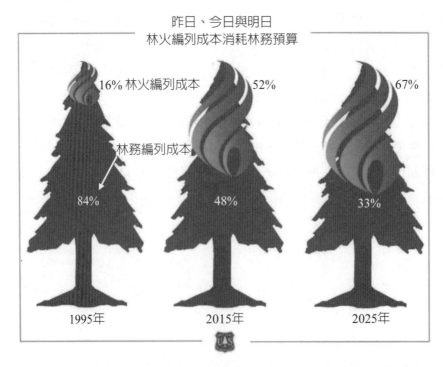

圖13-18 美國林務局林火編列成本持續提高，消耗可用的林務預算成本（U.S. Department of Agriculture 2018）

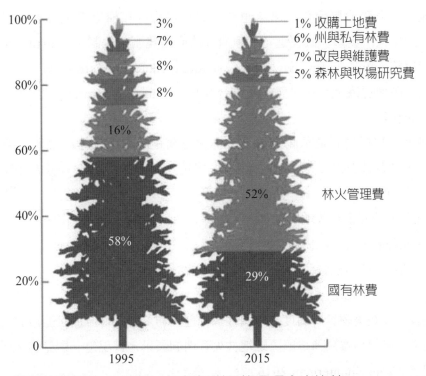

圖13-19 美國林務局林1995與2015年編列預算各項支出比較（Department of Agriculture 2018）

一、如何解決這些挑戰？

　　土地林火管理的未來，無法以進行可靠性高度預測，但毫無疑問，現今全球已進入了一個非常具變革性的時期。審查和遵守土地林火體制的政策、戰略計畫、土地和資源管理計畫以及其他指導性文件，皆是非常重要的。這一資訊框架（Information Framework），因土地政治分界線和組織使命而有差異。但普遍性的野地林火管理計畫，提供了進一步的資訊和指導。管理計畫制定了方案規劃和實施的框架，應具有比以往更大的價值。此可提供更大的靈活性，能保持與動態情況同步，能體現知識的狀態、最新的科學和科技的水平。

　　1. 林火政策對不斷變化的情景動態，做出了相對的反應。這些已發展到對野地林火來說，是最全面的政策，決策者比以往任何時間都具更大的靈活性。接受的戰略是更複雜和戰術範圍跨越更廣泛的領域，以及實施多元目標；這是非常重要的，因為適合所有（One-Size-Fits）可行的選項，事實上這是不存在的。

2. 大規模的戰略規劃變得愈來愈重要，爲提供指導和樹立野地林火管理願景的價值。近年來，美國一直在進行國家層面的戰略規劃，並制定了2014年全國野地林火管理整合策略（http://www.forestsandrangelands.gov/strategy/）。全球許多其他地理區域還確定了一些與美國整合策略（Cohesive Strategy）內容，具有非常相似的戰略。

3. 戰略思考和規劃必須承認和接受，林火扮演維護許多生態系統所必須的自然過程，並努力減少林火多發地區與人民之間的衝突。在上述美國整合戰略闡述了下一個世紀的願景：

(1) 在需要時安全有效地撲滅林火。

(2) 在允許的地方，能使用火燒。

(3) 管理我們的自然資源。

(4) 與林火和平相處。

這一願景不僅在美國具有高度的相關性、合理性和可支持性，而且適用於全球許多國家。實際上可以被視爲並被稱爲國際野地林火管理的願景。實現這一願景的必要目標，可分六大類如次（Tom Zimmerman 2016）：

1. 林火管理。

2. 防火／滅火抑制。

3. 科學。

4. 科技／資訊系統。

5. 風險管理。

6. 合作和協同計畫。

這些目標包括，但不限於以下原則（Tom Zimmerman 2016）：

1. 林火管理

(1) 恢復和維護地景。

(2) 荒野之火燒，作爲必不可少的生態過程和自然變化因素，必須納入土地規劃過程和林火應變策略。

(3) 積極管理所有轄區的地景，使其能夠根據管理目標來抵禦與林火有關的干擾。

(4) 透過展開之能力來建設活動，改善和維持社區和個人的責任，爲林火管理執行良好之整備、應變和復原工作。

(5) 人口和基礎設施能夠抵禦林火，而不致喪失生命和財產。

2.防火和滅火抑制

(1) 所有司法管轄區都應執行嚴密的林火預防計畫，不能減少對滅火壓制活動的支持，並能構成長期性較佳滅火體制。

(2) 安全主動的初始快速滅火攻擊，往往是防止不必要的小型林火，這是降低林火成本的最佳滅火抑制策略。

(3) 林火管理計畫和活動，在經濟上是可行的，並且與要保護的價值、土地和資源管理目標以及社會和環境品質是相匹配的。在特定情況下，應對整體性滅火的原則，提出質疑檢討修正改善。

3.科學和科技／資訊系統

(1) 林火管理計畫和決策基於最佳現有科學、知識和經驗，並用於評估風險與效益。

(2) 支持關於生物、物理和社會學因素的科學知識，並增加展開研究性工作。

(3) 及時向管理者提供科學成果和新的管理工具，並制定土地管理計畫、林火管理計畫和實施計畫。

(4) 改進林火決策過程，對於更新數據集和技術進步，是必要的管理項目。

4.風險管理

(1) 健全的風險管理，是所有林火管理活動的基礎。

(2) 減少滅火人員和公眾的人命損失風險，是每項林火管理活動的首要任務。

(3) 所有轄區基於風險，共同參與制定和實施安全、有效能、有效果的林火管理決策。

5.合作與協同計畫

(1) 地方、州、部落、國家層級和國際組織，採取林火應對措施共同相互支持，包括參與協作規劃和考慮到所有土地的決策過程，並承認轄區之間的相互依存性和法定責任。

(2) 具高效果和敏感的土地林火管理計畫，如圖13-20顯示6個所列目標區域的原則和核心價值，這是一種如何有助於且不可少的管理策略。

當所有目標區域都融入在林火管理業務時，效率（Efficiency）是應得到最大化。但是，當這些活動受到關注時，效率就會下降。在情境盲目（Situation Blindness）階段首先發生在盲點有問題之處。土地林火管理可以從一個多方面、動態的方案轉向多目標，採取基於最佳可用科學的行動，實施單一林火排除方案。這種情況曾發生在二十世紀初的美國，被認為是改變燃料條件和增加大型林火發生的主要原因之一。

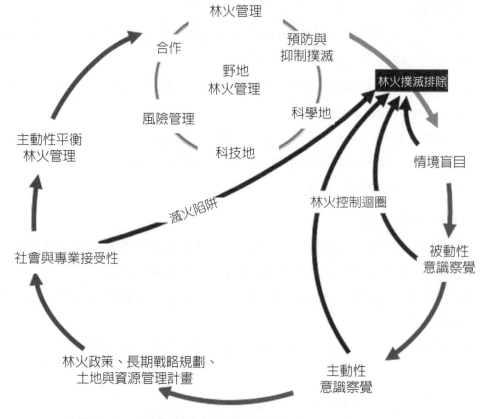

圖13-20　動態野地林火管理效率（Tom Zimmerman 2016）

　　繼續這個途徑，被動性意識察覺（Passive Awareness）階段，是指管理者了解問題的存在，但不知該做什麼或者不採取行動之處。1899年，美國第一位森林學者Gifford Pinchot在「森林與林火的關係中推論，當林火作為一個重要的生態過程時，是缺乏理解和科學資訊的，不幸的是，我們對林火的創造性行為的了解，是如此微薄，因只有透過對這種關係的了解，以及透過這些知識帶來的洞察力，才能獲得關於林火如何，以及為何發生的，具明確和完整的危害概念，以及如何最好地防止或撲滅。但關於林火研究作為森林生命構成和模式修改的研究，則是很少受到人們的關注（Tom Zimmerman 2016）。

　　上述反映了缺乏充分理解，這種理解可以改善林火管理，但不提供任何補救措施。從情境盲目繼續進入主動性意識察覺階段（Active Awareness）。這裡顯然存在一個問題，需要做某些事情來改善。在前三個階段中，行動可以透過所謂的火燒控制迴圈（Fire Control Loop），輕鬆地轉回林火撲滅排除策略。這是行動僅針對短期修復處，代表過度依賴過去實務、流程、應用、經驗和知識狀態所構成被動的方法（Tom Zimmerman 2016）。

二、制定靈活政策、長期戰略規劃和土地管理計畫

為了推進，有必要製定靈活的政策、長期戰略規劃和土地管理計畫，目標明確。一旦完成，一個指導框架就存在了，該計畫可以進入社會和專業接受階段。然而，面對日益複雜的林火和負面影響，即使有了堅實的框架，也很容易轉變為一種態度，即每場林火都是緊急情況，並且必須熄滅。

抵制變革的能力，有時會是非常強大，外部壓力可能會產生並迫使回歸到林火排除戰略——滅火陷阱（Firefighting Trap）。在美國1910年曾發生了最重大的林火事件和人命損失。儘管學者Pinchot提供了關於林火扮演自然功能角色的更多資訊，但1910年林火的重要性，引發了諸如林火威脅是真正的威脅並不需要強調。這種反應如何落入林火陷阱，使得該計畫成為「上午10點政策」下的林火撲滅排除策略，所有林火都儘快被抑制（Tom Zimmerman 2016）。

如果澈底的林火規劃和準備工作已經完成，並且社會和專業也接受，則可以實現和實施積極、均衡的林火管理計畫。平衡意味著計畫重點在防止林火；必要時撲滅林火；在允許和理想的情況下，使用控制焚燒和自然的火燒；管理自然資源和恢復地景；開展研究並將科技與管理聯繫起來；將風險管理納入土地林火管理的一個組成部分；獲得所有相關組織的合作和參與；和火一起和平相處生活。

有計畫的行動方案，可以在林火情況中做出實質性和必要的差異。長期戰略規劃，耐心和承諾是必要的，以堅決應付所需的變化。因此，土地林火管理戰略必須積極進入未來，而不僅只是被動性的（Tom Zimmerman 2016）。

圖13-21　使用控制焚燒管理自然資源和恢復地景（盧守謙 2011）

第八節　林火管理新要求和挑戰

在林火管理的新要求和挑戰方面，林火管理中的治理，需要參與進程的所有階段，包括議程設置（Agenda Setting）和問題定義、闡述和制定、實施和執行以及政策變更的評估和提案。另外，與農村人口適當使用林火有關的學習過程，和減少人為的林火，可以透過管理社會衝突（Social Conflicts）和發展新的合作機會，來有效地減少林火的發生。除了需要賦予當地群體權力外，還應採取措施，首先是在採取預防性和補救行動時加強問責制（Accountbility），其次是多部門協調和林火管理方案的多層次執行，特別是權力下放的國家（Montiel and Herrero 2010）。

根據人員知識、興趣和關注，不同林火場景中的所有利益相關者，應有機會參與林火管理的不同階段，從資訊和計畫到滅火前整備措施（Pre-Extinction Measures）的合作。各國政府應制定和實施相應的法律框架和平臺，使公眾參與林火管理成為可能和有效果（Montiel and Herrero 2010）。

此外，地中海國家非常需要有關林火使用衝突之解決體系（Conflict Resolution Systems）。了解一些林火用途傳統的好處，並接受而不是有系統地進行滅火壓制，將有助於有效的燃料管理策略和可持續的燃料載量（Sustainble Fuels Load）控制。這種方法能使林火管理成本的降低；例如，透過減少對某些營林處理（Silviculture Treatments）的需求，以及防止農村活動引起的林火。事實上，控制焚燒是燃料管理的一個有效工具，至少在本章第5節中確定的地域情景1和2中是如此。然而，這種技術以及使用滅火抑制需要之社會、政策和技術之挑戰，這是傳統林火使用的社會接受和正規化，以及利益相關者與公共行政部門之間的合作（Montiel and Herrero 2010）。

圖13-22　低強度控制焚燒是地表燃料管理的一個有效工具（盧守謙 2011）

　　因此，非常需要參與式機制（Participatory Mechanisms）、學習和汲取教訓，訣竅轉移和培訓計畫。我們需要從對林火的負面影響的一維理解（One-Dimensional Perception），轉移到更加複雜的理念，這也強調了火的正面作用（Aguilar and Montiel 2009b）。另外，考慮到歐洲林火問題的複雜性，不同的物理和人文因素在不同的社會時空範圍內相互作用，機構間和多層次的協調，對林火管理是至關重要的。最後，必須考慮到歐洲東部、中部和北部國家出現新的林火易發地區（Fire Prone Areas），並開發新的決策支持工具，來評估新的林火情景（Fire Scenarios），即具有高風險燃料模型的大型連續區域和野地—城市界面之地域（Galiana *et al.* 2009）。

專欄1　野地—城市界面（WUI）新的林火易發地區 —— 西班牙的研究案例（Montiel and Herrero 2010）

　　WUI地區的林火風險是較高的，由於人類活動在森林燃料附近的相關活動，可能引發林火。在西班牙，WUI地區遍布全國2%以上，約占11萬公頃。

　　Galicia（9.1%）、Asturias（8.9%）、Canarias（7.3%）和Madrid（6.4%）的比例最高。Castilla-La Mancha（0.5%）和Aragón（0.6%）的比例最低。

　　在過去10年中，由於森林附近或內部的建築物迅速膨脹，以及幾起災難性的林火事件，林火管理背景下的WUI日益受到社會關注。根據Corine土地使用類型數據，在1987～2000年期間，西班牙的WUI面積增長了6.8%，導致新界面之面積55,100公頃。

　　WUI空間數據的範圍、位置及其隨著時間的演變，提供了關鍵資訊，以制定有效的林火計畫，以免林火發生，並防止對人口的負面影響。WUI區域在西班牙森林和林火條例中受到考量，但是在規劃文件中的考慮仍然非常稀少。防止起火和可能從城市化地區蔓延到森林群眾的一般措施，包括：圍繞建築物周邊的燃料處理，向居民提供防火意識和宣傳活動，以及規範城市地區潛在的林火風險活動（Fire Risk Activities）（圖13-23、圖13-24）。

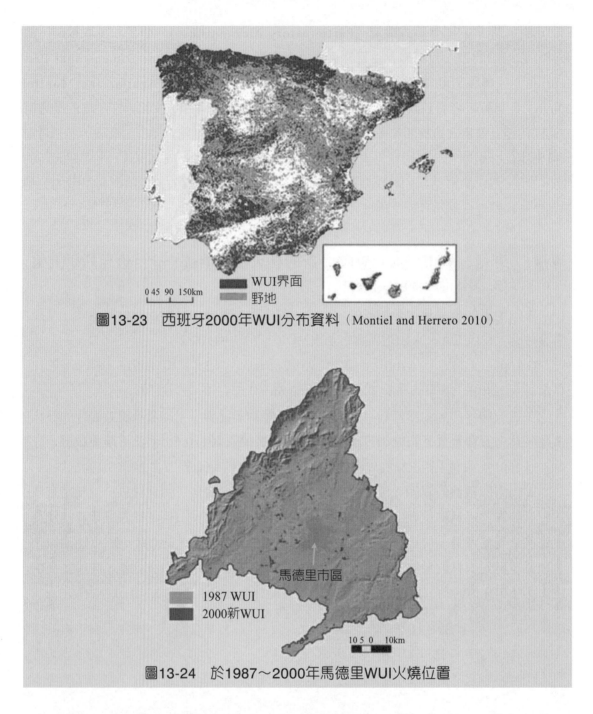

圖13-23　西班牙2000年WUI分布資料（Montiel and Herrero 2010）

圖13-24　於1987～2000年馬德里WUI火燒位置

　　基本上，歐洲國家和地區的林火政策，應從整體和長遠角度考慮林火管理的各個方面。需要透過結合林火政策和地域政策（Territorial Policies）（如空間規劃、農村發展、能源政策）的整合方法，來解決林火事件的結構性原因。事實上，制定積極有效的林火管理政策的出發點，是確定在其地域範圍內構建的驅動起火因素。所採取的減少林火風

險行動的成功，在很大程度上取決於初步確定原因（Identification of Causes）（Montiel and Herrero 2010）。

　　林火政策對防火措施也應更加注重，作為避免林火緊急情況和昂貴滅火行動的唯一途徑。然而，雖然預防在國家林火立法和政策中日益重要，但與滅火相比，它仍然被低估。造成這種不平衡的原因之一是，預防措施是一年中不變的任務，與滅火投資（Extinction Investments）不具備同樣的知名度，而且其受到的公眾認可度顯然是較低的（Montiel and Herrero 2010）。

　　另一方面，林火預防涵蓋了各個領域的行動，森林燃料管理、公眾意識（Public Awareness）和教育活動、林火風險分析、利益調解、林火監測（Detection）等，並關注不同的利益相關者（林地業主、建築企業、市議會等）。基本的預防條例應涉及以下幾個方面（Montiel and Herrero 2010）：

1. 森林管理以避免林火；
2. 防禦性和預防性基礎設施中的預防性營林措施；
3. 根據固定風險劃分之風險分區（Risk Zoning），以劃定林火風險（Fire Risk）區域，並管制土地用途和活動；
4. 在每個國家建立風險期（Risk Periods）；
5. 傳統和控制焚燒的基本規定；
6. 社會預防措施如公眾意識及治理機制（Governance Mechanisms），需要特別關注新的風險領域，例如野地─城市界面，並考慮具體的預防措施（Pecific Preventive Measures）。

圖13-25　早期設置瞭望塔進行林火監測工作

　　此外，預防策略應根據空間、社會經濟和自然變化進行進化調整（Evolve），同時也要考慮到空間規劃（Spatial Planning）等影響因素，適應不同的社會經濟和地域環境。還需要在國家、地中海和歐洲層面進行更多的協調，才能面對新的林火情境（Fire Scenarios）。為此，根據不同的利益相關者和公共當局之間的對話，適應不同地區和當地條件的新治理機制，應建立以參與式和社區為基礎的整合性林火管理工具。

　　還應透過制定有關預防行動的激勵措施和義務，來澄清和加強法律方面，並應透過國家和地區的法律體系，對不同的土地管理目的之林火使用實務進行規範，防止和減輕因放牧和農業活動，所引起的疏忽或縱火引起的林火。事實上，控制焚燒是燃料管理的替代或補充技術，但要根據現有的地域類型（Territorial Patterns）（農村廢棄地、野地—城市界面、生產性農村地區等），以謹慎態度來適應不同的環境。

　　以現有的歐盟資金為國家、分區（Sub-Regional）和區域預防措施，提供基本的財政支持，因此必須提供整合性林火管理（Integrated Wildfire Management），特別是在地中海國家，其中也包括非歐盟國家（Montiel and Herrero 2010）。

　　在加拿大方面，與其他國家一樣氣候變遷將大大增加林火發生率和嚴重度。與氣候暖化相似，自1970年以來，加拿大北部地區的林火加劇（CIFFC 2015a）。預計此種積極的反饋迴路，將使儲存在森林中的碳，以二氧化碳釋放到大氣中，從而進一步放大氣候變遷。從長遠來看，更頻繁的林火將會減少古老森林的比例，並以較少生物量的年輕森林取而代之，從而降低二氧化碳的儲存能力（CIFFC 2015a）。此外，加拿大的氣候模型預測林火季將提早開始，並遭受高度林火風險（CIFFC 2015a）。

　　全球各地林火管理方案複雜性持續增加，除受到氣候變遷外，又受到土地利用和人口變化等因素，引起林火環境發生了巨大轉變（Abatzoglou 2016）。對持續升級的滅火成本、高價值資源（包括房屋）的損失以及滅火人員死亡事件的擔憂，將會不斷增加。如果林火的嚴重度高於自然變異（Natural Variability）範圍的預期，則會對自然生態系統和瀕危物種棲息地的損失，令人產生擔憂（Chiono et al. 2017）。過去林火管理實務的遺留問題，導致了因積極的滅火所增加燃料載量和燃料連續性，使未來的林火將形成無法控制之局面（Calkin et al. 2015）。

　　現對林火看法，繼續一切照舊的完全抑制滅火策略，這已是不正確管理方案（Olson et al. 2015），新方案（New Paradigms）要求學會與火和平共存，並促進適應干擾的社會生態之恢復能力，而不是徒勞地試圖將火燒予以最小化或排除掉（Smith et al. 2016）。在許多地方，生物物理解決方案可能需要更多火燒，而不是更少：選擇在何處以及在何種條件下利用控制焚燒和管理林火（Schweizer and Cisneros 2016）。單獨的機

械處理不足以在不使用控制焚燒情況下來減少燃料（Vaillant *et al.* 2009）。基本上，控制焚燒與許多野地林火規模相比，其空間範圍仍相當有限（Barnett *et al.* 2016），並且受到許多地區實際因素的限制，而無法實施火燒（North *et al.* 2015）。

因此，在選定的條件下使用非計畫點火（Unplanned Ignitions），來管理燃料的作用有愈來愈多趨勢（Pyne 2015）。近年來空間風險分析（Spatial Risk Analysis）技術上已有重大改進，有助於優先考慮並確定燃料處理更有效，並且大幅降低風險的地理區域（Scott *et al.* 2016）。接受風險管理和上游規劃（Upstream Planning）（在林火點燃之前）有一優勢，即一旦點火發生，就會有時間和擴大選擇空間，並且符合使用最佳科學和資訊，來發展有效林火管理規劃之原則（Thompson *et al.* 2016a）。

空間風險評估（Spatial Risk Assessment）可以在為管理和減災決策上，發揮提供資訊方面重要作用。例如，機率性（Probabilistic）林火模擬模式可以作為評估高價值資源風險的基礎，以及隨後劃定的區域，其中在低風險使用非計畫點火，來進行燃料減少和森林恢復之工具（Thompson *et al.* 2016b）。

這些評估可以進一步與滅火人員安全性和抑制困難因素之空間，顯性資訊做結合，以改善林火管理執行。這些新穎分析技術產品，在支持風險知情決策方面，顯示出前景，理想情況下可以擴大使用非計畫點火，以實現資源效益、燃料處理和減少滅火人員之熱曝露（Exposure）（Riley 2018）。

現已有愈來愈多地區，認識到需要更多的火燒，但是在評估、建模和分析林火的足跡，如何、在何種情況以及在什麼條件下可以擴展到地景，以及會產生什麼後果，目前這些研究卻很少。以前研究工作顯示，林火產生野地燃料處理效果，可能會在未來林火管理中節省大量成本。然而，目前的反應情況，仍是激勵土地管理決策，派遣滅火資源來撲滅林火，而不是利用它們作為實現長期土地管理目標的機會。Duff and Tolhurst（2015）指出，「由於為抑制大火將長期占用資源並且成本過高，因此有效預測林火後影響和抑制人為滅火效果的必要性如何，這些議題仍是至關重要的」。也就是說，儘管人們已經充分認識到擴大使用有益火的需要，但就前進的道路而言，如何做到這一點還不是很清楚。雖然在某些領域，林火使用的經驗已累積很多，但在廣泛地區實施和目前模組抑制滅火的能力，仍存在一段差距。顯然需要開發和驗證，基於模型（Model-Based）評估林火反應替代策略（Alternative Response Strategies），以預測利用非計畫點火的成本和後果，並提高對未知性和不確定性的理解（Riley 2018）。

認為林火管理是沿著一個連續體發生的，在連續體一端的地景上所有位置，都被完全滅火抑制（Full Suppression），而在連續體的另一端位置都未有滅火抑制（No Suppression）（圖13-26）。兩者之間有各式各樣的管理林火選項，包括根據林火位置、季節時間、點火原因或其他因素，採取滅火措施的林火選項。在點火發生之前，可以透過空間林火規劃過程，來評估這些位置和時間。請注意，「沒有火」（No Fire）不是連續體的選項：雖然許多土地管理機構，有時會在歷史中試圖消除地景中的林火，但它們並沒有成功（Riley 2018）。

因此，連續體一端完全滅火抑制與「無火」是非常接近，因為滅火人員將任何火完全抑制到無火情況。對於許多土地管理者而言，完全滅火壓制，可能是最具吸引力的選項，即使在生態環境中需要增加火燒面積的地方，也是如此：在未有滅火抑制的林火可能跨越邊界進入其他土地所有權的情況下，衝突的可能性會增加，並且在不同的天氣條件下，不確定性的程度也會增加，未有滅火抑制的林火，可能會在更長的時間內保持活躍狀態（Riley 2018）。

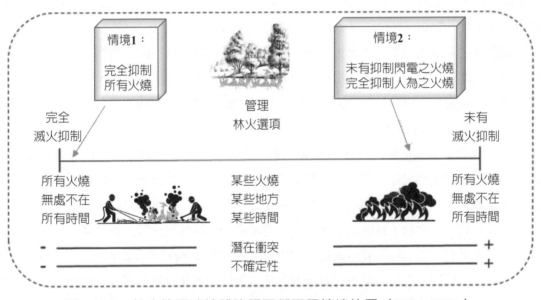

圖13-26　林火管理連續體強調兩種不同情境位置（Riley 2018）

另一方面，由於氣候變遷問題，預計滅火成本將大大增加。今天的滅火措施在未來於經濟上將成為重大問題。這對加拿大木材加工業的木材供應和競爭力以及約300個社區（取決於木材工業）具有直接影響（FAO 2006）。為了應對這些挑戰，考慮到主要原因以及林火影響的創新戰略，加拿大必須在各地及時制定和實施（FAO 2006）。除了具有適用於人類和技術的適當設備資源，並應調整土地利用規劃，將森林與發達地區分開，以限制物質損失和對人類生命的危害（WWF 2016）。

　　以林火保護優先順序而言，第一為人類生命，再者是財產與天然／文化資源之權重比。從前，在所有情況下建築物財產是位在天然環境或文化資源之上。現在，林火管理者必須在財產和自然／文化資源之間來評估其相對價值，以及預測林火壓制中所需付出成本考量，要花費多少社會資源才算過多呢？這將可以預期來防止當林火搶救單位，僅是為了挽救一個供遊客、休息之偏遠建築物能免於燒毀，而造成一些令人難以置信之搶救巨額經濟成本和環境因人為介入所產生的負面危害。這些搶救防護準則，現在應重新評估其相對價值，包含環境資源、有價物品、社會、經濟、政治、公眾健康與其他價值等因素來做整體衡量。最近以來，有些研究如美國內華達生態科學評估報告指出，揭示了造成負面、顯著與廣泛性生態衝擊，是源自於森林火災大力人為搶救與有系統的排除所有火使用所致（圖13-27）；因生態系統本身進化有它自己的火支配模式（Fire Regime），如火發生頻率、持續時間、規模與發生季節。諷刺的是，一個世紀以來火災搶救又結合數十年來之開闢道路、大興土木與商業性活動，已經急劇改變了許多火支配模式並危及生態系統，以致火的角色已嚴重地失去平衡。將來大規模林火勢不可免，今天在世界各地森林大火已有顯著增加傾向，如此更使搶救森林的費用不但無法縮減，反而更迅速大幅提升，如高額動用直升機灑水滅火方式一樣。

圖13-27　林火搶救耗費巨額經濟成本，人為介入會產生環境負面危害

　　然而，林火不僅是我們必須面對限制損害的一種緊急情況，也是我們能夠掌握的工具，並且，實際上也是一自然生態過程，我們需要了解如何正確使用火並成功恢復火燒區域。了解這些事實，可以引入整合性林火管理的概念（圖13-28）。整合性林火管理是解

決有害和有益火燒，其所帶來的問題和策略的一種方法。圖13-28顯示了整個林火管理週期。在這個整合性林火管理概念中，火燒是管理中之重點。其目標是盡量減少不適當的火燒使用，並最大化來正確使用。適當的火燒使用包括：

1. 傳統使用火燒的良好做法。

2. 主要由專業小組使用控制焚燒。

3. 抑制火燒，在林火抑制策略中使用火燒，即以火管火。

因此，整合性林火管理概念，是促進有效燃料管理的一種途徑。

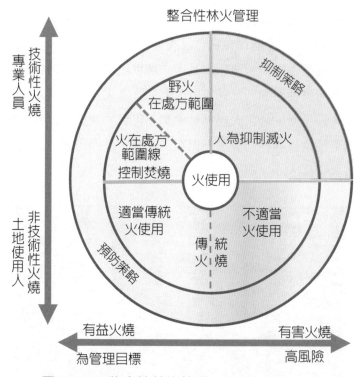

圖13-28　整合性林火管理（Rego *et al.* 2010）

　　而火燒是真正需要更大的視野，除了火燒使用的各種可能性之外，我們還需要考慮火燒使用的多重目的，這需要有多部門共同願景（Lazaro and Montiel 2010），我們不僅要處理林火：因火燒無處不在；火燒用於牧場管理，用於農業實務。此外，在一些地區因有長期的林火歷史，而已經產生了對火燒需要，這是可持續性應用火燒的區域，以改善野生動物棲息地和自然保護地景（GFMC 2010）。

第九節　林火和土地管理的未來

　　林火在歐洲，如同其他國家一樣就一直存在。它被廣泛用作鄉村實務的工具。儘管如此，上個世紀大多數歐洲國家採取的林火政策，都是基於完全的林火排除。在全球變化和新政策範例的背景下，透過分析林火起火頻率（Fire Ignition Frequency），這些國家政策的負面影響和傳統用火知識的喪失，已變得明顯化。當前要克服的主要政治挑戰，是採取長期預防行動，發展新的治理機制，完善決策支持工具，始終保證滅火隊員和火燒地區居民的安全（Montiel and Herrero 2010）。

　　在地中海土地管理方面，自二十世紀七〇年代以來，地中海北部地區的林火體制已發生了改變，主要由社會經濟因素造成的地景改變（Landscape Changes），如農村棄耕和大規模種植園。燃料積累和不斷增加的植被空間連續性，加上野地－城市界面（WUI）的擴大，都增加了火勢風險和大型野火的發生。在氣候變遷導致乾旱預計增加的趨勢下，這種情況可能會惡化。預計更高的林火復發將導致植被構成或結構發生變化，並影響生態系統對林火的復原能力（Ecosystems' Resilience），這可能導致土地退化（Land Degradation）進一步惡化。控制焚燒是一種常用的燃料減少技術，除用於林火預防，也用於保護和修復目的。由於受到對生態系統（土壤、植被）影響的關鍵知識缺乏的限制，控制焚燒在地中海地區仍然很少被接受（Laura Fuentes *et al.* 2018）。

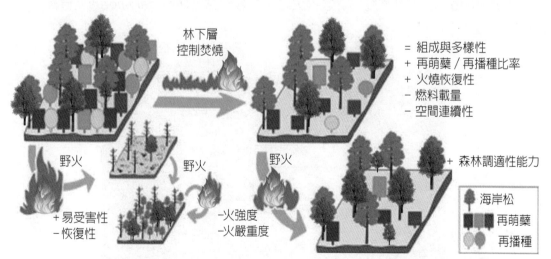

圖13-29　海岸松（*Pinus halepensis*）林下層春季控制焚燒短期影響示意圖（Laura Fuentes *et al.* 2018）

　　Laura Fuentes *et al.*（2018）研究了短期（10個月）對地中海氣候海岸松林（*Pinus halepensis*）（西班牙東北部），在春季控制焚燒對下層植被的影響。研究結果表明，林下植物群落在焚燒後恢復，儘管大多數植被結構特徵已被修改，但物種豐富性（Species Richness）、多樣性或植物群組成等沒有短期的顯著變化。此燃燒強度降低了灌木高度、灌木和草本百分比覆蓋度，以及空中灌木植物量；特別是其鮮活細小部分，因而導致較不易燃的植物社區。這種處理方法對於短時間控制高度易燃的適火性小花金雀花（*Ulex parviflorus*）（如圖13-30）是非常有效。從燃料導向的角度來看，火燒導致空間連續性和地面燃料載量的顯著減少，形成較少的適火性易燃之燃料複合體。

圖13-30　西班牙高度易燃之適火性小花金雀花（*Ulex parviflorus*）植被

圖13-31　燃料床上燃料載量低，形成低強度火燒行為（盧守謙 2011）

　　另一方面，林火作為生態系統之過程，He and Lamont（2018）指出維持燃燒三個關鍵要素：即燃料、起火源和氧氣，以保持燃燒（圖13-32中(a)）。火的起源與陸地植物的起源直接相關，因其產生了三要素中的兩個：即燃料和氧氣。最重要能點燃燃料之自然熱源是早已存在地球歷史上的雷擊。從全球來看，目前每年約14億次閃電（NASA，thunder.msfc.nasa.gov）。例如，在季風森林中，林火最常見的原因是雷擊。雖然雷擊後立即蔓延的林火能通過降雨來防止，但燃料可能會繼續悶燒，導致暴風後林火蔓延（Scott 2000）。

　　因植物在4.2億年前就已發展，火就成為地球過程的一個決定性特徵，並且在塑造許多生態系統的組成和地貌（Physiognomy）方面發揮了重要作用。然而，在地球生物多樣性的起源、演化、生態和保護方面，仍然缺乏對林火扮演生態位置（Place）的認識。He and Lamont（2018）回顧了陸地植物演化後整個地球歷史上林火存在文獻，並檢視了適應性功能性狀（Adaptive Functional Traits）、生物群落和主要植物群體與林火有關的起源和演變之證據。結果顯示如次：

1. 由於氣候的變化，更重要的是在大氣中的氧氣，林火活動在整個地質時期都有波動，因其會影響燃料程度和可燃性。
2. 林火促進了主要陸生植物群體的早期演化和傳播。
3. 林火形成了全球主要生物群落的植物學、結構和功能。
4. 自陸地植物演變以來，林火已引發並保持了大量林火適應功能性狀（適火性）的演變。

燃料的時間和空間結構，決定了塑造植物進化的特定林火體制及其影響因素（如圖13-32），①生態系統過程控制林火的因素架構。為了維持林火，需要充足的初級生產之燃料，即氣候、營養物和二氧化碳量之一種函數，但季節性乾燥氣候需要在每年至十年循環，將綠色植被中的水分移除（枯化）並轉化為可燃燃料。氧氣對燃燒是必不可少的；大氣中的氧氣程度，也影響可燃燃料的水平。通常的點火源（在人類活動之前），閃電也是必不可少的。燃料的時間和空間結構，決定了塑造植物進化的特定林火體制。②植被主要類型是以林火頻率和季節性差異為特徵，並由降水和溫度（通常正相關的，但與海拔變化呈現負相關），季節性和時間（冬季或夏季潮溼）和閃電發生。歷史上，氧氣和二氧化碳的梯度，也影響了由虛線表示的林火體制，而改變圖示迴旋鏢之當前邊界線（He and Lamont 2018）。

　　因此，林火是地球陸地表面生命史上，陸生植物自然選擇的基本代理。He and Lamont（2018）認為，需要進行「行為模式轉換」（Paradigm Shift），來重新評估排除林火角色的生態和進化理論，同時還需要審查全球林火易發地區的生態系統管理，和生物多樣性保護方面之林火抑制政策。

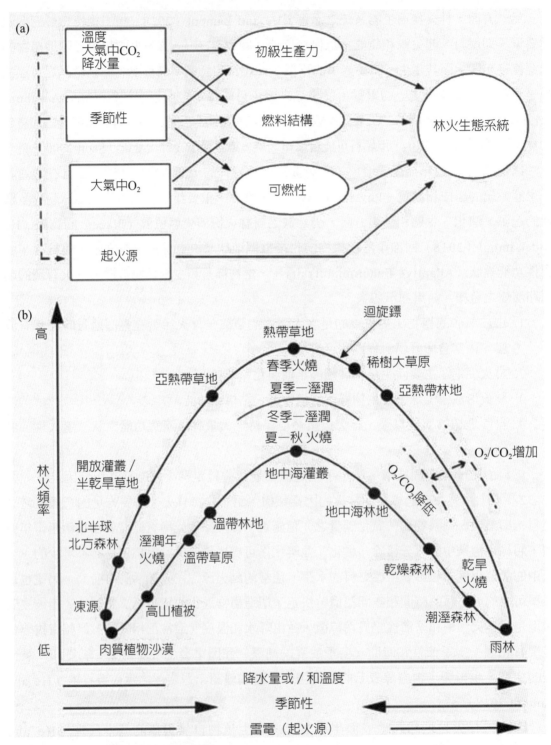

圖13-32 燃料的時間和空間結構決定了塑造植物進化的特定林火體制及其影響因素架構（He and Lamont 2018）

　　對未來的林火和土地管理的未來，無論火在生態系統如何重要，我們都無法在生態系統中，普遍來恢復林火之歷史地位。造成這種情況的原因有幾個，其中包括這些許多生態系統根本就不存在，而其他一些生態系統受到人類行為的影響，已超出了可恢復的程度。在生物學上，有些生態系統已發生了變化，主要由來自許多陸地上（Continents）本地和非本地物種的前所未有組合（Unprecedented Mix）。整個自然景觀中存在不連貫性（Discontinuities），已阻止林火實現其歷史模式之地位。因此，欲使林火體制完全恢復之唯一途徑，就是人類是否重視歷史上的生態系統和過程的恢復，以排除所有其他的土地用途，也就是違反人類本性的（Sugihara *et al.* 2006a）。

　　在對自然生態系統和過程之管理野地中，重要的是將林火納入長期管理計畫。儘管土地管理規劃需要認識社會的諸多限制因素，但處方必須考慮到林火體制的多變性。窄化性聚焦處方（Narrowly Focused Prescriptions）只適用於歷史性的林火體制一部分，只或者使用林火體制屬性（Fire Regime Attributes）的平均值，即不能恢復歷史林火類型（Historic Fire Patterns），與需要在非常特殊情況下才能應用，或是根本不能應用。沒有自然林火體制的動態屬性（Dynamic Nature），恢復的生態系統是不可能保持歷史水平、物種分布（Species Distribution）和多樣性的形式（Sugihara *et al.* 2006a）。

　　展望林火和土地管理的未來時，有一些細節是清楚的。野地—城市界面（Wildland-Urban Interface）之人口將繼續增長，林緣接口將繼續擴大，野地將被視為棲息地和開放空間價值（Open Space），林火和其他土地管理活動的監管將繼續增加（Sugihara *et al.* 2006a）。因此，理解確認林火及其在生態系統中的角色，在可決策選項中決定最佳選項方案，加以執行並隨時間進行修正，透過專業資訊再蒐集，以增加決策者之認知行動，這些對土地管理決策是至關重要的（NWCG 2008）。

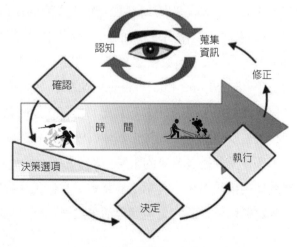

圖13-33　土地林火管理決策迴圈（NWCG 2008）

　　林火作爲生態系統過程的恢復是一項複雜的工作。只能模仿林火某些方面，而進行替代性機械處理，如此僅能完成部分性林火的角色。有一簡易規則適用於林火恢復生態系統：澈底恢復林火視爲一個生態過程，不能取代林火。在美國之國家公園管理局太平洋西部地區的林火管理官sue Husari指出：「你不能沒有火來恢復火角色（You Can'T Restore Fire Without Fire）」（Sugihara *et al.* 2006a）。

　　生態系統已發生了改變，使用單一靜態或條件來管理任何複雜性動態的生態系統，便是一個錯誤。這與生態系統的基本屬性是背道而馳的，因所有生態系統在時間和空間上是不斷變化、發展和循環。長期的變化模式和隨後的物種反應，使得這些物種能夠堅持及適應，以及和自然環境的其他生物和物理屬性，並與之共同相互作用而彼此依賴生存著（Sugihara *et al.* 2006a）。

第十節　結論

　　林火政策應從整體和長遠角度考慮林火管理的各個方面。需要透過結合林火政策和地域政策（如空間規劃、農村發展、能源政策）的整合方法（Integrated Approach），來解決林火事件的結構性原因。事實上，制定積極有效的林火管理政策的出發點，是確定在其地域範圍內構建的驅動起火因素。所採取的減少林火風險行動的成功，在很大程度上取決於初步確定原因（Montiel and Herrero 2010）。

　　林火政策對防火措施也應更加注重，作爲避免林火緊急情況和昂貴滅火行動的唯一途徑。然而，雖然預防在國家林火立法和政策中日益重要，但與滅火相比，它仍然被低估。造成這種不平衡的原因之一，乃是預防措施爲一年中不變的任務，與滅火投資（Extinction Investments）不具備同樣的知名度，而且其受到的公眾認可度。顯然是較低的（Montiel and Herrero 2010）。除了水生生態系統、沙丘（Sand Dunes）、非常稀少燃料之貧瘠沙漠和高山生態系統（Alpine Ecosystems）之外，林火都扮演著重要的生態作用。所有這些地景之物種與棲息地都隨著林火而演變。也許在整個歷史時期，生態系統最普遍的變化，是過去的林火體制的改變以及林火類型的變化，如美國加州即是。幾乎所有的本土生物群落和社區，都會受到這些改變的影響（Sugihara *et al.* 2006a）。

　　當我們所進行管理或抑制撲滅林火，有意或無意地，我們正在影響所有野地的林火體制。林火體制管理是大多數野地最重要的土地管理活動之一。林火排除已導致了大規模的

生態系統的改變，並影響了數百個生態系統中數千物種的棲息地。應該認真看待對生態系統所施加林火體制的決定。無論是否刻意規定一詳細的林火體制，還是簡單地決策來進行壓制撲滅一切林火，即我們都在做出所希望的林火體制之行動。這種「沒有行動之替代選項」（No Action Alternative）是不切實際的（Sugihara *et al.* 2006a）。

　　管理燃料應該是管理林火體制的延伸。由於地表火和樹冠火都依靠地表燃料來產生火勢蔓延，因此處理地面燃料是有效燃料管理計畫的重要步驟。燃料處理（Fuel Treatments）可以透過人為減火（Fire Suppression）來使林火排除更有效。在其他情況下，燃料管理是恢復歷史性燃料條件，以恢復歷史林火體制的第一步。有意操縱燃料以達到預期的林火條件，應成為各種林火和土地管理活動的重點（Sugihara *et al.* 2006a）。

　　我們永遠不會得到答案，有關生態系統我們想知道林火的所有角色，但我們確實需要使用我們所學習經驗知識。100多年來，我們一直透過操縱林火體制來影響生態系統。由於我們能夠控制和管理大部分林火，所以大部分的林火都被成功地壓制了。現在我們有能力運用控制焚燒來管理野地林火，未來可以完全排除野火。顯然，生態系統如果不發揮火所扮演生態作用，將會是不一樣的。如果我們要為子孫後代維護重要的生態系統，現在是時候開始決定是否以何種方式、如何著手來恢復林火角色。而這一次，人類幾乎將必須全權負責，來確定未來的林火體制。

參考文獻

中、日文參考文獻

1. 王筱萱（2004）理性行為應用於武陵地區農民用火行為。國立臺灣大學森林環境暨資源學研究所碩士論文。

2. 呂金誠（1990）野火對臺灣主要森林生態系影響之研究。國立中興大學植物研究所博士學位論文。

3. 肖功武、劉志忠（1996）選用白三葉草做防火草帶的研究，陳存及等主編，森林消防。

4. 邱祈榮、林朝欽（2002）林火滅火指揮新體系之建構。中華林學季刊36(3)。

5. 邱祈榮、周巧盈、林朝欽、林世宗（2005）臺灣二葉松人工林燃料型之建立。中華林學季刊38(3)。

6. 林朝欽（1991）森林火預測系統及研究之需要。臺灣林業第18卷第1期。

7. 林朝欽（1992a）森林燃料系統及其對林火之影響。臺灣林業18(12)。

8. 林朝欽（1992b）臺灣地區國有林之森林火分析（1963～1991年）。林業試驗所研究報告季刊7(2)：169～178。

9. 林朝欽（1993a）美國林火防救與對策。森林火災防救研討會。臺灣省林業試驗所。

10. 林朝欽（1993b）應用地理資訊系統分析與界定森林火災危險地帶。第12屆測量學術及應用研討會論文集。國立中央大學。

11. 林朝欽（1993c）林務局森林救火隊林火消防技術之研究。中華林學季26(1)。

12. 林朝欽（1994）臺灣地區國有林事業區林火危險帶分級之研究。林業試驗所研究報告季刊9(1)：61～72。

13. 林朝欽（1995）森林火災危險度預測系統之研究。林業試驗所研究報告季刊10(3)。

14. 林朝欽（1999）國有林大甲溪事業區森林防火線評估。中華林業季刊32(4)。

15. 林朝欽（2000）野火——林業的敵人？朋友。臺灣林業26(4)。

16. 林朝欽（2001a）林火與森林保護之關係。林業研究專訊8(5)。

17. 林朝欽（2001b）從千禧年美國林火季探討——臺灣林火管理政策。臺灣林業季刊27(1)。

18. 林朝欽（2002）林火行為預測模式的發展與國際合作。國際農業科技新知11期。

19. 林朝欽、邱祈榮（2002）解析林火行為2001年梨山林火個案研究。臺灣林業科學35(2)。

20. 林朝欽、邱祈榮、林世宗、周巧盈（2005a）火燒嚴重度分級與影響因子之探討。中華林學季刊38(1)。

21. 林朝欽、邱祈榮、陳明義、蕭其文、曾仁鍵（2005b）大肚山地區林火危險預測模式之推導。中華林學季刊38(1)。

22. 林朝欽、邱祈榮、黃清吟、林世宗、周巧盈（2007）國有林大甲溪事業區燃料量推導模式之建立。中華林學季刊40(1)。

23. 林朝欽、陳永修、許原瑞、蔡佳彬、林文智（2008）大甲溪事業區森林防火林帶現況調查及防火樹種功能評估——採種與育林試驗。林業試驗所。

24. 林朝欽（2010）樹種防火與阻火──森林防火林帶。林業研究專訊 Vol.17 No.2。

25. 林朝欽、麥舘碩（2014）開源軟體應用在臺灣森林火資料庫之更新，臺灣林業科學：29。

26. 林朝欽（2016）臺灣林火 半世紀的故事，林業研究專訊 Vol. 23 No. 1。

27. 林務局（1996）防火樹種選擇研究。http://www.forest.gov.tw。

28. 林務局東勢處（2003）大甲溪事業區檢訂調查報告書。林務局東勢處。

29. 周巧盈（2004）大甲溪事業區二葉松林地燃料型之建立。國立臺灣大學森林學研究所碩士學位論文。

30. 陳正改、邱永和、許翠玲（1983）林火之相關氣象條件研究。臺灣林業9(11)。

31. 陳明義、呂金城（2003）林火對生態系的影響。林火生態與管理研討會論文集。農委會林務局。

32. 黃清吟、林朝欽（2005）臺灣地區國有林森林火之特性分析。中華林學季刊，8(4)。

33. 黃清吟、陸聲山、陳財輝、陳永修、蔡佳彬、林朝欽（2009）國有林大甲溪事業區之防火林帶現況探討，中華林學季刊42(1)。

34. 許啓祐、林基王、陳溪洲（1984）近十年來臺灣之林火。臺灣省林務局。

35. 郭晉維（2012）臺灣中部武陵地區防火樹種之篩選。國立中興大學森林學系碩士學位論文

36. 劉棠瑞、蘇鴻傑（1983）森林植物生態學。臺灣商務印書館。

37. 熊翠林（2008）皖西大別山區森林立地類型劃分及其生物防火樹種選擇研究。安徽農業大學，碩士學位論文。

38. 盧守謙、呂金誠（2003）森林防火線之探討──生物化防火林帶。林業研究季刊25(2)。

39. 盧守謙、盧昭暉、呂金誠（2009）木麻黃林區地表落葉之燃燒屬性量測。中華民國燃燒學會年會暨第19屆燃燒學術研討會。國立臺灣大學。

40. 盧守謙（2011）臺中港防風林區木火行為之研究。國立中興大學博士學位論文。

41. 盧守謙、曾喜育、盧昭暉、呂金誠（2011a）臺中港木麻黃林分地表燃料量推估之研究。中華林學季刊44(2)。

42. 盧守謙、曾喜育、呂金誠、盧昭暉（2011b）臺中港防風林區地面燃料型與潛在林火行為之初探。林業研究季刊33(3)。

43. 盧守謙、陳永隆、盧添源、顏少陵（2016）加拿大林火天氣指標系統應用─以臺中港防風林區為例。2016安全管理與工程技術國際研討會。吳鳳科技大學。12月。

44. 盧守謙（2017）火災學。五南圖書出版有限公司。9月初版。

45. 盧守謙、陳永隆（2017）防火防爆。五南圖書出版有限公司。2月初版。

46. 顏添明、吳景揚（2004）南投林區林火影響因子之探討。林業研究季刊。26(1)：47～60。

47. 日本火災學會編（1997）林野火災。火災便覽第3版。共立出版株式會社。

48. 小林忠一、玉井幸治（1992）林野火災の延燒速度に関する實驗的研究。森林總合研究所関西支所研究情報24(3)。

49. 近代消防編集局（1990）燃えやい樹。燃えにくい樹──樹火著火のメカニズモ。近代消防。10: 14。

50. 近代消防編集局（2002）林野火災消火の基礎知識。近代消防。1: 23。

51. 林野火災對策研究會（1984）日本林野火災實務手冊。

52. 島田和則（1999）森林の生活環境とのかかわり。森林總和研究所──森林の構造と防火機能。所報2（125）：12。

西文參考文獻

1. Abatzoglou, J.T. (2016) Williams, A.P. Impact of anthropogenic climate change on wildfire across western U.S. forests. Proc. Natl. Acad. Sci. USA.

2. Agee, J. K. (1993) Fire ecology of Pacific Northwest forests. Island Press, Washington, D.C.

3. Agee, J.K. (1997) The severe weather wildfire-Too hot to handle? Northwest Science 71: 153-156.

4. Agee, James K., Berni Bahro, Mark A. Finney, Philip N. Omi, David B. Sapsis, Carl N. Skinner, Jan W. van Wagtendonk, C. Phillip Weatherspoon. (2000) The use of shaded fuelbreaks in landscape fire management. Forest Ecology and Management 127: 55-66.

5. Agren, Goran I. and others. (1991) State-of-the-art of models of production-decomposition linkages in conifer and grassland ecosystems. Ecological Applications. 1(2): 118-138 Noble, I. R.; Slatyer, R. O. (1980) The use of vital attributes to predict successional changes in plant communities subject to recurrent disturbances. Vegetatio. 43: 5-21.

6. Albini, F. A. (1976) Estimating wildfire behavior and effects. U.S. Department of Agriculture, Forest Service, Rocky Mountain Research Station, Ogden, Utah. Research Paper INT-30.

7. Albini, F. A. (1981) Spotting Fire distance from isolated sources. Extensions of a predictive model. U.S. Department of Agriculture, Forest Service, Rocky Mountain Research Station, Ogden, Utah. Research Paper INT-309.

8. Albini, F. A. (1985) A model for fire spread in wildland fuels by radiation. Combustion Science Technology 42.

9. Albini, F. A. (1986) Wildland fire spared by radiation: a model including fuel cooling by natural convection. Combustion Science Technology 45.

10. Albini (1992) Dynamics and modelling of vegetation fires: observations. In: Crutzen, P.J. and Goldammer, J.G. (1992). Fire in the environment: the ecological, atmospheric, and climatic importance of vegetation fires. Report of the Dahlem Workshop held in Berlin, 15-20 March.

11. Albini, F. A. and E. D. Reinhardt (1995) Modeling ignition and burning rate of large woody natural fuels. International Journal of Wildland Fire 5 (2).

12. Alexander, M. E. (1982) Calculating and interpreting forest fire intensities. Canadian Journal of Botany 60 (4).

13. Alexander, M. E., B. D. Lawson, B. J. Stocks and C. E. van Wagner (1984) User guide to the Canadian Forest Fire Behavior Prediction System: rate of spread relationships. Interim Edition. Canadian Forestry Service, Fire Danger Group.

14. Alexander, M. E. (1985) Estimating the length to breadth ratio of elliptical forest fire patterns. In Proceedings of the 8th Conference on Forest and Fire Meteorology, Detroit. MI.

15. Alexander, M. E. (1989) Fiji adopts Canadian system of fire danger rating. International Forest Fire News 2 (1).

16. Alexander, M. E. and R. A. Lanoville (1989) Predicting fire behavior in the black spruce lichen woodland fuel type of Western and Northern Canada. Forestry Canada, Northern Forest Centre, Edmonton, Alberta, and Government Northwest Territ., Deportment Renewable Resource, Territ.

Forest Fire Center, Fort Smith, Northwest Territories.

17. Alexander, M. E. and de Groot (1989) Perspectives on experimental fires in Canadian forestry research. Mathmatical Computer Model 13 (12).

18. Alexander, M. E. (1992) The 1990 Stephan bridge road fire: a Canadian perspective on the fire danger conditions. Wildfire News and Notes 6 (1).

19. Alexander, M. E. (2000) Fire behaviour as a factor in forest and rural fire suppression. Forest research, Rotoria, in association with the New Zealand Fire Service Commission and National Rural Fire Authorities, Wellington. Forest and Rural Fire Scientific and Technical Series Report 5.

20. Alexander, M. E., C. N. Stefner, J. A. Mason, B. J. Stocks, G. R. Hartley, M. E. Maffey, B. M. Wotton, S. W. Taylor, N. Lavoie and G. N. Dalrymple (2004) Chartacterizing the jack pine-black spruce fuel complex of the International Crown Fire Modelling Experiment (ICFME) Nature Resource Canada, Canadian Forest Service, Northern Forest Centre, Edmonton, AB. Information Report NOR-X-393.

21. Alexander, M. E. (2008) Proposed revision of fire danger class criteria for forest and rural areas in New Zealand. 2nd Edition. National Rural Fire Authority, Wellington, in association with Scion, Rural Fire Research Group, Christchurch.

22. Alexander M. E. and M. G. Cruz (2011) Interdependencies between flame length and fireline intensity in predicting crown fire initiation and crown scorch height, International Journal of Wildland Fire 21 (2) 95-113.

23. Alexander M. E. and Miguel G. Cruz (2016) Chapter 9: Crown Fire Dynamics in Conifer Forests, Synthesis of Knowledge of Extreme Fire Behavior: Volume I for Fire Managers, United States Department of Agriculture.

24. Allen et al. (2010) A global overview of drought and heat-induced tree mortality reveals emerging climate change risks for forests, Forest Ecology and Management volume 259 pages 660-684.

25. Allen, C.D.; Savage, M.; Falk, D.A.; Suckling, K.F.; Swetnam, T.W.; Schulke, T.; Stacey, P.B.; Morgan, P.; Hoffman, M.; Klingel, J.T. (2002) Ecological restoration of southwestern ponderosa pine ecosystems: A broad perspective. Ecol. Appl., 12, 1418-1433.

26. Allgöwer, B., Calogine, D., Camia, A., Cuiñas, P., Fernandes, P., Francesetti, A., Hernando, C., Koetz, B., Koutsias, N., Lindberg, H., Marzano, R., Molina, D., Morsdorf, F., Ribeiro, LM., Rigolot, E. and Séro-Guillaume, O. (2007) Eufirelab: Methods for Wildland Fuel Description and Modelling: Final Version of the State of the Art. Deliverable D-02-06.

27. Arnold, R. K. (1964) Project skyfire lightning research. Proceedings of the Annual Tall Timbers Fire Ecology Conference 3.

28. Anderson, H. E. (1969) Heat transfer and fire spread. U.S. Department of Agriculture, Forest Service, Rocky Mountain Research Station, Ogden, Utah. Research Paper INT-69: 20 pp.

29. Anderson, H. E. (1982) Aids to determining fuel models for estimating fire behavior. U.S. Department of Agriculture, Forest Service, Rocky Mountain Research Station, Ogden, Utah. Research Paper INT-122: 22 pp.

30. Anderson, H., A. Catchpole, N. de Mestre and T. Parkes (1982) Modelling the spread of grass fires. Journal Australian Mathematical Society 23: 451-466.

31. Anderson, H. E. (1983) Predicting wind-driven wild land fire size and shape. U.S. Department of Agriculture, Forest Service, Rocky Mountain Research Station, Ogden, Utah. Research Paper INT-30: 6 pp.

32. Anderson, H. E. (1984) Calculating fire size and perimeter growth. Fire Management Notes 45 (3): 25-30.

33. Andrews, P. L. and R. C. Rothermel (1982) Charts for interpreting wildland fire behavior characteristics. U.S. Department of Agriculture, Forest Service, Rocky Mountain Research Station, Ogden, Utah. General Technology Report INT-131: 21 pp.

34. Andrews, P. L. (1986) BEHAVE: Fire behavior prediction and fuel modeling system-BURN subsystem, Part 1. U.S. Department of Agriculture, Forest Service, Rocky Mountain Research Station, Ogden, Utah. General Technology Report INT-194: 4 pp.

35. Andrews, P. L. and C. H. Chase (1989) BEHAVE: fire behavior prediction and fuel modeling system BURN subsystem, Part 2. U.S. Department of Agriculture, Forest Service, Rocky Mountain Research Station, Ogden, Utah. General Technology Report INT-260: 93 pp.

36. Andrews, P. L. and L. S. Bradshaw (1990) RXWINDOW: Defining windows of acceptable burning conditions based on desired fire behavior. U.S. Department of Agriculture, Forest Service, Rocky Mountain Research Station, Ogden, Utah. General Technology Report INT-273: 54 pp.

37. Andrews, P. L. and L. P. Queen (2001) Fire modeling and information system technology. International Journal of Wildland Fire 10 (4): 343-352.

38. Andrews, P. L., C. A. Bevins and R. R. Seli (2005) BehavePlus fire modeling system, version 3.0: User's Guide. U.S. Department of Agriculture, Forest Service, Rocky Mountain Research Station, Ogden, Utah. General Technology Report RMRS-GTR-76: 132 pp.

39. Andrews P. L. (2012) Modeling Wind Adjustment Factor and Midflame Wind Speed for Rothermel's Surface Fire Spread Model, United States Department of Agriculture/Forest Service, Rocky Mountain Research Station, General Technical Report RMRS-GTR-266.

40. Andrew D. Giunta, Michael J. Jenkins, Elizabeth G. Hebertson and Allen S. Munson (2016) Disturbance Agents and Their Associated Effects on the Health of Interior Douglas-Fir Forests in the Central Rocky Mountains, Forests, 7 (4) , 80; doi: 10.3390/f7040080.

41. Artsybashev, E.S. (1983) Lesnye pozhary i borba s nimi. Forest fires and their control. Evgenii Stepanovich. New Delhi: Oxonian Press. 160 p.

42. Atreya, A. A. (1998) Ignition of fires. Philosophical Transactions: Mathematical, The Royal Society, Physical and Engineering Sciences 356: 2787-2813.

43. Association for Fire Ecology (2013) International Association of Wildland Fire, Tall Timbers Research Station, The Nature Conservancy, The Merits of Prescribed Fire Outweigh Potential Carbon Emission Effects.

44. Bachmann A, Allgower B (1998) Framework for wildfire risk analysis. In '3rd International Conference on Forest Fire Research'. 16-20 November 1998, Luso, Portugal. (Ed. DX Viegas) pp. 2177-2190.

45. Baines, P. G. (1990) Physical mechanisms for the propagation of surface fires. Mathematical and Computer Modelling 13 (12): 83-94.

46. Bahre, Conrad Joseph. (1991) A legacy of change. The University of Arizona Press: 125-142.

47. Bajocco, S., De Angelis, A., Rosati, L., Ricotta, C., Mouflis, G.D., Gitas, I.Z., Silva, J.S., Moreira, F., Vaz, P., Catry, F., Ferreira, P.G., Pezzatti, G.B., Torriani, D. and Conedera, M. (2008) Publication describing wildfire regimes distribution in selected European study areas. Deliverable D4.1-1b of the Integrated Project "Fire Paradox", Project no. FP6-018505. European Commission. 79 pp.

48. Baker, A.J. (1983) Wood fuel properties and fuel products from woods. In: Proc. Fuel Wood Management and Utilization Seminar, Nov. 9-11, 1982, Michigan State Univ., East Lansing, MI. pp. 14-25.

49. Barnett, K.; Parks, S.A.; Miller, C.; Naughton, H.T. (2016) Beyond fuel treatment effectiveness: Characterizing interactions between fire and treatments in the U.S. Forests 7, 237.

50. Barrett, Stephen W.; Arno, Stephen F.; Menakis, James P. (1997) Fire episodes in the inland Northwest (1540-1940) based on fire history data. Gen. Tech. Rep. INT-GTR-370. Ogden, UT: U.S. Department of Agriculture, Forest Service, Intermountain Research Station. 17 pp.

51. Barrows, J.S. (1951) Fire behavior in northern Rocky Mountain forests. Res. Pap. 29. Missoula, MT: U.S. Department of Agriculture, Forest Service, Northern Rocky Mountain Forest and Range Experiment Station.

52. Baughman, R. G. (1981) An annotated bibliography of wind velocity literature relating to forest fire behavior studies. U.S. Department of Agriculture, Forest Service, Rocky Mountain Research Station, Ogden, Utah. General Technology Report INT-11: 28 pp.

53. Bazzaz, Fakhri A. (1996) Plants in changing environments: linking physiological, population, and community ecology. New York: Cambridge University Press. 320 p.

54. Beall and Eichner (1970) Tjermal Degradationn of Wood Components: A Review of the Literature, Report No. 130.

55. Beckage, B., L. J. Gross, and W. J. Platt. (2006) Modelling responses of pine savannas to climate change and large-scale disturbance. Applied Vegetation Science 9: 75-82.

56. Beer, T. (1993) The speed of a fire front and its dependence on wind speed. International Journal of Wildland Fire 3 (2): 193-202.

57. Benji Gyampoh (2011) Clear more forest; cause more climate change, https: //benjigyampoh. blogspot.com/2011/11/climate-change-and-deforestation-in.html

58. Bertschi I, Yokelson, R.J., Ward, D.E., *et al.* (2003) Trace gas and particle emissions from fires in large diameter and below ground biomass fuels. Geophysical Research 108 (DB): 8472; doi: 10.1029/ 2002 JD002100.

59. Bergeron, Y. and S. Archambault (1993) Decreasing frequency of forest fires in the southern boreal zone of Quebec and its relation to global warming since the end of the little Ice Age. Holocene 3 (3): 255-259.

60. Bessie, W. C. and E. A. Johnson (1995) The relative importance of fuels and weather on fire behavior in subalpine forest. Ecology 76 (3): 747-762.

61. Beverly, J. L. and B. M. Wotton (2007) Modelling the probability of sustained flaming: predictive value of fire weather index components compared with observations of site weather and fuel moisture conditions. International Journal Wildland Fire 16 (4): 161-173.

62. Billings, W. D. (1990) Bromus tectorum, a biotic cause of ecosystem impoverishment in the Great Basin. In: Woodwell, George M., ed. The earth in transition-patterns and processes of biotic impoverishment: 1986; Woods Hole Research Center, Massachusetts. New York: Cambridge University Press: 301-322.

63. Blackmarr, W. H. (1972) Moisture content influences ignitability of slash pine litter. U.S. Department of Agriculture, Forest Service, Southeastern Forest Experiment Station, Asheville, North Carolina. Research Note SE-173.

64. Blackshear, P. L. (1974) Heat transfer of fires: thermophysics, Social Aspects and Economic Impact. Scripta Book Co., Washington, DC. 11-15.

65. Blaikie, P., Cannon, T., Davis, I. and Wisner, B. (1994) At risk: natural hazards, people vulnerability and disaster. Routledge, London, New York. 280 pp.

66. Blanchi, R., Jappiot, M. and Alexandrian, D. (2002) Forest fire risk assessment and cartography. A methodological approach. In: Viegas, D. (ed.). Proceedings of the IV International Conference on Forest Fire Research. Luso, Portugal. Macie, E.A. and Hermansen, L.A (eds). (2002) Human influences on Forest Ecosystems: The Southern Wildland-Urban Interface Assessment.

67. Blasi, C., Carranza, M.L., Frondoni, R. and Rosati, L. (2000) Ecosystem classification and mapping: a proposal for Italian landscapes. Applied Vegetation Science 3: 233-242.

68. Boboulos, M. A. (2007) Fire spread in low rise vegetation with application to Mediterranean conditions. Thesis, University of Portsmouth, United Kingdom. 22-40.

69. Boerner RE, Waldrop TA, Shelburne VB (2006) Wildfire mitigation strategies affect soil enzyme activity and soil organic carbon in loblolly pine (Pinus taeda) forests. Canadian Journal of Forest Research 36, 3148-3154.

70. Bond, W. J. and B. W. van Wilgen (1996) Fire and plants. Chapman and Hall: London. 38-42.

71. Bond, W.J. and Keeley, J.E. (2005) Fire as a global 'herbivore': the ecology and evolution of flammable ecosystems. Trends in Ecology & Evolution 20: 387-394.

72. Bond and Keane (2017) ires, Ecological Effects of. Elsevier Inc. 11 pp. https: //www.fs.fed.us/ rm/pubs_journals/2017/rmrs_2017_bond_w001.pdf

73. Bowman, D., Balch, J.K., Artaxo, P., Bond, W.J., Carlson, J.M., Cochrane, M.A., D'Antonio, C.M., DeFries, R.S., Doyle, J.C., Harrison, S.P. and others (2009) Fire in the Earth System. Science 324: 481-484.

74. Bowman, D. M. J. S., Murphy, B. P., Boer, M. M., Bradstock, R. A., Cary, G. J., Cochrane, M. A., Fensham, R. J., Krawchuk, M. A., Price, O. F. & Williams, R. J. (2013). Forest fire management, climate change, and the risk of catastrophic carbon losses. Frontiers in Ecology and the Environment, 11 (2) , 66-68.

75. Bradstock, R. A. and A. M. Gill (1993) Fire in semi arid mallee shrublands: size of flames from discrete fuel arrays and their role in the spread of fire. International Journal of Wildland Fire 3 (1): 3-12.

76. Bradley, Raymond S. (1999) Paleoclimatology reconstructing climates of the quaternary, Second Edition. International Geophysics Services, vol. 64. Academic Press. 613 pp.

77. Brenner, J., L. G. Arvanitis, D. P. Brackett, B. S. Lee, R. J. Carr and R. M. Suddaby (1997) Integrating GIS, mesoscale fire weather prediction, smoke plume dispersion modeling, and the internet for enhanced open burning authorizations and wildfire response in Florida. Proceedings of the 3th International Conference on Forest Fire Research, Coïmbra, Portugal. 363-372.

78. Bragg, Thomas B. (1991) Implications for long term prairie manage-ment from seasonal burning of loess hill and tallgrass prairies. In: Nodvin, Stephen, C.; Waldrop, Thomas, A., eds. Fire and the environment: ecological and cultural perspectives. Proceedings of an international symposium; 1990 March 20-24. Gen. Tech. Rep. SE-69. U.S. Department of Agriculture, Forest Service, Southeastern Forest Experiment Station: 34-44.

79. Briske, S. D. Fuhlendorf, and F. E. Smeins (2005) State-and-Transition Models, Thresholds, and Rangeland Health: A Synthesis of Ecological Concepts and Perspectives, Rangeland Ecol Manage 58: 1-10.

80. Brotak, E. A. (1977) The Bass river fire: weather conditions associated with a fatal fire. Fire Management Notes 40 (1): 10-13.

81. Brown, A. A. (1941) Guides to the judgment in estimating the size of a fire suppression job. Fire Control Notes 5 (2): 89-92.

82. Brown, J. K. (1970a) Physical fuel properties of ponderosa pine forest floors and cheatgrass. U.S. Department of Agriculture, Forest Service, Rocky Mountain Research Station, Ogden, Utah. Research Paper INT-74: 1-7.

83. Brown, J. K. (1970b) Ratios of surface area to volume for common fine fuels. Forest Science 16: 101-105.

84. Brown, A. A. and K. P. Davis (1973) Forest Fire: Control and Use. 2th edition. McGraw-Hill, New York, USA. 686 pp.

85. Brown, J. K. (1974) Handbook for inventorying downed woody material. U.S. Department of Agriculture, Forest Service, Rocky Mountain Research Station, Ogden, Utah. General Technology Report INT-16: 21 pp.

86. Brown, J. K. and F. A. Albini (1978) Predicting slash depth for fire modeling. U.S. Department of Agriculture, Forest Service, Rocky Mountain Research Station, Ogden, Utah. Research Paper INT-25: 15-17.

87. Brown, J. K. and T. E. See (1981) Downed dead woody fuel and biomass in the northern Rocky-Mountains. U.S. Department of Agriculture, Forest Service, Rocky Mountain Research Station, Ogden, Utah. General Technology Report INT-GTR-117: 8 pp.

88. Brown, J. K., R. D. Oberheu and C. M. Johnston (1982) Handbook for Inventorying Surface Fuels and Biomass in the Interior West. U.S. Department of Agriculture, Forest Service, Rocky Mountain Research Station, Ogden, Utah. General Technology Report INT-129: 22 pp.

89. Brown, J. K. and C. D. Bevins (1986) Surface fuel loadings and predicted fire behavior for vegetation types in the northern Rocky Mountains. U.S. Department of Agriculture, Forest Service, Rocky Mountain Research Station, Ogden, Utah. Research Note INT-RN-358: 14 pp.

90. Brown, J. R., and S. Archer (1999) Shrub invasion of grasslands: recruitment is continuous and not regulated by herbaceous density or biomass. Ecology 80: 2385-2396.

91. Brown, James K. (2000) Ecological principles, shifting fire regimes and management consideration. Pages 185-203 In: Brown, James K.; Smith, Jane Kapler (Ed.). Wildland fire in ecosystems: effects of fire on flora. Fort Collins, CO: USDA Forest Service, Rocky Mountain Research Station.

92. Brown, James K., and Jane Kapler Smith (2000) Wildland fire in ecosystems: Effects of fire on flora. General Technical Report. Ogden, UT: U.S. Department of Agriculture, Forest Service, Rocky Mountain Research Station, December. http://www.treesearch.fs.fed.us/pubs/4554.

93. Brown, Peter M., Michael G. Ryan, and Thomas G. Andrews. (2000) Historical surface fire frequency in ponderosa pine stands in research natural areas, central Rocky Mountains and Black Hills, USA." Natural Areas Journal 20 (2) (April): 133-139.

94. Buckley, W. F. (1993) Fighting fire with fire. National Review 45 (8): 62-63.

95. Bunting, S. C. and H. A. Wright (1974) Ignition capabilities of non flaming firebrands. Journal of Forestry 72: 646-649.

96. Bunton, D. R. (1980) Using fire reports to estimate fire spread for Focus simulation modeling. Fire Management Notes 41 (2): 5-9.

97. Burgan, R. E. and R. C. Rothermel (1984) BEHAVE: fire behavior prediction and fuel modeling system-FUEL subsystem. U.S. Department of Agriculture, Forest Service, Rocky Mountain Research Station, Ogden. Utah. Research Paper INT-167: 30-31.

98. Burrows, N. D. (1999) Fire behaviour in jarrah forest fuels. Part 1. Laboratory experiments. Calm Science 3: 31-56.

99. Butler, B. W. (1993) Experimental measurements of radiant heat fluxes from simulated wildfire flames. 12th International Conference on Fire and Forest Meteorology, Jekyll Island, Georgia. Society of American Foresters 104-112.

100. Butler, B. W. and J. D. Cohen (1998) Firefigther safety zones: A theoretical model based on radiative heating. International Journal of Wildland Fire 8 (1): 73-77.

101. Butler R. (2018) A Place Out of Time: Tropical Rainforests and the Perils They Face- information on tropical forests, deforestation, and biodiversity, https: //rainforests.mongabay.com/

102. Butry, D.T., Mercer, D.E., Prestemon, J.P., Pye, J.M. and Holmes, T.P. (2001) What is the price of catastrophic wildfire? Journal of Forestry 99: 9-17. Coburn, A.W., Spence, R.J.S. and Pmomonis, A. (1994) Vulnerability and risk assessment. Disaster management training Program, UNDP/DHA, 70 pp.

103. Byram, G. M. (1959) Combustion of forest fuels. Forest fire: control and use. McGraw-Hill, New York, USA. 61-89.

104. Caljouw CA; Dunscomb JK; Lipscomb M; Edwards R, and Adams S. (1996) Use of prescribed fire for recovery of the endangered peters mountain mallow. pp.28.

105. Calkin DC, Finney MA, Ager AA, Thompson MP, Gebert KM (2011) Progress towards and barriers to implementation of a risk framework for US federal wildland fire policy and decision making. Forest Policy and Economics 13, 378-389.

106. Calkin, D.E.; Thompson, M.P.; Finney, M.A. (2015) Negative consequences of positive feedbacks in U.S. wildfire management. For. Ecosyst., 2, 1-10.

107. Campbell, G.S.; Jungbauer, J.D., Jr.; Bidlake, W.R.; Hungerford, R.D. (1994) Predicting the effect of temperature on soil thermal conductivity. Soil Science. 158 (5): 307-313.

108. Campbell, G. S.; Jungbauer, J. D., Jr.; Bristow, K. L.; Hungerford, R.D. (1995) Soil temperature and water content beneath a surface fire. Soil Science. 159 (6): 363-374.

109. Canada National Forestry Database (2017) Forest Fires, http: //nfdp.ccfm.org/index_e.php

110. Canada Parks (2018) Fire environment, Basic Wildland Fire Management.

111. Canadian Interagency Forest Fire Centre, Glossary Team. (2003) Glossary of forest fire management terms. Canadian Interagency Forest Fire Centre.

112. Carrion, J.S. (2002) Patterns and processes of Late Quaternary environmental change in a montane region of southwestern Europe. Quaternary Science Reviews 21: 2047-2066.

113. Casady, G., W. van Leeuwen, *et al.* (2009) Evaluating Post-wildfire Vegetation Regeneration as a Response to Multiple Environmental Determinants. Environmental Modeling and Assessment 15, (5): pp. 295-307.

114. Catchpole, E. A., N. J. de Mestre and A. M. Gill (1982) Intensity of fire at its perimeter. Australian Forest Resource 121: 47-54.

115. Catchpole, E. A. and W. R. Catchpole (1983) Analysis of the 1972 Darwin grass fires. Univervisty New South Wales, Royal Military College. Department Mathmatical Report 3 (83): 67 pp.

116. Catchpole, E. A. and W. R. Catchpole (1991) Modelling moisture damping for fire spread in a mixture of live and dead fuels. International Journal Wildland Fire 1 (2): 101-106.

117. Catchpole, E. A., W. R. Wheeler R. C. Rothermel (1993) Fire behaviour experiments in mixed fuel complexes. International Journal of Wildland Fire 3 (4): 45-47.

118. Catchpole, W., R. Bradstock, J. Choate, L. Fogarty, N. Gellie, G. McCarthy, L. McCaw, J. Marsden-Smedley and G. Pearce (1998) Cooperative development of equations for heathland fire behaviour. Proceedings of the 3th International Conference on Forest Fire Research and 14th Fire and Forest Meteorology Conference. 631-645.

119. Catchpole, E. A., W. R. Catchpole, N. R. Viney, W. L. McCaw and J. B. Marsden-Smedley (2001) Estimating fuel response time and predicting fuel moisture content from field data. International Journal of Wildland Fire 10 (3): 215-222.

120. Catry FX, Damasceno P, Silva JS, Galante M, Moreira F (2007) Spatial distribution patterns of wildfire ignitions in Portugal. In: Proceedings of the 4th international wildland fire conference, Seville. CD Rom.

121. Catry FX, Rego F, Moreira F, Bacˌa˜o F (2008) Characterizing and modelling the spatial patterns of wildfire ignitions in Portugal: fire initiation and resulting burned area. In: de las Heras J, Brebbia C, Viegas D, Leone V (eds) WIT transactions on ecology and the environment, vol 119. WIT Press, Toledo, Spain, pp 213-221.

122. Catry, F.X. and Rego, F.C. (2008) Caracterização e análise dos padrões temporais e espaciais dos fogos relacionados com o pastoreio. In: Botelho, H.S., Bento, J.M., Manso, F.T. (Co- ords.) A relação entre o pastoreio e os incêndios florestais. UE Forest Focus Programme. UTAD,

AFN.

123. Catry FX, Rego F, Bac¸a˜o F, Moreira F (2009) Modelling and mapping wildfire ignition risk in Portugal. Int J Wildland Fire 18: 921-931.

124. Catry F. X., Francisco C. Rego, Joaquim S. Silva1, Francisco Moreira1, Andrea Camia, Carlo Ricotta and Marco Conedera (2010) Wildfire Initiation: Understanding and Managing Ignitions, In: J.S. Silva, F.C. Rego, P. Fernandes, E. Rigolot (2010) "Towards Integrated Fire Management. Outcomes of the European Project Fire Paradox." European Forest Institute Research Report.

125. Chandier C. (1982) Fire in Forestry. New York: John Willy & Sons.

126. Chang, Chi-ru. (1996) Ecosystem responses to fire and variations in fire regimes. In: Sierra Nevada Ecosystem Project Final Report to Congress, Status of the Sierra Nevada. Vol II: Assessments and scientific basis for management options. Davis: University of California, Wildland Resources: 1071-1100.

127. Chandler, C., P. Cheney, P. Thomas, L. Trabaud and D. Williams (1983) Fire in forestry. Volume 1. Forest fire behavior and effects. John Wiley and Sons, Inc. New York, USA. 22-30.

128. Cheney, N. P. (1990) Quantifying bushfires. Mathematical and Computer Modelling 13: 9-15.

129. Cheney, N. P. and J. S. Gould (1995) Fire growth in grassland fuels. International Journal of Wildland Fire 5 (3): 237-247.

130. Cheney, N. P., J. S. Gould and W. R. Catchpole (1998) Prediction of fire spread in grasslands. International Journal of Wildland Fire 8 (1): 1-13.

131. Cheney, P.; Sullivan, A. (2008) Grassfires: Fuel, weather and fire behavior. 2nd ed. Australia: CSIRO. 102 p.

132. Chicomoto (2018) Weather, https://chicomoto.wordpress.com/weather/

133. Chiono, L.A.; Fry, D.L.; Collins, B.M.; Chatfield, A.H.; Stephens, S.L. (2017) Landscape-scale fuel treatment and wildfire impacts on carbon stocks and fire hazard in California spotted owl habitat. Ecosphere, 8, e01648.

134. Christensen, Norman L. (1988) Succession and natural disturbance: paradigms, problems, and preservation of natural ecosystems. In: Agee, James K.; Johnson, Darryll, R., eds. Ecosystem management for parks and wilderness. Seattle, WA: University of Washington Press: 62-86.

135. Christensen, Norman L. (1993a) The effects of fire on nutrient cycles in longleaf pine ecosystems. In: Proceedings, 18th Tall Timbers fire ecology conference; The longleaf pine ecosystem: ecology, restoration and management; 1991 May 30-June 2; Tallahassee, FL. Tallahassee, FL: Tall Timbers Research Station: 205-214.

136. Christensen, Norman L. (1993b) Fire regimes and ecosystem dynamics. In: Crutzen, P. J. and Goldammer, J. G., eds. Fire in the environment: the ecological, atmospheric, and climatic importance of vegetation fires. Dahlem Workshop Reports. Env. Sci. Res. Rep. 13. Chichester, UK: John Wiley and Sons: 233-244.

137. Chrosciewicz, Z. (1975) Correlation between wind speeds at two different heights within a large forest clearing in central Saskatchewan. Canadian Forestry Service, Forest Fire Research Institute, Department of Forestry and Rural Development, Ottawa, Ontario. Information Report

NOR-X-141: 9 pp.

138. Chu T. and Guo X. (2014) Remote Sensing Techniques in Monitoring Post-Fire Effects and Patterns of Forest Recovery in Boreal Forest Regions: A Review, Remote Sensing 6 (1), 470-520.

139. Chuvieco,E. (2003). Wildland Fire Hazard Estimation and Mapping. The Role of Remote Sensing Data. World Scientific Publishing, Singapore. pp. 21-61.

140. Chuvieco, E. (2009) Earth Observation of Wildland Fires in Mediterranean Ecosystems, Aug 2009.

141. Chuvieco, E., González, I., Verdú, F., Aguado, I. and Yebra, M. (2009) Prediction of fire occurrence from live fuel moisture content measurements in a Mediterranean ecosystem. International Journal of Wildland Fire 18: 430-441.

142. CIFFC (2015a) Canada Report 2014. http: //www.ciffc.ca/images/stories/pdf/2014_canada_report.pdf

143. CIFFC (2015b) National Wildland Fire Situation Report. http: //www.ciffc.ca/firewire/current.php?lang = en&date = 20150917

144. CIFFC (2018) Canadian Interagency Forest Fire Centre, Current Situation Reports

145. Clark, T. L., M. A. Jenkins, J. L. Coen and J. G. Packham (1996) A coupled atmosphere-fire model: role of the convective Froude number and dynamic fingering at the fireline. International Journal of Wildland Fire 6 (3): 177-190.

146. Cleetus R. and Mulik K. (2014) Playing with Fire, How Climate Change and Development Patterns Are Contributing to the Soaring Costs of Western Wildfires, Union of Concerned Scientists.

147. Clements, F. E. (1916) Plant succession. Carnegie Inst. Washington Pub. 242. 512 pp.

148. Clements, F. E. (1936) Nature and structure of the climax. Journal of Ecology 22: 39-8.

149. Cochrane, M.A.; Ryan, K.C. (2009) Fire and fire ecology: Concepts and principles. In: Cochrane, M.A., ed. Tropical fire ecology: Climate change, land use and ecosystem dynamics. Springer Praxis: 25-62.

150. Cochrane MA, Moran CJ, Wimberly MC, *et al.* (2012) Estimation of wildfire size and risk changes due to fuels treatments. Int J Wildland Fire 21: 357-67.

151. Cohen (2008) The Wildland-Urban Interface Fire Problem, Forest History Today, Fall.Cole A. and Hsu N. (2008) Why Forest-Killing Megafires are the New Normal, U.S. Forest Service. Encyclopaedia Britannica,Inc (2006) Secondary Succession, https: //www.britannica.com/

152. Connell, J. H.; Slayter, R. O. (1977) Mechanisms of succession in natural communities and their role in community stability and organization. American Naturalist. 111: 1119-1144.

153. Cottrell, W. H. (1989) The Book of Fire. Mountain Press Publishing Company. pp. 8-37.

154. Countryman, C. M. (1972) The fire environment concept. U.S. Department of Agriculture, Forest Service, Pacific Southwest Forest and Range Experiment Station, Berkeley, California. 12 pp.

155. Countryman, C. M. (1976) Heat - its role in wildland fire, part 3: heat conduction and wildland fire (blue cover). USDA Forest Service, Pacific Southwest Forest and Range Experiment Station. Berkeley, CA.

156. Countryman, C. M. (1983) Ignition of grass fuels by cigarettes. Fire Management Notes 44 (3): 3-7.

157. Crutzen, P. J.; Goldammer, J. G. (1993) Fire in the environment: The ecological, atmospheric and climatic importance of vegetation fires. New York: John Wiley and Sons. 456 pp.

158. Cruz, M.G. and Fernandes, P.M. (2008) Development of fuel models for fire behaviour in maritime pine (*Pinus pinaster*) stands. International Journal of Wildland Fire. 17: 194-204.

159. Cruz, M. G., M. E. Alexander and P. M. Fernandes (2008) Development of a model system to predict wildfire behaviour in pine plantations. Australianralian Forestry 71: 113-121.

160. Crystal A. Kolden, John T. Abatzoglou, James A. Lutz, C. Alina Cansler, Jonathan T. Kane, Jan W. Van Wagtendonk and Carl H. Key (2015) Climate Contributors to Forest Mosaics: Ecological Persistence Following Wildfire, Northwest Science, Vol. 89, No. 3, 2015.

161. CSIRO (2016) Response to, and lessons learnt from, recent bushfires in remote Tasmanian wilderness, Submission 1, Submission 16/558 7 April 2016.

162. Cumming, S.G. (2001) Forest type and wildfire in the Alberta boreal mixedwood: what do fires burn? Ecological Applications 11: 97-110.

163. Dale, L. (2009) The True Cost of Wildfire in the Western U.S. Western Forestry Leadership Coalition, Lakewood, CO. 16 pp.

164. Davis, Margaret Bryan. (1990) Climatic change and the survival of forest species. In: Woodwell, George M., ed. The earth in transition: patterns and processes of biotic impoverishment. New York: Cambridge University Press: 99-110.

165. David, R. W. and G. S. Biging (1997) A qualitative comparison of fire spread models incorporating wind and slope effects. Forest Science 41 (3): 100-121.

166. David J. (2009) Biochar: Carbon Mitigation from the Ground Up, Environ Health Perspect. 2009 Feb; 117 (2).

167. Davis, R. S., Hood, S., and Bentz, B. J. (2012) Fire-injured ponderosa pine provide a pulsed resource for bark beetles, Can. J. Forest Res., 42, 2022-2036.

168. Davison J. (1996) Livestock grazing in wildland fuel management programs, Rangelands, p.146.

169. Daubenmire, R. (1947) Plants and environment. Wiley, New York.424 pp.

170. Daubenmire, R. (1968) Plant communities. Harper and Row, New York. 300 pp.

171. DBCA (2014) Planning for prescribed burning, Parks and Wildlife Service, Department of Biodiversity, Conservation and Attractions (DBCA) of Australia.

172. DeBano, L.F. (1981) Water repellent soils: a state-of-the-art. Gen.Tech. Rep. PSW-46. Berkeley, CA: U.S. Department of Agriculture, Forest Service, Pacific Southwest Forest and Range Experiment Station. 21 pp.

173. Delcourt, Paul A.; Delcourt, Hazel R. (1987) Late-quaternary dynamics of temperate forests: applications of paleoecology to issues of global environmental change. Quaternary Science Reviews. 6: 129-146.

174. DeHann D.D. (2007) Kirk's Fire Investigation, Sixth Edition,Upper Saddle River, New Jersey.

175. de Groot, W. J. (1989) Development of Saskatchewan fire suppression preparedness system. Proceedings of the 6th Central Region FireWeather Committee Scientific and Technical Semi-

nar, Canadian Forestry Service, Edmonton, Alberta. Study NOR-36-03-1: 23-24.

176. de Groot, W., J. Wardati and J. Wang (2005) Calibrating the fine fuel moisture code for grass ignition potential in Sumatra, Indonesia. International Journal of Wildland Fire 14 (2): 161-168.

177. de Groot, W. J., R. D. Field, M. A. Brady, O. Roswintiarti and M. Mohamad (2007) Development of the Indonesian and Malaysian fire danger rating systems. Mitigation Adapation Strategy Global Change 12: 165-180.

178. de Mestre, N. (1981) Small scale fire experiments. University New South Wales, Royal Military Coll., Department Mathmatical Report 3 (1): 10pp.

179. de Mestre, N., E. Catchpole, D. Anderson and R. Rothermel (1989) Uniform propagation of a planar fire front without wind. Combustion Science Technology 65: 231-244.

180. Deeming, J. E. and J. W. Lancaster (1971) Background, philosophy, implementation national fire danger rating system. U.S. Department of Agriculture. Fire Control Notes 32 (2): 4-8.

181. Deeming, J. E., J. W. Lancaster, M. A. Fosberg, R. W. Furman and M. J. Schroeder (1972) National fire danger rating system. U.S. Department of Agriculture, Forest Service, Rocky Mountain Research Station, Ogden, Utah. Research Paper RM-84.

182. Deeming, Burgan and J. D. Cohen (1977) The National Fire Danger Rating System-1978. U.S. Department of Agriculture, Forest Service, Rocky Mountain Research Station, Ogden, Utah. General Technology Report INT-39: 5 pp.

183. Delabraze and Dubourdieu, J. (1992) French research into forest decline, forest, 120. pp.

184. Dibble, A.C., White, R.H. and Lebow, P.K. (2007) Combustion characteristics of north- eastern USA vegetation tested in the cone calorimeter: invasive versus non-invasive plants. International Journal of Wildland Fire 16: 426-443.

185. Dimitrakopoul, A. P. (2000) Mediterranean fuel models and potential fire behaviour in Greece. International Journal of Wildland Fire 11 (3): 127-130.

186. Dimitrakopoulos, A.P. (2001) A statistical classification of Mediterranean species based on their flammability components. International Journal of Wildland Fire 10: 113-118.

187. Dimitrakopoulos, A.P and Panov, P.I. (2001) Pyric properties of some dominant Mediterranean vegetation species. International Journal of Wildland Fire 10: 23-27.

188. Dimitrakopoulos, A. P. and K. K. Papaioannou (2001) Flammability assessment of Mediterranean forest fuels. Fire Technology 37: 143-150.

189. Ding, David J. Griggs, Maria Noguer, Paul J. van der Linden, Xiaosu Dai, Kathy Maskell, and Cathy A. Johnson. (2012) Climate Change. Cambridge, United Kingdom: New York, NY, USA: Cambridge University Press.

190. Donovan, G.H. and Rideout, D.B. (2003) An Integer Programming Model to Optimize Resource Allocation for Wildfire Containment. Forest Science 49: 331-335.

191. Dowdy AJ, Mills GA (2012) Atmospheric and fuel moisture characteristics associated with lightning-attributed Fires. Journal of Applied Meteorology and Climatology 51, 2025 2037.

192. Drossd. B, Schwabl F (1992) Self-Organized Critical Forest-Fire Model [J]. Phyical Review Leters, 69: 1629-1632.

193. Drysdale, D. (1985) An Introduction to Fire Dynamics. Wiley Interscience: New York, USA.

194. Drysdale, D. (1999) An Introduction to Fire Dynamics, 2th Edition, Wiley Interscience: New York, USA.

195. Duff, T.J.; Tolhurst, K.G. (2015) Operational wildfire suppression modelling: A review evaluating development, state of the art and future directions. Int. J. Wildland Fire, 24, 735-748.

196. Dupuy, J. L. (1995) Slope and fuel load effects on fire behavior: laboratory experiments in pine needles fuel beds. International Journal of Wildland Fire 5 (1): 153-164.

197. Dupuy, J. L., J. Mare'chal and D. Morvan (2003) Fires from a cylindrical forest fuel burner: combustion dynamics and flame properties. Combustion and Flame 135: 65-76.

198. Dupuy, J. L. and D. Morvan (2005a) Numerical study of a crown fire spreading toward a fuel break using a multiphase physical model. International Journal of Wildland Fire 14 (2): 141-151.

199. Dupuy, J. L., J. Maréchal, D. Portier and D. Morvan (2005b) Fires from a cylindrical forest fuel burner: combustion dynamics and flame properties. Combustion Science and Technology 2: 69-82.

200. Dupuy and Alexandrian (2010) Fire Modelling and Simulation Tools. In: Silva, J.S.S.; Rego, F., Fernandes, P.; Rigolot, E. (Eds.), Towards integrated fire management - outcomes of the European project fire paradox. European Forest Institute.

201. Environmental Investigation Agency (2013) Liquidating the Forests - hardwood Flooring, Organized Crime, and the World's Last Siberian Tigers. http://eia-global.org/images/uploads/ EIA_Liquidating_Report Edits_1.pdf

202. Esplin (1980) Fuelbreak management with goat: biological control of vegetation, Proceedings of the 32ndannual California Weed Conference, pp.103-106.

203. Etienne M., Napoleone M.; Jullian P.; Lachaux M. (1989) Sheep rearing and protection of Mediterranean forest against fire. The part played by a flock of sheep in the maintenance of a firebreak. Etudes et Recherches Department de recherchessurles System Agraires et le Development, INRA. No. 15, pp.46.

204. European Commission (2009) Joint Research Centre (JRC) /Netherlands Environmental Assessment Agency (PBL) ; 2009: Emission Database for Global Atmospheric Research (EDGAR) , release version 4.0. http: //edgar.jrc.ec.europa.eu

205. European Commission (2015) Joint Research Centre, Institute for Environment and Sustainability; 2015: Forest Fires in Europe, Middle East and North Africa 2014. http: //forest.jrc. ec.europa.eu/media/cms_page_media/9/Forest fires in Europe %2C Middle east and North Africa 2014_final_pdf.pdf

206. European Commission (2016) Joint Research Centre, Institute for Environment and Sustainability;: Forest Fires in Europe, Middle East and North Africa 2015. http: //www.globalfiredata. org/updates.html

207. Fairbrother A, Turnley JG (2005) Predicting risks of uncharacteristic wildfires: application of the risk assessment process. Forest Ecology and Management 211, 28-35.

208. FAO (2001) International handbook on forest fire protection. Technical guide for the countries

of the Mediterranean basin.

209. FAO (2006) Global forest resources assessment 2005 - Report on fires in the North American Region. Fire management working papers.

210. FAO (2010) Global Forest Resources Assessment (2010) - Main Report. FAO Forestry Paper No. 163. Rome. http: //foris.fao.org/static/data/fra2010/FRA2010_Report_en_WEB.pdf

211. FAO (2013) Climate change guidelines for forest managers. FAO Forestry Paper No. 172. Rome, Food and Agriculture Organization of the United Nations.

212. FAO (2015) Global Forest Resources Assessment 2015. FAO. Rome.FAO; 2010: Global Forest Re-sources Assessment 2010. Global Tables. http://foris.fao.org/static/data/fra2010/FRA-2010Globaltables_English.xls

213. FAO (2016) Online-Datenbank vom 11.6.2016: Food and Agricultural commodities production http: //faostat.fao.org/site/339/default.aspx

214. FERIC (2017) Fuelbreak effectiveness: state of the knowledge, WIldland Fire Operations Research Group. http: //fire.feric.ca

215. Fernandes, P. M. (1998) Fire spread modelling in Portuguese shrubland. Proceedings of 3th International Conference on Forest Fire Research and 14th Fire and Forest Meteorology Conference, Luiso, Coimbra, Portugal. 611-628.

216. Fernandes, P. M. and F. C. Rego (1998) A new method to estimate fuel surface area to volume ratio using water immersion. International Journal of Wildland Fire 8 (1): 59-66.

217. Fernandes, P. M., W. R. Wheeler F. C. Rego (2000) Shrubland fire behavior modelling with microplot data. Canadian Journal of Forest Research 30: 889-899.

218. Fernandes, P. M. (2001) Fire spread prediction in shrub fuels in Portugal. Forest Ecology and Management 144: 67-74.

219. Fernandes, P. M., H. S. Botelho and C. Loureiro (2002a) Models for the sustained ignition and behaviour of low-to-moderately intense fires in maritime pine stands. Proceedings of 4th International Conference on Forest Fire Research and 15th Fire and Forest Meteorology Conference, Luiso, Coimbra, Portugal. 11 pp.

220. Fernandes, P. M., C. B. Loureiro and H. S. Botelho (2002b) Fire behaviour and severity in a maritime pine stand under differing fuel conditions. Annals of Forest Science 61 (6): 537-544.

221. Fernandes, P., Allgöwer, B., Guijarro, M., Cuiñas, P., Hernando, C., Mendes-Lopes, J., Morsdorf, F., Ribeiro, L.M. and Valette, J.C. (2006) Eufirelab: Methods for wildland fuel description and modelling: Commonly used methods. Deliverable D-02-05. 7pp.

222. Fernandes, P.M. and Rigolot, E. (2007) The fire ecology and management of maritime pine (Pinus pinaster Ait.). Forest Ecology and Management 241: 1-13.

223. Fernandes, P. M., H. Botelho, F. Rego and C. Loureiro (2008) Using fuel and weather variables to predict the sustainability of surface fire spread in maritime pine stands. Canadian Journal of Forest Research 38: 190-201.

224. Fernandes, P. M., H. S. Botelho, F. C. Rego and C. Loureiro (2009) Empirical modelling of surface fire behaviour in maritime pine stands. International Journal of Wildland Fire 18 (4): 698-710.

225. Finney, M. A. (1998) FARSITE: fire area simulator-model development and evaluation. USDA For. Serv. Res. Rep. RMRS-RP-4. 47 pp.

226. Finney, M. A. (2001) Design of regular landscape fuel treatment patterns for modifying fire growth and behavior. Forest Science 47: 219-228.

227. Finney, M. A. (2004) FARSITE: Fire Area Simulator Model development and evaluation. U.S. Department of Agriculture, Forest Service, Rocky Mountain Research Station, Ogden, Utah. General Technology Report RMRS-RP-4.

229. Finney M (2005) The challenge of quantitative risk analysis for wildland fire. Forest Ecology and Management 211, 97-108.

229. Fischer, A.P., T. A. Spies, T. A. Steelman, C. Moseley, B. R. Johnson, J. D. Bailey, A. A. Ager, *et al.* (2016) Wildfire risk as a socioecological pathology. Frontiers in Ecology and the Environment 14 (5): 276-284. Available at: http: //onlinelibrary.wiley.com/doi/10.1002/fee.1283/full.

230. Flannigan, M. D. and J. B. Harrington (1988) A study of the relation of meteorological variables to monthly provincial area burned by wildfire in Canada 1953-1980. Journal Application Meteorology 27: 441-452.

231. Flannigan, M. D. (1993) Fire regime and the abundance of red pine. International Journal Wildland Fire 3 (4): 241-247.

232. Flannigan, M.; Amiro, B.; Logan, K.; Stocks, B.; Wotton, B. (2006) Forest fires and climate change in the 21 st century. Mitig. Adapt. Strateg. Glob. Chang, 11, 847-859

233. Fons, W. L. (1946) Analysis of fire spread in light forest fuels. Journal of Agricultural Research 72 (3): 93-121.

234. Forestry Canada Fire Danger Group (FCFDG) (1992) Development and structure of the Canadian Forest Fire Behavior Prediction System. Canadian Forestry Service, Forest Fire Research Institute, Department of Forestry and Rural Development, Ottawa, Ontario. Information Report ST-X-3.

235. Foster, D. R.; Schoonmaker, P. K.; Pickett, S. T. A. (1990) Insights from paleoecology to community ecology. Trends in Ecology and Evolution. 5 (4): 119-122.

236. Frost, Cecil C. (1998) Presettlement fire frequency regimes of the United States: a first approximation. In: Pruden, Tersa L.; Brennan, Leonard A., eds. Fire in ecosystem management: shifting the paradigm from suppression to prescription. Proceedings, 20th Tall Timbers fire ecology conference. Tallahassee, FL: Tall Timbers Research Station: 70-81.

237. Lancaster, Fosberg and M. J. Schroeder (1970) Fuel moisture response drying relationships under standard and field conditions. Forest Science 16: 121-128.

238. Fosberg, F. R., L. D. Mearns and C. Price (2003) Climate change fire interactions at the global scale: predictions and limitations of method. Editors: Crutzen, P. J. and G. J. oldammer, Fire in the environment: the ecological, atmospheric and climatic importance of vegetation fires. Chichester Wiley. 39-53.

239. Frandsen, W. H. (1973) Effective heating of fuel ahead of a spreading fire. U.S. Department of Agriculture, Forest Service, Rocky Mountain Research Station, Ogden, Utah. Research Paper

INT-140: 16-19.

240. Franklin, R. and G. J. Moshos (1978) Mathematics in mark standard handbook for mechanical engineers. McGraw-Hill, New York, USA. 12 pp.

241. Fowler, C and Konopik E. (2007) The history of fire in the southern United States. Human Ecology Review 14 (2): 165-176.

242. Franklin, J.F., Spies, T.A., van Pelt, R., Carey, A.B., Thornburgh, D.A., Berg, D.R., Lindenmayer, D.B., Harmon, M.E., Keeton, W.S., Shaw, D.C., Bible, K., Chen, J., (2002) Disturbances and structural development of natural forest ecosystems with silvicultural implications, using Douglas-fir as an example. Forest Ecology and Management 155, 399-423.

243. Frost, Cecil C. III. (2000) Presettlement fire frequency regimes of the United States: A first approximation (Chapter 4) (In Studies in landscape fire ecology and presettlement vegetation of the southeastern United States). Ph.D. Dissertation Chapter, Chapel Hill, N.C.: University of North Carolina.

244. Fuhlendorf and Smeins (1997) Long-term vegetation dynamics mediated by herbivores, weather and fire in a Juniperus-Quercus savanna. Journal of Vegetation Science 8: 819-828.

245. Furniss, M.M. (1965) Susceptibility of fire-injured Douglas-fir to bark beetle attack in southern Idaho. J. For., 63, 8-11.

246. Galiana L, Herrero G, Solana J, (2007) aracterización yclasificación de interfaces urbano-forestales median-te análisis paisajístico: el ejemplo de Sierra Calderona (Comunidad Valenciana, España). In: Abstracts of the IVInternational Wildland Fire Conference. Seville, Spain. 285 pp.

247. Galiana, L., Lampin-Maillet, C., Mantzavelas, A., Jappiot, M., Long, M., Herrero, G., Karlsson, O., Iossifina, A., Thalia, L., Thanassis, P. (2009) Wildland urban interface, fire behaviour and vulnerability: characterization, mapping and assessment. In: Silva, J.S., Rego, F., Fernandes, P., Rigolot, E. (Eds.) , Towards Integrated Fire Management - Outcomes of the European Project Fire Paradox. European Forest Institute Research Report 23.

248. Gates, David M. (1990) Climate change and forests. Tree Physiology. 7 (December): 1-5.

249. GFMC (2010) White Paper on the Use of Prescribed Fire in Land Management, Nature Conservation and Forestry in Temperate-Boreal Eurasia. Edited and published on behalf of the participants of the Symposium on Fire Management in Cultural and Natural Landscapes, Nature Conservation and Forestry in Temperate-Boreal Eurasia (Freiburg, Germany, 25-27 January 2008) and members of the Eurasian Fire in Nature Conservation Network (EFNCN).

250. Gibbons P, van Bommel L, Gill AM, *et al.* (2012) Land management practices associated with house loss in wildfires. PLoS ONE 7: e29212.

251. Gill, A.M. (1975) Fire and the Australian flora: a review. Australian Forestry 38: 4-25.

252. Gill, A. M., N. D. Burrows and R. A. Bradstock (1995) Fire modelling and fire weather in an Australianralian desert. CALMScience Supplement 4: 29-34.

253. Gilliam, F. S., W. J. Platt, and R. K. Peet. (2006) Natural disturbances and the physiognomy of pine savannas: a phenomenological model. Applied Vegetation Science 9: 37-50.

254. Giunta, A. (2016) Douglas-Fir beetle mediated changes to fuel complexes, foliar moisture con-

tent, and terpenes in interior Douglas-fir forests of the central Rocky Mountains. Master's Thesis, Utah State University, Logan, UT, USA.

255. Gisborne (2004) Fundamentals of fire behavior. Fire management todaynter 64 (1): 15-23.

256. Global Fire Emissions Database (2015) Indonesian fire season progression. Last and final update: November 16, 2015. http://www.globalfiredata.org/updates.html#2015_indonesia.

257. Global Forest Watch (2015) Online-Datenbank vom 2.11.2015. http: //fires.globalforestwatch. org/map

258. Goldammer, J.G.; Price, C. (1998) Potential impacts of climate change on fire regimes in the tropics based on MAGICC and a GISS GCM-derived lightning model. Clim. Chang., 39, 273-296.

259. Goldammer (2010) Preliminary Assessment of the Fire Situation in Western Russia. http://www.fire.uni-freiburg.de/intro/about4_2010-Dateien/GFMC-RUS-State-DUMA-18-September-2010-Fire-Report.pdf

260. Good *et al.* (2008) An objective tropical Atlantic sea surface temperature gradient index for studies of south Amazon dry-season climate variability and change. Phil Trans R Soc B 2008 363: 176-766. http://rstb.royalsocietypublishing.org/content/363/1498/1761.full.pdf

261. Gosz, J. R. (1981) Nitrogen cycling in coniferous ecosystems. Ecological Bulletin. 33: 405-426.

262. Gorbunov, V., Hazel J. (1974) Ultra- microstructure and microthermomechanics of biological IR detectors: material properties from biomimetic prospective.Biomacromolecules 2: 304-312.

263. Grace, J. (1987) Climatic tolerance and the distribution of plants. New Phytologist. 106 (Supplement): 113-130.

264. Graham, R.T.; McCaffrey, S.; Jain, T.B. (2004) Science basis for changing forest structure to modify wildfire behavior and severity. Gen. Tech. Rep. RMRS-GTR-120. Fort Collins, CO: U.S. Depart-ment of Agriculture, Forest Service, Rocky Mountain Research Station: 43 pp.

265. Green, L. R. (1981) Burning by prescription in chaparral. U.S. Department of Agriculture, Forest Service, Rocky Mountain Research Station, Ogden, Utah. General Technology Report PSW-51: 1-36.

266. Green, D. G. (1983) Shapes of simulated fires in discrete fuels. Ecology Model 20: 21-32.

267. Grissino Mayer, Henri D., and Thomas W. Swetnam. (2000) Century scale climate forcing of fire regimes in the American Southwest. The Holocene 10 (2) (February): 213-220.

268. Guijarro, M., C. Hernando, C. Díez, E. Martínez, J. Madrigal, C. Lampin-Cabaret, L. Blanc, P. Colin, Y. Pérez-Gorostiaga, J. Vega and M. Fonturbel (2002) Flammability of some fuel beds common in the south-European ecosystems. Proceedings 4th International Conference on Forest Fire Research. Luso-Coimbra, Portugal. 9 pp.

269. Hanemann, W.M. and Kanninen, B.J. (1999) The statistical analysis of discrete-response CV data. In: Bateman, I. and Willis, K.G. (eds.). Valuing environmental preferences: theory and practice of the contingent valuation method in the US, EU, and developing countries. Oxford University Press, Oxford [England]; New York. 302-442.

270. Haan S. (2018) How forest fires in Southern Europe affect the forest ecosystem, Maintaining

Balance in the Ecosystem https: //maintainingbalanceintheecosystem.weebly.com/home/homeo-static-impacts

271. Hardy, C. C. (1977) Chemicals for forest fire fighting. 3th edition. National Fire Protection Association, Boston, Massachusetts. 106 pp.

272. Hardy, Colin C., James P. Menakis, Donald G. Long, James K. Brown, and David L. Bunnell. (1998) Mapping historic fire regimes for the western United States: Integrating remote sensing and biophysical data.

273. Hardy, Colin C. (1999) Condition class analysis of fire regimes. Unpublished research plan on file at: U.S. Department of Agriculture, Forest Service, Rocky Mountain Research Station, Fire Sciences Laboratory, Missoula, MT.

274. Hardy, C. C., R. E. Burgan and R. D. Ottmar (2000) A database for spatial assessments of fire characteristics, fuel profiles, and PM10 emissions. Journal of Sustainable Forestry 11: 229-244.

275. Hardy, Colin C.; Keane, Robert E.; Stewart, Catherine A. (2001) Ecosystem-based management in the lodgepole pine zone. In: Smith, Helen Y., ed. The Bitterroot Ecosystem Management Research Project: what we have learned: symposium proceedings; 1999 May 18-20; Missoula, MT. Proc. RMRS-P-17. Ogden, UT: U.S. Department of Agriculture, Forest Service, Rocky Mountain Research Station: 31-35.

276. Hartford, R. A. and W. H. Frandsen (1992) When it's hot, it's hot etc. or maybe it's not? International Journal Wildland Fire 2 (2): 139-144.

277. Harvey, D. A., M. E. Alexander and B. Janz (1986) A comparison of fire weather severity in northern Alberta during the 1980 and 1981 fire seasons. Forestry Chronicle 62: 507- 513.

278. Hawkes, B. C. and B. B. Lawson (1986) Prescribed fire decision aids in B.C.: current status and future developments. Proceedings Northwest Forest Fire Council Annual Meeting, Olympia, Wash ington. 16 pp.

279. He T. and Lamont B B (2018) Baptism by fire: the pivotal role of ancient conflagrations in evolution of the Earth's flora, National Science Review, Volume 5, Issue 2, 1 March 2018, Pages 237-254.

280. Heinselman, Miron, L. (1981) Fire intensity and frequency as factors in the distribution and structure of Northern ecosystems. In: Mooney, H. A.; Bonnicksen, T. M.; Christensen, N. L.; Lotan, J. E.; Reiners, R. A., tech. coords. Fire regimes and ecosystem properties: proceedings of the conference; 1978 December 11-15; Honolulu, HI. Gen. Tech. Rep. WO-26. Washington DC: U.S. Department Agriculture, Forest Service: 7-57.

281. Hely, C., M. D. Flannigan, Y. Bergeron and D. McRae (2001) Role of vegetation and weather on fire behavior in the Canadian mixedwood boreal forest using two fire behavior prediction systems. Canadian Journal of Forest Research 31: 430-441.

282. Herrero, G., Montiel, C., Agudo, J. and Aguilar, S. (2009) Assessment document on the main strengths and weaknesses of the legislation and policy instruments concerning integrated wildland fire management in the EU, in European Member States and in North African countries. Deliverable D7.1-1-2 of the Integrated Project "Fire Paradox", Project no. FP6-018505. Euro-

pean Commission. 117 pp.

283. Hety Herawati , José Ramón González-Olabarria, Arief Wijaya , Christopher Martius, Herry Purnomo and Rubeta Andriani (2005) Tools for Assessing the Impacts of Climate Variability and Change on Wildfire Regimes in Forests, Forests 6, 1476-1499.

284. Hirsch, S. N., G. F. Meyer and D. L. Radloff (1979) Choosing an activity fuel treatment for southwest ponderosa pine. U.S. Department of Agriculture, Forest Service, Rocky Mountain Research Station, Ogden, Utah. General Technology Report RM-67: 25-26.

285. Hornby, L. G. (1936) Fire control planning in the Northern Rocky Mountain region. U.S. Department of Agriculture, Forest Service, Rocky Mountain Research Station, Ogden, Utah. Research Paper INT-1: 179 pp.

286. Hu y, Fernandez-Anez N, Smith E. and Rein G. (2018) Review of emissions from smouldering peat fires and their contribution to regional haze episode, International Journal of Wildland Fire 27 (5)

287. Hungerford, R.D.; Frandsen, W.H.; Ryan, K.C. (1995) Ignition and burning characteristics of organic soils. Proceedings: 19th Tall Timbers fire ecology conference. Fire in wetlands: a management perspective; 1993 November 3-6. Tallahassee, FL: 78-91.

288. Hungerford, R.D.; Harrington, M.G.; Frandsen, W.H.; [and others]. (1991) Influence of fire on factors that affect site productivity. Proceedings: Management and productivity of western-montane forest soils. Gen. Tech. Rep. INT-280. Ogden, UT: U.S. Depart-ment of Agriculture, Forest Service, Intermountain Research Station. 50 pp.

289. Hurteau MD and Brooks ML. (2011) Short-and long-term effects of fire on carbon in US dry temperate forest systems. BioScience 61: 139-46.

290. IEA (2015) CO_2 emissions from fuel combustion. Highlights (2015 Edition), http://www.iea.org/publications/freepublications/publication/CO2EmissionsFromFuelCombustionHighlights2015.pdf

291. IFSTA (2010) Marine Firefighting for Land Based Firefighters, 2nd Edition, The Board of Regents, Oklahoma State University, international Fire Service Training Association, Fire Protection Publications, July 2010.

292. Ingalsbee, Timothy. (1997) Logging-for-firefighting: fuelbreak schemes in California. Wildfire Magazine 6 (8) December 1997.

293. INPE (2010) Queimadas - Monitoramento de Focos. Focos de Queima - Accumulado de Setembro de 2010. NOAA15 - passagem as 21GMT http://sigma.cptec.inpe.br/queimadas/queimamensaltotal1.html?id = ma

294. INPE (2015) Website vom 14.12.2015: Monitoramento dos Focos Ativos no Brasil. http: // www.inpe.br/queimadas/estatisticas.php

295. International Biochar Initiative (2015) Fire. http://www.biochar-international.org/

296. IPCC (2001) Climate Change 2001: The scientific basis: Contribution of Working Group I to the Third Assessment Report of the Intergovernmental Panel on Climate Change. Ed. John T. Houghton, Yihui.

297. IPCC (2012) Managing the risks of extreme events and disasters to advance climate change

adaptation. A special report of Working Groups I and II of the Intergovernmental Panel on Climate Change, edited by C.B. Field, V. Barros, T.F. Stocker, D. Qin, D.J. Dokken, K.L. Ebi, M.D. Mastrandrea, K.J. Mach, G.-K. Plattner, S.K. Allen, M. Tignor, and P.M. Midgley. Cambridge, UK, and New York, NY: Cambridge University Press.

298. Jain, T. B. (2004) Toungetied: Confused meanings for common fire terminology can lead to fuels mismanagement, Wildfire, pp. 22-26.

299. Jenkins, M.J.; Hebertson, E.; Page, W.G.; Jorgensen, C.A. (2008) Bark beetles, fuels, fires and implications for forest management in the Intermountain West. For. Ecol. Manag. 254, 16-34.

300. Johann Heinrich von Thünen-Institut (2018) New tools for new challenges, https: //www.tree-mortality.net/privacy/

301. Johnson, V. J. (1982) The dilemma of flame length and intensity. Fire Management Notes 43 (4): 2-7.

302. Johnson, E. A.; Larsen, C. P. S. (1991) Climatically induced change in fire frequency in the southern Canadian Rockies. Ecology. 72 (1): 194-201.

303. Johnson, E.; Miyanishi, K.; Bridge, S. (2001) Wildfire regime in the boreal forest and the idea of suppression and fuel buildup. *Conserv. Biol*, *15*, 1554-1557.

304. Jolly, Lane L. (1968) Firelines goes face-to-face with wildland-urban interface, FMT Articles, 52 (3): 31.

305. Jolly, M. W. (2007) Sensitivity of a surface fire spread model and associated fire behavior fuel models to changes in live fuel moisture. International Journal of Wildland Fire 16 (4): 503-509.

306. Joyce, L. A.; Birdsey, R., tech. eds. (2000) The impact of climate change on America's forests: a technical document supporting the 2000 USDA Forest Service RPA Assessment. Gen. Tech. Rep. RMRS-GTR-59. Fort Collins, CO: U.S. Department of Agriculture, Forest Service, Rocky Mountain Research Station. 133 p.

307. Jones, J. C. and S. C. Raj (1988) The self heating and ignition of vegetation debris. Fuel 67: 1208-1219.

308. Keane, R. E., J. L. Garner, K. M. Schmidt, D. G. Long, J. P. Menakis and M. A. Finney (1998) Development of input data layers for the FARSITE fire growth model for the Selway-Bitterroot Wilderness complex. U.S. Department of Agriculture, Forest Service, Rocky Mountain Research Station, Ogden, Utah. General Technology Report RMRS-GTR-3: 66 pp.

309. Keane, R. E., R. E. Burgan and J. V. Wagtendonk (2001) Mapping wildland fuels for fire management across multiple scales: integrating remote sensing, GIS, and biophysical modeling. International Journal of Wildland Fire 10 (3): 301-319.

310. Keane RE, Agee JK, Fulé P, Keeley JE, Key C, Kitchen SG, Miller R, Schulte LA (2008) Ecological effects of large fires on US landscapes: benefit or catastrophe? International Journal of Wildland Fire 17, 696-712.

311. Keeley, Jon E. (1987) Role of fire in seed germination of woody taxa in California chaparral. Ecology. 68 (2): 434-443.

312. Keeley, Jon E.; Zedler, Paul H. (1998) Evolution of life histories in Pinus. In: Richardson, D. M., ed. Ecology and biogeography of Pinus.Cambridge University Press: 219-247.

313. Keeley (2009) Fire intensity, fire severity and burn severity: a brief review and suggested usage, International Journal of Wildland Fire 2009, 18, 116-126.

314. Keith H, David B. L., B. G. Mackey, L. Carter,L. McBurney, S. Okada, T. Konishi-Nagano (2014) Accounting for Biomass Carbon Stock Change Due toWildfire in Temperate Forest Landscapes in Australia, PLoS ONE 9 (9).

315. Kessell, Stephen R.; Fischer, William C. (1981) Predicting postfire plant succession for fire management planning. Gen. Tech. Rep. INT-94. Ogden, UT: U.S. Department of Agriculture, Forest Service, Intermountain Forest and Range Experiment Station.

316. Kevin Hyde A I , Matthew B. Dickinson B , Gil Bohrer C , David Calkin D , Louisa Evers E , Julie Gilbertson-Day D , Tessa Nicolet F , Kevin Ryan G and Christina Tague H (2012) Research and development supporting risk-based wildfire effects prediction for fuels and fire management: status and needs, International Journal of Wildland Fire 22 (1) 37-50.

317. Kidnie, S. M. (2009) Fuel load and fire behaviour in the southern Ontario tallgrass prairie, University of Toronto, Proceedings of Western Section, Champaign, Illinois. American Society of Animal Science. 52 pp.

318. Kiil, A. D. (1975) Fire spread in a black spruce stand CanadianForest Servo Bi-mon. Research Notes 31: 2-3.

319. Kilgore, B. (1981). Fire in ecosystem distribution and structure: western forests and scrublands. In: HA Mooney, TM Bonnicksen, and NL Christensen (tech.cord) Proceedings of the Conference: Fire Regimes and Ecosystem Properties, pp. 58-89. USDA Forest Service, General Technical Report WO-GTR-26.

320. Kilgore (1985) What is "natural" in wilderness fire management? In Proceedings, symposium and workshop on wilderness fire, November 15-18, 1983, Missoula, MT, technical coodination by J. E. Lotan,

321. Kilgore, B. M., and M. L. Heinselman. (1990) Fire in wilderness ecosystems. In: Wilderness Management, 2d ed. J. C. Hendee, G. H. Stankey, and R. C. Lucas, eds. North American Press, Golden, CO. 297-335.

322. King, George A.; Neilson, Ronald P. (1992) The transient response of vegetation to climate change: a potential source of CO2 in the atmosphere. Water, Air, and Soil Pollution. 64: 365-383.

323. Kostas Papageorgiou, Diofandos. G. Hadjimitsis , Athos Agapiou., Kyriakos Themistokleous, Christiana1Papoutsa, Nikos Koutsias and Nektarios Chrysoulakis (2012) Spectral Signatures of Pinus Brutia Post Fire Regeneration in Paphos Forest, Using Ground Spectroradiometers, Advances in Geosciences, EARSeL.

324. Kucuk, O., S. Saglam and E. Bilgili (2007) Canopy fuel characteristics and fuel load in young Black pine trees. Biotechnology Equation 21 (2): 235-240.

325. Kull, C.A.; Laris, P. (2009) Fire Ecology and Fire Politics in Mali and Madagascar. In Tropical Fire Ecology: Climate Change, Land Use and Ecosystem Dynamics; Cochrane, M., Ed.; Springer-Praxis: Chichester, UK.

326. Kunkel, K.E. 2001. Surface energy budget and fuel moisture. In: Johnson, E.A.; Miyanishi, K.

Forest fires: behavior and ecological effects. San Francisco, CA: Academic Press: 303-350.

327. Kwilosz JR and Knutson RL. (1999) Prescribed Fire Management of Karner Blue Butterfly Habitat at Indiana Dunes National Lakeshore. Natural Areas Journal.12; pp. 36.

328. Lampin-Maillet, C., Mantzavelas, A., Galiana, L., Jappiot, M., Long, M., Herrero, G., Karlsson, O., Iossifina, A., Thalia, L., Thanassis, P. (2010) Wildland urban interface, fire behaviour and vulnerability: characterization, mapping and assessment. In: Silva, J.S., Rego, F., Fernandes, P., Rigolot, E. (Eds.), Towards Integrated Fire Management-Outcomes of the European Project Fire Paradox. European Forest Institute Research Report 23.

329. Laris, P. (2002) Burning the seasonal mosaic preventive burning strategies in the wooded savanna of southern Mali. Human Ecol., 30.

330. Laris P (2013) Integrating Land Change Science and Savanna Fire Models in West Africa, Land 2013, 2 (4), 609-636.

331. Latham, D. J. and A. J. Schlieter (1989) Ignition probabilities of wildland fuels based on simulated lightning discharges. U.S. Department of Agriculture, Forest Service, Rocky Mountain Research Station, Ogden, Utah. Research Paper INT-411: 10-15.

332. Laura Fuentes, BeatrizDuguy, Daniel Nadal-Sala (2018) Short-term effects of spring prescribed burning on the understory vegetation of a Pinus halepensis forest in Northeastern Spain, Science of The Total Environment, Volumes 610-611, 1, https: //doi.org/10.1016/j.scitotenv.2017.08.050

333. Lawson, B. D., O. B. Armitage and G. N. Dalrymple (1994) Ignition probabilities for simulated people-caused fires in British Columbias lodgepole pine and white spruce subalpine fir forests. Proceedings of the 12th International Conference on Fire and Forest Meteorology, Jekyll Island, Georgia, USA.

334. Lawson, B. D. and G. N. Dalrymple (1996) Probabilities of sustained ignition in lodgepole pine, interior Douglas fir and white spruce subalpine fir forest types. Canadian Forest Service, Supplement to Field guide to Canadian forest fire behavior prediction (FBP) system, Victoria, Brittish Columbia.

335. Lavorel, S.; Flannigan, M.D.; Lambin, E.F.; Scholes, M.C. (2007) Vulnerability of land systems to fire: Interactions among humans, climate, the atmosphere, and ecosystems. Mitig. Adapt. Strateg. Glob. Chang., 12, 33-53.

336. Lázaro, A., Solana, J., Montiel, C., Goldammer, J.G., Kraus, D. and Rigolot, E. (2008) Collection, classification and mapping of the current prescribed fire and suppression fire practices in Europe. Deliverable D7.1-3-1 of the Integrated Project "Fire Paradox", Project no. FP6-018505. European Commission. 47 pp.

337. Leenhouts, B. (1998) Assessment of biomass burning in the conterminous United States. Conservation Biology. 2 (1): 1-24.

338. Leopold, A. (1952). A sand county almanac, and sketches here and there. Oxford University Press, New York. 226 pp.

339. Lewis et al. (2011) The 2010 Amazon Drought. Science 4 February 2011: Vol. 331 no. 6017 p. 554 DOI: 10.1126/science.1200807http://www.sciencemag.org/content/331/6017/554.full

340. Li, F.; Zeng, X.D.; Levis, S. (2012) A process-based fire parameterization of intermediate complexity in a dynamic global vegetation model. Biogeosciences. 9: 2761-2780.

341. Lin, C. C. (1999) Modeling probability of ignition in Taiwan red pine forests. Taiwan Journal of Forest Science 14 (3): 339-344.

342. Lin, C. C. (2000) The development, systems and evaluation of forest fire danger rating: A review. Taiwan Journal of Forest Science 15 (4): 507-520.

343. Lin, C. C. (2002) A preliminary test of a human caused fire danger prediction model. Taiwan Journal of Forest Science 17 (4): 525-529.

344. Lin, C. C. (2004) Modeling fine dead fuel moisture in Taiwan red pine forests. Taiwan Journal of Forest Science 19 (1): 27-32.

345. Lin, C. C. (2005) Influences of temperature, Relative humidity and heat sources on ignition: a laboratory test. Taiwan Journal of Forest Science 20 (1): 89-93.

346. Lindenmayer DB, Hobbs RJ, Likens GE, et al. (2011) Newly discovered landscape traps produce regime shifts in wet forests. P Natl Acad Sci USA 108: 15887-91.

347. Loboda and Csiszar (2007): waldbrandübung. Afz-der wald 18/2008. s. 965. ministerium für ländliche entwicklung, umwelt und verbraucherschutz branden-

348. Loehman, R.A., Reinhardt, E.A., Riley, K.L. (2014) Wildland fire emissions, carbon, and climate: A multi-scale perspective on carbon-wildfire dynamics in forested ecosystems. For. Ecol. Manage. 317, 9-19.

349. Luke, R. H. and A. G. McArthur (1978) Bushfires in Australianralia. Australianralian Government Publishing Service, Canberra. Australianralian Capital Territory. 359 pp.

350. Lyon, L.J., and P.F. Stickney. (1976) Early vegetal succession following large northern Rocky Mountain wildfires. Proceedings of the Tall Timbers Fire Ecology Conference 14: 355-375.

351. Manly, B., McDonald, L.L. and Thomas, D.L. (1993) Resource selection by animals: statistical design and analysis for field studies. Chapman and Hall, London.

352. Marlon, J.R., Bartlein, P.J., Carcaillet, C., Gavin, D.G., Harrison, S.P., Higuera, P.E., Joos, F., Power, M.J. and Prentice, I.C. (2008) Climate and human influences on global biomass burning over the past two millennia. Nature Geoscience 1: 697-702.

353. Marko Scholze, Wolfgang Knorr, Nigel W. Arnell, and I. Colin Prentice (2006) A climate-change risk analysis for world ecosystems. in: PNAS 2006 103: 13116-13120

354. Martin, R. E., and D. B. Sapsis. (1992) Fires as agents of biodiversity: pyrodiversity promotes biodiversity. pp. 150-157 in.

355. Martin and Hillen (2016) The Spotting Distribution of Wildfires, Appl. Sci., 6, 177

356. Martinson and.Omi. (2006) Assessing mitigation of wildfire severity by fuel treatments-An example from the Coastal Plain of Mississippi. US For. Serv. Proc. RMRS-P-41: 429-439.

357. Marsden-Smedley, J. B., W. R. Catchpole and A. Pyrke (2001) Fire modelling in Tasmanian buttongrass moorlands. Sustaining versus non sustaining fires. International Journal of Wildland Fire 10 (2): 255-262.

358. Mavsar, R., Weiss, G., Ram ilovi , S., Palahí, M., Rametsteiner, E., Tykkä, S., van Apeldoorn, R., Vreke, J., van Wijk, M., Prokofieva, I. and others. (2008) Study on the Develop-

ment and Marketing of Non-Market Forest Products and Services, Study Contract No: 30-CE-0162979/00-21. EC DG AGRI. 137 pp.

359. Mayer, D. G. and D. G. Butler (1993) Statistical validation. Ecological Modelling 68: 21-32.

360. McArthur, A. G. (1966) Weather and grassland fire behaviour. Department of National Development, Forestry and Timber Bureau, Canberra. Leaflet 100: 23 pp.

361. McArthur, A. G. (1967) Fire behaviour in eucalypt forests. Commonwealth Department of National Development, Forestry and Timber Bureau Leaflet 107.

362. McArthur, A. G. (1977) Grassland fire danger meter Mk V. Canberra, Australianralia. lost., Canberra, A.C.T. Report to Fiji Pine Commission. 38 pp.

363. McCaw, W. L. (1991) Fire spread prediction in mallee-heath shrublands in south western Australianralia. Proceedings of the 11th Conference on Fire and Forest Meteorology, Missoula. 226-233.

364. McCaw, W. L., G. Simpson and G. Mair (1992) Extreme wildfire behaviour in 3 year old fuels in a Western Australianralian mixed Eucalyptus forest. Australianralian Forestry 55: 107-117.

365. McCaw, W. L. (1995) Predicting fire spread in Western Australianralian mallee-heath. CALM-Science Supplement 4: 35-42.

366. Mendes-Lopes, J., J. Ventura and J. Amaral (2003) Flame characteristics, temperature time curves, and rate of spread in fires propagating in a bed of Pinus pinaster needles. International Journal of Wildland Fire 12 (1): 67-84.

367. Mercer, D.E., Jeffrey, P.P., David, T.B. and John, M.P. (2007) Evaluating Alternative Prescribed Burning Policies to Reduce Net Economic Damages from Wildfire. American Journal of Agricultural Economics 89: 63-77.

378. Merrill, D. F. and M. E. Alexander (1987) Glossary of forest fire management terms. Fourth edition. National Research Council Canada, Canadian Comm. Forest Fire Management, Ottawa, Ontario. Publish NRCC No. 26516. 91 pp.

369. Merriam, K. E., J. E. Keeley and J. R. Beyers (2006) Fuel breaks affect nonnative species abundance. Ecological Application 16 (2): 515-527.

370. Methven, I. R. (1973) Fire, succession and community structure in a red and white pine stand. Information Report PS-X-43. Environment Canada, Forest Service. 18 p.Michele, S. (2008) Fire behaviour simulation in Mediterranean maquis using FARSITE (fire area simulator). Thesis, Universita' degli studi di Sassari, Spain.

371. Mills, T.J. and Bratten, F.W. (1982) FEES: designg of a Fire Economics Evaluation System. Pacific Southwest Forest and Range Experiment Station, Forest Service, U.S. Department of Agriculture. 26 pp.

372. Minnich, R.A., Vizcaino, E.F., Sosaramirez, J. and Chou, Y.H. (1993) Lightning detection rates and wildland fire in the mountains of Northern Baja-California, Mexico. Atmosfera 6: 235-253.

373. Missoula Fire Sciences Laboratory (2016) Wildfires Have Burned More Than 2.6 Million Acres So Far This Year, https://www.popsci.com/climate-change-making-wildfires-worse-department-interior

374. Mitri, G. H. and Gitas, I. Z. (2011) Mapping post-fire forest regeneration and vegetation re-

covery using a combination of very high spatial resolution and hyperspectral satellite imagery. International Journal of Applied Earth Observation and Geoinformation.

375. Mitchell, J. A. (1937) Rule of thumb for determining rate of spread. Fire Control Notes 20: 395-396.

376. Mooney, H. A. (1991) Biological response to climate change: an agenda for research. Ecological Applications. 1 (2): 112-117.

377. Montiel, C. and Herrero, G. (2010). Overview of policies and practices related to fire ignitions. In J. Sande (Ed.) , Towards integrated fire management-outcomes of the European project fire paradox (pp. 35e46). European Forest Institute.

378. Morandini, F., P. A. Santoni and J. H. Balbi (2001) The contribution of radiant heat transfer to laboratory-scale fire spread under the influences of wind and slope. Fire Safety Journal 36: 519-543.

379. Moreira, F., Vaz, P., Catry, F. and Silva, J.S. (2009) Regional variations in wildfire preference for land cover types in Portugal: implications for landscape management to minimize fire hazard. International Journal of Wildland Fire 18: 563-574.

380. Morgan. l, G. H. Aplet, J. B. Haufler, H. C. Humphries, M. M. Moore, and W. D. Wilson. (1994) Historical range of variability: a useful tool for evaluating ecosystem change. Journal of Sustainable Forestry 2: 87-111.

381. Morgan, P.; Bunting, S.C.; Black, A. E.; Merrill, T.; Barrett, S. (1998) Past and present fire regimes in the Interior Columbia River Basin. In: Close, Kelly and Bartlette, Roberta, A., eds. Fire management under fire (adapting to change): Proceedings of the 1994 Interior West Fire Council meeting and program; 1994 November 1-4; Couer d' Alene, ID. Fairfield WA: International North, M.; Brough, A.; Long, J.; Collins, B.; Bowden, P.; Yasuda, D.; Miller, J.; Sugihara, N. (2015) Constraints on mechanized treatment significantly limit mechanical fuels reduction extent in the Sierra Nevada. J. For., 113, 40-48.Association of Wildland Fire: 77-82.

382. Morgan, Penelope, Colin C. Hardy, Thomas W. Swetnam, Matthew G. Rollins, and Donald G. Long. (2001) Mapping fire regimes across time and space: Understanding coarse and fine-scale fire patterns. International Journal of Wildland Fire 10 (4)

383. Moritz, M.A.; Morais, M.E.; Summerell L. A.; Carlson, J. M.; doyle, J. (2005) Wildfires complexity, and highly optimizedtolerance.

384. Moritz, Max A., Meg A. Krawchuk, and Marc-André Parisien. (2010) "Pyrogeography: Understanding the ecological niche of fire." PAGES Newsletter 18 (2) (August)

385. Moritz, M.A., Parisien, M.-A., Batllori, E., Krawchuk, M.A., van Dorn, J., Ganz, D.J., Hayhoe, K. (2012) Climate change and disruptions to global fire activity. Ecosphere, 3, art49.

386. Moritz M.A., Batllori E, Bradstock RA, Gill AM, Handmer J, Hessburg PF, Leonard J, McCaffrey S, Odion DC, Schoennagel T, Syphard AD. (2014) Learning to coexist with wildfire, Nature. Nov 6;515 (7525): 58-66.

387. Mortenson, B. (1984) Urban fuelbreak management plan, An integrated pest management approach, 1984.

388. Morvan, D. and J. L. Dupuy (2001) Modeling of fire spread through a forest fuel bed using a

multiphase formulation. Combustion and Flame 127: 1981-1994.

389. Morvan, D. and J. L. Dupuy (2004) Modelling the propagation of a wildfire through a Mediterranean shrub using a multiphase formulation. Combustion and Flame 138: 199-210.

390. Morvan, D., M. Larini, J. L. Dupuy, P. Fernandes, A. Miranda, J. Andre, O. Séro-Guillaume, D. Calogine and P. Cuinas (2004) Behaviour modelling of wildland fires: a state of the art. Deliverable D-03-01, EUFIRELAB.

391. Morvan, D. (2007) A numerical study of flame geometry and potential for crown fire initiation for a wildfire propagating through shrub fuel. International Journal of Wildland Fire 16 (3): 511-518.

392. Morvan, D., S. Meradji and G. Accary (2009) Physical modelling of fire spread in grasslands. Fire Safety Journal 44: 50-61.

393. Mouillot, F. and Field, C.B. (2005) Fire history and the global carbon budget: a fire history reconstruction for the 20th century. Global Change Biology 11: 398-420.

394. Mulholland G. and Ohlemiller, T.J. (1982) Aerosol characterization of a smoldering source, Aerosol Science and Technology, 1, 59-71.

395. Muraro, S. J. (1975) Prescribed fire predictor. Miscellaneous publication, Environment Canada. Canadian Forest Service, Victoria, BC, Canada.

396. Murray, Michael P. (1996) Landscape dynamics of an island range: Interrelationships of fire and whitebark pine (Pinus albicaulis). Moscow, ID: University of Idaho, College of Forestry, Wildlife and Range Science. 71 p. Dissertation.

397. Murphy, P. J., D. Quintilio and P. M. Woodard (1989) Validation of an index system for estimating fireline production with hand tools. Forestry Chronicle 65 (3): 190-193.

398. Murphy, P. J., P. M. Woodard, D. Quintilio and S. J. Titus (1991) Exploratory analysis of the variables affecting initial attack hot spotting containment rate. Canadian Journal of Forest Research 21 (4): 540-544.

399. Mutch, Robert W. (1970) Wildland fires and ecosystems: a hypothesis. Ecology. 51 (6): 1046-1051.

400. Myers, R. L. (2006) Living with fire: sustaining ecosystems and livelihoods through integrated fire management. The Nature Conservancy, Arlington, VA, USA.

401. Myers, R. L. (2007) Ecology-an integral part or fire management in cultural landscapes. Key Note Address. Seville, Spain. Fourth International Wildfire Conference 2007.

402. Nakamura F, Swanson FJ, Wondzell SM (2000) Disturbance regimes of stream and riparian systems-a disturbance-cascade perspective. Hydrological Processes 14, 2849-2860.

403. National Interagency Coordination Center 2017, Wildland Fire Summary and Statistics, Annual Report 2017.

404. National Interagency Fire Center (2014) Federal firefighting costs (suppression only). Online at http: //www.nifc.gov/fireInfo/fireInfo_documents/SuppCosts.pdf.

405. NASA (2011) Global Temperature Anomalies, http: //www.giss.nasa.gov/research/news/20110112/

406. National Cohesive Wildland Fire Management Strategy (2018) The Science Analysis of the Na-

tional Cohesive Wildland Fire Management Strategy, https://cohesivefire.nemac.org/challenges-opportunities

407. National Park Service (2016) Climate Change and Wildland Fire, U.S. Department of the Interior, https://www.nps.gov/subjects/climatechange/ccandfire.htm

408. National Park Service (2017) Fire Effects Monitoring, U.S. Department of the Interior, https: // www.nps.gov/orgs/1965/fire-effects-monitoring.htm

409. National Rural Fire Authority (NRFA) (1993) Fire weather index tables for New Zealand,Wellington, National Rural Fire Authority. International Journal Wildland Fire 2 (1): 41-46.

410. National Wildfire Coordinating Group (NWCG) (1981) The fire environment and Fuel classification in S-390. Fire Behavior.

411. National Wildfire Coordinating Group (1996) Wildland Fire Suppression Tactics Reference Guide PMS 465.

412. National Wildfire Coordinating Group (2004) Fireline Handbook, NWCG Handbook 3 PMS 410-1, NFES 0065.

413. Neilson, Ronald P. (1993) Vegetation redistribution: a possible biosphere source of CO2 during climatic change. Water, Air, and Soil Pollution 70. Kluwer Academic Publishers: 659-673.

414. Nelson, R. M. and C. W. Adkins (1986) Flame characteristics of wind driven surface fires. Canadian Journal Forest Research 16: 1293-1300.

415. Nelson, R. M. and C. W. Adkins (1988) A dimensionless correlation for the spread of wind driven fires. Canadian Journal Forest Research 18: 391-397.

416. Nelson, R. M. (1993) Power of a fire: a thermodynamic analysis. International Journal of Wildland Fire 3 (2): 131-138.

417. NFPA (1986) Fire Protection Handbook Sixteenth Edition, the National Fire Protection Association, Batterymarch Park, Quincy, MA 02269.

418. NFPA (1997) Fire Protection Handbook 18 Edition, National Fire Protection Association.

419. Nicholson, P.H. (1991) Fire and the Australian Aborigine-an enigma; In: Gill, A.M., Groves, R.H. & Noble, I.R. (eds.) (1991) ; Fire and the Australian Biota; published by the Australian Academy of Science; pp. 55- 76.

420. Noble, E L. and L, Loyd. (1971) Analysis of rehabilitation treatment alternatives for sediment control. In: Symposium on forest land uses and stream environment: Proceedings; 1970 October; Corvallis, OR: Oregon State University: 86- 96.

421. Norum, R. A. (1982) Predicting wildfire behavior in black spruce forests in Alaska. U.S. Department of Agriculture, Forest Service, Rocky Mountain Research Station, Ogden, Utah. Research Note PNW-401.

422. Noste, Nonan V. and Ryan, Kevin C. (1983) Evaluating prescribed fires. Wilderness Fire Symposium; November 15-18; Missoula, Mont. 230- 238.

423. NWCG (2008) Human Factors in the Wildland Fire service L-180, Instructor Guide, NFES 2983.

424. NWCGS (2008) S-190 Introduction to Wildland Fire Behavior.

425. Odum, W. E.; Smith, T. J. III; Hoover, J. K.; McIvor, C. C. (1984) The ecology of tidal fresh-water marshes of the United States East Coast: a community profile. FWS/OBS-83/17. Washington DC: U.S. Fish and Wildlife Service. 177 pp.

426. Ohlemiller TJ. and W. Shaub (1988) Products of Wood Smolder and Their Relation to Wood-Burning Stoves, NBSIR 88-3767, National Bureau of Standards, Washington, D.C. fire.nist.gov/ bfrlpubs/fire88/PDF/f88017.pdf

427. Oliver, C.D. (1981) Forest development in North America following major disturbances. For. Ecol. Manag. 3, 153-168.

428. Olson, R.L.; Bengston, D.N.; DeVaney, L.A.; Thompson, T.A. (2015) Wildland Fire Management Futures: Insights from a Foresight Panel; General Technical Report NRS-152; U.S. Department of Agriculture, Forest Service, Northern Research Station: Newtown Square, PA, USA.

429. Omi, P.N. (1979) Planning future fuelbreak strategies using mathematical modeling techniques. Environmental Management 3: 73-80.

430. Omi, P.N. (1996) The role of fuelbreaks. In: Proceedings of the 17th Forest Vegetation Management Conference. Redding, CA, pp.89-96.

431. OMNR (1982) Fire behaviour for fire managers (M-100). Ontario Ministry of Natural Resources. Aviation Fire Management Centre, Sault Ste. Marie, ON.

432. O'Neill, R.V., DeAngelis, D.L., Waide, J.B. and Allen, T.F.H. (1986) A hierarchical concept of ecosystems. Princeton University Press, Princeton, New Jersey.

433. Oregon State University (2006) Fire-resistant plants for home landscapes, PNW 590, A Pacific Northwest Extension publication.

434. Overpeck, Jonathon T.; Bartlein, Patrick J.; Webb, Thompson, III. (1991) Potential magnitude of future vegetation change in Eastern North America: comparisons with the past. Science. 254: 692-695.

435. Overpeck, Jonathan T.; Rind, David; Goldberg, Richard. (1990) Climate-induced changes in forest disturbance and vegetation. Nature. 343: 51-53.

436. Overpeck, Jonathon T.; Bartlein, Patrick J.; Webb, Thompson, III. (1991) Potential magnitude of future vegetation change in Eastern North America: comparisons with the past. Science. 254: 692-695.

437. Owen, G., J. D. McLeod, C. A. Kolden, D. B. Ferguson, T. J. Brown. (2012) Wildfire management and forecasting fire potential: the roles of climate information and social networks in the southwest United States. Weather, Climate & Society 4: 90-102.

438. Pausas, J. and Keeley, J. (2009) A burning story: the role of fire in the history of life. BioScience 59: 593-601.

439. Pagni, P. J. and T. G. Peterson (1973) Flame spread through porous fuels. Proceedings of the 14th Symposium International on Combustion, University Park, PA, USA. 1099-1107.

440. Pardini, A.; Piemontese, G (1993) Limitation of forest fire risk by grazing of firebreaks in Tuscany, Forest, Vol.48.

441. Pardini, A. ;Piemontese, G (1995) Rivista-di- agronomia. Selection of subterranean clover cul-

tivars for productive an productive sites in the Mediterranean, 29: 3, pp.267-272.

442. Parish, F., Sirin, A., Charman, D., Joosten, H., Minayeva, T., Silvius, M. and Stringer, L. (2008) Assessment on Peatlands, Biodiversity and Climate Change: Main Report. Global Environment Centre, Kuala Lumpur and Wetlands International, Wageningen. http: //www.gecnet.info/view_ file.cfm?fileid = 1563

443. Parsons R., W. Matt Jolly, Chad Hoffman, and Roger Ottmar (2016) Chapter 4: The Role of Fuels in Extreme Fire Behavior, Synthesis of Knowledge of Extreme Fire Behavior: Volume 2 for Fire Behavior Specialists, Researchers, and Meteorologists.

444. Pastor, E. L., E. Planas and J. Arnaldos (2003) Mathematical models and calculation systems for the study of wildland fire behavior. Progress Energy Combustion Science 29: 139-153.

445. Pausas, J.G.; Bradstock, R.A. (2007) Fire persistence traits of plants along a productivity and disturbance gradient in mediterranean shrublands of south-east Australia. Glob. Ecol. Biogeogr., 16, 330-340.

446. Perry, D. G. (1990) Wildland firefighting: fire behaviour, tactics and command. 2th edition. Fire Publications, Inc., Bellflower, California. 412 pp.

447. Perry, G. L. (1998) Current approaches to modelling the spread of wildland fire: a review. Progress in Physical Geography 22: 222-245.

448. Peters J. W. (1990) Jeep mounted fireline plow unit. Fire Management Notes 44 (3): 18-19.

449. Peters DPC, Pielke RA, Bestelmeyer BT, Allen CD, Munson-McGee S, Havstad KM (2004) Cross-scale interactions, non-linearities, and forecasting catastrophic events. Proceedings of the National Academy of Sciences of the United States of America 101, 15130-15135.

450. Peterson, D.L.; Johnson, M.C.; Agee, J.K.; [and others]. (2005) Forest structure and fire hazard in dry forests of the western United States. Gen. Tech. Rep. PNW-GTR-628. Portland, OR: U.S. Department of Agriculture, Forest Service, Pacific Northwest Research Station. 30 p.

451. Philpot, C. W. (1968) Seasonal changes in heat content and ether extractive content of chamise. U.S. Department of Agriculture, Forest Service, Rocky Mountain Research Station, Ogden, Utah. Research Paper INT-61: 15-16.

452. Phillipe Rekacewicz (2012) UNEP/GRID-Arendal, "Vital Climate Graphics" collection19.

453. Pickett, S. T. and P. S. White (1985) The ecology of natural disturbance and patch dynamics. Academic Press, New York, USA. 15-20.

454. Platt W. J., J. M. Huffman1, & M. G. Slocum (2006) Fire Regimes and Trees in Florida Dry Prairie Landscapes, Land of Fire and Water: The Florida Dry Prairie Ecosystem. Proceedings of the Florida Dry Prairie Conference.

455. Plucinski, M. P. (2003) The investigation of factors governing ignition and development of fires in healthland vegetation, Thesis, University of New South Wales, Australian.

456. Plucinski, M. P. and W. R. Anderson (2008) Laboratory determination of factors influencing successful point ignition in the litter layer of shrubland vegetation. International Journal of Wildland Fire 17 (4): 628-637.

457. Plucinski, M. P., W. R. Anderson, R. A. Bradstock and G. Malcolm (2010) The initiation of fire spread in shrubland fuels recreated in the laboratory. International Journal of Wildland Fire 19

(4): 512-520.

458. Plucinski MP (2012). Factors affecting containment area and time of Australian forest fires featuring aerial suppression. Forest Science 58, 390-398.

459. Plucinski MP, McCarthy GJ, Hollis JJ, Gould JS (2012). The effect of aerial suppression on the containment time of Australian wildfires estimated by fire management personnel. International Journal of Wildland Fire 21, 219-229.

460. PNG (1995) Papua New Guinea Logging Code of Practice, Department of Environment and Conservation, Boroko, Papua New Guinea.

461. Pollet, J. and P.N. Omi. (2002) Effect of thinning and prescribed burning on wildfire severity in ponderosa pine forests. International Journal of Wildland Fire 11: 1-10.40-44.

462. Porterie, B., N. Nicolas, J. Consalvi, J. Loraud, F. Giroud and C. Picard (2005) Modeling thermal impact of wildland fires on structures. Part I: Radiative and convective components of flames representative of vegetation fires. Numerical Heat Transfer Applications 47: 471-489.

463. Power, M.J., Ortiz, N., Marlon, J., Bartlein, P.J., Harrison, S.P., Mayle, F., Ballouche, A., Bradshaw, R., Carcaillet, C., Cordova, C. and others (2008) Changes in fire regimes since the Last Glacial Maximum: an assessment based on a global synthesis and analysis of charcoal data. Climate Dynamics 30: 887-907.

464. Prichard, S. J., and M. C. Kennedy. (2014) Fuel treatments and landform modify landscape patterns of burn severity in an extreme fire event. Ecological Ap-plications 24: 571-590.

465. Pyne, Stephen J. (1982) Fire in America: a cultural history of wildland and rural fire. Princeton, NJ: Princeton University Press. 654 pp.

466. Pyne, S. J. (1984) Introduction to wildland fire: fire management in the United States. John Wiley and Sons, New York, USA. 455-456.

467. Pyne, S. J., P. L. Andrews and R. D. Laven (1996) Introduction to wildland fire, 2th edition. John Wiley and Sons, New York, USA. 90-121.

468. Pyne (2002) How Plants Use Fire (And Are Used By It) , 2002 June.

469. Pyne, S.J. (2015) Between Two Fires: A Fire History of Contemporary America; University of Arizona Press: Tucson, AZ, USA.

470. Queensland Fire Services (1996) Treecare Extension Officers, Using fire retardant plants for fire protection, Rural fires division of the Queensland Fire Services, Australlia, December, pp.13.

471. Quigley, Thomas M.; Haynes, Richard W.; Graham, Russell T., tech. ed. (1996) Integrated scientific assessment for ecosystem management in the Interior Columbia Basin and portions of the Klamath and Great Basins. Gen. Tech. Rep. PNW-382. Portland, OR: U.S. Department Agriculture, Forest Service, Pacific Northwest Re search Station. 303 pp.

472. Reardon, James, Roger Hungerford, and Kevin Ryan (2007) Factors affecting sustained smouldering in organic soils from pocosin and pond pine woodland wetlands. International Journal of Wildland Fire 16 (1).

473. Rego Francisco, Eric Rigolot, Paulo Fernandes, Cristina Montiel, Joaquim Sande SilvaA (2010) European contribution to the solution of a Global Paradox, European Forest Institute.

474. Rein, G., Torero, J., Guijarro, M., Esko, M. and de Castro, A. (2008) Methods for the experimental study and recommendations for the modelling of pyrolysis and combustion of forest fuels. Deliverable D2.1-1 of the Integrated Project "Fire Paradox", Project no. FP6-018505. European Commission. 83 pp.

475. Rein G. (2009) Smouldering Combustion Phenomena in Science and Technology, International Review of Chemical Engineering, 1, 1, pp. 3-18.

476. Rein G. (2013) Smouldering Fires and Natural Fuels, Chapter 2 in. Fire Phenomena in the Earth System An Interdisciplinary Approach to Fire Science, C Belcher (editor). Wiley and Sons,. http: //dx. doi.org/l 0.1 002/9781118529539.ch2.

477. Rein G. (2016) Smoldering Combustion, Chapter 19 in: SFPE Handbook of Fire Protection Engineering, 5th Edition, pp 581-603, Springer.

478. Reinhardt, E.D.; Keane, R.E.; Brown, J.K. (2001) Modeling fire effects. International Journal of Wildland Fire. 10: 373-380.

479. Reisinger, A., R. L. Kitching, F. Chiew, L. Hughes, P. C. D. Newton, S. S. Schuster, A. Tait, and P. Whetton, (2014) Australasia. In: Climate Change 2014: Impacts, Adaptation, and Vulnerability. NY, USA, pp. 1371-1438. http: //www.ipcc.ch/pdf/assessment-report/ar5/wg2/WGI-IAR5-Chap25_FINAL.pdf

480. Rideout, D.B., Ziesler, P.S., Kling, R., Loomis, J.B. and Botti, S.J. (2008) Estimating rates of substitution for protecting values at risk for initial attack planning and budgeting. Forest Policy and Economics 10: 205-219.

481. Riera, P. and Mogas, J. (2004) Evaluation of a risk reduction in forest fires in a Mediterranean region. Forest Policy and Economics 6: 521-528.

482. Riley K. L., Matthew P. Thompson, Joe H. Scott and Julie W. Gilbertson-Day (2018) A Model-Based Framework to Evaluate Alternative Wildfire Suppression Strategies, Resources, 7, 4; doi: 10.3390/resources7010004.

483. Rinau and Bover (2009) The changing face of wildfires. in: Crisis Response Vol. 5 Issue 3.

484. Ripley Valley Rural Fire Brigadeand Brigade (2008) Bush Fire Management-Summary of Wildfire.

485. Rodney J. Keenan, Gregory A. Reams, Frédéric Achard, Joberto V. de Freitas, Alan Grainger, Erik Lindquist; (2015) Dynamics of global forest area: Results from the FAO Global Forest Resources Assessment 2015. in: Forest Ecology and Management 352 (2015) 9-20.

486. Romme, William H. (1982) Fire and landscape diversity in subalpine forests of Yellowstone National Park. Ecological Monographs. 52 (2): 199-221.

487. Rosenfeld, D. (1999) TRMM observed first direct evidence of smoke from forest fires inhibiting rainfall. Geophysical Research Letters. 26 (2): 31-5-3109.

488. Rothermel, R. C. and H. E. Anderson (1966) Fire spread characteristics determined in the laboratory. U.S. Department of Agriculture, Forest Service, Rocky Mountain Research Station, Ogden, Utah. Research Paper INT-30: 1-3.

489. Rothermel, R. C. (1972) A mathematical model for predicting fire spread in wildland fuels. U.S. Department of Agriculture, Forest Service, Rocky Mountain Research Station, Ogden, Utah.

Research Paper INT-115: 40-50.

490. Rothermel, R. C. (1983) How to predict the spread and intensity of forest and range fires. U.S. Department of Agriculture, National Wildfire Coordinating Group. PMS-436-1: 161-162.

491. Rothermel, R. C. and G. C. Rinehart (1983) Field procedures for verification and adjustment of fire behavior predictions. U.S. Department of Agriculture, Forest Service, Rocky Mountain Research Station, Ogden, Utah. Research Paper INT-18: 3-6.

492. Rothermel, R. C. (1991) Predicting behavior and size of crown fires in the Northern Rocky Mountains. U.S. Department of Agriculture, Forest Service, Rocky Mountain Research Station, Ogden, Utah. Research Paper INT-438: 5 pp.

493. Rundel, P. W. (1982.) Fire as an ecological factor. In: Lange, O. L.; Nobel, P. S.; Osmond, C. B.; Ziegler, H., eds. Physiological plant response to the physical environment. Berlin: Springer-Verlag: 501-538.

494. Running, Steven W.; Nemani, Ramakrishna R. (1991) Regional hydrologic and carbon balance responses of forests resulting from potential climate change. Climatic Change, 19: 349-368.

495. Russell-Smith, J.; Murphy, B.P.; Meyer, C.P.; Cook, G.D.; Maier, S.; Edwards, A.C.; Schatz, J.; Brocklehurst, P. (2009) Improving estimates of savanna burning emissions for greenhouse accounting in northern Australia: Limitations challenges, applications. Int. J. Wildland Fire, 18, 1-18.

496. Russell-Smith, J.; Gardener, M.R.; Brock, C.; Brennan, K.; Yates, C.P.; Grace, B. (2012) Fire persistence traits can be used to predict vegetation response to changing fire regimes at expansive landscape scales-An Australian example. *J. Biogeogr*, *39*, 1657-1668.

497. Ryan, K. C. and N.V. Noste (1985) Evaluating prescribed fires. U.S. Department of Agriculture, Forest Service, Rocky Mountain Research Station, Ogden, Utah. Research Paper INT-182: 230-238.

498. Ryan, K. C. and E. D. Reinhardt (1988) Predicting postfire mortality of seven western conifers. Canadian Journal of Forest Research. 18: 1291-1297.

499. Ryan, K.C. (1990) Predicting prescribed fire effects on trees in the interior west. Pages 148-162 in M.E. Alexander and G.P' Bisgrove (tech. cords.). The art and science of fire management, Proceedings first Interior West Fire Council an-nual meeting and workshop. Forestry Canada Information Report NOR-X-309.

500. Ryan, K.C. (1993). Effects of fire-caused defoliation and basal girdling on water relations and growth of ponderosa pine. Ph.D. Dissertation, University of Montana, Missoula.

501. Ryan, K. C. (2000) Effects of fire injury on water relations of ponderosa pine. Editors: Moser, W. K. and C. F. Moser. Fire and forest ecology: innovative silviculture and vegetation management. Tall Timbers Ecology Conference Proceedings No. 21. Tall Timbers Research Station, Tallahassee. 58-66.technology. International Review of Chemical Engineering. 1: 3-18.

502. Ryan, K.C. (2002) Dynamic interactions between forest structure and fire behavior in boreal ecosystems. Silva Fennica. 36 (1): 13-39.

503. Saharjo, B. H., H. Watanabe and S. Takeda (1994) Use of vegetative fuel breaks in industrial forest plantation areas in Indonesia. Wildfire (2): 14-16.

504. Sandberg D. V., R. D. Ottmar and G. H. Cushon (2001) Characterizing fuels in the 21st century. International Journal of Wildland Fire 10 (4): 381-387.

505. San-Miguel, J. and Camia, A. (2009) Forest Fires at a Glance: Facts, Figures and Trends in the EU. In: Birot, Y. (ed.). Living with Wildfires: what science can tell us. EFI Discussion Paper 15. European Forest Institute. pp. 11-18.

506. Santoni, P. A., J. H. Balbi and J. L. Dupuy (1999) Dynamic modelling of upslope fire growth. International Journal Wildland Fire 9 (4): 285-292.

507. Sauvagnargues-Lesage, S., G. Dusserre, F. Robert, G. Dray and D. Pearson (2001) Experimental validation in Mediterranean shrub fuels of seven wildland fire rate of spread models. International Journal of Wildland Fire 10 (1): 15-22.

508. Schaupp B. (2016) Post-fire tree mortality and management, entomologist USDA Forest Service, Forest Health Protection 2016 "State of the State" conference, Corvallis.

509. Scheffer, M., S. Carpenter, J. A. Foley, C. Folke, And B. Walker. (2001) Catastrophic shifts in ecosystems. Nature 413: 591-596.

510. Schroeder, M. J., and C. C. Buck. (1970) Fire weather... a guide for application of meteorological information to forest fire control operations. USDA For. Serv. Agric. Handbook 360. 229 p.

511. Schultz, A. M. (1968) The ecosystem as a conceptual tool in the management of natural resources. P. 139-161 in S. V. CirancyWantrup and J. J. Parsons (eds.), Natural resources: quality and quantity. University of California Press, Berkeley. 217 pp.

512. Schultz, Robert P. (1997) Loblolly pine: the ecology and culture of loblolly pine (Pinus taeda L.). Agric. Handb. 713. Washington, DC: U.S. Department of Agriculture, Forest Service.

513. Schweizer, D.W.; Cisneros, R. (2016) Forest fire policy: Change conventional thinking of smoke management to prioritize long-term air quality and public health. Air Qual. Atmos. Health.

514. Scott, J. H. (1998) Sensitivity analysis of a method for assessing crown fire hazard in the Northern Rocky Mountains, USA. In: Viegas, D. X., ed.; III International conference on forest fire research; 14th conference on fire and forest meteorology; 1998 November 16-20; Luso, Portugal. Proc. Coimbra, Portugal: ADAI. Volume II: 2517-2532.

515. Scott, A.C. (2000) Pre-quaternary history of fire. Paleogeography, Paleoclimatology, Paleoecology. 164: 281-329.

516. Scott, J. H. and R. E. Burgan (2005) Standard fire behavior fuel models: a comprehensive set for use with Rothermel's surface fire spread model. U.S. Department of Agriculture, Forest Service, Rocky Mountain Research Station. General Technology Report RMRS-GTR-153.

517. Scott, J.H.; Thompson, M.P.; Gilbertson-Day, J.W. (2016) Examining alternative fuel management strategies and the relative contribution of National Forest System land to wildfire risk to adjacent homes-A pilot assessment on the Sierra National Forest, California, USA. For. Ecol. Manag., 362, 29-3.

518. Shields B, Tolhurst K (2003) A theoretical framework for wildfire risk assessment. In '3rd International Wildland Fire Conference and Exhibition incorporating 10th annual Australasian Fire Authorities Council Conference: urban and rural communities living in fire prone environ-

ment: managing the future of global problems', 3-6 October 2003, Sydney, NSW. (Bombardier: Montréal, QC)

519. Shu Lifu (1998) Designing and planting a firebreak, The Study and Planning of Firebreaks in China, IFFN No. 19, September.

520. Silvani, X. and F. Morandini (2009) Fire spread experiments in the field: temperature and heat flux measurements. Fire Safety Journal 44: 279-285.

521. Silva, J.S.; Harrison, S.P. (2010) Humans, climate and land cover as controls on European fire regimes. In: Silva, J.S.S.; Rego, F., Fernandes, P.; Rigolot, E. (Eds.) , Towards integrated fire management-outcomes of the European project fire paradox. European Forest Institute.

522. Simard, A. J. and A. Young (1975) AIRPRO: an air tanker productivity computer simulation model the equations. Canadian Forestry Service. Information Report FF-X-66: 191pp.

523. Simard, A. J., D. A. Haines, R.W. Blank and J. S. Frost (1983) The Mack lake fire. U.S. Department of Agriculture, Forest Service. General Technology Report NC-83: 36 pp.

524. Skibin, D. (1974) Variation of lateral gustiness with wind speed. Journal Application Meteorology 13: 654-657.

525. Smith, J.K. (2000) Wildland fire in ecosystems: effects of fire on fauna. Gen. Tech. Rep. RMRS-GTR-42-vol. 1. Ogden, UT: U.S. Department of Agriculture, Forest Service, Rocky Mountain Research Station. 83 pp.

526. Smith R. (2011) Firebreak Location, Construction and Maintenance Guidelines. Department of Fire & Emergency Services.

527. Smith, A.M.S.; Kolden, C.A.; Paveglio, T.B.; Cochrane, M.A.; Bowman, D.M.J.S.; Moritz, M.A.; Kliskey, A.D.;Alessa, L.; Hudak, A.T.; Hoffman, C.M.; *et al.* (2016) The science of firescapes: Achieving fire-resilient communities. BioScience, 66, 130-146.

528. Sommers, W. T.; Coloff, S. G. ; Conard, S. G. (2011) "Synthesis of Knowledge: Fire History and Climate Change" JFSP Synthesis Reports; Paper 19.

529. Solans, Vila, J. P. and Barbosa, P. (2009) Post-fire vegetation regrowth detection in the Deiva Marina region (Liguria-Italy) using Landsat TM and ETM + data. Ecological Modelling, 221, (1): pp. 75-84.

530. Sparks, A., Kolden, C., Talhelm, A., Smith, A., Apostol, K., Johnson, D., and Boschetti, L. (2016) Spectral Indices Accurately Quantify Changes in Seedling Physiology Following Fire: Towards Mechanistic Assessments of Post-Fire Carbon Cycling, Remote Sens., 8, 572, https: // doi.org/10.3390/rs8070572.

531. Sparks, A. M., Smith, A. M. S., Talhelm, A. F., Kolden, C. A., Yedinak, K. M., and Johnson, D. M. (2017) Impacts of fire radiative flux on mature Pinus ponderosa growth and vulnerability to secondary mortality agents, Int. J. Wildland Fire, 26, 95-106, https: //doi.org/10.1071/ WF16139.

532. Sparks, A.M.; Kolden, C.A.; Smith, A.; Boschetti, L.; Johnson, D.; Cochrane, M.A. (2018) Fire intensity impacts on post-fire response of temperature coniferous forest net primary productivity. Biogeosciences.

533. Spracklen, D.V.; Mickley, L.J.; Logan, J.A.; Hudman, R.C.; Yevich, R.; Flannigan, M.D.;

Westerling, A.L. (2009) Impacts of climate change from 2000 to 2050 on wildfire activity and carbonaceous aerosol concentrations in the Western United States. Journal of Geophysical Research. 114: D2030.

534. Stefano Serafin, Orcid, Bianca Adler Orcid, Joan Cuxart Orcid, Stephan F. J. De Wekker Orcid, Alexander Gohm Orcid, Branko Grisogono, Norbert Kalthoff, Daniel J. Kirshbaum, Mathias W. Rotach Orcid, Jürg Schmidli Orcid, Ivana Stiperski Orcid, Željko Ve enaj and Dino Zardi (2018) Exchange Processes in the Atmospheric Boundary Layer Over Mountainous Terrain, Atmosphere 2018, 9 (3) , 102.

535. Stein, B. A., P. Glick, N. A. Edelson, and A. Staudt (2014) Climate-Smart Conservation: Putting Adaptation Principles into Practice. National Wildlife Federation. Washington, D.C.

536. Stephen F. and A. J. Waldo (2002) Fire-Resistant Plants for Oregon Home Landscapes, Forest Resource, Note No.6, April 24. pp.

537. Stevens-Rumman, C.P.; Morgan, C.P.; Hoffman, C. (2015) Bark beetles and wildfires: How does forest recovery change with repeated disturbances in mixed conifer forests? Ecosphere, 6, 1-17.

538. Stewart, J. L. (1988) Forest insects and disease research: what is needed. Presentation to Western Forestry and Conservation Association Pest Committee; 1988 December 5; Seattle, WA.

539. Stinson, K.J.; Wright, H.A. (1969) Temperature of headfires in southern mixed prairie of Texas. Journal of Range Management. 22: 169-174.

540. Stocks, B. J. and J. D. Walker (1973) Climatic conditions before and during four significant forest fire situations in Ontario. Canadian Forest Service, Forest Fire Research Institute, Department of Forestry and Rural Development, Ottawa, Ontario Information Report O-X-187.

541. Stocks, B. J. (1987) Fire behavior in immature jack pine. Canadian Journal of Forest Research 17: 80-86.

542. Stocks, B. J. (1989) Fire behavior in mature jack pine. Canadian Journal of Forest Re-search 19: 783-790.

543. Stocks, B. J., B. D. Lawson, M. E. Alexander, C. E. van Wagner, R. S. McAlpine, T. J. Lynham and D. E. Dubé (1989) Canadian forest fire danger rating system: an overview. Forestry Chronicle 65: 258-265.

544. Stocks, B. J., M. A. Fosberg, T. J. Lynham and D. W. McKenney (1998) Climate change and forest fire potential in Russian and Canadian boreal forests. Climate Change 38: 1-13.

545. Stocks, B. J., M. E. Alexander and R. A. Lanoville (2004a) Overview of the international crown fire modelling experiment. Canadian Journal of Forest Research 34: 1543-1547.

546. Stocks, B. J., M. E. Alexander, B. M. Wotton, C. N. Stefner, M. D. Flannigan, S. W. Taylor and R. A. Lanoville (2004b) Crown fire behaviour in a northern jack pine-black spruce forest. Canadian Journal Forest Research 34: 1548-1560.

547. Stockstad, D. S. (1979) Spontaneous and piloted ignition of rotten wood. U.S. Department of Agriculture, Forest Service, Rocky Mountain Research Station, Ogden, Utah. Research Paper INT-267: 12-16.

548. Strand E. and Launchbaugh K. (2013) Livestock Grazing Effects on Fuel Loads for Wildland

Fire in Sagebrush Dominated Ecosystems, Great Basin Fire Science Delivery Report- April 2013.

549. Sugihara, N. G.; Reed, L. J. (1987) Prescribed fire for restoration and maintenance of Bald Hills oak woodlands. In: Plumb, T. R.; Pillsbury, N. H., tech. coords. Proceedings: multiple-Use management of California's hardwood resources symposium. Gen. Tech. Rep. PSW-100. Berkeley, CA: U.S. Department of Agriculture, Forest Service, Pacific Southwest Forest and Range Experiment Station: 446-451.

550. Sugihara N.G., van Wagtendonk JW, Fites-Kaufman J (2006a) Fire as an ecological process. In 'Fire in California's Ecosystems'. (Eds NG Sugihara, JW van Wagtendonk, KE Shaffer, J Fites Kaufman, A.E Thode) pp. 58-74.

551. Sugihara, N. G., J. W. van Wagtendonk, J. Fites-Kaufman, K. E. Shaffer, and A. E. Thode. (2006b) The future of fire in California's ecoytems. Pages 538-543 in N. G. Sugihara, J. W. van Wagtendonk, J. Fites-Kaufman, K. E. Shaffer, and A. E. Thode, editors. Fire in California's ecosystems. University of California Press, Berkeley, California, USA.

552. Suharti, M. (1989) Cost analysis of Acacia arabica control in Baluran National Park, East Java, Buletin-Penelitian-Hutan.

553. Sullivan, A. L. (2009) Wildland surface fire spread modelling, 1990-2007. 3: Simulation and mathematical analogue models. International Journal of Wildland Fire 18 (3): 387-403.

554. Sullivan AL, McCaw WL, Cruz MG, Matthews S and Ellis PF (2012). Fuel, fire weather and fire behaviour in Australian ecosystems. In: Flammable Australia: Fire Regimes, Biodiversity and Ecosystems in a Changing World, Bradstock, R.A., Gill, A.M. & Williams, R.D. (Eds.) CSIRO Publishing.

555. Sutton (1982) Michigan agencies promote wildfire prevention, FMT Articles, 47 (1): 17.

556. Swanson. F. J.. J. A. Jones, D. O. Wallin, and J. H. Cissel. (1994) Natural variability-implications for ecosystem management. Pages 80-94 in M. E. Jensen and P. S. Bourgeron. technical coordinators. Ecosystem management: principles and applications, volume 11. Eastside forest ecosystem health assessment. U.S. Forest Service. General Technical Report PNW-GTR-318, Pacific Northwest Research Station, Portland, Oregon, USA.

557. Swetnam, Thomas W., and Julio L. Betancourt. (1998) "Mesoscale disturbance and ecological response to decadal climatic variability in the American Southwest." Journal of Climate 11 (12).

558. Szczygieł, R., Ubysz, B., Piwnicki, J. and Kwiatkowski, M. (2009) Fire flammability of forest plant formations in Poland. Deliverable D4.2-3 of the Integrated Project "Fire Paradox", Project no. FP6-018505. European Commission. 91 pp.

559. Tanskanen, H., A. Vena "la" inen, P. Puttonen and A. Granstro"m (2005) Impact of stand structure on surface fire ignition potential in Picea abies and Pinus sylvestris forests in southern Finland. Canadian Journal of Forest Research 35: 410-420.

560. Tanskanen, H. A. (2007) Fuel conditions and fire behavior characteristics of managed Picea abies and Pinus sylvestris forests in Finland. Thesis, University of Helsinki, Department of Forest Ecology, Finland. 40 pp.

561. Tansley, A. G. (1935) The use and abuse of vegetational concepts and terms. Ecology. 16: 283-

307.

562. Taylor, C (1994) Sheep grazing as a brush and fine fire fuel management tool, Sheep Research Journal, Special issue.

563. Taylor, S.W., R. G. Pike and M. E. Alexander (1997) Field guide to the Canadian forest fire behavior prediction (FBP) system. Natural Resources Canada, Canadian Forestry Serverice, northern Forest Centre, Edmonton, Alberta. Specical Report 11.

564. Taylor, S.W., B. M. Wotton, M. E. Alexander and G. N. Dalrymple (2004) Variation in wind and crown fire behaviour in a northern jack pine black spruce forest. Canadian Journal Forest Research 34: 1561-1576.

565. Tett, S. F. B.; Stott, P. A.; Allen, M. R.; Ingram, W. J.; Mitchell, J. F. B. (1999) Causes of twentieth century temperature change. Nature. 399: 569-572.

566. The Rural Fire Division (1994) Reducing The Risks-Keeping Your Home Safe From Fire, Research of Forest Fire Station, Winter.

567. Thomas, P. H. (1967) Some aspects of the growth and spread of fires in the open. Forestry 40: 139-164.

568. Thompson, M.P.; MacGregor, D.G.; Calkin, D.E. (2016a) Risk Management: Core Principles and Practices, and Their Relevance to Wildland Fire; General Technical Report RMRS-GTR-350; U.S. Department of Agriculture, Forest Service, Rocky Mountain Research Station: Fort Collins, CO, USA.

569. Thompson, M.P.; Bowden, P.; Brough, A.; Scott, J.H.; Gilbertson-Day, J.; Taylor, A.; Anderson, J.; Haas, J.R. (2016b) Application of Wildfire Risk Assessment Results to Wildfire Response Planning in the Southern Sierra Nevada, California, USA. Forests, 7, 64.

570. Tom Zimmerman (2016) Improving Wildland Fire Management Strategies, Wildfire International Association of wildland fire, January 4.

571. Trabaud, L. (1979) Effects of fire frequency on plant communities and landscape pattern in the Massif des Aspres. Landscape Ecology 11 (4): 215-224.

572. Trabaud, L. (1994) Postfire plant community dynamics in the Mediterranean basin. Ecol. Stud. 107, 1-15.

573. Transparency International (2016) Corruption Perceptions Index, http://www.transparency.org/news/feature/corruption_perceptions_index_2016

574. Trenberth, K.E., ed. (1992) Climate System Modeling. Cambridge University Press, Cambridge, U.K.

575. Trenberth K. E., Kathleen Miller, Linda Mearns and Steven Rhodes (2000) Effects of changing climate on weather and human activities, University Science Books.

576. Turetsky, Merritt R., Evan S. Kane, Jennifer W. Harden, Roger D. Ottmar, Kristen L. Manies, Elizabeth Hoy, and Eric S. Kasischke (2011) "Recent acceleration of biomass burning and carbon losses in Alaskan forests and peatlands." Nature Geoscience 4 (1).

577. Trollope, W. S. and L. A. Trollope (2002) Fire behaviour a key factor in the fire ecology of African grasslands and savannas, SAFNet Report.

578. Turner, J. A. and B. D. Lawson (1978) Weather in the Canadian forest fire danger rating sys-

tem: a user guide to national standards and practices. Canadian Forestry Service, Petawawa Forest Experiment Station, Chalk River, Ontario. Information Report BC-X-177.

579. Turner MG, Romme WH. (1994). Landscape dynamics in crownfire ecosystems. Landscape Ecol 9: 59-77.

580. Turner, M.G., Dale, V.H., (1998) Comparing large, infrequent disturbances: what have we learned? Ecosystems 1, 493-496.

581. Ubysz and Valette (2010) Flammability: Influence of Fuel on Fire Initiation, , In: J.S. Silva, F.C. Rego, P. Fernandes, E. Rigolot "Towards Integrated Fire Management. Outcomes of the European Project Fire Paradox." European Forest Institute Research Report. UNEP/GRID (2011) Drought, Fire and Deforestation in the Amazon: Feedbacks, Uncertainty and the Precautionary Approach UNEP/GRID Sioux Falls.

582. United States Department of Agriculture (1989), Forest Service Southern Region, February 1989; Technical Publication R8-TP 11.

583. University of Alaska (2005) 11-22-S290-EPUnit 11 Extreme Wildland Fire Behavior Passive, Fairbanks.

584. USDA Forest Service (1981) Fire Severity National Advanced Fire and Resource Institute, AZ.

585. USDA (2012) Effects of Fire on Cultural Resources and Archaeology, Wildland Fire in Ecosystems, General Technical Report RMRS-GTR-42- volume 3.

586. University of Helsinki (2018) Long term effects of fire on carbon and nitrogen pools and fluxes in the arctic permafrost and subarctic forests", Academy of Finland.

587. University of Manchester (2015) Timber, One Stop Shop in Structural Fire Engineering, Professor Colin Bailey.

588. Uryu, Y.; Mott, C.; Foead, N.; Yulianto, K.; Budiman, A.; Setiabudi; Takakai, F.; Nursamsu, S.; Purastuti, E.; Fadhli, N.; *et al.*; (2008) Deforestation, Forest Degradation, Biodiversity Loss and CO2 Emissions in Riau, Sumatra, Indonesia. WWF Indonesia Technical Report, Jakarta, Indonesia. http://assets.panda.org/downloads/riau_co2_report wwf_id_27feb08_en_lr_.pdf

589. USDA (2014) FY 2013 Wildland Fire Management. Annual Report. http: //www.fs.fed.us/fire/management/reports/fam_fy2013_accountability_report.pdf

590. U.S. Department of Agriculture (2018) From smokey bear to climate change: the future of wildland fire management, http://www.iflscience.com/environment/smokey-bear-climate-change-future-wildland-fire-management/

591. Vaillant, N.M.; Fites-Kaufman, J.; Reimer, A.L.; Noonan-Wright, E.K.; Dailey, S.N. (2009) Effect of fuel treatment and fuels and potential fire behavior in California, USA, National Forests. Fire Ecol. 5, 14-29.

592. Valette, J.C. and Moro, C. (1990) Inflammabilités des espèces forestières méditerranéenne, conséquences sur la combustibilité des formations forestières. Revue Forestière Française XLII numéro spécial 1990. pp. 76-92.

593. Val Martin, M.; Heald, C.L.; Ford, B.; Prenni, A.J.; Wiedinmyer, C. (2013) A decadal satellite analysis of the origins and impacts of smoke in Colorado. Atmospheric Chemistry and Physics. 13: 7429-7439. doi: 10.5194/acp-13-7429-2013.

594. van Mantgem, P. J., Nesmith, J. C., Keifer, M., Knapp, E. E., Flint, A., and Flint, L. (2013) Climatic stress increases forest fire severity across the western United States, Ecol. Lett., 16, 1151-1156, https://doi.org/10.1111/ele.12151

595. van Nest, T. A. and M. E. Alexander (1999) Systems for rating fire danger and predicting fire behavior used in Canada. National Interagency Fire Behavior Workshop, Phoenix, AZ. 13 pp.

596. van Wagner, C. E. (1970) New developments in forest fire danger rating. Canadian Forestry Service, Petawawa Forest Experiment Station, Chalk River, Ontario. Information Report PS-X-99.

597. van Wagner, C. E. (1971) Two solitudes in forest fire research. Canadian Forestry Service, Petawawa Forest Experiment Station, Chalk River, Ontario. Information Report PS-X-29.

598. van Wagner, C. E. (1973) Height of crown scorch in forest fires. Canadian Journal of Forest Research 3: 373-378.

599. van Wagner, C.E. (1977a) Conditions for the start and spread of crown fire. Canadian Journal of Forest Research. 7: 23-34.

600. van Wagner, C. E. (1977b) Effect of slope on fire spread rate. Canadian Forestry Service, Petawawa Forest Experiment Station. Bi-month Research Notes 33: 7-8.

601. van Wagner, C. E. (1979) A laboratory study of weather effects on the drying rate of jack pine litter. Canadian Journal of Forest Research 9 (2): 267-275.

602. van Wagner, C. E. (1982) Initial moisture content and the exponential drying process. Canadian Journal of Forest Research 12: 90-92.

603. van Wagner, C. E. (1983) Fire behavior in northern coniferous forests and shrublands. Editors: Wein, R.W. and D. A. MacLean. The role of fire in northern circumpolar ecosystems. John Wiley and Sons, New York, USA. 65-80.

604. van Wagner, C. E. and T. L. Pickett (1985) Equations and fortran program for the Canadian Forest Fire Weather Index System. Canadian Forestry Service, Forest Fire Research Institute, Department of Forestry and Rural Development, Ottawa, Ontario. Forestry Technical Report 33.

605. van Wagner, C. E. (1987) Development and structure of the Canadian Forest Fire Weather Index System. Canadian Forestry Service, Forest Fire Research Institute, Department of Forestry and Rural Development, Ottawa, Ontario. Forestry Technical Report 35.

606. van Wagtendonk, Jan W. (1996) Use of a deterministic fire growth model to test fuel treatments. In: Sierra Nevada Ecosystem Project: Final report to Congress, vol. II, Assessments and Scientific Basis for Management Options.

607. van Wagner, C. E. (1998). Modelling logic and the Canadian Forest Fire Behavior Prediction System. Forestry Chronicle 74 (1): 50-52.

608. van Wagtendonk (1994) Spatial patterns of lightning strikes and fires in Yosemite National Park. Proc. 12th Conf. Fire and Forest Meteorology 12: 223-231.

609. van Wagtendonk (2006) Fire as a physical process. Pages 38-57 in N. G. Sugihara, J. W. van Wagtendonk, K. E. Shaffer, J. Fites-Kaufman, and A. E. Thode, editors. Fire in California's ecosystems. University of California Press, Berkeley.

610. Vasconcelos, M.J.P., Silva, S., Tomé, M., Alvim, M. and Pereira, J.M.C. (2001) Spatial prediction of fire ignition probabilities: comparing logistic regression and neural networks. Photogrametric Engineering & Remote Sensing 67 (1): 73-81.

611. Velez, R. (1990) Preventing forest fires through silviculture. Unasylva 41.

612. Velez (2002) Causes of forest fires in the Mediterranean Basin; Ministery of Environment, Madrid, Spain. In: EFI Proceedings 45.

613. Vega, J., P. Cuiñas, T. Fontúrbel, P. Pérez-Gorostiaga and C. Fernández (1998) Predicting fire behaviour in Galician (NW Spain) shrubland fuel complexes. Proceedings of the 3th International Conference on Forest Fire Research and 14th Fire and Forest Meteorology Conference, Luso, Portugal.

614. Vega, J., P. Fernandes, P. Cin~as, M. Fontu'rbel, J. Pe'×rez and C. Loureiro (2006) Fire spread analysis of early summer field experiments in shrubland fuel types of north western Iberia. Proceedings of the 5th International Conference on Forest Fire Research, Luso, Portugal.

615. Velez, R. (1990) Mediterranean forest fires: A regional perspective. Unasylva, 162, 10-12.

616. Viegas, D. X., P. R. Ribeird and M. G. Cruz (1998) Characterisation of the combustibility of forest fuels. Proceedings of the 3th International Conference on Forest Fire Research 14th Conference on Fire and Forest Meteorology, Luso, Portugal.

617. Viegas, X. D., G. Bovio, A. Ferreira, A. Nosenzo and B. Sol (1999) Comparative study of various methods of fire danger evaluation in southern Europe. International Journal Wildland Fire 9 (3): 235-246.

618. Viegas, D. X. (2004a) Slope and wind effect on fire propagation. International Journal of Wildland Fire 13 (2): 143-156.

619. Viegas, D. X. (2004b) On the existence of a steady state regime for slope and wind driven fires. International Journal of Wildland Fire 13 (2): 101-117.

620. Walker, J. D. (1971) Fuel types and forest fire behavior in New Brunswick. Canadian Forestry Service, Forest Fire Research Institute. Information Report 1: 7 pp.

621. Walker, J. D. (1979) Aspects of fuel dynamics in Australianralia. CSIRO division of land use research, Technical Report 79: 7 pp.

622. Walker LR and Willig MR (1999) An introduction to terrestrial disturbances. In: Walker LR (ed.) Ecosystems of disturbed ground, pp. 1-16. Amsterdam, Netherlands: Elsevier Science.

623. Wara, M.W., Ravelo, A.C., Delaney, M.L. (2005) Permanent El Niño-Like Conditions During the Pliocene Warm Period. in: Science, 309 (5735): 758-761.

624. Waring R. H. (1987) Characteristics of trees predisposed to die. BioScience. 37 (8): 569-574.

625. Watson, N., G. Morgan and D. Rolland (1983) The bright plantation fire-November, 1982. Forest Comm. Victoria Fire Resource. Branch Report 19: 5 pp.

626. Watt, A. S. (1947) Pattern and process in the plant community. J. Ecol. 39: 599-619.

627. Weber, M. G.; Flannigan, M. D. (1997) Canadian boreal forest ecosystem structure and function in a changing climate: impact on fire regimes. NRC Canada 5 (3 and 4): 145-166.

628. Wei, Y., Rideout, D. and Kirsch, A. (2008) An optimization model for locating fuel treatments across a landscape to reduce expected fire losses. Canadia Journal of Forest Research 38: 868-

877.

629. Weise, D. R. and G. S. Biging (1996) Effects of wind velocity and slope on flame properties. Canadian Journal of Forest Research 26: 1849-1858.

630. Weise, D. R. and G. S. Biging (1997) A qualitative comparison of fire spread models incorporating wind and slope effects. Forest Science 43 (2): 170-180.

631. Weise, D. R., X. Zhou, L. Sun and S. Mahalingam (2005) Fire spread in chaparral go or no go. International Journal of Wildland Fire 14 (1): 99-106.

632. Wells, W.G., II. (1987) The effects of fire on the generation of debris flows in southern California. Reviews in Engineering Geology. 7: 105-114.

633. West, N. E., and T. P. Yorks (2002) Vegetation responses following wildfire on grazed and ungrazed sagebrush semi-desert. Journal of Range Management 55: 171-181.

634. West, A. G., Nel, J. A., Bond, W. J., and Midgley, J. J. (2016) Experimental evidence for heat plume-induced cavitation and xylem deformation as a mechanism of rapid post-fire tree mortality, New Phytol., 211, 828-838, https://doi.org/10.1111/nph.13979

635. Westerling AL, Turner MG, Smithwick EAH, *et al.* (2011) Continued warming could transform Greater Yellowstone fire regimes by mid-21st century. P Natl Acad Sci USA 108: 13165-70.

636. Western Australian Land Information Authority (2015) Landgate Firewatch http://firewatch.dli. wa.gov.au/landgate_firewatch_public.asp

637. Westerling, A.L.; Hidalgo, H.G.; Cayan, D.R.; Swetnam, T.W. (2006) Warming and earlier spring increase western U.S. forest wildfire activity. Science 313, 940-943.

638. Whelan, R.J. (1995) The ecology of fire. Cambridge University Press, Cambridge.

639. White, P. S. (1979) Pattern, process, and natural disturbance in vegetation. Botanical Review 45: 229-299.

640. Whittaker, R. H. (1953) A consideration of climax theory: the climax as a population and pattern. Ecological Monographs 23: 41-78.

641. Whittaker, R. H. (1967) Gradient analysis of vegetation. Biological Review 42: 207-264.

642. Whittaker, R. H. (1971) Communities and ecosystems. McMillan, New York. 162 pp.

643. Willamette National Forest (2018) Oakridge/Westfir Thinning and Fuels Reduction Project, USDA Forest Service.

644. Williams, D. E. (1963) Forest fire danger manual. Canadian Forestry Service, Forest Fire Research Institute, Department of Forestry and Rural Development, Ottawa, Ontario. Publication No. 1027. 28 pp.

645. Williams, H. F. (1971) Fire spread through porous fuels from the conservation of energy. Combustion and Flame 16 (1): 9-16.

646. William T. Sommers, Rachel A. Loehman , Colin C. Hardy (2014) Wildland fire emissions, carbon, and climate: Science overview and knowledge needs, Forest Ecology and Management 317 1-8.

647. Williamson G J, J S Bowman, O F Price, S B Henderson and F H Johnston (2016) A transdisciplinary approach to understanding the health effects of wildfire and prescribed fire smoke regimes, Environmental Research Letters, Volume 11.

648. Wilson, R. A. (1980) Reformulation of forest fire spread equations in SI units. U.S. Department of Agriculture, Forest Service, Intermountain Forest and Range Experiment Station, Ogden, Utah. Resource Note INT-292: 8 pp.

649. Wilson, R. A. (1982) Reexamination of fire spread in free burning porous fuel beds. U.S. Department of Agriculture, Forest Service, Intermountain Forest and Range Experiment Station, Ogden, Utah. Research Report 289 pp.

650. Wilson, R. A. (1985) Observations of extinction and marginal burning states in free burning porous fuel beds. Combustion Science Technology 44: 179-194.

651. Wilson, R. A. (1990) Reexamination of Rothermel fire spread equations in no wind and no slope conditions. U.S. Department of Agriculture, Forest Service, Intermountain Forest and Range Experiment Station, Ogden, Utah. Research Paper INT-434: 22-30.

652. Wilson, A. A. (1992a) Assessing fire hazard on public lands in Victoria: Fire management needs and practical research objectives. Victorian Department of Conservation and Environment. Fire Management Branch. Research Report No. 31: 2-5.

653. Wilson, A. A. (1992b) Eucalypt bark hazard guide. Victorian Department of Conservation and Environment, Fire Management Branch. Research Report No. 32.

654. Wilson, A. A. (1993) Elevated fuel guide. Victorian Department of Conservation and Environment. Fire Management Branch. Research Report No. 35.

655. Wolff, M. F., G. F. Carrier and F. E. Fendell (1991) Wind aided fire spread across arrays of discrete fuel elements. II. Experiments. Combustion Science and Technology 77: 261-289.

656. Woodward, F. I. (1987) Climate and plant distribution. Cambridge: Cambridge University Press.

657. Woods Hole Research Center (2010) New Study Examines Effects of Drought in the Amazon http://whrc.org/new-study-examines-effects-of-drought-in-the-amazon/

658. World Bank (2016) The Cost of Fire. An Economic Analysis of Indonesia's 2015 Fire Crisis file:///D: /OneDrive/Business/Beratung/WWF/Forest %20fire/Update %202015/ Indonesien/103668-BRI-Cost-of-Fires-Knowledge-Note-PUBLIC-ADD-NEW-SERIES-Indonesia-Sustainable-Landscapes-Knowl- edge-Note.pdf

659. World Agroforestry Centre (2018) Imperata grassland rehabilitation using agroforestry and assisted natural regeneration , Fuel reduction and treatment.

660. World Resources Institute Imazon (2006) Human Pressure on the Brazilian Amazon Forests http://imazon.org.br/PDFimazon/Ingles/the_state_of_amazon/humam_pressure.pdf

661. Wotton, B.M.; Martell, D.L.; Logan, K.A. (2003) Climate change and people-caused forest fire occurrence in Ontario. Clim. Chang., 60, 275-295.

662. Wotton, B. M. and J. L. Beverly (2007) Stand specific litter moisture content calibrations for the Canadian Fine Fuel Moisture Code. International Journal Wildland Fire 16 (4): 463-472.

663. Wotton, B. M., M. E. Alexander and S. W. Taylor (2009) Updates and revisions to the 1992 Canadian Forest Fire Behavior Prediction System. Natural Resources Cananda, Canadian Forest Service, Great Lakes Forestry Centre, Sault Ste. Marie, Information Report GLC-X-10. 45 pp.

664. Wright, H. A., S. C. Bunting and L. F. Neuenschwander (1976) Effect of fire on honey mes-

quite. Journal of Range Management 29: 467-471.

665. Wright, H. A. and A. W. Bailey (1982) Fire Ecology: United States and Southern Canada. Wiley Publishers, New York, USA.

666. Wrigen B W. (1990) The role of vegetation structure and fuel chemistry in excluding fire from forest patches in the fire-prone fynbus shrub lands of south Africa[J]. Journal of Ecology Oxford, ,78 (1): 210-222.

667. WWF (2003) Future Fires-Perpetuating problems of the past. IUCN.

668. WWF (2004) Forest fires in the Mediterranean: a burning issue, National Interagency Fire Center 2015, Internetseite vom 24.10.2015: Lightning vs. human caused fires and acres (stats reported from 2001).

669. WWF (2006) Climate change impacts in the Amazon http://assets.panda.org/downloads/amazon_cc_impacts_lit_review_final.pdf

670. WWF (2010) Amazon Alive! A decade of discovery 1999-2009. http://assets.panda.org/downloads/amazon_alive_web_ready_sept23.pdf

671. WWF Brasilien (2012) Production and exportation of Brazilian Soy and the Cerrado /2001-2010 http://d3nehc6yl9qzo4.cloudfront.net/downloads/wwf_soy_cerrado_english.pdf

672. WWF (2016) Forests ablaze-causes and effects of global forest fires, WWF Deutschland, Berlin.

673. Xanthopuolos (2007) Forest fire policy scenarios as a key element affecting the occurrence and characteristics of fire disasters. 4th International Wildland Fire Conference, May 13-17, 2007, Sevilla, Spain.

674. Xanthopoulos, G., Ghosn, D. and Kazakis, G. (2006) Investigation of the wind speed threshold above which discarded cigarettes are likely to be moved by the wind. International Journal of Wildland Fire 15: 567-576.

675. Yaws (2011) Handbook of Properties of the Chemical Elements, 2011 Knovel.

676. Youssouf H, Liousse C, Roblou L, Assamoi EM, Salonen RO, Maesano C, et al. (2014) Quantifying wildfires exposure for investigating related-health effects. Atmos Environ. 2014;97: 329-51.

677. Zhou, X., S. Mahalingam and D. Weise (2005a) Modeling of marginal burning state of fire spread in live chaparral shrub fuel bed. Combustion and Flame 143: 183-198.

678. Zhou, X., D. Weise and S. Mahalingam (2005b) Experimental measurements and numerical modeling of marginal burning in live chaparral fuel beds. Proceedings of the Combustion Institute 30 (2): 2287-2294.

林火術語（中英文）

A

可接受的林火風險：社區願意接受的潛在林火損失，而不提供資源來減少此類損失。

Acceptable Fire Risk：The potential fire loss a community is willing to accept rather than provide resources to reduce such losses.

行動計畫：由事件指揮系統的任一部門，所訂定的支持事件行動計畫中，任一戰術計畫。

Action Plan：Any tactical plan developed by any element of ICS in support of the incident action plan.

主動式樹冠火：在樹冠上形成整體火焰的林火，且地表火和樹冠火燒間有相互依賴之延燒關係。

Active Crown Fire：A fire in which a solid flame develops in the crowns of trees, but the surface and crown phases advance as a linked unit dependent on each other.

航空探測：飛機用於或發現、定位和報告林火位置的系統。

Aerial Detection：A system for, or the act of discovering, locating, and reporting fires from aircraft.

空中燃料（美國林務署USDA）：森林樹冠層或地表以上燃料之所有鮮活和枯死植物，包括樹幹、樹枝和毬果、枯立木、樹苔和高聳灌木。

Aerial Fuels: All live and dead vegetation in the forest canopy or above surface fuels, including tree branches, twigs and cones, snags, moss, and high brush.

空中燃料（美國野火協調中心NWCG）：直立和受支撐的鮮活和枯死的可燃物，不直接接觸地面，主要由樹葉、小枝、枝幹、莖、毬果、樹皮和藤蔓組成。

Aerial Fuels：Standing and supported live and dead combustibles not in direct contact with the ground and consisting mainly of foliage, twigs, branches, stems, cones, bark, and vines.

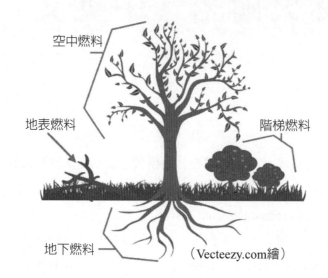

空中燃料

地表燃料

階梯燃料

地下燃料　　　　　　（Vecteezy.com繪）

空中點燃：從飛機上藉由滴火裝置或材料，撒落地面予以點燃燃料。

Aerial Ignition: Ignition of fuels by dropping incendiary devices or materials from air-
craft.

空中點燃裝置（AID）：應用於設計從飛機上點燃野地燃料的設備。

Aerial Ignition Device（AID）：Applied to equipment designed to ignite wildland fuels
from an aircraft.

空中滅火攻擊：在野火現場部署固定翼或螺旋槳飛機，進行投放阻燃劑或滅火劑至地面火
場，於火場上空穿梭和部署機組人員／物資，或對整體火情進行空中偵察。

Air Attack：The deployment of fixed-wing or rotary aircraft on a wildland fire, to drop
retardant or extinguishing agents, shuttle and deploy crews and supplies, or perform
aerial reconnaissance of the overall fire situation.

固定翼滅火飛機：一種固定翼飛機，配備有阻燃劑或滅火抑製劑裝置。

Air Tanker: A fixed-wing aircraft equipped to drop fire retardants or suppressants.

機構:任何參與管轄責任的聯邦、州或縣政府之機構組織。

Agency:Any federal, state, or county government organization participating with jurisdictional responsibilities.

所有危害事件:自然或人為事件,需要公共、私人和/或政府實體的有組織反應來保護生命、公共健康和安全,要保護的價值以及在政府、社會和經濟服務,所產生干擾盡量最小化。在所有危害事件中,可能會同時發生一種或多重競合事件(如野火、洪水、大規模緊急事故、搜索、救援、疏散等)。

All Hazard Incident:An incident, natural or human-caused, that requires an organized response by a public, private, and/or governmental entity to protect life, public health and safety, values to be protected, and to minimize any disruption of governmental, social, and economic services. One or more kinds of incident (fire, flood, mass casualty, search, rescue, evacuation, etc.) may occur simultaneously as part of an all hazard incident response.

定錨點:一個有利的位置,通常是火勢蔓延的障礙,從中建造一條滅火防禦線。定錨點用於減少滅火隊員,受火場兩側包圍的可能性。

Anchor Point:An advantageous location, usually a barrier to fire spread, from which to start building a fire line. An anchor point is used to reduce the chance of firefighters being flanked by fire.

一年生植物:每年從種子開始成長一個生長季的植物。

Annual Plant:A plant that lives for one growing season, starting from a seed each year.

縱火：由人爲故意並且錯誤設定爲燃燒自己或他人財產的火災。

Arson Fire：A fire that is intentional and wrongfully set to burn one's own or someone else's property.

縱火特遣小組：召集一組人員，進行分析、調查和解決特定地區的縱火問題。

Arson Task Force：Group of individuals convened to analyze, investigate and solve arson problems in a particular region.

縱火犯：一個人觸犯縱火罪刑責。

Arsonist：One who commits arson.

縱火：根據普通法，由惡意和蓄意焚燒他人的住宅、屋外廁所或衣帽間等；透過大多數現代法規，有意和非法燒毀別人或自己的財產。通常需要證明惡意或意圖錯誤的行爲。

Arson：At common law, the malicious and willful burning of another's dwelling, outhouse or parcel; by most modern statutes, the intentional and wrongful burning of someone else's, or one's own, property. Frequently requires proof of malicious or wrongful intent.

方位：坡度斜面朝向的方向。

Aspect：Direction toward which a slope faces.

大氣壓力：（也稱爲氣壓）根據美國氣象學會，位於所討論點正上方的空氣對流柱受到重力之吸引作用，大氣所施加每單位面積的淨力。大氣壓力與其所作用表面的方向無關。

Atmospheric Pressure：According to the American Meteorological Society, (also called barometric pressure), the net force per unit area exerted by the atmosphere as a consequence of gravitational attraction exerted upon the column of air lying directly above the point in question. Atmospheric pressure is independent of the orientation of the surface on which it acts. Source: http://glossary.ametsoc.org/wiki/Atmospheric_pressure

大氣穩定性：（也稱爲靜態穩定性）根據美國氣象學會，由於浮力的影響，靜止的大氣變成湍流或層流之能力。

Atmospheric Stability：According to the American Meteorological Society, (also called static stability), the ability of the atmosphere at rest to become turbulent or laminar due to the effects of buoyancy.

火勢攻擊：應用適當的方法，以限制火勢的擴展蔓延。

Attack a Fire：Limit the spread of fire by any appropriate means.

攻擊線：一線消防水帶，預先連接到消防車泵浦上，可立即用於攻擊火勢之水線。

Attack Line：A line of hose, preconnected to the pump of a fire apparatus and ready for immediate use in attacking a fire.

可用燃料：1.在各種環境條件下，實際燃燒的總燃料部分。2.燃料可用於機動車輛、飛機或其他機動設備。

Available Fuel 1.That portion of the total fuel that would actually burn under various environmental conditions.2.Fuel available for use in a motor vehicle, aircraft, or other motorized equipment.

B

爆燃：將氧氣引入缺氧的密閉空間時，發生瞬時爆炸或快速燃燒過熱氣體。這是在建築結構火災，因通風作業不充分或不適當所造成的。

Backdraft：Instantaneous explosion or rapid burning of superheated gases that occurs when oxygen is introduced into an oxygen-depleted confined space. It may occur because of inadequate or improper ventilation procedures.

逆風火：沿著火線的內緣設定的火燒，以消耗野火路徑中的燃料和／或改變火對流柱威力之方向。

Backfire: A fire set along the inner edge of a fireline to consume the fuel in the path of a wildfire and/or change the direction of force of the fire's convection column.

以火攻火：一種與間接攻擊有關的策略，故意在控制線內點燃主火所需燃料，以減緩、燒除或抑制迅速蔓延的主火。回火提供了廣泛的防禦周界，並且能進一步來改變主火之對流柱威力。

Backfiring：A tactic associated with indirect attack, intentionally setting fire to fuels inside the control line to slow, knock down, or contain a rapidly spreading fire. Backfiring provides a wide defense perimeter and may be further employed to change the force of the convection column.

回火用滴火槍：產生液滴火焰裝置（例如，含有柴油或煤油和燈芯的容器，或用於火焰噴射的背包泵）。

Backfire Torch：A flame generating device (e.g., a fount containing diesel oil or kerosene and a wick, or a backpack pump serving a flame-jet).

背包泵：一種配置手動泵的便攜式噴霧器，由充填液容器延伸管子供給，主要用於控制火勢和害蟲。

Backpack Pump：A portable sprayer with hand-pump, fed from a liquid-filled container fitted with straps, used mainly in fire and pest control.

林火電腦軟體BEHAVE：一種用於模擬森林燃料和林火行爲的互動式電腦模擬軟體，主要由BURN和FUEL之兩個系統組成。

BEHAVE：A system of interactive computer programs for modeling fuel and fire behavior that consists of two systems: BURN and FUEL.

爆發火焰：火強度或延燒速度突然增加，足以使直接控制火勢活動失敗或擾亂控制計畫。爆燃往往伴隨著猛烈的火對流，並可能具有火風暴的其他特徵。

Blow-up：A sudden increase in fire intensity or rate of spread strong enough to prevent direct control or to upset control plans. Blow-ups are often accompanied by violent convection and may have other characteristics of a fire storm.

沸騰液體膨脹蒸氣爆炸（BLEVE）：1.由於外部熱源造成過壓而導緻密閉容器失效。2.當液體的溫度遠高於正常大氣壓下的沸點時，封閉液體容器將整個裂開成兩個或多個碎片的狀態。

Boiling Liquid Expanding Vapor Explosion (BLEVE)：1.The failure of a closed container as a result of overpressurization caused by an external heat source.2.A major failure of a closed liquid container into two or more pieces when the temperature of the liquid is well above its boiling point at normal atmospheric pressure.

灌木類植被：一種統稱，爲灌木、木本植物或低矮樹等占優勢地位的植被，通常不適合家畜或木材質管理。

Brush：A collective term that refers to stands of vegetation dominated by shrubby, woody plants, or low growing trees, usually of a type undesirable for livestock or timber management.

灌木類野火：在灌木、矮灌木和灌木叢生長的植被，所產生的火燒行爲。

Brush Fire：A fire burning in vegetation that is predominantly shrubs, brush and scrub growth.

鏟斗式滅火劑囊袋：從直升機下方懸掛的專門設計的鏟斗式滅火劑囊袋，向地面撒落投放阻燃劑或抑製劑。

Bucket Drops：The dropping of fire retardants or suppressants from specially designed buckets slung below a helicopter.

燃料緩衝區：植被較少的區域，將野地與易受災的住宅或商業發展予以區分開來。這種屏障類似於綠地，常用於農業、娛樂區、公園或高爾夫球場等用途。

Buffer Zones：An area of reduced vegetation that separates wildlands from vulnerable residential or business developments. This barrier is similar to a greenbelt in that it is usually used for another purpose such as agriculture, recreation areas, parks, or golf courses.

乾旱累積指數（BUI）：每日乾燥因素和降水，對燃料累積影響的相對量度，具有10日之時滯關係（加拿大FWI系統使用）。

Buildup Index (BUI)：A relative measure of the cumulative effect of daily drying factors and precipitation on fuels with a ten-day timelag.

燒除法：在控制線內點火，以擴大燃燒或在燃燒邊緣和控制線之間，先予消耗林火所需燃料。

Burn Out：Setting fire inside a control line to widen it or consume fuel between the edge of the fire and the control line.

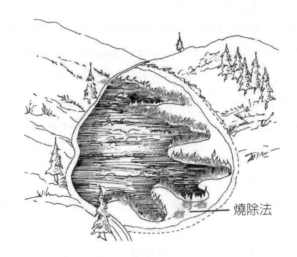

燒除法

燃燒模式：1.由火燒留下的炭特徵構造。在野地火燒中，燃燒模式受地形、風向、熱曝露時間長短和燃料類型的影響。定義是與尺度相關：(1)可用於調查追蹤起火源；(2)受到林分火嚴重度和強度的影響；(3)此能描述地景鑲嵌交錯型態。2.顯著的受燒材料特徵和起火位置的燃燒路徑。

Burn Patterns：1.The characteristic configuration of char left by a fire. In wildland fires burn patterns are influenced by topography, wind direction, length of exposure, and type of fuel. Definitions are scale-dependent: (1)They can be used to trace a fire's origin; (2)They are influenced by severity and intensity within a stand; (3)They describe the landscape mosaic.2.Apparent and obvious design of burned material and the burning path from the area of origin.

燃燒嚴重度：火燒期間對地面發出熱脈衝的定性評估。燃燒嚴重度與土壤受熱、大體積燃料和腐殖質燒耗、喬木和孤立灌木下的枯落物和有機層的消耗，以及地面下埋藏植物部分的致死率有關。

Burn Severity：A qualitative assessment of the heat pulse directed toward the ground during a fire. Burn severity relates to soil heating, large fuel and duff consumption, consumption of the litter and organic layer beneath trees and isolated shrubs, and mortality of buried plant parts.

燃燒禁令：宣布禁止在特定區域內露天燃燒，通常是持續的高林火危險率天氣情況時期。

Burning Ban：A declared ban on open air burning within a specified area, usually due to sustained high fire danger.

燃燒條件：影響特定燃料類型林火行為之環境綜合因子狀態。

Burning Conditions：The state of the combined factors of the environment that affect fire behavior in a specified fuel type.

燃燒指數：估計林火控制的潛在困難，此與火勢最迅速蔓延部分的火焰長度有關。

Burning Index：An estimate of the potential difficulty of fire containment as it relates to the flame length at the most rapidly spreading portion of a fire's perimeter.

燃燒期：每24小時林火蔓延最快的時間段，通常從上午10點到日落時段。

Burning Period：That part of each 24-hour period when fires spread most rapidly, typically from 10:00 a.m. to sundown.

C

營火：用於野地火燒的分類原因，此開始由烹飪或加熱器具等引起火燒並向外擴大延燒，需要消防部門採取行動。

Campfire：As used to classify the cause of a wildland fire, a fire that was started for cooking or warming that spreads sufficiently from its source to require action by a fire control agency.

樹冠：含有最高植被（鮮活或枯死的）冠部層，通常高於20呎。

Canopy：The stratum containing the crowns of the tallest vegetation present (living or dead), usually above 20 feet.

二氧化碳（CO_2）：由燃料燃燒產生的無色無味無毒氣體，通常是環境空氣中一部分。

Carbon Dioxide (CO_2)：A colorless, odorless, nonpoisonous gas, which results from fuel combustion and is normally a part of the ambient air.

一氧化碳（CO）：由不完全燃料燃燒，所產生無色無味有毒氣體。

Carbon Monoxide (CO)：A colorless, odorless, poisonous gas produced by incomplete fuel combustion.

載體燃料：支持移動中火焰燃燒前端的燃料。

Carrier Fuels：The fuels that support the flaming front of the moving fire.

攝氏：根據美國氣象學會，按慣例與攝氏溫標相同。攝氏溫標是一個溫度標尺，水的冰點為0度，沸點為100度。

Celsius：According to the American Meteorological Society, same as centigrade temperature scale, by convention. Centigrade temperature scale is a temperature scale with the ice point of water at 0 degrees and the boiling point at 100 degrees.

節鏈：線性測量單位等於66英尺。

Chain：A unit of linear measurement equal to 66 feet.

炭：有機材料不完全燃燒形成的碳質材料，最常見的是木材；被燒毀的材料遺骸體。

Char：Carbonaceous material formed by incomplete combustion of an organic material, most commonly wood; remains of burned materials.

氣候：任何地點或地區的盛行，或特徵氣象條件及其極端情況。

Climate：The prevalent or characteristic meteorological conditions of any place or region, and their extremes.

多雲的：形容詞類，代表天空被雲遮住的程度。在天氣預報術語中，約0.7或以上的預期雲量使用此術語。在全國林火危險率系統中，0.6或以上的雲層被稱爲「多雲」。

Cloudy：Adjective class representing the degree to which the sky is obscured by clouds. In weather forecast terminology, expected cloud cover of about 0.7 or more warrants use of this term. In the National Fire Danger Rating System, 0.6 or more cloud cover is termed "cloudy."

雲：大氣中可見的微小水／冰粒子群體。

Cloud：A visible cluster of minute water/ice particles in the atmosphere.

冷鋒面：相對較冷氣團的前緣，取代了較暖和空氣。較重的冷空氣導致一些暖空氣升起。如果提升空氣中含足夠水分，結果可能是多雲的、降水和雷暴。如果兩氣團都是乾的，就不致形成雲。在北半球經過冷鋒面後，每小時15至30哩西風或西北風，通常會持續12至24小時。

Cold Front：The leading edge of a relatively cold air mass that displaces warmer air. The heavier cold air may cause some of the warm air to be lifted. If the lifted air contains enough moisture, the result may be cloudiness, precipitation, and thunderstorms. If both air masses are dry, no clouds may form. Following the passage of a cold front in the Northern Hemisphere, westerly or northwesterly winds of 15 to 30 or more miles per hour often continue for 12 to 24 hours.

燃燒效率：與悶燒相比，有焰燃燒時火勢燃燒的相對時間量。有焰燃燒所消耗的燃料量與在悶燒階段消耗燃料量比值，其中較多燃料由於不變成二氧化碳和水，而以煙粒形式釋放。

Combustion Efficiency：The relative amount of time a fire burns in the flaming phase of combustion, as compared to smoldering combustion. A ratio of the amount of fuel that is consumed in flaming combustion compared to the amount of fuel consumed during the smoldering phase, in which more of the fuel material is emitted as smoke particles because it is not turned into carbon dioxide and water.

燃燒：產生熱量和燃料迅速氧化，通常是產生火焰型態。燃燒通常分三階段：預燃、火焰燃燒、悶燒和發熾光。

Combustion：The rapid oxidation of fuel in which heat and usually flame are produced. Combustion can be divided into three phases: preignition, flaming, smoldering and glowing.

指揮幕僚人員：指揮人員由資訊官、安全官和聯絡官等組成，他們直接向事件指揮官報告，並可能配置助理人員。

Command Staff：The command staff consists of the information officer, safety officer and liaison officer. They report directly to the incident commander and may have assistants.

緊密度：燃料顆粒之間的間距。

Compactness：Spacing between fuel particles.

足夠能量之起火源：能夠點燃野火的熱源。此可能是機械或電氣火花、發光的高溫餘燼、明火、化學反應或摩擦能的形式。

Competent Ignition Source：A source of heat that is capable of kindling a wildfire. It may be in the form of a mechanical or electrical spark, glowing ember, open flame, chemical reaction or friction.

植被狀況：構成燃料綜合體一部分的植物生長階段或可燃性程度。單獨提到草本植物時，有時會使用草本階段，即草地中年度生長階段的最低限度定性差異，通常是綠色的、逐漸固化、乾燥的或完全固化。

Condition of Vegetation：Stage of growth or degree of flammability of vegetation that forms part of a fuel complex. Herbaceous stage is at times used when referring to herbaceous vegetation alone. In grass areas minimum qualitative distinctions for stages of annual growth are usually green, curing, and dry or cured.

傳導：透過固體材料，從較高溫度區域傳遞到較低溫度之區域。

Conduction：Heat transfer through a material from a region of higher temperature to a region of lower temperature.

局限火勢：一種野火應對策略，將野火限制在一個明確的區域，主要是利用天然屏障，預期在當前和預測的天氣條件下，來限制野火的蔓延。

Confine：A wildfire response strategy of restricting a wildfire to a defined area, primarily using natural barriers that are expected to restrict the spread of the wildfire under the prevailing and forecasted weather conditions.

周界防護：適當的管理措施中採用的策略，即透過直接和間接行動以及使用自然地形特徵、燃料和天氣因素，來管理火燒周界，避免火勢擴大。

Confinement：The strategy employed in appropriate management responses where a fire perimeter is managed by a combination of direct and indirect actions and use of natural topographic features, fuel, and weather factors.

大規模林火：通常用於表示一場肆虐的破壞性火燒。如此林火其移動的前方與火風暴不同，故予以區別。

Conflagration：A raging, destructive fire. Often used to connote such a fire with a moving front as distinguished from a fire storm.

局限火勢：在火勢周邊設置燃料隔離帶。這一隔離帶包括天然屏障、手動或是機械來構造的火勢隔離地帶。

Contain a fire：A fuel break around the fire has been completed. This break may include natural barriers or manually and/or mechanically constructed line.

局限火勢：1.野火抑制行動的狀態，表明圍繞火場的控制線已完成，以及任何相關飛火，可以合理預期阻止火勢再度擴展。

Containment：The status of a wildfire suppression action signifying that a control line has been completed around the fire, and any associated spotting Fire, which can reasonably be expected to stop the fire's spread.

控制火勢：將火勢完全撲滅，包括飛火。防火線得到強化，火燒周圍出現大火焰上揚現象也不致突破此防線。

Control a fire：The complete extinguishment of a fire, including Spotting Fire. Fireline has been strengthened so that flare-ups from within the perimeter of the fire will not break through this line.

控制火線：用於控制野火的所有內置，或天然防火屏障和燃料去除之防火沿線。

Control Line：All built or natural fire barriers and treated fire edge used to control a fire.

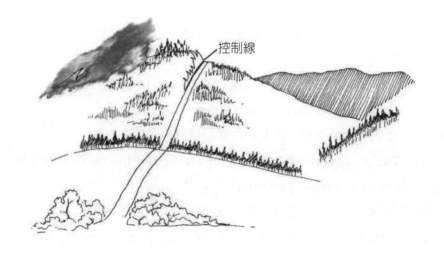

控制線

控制火勢：完成火場周圍的控制線，任何飛火以及任何要保存的內部區塊；燒除控制線靠火邊的未燃燒區域；並冷卻所有直接威脅到控制線的熱點，直到合理預期這些控制線，在可預見的條件下是保持不變的。

Controlled：The completion of control line around a fire, any spotting fire therefrom, and any interior islands to be saved; burned out any unburned area adjacent to the fire side of the control lines; and cool down all hotspots that are immediate threats to the control line, until the lines can reasonably be expected to hold under the foreseeable conditions.

覆蓋度：由植物結合空中部分所覆蓋的地面上面積，表示為占總面積的百分比。

Cover：The area on the ground covered by the combined aerial parts of plants expressed as a percent of the total area.

爬行延燒：弱火焰燃燒火勢，以緩慢蔓延方式擴展。

Creeping Fire：Fire burning with a low flame and spreading slowly.

爬行地表延燒 ➡

滅火機組主管：通常負責監督16至21名滅火人員之主管，並負責其職務執行、人員安全和福利。

Crew Boss：A person in supervisory charge of usually 16 to 21 firefighters and responsible for their performance, safety, and welfare.

冠蓋：樹冠所覆蓋的地面上面積，由其最外圍的垂直投影所劃界。

Crown Cover：The ground area covered by the crown of a tree as delimited by the vertical projection of its outermost perimeter.

樹冠火（樹冠層燃燒）：林火透過樹冠及／或灌木，或多或少獨立於地表火。

Crown Fire (Crowning)：The movement of fire through the crowns of trees or shrubs more or less independently of the surface fire.

樹冠火：從樹頂或灌木頂部向前延燒推進的林火，或多或少獨立於地表火。

Crown Fire：A fire that advances from top to top of trees or shrubs more or less independent of a surface fire.

樹冠比：鮮活樹冠部與樹高之比值。

Crown Ratio：The ratio of live crown to tree height.

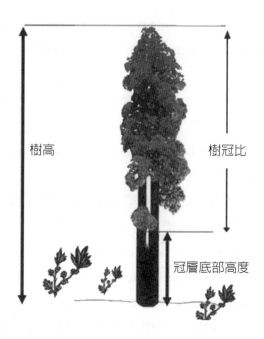

冠部燒焦高度：樹冠體受火燒焦部位，從地表以上的高度。

Crown Scorch Height：The height above the surface of the ground to which a tree canopy is scorched.

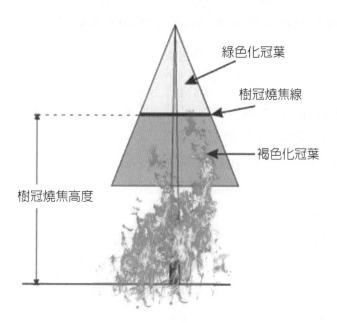

冠部燒焦：由於火燒中受熱至致死的高溫，而造成樹或灌木叢冠部的針或葉產生褐色化。火燒幾週後，樹冠燒焦色可能會不明顯。

Crown Scorch：Browning of needles or leaves in the crown of a tree or shrub caused by heating to lethal temperature during a fire. Crown scorch may not be apparent for several weeks after the fire.

完全捲曲：在1978年的美國林火危險率系統版本中，當草本燃料水分下降到30%或更低時之草本階段。

Cured：In the 1978 version of NFDRS, the herbaceous stage when herbaceous fuel moisture falls to 30% or less.

逐漸捲曲：由於死亡或衰老導致的草本植物乾燥和褐變，以及機械性死亡後木質燃料的活體燃料含水量減少（如木質枝條殘屑）。

Curing：Drying and browning of herbaceous vegetation due to mortality or senescence, and also loss of live fuel moisture content of woody fuel following mechanically-caused mortality (e.g., woody debris slash.)

捲曲指標：綠色的葉子多汁，未固化的植物朝向熱源彎曲並向內捲曲程度。

Curling Indicators：Green leaves on succulent, uncured vegetation which bends and curls inwards towards the heat source.

捲曲：草本植物或成堆枝條的乾燥和枯褐。

Curing：Drying and browning of herbaceous vegetation or slash.

D

枯死燃料：沒有活體組織的燃料，其中含水量幾乎完全由大氣溼度（相對溼度和降水量）、乾球溫度和太陽輻射所控制。

Dead Fuels：Fuels with no living tissue in which moisture content is governed almost entirely by atmospheric moisture (relative humidity and precipitation), dry-bulb temperature, and solar radiation.

碎物火燒：原本為清理土地或廢物、垃圾、牧場、留作物或草地燃燒，而發生燃燒蔓延的野火。

Debris Burning：A fire spreading from any fire originally set for the purpose of clearing land or for rubbish, garbage, range, stubble, or meadow burning.

防禦空間：自然或人造的能夠引起林火蔓延物質區域，該植被燃料已被處理、清除、減少或改變，以作為前進中野火與人命、財產或資源損失之間的障礙地帶。在實務中，「防

禦空間」是定義為在清除易燃灌木或植物的結構周圍，至少30呎的無燃料區域。

Defensible Space：An area either natural or manmade where material capable of causing a fire to spread has been treated, cleared, reduced, or changed to act as a barrier between an advancing wildland fire and the loss to life, property, or resources. In practice, "defensible space" is defined as an area a minimum of 30 feet around a structure that is cleared of flammable brush or vegetation.

低階爆燃：透過燃燒反應低於聲速的物質進行化學分解，例如低階爆炸物。

Deflagration：Chemical decomposition by burning material in which the reaction is less than sonic velocity, for example, low explosives.

監測：發現和定位林火的行為或系統。

Detection：The act or system of discovering and locating fires.

爆轟：反應超過音速的物質極快分解，例如高階爆炸物。

Detonation：An extreme rapid decomposition of a material in which the reaction is more than a sonic velocity, for example, high explosives.

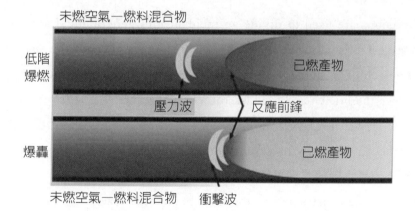

露點：為了飽和發生，在恆定壓力和水蒸氣含量下，指定空氣包必須冷卻的溫度。當溫度下降到等於露點時，可能會形成霧現象。

Dew Point：Temperature to which a specified parcel of air must cool, at constant pressure and water-vapor content, in order for saturation to occur. Fog may form when temperature drops to equal the dew point.

直接攻擊：任何火燒燃料的滅火處置，如透過水分潤溼冷卻、窒息或化學滅火，或透過物理方式將未燃之周邊燃料進行移除。

Direct Attack：Any treatment of burning fuel, such as by wetting, smothering, or chemically quenching the fire or by physically separating burning from unburned fuel.

調度：執行命令決定將資源從一個地方移動到另一地方。

Dispatch：The implementation of a command decision to move a resource or resources from one place to another.

調度員：受僱接受林火發現和狀態報告的人員，確認他們的位置、立即採取行動、提供可能需要的人員和設備，以控制第一梯次火勢攻擊，並將其派遣到適當的地點。

Dispatcher：A person employed who receives reports of discovery and status of fires, confirms their locations, takes action promptly to provide people and equipment likely to be needed for control in first attack, and sends them to the proper place.

調度中心：將資源直接分配給事件的一種設施。

Dispatch Center：A facility from which resources are directly assigned to an incident.

分部門：使用分部門將事件劃分為不同地理區域。當資源數量超過業務主管的控制範圍時，就建立了分部。分部與分支機構和特遣任務小組／滅火隊之間，是處於同一事件指揮系統組織所轄屬地。

Division：Divisions are used to divide an incident into geographical areas of operation. Divisions are established when the number of resources exceeds the span-of-control of the operations chief. A division is located with the Incident Command System organization between the branch and the task force/strike team.

推土機：任何帶有前置裝置推鏟的履帶式車輛，用於移除燃料至曝露出礦物土壤面。

Dozer：Any tracked vehicle with a front-mounted blade used for exposing mineral soil.

推土機防火線：由推土機前置推鏟構建的防火線。

Dozer Line：Fire line constructed by the front blade of a dozer.

堆土機防火線

滴火槍：透過將燃燒液體燃料滴落到待燃物上，來點燃火的手持裝置；由燃料源、燃燒器延伸管和點火器組成；使用的燃料通常是柴油和汽油的混合物。

Drip Torch：Hand-held device for igniting fires by dripping flaming liquid fuel on the materials to be burned; consists of a fuel fount, burner arm, and igniter. Fuel used is generally a mixture of diesel and gasoline.

投放區域：空中滅火飛機、直升機和貨物投放的目標區域。

Drop Zone：Target area for air tankers, helitankers, and cargo dropping.

乾旱指數：代表深腐殖層或上層土壤層所累積水分耗竭，因蒸發、蒸騰和降水淨效應的指標數據。

Drought Index：A number representing net effect of evaporation, transpiration, and precipitation in producing cumulative moisture depletion in deep duff or upper soil layers.

乾球溫度：在距離地面4～8呎陰影下所測量之空氣溫度。

Dry Bulb Temperature：The temperature of the air measured in the shade 4-8 feet above the ground.

乾球：普通溫度計的名字，用於確定空氣之溫度（以區別於溼球）。

Dry Bulb：A name given to an ordinary thermometer used to determine the temperature of the air (to distinguish it from the wet bulb).

乾球溫度：空氣中之溫度。

Dry-bulb Temperature：Temperature of the air.

乾雷電風暴：到達地面降水量可忽略不計的雷暴；也被稱為乾風暴。

Dry Lightning Storm：Thunderstorm in which negligible precipitation reaches the ground. Also called a dry storm.

腐殖質：分解有機材料層位於新鮮落下的樹枝、針葉和葉面下層，並緊靠礦物土壤層。

Duff：The layer of decomposing organic materials lying below the litter layer of freshly fallen twigs, needles, and leaves and immediately above the mineral soil.

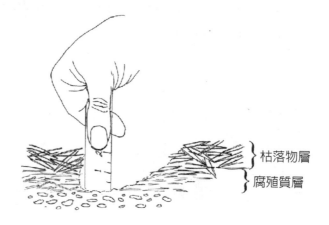

枯落物層

腐殖質層

E

生態系統：一個相互作用的自然系統，包括所有組成生物，以及影響它們的非生物環境和過程。

Ecosystem：An interacting natural system including all the component organisms together with the abiotic environment and processes affecting them.

有效風速：指中火焰之風速（樹冠層以上風速），根據斜坡對火勢蔓延的影響而做修正之風速。

Effective Windspeed：The midflame windspeed adjusted for the effect of slope on fire spread

能量釋放組分（ERC）：移動火線前鋒區域單位面積釋放的總熱量（英制熱量單位每平方呎）。

Energy Release Component (ERC)：The computed total heat released per unit area (British thermal units per square foot) within the fire front at the head of a moving fire.

消防車：提供特定等級泵浦、水箱和消防水帶容量的任何地面車輛。

Engine：Any ground vehicle providing specified levels of pumping, water and hose capacity.

消防車組成員：分配到消防車的滅火成員。火線手冊定義了消防車類型的最小成員構成。

Engine Crew：Firefighters assigned to an engine. The Fireline Handbook defines the minimum crew makeup by engine type.

火勢圍困：人員意外地陷入與林火行爲相關的危及生命之位置，該位置規劃逃生路線或安全區，是無、不足或受損的情況。陷入火勢圍困可能包括或不包括爲其預期目的而部署防火罩。這些情況可能會或可能不會導致傷害。

Entrapment：A situation where personnel are unexpectedly caught in a fire behavior-related, life-threatening position where planned escape routes or safety zones are absent, inadequate, or compromised. An entrapment may or may not include deployment of a fire shelter for its intended purpose. These situations may or may not result in injury.

環境評估（EA）：EA是由1969年美國環境政策法案（NEPA）授權的。此由公眾參與制定的簡明分析文件，用於確定特定項目或行動是否需要環境影響聲明（EIS）。如果EA確定不需要EIS，EA將成爲允許機構遵守NEPA要求的文件。

Environmental Assessment (EA)：EAs were authorized by the National Environmental Policy Act (NEPA) of 1969. They are concise, analytical documents prepared with public participation that determine if an Environmental Impact Statement (EIS) is needed for a particular project or action. If an EA determines an EIS is not needed, the EA becomes the document allowing agency compliance with NEPA requirements.

環境影響說明書（EIS）：環境影響報告書由1969年美國環境政策法案（NEPA）授權。此以公眾參與爲準則，透過提供資訊、分析和一系列行動選擇來幫助決策者，使管理者能夠看到可能產生的環境影響來做決策。一般來說，環境影響說明書是一種大規模行動或地理區域而編輯的。

Environmental Impact Statement (EIS)：EISs were authorized by the National Environmental Policy Act (NEPA) of 1969. Prepared with public participation, they assist decision makers by providing information, analysis and an array of action alternatives, allowing managers to see the probable effects of decisions on the environment. Generally, EISs are written for large-scale actions or geographical areas.

平衡含水率：如果在指定的恆定溫度和溼度的環境中曝露無限時間，燃料顆粒將達到一定的水分含量。當燃料顆粒達到平衡含水量時，它與環境之間的淨水分交換爲零。

Equilibrium Moisture Content：Moisture content that a fuel particle will attain if exposed for an infinite period in an environment of specified constant temperature and humidity. When a fuel particle reaches equilibrium moisture content, net exchange of moisture between it and the environment is zero.

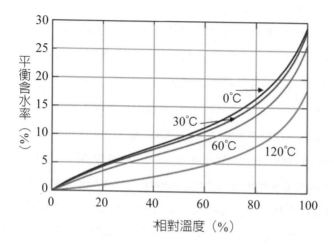

逃生路線：預先規劃並理解的避難路線，使滅火人員轉移到安全區域或其他低風險區域，例如已經火燒過的區域、之前建造的安全區域、不太燃燒的溼草地、足夠大的天然岩石區域，避免遭到火燒。當逃生路線偏離確定的物理路徑時，應清楚標記。

Escape Route：A preplanned and understood route firefighters take to move to a safety zone or other low-risk area, such as an already burned area, previously constructed safety area, a meadow that won't burn, natural rocky area that is large enough to take refuge without being burned. When escape routes deviate from a defined physical path, they should be clearly marked.

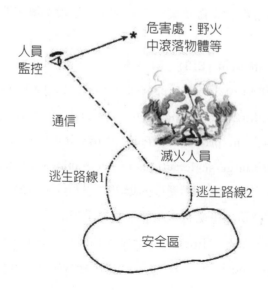

失控火勢：越出範圍或預期超過初始攻擊能力或控制的火勢行為。

Escaped Fire：A fire which has exceeded or is expected to exceed initial attack capabilities or prescription.

蒸發：將液體轉化為氣態；在此過程中液體會釋放出熱量。

Evaporation：The transformation of a liquid to its gaseous state; heat is released by the liquid during this process.

事件：有計畫的非緊急活動。事件指揮系統可用作各種活動的管理系統，例如遊行、音樂會或體育賽事。

Event：A planned, non-emergency activity. ICS can be used as the management system for a wide range of events, e.g., parades, concerts or sporting events.

熱曝露：可能因其他建築結構或野火中燃燒，而引起延燒危險之資財。

Exposure：Property that may be endangered by a fire burning in another structure or by a wildfire.

擴展攻擊：再度投入資源在最初反應野火上採取的行動資源。

Extended Attack：Actions taken on a wildfire that has exceeded the initial response.

擴大火勢攻擊事件：初始攻擊力量未能局限或控制的野火，並且有更多的滅火資源已在途中，或由最初的攻擊事件指揮官下達命令。

Extended Attack Incident：A wildland fire that has not been contained or controlled by initial attack forces and for which more firefighting resources are arriving, en route, or being ordered by the initial attack incident commander.

極端火燒行為：極端意味著一定程度的火燒行為特徵，通常排除直接控制行為的方法。一般涉及以下一種或多種情況：火延燒快速、大量樹冠火或飛火、火旋風、強對流柱。可預測性很困難，因此類林火往往會對其環境產生一定程度的影響，並且行為不規律，有時甚至是危險的。

Extreme Fire Behavior："Extreme" implies a level of fire behavior characteristics that ordinarily precludes methods of direct control action. One of more of the following is usually involved: high rate of spread, prolific crowning and/or spotting, presence of fire whirls, strong convection column. Predictability is difficult because such fires often exercise some degree of influence on their environment and behave erratically, sometimes dangerously.

F

華氏溫標：在標準大氣壓下，32°F表示融化冰的溫度，212°F表示水沸的溫度。

Fahrenheit：A temperature scale on which 32°F denotes the temperature of melting ice, and 2120 F the temperature of boiling water, both under standard atmospheric pressure.

執行砍樹者：一位砍樹的人，也稱爲電鋸者或切割者。

Faller：A person who fells trees. Also called a sawyer or cutter.

聯邦消防政策：爲聯邦機構提供野火通用方針之原則和政策。主要跨部門野火政策文件是「1995年聯邦野火管理政策的審查和更新」（2001年1月）。該政策的實施是通過「實施聯邦野火管理政策之指導」（2009年2月）。

Federal Fire Policy：Principles and policies providing a common approach to wildland fire for federal agencies. The primary, interagency wildland fire policy document is the "Review and Update of the 1995 Federal Wildland Fire Management Policy" (January 2001). Implementation of that policy is through the "Guidance for Implementation of Federal Wildland Fire Management Policy" (February 2009).

實地觀察員：在美國情況組負責人，負責蒐集和報告，有關其觀察和訪談中獲得的事件資訊。

Field Observer：Person responsible to the Situation Unit Leader for collecting and reporting information about an incident obtained from personal observations and interviews.

田野負重測驗：針對具有適度繁重職責人員之工作能力測試。此測試包含負重25英磅步行兩英里。於30分鐘時間內完成爲合格。

Field Test：A job-related test of work capacity designed for those with moderately strenuous duties. This test consists a two-mile hike with a 25-pound pack. A time of 30 minutes, the passing score for this test.

細小（輕質）燃料：易乾燃料，通常具比較大的表面積／體積比，其口徑小於1/4吋並具少於一小時之時滯。此燃料易於點燃，並在乾燥時迅速受火燒消耗。

Fine (Light) Fuels：Fast-drying fuels, generally with a comparatively high surface area-to-volume ratio, which are less than 1/4-inch in diameter and have a timelag of one hour or less. These fuels readily ignite and are rapidly consumed by fire when dry.

火場指尖帶：從火場面積主體突出火焰的狹長向前延伸地帶。

Fingers of a Fire：The long narrow extensions of a fire projecting from the main body.

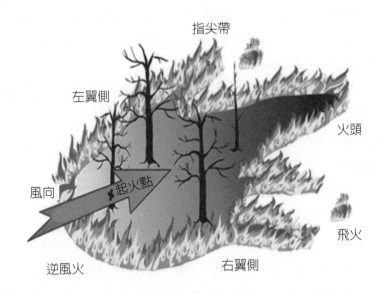

林火分析：回顧過去特定林火、滅火團體或林火季等，採取林火管理行動，以便找出有效和無效行動的原因，並建議或處方更有效工作的方式和方法。

Fire Analysis：Review of fire management actions taken on a specific fire, group of fires, or fire season in order to identify reasons for both effective and ineffective actions, and to recommend or prescribe ways and means of doing a more efficient job.

林火行為：火勢對燃料、天氣和地形影響的一種回應方式。

Fire Behavior：The manner in which a fire reacts to the influences of fuel, weather and topography.

火燒行為預測：預測可能發生的林火行為，通常由林火行為分析員編制，用於支持滅火或控制焚燒之實施。

Fire Behavior Forecast：Prediction of probable fire behavior, usually prepared by a fire behavior analyst, in support of fire suppression or prescribed burning operations.

林火行為預測模式：一組數學方程式，可用於預測燃料和環境條件，來評估林火行為的某些方面。

Fire Behavior Prediction Model：A set of mathematical equations that can be used to predict certain aspects of fire behavior when provided with an assessment of fuel and environmental conditions.

林火行為預測系統：一個系統，使用一組數學方程來預測燃料和環境條件的數據，以預測

野地燃料林火行為時之某些方面。

Fire Behavior Prediction System：A system that uses a set of mathematical equations to predict certain aspects of fire behavior in wildland fuels when provided with data on fuel and environmental conditions.

林火行為預測：預測可能的林火行為，通常由林火行為幹部來編制，用於提供滅火或控制焚燒之操作依據。

Fire Behavior Forecast：Prediction of probable fire behavior, usually prepared by a Fire Behavior Officer, in support of fire suppression or prescribed burning operations.

林火行為專家：在美國可能是負責規劃之主管，以建立天氣數據蒐集系統，並根據林火歷史、燃料、天氣和地形發展，來進行林火行為預測的人員。

Fire Behavior Specialist：A person responsible to the Planning Section Chief for establishing a weather data collection system and for developing fire behavior predictions based on fire history, fuel, weather and topography.

防火線：用於停止或巡查可能發生的林火，或提供滅火控制線之一種自然或構造屏障沿線地帶。

Fire Break：A natural or constructed barrier used to stop or check fires that may occur, or to provide a control line from which to work.

防火線

林火利益：具有正面的貨幣、社會或情感價值，或透過改變資源基礎，來實現組織目標的火燒影響。

Fire Benefits：Fire effects with positive monetary, social, or emotional value or that contribute, through changes in the resource base, to the attainment of organizational goals.

縱火毒癮者：縱火犯，特別是重複性的放火者。

Fire Bug：Arsonist, especially a repetitive firesetter.

林火特徵業務：描述某一地區林火發生的特徵，以每年林火總面積和畝數來描述；以及時間、規模、原因、火燒日數、大火日數和多重火燒日數之數量。

Fire Business：The characterization of fire occurrence in an area, described in terms of total number of fires and acres per year; and number of fires by time, size, cause, fire-day, large fire-day, and multiple fire-day.

滅火特殊組合裝備：消防工具和設備的供應，在戰略要點上按計畫數量或標準單位進行組裝，專門用於滅火之一種裝備。

Fire Cache：A supply of fire tools and equipment assembled in planned quantities or standard units at a strategic point for exclusive use in fire suppression.

林火原因：發生林火的媒介物；林火點燃來源。出於統計目的，林火分為廣泛原因類別。美國使用的九大常見原因是閃電、營火、吸菸、燃燒垃圾、蓄意火燒、機器（設備）使用不慎、鐵路火星、小孩玩火和雜項。

Fire Cause：Agency or circumstance which started a fire or set the stage for its occurrence; source of a fire's ignition. For statistical purposes fires are grouped into broad cause classes. The nine general causes used in the U.S. are lightning, campfire, smoking, debris burning, incendiary, machine use (equipment), railroad, children, and miscellaneous.

林火原因別：林火發生根據其來源分組之任一類別。

Fire Cause Class：Any class into which wildland fires are grouped according to their origin.

林火氣候：隨時間變化的天氣因素綜合模式，會影響特定地區的林火行為。

Fire Climate：Composite pattern of weather elements over time that affect fire behavior in a given region.

林火極盛相：一直維持週期性火燒的植物群落。

Fire Climax：Plant community maintained by periodic fires.

滅火隊成員：由隊長領導或其他指定幹部領導的一種有組織滅火團體的人員。

Fire Crew：An organized group of firefighters under the leadership of a crew leader or other designated official.

林火危險：影響林火開始、延燒和滅火控制以及隨後的林火損害，其持續危險和可變危險

因素之和；通常以指數值表示。

Fire Danger：Sum of constant danger and variable danger factors affecting the inception, spread, and resistance to control, and subsequent fire damage; often expressed as an index.

林火危險率：根據燃燒條件和其他林火危險因素來確定，表示野地火燒危險嚴重程度之相對數值。

Fire Danger Index：A relative number indicating the severity of wildland fire danger as determined from burning conditions and other variable factors of fire danger.

林火危險率：林火管理系統，將選定林火危險因素的影響綜合，為當前防護需求的一個或多個定性或數字代表指標。

Fire Danger Rating：A fire management system that integrates the effects of selected fire danger factors into one or more qualitative or numerical indices of current protection needs.

林火危險率系統：制定和應用林火危險率所必須的完整程序，包括數據蒐集、數值處理、林火危險模組、通信和數據存儲之系統。

Fire Danger Rating System：The complete program necessary to produce and apply fire danger ratings, including data collection, data processing, fire danger modeling, communications, and data storage.

林火生態學：研究林火對生物體及其環境的影響。

Fire Ecology：The study of the effects of fire on living organisms and their environment.

火場周邊：某一時刻之火場的邊界。

Fire Edge：The boundary of a fire at a given moment.

林火影響：林火對環境的物理、生物和生態之綜合影響。

Fire Effects：The physical, biological, and ecological impacts of fire on the environment.

林火環境：決定林火行為的周圍條件，即地形、燃料和天氣之影響和變化。

Fire Environment：The surrounding conditions, influences, and modifying forces of topography, fuel, and weather that determine fire behavior.

火燒頻率：一個通用術語，指隨著時間的推移，某一特定地區林火之再次發生。

Fire Frequency：A general term referring to the recurrence of fire in a given area over time.

林火前鋒：火燒範圍中連續有焰燃燒的前進部分。除非另有規定，否則火前線被認為是火燒周邊的前緣。在地下火中，火前沿可能主要為悶燒移動區域。

Fire Front：The part of a fire within which continuous flaming combustion is taking place. Unless otherwise specified the fire front is assumed to be the leading edge of the fire perimeter. In ground fires, the fire front may be mainly smoldering combustion.

林務消防人員：滅火員、瞭望臺、巡邏人員、防火警戒人員或其他直接受僱於預防，和／或發現並撲滅火勢的人員總稱。

Fire Guard：A general term for a firefighter, lookout, patrol, prevention guard, or other person directly employed for prevention and/or detection and suppression of fires.

林火危險指數：特定燃料類型的數值評級，顯示林火發生和延燒的相對機率，以及可能的控制火勢度；類似於燃燒指數，但沒有風速的影響。

Fire Hazard Index：A numerical rating for specific fuel types, indicating the relative probability of fires starting and spreading, and the probable degree of resistance to control; similar to burning index, but without effects of wind speed.

林火間隔：特定地區連續兩次林火事件之間隔年數；也被稱為自然林火間隔或林火返回間隔。

Fire Interval：The number of years between two successive fire events for a given area; also referred to as fire-free interval or fire-return interval.

林火調查：確定起火源，即第一次起火材料、起火因素和起火責任一方的作業過程。

Fire Investigation：The process of determining the ignition source, materials first ignited, ignition factors, and party responsible for a fire.

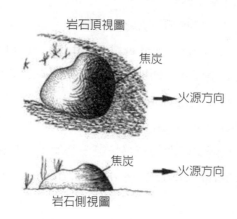

消防車道：在偏遠地區進行道路清理，其寬度足以允許單線消防車輛通行。

Fire Lane：Cleared path wide enough to permit single-lane vehicular access in a remote area.

火強度：與火燒釋放的熱能有關的一個總稱。

Fire Intensity：A general term relating to the heat energy released by a fire.

火燒載量：在林火危險率特定指數上，所指定時間段（通常爲一日）內特定地景單元上，林火所可能延燒的燃料數量和規模（Fire Load此爲美國林務局專用特定術語）。

Fire Load：The number and size of fires historically experienced on a specified unit over a specified period (usually one day) at a specified index of fire danger.

火燒載量指數（FLI）：在林火危險率期間，評估區域內進行局限所有可能發生的火勢，所需付出最大努力的數值等級。

Fire Load Index (FLI)：Numerical rating of the maximum effort required to contain all probable fires occurring within a rating area during the rating period.

林火管理：爲了滿足土地管理目標，而管理林火的所有活動。林火管理包括規劃、預防、燃料或植被修改、控制焚燒、危害減災、林火應變、復原、監測和評估等所有活動。

Fire Management：All activities for the management of wildland fires to meet land management objectives. Fire management includes the entire scope of activities from planning, prevention, fuels or vegetation modification, prescribed fire, hazard mitigation, fire response, rehabilitation, monitoring and evaluation.

林火管理計畫（FMP）：一項戰略計畫，定義一個管理野地和控制焚燒的計畫，並在核准的土地使用計畫中，記錄林火管理方案。該計畫由整備計畫、預先規劃的調度計畫、控制焚燒計畫和火勢預防計畫等各種執行計畫之整合。

Fire Management Plan (FMP)：A strategic plan that defines a program to manage wildland and prescribed fires and documents the Fire Management Program in the approved land use plan. The plan is supplemented by operational plans such as preparedness plans, preplanned dispatch plans, prescribed fire plans, and prevention plans.

滅火工具背包：提前準備好的一個人使用的滅火工具、裝備和用品，以便人員攜帶之背包。

Fire Pack：A one-person unit of fire tools, equipment, and supplies prepared in advance for carrying on the back.

火燒周長：火燒整個面積之邊緣或邊界。

Fire Perimeter：The entire outer edge or boundary of a fire.

林火整備：在林火發生之前，進行的活動有助於確保更有效的滅火。活動包括整體規劃、林務消防人員的招聘和培訓、消防設備和用品的採購和維護、植被燃料處理，以及燃料隔離帶、道路、水源和控制線等建置、維護和改善工作。

Fire Presuppression：Activities undertaken in advance of fire occurrence to help ensure more effective fire suppression. Activities includes overall planning, recruitment and training of fire personnel, procurement and maintenance of firefighting equipment and supplies, fuel treatment and creating, maintaining, and improving a system of fuel breaks, roads, water sources, and control lines.

林火體制：描述在特定地區或生態系統中發生林火頻率、規模、嚴重度之類型，有時也有植被和林火影響之情況。林火體制是基於個別林地之林火歷史之概括。由於歷史的某些部分通常會被重複，並且可以對重複進行計數和測量，例如林火返回間隔，所以林火往往能描述為一種循環之體制。

Fire Regime：Description of the patterns of fire occurrences, frequency, size, severity, and sometimes vegetation and fire effects as well, in a given area or ecosystem. A fire regime is a generalization based on fire histories at individual sites. Fire regimes can often be described as cycles because some parts of the histories usually get repeated, and the repetitions can be counted and measured, such as fire return interval.

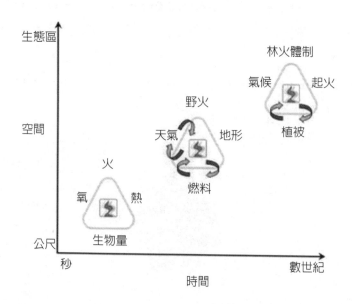

耐火樹種：具緊實性、無樹脂、厚實的軟木樹皮和不易燃樹葉之物種，與火敏感樹種相比，被火燒死或焦痕的可能性是相對較低的樹種。

Fire Resistant Tree：A species with compact, resin-free, thick corky bark and less flammable foliage that has a relatively lower probability of being killed or scarred by a fire than a fire sensitive tree.

消防資源：所有人員和設備是可用或潛在可用於事件之分配使用的資源。

Fire Resources：All personnel and equipment available or potentially available for assignment to incidents.

阻燃劑：除透過化學或物理作用來降低燃料易燃性或減慢其燃燒速率，一種除普通水以外的任何物質。

Fire Retardant：Any substance except plain water that by chemical or physical action reduces flammability of fuels or slows their rate of combustion.

林火風險：根據致災因子的存在和活動，來確定林區起火機會。

Fire Risk：The chance of fire starting, as determined by the presence and activity of causative agents.

火疤痕：對木質植被造成的傷害、癒合或傷痕，由火燒行為引起或加劇之跡象。

Fire Scar：A healing or healed injury or wound to woody vegetation, caused or accentuated by a fire.

林火季節：(1)一年中野火可能點燃、延燒和影響資源之價值，足以進行有組織之林火管理活動的季節期間。(2)合法制定的時間，在此期間由州或地方當局來管理任何使用火燒活動。

Fire Season：1)Period (s)of the year during which wildland fires are likely to occur, spread, and affect resource values sufficient to warrant organized fire management activities. 2)A legally enacted time during which burning activities are regulated by state or local authority.

林火嚴重度：林地被火燒改變或破壞的程度；基本上指火嚴重度和火燒停留時間的產物。

Fire Severity：Degree to which a site has been altered or disrupted by fire; loosely, a product of fire intensity and residence time.　see also: Burn Severity

防火罩：一種鍍鋁篷包，透過反射輻射熱來提供人員保護，在火線前進位置無法避開情況下，篷包內提供一定量的空氣。作為最後的防護手段，防火罩只能在火燒人命威脅的情況下使用。

Fire Shelter：An aluminized tent offering protection by means of reflecting radiant heat and providing a volume of breathable air in a fire entrapment situation. Fire shelters should only be used in life-threatening situations, as a last resort.

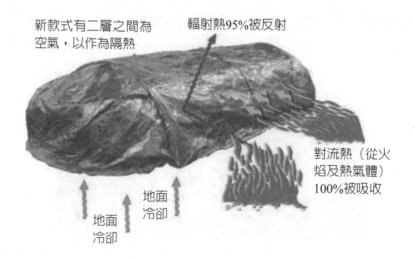

新款式有二層之間為空氣，以作為隔熱

輻射熱95%被反射

對流熱（從火焰及熱氣體）100%被吸收

地面冷卻

地面冷卻

防火罩部署：在大火前進方向上，從背包中取出防火罩並展開布置，作為遮擋火焰之用，在火線經過時人員就地防護之用。

Fire Shelter Deployment：The removing of a fire shelter from its case and using it as protection against fire.

林火風暴：由大規模連續性烈火引起強烈對流。通常在周邊附近和超出周邊具破壞性的強烈地表捲吸風流，有時如龍捲風般旋轉。

Fire Storm：Violent convection caused by a large continuous area of intense fire. Often characterized by destructively violent surface indrafts, near and beyond the perimeter, and sometimes by tornado-like whirls.

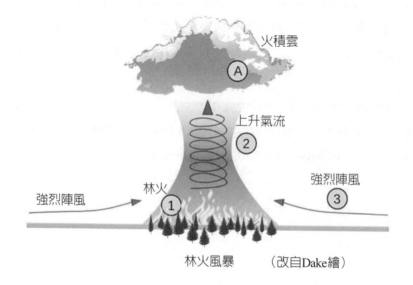

火積雲

Ⓐ

上升氣流

②

強烈陣風

強烈陣風

③

林火

①

林火風暴　　（改自Dake繪）

滅火劑：直接施用於燃燒中燃料，來熄滅有焰的燃燒和悶燒階段的任何試劑。

Fire Suppressant：Any agent used to extinguish the flaming and glowing phases of combustion by direct application to the burning fuel.

滅火組織：1.集體指派壓制特定火燒的人員和設備。2.指定區域內負責滅火的人員。3.管理結構階層，在滅火方面通常以組織表形式，顯示有特定責任的個人和團體。

Fire Suppression Organization：1.The personnel and equipment collectively assigned to the suppression of a specific fire. 2.The personnel responsible for fire suppression within a specified area.3.The management structure, usually shown in the form of an organization chart of the persons and groups having specific responsibilities in fire suppression.

滅火活動：所有控制和滅火操作相關的工作和活動，從發現火勢開始直到其完全熄滅之活動。

Fire Suppression：All work and activities connected with control and fire-extinguishing operations, beginning with discovery and continuing until the fire is completely extinguished.

打火把：一種手工滅火工具，由一根長而厚的平整橡膠片組成，用於拖拽或打熄雜草火燒。

Fire Swatter：A fire tool that consists of a thick, flat piece of rubber on a long handle used to drag over or smother out flames of grass fires.

滅火禁區：(1)高度易燃物質的積累，使第一線滅火人具有危險性。(2)任何情況下，它是對滅火工作產生高度危險的。

Fire Trap：(1)An accumulation of highly combustible material, rendering firefighting dangerous. (2)Any situation in which it is highly dangerous to fight fire.

火三角：以三角形各邊代表燃燒所需的三因素（氧氣、熱量與燃料），一種指導性輔助用語；去除這三因素中任一個，將會導致燃燒中斷現象。

Fire Triangle：Instructional aid in which the sides of a triangle are used to represent the three factors (oxygen, heat, fuel) necessary for combustion and flame production; removal of any of the three factors causes flame production to cease.

點火方式：無論點火源是有計畫或是未計畫，根據法律和預算限制，來進行之管理區分。在實施指導下，只有兩類野地火燒：野火和控制焚燒是得到認可的。

Fire Type：A management distinction, made to satisfy legal and budget constraints, based on whether the ignition source was planned or unplanned. Under the implementation guidance, only two types of wildland fire-wildfire and prescribed fire-are recognized.

火燒使用模組（控制焚燒模組）：在美國主要專門用於控制焚燒管理，以有技能之機動人員團隊來執行。這些團隊是國家和機構間資源，可在整個控制焚燒季節使用，進行林區一定範圍內點燃、掌控和監測有計畫的火燒行為。

Fire Use Module (Prescribed Fire Module)：A team of skilled and mobile personnel dedicated primarily to prescribed fire management. These are national and interagency resources, available throughout the prescribed fire season, that can ignite, hold and monitor prescribed fires.

林火天氣：影響林區點燃、林火行為和人為抑制的天氣狀況。

Fire Weather：Weather conditions that influence fire ignition, behavior and suppression.

林火天氣指數（FWI）：加拿大林火危險率系統之數值指標，基於標準燃料類型中火強度的氣象量測（標準燃料類型以北美傑克松和北美黑松為代表）。FWI是由三種燃料水分代碼組成，涵蓋不同乾燥速率的森林燃料類別及兩個代表延燒速度和可用燃料量之指數。

Fire Weather Index (FWI)：A numerical rating in the Canadian fire danger rating system, based on meteorological measurements of fire intensity in a standard fuel type. (The standard fuel type is representative of jack pine and lodgepole pine.) The FWI is comprised of three fuel moisture codes, covering classes of forest fuel of different drying rates, and two indices that represent rate of spread and the amount of available fuel.

林火天氣觀察：林火天氣預報員使用的某種術語，通常在事件發生前24到72小時，將當前和正在發展的氣象條件可能演變成危險的林火天氣資訊，用來通報使用單位。

Fire Weather Watch：A term used by fire weather forecasters to notify using agencies, usually 24 to 72 hours ahead of the event, that current and developing meteorological conditions may evolve into dangerous fire weather.

火旋風：從火中升起氣體和旋轉升起的熱空氣，並攜隨舉起的煙霧、碎物和火焰。火焰的旋轉範圍從不到一呎到直徑超過500呎都有；大火旋風強度能達到小龍捲風之規模。

Fire Whirl：Spinning vortex column of ascending hot air and gases rising from a fire and carrying aloft smoke, debris, and flame. Fire whirls range in size from less than one foot to more than 500 feet in diameter. Large fire whirls have the intensity of a small tornado.

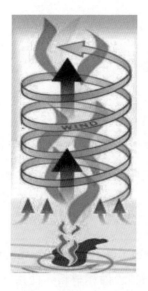

飛火星：任何自然或人造的熱源，能夠點燃野地燃料。透過風、對流或重力自然攜帶火勢上方有焰燃燒或發熾光的燃料顆粒，飛揚飄進下風處未燃燒的燃料中。

Firebrand：Any source of heat, natural or human made, capable of igniting wildland fuels. Flaming or glowing fuel particles that can be carried naturally by wind, convection currents, or by gravity into unburned fuels.

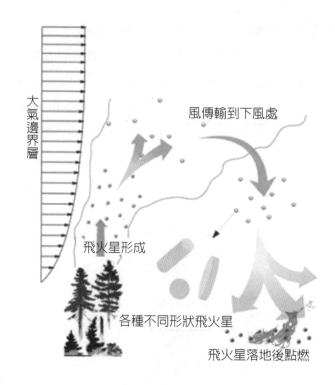

消防人員：主要職能是滅火工作之人員。

Firefighter：Person whose principal function is fire suppression.

消防單位：合格的消防人員，連同其設備和材料，使用於抑制野地火燒。

Firefighting Forces：Qualified firefighters, together with their equipment and material, used to suppress wildland fires.

滅火資源：所有可能或可能被分配到火場的人員和主要設備項目。

Firefighting Resources: All people and major items of equipment that can or potentially could be assigned to fires.

火場：滅火人員與火勢對抗之作業區域。

Fireground：Operational area on which firefighters combat a fire.

火線強度：(1)每單位地面之可用燃燒熱量與火延燒速度的乘積，解釋為每單位長度火焰邊緣單位時間之釋放熱量。主要單位是火勢前鋒每秒每呎之Btu（Btu/sec/ft）。(2)單位時間每單位長度火勢前鋒之熱釋放率。在數值上，它是火勢前鋒消耗的燃料量和傳播速率之一種熱量產出的結果。

Fireline Intensity：1.The product of the available heat of combustion per unit of ground and the rate of spread of the fire, interpreted as the heat released per unit of time for

each unit length of fire edge. The primary unit is Btu per second per foot（Btu/sec/ft）
of fire front.2.The rate of heat release per unit time per unit length of fire front. Nu-
merically, it is the product of the heat yield, the quantity of fuel consumed in the fire
front, and the rate of spread.

防火線：焚燒或挖掘至礦物土壤層，以局限火勢或控制線的一部分

Fireline：The part of a containment or control line that is scraped or dug to mineral soil.

礦物土壤層　防火線

放火：通常是人爲蓄意和惡意點燃之火燒。

Firesetting：Starting a fire, usually deliberately and maliciously.

火：快速氧化，通常伴隨著發熱和發光之歷程；熱量、燃料與氧氣和三者間的相互作用。

Fire：Rapid oxidation, usually with the evolution of heat and light; heat fuel, oxygen and
interaction of the three.

一階火燒影響（FOFE）：涉及火燒的直接或直接後果的影響，如生物量消耗、冠部燒
焦、樹幹受損與煙霧。一階效應形成預測二階效應的重要基礎，如樹木再生、植物演替
和林分生產力的變化，但這些涉及與許多其他非火燒變量的相互作用。

First Order Fire Effects (FOFE)：The effects that concern the direct or immediate conse-
quences of fire, such as biomass consumption, crown scorch, bole damage, and smoke
production. First order effects form an important basis for predicting secondary effects
such as tree regeneration, plant succession, and changes in site productivity, but these
involve interaction with many other non-fire variables. see also: Second Order Fire Ef-
fects.

火焰：(1)正在經歷快速燃燒的大量氣體，通常伴隨顯熱和白熾光的發展。(2)燃燒過程
中，燃燒的氣體釋放出的光線。

Flame：1.A mass of gas undergoing rapid combustion, generally accompanied by evolution of sensible heat and incandescence.2.Light given off by burning gasses during the combustion process.

火焰深度：火勢前鋒之深度。

Flame Depth：The depth of the fire front.

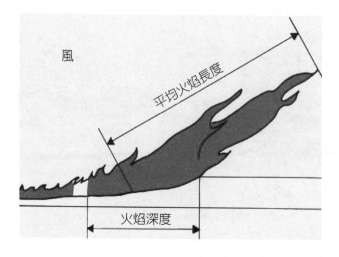

火焰高度：在火線前緣，火焰的平均最大垂直延伸距離。不考慮偶然上揚火焰高於一般持續火焰的水平。如果火焰由於風或斜坡而傾斜，則該距離會小於火焰長度。

Flame Height：The average maximum vertical extension of flames at the leading edge of the fire front. Occasional flashes that rise above the general level of flames are not considered. This distance is less than the flame length if flames are tilted due to wind or slope.

火焰長度：火焰上部尖端與火焰底部（通常為地表面）之燃燒水平深度中點間的上下距離；是一種火強度的指標。

Flame Length：The distance between the flame tip and the midpoint of the flame depth at the base of the flame (generally the ground surface); an indicator of fire intensity.

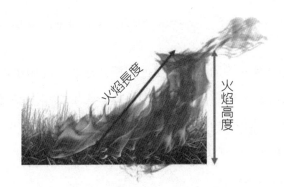

有焰燃燒階段：由燃料的快速分解產生氣體之氧化熾光現象。該階段遵循提點燃前階段，並且在最後悶燒具有較慢的燃燒速率階段之前。水蒸氣、煤煙和焦油構成可見煙霧。相對有效的燃燒會產生最小的煙灰和焦油，並導致白煙；而高含水量也會產生白煙現象。

Flaming Combustion Phase：Luminous oxidation of gases evolved from the rapid decomposition of fuel. This phase follows the pre-ignition phase and precedes the smoldering combustion phase, which has a much slower combustion rate. Water vapor, soot, and tar comprise the visible smoke. Relatively efficient combustion produces minimal soot and tar, resulting in white smoke; high moisture content also produces white smoke.

火焰前鋒：火勢主要延燒的移動火線。在這個有焰燃燒區域後面，主要是無焰高溫熾光區。輕質燃料通常具有較淺的火線前鋒，而重質燃料具有較深的前鋒。

Flaming Front：The zone of a moving fire where the combustion is primarily flaming. Behind this flaming zone combustion is primarily glowing. Light fuels typically have a shallow flaming front, whereas heavy fuels have a deeper front.

火燒的側翼：火燒周邊面積的部分，與火勢主要延燒方向是大致平行之火線地帶。

Flanks of a Fire：The parts of a fire's perimeter that are roughly parallel to the main direction of spread.

有焰階段：燃料是受到引燃及在有焰燃燒階段消耗之火焰階段。

Flaming Phase：That phase of a fire where the fuel is ignited and consumed by flaming combustion.

易燃性：無論燃料的數量如何，燃料都相對容易點燃和燃燒。

Flammability：The relative ease with which fuels ignite and burn regardless of the quantity of the fuels.

火場之側翼：火勢周邊的部分與延燒的主要方向大致平行。

Flanks of a Fire：The parts of a fire's perimeter that are roughly parallel to the main direction of spread.

突發上揚火焰：任何突然火勢加速蔓延或火焰規模加劇。與爆燃不同，突發火焰上揚持續時間相對較短，並沒有足以對火勢控制的計畫，產生根本上改變。

Flare-up：Any sudden acceleration of fire spread or intensification of a fire. Unlike a blow-up, a flare-up lasts a relatively short time and does not radically change control plans.

輕質燃料：燃料如草、葉、垂掛松針、蕨類植物、樹苔和某些種類的枝條，容易點燃並在乾燥時迅速遭火消耗掉，也叫細小燃料。

Flash Fuels：Fuels such as grass, leaves, draped pine needles, fern, tree moss and some kinds of slash, that ignite readily and are consumed rapidly when dry. Also called fine fuels.

閃火點：可燃液體的蒸氣，能在空氣中點燃時之最低溫度值。

Flash Point：Lowest temperature at which the vapor of a combustible liquid can be made to ignite in air.

閃燃：在距主火前端一定距離處，形成快速燃燒和／或存在被困住未燃燒氣體，所產生爆炸似閃火現象。通常只發生在通風不良的地形中。

Flashover：Rapid combustion and/or explosion of unburned gases trapped at some distance from the main fire front. Usually occurs only in poorly ventilated topography.

草甸：具柔軟而不是永久的木質莖，也非草或類似草本的一種植物。

Forb：A plant with a soft, rather than permanent woody stem, that is not a grass or grass-like plant.

林火：為了法律目的而定義不同（例如，加利福尼亞州公共資源法典：全部或部分由木材、灌木、草本、穀物或其他易燃植物覆蓋土地上，一種未控制的火燒現象）。林火類型可分為地下火、地表火和樹冠火。

Forest Fire：Variously defined for legal purposes (e.g., the State of California Public Resources Code: uncontrolled fire on lands covered wholly or in part by timber, brush, grass, grain, or other flammable vegetation). Types of fires are ground, surface, and crown.

自由燃燒：天然屏障或人為控制措施，並未採取動作來減緩火燒或部分火燒的情況。

Free Burning：The condition of a fire or part of a fire that has not been slowed by natural barriers or by control measures.

燃料排列：一般術語，爲燃料顆粒或碎片的空間分布和方位。

Fuel Arrangement：A general term referring to the spatial distribution and orientation of fuel particles or pieces.

燃料床深度：火線蔓延之燃燒區內，在地表燃料的平均高度。

Fuel Bed Depth：Average height of surface fuels contained in the combustion zone of a spreading fire front.

燃料床：通常以一系列燃料特定載量、深度和粒度構造，以滿足實驗要求；也常用於描述自然環境下的燃料整體組成。

Fuel Bed：An array of fuels usually constructed with specific loading, depth and particle size to meet experimental requirements; also, commonly used to describe the fuel composition in natural settings.

燃料隔離帶：燃料屬性的自然或人爲變化，影響火燒行爲，以便更容易來控制火勢之地帶。

Fuel Break：A natural or manmade change in fuel characteristics which affects fire behavior so that fires burning into them can be more readily controlled.

燃料屬性：構成燃料的因素，如緊密度、燃料載量、水平連續性、垂直排列、化學成分、尺寸和形狀以及含水量。

Fuel Characteristics：Factors that make up fuels such as compactness, loading, horizontal continuity, vertical arrangement, chemical content, size and shape, and moisture content.

燃料：可燃材料，包括植被如草、樹葉、地面枯枝落葉、植物、灌木和樹木，這些都會成爲火燒物質。

Fuel：Combustible material. Includes, vegetation, such as grass, leaves, ground litter, plants, shrubs and trees, that feed a fire.

燃料深度：從枯落層底部到燃料層頂部的平均距離，通常是地表燃料。

Fuel Depth：The average distance from the bottom of the litter layer to the top of the layer of fuel, usually the surface fuel.

燃料載量：存在的燃料量以每單位面積的燃料重量做定量表示。這可能是可用燃料（消耗性燃料）或總燃料，通常是乾重。

Fuel Loading：The amount of fuel present expressed quantitatively in terms of weight of fuel per unit area. This may be available fuel (consumable fuel) or total fuel and is usually dry weight.

燃料管理：野地燃料透過機械、化學、生物或人工手段或火燒方式來控制可燃性，以達成土地管理目標的行為或實務。

Fuel Management：Act or practice of controlling flammability and reducing resistance to control of wildland fuels through mechanical, chemical, biological, or manual means, or by fire, in support of land management objectives.

燃料型：模擬燃料綜合體（或植物類型的組合），其中已指定了數值擴展速率模型，所需燃料屬性之描述值。

Fuel Model：Simulated fuel complex (or combination of vegetation types) for which all fuel descriptors required for the solution of a mathematical rate of spread model have been specified.

燃料水分（燃料含水量）：燃料中的水分含量，以華氏212度絕對乾燥時的重量百分比表示。

Fuel Moisture (Fuel Moisture Content)：The quantity of moisture in fuel expressed as a percentage of the weight when thoroughly dried at 212 degrees Fahrenheit.

燃料含水量：在華氏212度下絕乾時燃料中的水分含量，以重量百分比表示。

Fuel Moisture Content：The quantity of moisture in fuel expressed as a percentage of the weight when thoroughly dried at 212 degrees F.

燃料縮減：操縱包括燃燒或燃料的移除，以減少起火的可能性，和／或減少潛在的損害和滅火阻力，以能控制火勢。

Fuel Reduction：Manipulation, including combustion, or removal of fuels to reduce the likelihood of ignition and/or to lessen potential damage and resistance to control.

燃料類型：可識別相關的燃料元素，即特定植物種類、形式、尺寸、布置或其他特徵，其會在特定天氣條件下導致可預測的林火蔓延速度，或者是形成難以控制火勢之情況。

Fuel Type：An identifiable association of fuel elements of a distinctive plant species, form, size, arrangement, or other characteristics that will cause a predictable rate of fire spread or difficulty of control under specified weather conditions.

G

總參謀幕僚：事件管理人員向事件指揮官報告。根據需要，可能都有一位助手。幕僚人員由作業科科長、計畫科長、後勤科科長和財務／行政科科長組成。

General Staff：The group of incident management personnel reporting to the incident commander. They may each have a deputy, as needed. Staff consists of operations section chief, planning section chief, logistics section chief, and finance/administration section chief.

管轄區：由野地消防機構指定的行政邊界，這些機構在這些地方協調合作並有效利用資源。

Geographic Area：A political boundary designated by the wildland fire protection agencies, where these agencies work together in the coordination and effective utilization.

發熾光燃燒：伴隨著白熾的固體燃料氧化過程。所有揮發性物質已經熱裂解予以釋出，氧氣到達燃燒表面，沒有可見的煙霧。該階段遵循悶燒階段，並繼續到溫度下降至燃燒臨界值以下，或者直到僅剩下不可燃灰分為止。

Glowing Combustion：The process of oxidation of solid fuel accompanied by incandescence. All volatiles have already been driven off, oxygen reaches the combustion surfaces, and there is no visible smoke. This phase follows the smoldering combustion phase and continues until the temperature drops below the combustion threshold value, or until only non-combustible ash remains.

防火綠帶：地景和定期維護的燃料隔離帶，通常做一些額外使用（例如高爾夫球場、公園、遊樂場）。

Greenbelt：Landscaped and regularly maintained fuel break, usually put to some additional use (e.g., golf course, park, playground).

地下火：消耗地面下方有機物質的火燒，如泥炭燃燒。

Ground Fire：Fire that consumes the organic material beneath the surface litter ground, such as a peat fire.

地下燃料：地表枯落物以下的所有可燃材料，包括腐殖質或灌木根部、木質、泥炭和鋸末，通常支持無焰熾光高溫之燃燒行為。

Ground Fuel：All combustible materials below the surface litter, including duff, tree or shrub roots, punchy wood, peat, and sawdust, that normally support a glowing combustion without flame.

H

海恩斯指數：一種大氣指數，透過量測火場上的空氣穩定度和乾燥度，來指示林火增長的潛力。

Haines Index：An atmospheric index used to indicate the potential for wildfire growth by measuring the stability and dryness of the air over a fire.

手工防火線：用手工具建造的防火線。

Hand Line：A fireline built with hand tools.

危害縮減：對起火和火強度或延燒速度威脅，所進行任何危害降低的處理行動。

Hazard Reduction：Any treatment of a hazard that reduces the threat of ignition and fire intensity or rate of spread.

火頭：隨風蔓延或傳播的火勢前端。

Head Fire：A fire spreading or set to spread with the wind .

火勢前端：火場蔓延速度最快的一邊。

Head of a Fire：The side of the fire having the fastest rate of spread.

燃燒熱：燃料完全燃燒產生的熱能，表示為每單位重量燃料的熱量。高燃燒熱值是可能的，低燃燒熱值是高燃燒熱量減去在開放系統中所生熱損失（主要是燃料中水分蒸發的熱量）。

Heat of Combustion：The heat energy resulting from the complete combustion of a fuel, expressed as the quantity of heat per unit weight of fuel. The high heat of combustion is the potential available, and the low heat of combustion is the high heat of combustion minus several losses that occur in an open system (primarily heat of vaporization of moisture in the fuel).

熱釋放率：1.每單位時間上單位質量所消耗的燃料，所產生的總熱量。2.每單位時間燃燒形成對流階段，所釋放到大氣中的熱量。

Heat Release Rate：1.Total amount of heat produced per unit mass of fuel consumed per unit time. 2.Amount of heat released to the atmosphere from the convective-lift fire phase of a fire per unit time.

熱傳：透過傳導、對流和輻射作用，將熱量從一個物體傳遞到另一物體的傳輸過程。

Heat Transfer：Process by which heat is imparted from one body to another, through conduction, convection, and radiation.

重型燃料：大口徑的燃料如枯立木、原木、大型枝幹材，其火燒消耗比輕質燃料慢得多。

Heavy Fuels：Fuels of large diameter such as snags, logs, large limb wood, that ignite and are consumed more slowly than flash fuels.

直升機基地：一般事件區域內的主要位置，為直升機的降落、加油、維修和裝載動作。直升機基地通常位於事件基地或附近。

Helibase：The main location within the general incident area for parking, fueling, maintaining, and loading helicopters. The helibase is usually located at or near the incident base.

直升機臨時著陸點：直升機的臨時降落著陸點。

Helispot：A temporary landing spot for helicopters.

直升機滅火攻擊：在林火初期，使用直升機將人員、設備和阻燃劑或滅火劑，運送到火線上。

Helitack：The use of helicopters to transport crews, equipment, and fire retardants or suppressants to the fire line during the initial stages of a fire.

直升機滅火成員：一群滅火機組成員，在技術和後勤上使用直升機進行滅火行動。

Helitack Crew：A group of firefighters trained in the technical and logistical use of helicopters for fire suppression.

控制行動：為實現野地控制焚燒管理目標而規劃的行動。這些行動具有針對使用火燒行為的具體實施時間表，但對滅火抑制行為的實施要求不太注重（除非必要）。

Holding Actions：Planned actions required to achieve wildland prescribed fire management objectives. These actions have specific implementation timeframes for fire use actions but can have less sensitive implementation demands for suppression actions.

掌控消防資源：消防人員和設備被指派在火線構築後，進行所有必要的滅火工作，但通常不包括大規模的滅火掃蕩。

Holding Resources：Firefighting personnel and equipment assigned to do all required fire suppression work following fireline construction but generally not including extensive mop-up.

消防水帶布置：將消防水帶和附件連接在地面上，從第一個送水點開始布置到供水點結束。

Hose Lay：Arrangement of connected lengths of fire hose and accessories on the ground, beginning at the first pumping unit and ending at the point of water delivery.

第一線滅火成員：訓練有素的滅火人員，主要用於手動建造防火線。

Hotshot Crew：A highly trained fire crew used mainly to build fireline by hand.

火場熱點：林火中燃燒特別活躍的位置部分。

Hotspot：A particular active part of a fire.

快速火燒點：在特別快延燒速度或特殊威脅的情況下，減少或阻止火勢蔓延，這通常是及時控制的第一步，列爲應優先執行之任務。

Hotspotting：Reducing or stopping the spread of fire at points of particularly rapid rate of spread or special threat, generally the first step in prompt control, with emphasis on first priorities.

I

點燃能量：物質起火和燃燒，所需吸收的熱量或電能量。

Ignition Energy：Quantity of heat or electrical energy that must be absorbed by a substance to ignite and burn.

點燃類型：控制焚燒點燃的方式。點燃線或點之間的距離以及點燃它們的順序，此取決於天氣、燃料、地形、燃燒技術，以及其他影響火燒行爲和影響之因素。

Ignition Pattern：Manner in which a prescribed fire is ignited. The distance between ignition lines or points and the sequence of igniting them is determined by weather, fuel, topography, firing technique, and other factors which influence fire behavior and fire effects.

蓄意性點火：明知不應點燃火燒的情況下，蓄意性點燃的火燒。蓄意性點火並不一定符合法律定義上之縱火行爲。

Incendiary Fire：A fire that is deliberately ignited under circumstances in which the person knows that the fire should not be ignited. An incendiary fire is not necessarily a fire that meets the legal definition of an arson fire.

縱火加速劑：用於能產生強烈熱量或火焰的燃燒化合物或金屬。

Incendiary：A burning compound or metal used to produce intense heat or flame.

事件：人爲或自然發生的事件，如野地火燒，需要採取緊急服務措施，來防止或減少生命

損失、對財產或自然資源損害之一種事故。

Incident：A human-caused or natural occurrence, such as wildland fire, that requires emergency service action to prevent or reduce the loss of life or damage to property or natural resources.

事件行動計畫（IAP）：包含反映整個事件策略的目標，以及下一個操作週期的具體戰術行動和支持資訊。該計畫可能是口頭或書面的。在編寫時，計畫可能會有許多附件，包括事故目標、組織分配清單、部門分配、事件無線電通信計畫、醫療計畫、交通計畫、安全計畫和事故現場地圖。

Incident Action Plan (IAP)：Contains objectives reflecting the overall incident strategy and specific tactical actions and supporting information for the next operational period. The plan may be oral or written. When written, the plan may have a number of attachments, including: incident objectives, organization assignment list, division assignment, incident radio communication plan, medical plan, traffic plan, safety plan, and incident map.

前進指揮所（ICP）：執行主要命令功能的位置。ICP可能位於事件發生地或其他事件設施之同一區域。

Incident Command Post (ICP)：Location at which primary command functions are executed. The ICP may be co-located with the incident base or other incident facilities.

事件指揮系統（ICS）：在一個共同的組織結構內運行的設施、設備、人員、程序和通信組合，負責管理指定的資源，以有效實現與事件相關的既定目標之一種體系。

Incident Command System (ICS)：The combination of facilities, equipment, personnel, procedure and communications operating within a common organizational structure, with responsibility for the management of assigned resources to effectively accomplish stated objectives pertaining to an incident.

事件指揮官：負責管理事故現場所有事件操作之個人。

Incident Commander：Individual responsible for the management of all incident operations at the incident site.

事件目標：選擇適當戰略所需的狀況指南和指導，以及資源的戰術方向。事件目標是基於對所有分配的資源，得到有效部署時，可以完成事件之實際期望。

Incident Objectives：Statements of guidance and direction necessary for selection of appropriate strategy (ies), and the tactical direction of resources. Incident objectives are based on realistic expectations of what can be accomplished when all allocated re-sources have been effectively deployed.

間接攻擊：一種抑制方法，其中控制線與火焰的有效邊緣相距很遠。通常在快速延燒或高強度火燒的情況下完成，並利用自然或人工建造的防火線或燃料隔離帶和地形中有利的地帶。從控制線與火勢之間燃料通常以回火燒除；但有時主火會根據條件允計燒到控制線。

Indirect Attack：A method of suppression in which the control line is located some con-siderable distance away from the fire's active edge. Generally done in the case of a fast-spreading or high-intensity fire and to utilize natural or constructed firebreaks or fuel breaks and favorable breaks in the topography. The intervening fuel is usually backfired; but occasionally the main fire is allowed to burn to the line, depending on conditions.

紅外探測器：使用紅外線掃描儀的熱影像設備，來探測從地面或空中巡邏的正常監視方法所無法察覺的火燒熱點。

Infrared Detection：The use of heat sensing equipment, known as Infrared Scanners, for detection of heat sources that are not visually detectable by the normal surveillance methods of either ground or air patrols.

初始攻擊：第一梯滅火資源採取的行動，以保護生命和財產，並防止火勢進一步擴大。

Initial Attack：The actions taken by the first resources to arrive at a wildfire to protect lives and property, and prevent further extension of the fire.

J

工作危害分析：此項目分析由員工填寫，以辨識員工和公眾的危害。經辨識危害、修正措施和所需的安全設備，以確保公眾和員工的安全性。

Job Hazard Analysis：This analysis of a project is completed by staff to identify hazards to employees and the public. It identifies hazards, corrective actions and the required safety equipment to ensure public and employee safety.

空降點：空降森林滅火員選取著陸之位置。

Jump Spot：Selected landing area for smokejumpers.

空降滅火員保護套：空降工作使用，經認可保護套件。

Jump Suit：Approved protection suite work by smokejumpers.

K

澳洲Keech Byram乾旱指數（KBDI）：適用於林火管理應用的常用乾旱指數，數值範圍從0（水分飽和）至800（最大乾旱）。

Keech Byram Drought Index (KBDI)：Commonly-used drought index adapted for fire management applications, with a numerical range from 0 (no moisture deficiency) to 800 (maximum drought).

重要火點攻擊：減少火勢或火勢較強烈部位的火焰。

Knock Down：To reduce the flame or heat on the more vigorously burning parts of a fire edge.

L

階梯燃料：在地表層之間提供垂直連續性的燃料，從而使火燒能夠相對容易地從地表燃料爬行到樹木或灌木之冠部。這些燃料幫助觸動樹冠火，並確保維持樹冠火燒現象。

Ladder Fuels：Fuels which provide vertical continuity between strata, thereby allowing fire to carry from surface fuels into the crowns of trees or shrubs with relative ease. They help initiate and assure the continuation of crowning.

土地使用計畫：建立一套管理土地方向的決策；透過規劃程序並同化土地使用計畫決策發展，而不探討決策發展的規模。

Land Use Plan：A set of decisions that establish management direction for land within an administrative area; an assimilation of land-use-plan-level decisions developed through the planning process regardless of the scale at which the decisions were developed.

大火：1.基於統計目的，火勢燃燒超過土地特定面積，例如300英畝。2.火勢燃燒具有一定規模和強度，如此行為取決於地表上其自身對流柱，與天氣條件間之相互作用所決定。

Large Fire：1)For statistical purposes, a fire burning more than a specified area of land e.g., 300 acres. 2)A fire burning with a size and intensity such that its behavior is determined by interaction between its own convection column and weather conditions above the surface.

導引飛機：配有飛行員的飛機用於在目標區空中監督，以檢視火場翼側和煙霧狀況以及地形，並將空中滅火機引導至目標區，監督其滅火劑投放效果。

Lead Plane：Aircraft with pilot used to make dry runs over the target area to check wing and smoke conditions and topography and to lead air tankers to targets and supervise their drops.

輕質（細小）燃料：快速易乾燃料，通常具有較高的表面積／體積比，其口徑小於1/4吋，並具一小時或更短的時滯。這些燃料容易點燃，並在乾燥時迅速受火燒掉。

Light (Fine) Fuels：Fast-drying fuels, generally with a comparatively high surface area-to-volume ratio, which are less than 1/4-inch in diameter and have a timelag of one hour or less. These fuels readily ignite and are rapidly consumed by fire when dry.

閃電活動等級（LAL）：從1到6的數字，反映雲對地閃電的頻率和特徵。該比例是指數關係，基於2的冪次方（即LAL 3表示為LAL 2閃電的兩倍）。

Lightning Activity Level (LAL)：A number, on a scale of 1 to 6, that reflects frequency and character of cloud-to-ground lightning. The scale is exponential, based on powers of 2 (i.e., LAL 3 indicates twice the lightning of LAL 2).

火線偵察員：決定火點位置的林務消防隊員。

Line Scout：A firefighter who determines the location of a fire line.

枯落物：森林地面的頂層，由枯死枝幹、分枝、小枝以及最近落葉或針葉的鬆散碎片組成；分解中結構幾乎尚未有改變之階段。

Litter：The top layer of forest floor, composed of loose debris of dead sticks, branches, twigs, and recently fallen leaves or needles; little altered in structure by decomposition.

鮮活燃料：鮮活植被如樹木、草和灌木，其中季節性含水量循環，主要受植物內部生理機制控制，而不受外部天氣影響。

Live Fuels：Living plants, such as trees, grasses, and shrubs, in which the seasonal moisture content cycle is controlled largely by internal physiological mechanisms, rather than by external weather influences.

M

微型遠程環境監測系統（Micro-REMS）：移動式氣象監測站。通常事件氣象學家和航空

運輸氣象部門攜帶微型遠程環境監測系統到事件現場進行監測工作。

Micro-Remote Environmental Monitoring System (Micro-REMS)：Mobile weather monitoring station. A Micro-REMS usually accompanies an incident meteorologist and ATMU to an incident.

礦物土壤：地平線下主要有機的土壤層；土壤中僅含有少量可燃物質。

Mineral Soil：Soil layers below the predominantly organic horizons; soil with little combustible material.

動員召集：所有組織、聯邦、州和地方用於啓動、組裝和運輸、所有已請求回應或支持事件的資源使用，一種事件流程和程序。

Mobilization：The process and procedures used by all organizations, federal, state and local for activating, assembling, and transporting all resources that have been requested to respond to or support an incident.

模組化空載滅火投放系統（MAFFS）：一種由5個互連箱體、一控制托盤和一噴嘴托盤組成製造單元，容量爲3,000加侖，設計在未修改C-130（Hercules）大型貨機內部，快速安裝用於野火上空投放阻燃藥劑，以抑制野火蔓延之裝備。

Modular Airborne Firefighting System (MAFFS)：A manufactured unit consisting of five interconnecting tanks, a control pallet, and a nozzle pallet, with a capacity of 3,000 gallons, designed to be rapidly mounted inside an unmodified C-130 (Hercules) cargo aircraft for use in dropping retardant on wildland fires.

殘火處理：在整個火勢控制後，沿著或靠近火場控制線來撲滅或移除燃燒剩材、砍伐枯立木或移除原木，以致其不會滾落下坡處，確保火場安全或減少殘留煙霧生成。

Mop-up：To make a fire safe or reduce residual smoke after the fire has been controlled by extinguishing or removing burning material along or near the control line, felling snags, or moving logs so they won't roll downhill.

鑲嵌體：植物群落及其演替階段的攙雜地帶，以交織形象方式呈現。

Mosaic：The intermingling of plant communities and their successional stages in such a manner as to give the impression of an interwoven design.

多方機構協調（MAC）：一個廣義術語，描述參與機構和／或轄區代表的職能和活動，這些機構和／或管轄機構共同決定事件的優先順序，以及共享和使用關鍵資源。MAC組織不是現場ICS的一部分，也不參與制定事件策略或戰術。

Multi-Agency Coordination (MAC)：A generalized term which describes the functions and activities of representatives of involved agencies and/or jurisdictions who come together to make decisions regarding the prioritizing of incidents, and the sharing and use of critical resources. The MAC organization is not a part of the on-scene ICS and is not involved in developing incident strategy or tactics.

互相支援協議：各機構和／或司法管轄區之間的書面支援協議，雙方同意提供人員和設備，應對方要求而進行互相協助。

Mutual Aid Agreement：Written agreement between agencies and/or jurisdictions in which they agree to assist one another upon request, by furnishing personnel and equipment.

N

國家環境政策法（NEPA）：美國NEPA是1969年國會通過的保護環境基本國家法律。此制定了環境保護的政策和程序，並授權將環境影響報告書和環境評估作為分析工具，以幫助聯邦管理者做出決定。

National Environmental Policy Act (NEPA)：NEPA is the basic national law for protection of the environment, passed by Congress in 1969. It sets policy and procedures for environmental protection, and authorizes Environmental Impact Statements and Environmental Assessments to be used as analytical tools to help federal managers make decisions.

國家林火危險率系統（NFDRS）：統一的林火危險評級系統，關注於控制燃料含水量的環境因素。

National Fire Danger Rating System (NFDRS)：A uniform fire danger rating system that focuses on the environmental factors that control the moisture content of fuels.

國家野火協調小組：在農業部和內政部組成的一個專門小組，由美國林務局、土地管理局、印第安原住民事務局、國家公園服務局、美國魚類和野生生物服務與國家林務人員協會。該小組之目的，是促進野地林火活動的協調和有效性，並提供論壇討論、推薦行動或解決實質性議題和問題。NWCG是全國林火所有課程的認證機構。

National Wildfire Coordinating Group：A group formed under the direction of the Secretaries of Agriculture and the Interior and comprised of representatives of the U.S. Forest Service, Bureau of Land Management, Bureau of Indian Affairs, National Park

Service, U.S. Fish and Wildlife Service and Association of State Foresters. The group's purpose is to facilitate coordination and effectiveness of wildland fire activities and provide a forum to discuss, recommend action, or resolve issues and problems of substantive nature. NWCG is the certifying body for all courses in the National Fire Curriculum.

天然屏障：任何缺乏易燃材料的地區，形成能阻礙野火蔓延之區域。

Natural Barrier：Any area where lack of flammable material obstructs the spread of wildfires.

天然燃料：由自然過程產生的燃料，不是由土地管理做法直接產生或改變的燃料。

Natural Fuels：Fuels resulting from natural processes and not directly generated or altered by land management practices.

耐火服裝材質Nomex®商標：用於製造林務消防員使用的飛行服、褲子和襯衫材料，為耐火合成之一種商品名稱。

Nomex ®：Trade name for a fire resistant synthetic material used in the manufacturing of flight suits and pants and shirts used by firefighters.

正常火燒季：(1)天氣、林火危險、林火次數和分布大致平均的季節。(2)通常構成火燒季節中一年某個時段。

Normal Fire Season：1)A season when weather, fire danger, and number and distribution of fires are about average. 2)Period of the year that normally comprises the fire season.

O

一小時時滯燃料：由枯死草本植物和圓形木質組成的燃料，口徑小於1/4吋（6.4毫米）。還包括森林地面上最上層枯落的針葉。

One-hour Timelag Fuels：Fuels consisting of dead herbaceous plants and roundwood less than about one-fourth inch (6.4 mm) in diameter. Also included is the uppermost layer of needles or leaves on the forest floor.

運營分支部門負責人：負責實施與分支機構相適應的事件行動計畫部分，在運營部門首長指揮下的主管人員。

Operations Branch Director：Person under the direction of the operations section chief who is responsible for implementing that portion of the incident action plan appropriate to the branch.

運營期：預定執行事件行動計畫中，規定的一組特定戰術行動之時間段。雖然通常不超過24小時，但操作週期可以是不同的時間長度。

Operational Period：The period of time scheduled for execution of a given set of tactical actions as specified in the Incident Action Plan. Operational periods can be of various lengths, although usually not more than 24 hours.

監督幹部：指派給監督職位的人員，包括事件指揮官、指揮幕僚、普通員工、董事、督察和單位領導者。

Overhead：People assigned to supervisory positions, including incident commanders, command staff, general staff, directors, supervisors, and unit leaders.

氧化：氧與其他物質結合的過程。

Oxidation：Process during which oxygen combines with another substance.

P

包裝率：植被燃料占燃料床的比例，或燃料體積除以床體積。

Packing Ratio：The fraction of a fuel bed occupied by fuels, or the fuel volume divided by bed volume.

負重體能測試：用於確定滅火和支持人員的有氧能力並分配體能評分。該測試包括在預定時間內步行指定的距離，有或沒有加大負重，並隨著海拔高度調整。

Pack Test：Used to determine the aerobic capacity of fire suppression and support personnel and assign physical fitness scores. The test consists of walking a specified distance, with or without a weighted pack, in a predetermined period of time, with altitude corrections.

空降物質：透過降落傘，其他減速裝置或自由落體，從飛機上投放或意圖掉落的救援物質。

Paracargo：Anything dropped, or intended for dropping, from an aircraft by parachute, by other retarding devices, or by free fall.

粒度：一塊燃料的大小，通常以尺寸等級表示。

Particle Size：The size of a piece of fuel, often expressed in terms of size classes.

被動式樹冠火：樹冠的火燒，在樹木或群樹形成火炬，由火線經過時點燃。這些火炬樹加強了延燒速度，但這些火燒與地面火燒連結，基本上是沒有區分的。

Passive Crown Fire：A fire in the crowns of trees in which trees or groups of trees torch, ignited by the passing front of the fire. The torching trees reinforce the spread rate, but these fires are not basically different from surface fires.

火燒季峰值：林火期間最容易點燃的林火季節，高於平均燃燒火強度，並能造成損害是在不可接受的水平上。

Peak Fire Season：That period of the fire season during which fires are expected to ignite most readily, to burn with greater than average intensity, and to create damages at an unacceptable level.

個人防護設備（PPE）：所有滅火人員必須配備適當的設備和衣物，以減輕工作中遇到的危險情況，或受到危險情況的受傷風險。個人防護裝備包括（但不限於）：8吋帶花邊鞋底的高跟皮靴、鋁質防火罩、具備下巴帶的安全帽、護目鏡、耳塞、襯衫（芳香族聚酰胺材質）和褲子、皮革手套和個人急救箱。

Personnel Protective Equipment (PPE)：All firefighting personnel must be equipped with proper equipment and clothing in order to mitigate the risk of injury from, or exposure to, hazardous conditions encountered while working. PPE includes, but is not limited to：8-inch high-laced leather boots with lug soles, fire shelter, hard hat with chin strap, goggles, ear plugs, aramid shirts and trousers, leather gloves and individual first aid kits.

煙羽柱：由（野地燃料）燃燒所產生的對流柱。

Plume：A convection column generated by combustion (of wildland fuel).

降水：任何或所有形式從大氣中落下並到達地面的水粒子、液體或固體。

Precipitation：Any or all forms of water particles, liquid or solid, that fall from the atmosphere and reach the ground.

整備工作（美國林務署USDA）：準備好應對潛在林火情況的條件或程度。

Preparedness：Condition or degree of being ready to cope with a potential fire situation.

整備工作（美國野火協調中心NWCG）：透過適當的規劃和協調，形成一個安全、高效和具成本效益的火燒管理計畫，以支持土地和資源管理目標。

Preparedness：Activities that lead to a safe, efficient, and cost-effective fire management program in support of land and resource management objectives through appropriate planning and coordination.

燃燒處方：控制焚燒之應用方式。

Prescribed Burning：Application of prescribed fire.

控制焚燒（美國林務署USDA）：在某些預定條件下由管理行動引發的任何火燒，以達到與危險燃料或棲息地改善有關的具體目標。必須存在書面批准的控制焚燒計畫，並且在點火之前必須符合國家環境政策法之要求。

Prescribed Fire：Any fire ignited by management actions under certain, predetermined conditions to meet specific objectives related to hazardous fuels or habitat improvement. A written, approved prescribed fire plan must exist, and NEPA requirements must be met, prior to ignition.

控制焚燒（美國野火協調中心NWCG）：根據適用的法律、政策和法規，管理階層為了達到特定目標，而故意點燃的火燒。

Prescribed Fire：Any fire intentionally ignited by management actions in accordance with applicable laws, policies, and regulations to meet specific objectives.

控制焚燒燃燒計畫（美國野火協調中心NWCG）：管理點燃每一火燒應用程序所需的計畫。計畫是由合格人員編制的文件，由機構管理者批准，並包括火燒條件（處方）的標準。計畫內容隨著不同機構而有差異。

Prescribed Fire Burn Plan：A plan required for each fire application ignited by management. Plans are documents prepared by qualified personnel, approved by the agency administrator, and include criteria for the conditions under which the fire will be conducted (a prescription). Plan content varies among the agencies.

控制焚燒計畫（燃燒計畫）（美國林務署USDA）：本文件提供了實施個別控制焚燒項目，所需控制焚燒支配之資訊。

Prescribed Fire Plan (Burn Plan)：This document provides the prescribed fire burn boss information needed to implement an individual prescribed fire project.

處方（美國林務署USDA）：定義一控制焚燒能點燃條件的可衡量準則，指導選取適當的管理反應，並指出其他所需的措施。處方標準可能包括安全、經濟、公共健康、環境、地理、行政、社會或法律方面的考慮。

Prescription：Measurable criteria that define conditions under which a prescribed fire may be ignited, guide selection of appropriate management responses, and indicate other required actions. Prescription criteria may include safety, economic, public health, environmental, geographic, administrative, social, or legal considerations.

處方（美國野火協調中心NWCG）：在野地火燒的情況下，處方是可量測的準則，其定義了可能點燃之控制焚燒條件。處方也可用於指導選擇對野火的管理回應，以確定管理措施，為最有可能實現事件管理目標的情況。處方標準通常描述環境條件，如溫度、溼度和燃料水分，但也可能包括安全、經濟、公共健康、地理、行政、社會或法律方面的考慮因素。

Prescription：In the context of wildland fire, a prescription is measurable criteria that define conditions under which a prescribed fire may be ignited. Prescriptions may also be used to guide selection of management responses to wildfire to define conditions under which management actions are most likely to achieve incident management objectives. Prescription criteria typically describe environmental conditions such as temperature, humidity and fuel moisture, but may also include safety, economic, public health, geographic, administrative, social, or legal considerations.

林火預防：旨在減少林火發生的活動，包括公共教育、執法、人員活動限制和減少燃料危害。

Prevention：Activities directed at reducing the incidence of fires, including public education, law enforcement, personal contact, and reduction of fuel hazards.

熱裂解：高溫下燃料的熱分解或化學分解。這是燃燒之點燃前階段，此階段熱能被燃料吸收，然後釋放易燃性焦油、瀝青和氣體。

Pyrolysis：The thermal or chemical decomposition of fuel at an elevated temperature. This is the preignition combustion phase of burning during which heat energy is absorbed by the fuel which, in turn, gives off flammable tars, pitches, and gases.

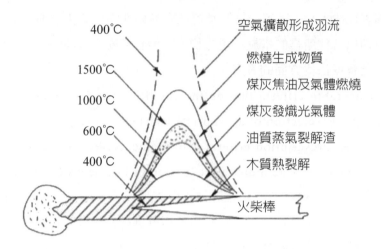

開闢防火線用斧鎬手工具：一種組合切割和挖溝工具，它結合了一個單刃斧形刀片和一個
　　狹窄鑿形挖溝刀片，安裝在一個直柄上。用於腐殖質和叢生的根部刨除或挖溝之工具。

Pulaski：A combination chopping and trenching tool, which combines a single-bitted
　　axe-blade with a narrow adze-like trenching blade fitted to a straight handle. Useful for
　　grubbing or trenching in duff and matted roots.

R

輻射：1.通過空間中電場或磁場的聯合波動變化，在自由空間中傳播能量（即透過電磁波
　　方式）。2.透過氣體或眞空以直線方式來進行熱傳。

Radiation：1.Propagation of energy in free space by virtue of joint, undulatory variations
　　in the electric or magnetic fields in space, (i.e., by electromagnetic waves). 2.Transfer
　　of heat in straight lines through a gas or vacuum.

輻射灼傷：來自輻射熱源的燒傷。

Radiant Burn：A burn received from a radiant heat source.

輻射熱通量：在給定時間內流過一定區域的熱量，通常表示為卡路里／平方厘米／秒。

Radiant Heat Flux：The amount of heat flowing through a given area in a given time, usually expressed as calories/square centimeter/second.

繩子／繩梯著陸：從盤旋的直升機專門訓練消防員以繩子著陸的技術；人員借助摩擦力裝置滑下繩索下降著陸之方式。

Rappelling：Technique of landing specifically trained firefighters from hovering helicopters; involves sliding down ropes with the aid of friction-producing devices.

延燒速率：林火擴大其水平尺寸的相對活動。此表示為林火總周長的增長率，即火前沿向前擴展的速率，或面積的增加速率，取決於資訊使用的預期用途。通常此在火延燒歷史的特定時期，以每小時節或英畝做表示。

Rate of Spread：The relative activity of a fire in extending its horizontal dimensions. It is expressed as a rate of increase of the total perimeter of the fire, as rate of forward spread of the fire front, or as rate of increase in area, depending on the intended use of the information. Usually it is expressed in chains or acres per hour for a specific period in the fire's history.

復燃：之前曾經燃燒過但仍含有燃料的燃燒區域，當燃燒條件更有利時，再次發生燃燒；重新燃起的區域。

Reburn：The burning of an area that has been previously burned but that contains flammable fuel that ignites when burning conditions are more favorable; an area that has reburned.

紅卡：是一種被接受的機構間認證，即在事件發生時某人有資格完成所需的工作。國家野火協調小組為野火執行消防職位，所設定了最低限度的訓練、經驗和體能標準。事件資格卡（紅卡）發放給國家野火協調小組成員，表示其已成功完成消防機構所需的培訓、經驗和體能（工作能力）測試之一種個人能力認證。

Red Card：an accepted interagency certification that a person is qualified to do the required job when arriving on an incident. The National Wildfire Coordinating Group sets minimum training, experience and physical fitness standards for wildland fire positions. Incident Qualification Cards are issued to individuals who successfully complete the required training, experience and physical fitness (Work Capacity) test by the firefighting agencies that are members of the National Wildfire Coordinating Group.

紅旗警告：林火天氣預報員用來提醒預報用戶，持續或即將發生嚴重林火天氣模式的術語。

Red Flag Warning：Term used by fire weather forecasters to alert forecast users to an on-going or imminent critical fire weather pattern.

復原：修復野火或滅火活動造成的損害或干擾，所必須進行的活動。

Rehabilitation：The activities necessary to repair damage or disturbance caused by wildland fires or the fire suppression activity.

相對溼度（Rh）：空氣中水分含量與空氣飽和時最大含水量之比值。實際蒸氣壓與飽和蒸氣壓的一種比值。

Relative Humidity (Rh)：The ratio of the amount of moisture in the air, to the maximum amount of moisture that air would contain if it were saturated. The ratio of the actual vapor pressure to the saturated vapor pressure.

遠端自動氣象站（RAWS）：一種自動獲取、處理和存儲本地天氣數據，以供日後傳輸至「靜止環境觀測衛星」的設備，從該設備將數據重新傳輸至地球接收站，此使用於美國林火危險率系統。

Remote Automatic Weather Station (RAWS)：An apparatus that automatically acquires, processes, and stores local weather data for later transmission to the GOES Satellite, from which the data is re-transmitted to an earth-receiving station for use in the National Fire Danger Rating System.

停留時間：林火之火線有焰燃燒所需的時間，以秒為單位，通過燃料表面的固定點。火焰前鋒占據一點之總時間長度。

Residence Time：The time, in seconds, required for the flaming front of a fire to pass a stationary point at the surface of the fuel. The total length of time that the flaming front of the fire occupies one point.

資源：(1)可用或可能可用於事件分配的人員、設備、服務和補給品。(2)一個地區的自然資源，如木材、流域價值、娛樂價值和野生動物棲息地。

Resources：(1)Personnel, equipment, services and supplies available, or potentially available, for assignment to incidents. (2)The natural resources of an area, such as timber, watershed values, recreation values, and wildlife habitat.

資源管理計畫（RMP）：由具有公眾參與並由田野辦事處管理者之批准，由田野辦事處工作人員編寫的文件，在田野辦事處提供土地管理活動總體指南和指導。從資源管理計

畫，確定了在特定區域內火燒需要程度，並能獲得特定目標之利益。

Resource Management Plan (RMP)：A document prepared by field office staff with public participation and approved by field office managers that provides general guidance and direction for land management activities at a field office. The RMP identifies the need for fire in a particular area and for a specific benefit.

資源訂單：用於滅火或支持資源的訂單。

Resource Order：An order placed for firefighting or support resources.

阻燃劑：降低植被燃料可燃性的物質或化學劑。

Retardant：A substance or chemical agent which reduced the flammability of combustibles.

風險：1.根據致災因子的存在和活動，決定起火之機會。2.遭受損害或損失的機會。

Risk：1.The chance of fire starting as determined by the presence and activity of causative agents. 2.A chance of suffering harm or loss.

奔跑（火勢）：火頭迅速前進移動著，在火勢經過前後之火線強度和延燒速度，有相當顯著差異。

Run (of a fire)：The rapid advance of the head of a fire with a marked change in fire line intensity and rate of spread from that noted before and after the advance.

快速蔓延地表火：快速蔓延的地表火並具明顯之前進火頭。

Running：A rapidly spreading surface fire with a well-defined head.

S

安全區：在火勢越出側翼時，或者飛火引起控制線外的燃料起火，導致防火線不安全時，進行清除易燃植被的區域。在火場執行中，滅火機組人員持續前進，以保持安全區燃料淨空，從而允許控制線內的燃料在主火來臨前繼續消耗。安全區也可以構建為燃料隔離帶的組成部分；它們是大幅的相互連接之放大區域，如果在附近火焰突然大量揚起，消防員和他們的設備可以相對安全地來使用。

Safety Zone：An area cleared of flammable materials used for escape in the event the line is outflanked or in case a spotting fire causes fuels outside the control line to render the line unsafe. In firing operations, crews progress so as to maintain a safety zone close at hand allowing the fuels inside the control line to be consumed before going ahead. Safety zones may also be constructed as integral parts of fuel breaks; they are greatly enlarged areas which can be used with relative safety by firefighters and their equipment in the event of a blowup in the vicinity.

燒焦高度：由於火燒引起的樹葉褐變或樹幹變黑的平均高度。

Scorch Height：Average heights of foliage browning or bole blackening caused by a fire.

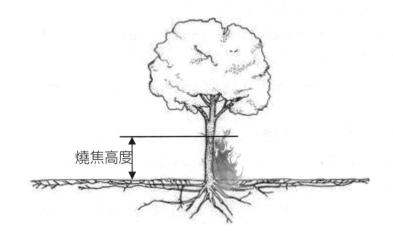

初步防火線：一條未完成的初步防火線，草草建立或構建爲檢查火勢蔓延的應急措施。

Scratch Line：An unfinished preliminary fire line hastily established or built as an emergency measure to check the spread of fire.

二階火燒影響（SOFE）：火燒的二次影響效應，如樹木再生、植物演替和林地生產力的變化。儘管二階火燒效應部分取決於一階火燒效應，但此還涉及與許多其他非火燒變量的相互作用。

Second Order Fire Effects (SOFE)：The secondary effects of fire such as tree regeneration, plant succession, and changes in site productivity. Although second order fire effects are dependent, in part, on first order fire effects, they also involve interaction with many other non-fire variables.

自給式呼吸器（SCBA）：帶有調節器的背負式空氣瓶（不是氧氣），允許消防員在有毒煙霧條件下自給式呼吸。通常額定30分鐘的供應。主要用於建築結構或危險物質的火場。

Self-Contained Breathing Apparatus (SCBA)：Portable air (not oxygen) tanks with regulators which allow firefighters to breathe while in toxic smoke conditions. Usually rated for 30 minutes of service. Used primarily on fires involving structures or hazardous materials.

火嚴重度資金：提供的資金用於增加野火壓制反應能力，因異常天氣模式、延長乾旱或其他導致火勢和／或危險異常增加之事件情況。

Severity Funding：Funds provided to increase wildland fire suppression response capability necessitated by abnormal weather patterns, extended drought, or other events causing abnormal increase in the fire potential and/or danger.

單一資源：使用於事件之一個人、一件設備及其替代人員、或一機組成員或一個具有可識別的工作主管領導的個人團隊。

Single Resource：An individual, a piece of equipment and its personnel complement, or a crew or team of individuals with an identified work supervisor that can be used on an incident.

評估火勢大小：進行評估火勢大小，以確定滅火行動的過程。

Size-up：To evaluate a fire to determine a course of action for fire suppression.

成堆枝條（美國林務署USDA）：砍伐、整枝、疏伐或切割後留下的木質碎片；包括原木、木片、樹皮、樹枝、樹樁和破損的下層樹木或灌木。

Slash：Debris left after logging, pruning, thinning or brush cutting; includes logs, chips, bark, branches, stumps and broken understory trees or brush.

成堆地面枝條（美國野火協調中心NWCG）：風、火或雪等自然事件造成的碎枝條；或者諸如道路建設、砍伐、整枝、疏伐或灌木清除等人類活動。包括原木、木塊、樹皮、樹枝、樹樁和破碎的林下樹木或灌叢。

Slash：Debris resulting from such natural events as wind, fire, or snow breakage; or such human activities as road construction, logging, pruning, thinning, or brush cutting. It includes logs, chunks, bark, branches, stumps, and broken understory trees or brush.

吊索裝載：任何裝在直升機下方的貨物，並附著導線和捲揚裝置。

Sling Load：Any cargo carried beneath a helicopter and attached by a lead line and swivel.

悶燒：在火焰燃燒階段後發生的脫水、熱裂解、固體氧化，散射有焰和熾熱燃燒的組合過程；其特徵往往是大量的煙霧，主要是焦油成分。

Smoldering Combustion：Combined processes of dehydration, pyrolysis, solid oxidation, and scattered flaming combustion and glowing combustion, which occur after the flaming combustion phase of a fire; often characterized by large amounts of smoke consisting mainly of tars.

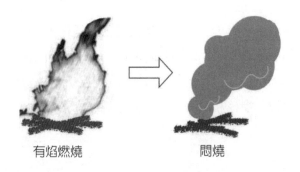

有焰燃燒　　　　　　　悶燒

悶燒：沒有火焰燃燒，幾乎沒有蔓延的燃燒。

Smoldering Fire：A fire burning without flame and barely spreading.

跳傘消防員：一名滅火林務隊員乘坐飛機和使用降落傘，前往火場。

Smokejumper：A firefighter who travels to fires by aircraft and parachute.

煙霧管理：應用火強度和氣象的過程，於控制焚燒期間盡量減少空氣品質之劣化。

Smoke Management：Application of fire intensities and meteorological processes to minimize degradation of air quality during prescribed fires.

枯立木：一棵站立的枯死樹或至少是掉落小樹枝之枯死樹的一部分。如果小於20英尺高，通常稱爲樹樁。

Snag：A standing dead tree or part of a dead tree from which at least the smaller branches have fallen. Often known as a stub, if less than 20 feet tall.

枯立木

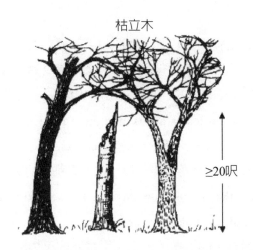

≥20呎

煤灰：由不完全燃燒形成的碳粉。

Soot：Carbon dust formed by incomplete combustion.

防焰器：安裝在煙囪、煙囪管道或排氣管中的裝置，用於阻止火花和燃燒中碎質的排放。

Spark Arrester：A device installed in a chimney, flue, or exhaust pipe to stop the emission of sparks and burning fragments.

自燃：燃燒由內部化學或生物反應引起的蓄熱（大於散熱），產生足夠熱到物質起燃。

Spontaneous Combustion：Combustion of a thermally isolated material initiated by an internal chemical or biological reaction producing enough heat to cause ignition.

飛火：以飛火花或餘燼行爲，在主火的外圍處點燃火勢。

Spotting Fire：A fire ignited outside the perimeter of the main fire by flying sparks or embers.

現場天氣預報：根據每次特定林火的時間、地形和天氣發布的特別預報。這些預測是根據
　用戶機構的要求發布的，比區域預測有更詳細、及時與具體的資訊。

Spot Weather Forecast：A special forecast issued to fit the time, topography, and weather
　of each specific fire. These forecasts are issued upon request of the user agency and are
　more detailed, timely, and specific than zone forecasts.

觀察員：在跳傘時，負責選取跳傘降落目標位置，並監督跳傘消防員所有裝備方面之人員。

Spotter：In smokejumping, the person responsible for selecting drop targets and super-
　vising all aspects of dropping smokejumpers.

飛火：產生火花或餘燼引燃林火的行為，由主火引發新的火燒點，並超出直接引燃區域。

Spotting：Behavior of a fire producing sparks or embers that are carried by the wind and
　start new fires beyond the zone of direct ignition by the main fire.

前進指揮所：在事件發生時可以放置資源的位置，能在3分鐘搭建完成，進行戰術分配。
　前進指揮所由操作執行部門管理。

Staging Area：Locations set up at an incident where resources can be placed while await-
　ing a tactical assignment on a three-minute available basis. Staging areas are managed
　by the operations section.

策略：應用於事件總體規劃和實施之一種指揮引導的科學和藝術。

Strategy：The science and art of command as applied to the overall planning and conduct of an incident.

快速滅火攻擊小組：具有相同種類和資源類型的特定組合，並具有一般通信功能和領導者之組織。

Strike Team：Specified combinations of the same kind and type of resources, with common communications, and a leader.

快速滅火攻擊小組長：向部門／營主管負責，執行快速滅火攻擊小組的戰術任務。

Strike Team Leader：Person responsible to a division/group supervisor for performing tactical assignments given to the strike team.

建築結構火災：火燒起源於任何建築物、避難小屋或其他結構性的任何部分或全部燃燒。

Structure Fire：Fire originating in and burning any part or all of any building, shelter, or other structure.

抑制劑：定位於燃燒中燃料，使其燃燒火焰和發熾光階段予以熄滅的滅火劑，例如水或泡沫。

Suppressant：An agent, such as water or foam, used to extinguish the flaming and glowing phases of combustion when direction applied to burning fuels.

抑制火燒：從發現火勢開始，進行所有撲滅火勢或局限火勢的工作過程。

Suppression：All the work of extinguishing or containing a fire, beginning with its discovery.

表面積－體積比：物體表面積與其體積之間比率（如燃料顆粒）。在發生火燒時，顆粒愈小，其較易溼、乾，或較易受熱到燃點而起火。

Surface Area-to-Volume Ratio：The ratio between the surface area of an object, such as a fuel particle, to its volume. The smaller the particle, the more quickly it can become wet, dry out, or become heated to combustion temperature during a fire.

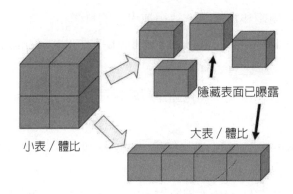

地表火：在地表面上燃燒鬆散碎物的火燒，其中包括枯枝、樹葉和低植被。

Surface Fire：Fire that burns loose debris on the surface, which includes dead branches, leaves, and low vegetation.

地表燃料：土壤表面上的鬆散地表枯落物，通常由落葉或針、枝幹、樹皮、毬果和小分枝組成，這些燃料尚未腐爛到足以失去其辨識；還有草類、草甸、中低度灌木、樹苗、較重的枝幹、倒木以及樹樁。

Surface Fuels：Loose surface litter on the soil surface, normally consisting of fallen leaves or needles, twigs, bark, cones, and small branches that have not yet decayed enough to lose their identity; also grasses, forbs, low and medium shrubs, tree seed-lings, heavier branchwood, downed logs, and stumps.

清除工人：(1)路徑上清除灌木、枝條和小樹之工人，以協助砍樹人員和／或鋸木人員。在危險情況下攜帶燃料、機油、工具和進行觀察。(2)推土機上工作人員開關交通線並推除路徑上植被，有助於運送設備等，以加速滅火工作。

Swamper：(1)A worker who assists fallers and/or sawyers by clearing away brush, limbs and small trees. Carries fuel, oil and tools and watches for dangerous situations. (2)A worker on a dozer crew who pulls winch line, helps maintain equipment, etc., to speed suppression work on a fire.

T

策略：部署和指導事件資源，以實現特定策略之目標。

Tactics：Deploying and directing resources on an incident to accomplish the objectives designated by strategy.

臨時飛行限制（TFR）：由機構要求並由聯邦航空管理局在事故附近實施一項事件的限制，限制了該事故周圍空域內不必要飛行的飛機。

Temporary Flight Restrictions (TFR)：A restriction requested by an agency and put into effect by the Federal Aviation Administration in the vicinity of an incident which restricts the operation of nonessential aircraft in the airspace around that incident.

滴火槍®：用於滴落燃燒中液體的裝置，在野火燒除燃料期間或控制焚燒期間，促進快速連續點火之裝備。

Terra Torch ®：Device for throwing a stream of flaming liquid, used to facilitate rapid ignition during burn out operations on a wildland fire or during a prescribed fire operation.

測試性點火：在計畫燃燒單元內點燃一小火，以確定控制焚燒的特徵，如林火行爲、檢測火燒動力和控制措施。

Test Fire：A small fire ignited within the planned burn unit to determine the characteristic of the prescribed fire, such as fire behavior, detection performance and control measures.

時滯：在恆定的溫度和相對溼度下，枯死燃料顆粒失去或增加其初始含水量，與平衡含水量之差的63%所需時間。

Timelag：The amount of time necessary for a dead fuel particle to lose or gain 63 percent of the difference between its initial moisture content and its equilibrium moisture content at a constant temperature and relative humidity.

火炬樹：一棵樹或一小群樹木的點燃和火焰上揚，通常火焰由下往上方延燒。

Torching：The ignition and flare-up of a tree or small group of trees, usually from bottom to top.

雙向無線電：能與基地臺相同頻率，一種機動單元中訊號傳輸無線電設備，能允許使用相同頻率，而輪流在雙向上進行對話。

Two-way Radio：Radio equipment with transmitters in mobile units on the same frequency as the base station, permitting conversation in two directions using the same frequency in turn.

類型：與其他類型相比，滅火資源的效能等級。類型1通常意味著有較大滅火力、規模或
　　容量之效能。

Type：The capability of a firefighting resource in comparison to another type. Type 1
　　usually means a greater capability due to power, size, or capacity.

U

失控野火：任何可能破壞生命、財產或自然資源的野火。

Uncontrolled Fire：Any fire which threatens to destroy life, property, or natural resourc-
　　es.

火力不夠：僅消耗地表燃料但不是樹木或灌木的林火（見地表燃料）。

Underburn：A fire that consumes surface fuels but not trees or shrubs. (See Surface Fu-
　　els.)

V

矢量：火勢傳播的方向與傳播速度的相關計算（以坡度為單位）。

Vectors：Directions of fire spread as related to rate of spread calculations (in degrees
　　from upslope).

志願消防局（VFD）：部分或全部成員是沒有報酬的消防部門。

Volunteer Fire Department (VFD)：A fire department of which some or all members are
　　unpaid.

W

水箱車：能夠運載一定水量的地面車輛。

Water Tender：A ground vehicle capable of transporting specified quantities of water.

天氣資訊和管理系統（WIMS）：一種電腦互動系統，旨在滿足所有聯邦和州屬自然資源
　管理機構的天氣資訊需求。提供及時的天氣預報、目前和歷史天氣數據、國家林火危險
　率系統（NFDRS）和國家機構間林火管理綜合數據庫（NIFMID）。

Weather Information and Management System (WIMS)：An interactive computer system
　designed to accommodate the weather information needs of all federal and state natural
　resource management agencies. Provides timely access to weather forecasts, current
　and historical weather data, the National Fire Danger Rating System (NFDRS), and the
　National Interagency Fire Management Integrated Database (NIFMID).

溼式控制線：沿地面噴灑的一條水線或水與化學阻燃劑，作為臨時控制線，用於點燃回火
　或阻止低強度林火。

Wet Line：A line of water, or water and chemical retardant, sprayed along the ground,
　that serves as a temporary control line from which to ignite or stop a low-intensity fire.

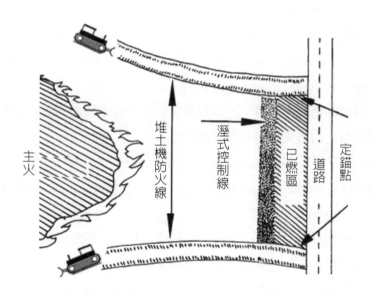

野地：除了道路、鐵路、電力線和類似交通設施之外，不存在必要發展的地區。如果有的
　話，建築結構是分散很廣的。

Wildland：An area in which development is essentially non-existent, except for roads,
　railroads, powerlines, and similar transportation facilities. Structures, if any, are wide-
　ly scattered.

野地火燒（美國林務署USDA）：野外發生的任何非建築結構火燒，除控制焚燒外。

Wildland Fire：Any nonstructure fire, other than prescribed fire, that occurs in the wildland.

野地火燒（美國野火協調中心NWCG）：在植被或天然燃料中發生的任何非結構性火燒。野地火燒包括控制焚燒和野火。

Wildland Fire：Any non-structure fire that occurs in vegetation or natural fuels. Wildland fire includes prescribed fire and wildfire.

野火實施計畫（WFIP）：逐步發展的評估和執行管理計畫，記錄了策略分析和選取，並描述為管理資源利益，而採取野火最適當相對應管理。

Wildland Fire Implementation Plan (WFIP)：A progressively developed assessment and operational management plan that documents the analysis and selection of strategies and describes the appropriate management response for a wildland fire being managed for resource benefits.

野火情況分析（WFSA）：根據選定的環境、社會、政治和經濟準則，評估替代抑制策略選項的決策過程。並提供決策過程紀錄。

Wildland Fire Situation Analysis (WFSA)：A decision-making process that evaluates alternative suppression strategies against selected environmental, social, political, and economic criteria. Provides a record of decisions.

野火使用：管理自然點燃的野地林火，以在林火管理計畫中列出的預定地理區域（任其自由燃燒），完成特定的預先設定資源管理目標。

Wildland Fire Use：The management of naturally ignited wildland fires to accomplish specific prestated resource management objectives in predefined geographic areas outlined in Fire Management Plans.

野地─城市界面（美國林務署USDA）：建築結構和其他人類發展與未開發野地或植物燃料相遇或相互混合的邊線、地區或區域，又稱WUI。

Wildland Urban Interface：The line, area or zone where structures and other human development meet or intermingle with undeveloped wildland or vegetative fuels.

風向量：用於計算林火行為的風向。

Wind Vectors：Wind directions used to calculate fire behavior.

英文索引

中文索引

國家圖書館出版品預行編目資料

林火生態管理學／盧守謙編著． ──初
版． ──臺北市：五南，2019.01
　　面；　公分
ISBN 978-957-763-218-0（平裝）

1.森林火災　2.森林保護

436.311　　　　　　　　　　107022573

5T38

林火生態管理學

作　　　者 ── 盧守謙（481）

發 行 人 ── 楊榮川

總 經 理 ── 楊士清

主　　編 ── 王正華

責任編輯 ── 金明芬

封面設計 ── 姚孝慈

出 版 者 ── 五南圖書出版股份有限公司

地　　址：106台北市大安區和平東路二段339號4樓

電　　話：(02)2705-5066　　傳　　真：(02)2706-6100

網　　址：http://www.wunan.com.tw

電子郵件：wunan@wunan.com.tw

劃撥帳號：01068953

戶　　名：五南圖書出版股份有限公司

法律顧問　林勝安律師事務所　林勝安律師

出版日期　2019年1月初版一刷

定　　價　新臺幣850元

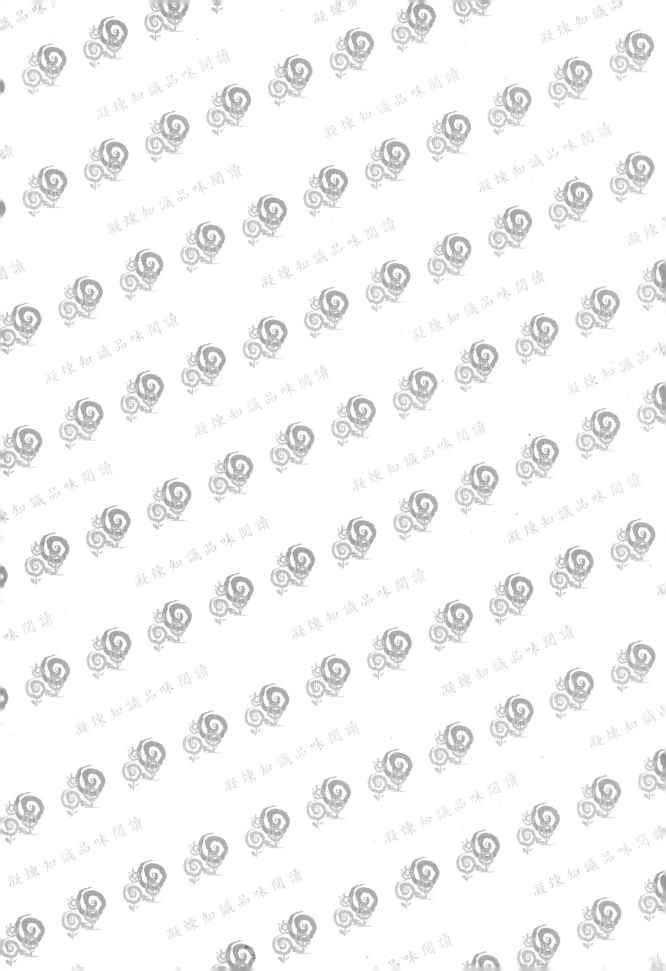